U0793147

高等职业技术教育机电类专业规划教材
机械工业出版社精品教材

电工电子技术（少学时）

第3版

主　编　罗厚军　董英英
副主编　张　进　杨　柳
参　编　陈　敏　李晓莉　张敬衡
主　审　蔡大山

机 械 工 业 出 版 社

本书是依据教育部最新制定的高职高专教育电工电子技术课程教学基本要求编写的，同时参考了有关行业的职业技能鉴定规范及电子电气国家标准，在《电工电子技术（少学时）第2版》的基础上，结合当前教育规范及教学现状，做了进一步的完善。

全书分上下两篇：上篇为电工部分，下篇为电子部分。电工部分包括：电路理论基础及分析方法、正弦交流电路、磁路与变压器、三相异步电动机及控制；电子部分包括：半导体器件、放大电路、稳压电源、数字电路基础、组合逻辑电路以及时序逻辑电路十章内容。每章前有理论和技能的学习要求，每节知识点后面增加了对应的概念自测题，每章后有针对本章重点知识的章小结，各章还配有精选例题、习题及部分参考答案。

本书可供高职高专院校、成人高校及民办高校工科非电专业（两年制或三年制少学时）的学生使用，也可供从事相关专业的技术人员和自修人员参考。

此外，为方便教学，本书配有与教材配套的教学课件、习题解答、自测题答案，凡选用本书作为授课教材的学校，均可来电索取。咨询电话：010-88379375，Email：cmpgaozhi@ sina. com。

图书在版编目（CIP）数据

电工电子技术：少学时/罗厚军，董英英主编．—3版．—北京：机械工业出版社，2016.8（2023.1重印）

高等职业技术教育机电类专业系列教材　机械工业出版社精品教材

ISBN 978-7-111-53916-2

Ⅰ.①电…　Ⅱ.①罗…　②董…　Ⅲ.①电工技术-高等职业教育-教材　②电子技术-高等职业教育-教材　Ⅳ.①TM ②TN

中国版本图书馆CIP数据核字（2016）第117192号

机械工业出版社（北京市百万庄大街22号　邮政编码100037）
策划编辑：于　宁　责任编辑：于　宁
责任校对：薛　娜　责任印制：李　昂
封面设计：鞠　杨
中煤（北京）印务有限公司印刷
2023年1月第3版第8次印刷
184mm×260mm · 21.25印张 · 564千字
标准书号：ISBN 978-7-111-53916-2
定价：59.80元

电话服务　　网络服务
客服电话：010-88361066　机　工　官　网：www.cmpbook.com
010-88379833　机　工　官　博：weibo.com/cmp1952
010-68326294　金　书　网：www.golden-book.com
封底无防伪标均为盗版　机工教育服务网：www.cmpedu.com

前 言

本教材为高等职业技术教育机电类专业规划教材，是以高等职业学校培养目标和人才规格为依据，以高职高专教育电工电子技术课程教学基本要求为指导，以符合机电类职业资格标准和相关岗位实用的理论知识和技能为原则，针对高等职业教育特点，结合高职工科非电类各专业知识结构的要求而编写。

本教材有着鲜明的职业教育和就业教育特点，按照高等职业教育的培养目标和人才规格，对工科非电类各专业的知识结构，以及企业相关岗位对本课程的知识需求做了深入的调研，并对当前教师的教学思路及学生的学习特点进行了考察，使教材内容更具有科学性、实用性、可读性，以满足当前教学的需要。理论知识以必须、够用为度，以应用为目的。在编写过程中，根据高职高专培养应用型人才的基本要求，充分考虑了适用范围、内容深度、应用性以及能力培养等方面，力求做到保证基础、降低深度、扩大信息、加强应用，便于教师讲授和学生自学。

本教材在第2版（2012年出版）的基础上进行了修订，本次修订保留了原教材的知识结构体系，主要考虑非电专业的特点以及突出实际应用，删掉了不必要的冗余内容以及超出本专业要求的部分内容，加强电路基本分析方法的训练，调整了部分章节内容，对教材进行了整体完善。针对学生目前普遍存在的学习现状，需要突出对重点基础知识、概念的理解，故每节后面增加了“概念自测题”。

本教材分上下两篇：上篇为电工部分，着重对电路的基本概念和电路解题方法做了较为深入的分析。主要内容包括：电路理论基础及分析方法、正弦交流电路、磁路与变压器、三相异步电动机及控制；下篇为电子部分，着重对放大电路、集成电路进行了原理分析和逻辑分析，重点放在器件的外特性和应用上。主要内容包括：半导体器件、放大电路、稳压电源、数字电路基础、组合逻辑电路以及时序逻辑电路。各章均有“本章学习要求”“本章小结”“概念自测题”，每章配有精选的习题及部分习题答案，便于自学者自测之用。本教材以70~110学时为参考，凡带*的章节可根据专业需要进行灵活取舍，不影响知识的系统性。

本教材由罗厚军、董英英担任主编，张进、杨柳担任副主编。

具体编写分工如下：杨柳编写第1章，陈敏编写第2章，张进编写第3章，张敬衡编写第4章，李晓莉编写第6章，董英英编写第5章、第7章，罗厚军编写第8章、第9章、第10章及前言和附录。全书由罗厚军负责统稿。蔡大山任主审，他审阅了全书并提出了许多修改建议，在此表示诚挚的感谢！

书中如有错误和不妥之处，殷切期望使用本教材的广大师生和其他读者批评指正，我们将不断改进和完善。

编 者

目 录

下 篇

上 篇

第 1 章 电路理论基础及分析方法

本章学习要求

理论：掌握基尔霍夫定律、电压源与电流源及其等效变换和戴维南定律的分析方法及应用；理解基本物理量的意义；了解电路的组成和电路的工作状态。

技能：掌握万用表的使用；学会元件检测方法。

1.1 电路的组成

1.1.1 电路

电路就是电流通过的路径。当人们将其他形式的能量（如热能、风能、化学能和原子能等）转换成电能加以利用时，这种能量的转换，必须要通过不同形式的电路才能完成。在日常生活中所见到的最典型的电路（手电筒电路）如图 1-1 所示，它的作用是实现电能的输送和转换。它由以下四个部分组成。

1）供给电能的设备——电源（干电池、蓄电池和发电机），其作用是将化学能或机械能转换为电能。

2）使用电能的设备——负载（电灯、电动机等一切用电设备），其作用是将电能转换成其他形式的能量。

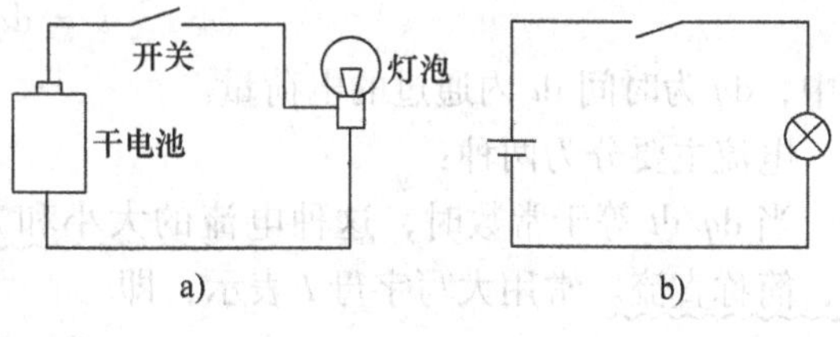

图 1-1 手电筒电路

3）传输电能的设备——中间环节（铝导线、铜导线、变压器、变频器等），其作用是将电源和负载连接起来，构成电流的通路，传输电能。

4）控制电能的设备——低压电器（开关、熔丝等），其作用是控制电路的通断，并保护电源与负载不受损坏。

电路有内电路和外电路之分。对电源来说，由负载、中间环节和低压电器组成的电路称为外电路；电源内部的电路则称为内电路。

1.1.2 模型电路

在分析和计算电路时，画实物图很不方便，为了便于进行分析和计算，常用理想的电路元器件及其组合来近似地代替实际的电路元器件，从而构成与实际电路相对应的等效电路，即为实际电路的“模型电路”。

图 1-2 所示为手电筒模型电路，把小灯泡负载看成是电阻元件，用 R_L 表示，用电压源 U_S 和电源内阻 R_S 相串联的等效电路来表示干电池，用没有电阻的连接线表示连接导线。在电路分析计算中若无特殊说明，则电路均指模型电路。

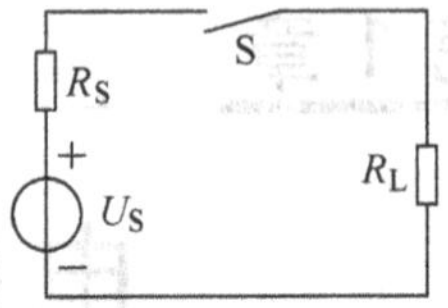

图 1-2 手电筒模型电路

1.1.3 常用的物理量

描述电路过程和分析计算中，经常用到电路中的基本物理量，如电流、电压和电动势等，下面从电路出发，进行分析和阐述。

1. 电流

在日常生活中，一合上开关，电动机能动、电灯能亮、电视机能显示图像……它们之所以能动、能亮和能唱，这是因为它们里面有电流通过，致使电能转换成电动机中的机械能、灯泡中的光能、电视机中的电磁场能及光能、声能等。

金属导体是怎样导电的呢？

由物理学可知，导体中存在着大量的自由电荷，它可以在导体中自由运动。平时由于自由电荷的热运动是无规则的，因而不能形成电流。当把导线接到电源上形成闭合电路后，电源就会在导体中形成电场，自由电荷便在电场力的作用下朝着一定方向移动，自由电荷在导体中定向运动便形成了电流。

电流就是电荷的定向运动，其大小等于通过导体横截面的电荷量与通过这些电荷所用时间的比值，用 i 或 I 表示。随时间而变化的电流定义为

$$i = \mathrm{d}q/\mathrm{d}t \tag{1-1}$$

式中，$\mathrm{d}q$ 为时间 $\mathrm{d}t$ 内通过的电荷量。

电流主要分为两种：

当 $\mathrm{d}q/\mathrm{d}t$ 等于常数时，这种电流的大小和方向都不随时间变化，称这种电流为恒定电流，简称直流。常用大写字母 I 表示，即

$$I = Q/t \tag{1-2}$$

当 $\mathrm{d}q/\mathrm{d}t$ 不等于常数时，这种电流的大小和方向随时间变化，称为交变电流，常用小写字母 i 表示。

电流的单位是安［培］（A），它表示 1 秒（s）内通过某一导体横截面的电荷为 1 库仑（C），即

$$1\mathrm{A} = \frac{1\mathrm{C}}{1\mathrm{s}}$$

电流的单位还有千安（kA）、毫安（mA）和微安（μA）等。在应用时，根据不同的需要，大电流用千安（kA），小电流用毫安（mA）或微安（μA）作单位，它们之间的换算关系为

$$1kA = 10^3 A \qquad 1mA = 10^{-3} A \qquad 1\mu A = 10^{-6} A$$

电路中的电流可以用安培表、毫安表和微安表等进行测量，在表盘上分别有相应的 A、mA、μA 标识符。使用这些电流表测量电流时应注意：

1）电流表应串联在被测电路中。当测量直流电流时，电流表的正极接入电源正极，电流表的负极接入电源负极，否则将损坏电流表。

2）在使用电流表前应先估计被测电路电流的大小，选好量程。当被测电路的电流无法估计时，应选较大的量程开始测量。

当电路比较复杂，电路中电流的实际方向随时间在变化，不能确定电流的方向时，常任意假定某一方向为电流的方向，并用箭头表示在电路图上，这个假定的电流方向称为"参考方向"。这样就可以在假定的参考方向下，根据计算电流值的正负来判断电流的实际方向。若计算的电流值为正值，则表示假定的正方向就是电流的实际方向；若计算的电流值为负值，则表示电流的实际方向与假定的正方向相反。

电流的参考方向在图上用实线箭头表示，实际方向用虚线箭头表示，有时也用双下标表示，如图 1-3所示。如支路 ab 上的电流为 i_{ab}，则表示该支路电流的参考方向选定为从 a 指向 b。

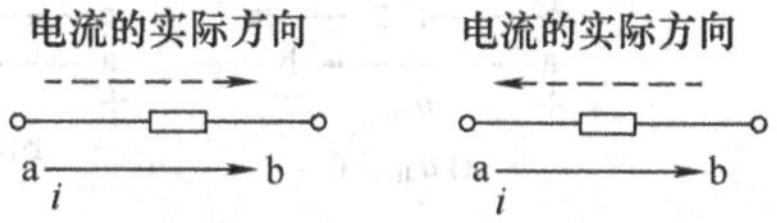

a) $i>0$　　b) $i<0$

图 1-3　电流的参考方向与实际方向

2. 电压与电动势

干电池、蓄电池和发电机等都是电源，电路中由于电源的存在才使电路中有持续的电流通过，并使电路产生和保持一定的电压。它们是怎样产生这种作用的呢?

在电场力作用下，正电荷就要从正极 a 经过导线流向负极 b，这就是电场力对电荷做了功。为了衡量电场力对电荷做功的能力，引入电压这一物理量。ab 两点间的电压在数值上等于电场力把单位正电荷从 a 移到 b 所做的功。

电压分为两种：

当电压为一恒定值时，称为直流值，用 U 表示，即

$$U_{ab} = \frac{W}{Q} \tag{1-3}$$

当电压为一变值时，称为交流值，用 u 表示，若电量为 dq 的电荷在电路中从 a 点移到 b 点电场力做的功为 dw，即 ab 两点间的电压为

$$u_{ab} = \frac{dw}{dq} \tag{1-4}$$

电压的单位是伏［特］，用符号 V 表示。如果电场力做功为 1J 时，那么 ab 两点间的电压是 1V。电压的单位除了伏［特］外，还有千伏（kV）、毫伏（mV），它们之间的换算关系为

$$1kV = 10^3 V \qquad 1mV = 10^{-3} V$$

电路中电压的测量用伏特表和毫伏表，在标盘上有相应的 V、mV 标识符。使用电压表测量电压时，应注意以下几点：

1）使用电压表前应估计被测电压的大小，选好量程。

2）要把电压表与待测电路并联。测量直流电压时，还应注意使电流由电压表的"+"接线端流入，从"-"接线端流出，否则会损坏电压表。

与电流的参考方向一样，电压也需要指定参考方向，电压的参考方向有三种表达方式。一种是双下标表示，如 u_{ab}（电压参考方向由 a 点指向 b 点）；另一种是用"+""-"号表

示（电压参考方向由正极性指向负极性）；第三种用实线箭头表示。

电压的实际方向与参考方向的关系：当电压参考方向与实际方向一致时，电压为正，即 $u_{ab}>0$；当电压参考方向与实际方向相反时，电压为负，即 $u_{ab}<0$。由此可知，当选定参考方向之后，可以通过计算电压的正负来确定电压的实际方向。电压的参考方向与实际方向的关系如图 1-4 所示。

电路元件的电流和电压的参考方向可以分别指定，但为了分析电路方便，常将一条支路的电压和电流参考方向选得一致，即电流是从标以电压正极性的一端指向负极性的一端。这种电压、电流参考方向选得一致的情况称为关联参考方向，简称关联方向。本书采用的是关联方向，如图 1-5 所示。

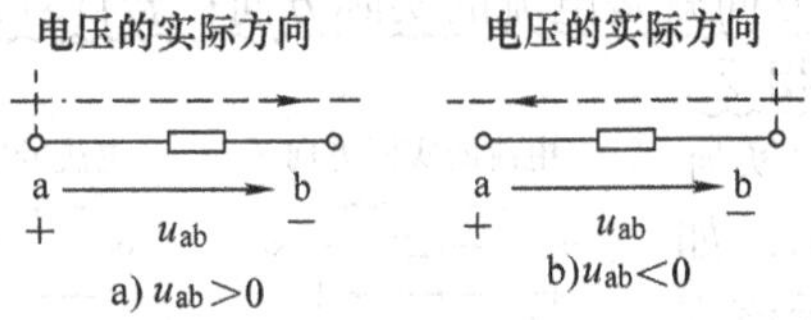

图 1-4　电压的参考方向与实际方向

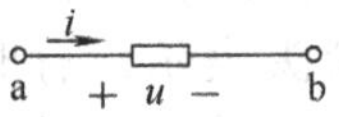

图 1-5　电压和电流的关联方向

参考方向是假设选定的，电压和电流的方向是客观存在的。参考方向一旦选定，就不能随便改变，否则分析结果和计算结果也要做相应变化。由此可知 $u_{ab}=-u_{ba}$。

前面分析了电场力将正电荷从正极 a 点移到负极 b 点做功而产生了电压，为了使电路有持续的电流通过，必须要有另一种力能克服电场力而使负电极 b 上的正电荷流向正电极 a（电源内部的一段电路 b 到 a）。电源就能产生这种力，称之为电源力。为了衡量电源力对电荷做功的本领，引入电动势这一物理量。电动势 E_{ba} 在数值上等于电源力把单位正电荷从电源的低电位端 b 经电源内部移到高电位端 a 所做的功，用公式表示为

$$E_{ba}=\frac{W_{ba}}{q} \tag{1-5}$$

电动势与电压单位相同，都是伏［特］（V），但电动势的概念与电压的概念既有联系又有区别。电压是指外电路中两点间的电位之差，表示电场力推动电荷做功的能力；电动势是指在电源内部电源力所产生的推动电荷的能力。

对电路上的电压而言，电源两端的电压是从正极指向负极，即从高电位指向低电位。对于一个电源来说，其电动势的正方向是从负极指向正极，即从低电位指向高电位。因此当电源两端 ab 间电压和电动势选取相同的参考方向时，就有

$$u_{ab}=-E_{ba}$$

3. 电位

电位是分析电路常用的物理量，用符号 V 表示。电压和电位是怎样的关系？从物理学可知，电压就是电位的差值，即

$$U_{ab}=V_a-V_b \tag{1-6}$$

在进行电路研究时，常常要分析电路中各点电位的高低。例如，电子电路中的二极管，判断它是导通还是截止，就需要弄清二极管的阳极电位比二极管阴极电位是高还是低。为了确定电路中各点的电位值，必须先选择电位的零点，将零电位点作为电路中其余各点电位高

低的比较标准。零电位点在电路图上用符号“⊥”表示，又称为“接地”。

零电位点（参考点）的选择是任意的，但特别要注意对于同一电源的电路，只能有一个零电位点。通常电气设备接地点设为零电位点，电气设备机壳可设为零电位点，电路中的公共零线和公共结点也可设为零电位点，电子电路中许多元件汇集在一个公共点上（但线路不一定接地），也可指定这一点为零电位点。

电路中各点电位是通过零点电位和电压、电动势的关系确定的。当零电位点设定以后，电路中任一点的电位，在数值上等于从该点到零电位点的电压。下面以四种部分电路的电位计算为例来归纳出一般电路电位计算的基本规律。

图 1-6a 中，电流 I 通过电阻 R 产生电压降 $U_{ab}=IR$，a 点电位高于 b 点电位，而 $V_b=0$，所以 $V_a=U_{ab}=IR$。

图 1-6b 中，由于电流方向与图 1-6a 相反，b 点电位高，所以 $V_a=-IR$。

图 1-6c 中，a 点比 c 点电位高，c 点接电源正极，b 点接电源负极，c 点比 b 点高出电源电动势 E 大小的电位，所以 $V_a=IR+E$。

图 1-6d 中，电源方向与图 1-6c 相反，c 点电位比 b 点低电动势 E 大小的电位，$V_c=-E$，a 点电位仍较 c 点高，所以 $V_a=IR-E$。

由以上分析，可将电位计算方法归纳为以下几点：

1）选好零电位。

2）用欧姆定律计算电路电流、各电阻电压降。选择待确定电位点到零电位点最简捷的绕行路径。

3）列出选定路径上电压、电动势代数和方程。当电阻中电流方向与绕行方向一致时，电阻的电压为正；反之，为负。当电源的电动势的方向与绕行方向相反时，电动势取正值；反之，取负值。计算所列方程的数值即为所求点电位。

例 1.1 图 1-7 所示的电路中，$R_1=6\Omega$，$R_2=R_5=4\Omega$，$R_3=R_4=8\Omega$，$E=12V$，$I_1=1A$，$I_2=I_3=0.5A$，试求各点电位，并根据电位求电压 U_{CD}。

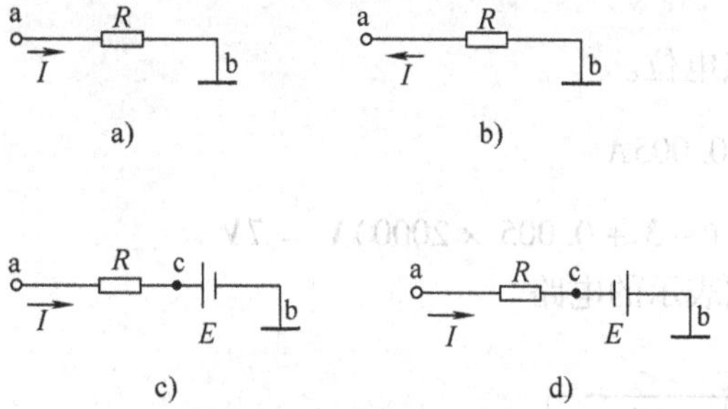

图 1-6　部分电路的电位计算

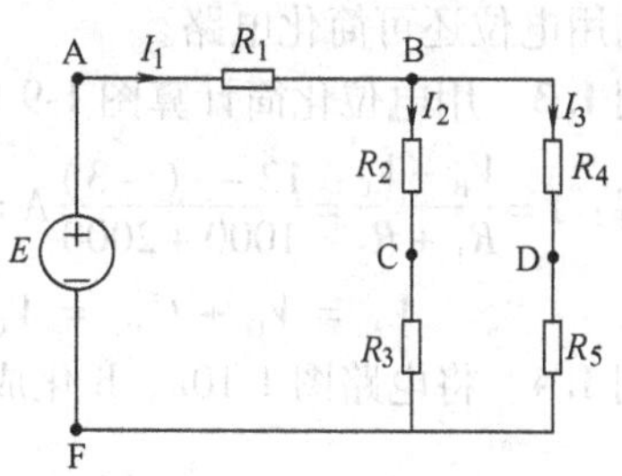

图 1-7　例 1.1 图

解：一个电路中可以任意选择一点作为参考电位点，参考电位点的电位等于 0V，各点的电位就是该点和参考点之间的电压。下面选择两个参考点分别计算。

（1）选择 F 点为参考电位点，即

$$V_F = 0V$$

则

$$V_C = U_{CF} = I_2R_3 = 0.5\times 8V = 4V$$

$$V_D = U_{DF} = I_3R_5 = 0.5\times 4V = 2V$$

$$V_B = U_{BF} = I_2(R_2+R_3) = 0.5\times(4+8)V = 6V$$

$$V_A = U_{AF} = E = 12V$$

电压 U_{CD} 即为 C 点和 D 点的电位差：

$$U_{CD} = V_C - V_D = (4-2)V = 2V$$

（2）选择 B 点作为参考电位点，即

$$V_B = 0V$$

则

$$V_A = U_{AB} = I_1R_1 = 1 \times 6V = 6V$$
$$V_C = U_{CB} = -I_2R_2 = -0.5 \times 4V = -2V$$
$$V_D = U_{DB} = -I_3R_4 = -0.5 \times 8V = -4V$$
$$V_F = U_{FB} = -I_2(R_2 + R_3) = -0.5 \times (4+8)V = -6V$$

而电压 U_{CD} 仍为 $U_{CD} = V_C - V_D = [(-2) - (-4)]V = 2V$

通过计算可见，当电路中选用不同点作电位参考点时，则各点的电位值也就不同，但是电路中任意两点之间的电压值不因参考点不同而有所改变，仍保持原值不变。

例 1.2 试求图 1-8 电路中 a、b、c 各点的电位。

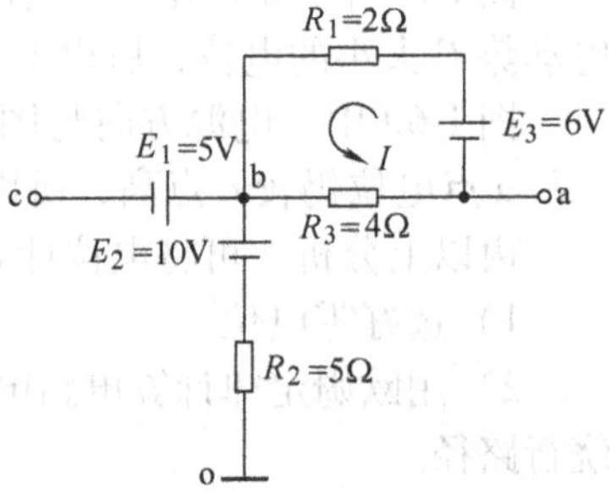

图 1-8 例 1.2 图

解：在计算时，要注意电阻元件上是否有电流流过。由于 E_2、R_2 以及 E_1 没有构成回路，所以它们中没有电流通过。各点电位为

$$V_b = U_{bo} = E_2 = 10V$$
$$V_c = U_{co} = U_{cb} + U_{bo} = (-5+10)V = 5V$$
$$V_a = U_{ao} = U_{ab} + U_{bo} = -IR_3 + U_{bo}$$
$$= \frac{-E_3R_3}{R_1+R_3} + 10V = \left(\frac{-6 \times 4}{2+4} + 10\right)V = 6V$$

由此可见，电位是指某一点在电路中的位置，电压是指两点间的电位差。电位参考点选择不同，任意两点间的电压不发生改变，但各点的电位会发生改变。

在有些复杂电路中，直接求电压麻烦，可分别求出两点的电位，再算出电压，化简计算。利用电位还可简化电路。

例 1.3 用电位化简计算图 1-9 中的 V_A 点电位。

解：$I = \frac{V_B - V_C}{R_1 + R_2} = \frac{12-(-3)}{1000+2000}A = \frac{15}{3000}A = 0.005A$

$$V_A = V_C + U_{AC} = V_C + IR_2 = (-3 + 0.005 \times 2000)V = 7V$$

例 1.4 将电路图 1-10a、b 化成电位形式表示的电路。

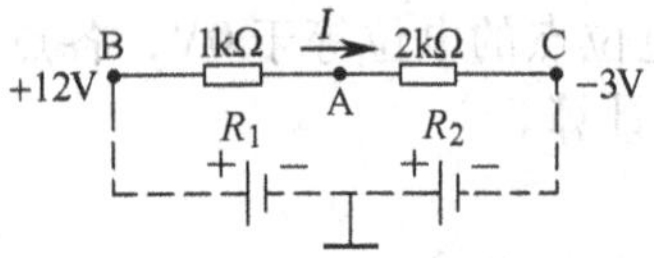

图 1-9 化简计算

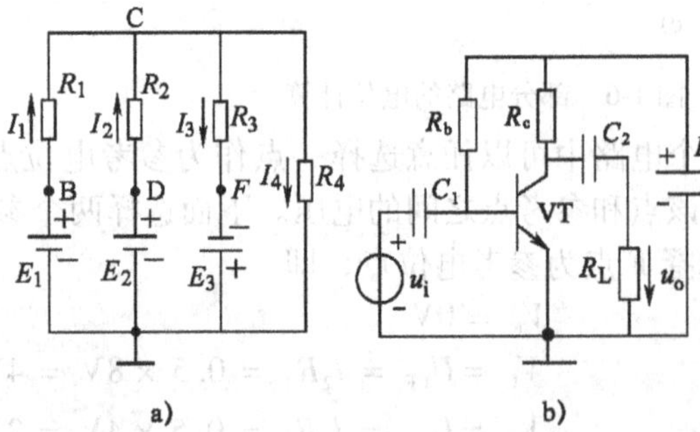

图 1-10 例 1.4 图

解：化简后的用电位表示的电路分别如图 1-11a、b 所示。

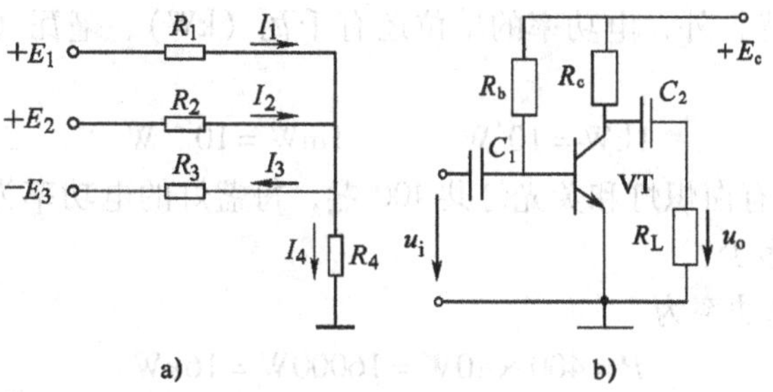

图 1-11　化简后的用电位表示的电路

为什么通常把大地作为电位参考点（零电位）？因为人生活的地球是人体的立足之地，是所有设备的安装之处，车船行驶的道路。“地”的含义，就是地球、设备金属壳体（电动机、变压器外壳、输电线铁塔、船体本身和仪器外壳）、电路中公共零线和公共结点。

4. 电能和电功率

电路的工作过程就是一种能量与另一种能量相互转换的过程。在导体两端加上电压，导体内就建立了电场，电场力推动正电荷从电源的正极经过负载移动到电源的负极，对电荷做功，这时元件吸收能量；反之，正电荷从电源的负极经过负载到电源正极时，电场力做负功，元件向外释放能量。在直流电路中，电压都为恒值，在时间 t 内电路消耗的电能为

$$W = UIt \tag{1-7}$$

电场力做的功常常说成是电流做的功，简称电功。所以，电流在一段电路上所做的功，跟这段电路两端的电压、电路中的电流和通电时间成正比。电流做功实际上是向其他形式的能量转化的过程。对于电灯，电流做的功把电能转化成光能；对于电动机，电流做的功把电能转化成机械能。电流做了多少功，就将多少电能转化为其他形式的能。

用电设备和电路在能量转化时的做功能力用电功率（P）表示

$$P = \frac{W}{t} \tag{1-8}$$

电流做功跟完成这些功所用时间的比值称为电功率，它表示电能转换的速度。

将式（1-7）代入式（1-8），得 $P = UI$。它表明一段电路上的功率跟这段电路两端的电压和电路中的电流成正比，如图 1-12 所示。因为 $U = IR$，所以 $P = (IR)I = I^2R$；又因为 $I = \frac{U}{R}$，所以 $P = U\frac{U}{R} = \frac{U^2}{R}$。

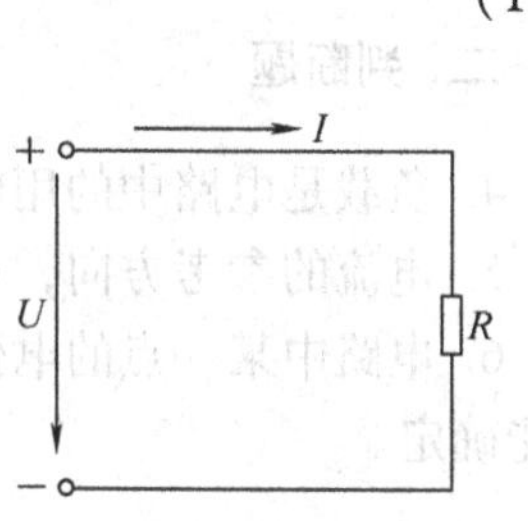

图 1-12　一段电路

电路中功率的三种表达形式为

$$\left.\begin{aligned} P &= UI \\ P &= I^2R \\ P &= \frac{U^2}{R} \end{aligned}\right\} \tag{1-9}$$

在 SI（国际单位制）中，能量的单位为焦［耳］，符号为 J。功率的单位为瓦［特］，

符号为 W。除了瓦［特］外，电功率的单位还有千瓦（kW）、毫瓦（mW），它们之间的换算关系如下：

$$1\text{kW}=10^3\text{W}\qquad 1\text{mW}=10^{-3}\text{W}$$

例 1.5 某写字楼有白炽灯和荧光灯共 400 盏，每盏灯的电功率为 40W，问使用这些灯 5h 总共消耗的能量是多少？

解：写字楼用电总功率为

$$P=400\times 40\text{W}=16000\text{W}=16\text{kW}$$

消耗的能量即电流做功为

$$W=Pt=16\times 5\text{kW}\cdot\text{h}=80\text{kW}\cdot\text{h}\ (\text{俗称为 80 度})$$

例 1.6 一个 4kΩ、10W 的电阻，使用时允许的工作电流及电压是多大？

解：根据式（1-9）可得

$$I=\sqrt{\frac{P}{R}}=\sqrt{\frac{10\text{W}}{(4\times 10^3)\Omega}}=5\times 10^{-2}\text{A}=50\text{mA}$$

$$U=\sqrt{PR}=\sqrt{10\text{W}\times(4\times 10^3)\Omega}=200\text{V}$$

使用时，电流不能超过 50mA，电压不能超过 200V。

1.1.4 概念自测题

一、填空题

1. 电路是由______、______、______和______四部分组成，以形成电流的闭合通路。

2. 电源的作用是将______能转换成______能；负载的作用是将______能转换成______的能。

3. 电源电动势的方向规定为从______极指向______极。是______力克服______力移动电荷做功；电压的方向规定由______端指向______端，是______力移动电荷做功，通过负载把电能转换成其他形式的能。

二、判断题

4. 负载是电路中的用电设备，它把其他形式的能转换成电能。 （ ）

5. 电流的参考方向，可能是电流的实际方向，也可能与实际方向相反。 （ ）

6. 电路中某一点的电位具有相对性，只有参考点（零电位点）确定后，该点的电位值才能确定。 （ ）

三、选择题

7. 下列设备中，其中（ ）必是电源。

A. 发电机　B. 蓄电池　C. 电视机　D. 电炉

8. 下列说法正确的是（ ）。

A. 电位随着参考点（零电位点）的选取不同数值而变化

B. 电位差随着参考点（零电位点）的选取不同数值而变化

C. 电路上两点的电位很高，则其间电压也很大

D. 电路上两点的电位很低，则其间电压也很小

9. 若把电路中原来电位为3V 的一点改选为参考点，则电路中各点电位比原来（　）。

A. 升高　　B. 降低　　C. 升高或降低　　D. 不变

1.2 欧姆定律

1.2.1 一段电路的欧姆定律

所谓一段电路就是闭合电路中的一段不含电动势、只有电阻的电路，如图 1-12 所示。导体中的电流跟它两端的电压成正比，跟它的电阻成反比，可用下式表示：

$$I = \frac{U}{R} \tag{1-10}$$

式中，U 为导体两端的电压，单位为 V；R 为导体电阻，单位为 Ω；I 为导体通过的电流，单位为 A。

1.2.2 全电路欧姆定律

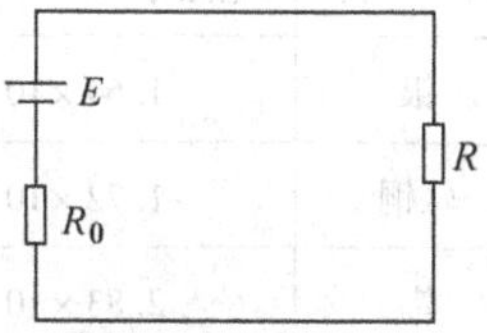

图 1-13　全电路

如果考虑到电源电动势和电源内阻，电路中的电流应该由什么决定呢？全电路欧姆定律的内容是：回路中流过的电流，其大小与电动势成正比，而与回路的全部电阻值成反比。图 1-13 是最简单的闭合回路，R 是负载电阻，R_0 是电源内阻。该电路的电压方程式为

$$E = U + U_0 \tag{1-11}$$

略去连接导线的电阻不计，加在负载电阻两端的电压就等于电源的端电压，其值为

$$U = IR \tag{1-12}$$

电源内阻上的电压降为

$$U_0 = IR_0 \tag{1-13}$$

所以

$$E = IR + IR_0$$

$$I = \frac{E}{R + R_0} \tag{1-14}$$

在通常情况下，电源的电动势和内阻可以认为是不变的。因此，外电路电阻的改变是影响电流大小的唯一因素。当 R 减小时，全电路的电阻减小，电流增大。因为在正常情况下，$R_0 \ll R$，所以随着输出电流的增大，电源的端电压 $U = E - IR_0$ 将略有降低。

在上述简单的闭合回路中，可用电阻 R_0 和电动势相串联的电路来代替。因为电压 U 并非直接作用在 R_0 上，所以不能用 U 除以 R_0 来计算这段电路上的电流，只能从电源内部的电压降着手来计算电流。由式（1-11）~式（1-13）可得

$$U_0 = IR_0 = E - U \tag{1-15}$$

所以，流过内电路的电流应为

$$I = \frac{E - U}{R_0} \tag{1-16}$$

综上所述，欧姆定律既可用于一段电路，也可用于全电路，在计算时，应根据已知条件正确地使用欧姆定律。

1.2.3 电阻元件

1. 电阻的定义

电路中自由电子的移动不是畅通无阻的，电源、负载和导线都具有不同程度上阻碍电流流动的性质，这种固有性质称为电阻，即物体阻止电流通过的本领称为电阻。

任何导体都有电阻，电阻的大小与它本身的物理条件有关，在温度不变时导体的电阻跟它的长度 L 和导体的电阻率 ρ 成正比，跟它的横截面积 S 成反比，这就是电阻定律，即 $R=\frac{\rho L}{S}$。

电阻的大小反映了阻碍电荷定向移动的能力。阻碍电荷移动的能力可由电阻率 ρ 表示，电阻率的大小是由导体的材料决定的，表 1-1 给出了一些材料在 20℃时的电阻率。

表 1-1 电阻率

材 料	电阻率/Ω·m（20℃）	材 料	电阻率/Ω·m（20℃）	材 料	电阻率/Ω·m（20℃）
银	1.64×10^{-8}	铁	9.71×10^{-8}	纸	1×10^{10}
软铜	1.72×10^{-8}	康铜	49×10^{-8}	云母	5×10^{11}
铝	2.83×10^{-8}	硅	2.14×10^{3}	石英	1×10^{17}

若导体电阻率接近 $10^{-8}\Omega\cdot m$，导电性很好，常用的导体材料是铜材料和铝材料；绝缘体电阻率大于 $10^{10}\Omega\cdot m$，用它隔离电流不会有显著的漏电，如塑料、橡胶等；半导体电阻率在 $10^{-5}\sim10^{7}\Omega\cdot m$ 之间，用它可以制造晶体管，如硅材料、锗材料。

在国际单位制中，电阻的单位是欧［姆］(Ω)，实际应用中还有千欧（kΩ）、兆欧（MΩ）等单位。它们之间的换算关系是

$$1k\Omega = 10^3\Omega \quad 1M\Omega = 10^6\Omega$$

2. 电阻元件电压和电流的关系

实际电阻有线性电阻和非线性电阻之分。线性电阻中的电流与加在电阻两端的电压成正比，是线性关系。非线性电阻中的电流与加在电阻两端的电压不成正比，是非线性关系。

线性电阻又分为固定电阻和可变电阻。固定电阻的电阻值是一定值，阻值不能变化。固定电阻有用铬、镍等金属作为电阻材料的金属线电阻，也有以碳和碳与其他物质的混合物作为电阻材料的碳膜电阻。可变电阻是电阻值可以发生变化的，常称为电位器。

线性电阻在电路中的应用非常广泛，本书讨论的是线性电阻，在不加特殊说明时，所说的电阻均指线性电阻。

当电阻元件上的电压与电流方向一致时，由欧姆定律可知，$U=RI$，元件吸收的功率为 $P=UI$，$P>0$，说明电阻元件是耗能元件。

电路中大多数电气设备都具有消耗电能的电磁性能，它们吸收功率，引起电气设备发热。用两个元件参数描述电路中电阻的情况：一个是电阻值，另一个是功率。如果在电路工作过程

中超过了电阻的额定功率，电阻的温度就会上升过高，影响电阻的寿命，甚至将电阻元件烧毁，所以一定要严格按照生产厂家规定的额定功率、额定电压和额定电流正确使用电阻器。

例 1.7 电炉丝烧坏一段后，接起来再接到电源中使用，功率变大还是变小？

分析：电炉丝烧坏了一段，长度 L 减短，电阻 R 变小，因为 $P=\frac{U^2}{R}$，电压 U 一定，所以功率 P 增大。

例 1.8 220V 电炉丝接入 380V 电源，功率增加了几倍？

分析：$P_{原}=\frac{(220\text{V})^2}{R}$

$$P_{现}=\frac{(380\text{V})^2}{R}=\frac{(\sqrt{3}\times 220\text{V})^2}{R}=3\times\frac{(220\text{V})^2}{R}=3P_{原}$$

可见，当电阻 R 一定时，电压增大，功率也增大。

***3. 色环标志法**

在识别电阻值时采用国际通用的精度色环标志法，这一方法是用不同颜色的色环在电阻表面表示标称阻值和允许偏差。电阻的外壳上用数字或颜色代码印出的阻值称为标称值。在实际值上下浮动的百分数称为容差。

（1）两位有效数字的色环标志法　普通电阻采用四条色环表示标称阻值和允许偏差，如图 1-14 所示。两位有效数字的阻值色环标志法见表 1-2。

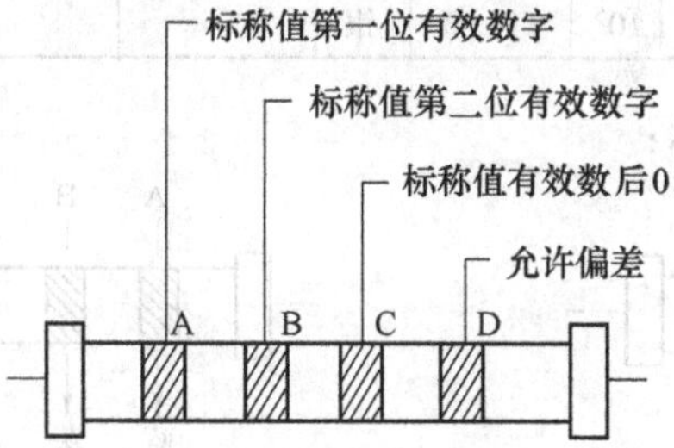

图 1-14　两位有效数字色环

表 1-2　两位有效数字的阻值色环标志法

颜色	第一位有效数	第二位有效数	倍率	允许偏差	颜色	第一位有效数	第二位有效数	倍率	允许偏差
黑	0	0	10^0		紫	7	7	10^7	
棕	1	1	10^1		灰	8	8	10^8	
红	2	2	10^2		白	9	9	10^9	+50% -20%
橙	3	3	10^3		金			10^{-1}	±5%
黄	4	4	10^4		银			10^{-2}	±10%
绿	5	5	10^5		无色				±20%
蓝	6	6	10^6						

（2）三位有效数字的色环标志法　精密电阻用五条色环表示标称阻值和允许偏差，如图 1-15 所示。三位有效数字的阻值色环标志法见表 1-3。

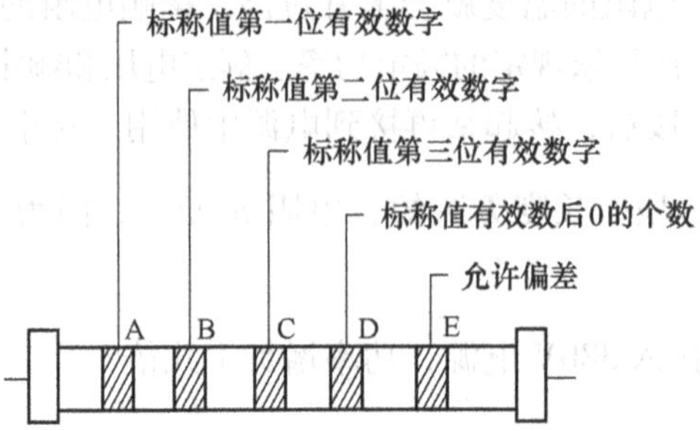

图 1-15　三位有效数字色环

表 1-3　三位有效数字的阻值色环标志法

颜色	第一位有效数	第二位有效数	第三位有效数	倍率	允许偏差	颜色	第一位有效数	第二位有效数	第三位有效数	倍率	允许偏差
黑	0	0	0	10^0		蓝	6	6	6	10^6	±0.25%
棕	1	1	1	10^1	±1%	紫	7	7	7	10^7	±0.1%
红	2	2	2	10^2	±2%	灰	8	8	8	10^8	
橙	3	3	3	10^3		白	9	9	9	10^9	
黄	4	4	4	10^4		金				10^{-1}	
绿	5	5	5	10^5	±0.5%	银				10^{-2}	

示例如图 1-16、图 1-17 所示：

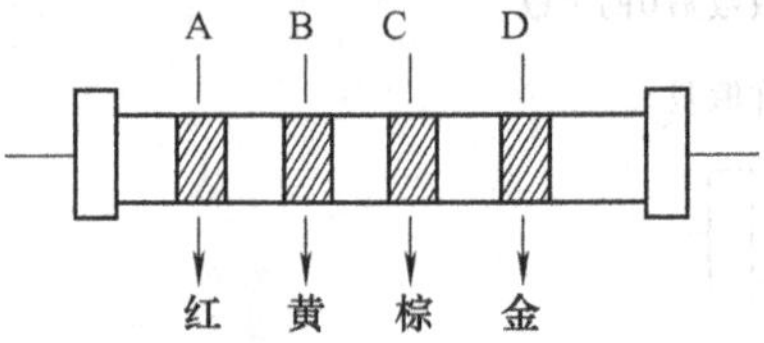

图 1-16　两位有效数字示例

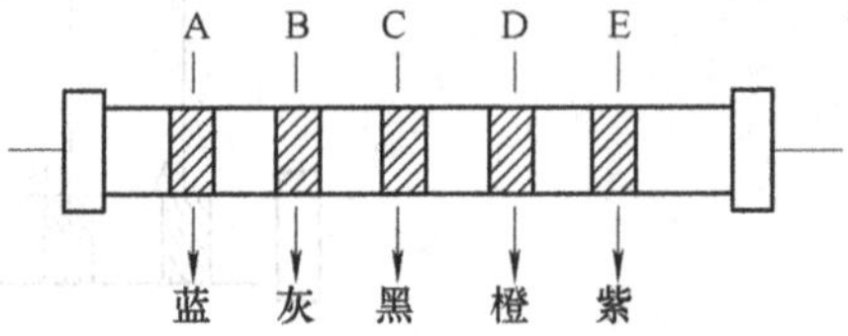

图 1-17　三位有效数字示例

色环：　A—红色　B—黄色　C—棕色　D—金色

则该电阻标称值为 $24 \times 10\Omega = 240\Omega$，精度为 ±5%。

色环：　A—蓝色　B—灰色　C—黑色　D—橙色　E—紫色

则该电阻标称值为 $680 \times 10^3\Omega = 680\text{k}\Omega$，精度为 ±0.1%。

4. 电阻的测量

电阻的静态值常常使用万用表来测量。

注意事项

先切断电源，将电阻的一端与电路断开，以免受其他元器件的影响，造成测量误差。如果电路中接有电容器，则必须将电容器放电，以免产生的电压将万用表烧坏。

操作方法：

（1）检查电池　检测万用表电池的电压是否符合要求。将万用表的档位旋钮置于电阻档，再将倍率档旋钮置于 $R\times1$ 档，然后再把两表笔金属部分短接，观察指针是否能到零位。如调整调零旋钮后，指针仍不到零位，则说明电压不足，需要更换电池。

（2）检查表针　检查在万用表没有短接时，指针是否在零位（万用表左边的零位置）。如不在零位，可旋转机械调零旋钮，将指针调至零位，这种方法称为机械调零。

（3）选择倍率档　先将万用表的档位旋钮旋到电阻档“Ω”处，再依据电阻值正确选择倍率档。读数时，万用表的指针指在标度尺的中心部分附近时，读数才较准确。如某一电阻的阻值为3000Ω，正确的倍率档为 $R\times100$ 档，电阻的阻值是万用表上刻度数值与倍率乘积。某一电阻在万用表上刻度数值为4.5，而倍率档所指读数为100，则该电阻的阻值为450Ω。若为数字式万用表，则可直接读出电阻值。

（4）电阻档调零　在测量电阻之前必须进行电阻档调零。将万用表两表笔短接，看指针是否在表盘右边的零位，如有偏差可用手转动电阻档调零旋钮，将指针调到零位。否则，测得的读数将不准确。

注意：*在测量电阻时，每换一次倍率档后，都必须重新进行调零。*

（5）测量固定电阻　用右手拿万用表两表笔（像用筷子的姿势），左手拿电阻的中间，然后用两表笔接触电阻的两引出端，此时，可从万用表表盘上读出读数。对于较小的电阻器，可以将其放在桌面上用表笔直接测量。测量时要注意，切不可用手同时捏表笔和电阻器的两个引出端。若用这种方法测量，则等于是在原电阻器两端并联上人体的电阻，尤其在测量高阻值电阻器时，会使测量误差很大。

（6）测量可调电位器　调好万用表的电阻档和倍率档后，用表笔分别连接电位器的1、3引出端，可测出该电位器的标称阻值，如图1-18a所示。然后再将万用表两表笔分别连接1、2端或2、3端，如图1-18b所示，缓慢地转动电位器的旋转轴，观察表盘指针是否在连续均匀地移动。如果发现有断续或跳动现象，则说明该电位器存在接触不良和阻值变化不均匀问题。

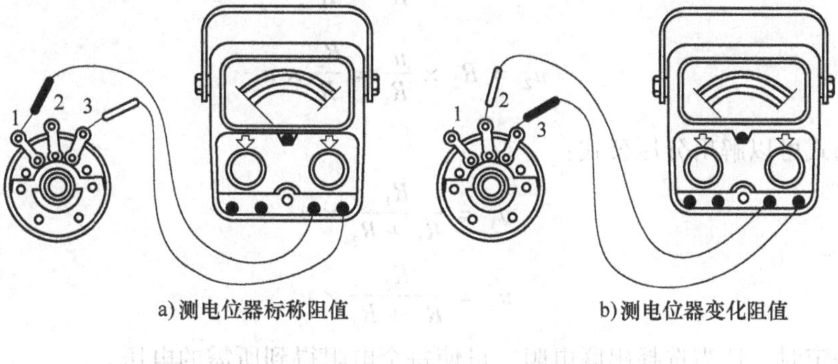

a) 测电位器标称阻值　　b) 测电位器变化阻值

图 1-18　测电位器阻值示意图

1.2.4　线性电阻元件的连接形式

1. 电阻串联及特点

把电阻头尾依次连接起来，就组成串联电路。如图1-19所示，电路的总电阻为

$$R = u/i$$

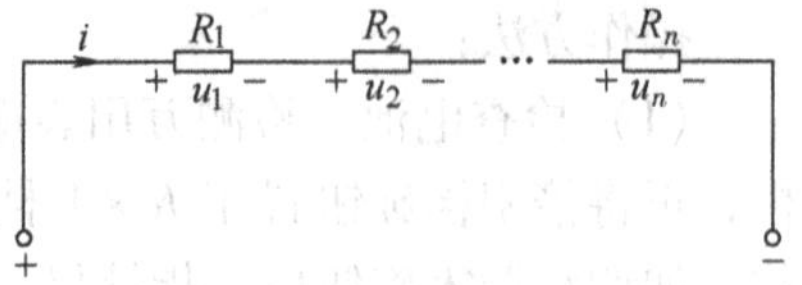

图 1-19　串联电阻

当电路接通后，每个元件都有电流通过。在一定时间内，从电源的正极流出的电流全部通过电阻 R_1、R_2、…、R_n，然后回到电源的负极。

（1）电路中的电流处处相等

$$i = i_1 = i_2 = \cdots = i_n$$

为了证实上面的结论，可以在电路中任意找到 n 个点，串联电流表，会发现测得的电流值都是一样的。

（2）串联电路两端的总电压等于各个电阻上的电压之和　当电流通过电阻 R_1、R_2、…、R_n 时，每个电阻的电压降为 $u_1 = R_1 i$，$u_2 = R_2 i$，…，$u_n = R_n i$，总电压为 $u = u_1 + u_2 + \cdots + u_n$。

（3）串联电路总电阻等于各电阻之和

$$\begin{aligned} u &= u_1 + u_2 + \cdots + u_n \\ &= R_1 i + R_2 i + \cdots + R_n i \\ &= (R_1 + R_2 + \cdots + R_n) i \end{aligned}$$

总电阻为

$$R = \frac{u}{i} = R_1 + R_2 + \cdots + R_n$$

写成一般形式为

$$R = \sum_{k=1}^{n} R_k$$

（4）电压分配、功率分配与电阻成正比　由于每个电阻上电流相同，所以每个电阻上电压与电阻关系为

$$u_1 : u_2 : \cdots : u_n = R_1 : R_2 : \cdots : R_n$$

即每个电阻上的电压与其电阻值成正比。

各电阻的分电压与总电压的关系（以两个电阻串联为例）为

$$u_1 = R_1 \times \frac{u}{R} = \frac{R_1}{R} \times u \tag{1-17}$$

$$u_2 = R_2 \times \frac{u}{R} = \frac{R_2}{R} \times u \tag{1-18}$$

利用以上两式可以解出分压公式：

$$u_1 = \frac{R_1}{R_1 + R_2} \times u \tag{1-19}$$

$$u_2 = \frac{R_2}{R_1 + R_2} \times u \tag{1-20}$$

在总电压一定时，适当选择串联电阻，可使每个电阻得到所需的电压。

例 1.9　（1）有一滑线电阻作分压器使用（见图 1-20a），其电阻 R 为 100Ω，额定电流为 1.5A，$u_1 = 100\text{V}$，$R_1 = 22\Omega$，求输出电压 u_2。

（2）误将内阻 0.5Ω、量程为 1A 的电流表看成是电压表去测量输出电压（见图 1-20b），试估算电流 i、i_1 和 i_2，并问电路中将发生什么后果？

解：（1）已知 $R_1 = 22\Omega$，则接在 u_2 段上的电阻为

$$(100 - 22)\Omega = 78\Omega$$

由于在各个串联电阻上的电压与电阻成正比，故

$$u_2 = \frac{100\text{V}}{100\Omega} \times 78\Omega = 78\text{V}$$

（2）若误将内阻为 0.5Ω、量程为 1A 的电流表作为电压表去测量输出电压，则通过电流表中的电流为

$$i_2 \approx i \approx \frac{100\text{V}}{22.5\Omega} = 4.44\text{A}$$

$$i_1 \approx 0\text{A}$$

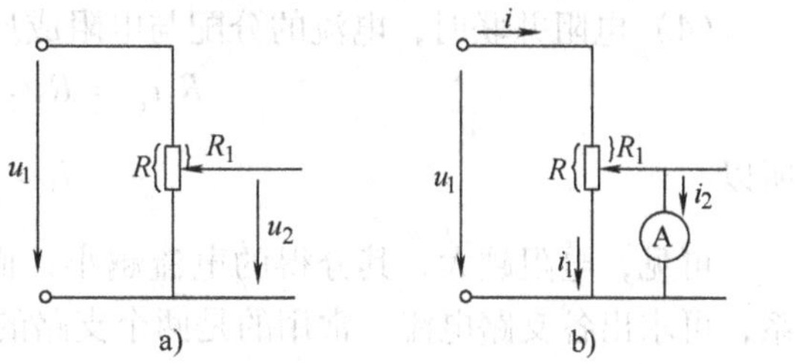

图 1-20　例 1.9 图

显然 i 和 i_2 已超过滑线电阻的额定值和电流表的量程许多倍，故二者都有损坏的危险。

2. 电阻并联及特点

若 n 个电阻并列地连接，并施加同一电压，就组成了并联电路，实际应用电路上的各个用电设备和用电器，都是采用并联接法。图 1-21 是由 n 个电阻组成的并联电路。

（1）并联电阻两端电压相等　电阻 R_1、R_2、…、R_n 两端电压分别用 u_1、u_2、…、u_n 表示，则

$$u = u_1 = u_2 = \cdots = u_n$$

为了证实上面的结论，可以在电路的任一电阻两端并上一个电压表，会发现测得的电压都是一样的。

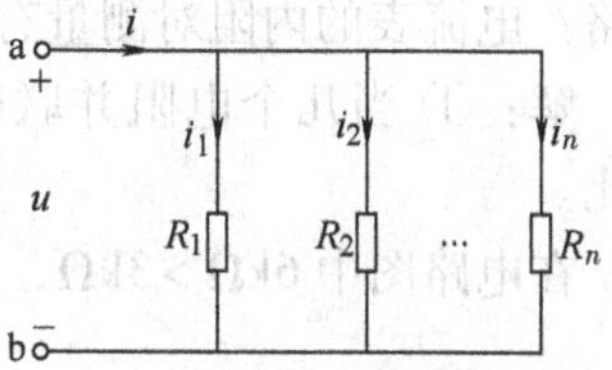

图 1-21　并联电阻

（2）并联电路总电流等于各个电阻上的电流之和

$$i = i_1 + i_2 + \cdots + i_n$$

i 表示从电源流出的总电流，i_1、i_2、…、i_n 分别表示通过电阻 R_1、R_2、…、R_n 的电流，称为分支电流。

（3）并联电路总电阻的倒数，等于各个电阻的倒数之和

因为

$$i = i_1 + i_2 + \cdots + i_n$$

$$i = \frac{u}{R}, i_1 = \frac{u}{R_1}, i_2 = \frac{u}{R_2}, \cdots, i_n = \frac{u}{R_n}$$

所以

$$\frac{u}{R} = \frac{u}{R_1} + \frac{u}{R_2} + \cdots + \frac{u}{R_n}$$

$$\frac{1}{R} = \frac{1}{R_1} + \frac{1}{R_2} + \cdots + \frac{1}{R_n}$$

如果两个电阻并联，则它们的总电阻为

$$R = \frac{R_1 R_2}{R_1 + R_2}$$

如果有 n 个相同的电阻 R_n 并联，则总电阻为

$$R = \frac{R_n}{n}$$

即并联电路中，总电阻总是小于每个分电阻。

（4）电阻并联时，电流的分配与电阻成反比　并联电路中各电阻上的电压关系为

$$R_1 i_1 = R_2 i_2 = R_n i_n = Ri$$

所以

$$i_1 = \frac{R}{R_1} \times i$$

可见，电阻越大，其分得的电流越小；而电阻越小，其分得的电流越大。利用这一关系，可求出各支路电流。常用的是两个支路的电流分配公式，由两个电阻并联的特点，可得

$$i = i_1 + i_2 \qquad \frac{i_1}{i_2} = \frac{R_2}{R_1}$$

解出分流公式：

$$i_1 = \frac{R_2}{R_1 + R_2} \times i \tag{1-21}$$

$$i_2 = \frac{R_1}{R_1 + R_2} \times i \tag{1-22}$$

例 1.10　在图 1-22 所示电路中，已知 $i_1 = 30\text{mA}$。①判断电流 i_2 和 i_3 哪个大？②算出 i_2 和 i_3。③如果要用电流表测电流 i_2，则这只电流表的量程多大才比较合适？电流表应如何接入电路？电流表的内阻对测量有何影响？

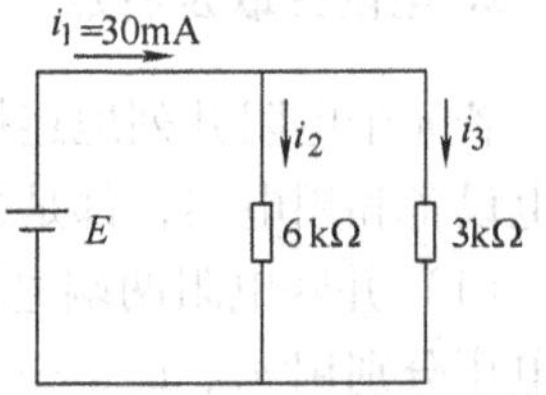

图 1-22　两个电阻并联

解：① 当几个电阻并联时，各电阻中的电流与电阻值成反比。

在电路图中 $6\text{k}\Omega > 3\text{k}\Omega$，所以 $i_3 > i_2$。

②

$$i_2 = \frac{3}{3+6} \times 30\text{mA} = 10\text{mA}$$

$$i_3 = \frac{6}{3+6} \times 30\text{mA} = 20\text{mA}$$

③ 当用电流表测量电流 i_2 时，应将电流表与 6kΩ 电阻串联。表的量程最好是 15mA。对于电流表内阻的影响，从质的方面来说，等于增大了被测回路的电阻，因此会使被测回路的电流值小于实际值。由于电流表的内阻很小（一般不超过 0.5Ω），在本电路中的影响完全可以忽略不计，但是如果被测回路本身的电阻很小，则应注意并采取措施消除这个影响。

3. 混联电路的分析计算

若电路中电阻的连接既有串联又有并联，则称为电阻的混联电路。电阻混联在实际电路中经常遇到，形式是多种多样的，分析电路的结构和串、并联关系是十分重要的。在分析电路时可采用下面的方法。

如果电路中的电阻不是直接的串、并联关系，则可以利用串、并联的特性进行等效，把它变成直接的串、并联关系再进行计算，以下面的例题来说明。

例 1.11　如图 1-23a 所示电路，求 R_{ab}。

解：由图 1-23a 可知，8Ω 电阻直接连接到 a 和 b 两点，而 4Ω 和 3 个 12Ω 的电阻，要经过 3 个 12Ω 的电阻并联，然后再与 4Ω 相串联。等效成图 1-23b 所示的电路，其等效电阻为

$$R_{cd} = \frac{R_n}{n} = \frac{12}{3}\Omega = 4\Omega$$

$$R_{ab} = \frac{(4+4)\times 8}{4+4+8}\Omega = \frac{8\times 8}{8+8}\Omega = \frac{64}{16}\Omega = 4\Omega$$

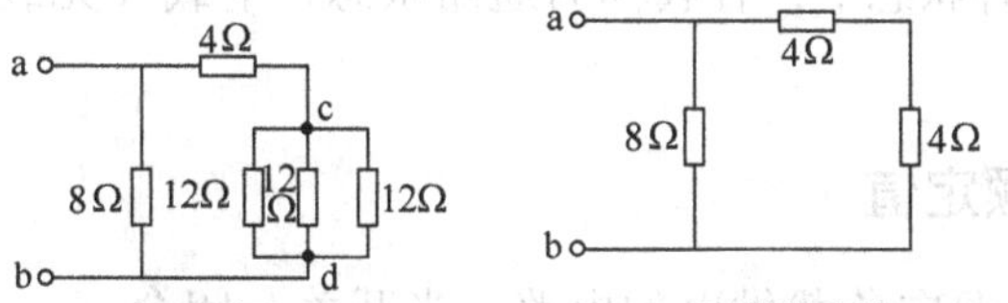

a) 电路图　　b) 等效电路

图 1-23　混联电路

1.2.5　概念自测题

一、填空题

1. 有三个阻值均为 6Ω 的电阻，现将它们做 4 种不同形式的连接，可以得到的 4 种等效电阻值各为______、______、______和______。

2. 要扩大直流电流表的量程，则应______联一个适当阻值的电阻；要扩大直流电压表量程，则应______联一个适当阻值的电阻。

3. 阻值为 10 kΩ、额定功率为 0. 25W 的电阻，所允许的工作电流及额定电压分别是 $I_{额}$ =______，$U_{额}$ =______。

二、判断题

4. 电阻串联时，电阻大的分得的电压大，电阻小的分得的电压小，但通过的电流是一样的。（　）

5. 在直流电路中，可以通过电阻的并联达到分流的目的，电阻越大，分到的电流越大。（　）

6. 若 R_1 和 R_2 为两个串联电阻，已知 $R_1 = 4R_2$，如果 R_1 上消耗功率为 1W，则 R_2 上消耗的功率为 4W。（　）

三、选择题

7. 一根粗细均匀的电阻丝，阻值为 25Ω，将其等分成五段，然后并联使用，则其等效电阻是（　）。

A. 1/25Ω　　B. 1/5Ω　　C. 1Ω　　D. 5Ω

8. 适用于纯电阻电路功率计算的公式有（　）。（多选）

A. $P = IU$　　B. $P = I^2R$　　C. $P = U^2/R$　　D. $P = W_{电功}/t$

9. 在下列规格的电灯泡中，电阻最大的是规格（　）。

A. 200W、220V　　B. 100W、220V　　C. 60W、220V　　D. 40W、220V

1.3 电路的工作状态及额定值

电路通常工作在三种状态下，有载称为通路状态，空载（无载）称为开路状态，电路被短接称为短路状态。

1.3.1 通路状态及额定值

图 1-24 所示为由电源向负载供电的电路。当开关 S 闭合时，电路接通，有电流通过负载 R，这种状态称为有载状态。电路中的电流称为负载电流，电源电动势 E 和 R_0 为定值时，电流的大小取决于负载电阻 R（用电器的数量）。电路中所接的负载常常是变动的，并联的用电设备增多时，负载的等效电阻减小，电源输出的电流和功率将随之增大，这种情况称为电路的负载增大；并联的用电设备减少时，负载的等效电阻增大，电源输出的电流和功率将随之减小，这种情况称为电路的负载减小。

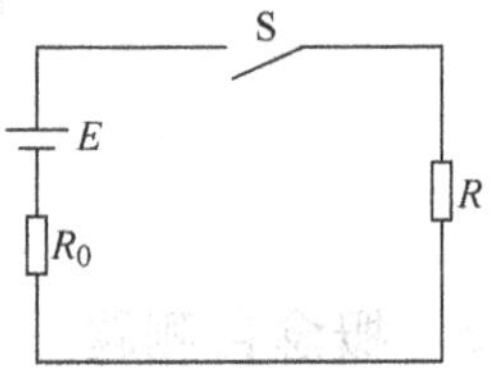

图 1-24 电路通路和开路状态

对于电动势 E 为恒定的电源来说，负载电流不能无限制地增大，否则将会由于电流过大而把电源烧毁，也会将用电设备烧毁。因此，各种电气设备和电路元器件的电压、电流和功率等都有规定的使用数据，这些数据就是该设备元器件的额定值（包括电流额定值 I_N、电压额定值 U_N 和功率额定值 P_N）。电气设备工作在额定情况下称为额定工作状态。

例如，一盏白炽灯的电压是 220V，功率 30W，这就是它的额定值。额定值是制造厂对产品的使用规定，按照额定值来使用是最经济合理和安全可靠的，并能保证电气设备有一定的使用寿命。按规定电压使用，通过电气设备的电流达到额定值，这种工作状态称为满载。使用时超过额定值较多时，由于过热而使绝缘层遭到破坏，或者加速了绝缘层老化，从而缩短了使用寿命。相反，如果电压和电流远低于其额定值，电气设备往往不能正常工作，如电动机电压太低不能起动，荧光灯电压太低不能点亮。

电气设备和电路元器件的额定值常标在铭牌上或打印在外壳上。在使用电气设备和用电器之前，必须看清它们的额定电压是否与电源电压相同，如果电源电压高于电气设备和用电器的额定电压，切不可把它们直接接入，否则电气设备和用电器会烧坏。如果电源电压低于用电器的额定电压，也不宜把它接入，否则用电器便不可能正常工作。

电气设备和用电器的额定值包括额定电流 I_N、额定电压 U_N 和额定功率 P_N。电阻性负载的额定功率等于电阻的额定电流 I_N 和额定电压 U_N 的乘积，即 $P_N=I_NU_N$。

例 1.12 ①一只灯泡电压 220V，功率 100W，求其额定电流 I_N。②一只小电珠电压 12V，电流 0.1A，求其额定功率 P_N。

解：①

$$I_N=\frac{P_N}{U_N}=\frac{100}{220}\text{A}=0.45\text{A}$$

②

$$P_N=U_NI_N=12\times0.1\text{W}=1.2\text{W}$$

例 1.13 一只 220V、30W 的电灯，接在 220V 的电源上，试求通过电灯的电流和电灯在 220V 工作状态下的电阻，如果每天用电 5h，问一个月消耗电能是多少？

解： $I = \frac{P}{U} = \frac{30\text{W}}{220\text{V}} = 0.136\text{A}$

$R = \frac{U}{I} = \frac{220\text{V}}{0.136\text{A}} = 1617.6\Omega$ （R 的计算也可用式 $R = \frac{P}{I^2}$ 或 $R = \frac{U^2}{P}$）

一个月按 30 天计算，则 $W = Pt = 30 \times 5 \times 30 \times 10^{-3}\text{kW} \cdot \text{h} = 4.5\text{kW} \cdot \text{h}$

例 1.14 有人在计算图 1-25 电路时，认为电阻 R_1 的功率等于 $\frac{U^2}{R_1}$，电阻 R_3 的功率等于 I^2R_3，问这样的计算错在哪里？

解： 根据欧姆定律，电阻中的功率为

$$P = UI = \frac{U^2}{R} = I^2R$$

式中 U 和 I 分别为电阻两端的电压和通过它的电流。由图可见，电阻 R_1 上的电压 U_1，不等于总电压 U，电阻 R_3 中的电流 I_3 也不等于总电流 I，所以计算是错误的。

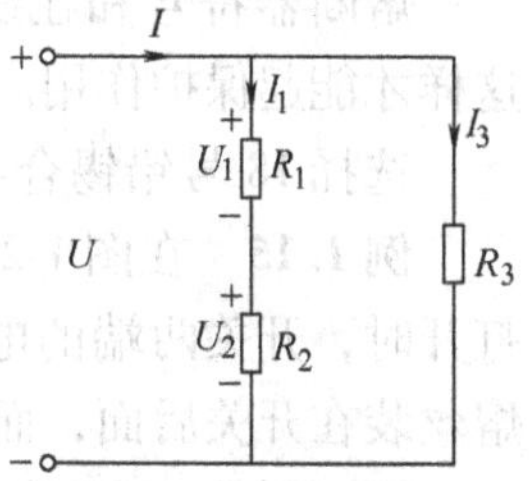

图 1-25 功率计算

1.3.2 短路状态

当电源两端被电阻接近于零的导体接通时，这种情况称为电源被短路，如图 1-26 所示。

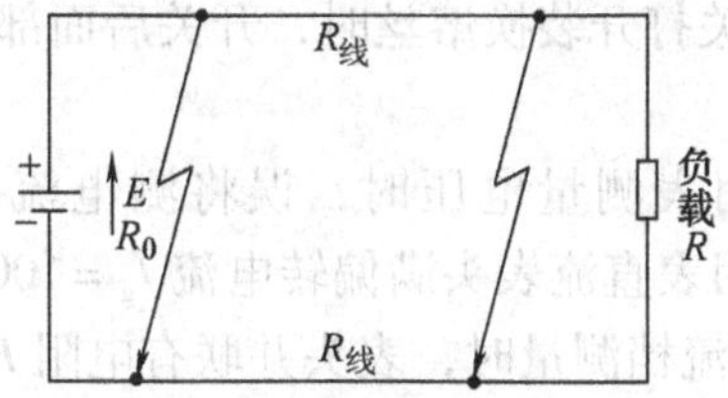

图 1-26 电源短路

电源短路时，电流从短接线流过，不再流过负载。此时，在电流的回路中仅有很小的电源内阻 R_0，所以这时的电流会达到很大的数值，这个电流称为短路电流，用 I_s 表示，电路的这一状态称为短路状态。电源短路时的特征可用下列式子表示：

$$I_s = \frac{E}{R_0} \quad 或 \quad I_sR_0 = E \tag{1-23}$$

这时电源的端电压为 $U = E - I_sR_0 = 0\text{V}$

电源的功率为 $P_E = I_s^2R_0$

负载的功率为 $P = 0\text{W}$

电路短路是一种严重事故，应该预防和避免。为了防止短路引起大电流烧毁电源的事故发生，通常在电路中串接入熔断器（熔丝）。

熔断器内装有熔丝或熔片，常用的熔丝或熔片是由低熔点的铅锡合金做成的，在大电流电路中也有用铜丝的。电路由于某种情况而短路时，短路电流很大，熔丝发热而立即熔断，这样，就把短路部分同电源迅速断开，从而保护电源设备和供电电路免遭烧毁。常用的铅锡合金熔丝规格见表 1-4，铜丝熔丝规格见表 1-5。

表1-4　常用的铅锡合金熔丝规格

熔　丝　号	电流/A
20	5
18	7.5
16	11
14	15

表1-5　铜丝熔丝规格

熔　丝　号	电流/A
20	40
18	60
16	90
14	120

熔断器符号和在线路中的位置如图1-27所示。熔断器应该与负载安装在同一相线上，这样才能起保护作用。

选择18号铅锡合金熔丝。

例1.15　在图1-27所示电路中，试问开关S合上与打开时，开关两端的电位 V_A 和 V_B 等于多少？为什么把熔丝装在开关后面，而不装在前面？

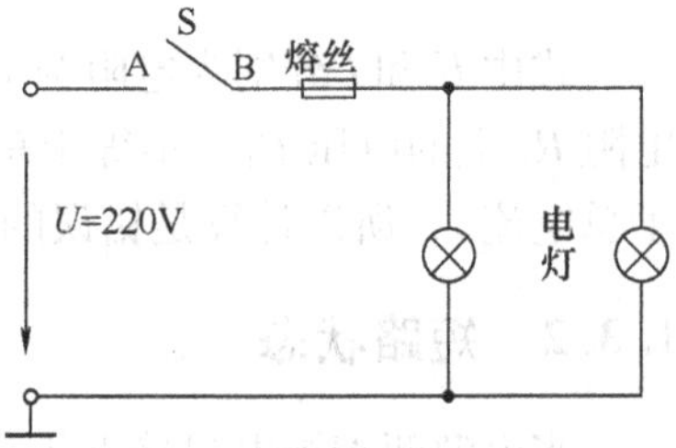

图1-27　熔断器电路

解：开关S打开时，电路中没有电流，所以 $V_A=220V$，$V_B=0V$。

开关闭合上时，A、B两点经开关连接在一起，为等电位，所以 $V_A=V_B=220V$。

熔丝装在开关后面，当开关打开装换熔丝时，开关后面部分电路处于零电位，在地电位情况下操作，保证安全。

例1.16　有人在使用万用表测量电压时，误将测电流的100mA档去测量电源电压220V，将造成什么后果？（万用表直流表头满偏转电流 $I_g=100\mu A$，内阻 $R_g=1k\Omega$）。

解：使用万用表100mA电流档测量时，表头并联有电阻 $R_s=1\Omega$，如图1-28所示。现在ab两端接上220V电压，则流过表头的电流为

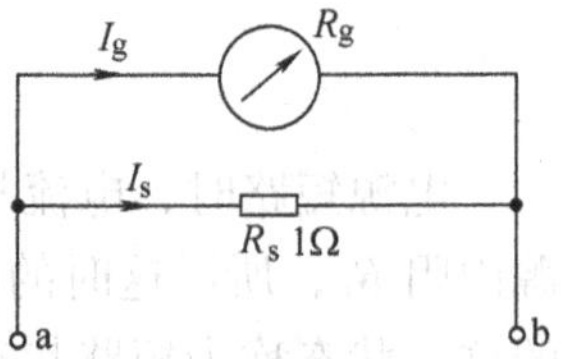

图1-28　电流表

$$I'_g=\frac{U}{R_g}=\frac{220}{1\times10^3}A=2.2\times10^{-1}A$$

与表头允许电流（满偏电流）的比值为

$$\frac{I'_g}{I_g}=\frac{2.2\times10^{-1}A}{100\times10^{-6}A}=2.2\times10^3$$

将使表头烧坏。同时，通过并联电阻 R_s 中的电流为

$$I_s=\frac{220V}{R_s}=\frac{220}{1}A=220A$$

这样大的电流将使电阻 R_s 烧坏，同时也可使电源短路。

例1.17　如图1-26所示，已知 $E=100V$，$R_0=0.2\Omega$，$R_{线}=0.4\Omega$，负载电阻 $R=9\Omega$，求：

（1）电路在正常工作情况下的电流 I。

（2）当负载两端发生短路时，电源中通过的电流 I_1。

（3）当电源两端发生短路时，电源中通过的电流 I_2。

解：（1）正常工作时的电流为

$$I = \frac{E}{R_0 + 2R_{线} + R} = \frac{100\text{V}}{10\Omega} = 10\text{A}$$

（2）当负载两端发生短路时，因短路导体的电阻接近于零，所以通过电源的电流为

$$I_1 = \frac{E}{R_0 + 2R_{线}} = \frac{100\text{V}}{1\Omega} = 100\text{A}$$

此时负载两端的电压 $U_1 = 0\text{V}$，负载中通过的电流等于零。

（3）当电源两端发生短路时，通过电源的电流为

$$I_2 = \frac{E}{R_0} = \frac{100\text{V}}{0.2\Omega} = 500\text{A}$$

此时电源两端的电压 $U_2 \approx 0\text{V}$。

1.3.3 开路状态

如图 1-24 所示电路，当 S 断开，电路不通，电路中的电流为零，电路的这种状态称为开路状态（或空载状态），这时电源的端电压在数值上等于电源电动势。电路有如下特征：

$I = 0\text{A}$

$U = E$

$P = 0\text{W}$　　　　（由于电路电流为零，所以电路不输出功率）

1.4 基尔霍夫定律及其应用

电路有简单电路和复杂电路之分。简单电路的计算，可直接用电阻的串并联和欧姆定律解出电路的电流和电压。然而电路中还有一些不能用串并联简化成无分支电路的复杂电路，这些电路如果只运用欧姆定律计算，则不能求出电路中的电流和电压。本节介绍基尔霍夫定律，并运用这个定律来解决复杂电路的计算问题。

如图 1-29 所示，电路中 R_1、R_2、R_3 既不为串联又不为并联，定义为复杂电路。

复杂电路中常用的名词有：

（1）支路　由一个或 n 个元件串联成无分支的一段电路称为支路。图 1-29 中有三条支路，两条含电源的支路称为有源支路 adb、acb，一条不含电源的支路称为无源支路 ab。

（2）节点　三条或三条以上支路的连接点称为节点。图 1-29 中有两个节点，分别为 a、b 节点。

（3）回路　电路中任一闭合的电路称为回路。图 1-29 中有三个回路，分别为 abca、adba 和 adbca。

（4）网孔　不含交叉支路的回路称为网孔。图 1-29 中有两个网孔，分别为 abca、adba。

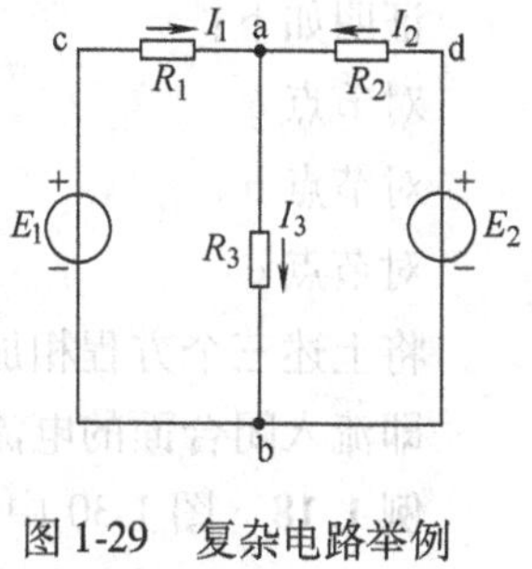

图 1-29　复杂电路举例

基尔霍夫定律不仅适用于复杂电路，也适用于简单电路。它共有两个定律：第一定律为电流定律，应用于节点；第二定律为电压定律，应用于回路。

1.4.1 基尔霍夫电流定律

基尔霍夫电流定律用于电路节点电流的分析，它是根据电流的连续性原理推导出来的。定律表述为：在任一瞬时，所有流入节点的电流之和等于流出节点的电流之和。如图 1-30

所示，节点 a 连接五条支路，各支路电流的参考方向已选定并标于图上，a 节点的电流为

$$i_1 + i_4 = i_2 + i_3 + i_5$$

或者改写为

$$i_1 - i_2 - i_3 + i_4 - i_5 = 0$$

即在任一瞬时，任一个节点上的电流代数和恒等于零。

节点电流定律说明电荷不会在任何节点发生堆积，写成一般形式为

$$\sum i = 0 \tag{1-24}$$

对于直流电路也可以写成

$$\sum I = 0 \tag{1-25}$$

通常流入节点和流出节点电流的符号是任意假设的，在以上方程中，流入节点的电流为正，流出节点的电流为负。

电流定律通常应用于电路节点上，但也可以推广应用于任一假设的闭合面，如图 1-31 所示的电路。

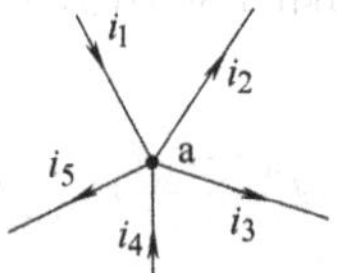

图 1-30　节点电流电路

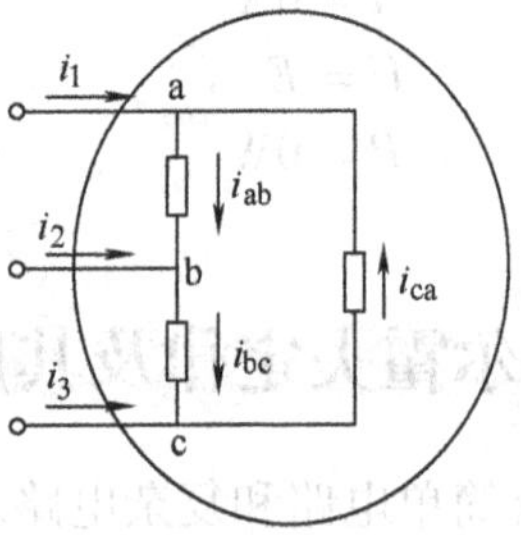

图 1-31　闭合面电路

若把图 1-31 中的实线圈表示的闭合面看成是一个节点，则与该节点连接有三条支路。根据基尔霍夫电流定律

$$i_1 + i_2 + i_3 = 0$$

证明如下：

对节点 a　　$i_1 + i_{ca} - i_{ab} = 0$

对节点 b　　$i_2 + i_{ab} - i_{bc} = 0$

对节点 c　　$i_3 + i_{bc} - i_{ca} = 0$

将上述三个方程相加，得　$i_1 + i_2 + i_3 = 0$

即流入闭合面的电流等于流出闭合面的电流，电路中对任一闭合面电流的代数和为零。

例 1.18　图 1-30 中，已知 $i_1 = 2A$、$i_2 = -3A$、$i_3 = 2A$，$i_4 = 1A$，试求 i_5。

解：由基尔霍夫电流定律，可知

$$i_1 - i_2 - i_3 + i_4 - i_5 = 0$$

$$2A - (-3)A - 2A + 1A - i_5 = 0$$

$$4A - i_5 = 0$$

$$i_5 = 4A$$

由此例可见，式中有两套正负号，电流 i 前的正负号是由基尔霍夫电流定律根据电流的参考方向确定的，括号内数字前的正负号，则表示电流本身数值的正负。

1.4.2 基尔霍夫电压定律

基尔霍夫电压定律用于电路回路电压的分析，表示的是一个闭合电路中各段电压的关系。它是根据能量守衡定理推导出来的，在交流电路中，定律可表述为：沿任一回路绕行一周所有电压的代数和等于零，即

$$\sum u = 0 \tag{1-26}$$

在直流电路中，可表示为

$$\sum U = 0 \tag{1-27}$$

图 1-32 所示为一闭合回路，取回路环绕方向为顺时针方向，则

$$u_{R1} + u_{R2} + u_{R3} + u_{s2} - u_{s1} = 0$$

确定电压符号的方法：通过电阻的电流方向与环绕方向一致时，电阻上的电压取正；相反时取负。电压源电压方向与绕行方向一致时，取负（移到等号右边变号），否则取正。

$$R_1 i + R_2 i + R_3 i + u_{s2} - u_{s1} = 0$$

$$R_1 i + R_2 i + R_3 i = u_{s1} - u_{s2}$$

基尔霍夫电压定律不仅适用于电阻、电源等实际元件构成的电路，也适用于假想电路，以图 1-33 为例说明。

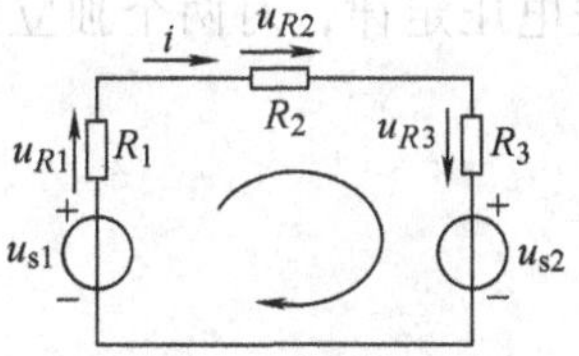

图 1-32　闭合回路

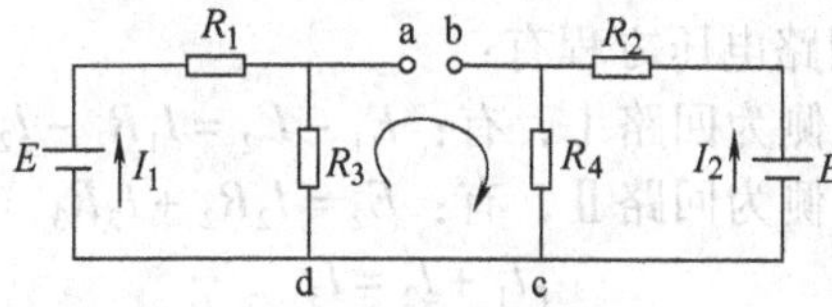

图 1-33　假想电路

电路中 a、b 两点间无电流，设其间电压为 U_{ab}，对回路abcda，其绕行方向为顺时针，列出电压方程：

$$U_{ab} + I_2 R_4 - I_1 R_3 = 0$$

因此可求出　$U_{ab} = I_1 R_3 - I_2 R_4$

例 1.19　如图 1-34 所示电路中，若 $u_1 = -10\text{V}$，$u_3 = 5\text{V}$，$u_4 = -8\text{V}$，试求电压 u_2。

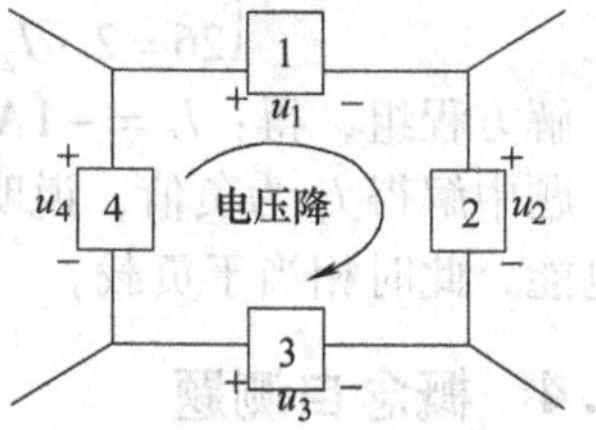

图 1-34　对回路用电压定律

解：假定回路方向为顺时针，得

$$u_1 + u_2 - u_3 - u_4 = 0$$

$$-10 + u_2 - 5 - (-8) = 0^{\ominus}$$

$$u_2 = 7\text{V}$$

1.4.3 支路电流法

支路电流法是用来求解一般复杂电路的基本方法，以基尔霍夫两个定律为依据，以复杂电路中各支路电流为求解对象的一种电路分析方法，比较适合 3 ~4 条支路或 2 ~3 个独立网孔的复杂电路。

⊖ 为方便读者，本书后面述及的量方程中的量值均省略了单位，如无特殊说明，电压、电流、电阻的单位分别是 V、A、Ω。

分析步骤：

1）确定支路的个数，并假定各支路电流的方向（任意）。

2）确定节点数 n，并列写 KCL 方程（n 个节点必须列 $n-1$ 个独立节点方程）。

3）确定回路数 m，选定回路的绕行方向（任意），并列写 KVL 方程（最好列独立网孔电压方程，独立方程个数为 $m-n+1$）。

4）联立节点电流、回路电压方程组，代入数据，计算各支路电流（注意其结果的正负与参考方向的关系）。

5）验算（用其他未用过的回路方程验证结果）。

特别注意：

电动势的正方向和元件电压正方向是不同的概念：电动势向电路提供电能，其正方向是低电位指向高电位；电路元器件是消耗电能，其电压正方向是电流流进该元器件的一端为正、流出为负。列写基尔霍夫电压方程时尤其要注意其极性。

例 1.20 如图 1-29 所示电路，已知 $E_1=10\text{V}$，$R_1=6\Omega$，$E_2=26\text{V}$，$R_2=2\Omega$，$R_3=4\Omega$，求各支路电流。

解：电路共一个独立节点、两个独立网孔、三条支路（支路电流为待求量）。假定各支路电流方向如图 1-29 所示，根据基尔霍夫电流定律，对节点 a 列写 KCL 节点电流方程有：

$$I_1+I_2=I_3$$

设闭合回路的绕行方向为顺时针方向，根据基尔霍夫电压定律，对两个独立网孔列写 KVL 回路电压方程有：

左侧为回路Ⅰ，有：$E_1-E_2=I_1R_1-I_2R_2$

右侧为回路Ⅱ，有：$E_2=I_2R_2+I_3R_3$

联立方程组：$\begin{cases}I_1+I_2=I_3\\10-26=6\cdot I_1-2\cdot I_2\\26=2\cdot I_2+4\cdot I_3\end{cases}$

解方程组，得：$I_1=-1\text{A}$，$I_2=5\text{A}$，$I_3=4\text{A}$

题中解得 I_1 为负值，说明实际方向与假定方向相反，同时说明 E_1 不提供电能，而是消耗电能，此时相当于负载。

1.4.4 概念自测题

一、填空题

1. 电路的状态可分为______、______和______。其中______状态电路中电流为零，但电压______；而______状态电压为零，此时电流为______。

2. 熔断器在电路中起______作用后，通常应______接在电路中。

3. 对于一个有 n 个节点和 m 条支路的复杂电路，可运用基尔霍夫第一定律列出______个独立的节点方程；运用基尔霍夫第二定律列出______个独立的节点方程。

4. 基尔霍夫电流定律的理论依据是________。KCL 定律的通式为________。

5. 基尔霍夫第二定律可表述为：________，其通式为________。

二、判断题

6. 电路的开路状态也属于一种正常的状态形式。（　　）

7. 无法用串并联电路特点及欧姆定律求解的电路称为复杂电路。（　　）

8. 电流定律（KCL）的通式 $\sum I = 0$，对于一个封闭曲面也是适用的。（　　）

9. 基尔霍夫电压定律（KVL），它的通式是 $\sum E = \sum U$，这是普遍适用的公式。

（　　）

三、选择题

10. 通常电气设备所标注的参数为（　　）。
A. 最大值　　B. 最小值　　C. 额定值

11. 列写 $\sum(RI) = \sum E$ 方程时，RI 前的正负号取决于（　　）的参考方向是否一致。
A. I 与 E　　B. 回路与 E　　C. 回路与 I

12. 列写 $\sum(RI) = \sum E$ 方程时，E 前的正负号取决于（　　）的参考方向是否一致。
A. I 与 E　　B. 回路与 E　　C. 回路与 I

1.5 戴维南定理

一个具有两个引出端的电路称为二端网络。有电源的二端网络称为有源二端网络；不含电源的二端网络，称为无源二端网络。

在复杂电路中若只需计算其中某一条支路的电流，如图 1-35a 中 R_3 支路的电流 i 时，可把电路划分为两部分：一部分为待求支路，另一部分看成是一个有源二端网络，如图 1-35b 所示。将有源二端网络化简为一个电压源与内阻相串的等效电压源，如图 1-35c 中虚线框所示，则复杂电路就变成一个等效电压源和待求支路相串联的简单电路。求出图 1-35c 中等效电压源 u_s（也叫开路电压 u_{oc}）和等效内阻 R_0（或 R_1），待求支路 R_3 中的电流就可以由下式求出：

$$i = \frac{u_s}{R_0 + R_3}$$

戴维南定理表述为：任何含独立源的线性二端电阻网络，对其外部而言，都可以用电压源和电阻的串联组合来等效代替；该电压源的电压等于网络的开路电压，该电阻等于网络内部所有独立源作用为零的情况下（即电压源短路，电流源断开，保留其内阻）的无源网络等效电阻。

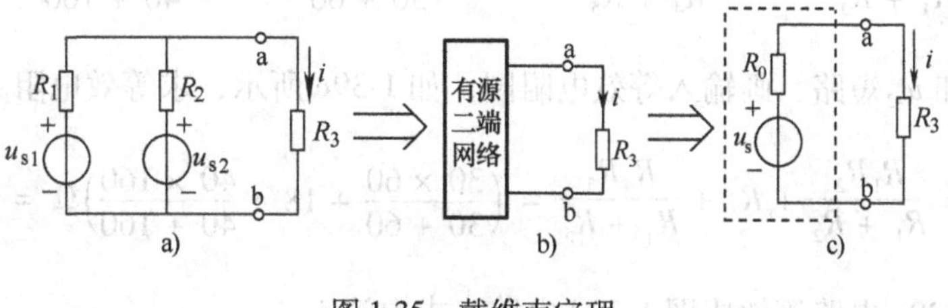

图 1-35　戴维南定理

戴维南定理解题步骤：

1）分清电路的待求支路和有源二端网络，断开要求的支路。

2）求有源二端网络的开路电压 u_{OC}。

3）求有源二端网络的等效电阻 R_0（求法：将网络中所有的电压源短接、电流源开路，保留电阻）。

4）用等效电源代替有源二端网络，将待求支路合上，用全电路求解。

下面举例说明运用戴维南定理解题的方法。

例 1.21 图 1-35a 中，$u_{s1}=80\text{V}$，$u_{s2}=40\text{V}$，$R_1=4\Omega$，$R_2=16\Omega$，$R_3=13\Omega$，求 R_3 中的电流 i。

解：(1) 根据戴维南定理将要求的支路拿掉放在一边，画有源电路如图 1-36 所示，求出开路电压 u_{oc}：

$$u_{oc}=u_{ab}=\frac{u_{s1}-u_{s2}}{R_1+R_2}\times R_2+u_{s2}=\left(\frac{80-40}{4+16}\times 16+40\right)\text{V}=72\text{V}$$

(2) u_{s1}、u_{s2}不作用，用短路代替，如图 1-37 所示，求等效电阻 R_o：

$$R_o=\frac{R_1R_2}{R_1+R_2}=\frac{4\times 16}{4+16}\Omega=3.2\Omega$$

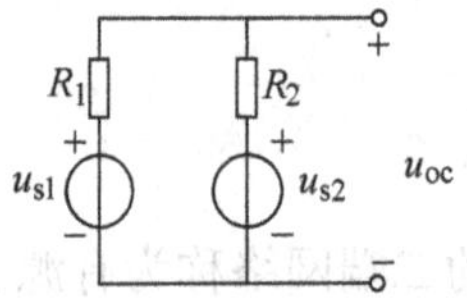

图 1-36　有源二端网络

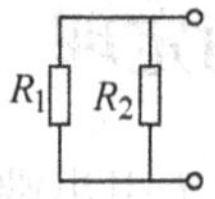

图 1-37　输入等效电阻

(3) 将开路电压 u_{oc} 串上输入电阻组成一个等效电路，再串接上要求的支路，如图 1-38 所示。

$$i=\frac{u_{oc}}{R_o+R_3}=\frac{72\text{V}}{(3.2+13)\Omega}=4.44\text{A}$$

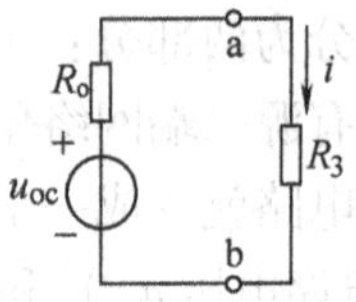

图 1-38　戴维南等效电路

例 1.22 如图 1-39a 所示电路中，已知 $R_1=30\Omega$，$R_2=60\Omega$，$R_3=18\Omega$，$R_4=40\Omega$，$R_5=160\Omega$，$R_6=10\Omega$，$u_{s1}=60\text{V}$，$u_{s5}=100\text{V}$，$u_{s6}=140\text{V}$。试利用戴维南定理求电流 i。

解：(1) 将图 1-39a 电路中的 R_6 和 u_{s6} 串联支路拿掉放在一边，画出有源电路如图 1-39b所示，求开路电压 u_{oc}：

$$u_{oc}=u_{ab}=\frac{u_{s1}}{R_1+R_2}\times R_2-\frac{u_{s5}}{R_4+R_5}\times R_4=\left(\frac{60}{30+60}\times 60-\frac{100}{40+160}\times 40\right)\text{V}=20\text{V}$$

(2) 将 u_{s1}和 u_{s2}短路，画输入等效电阻图，如 1-39c 所示，求等效电阻 R_o：

$$R_o=\frac{R_1R_2}{R_1+R_2}+R_3+\frac{R_4R_5}{R_4+R_5}=\left(\frac{30\times 60}{30+60}+18+\frac{40\times 160}{40+160}\right)\Omega=70\Omega$$

(3) 将图 1-39a 电路等效成图 1-39d 电路，求电流 i：

$$i=\frac{u_{s6}+u_{oc}}{R_6+R_o}=\frac{140+20}{10+70}\text{A}=2\text{A}$$

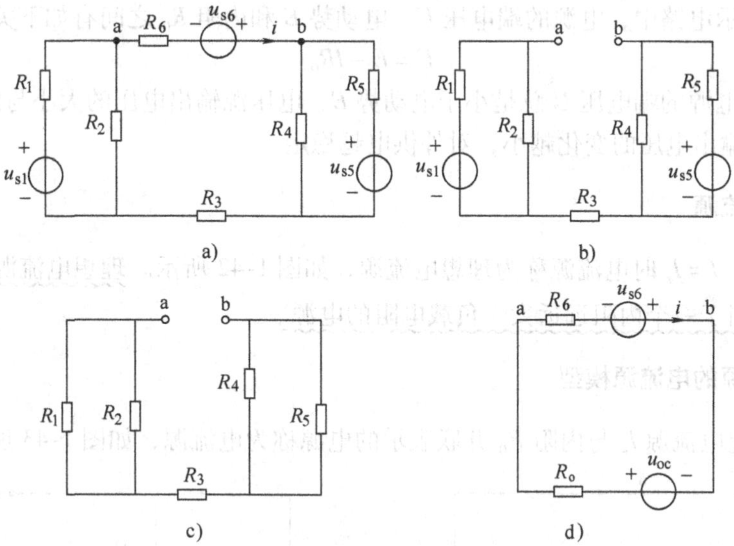

图 1-39　复杂电路

1.6　电压源与电流源及其等效变换

电源是电路的组成部分，在电工技术中常见的有两种电源电路模型：一种电路模型是以电压形式表示的，称为电压源；另一种电路模型是以电流形式表示的，称为电流源。

1.6.1　电压源与电流源

1. 理想电压源

当内阻 $R_0=0$，$U=E$，电压源输出的电压恒定不变，称为理想电压源，如图 1-40 所示。一个内阻为零的电源实际上并不存在，只有在 $R_0 \ll R_L$ 的情况下，R_0 小到可以忽略不计时，可视为理想电压源。

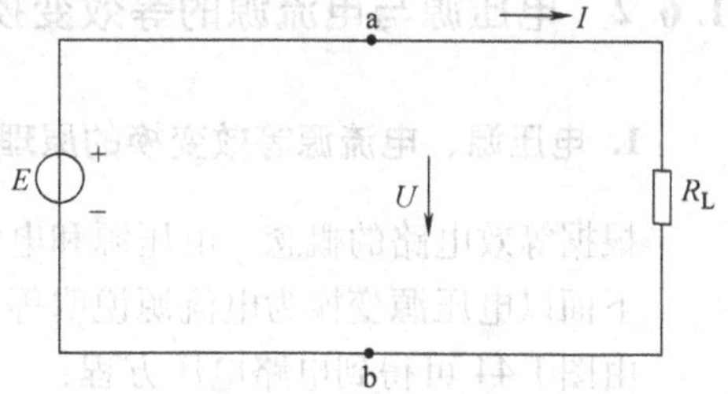

图 1-40　理想电压源

2. 实际电源的电压源模型

用一个恒定的电动势 E（U_s）与内阻 R_0 串联表示的电源称为电压源。电压源电路模型如图 1-41 所示。

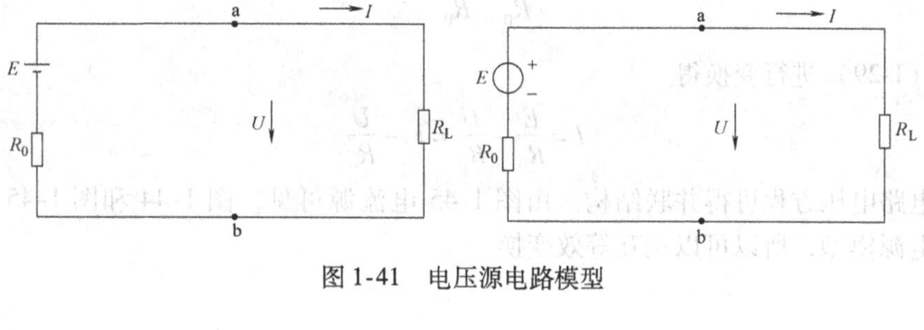

图 1-41　电压源电路模型

图 1-41 所示电路中，电源的端电压 U、电动势 E 和内阻 R_0 之间有如下关系：

$$U=E-IR_0$$

图 1-41 中电源的端电压 U 总是小于电动势 E，电压源输出电压的大小与内阻 R_0 大小有关，R_0 越小，输出电压的变化越小，对外供电越稳定。

3. 理想电流源

当 $R_0=\infty$，$I=I_s$ 时电流源称为理想电流源，如图 1-42 所示。理想电流源对外供电电流稳定不变，相当于一个内阻远远大于负载电阻的电源。

4. 实际电源的电流源模型

用一个恒定电流源 I_s 与内阻 R_0 并联表示的电源称为电流源，如图 1-43 所示。

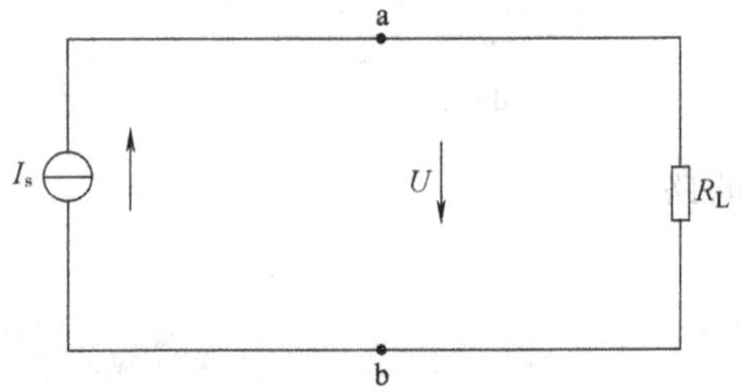

图 1-42　理想电流源

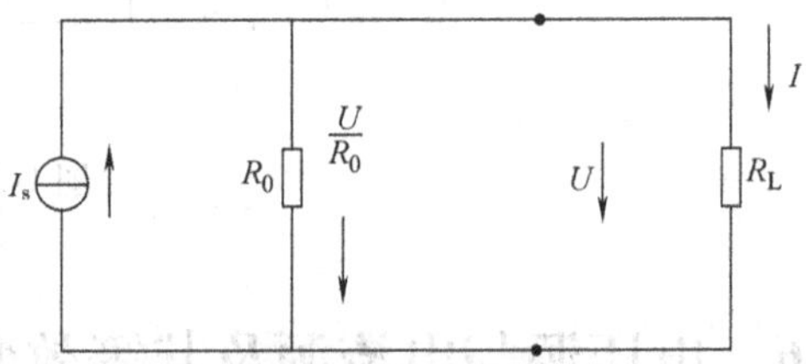

图 1-43　电流源模型

在图 1-43 中，$I_s=\frac{U}{R_0}+I$。其中，$I_s=\frac{E}{R_0}$，为电流源恒定电流；I 为负载电流；$\frac{U}{R_0}$ 为流经电源内阻的电流。

1.6.2　电压源与电流源的等效变换

1. 电压源、电流源等效变换的原理

根据等效电路的概念，电压源和电流源在它们的电压完全相同时，两种模型就可等效。下面以电压源变换为电流源说明等效原理。

由图 1-44 可得到电路电压方程：

$$U=E-IR_0 \tag{1-28}$$

将式（1-28）两边除以内阻 R_0 得

$$\frac{U}{R_0}=\frac{E}{R_0}-I \tag{1-29}$$

将式（1-29）进行变换得

$$I=\frac{E}{R_0}-\frac{U}{R_0}=I_s-\frac{U}{R_0} \tag{1-30}$$

由外电路电压方程可得并联结构。由图 1-45 电流源可见，图 1-44 和图 1-45 是同一电源的两种电源模型，所以可以相互等效变换。

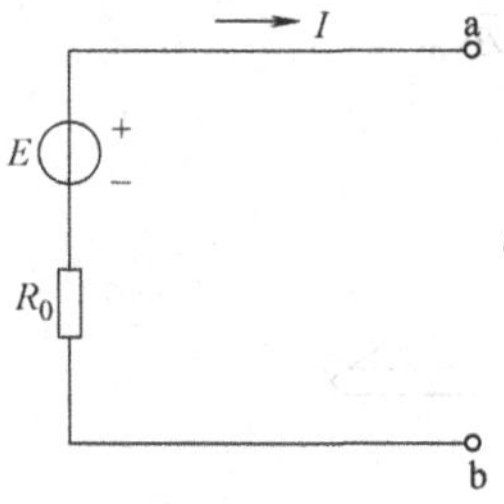

图 1-44 电压源

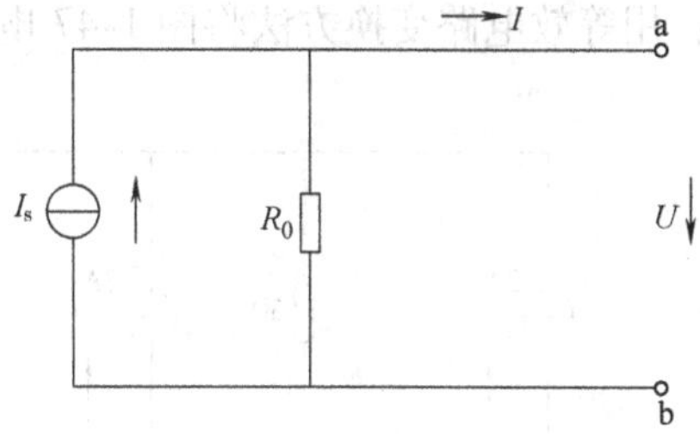

图 1-45 电流源

2. 电压源与电流源变换方法

1）电压源的电压除以内阻 R_0 得电流 I_s，即 $I_s = \frac{E}{R_0}$，I_s 和 R_0 相并变为电流源。

2）电流源的电流乘以内阻 R_0 得电压，即 $E = I_sR_0$，E 和 R_0 相串变为电压源。

3）内阻 R_0 不变。

3. 注意事项

1）电压源与电流源变换对外电路的作用是等效的。

2）电压源与电流源变换对内电路不适用。

3）电压源 E 的方向与电流源 I_s 的方向必须保持一致。

4）理想电压源和理想电流源不能互换。因理想电压源内阻 $R_0 = 0$，理想电流源内阻 $R_0 = \infty$。

4. 举例验证

例 1.23 将图 1-46a 所示的电压源变换成电流源。

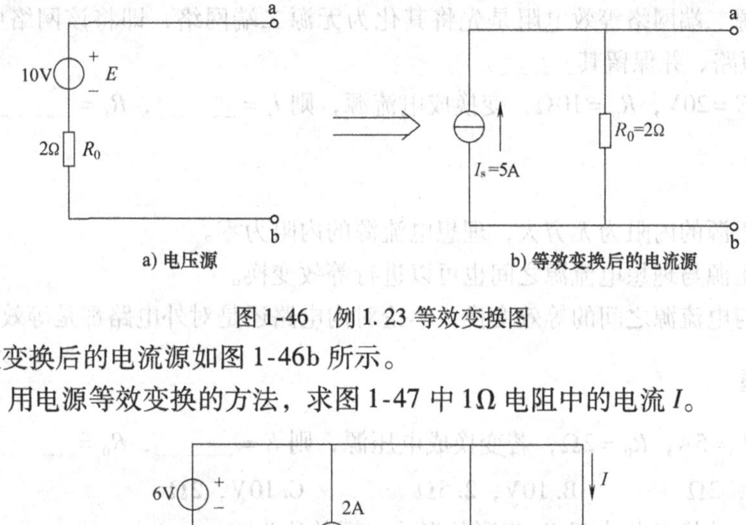

图 1-46 例 1.23 等效变换图

解：等效变换后的电流源如图 1-46b 所示。

例 1.24 用电源等效变换的方法，求图 1-47 中 1Ω 电阻中的电流 I。

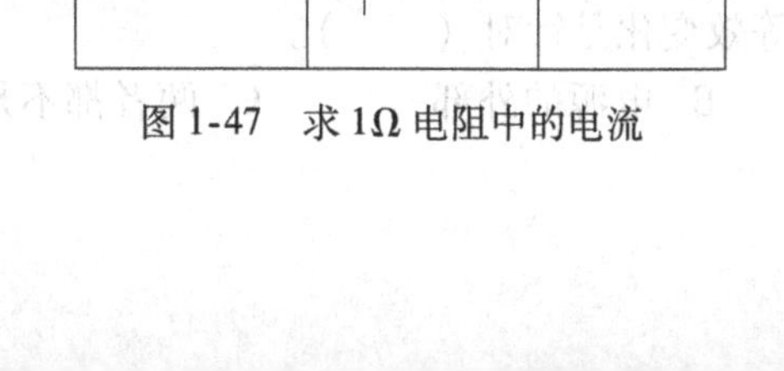

图 1-47 求 1Ω 电阻中的电流

解：用等效电路变换方法将图 1-47 电路化简，如图 1-48 所示。

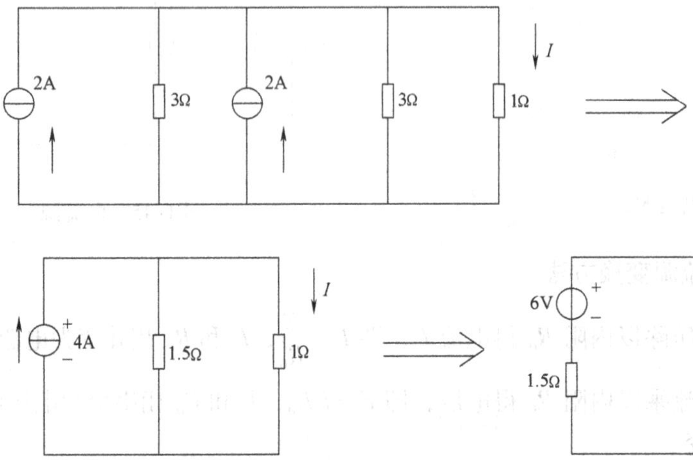

图 1-48　例 1.24 等效变换图

$$I=\frac{6}{1.5+1}\text{A}=\frac{6}{2.5}\text{A}=0.24\text{A}$$

1.6.3　概念自测题

一、填空题

1. 任何具有两个线端的电路称为______。电路中有电源存在的称为__________。它可以简化成一个具有______和______串联的等效电源。

2. 求取有源二端网络等效电阻是先将其化为无源二端网络，即将该网络中所有______开路、______短路、并保留其______。

3. 电压源 $E=20\text{V}$，$R_0=10\Omega$，变换成电流源，则 $I_s=$______，$R_s=$______。

二、判断题

4. 理想电压源的内阻为无穷大，理想电流源的内阻为零。（　　）

5. 理想电压源与理想电流源之间也可以进行等效变换。（　　）

6. 电压源与电流源之间的等效变换，不论对内电路还是对外电路都是等效的。（　　）

三、选择题

7. 电流源 $I_s=5\text{A}$，$R_0=2\Omega$，若变换成电压源，则 $E=$______，$R_0=$______

A. 2.5 V，2Ω　　B. 10V，2.5Ω　　C. 10V，2Ω

8. 电源以电动势 E 与内阻 R_0 串联的形式出现的称为（　　）。

A. 电流源　　B. 电压源　　C. 两者都不是

9. 电压源与电流源的等效变化是针对（　　）。

A. 电源的内部　　B. 电源的外部　　C. 两者都不是

1.7 叠加定理

在线性电路中有几个独立电源同时作用时，任意一条支路的电流或任意两点间的电压，等于各个电源单独作用时所得结果的代数和。

一个电源单独作用时，其他的独立电源不作用。独立电源不作用是指把独立电压源看作短路，把独立电流源看作开路，如图 1-49 所示。

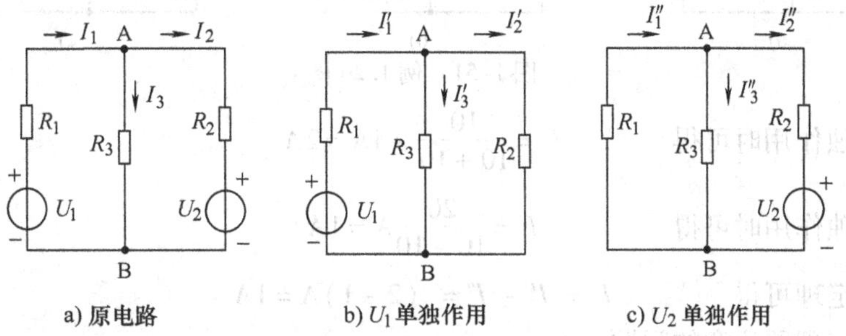

图 1-49 示意图

$$I_1 = I'_1 + I''_1 \qquad I_2 = I'_2 + I''_2 \qquad I_3 = I'_3 + I''_3$$

这里，U_2 失效即令其短路，U_1 失效即令其短路。

例 1.25 如图 1-50a 所示电路，已知 $u_{s1} = 18\text{V}$，$u_{s2} = 15\text{V}$，$R_1 = 12\Omega$，$R_2 = 10\Omega$，$R_3 = 3\Omega$。用叠加定理求 I_2。

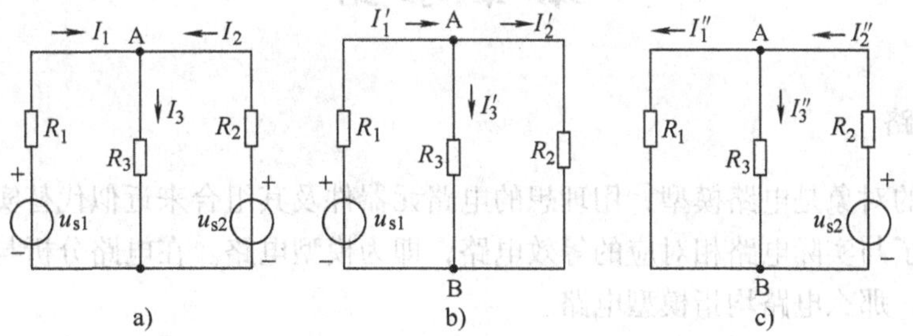

图 1-50 例 1.25 图

解：根据叠加定理，分别画出 u_{s1} 和 u_{s2} 分别单独作用时的电路图，如图 1-50b、c 所示，则有

$$I_2 = -I'_2 + I''_2$$

u_{s1} 单独作用时可得 $I'_2 = \dfrac{u_{s1}}{R_1 + R_2 /\!/ R_3} \cdot \dfrac{R_3}{R_2 + R_3} = \dfrac{18}{12 + \dfrac{10 \times 3}{10 + 3}} \times \dfrac{3}{10 + 3}\text{A} = 0.29\text{A}$

u_{s2} 单独作用时可得 $\qquad I''_2 = \dfrac{u_{s2}}{R_2 + R_1 /\!/ R_3} = \dfrac{15}{10 + \dfrac{12 \times 3}{12 + 3}}\text{A} = 1.21\text{A}$

所以有 $\qquad I_2 = -I'_2 + I''_2 = (-0.29 + 1.21)\ \text{A} = 0.92\text{A}$

例 1.26 如图 1-51a 所示电路，用叠加定理求 I。

解：电流源单独作用的电路如图 1-51b 所示，电压源单独作用的电路如图 1-51c 所示。

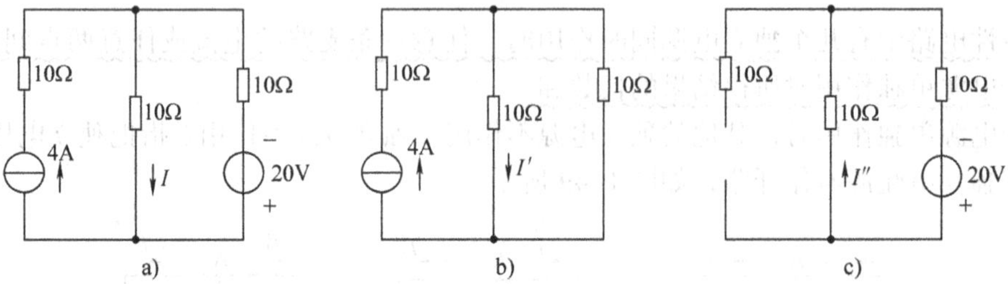

图 1-51　例 1.26 图

电流源单独作用时可得　　$I'=\dfrac{10}{10+10}\times 4\text{A}=2\text{A}$

电压源单独作用时可得　　$I''=\dfrac{20}{10+10}\text{A}=1\text{A}$

根据叠加定理可得　　$I=I'-I''=(2-1)\text{A}=1\text{A}$

应用叠加定理要注意的问题：

1）只适用于线性电路。

2）分量的参考方向与原量一致时，取“+”，反之取“−”。

3）叠加定理只能用于电压或电流的计算，不适用于功率计算，因为功率不是一次函数。

4）叠加定理对电压源和电流源都适用。

本章小结

1. 模型电路

电路研究的对象是电路模型，用理想的电路元器件及其组合来近似代替实际的电气元器件，从而构成了与实际电路相对应的等效电路，即为模型电路。在电路分析与计算中，如果没有特殊说明，那么电路均指模型电路。

2. 常用的物理量

（1）电流　直流为　$I=\dfrac{Q}{t}$

交流为　$i=\dfrac{\mathrm{d}q}{\mathrm{d}t}$

方向规定为正电荷定向移动的方向。

（2）电压　直流为　$U=\dfrac{W}{Q}$

交流为　$u=\dfrac{\mathrm{d}W}{\mathrm{d}q}$

方向规定为高电位指向低电位。

（3）电动势 $E = \frac{W_{ba}}{q}$

方向规定为低电位指向高电位。

（4）电位　电位是指电路中测量点与参考点之间的电压。电气设备接地点称为零电位点，零电位点是电路中其他各点电位高低的比较标准，同一电源的电路，只能有一个零电位点。

（5）电功率　直流为　$P = UI$

交流为　$p = ui$

3. 欧姆定律

（1）一段电路的欧姆定律　$I = \frac{U}{R}$

（2）全电路欧姆定律　$I = \frac{E}{R + R_0}$

（3）电阻元件　$U = IR$　（直流）

$u = Ri_R$　（交流）

（4）电路元件的连接形式

串联：　电流处处相等：　$I = I_1 = I_2 = \cdots = I_n$

总电压等于各分电压之和：　$U = U_1 + U_2 + \cdots + U_n$

总电阻等于各串联电阻之和：　$R = R_1 + R_2 + \cdots + R_n$

分压公式：　$U_1 = \frac{R_1}{R_1 + R_2}U$　$U_2 = \frac{R_2}{R_1 + R_2}U$

并联：　总电路电流等于各支路电流之和：　$I = I_1 + I_2 + \cdots + I_n$

各并联电阻两端电压相等：　$U = U_1 = U_2 = \cdots = U_n$

等效电阻的倒数等于各支路电阻倒数之和：　$\frac{1}{R} = \frac{1}{R_1} + \frac{1}{R_2} + \cdots + \frac{1}{R_n}$

分流公式：　$I_1 = \frac{R_2}{R_1 + R_2}I$　$I_2 = \frac{R_1}{R_1 + R_2}I$

4. 电路的三种工作状态

（1）通路状态　合上电路开关，有电流通过负载，这种状态称为通路状态。

（2）开路状态　电路开关不合上，负载中无电流，这种状态称为开路状态。如果电路开关合上，但由于某种原因电路断开，负载中无电流通过，这种状态也称为开路状态。

（3）短路状态　当电源两端被电阻接近为零的导体接通时，这种状态称为短路状态。

5. 基尔霍夫定律

基尔霍夫电流定律为　$\sum i = 0$

基尔霍夫电压定律为　$\sum u = 0$

6. 戴维南定理

应用戴维南定理可以求任意复杂电路中某一支路的电流。它的内容是：任何线性有源二端网络，对外部电路来说，都可以用一个等效电源代替，电源电动势是原来网络的开路电压，电源内阻是原网络所有电压源短路、电流源开路时两端点间的等效电阻。

7. 电压源与电流源及其等效变换

理解电压源与电流源等效变换的条件。根据电压源与电流源等效变换的条件，作电压源与电流源的等效变换。

8. 叠加定理

叠加定理是线性电路的基本原理。它的内容是：电路中任一支路的电流等于每个电源单独作用时产生的电流的代数和。

习 题 一

1-1 学生宿舍有40盏电灯，每盏电灯功率为100W，如果全部使用，2h消耗电能是多少？

1-2 一个标有“2kΩ，0.25W”的电阻器允许的工作电流及电压是多大？

1-3 在图1-52中，已知 $U_2=2V$，①求 I、U_1、U_3、U_4、U_{ae}。②试比较a、b、c、d和e各点电位的高低。

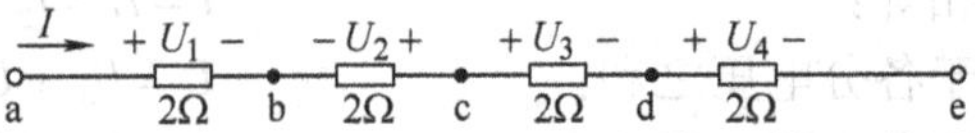

图1-52 题1-3图

1-4 一个220V、1000W的电热器，若将它接到110V的电源上，其吸收的功率为多少？若把它误接到380V的电源上，其吸收的功率又为多少？是否安全？

1-5 已知如图1-53所示的电路，①若 $i=2A$，$u=4V$，求元件吸收的功率。②若 $i=2A$，$u=-4V$，求元件吸收的功率。③若 $i=2A$，元件吸收的功率 $P=100W$，求电压 u。

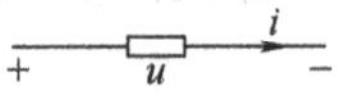

图1-53 题1-5图

1-6 两个额定值是110V、40W的灯泡能否串联后接到220V的电源上使用？如果两个灯泡的额定电压相同，都是110V而额定功率一个是40W，另一个是100W，问能否把这两个灯泡串联后再接到220V电源上使用，为什么？

1-7 一只110V、8W的指示灯，现在要接在380V的电源上，问要串多大阻值的电阻？该电阻选用多大功率？

1-8 如图1-54所示的两个电路中，要使6V、50mA的电灯能正常发光，应该采用哪一个电路？

1-9 多量程直流电流表如图1-55所示，表头等效电阻 $R_A=1.5k\Omega$，分流电阻 $R_1=100\Omega$，$R_2=400\Omega$，$R_3=500\Omega$。计算0-1、0-2、0-3各端点间的等效电阻，即各档的电流表内阻。

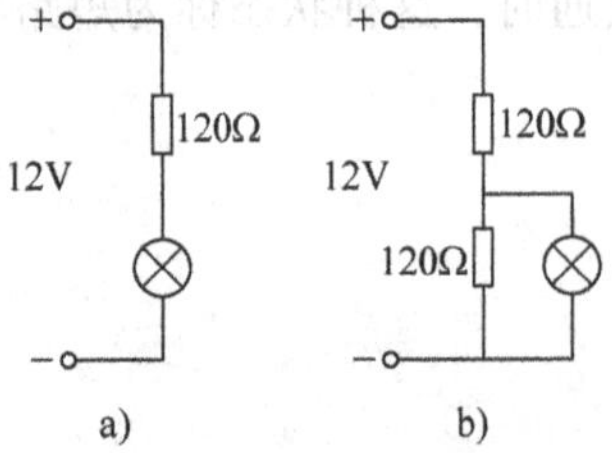

图1-54 题1-8图

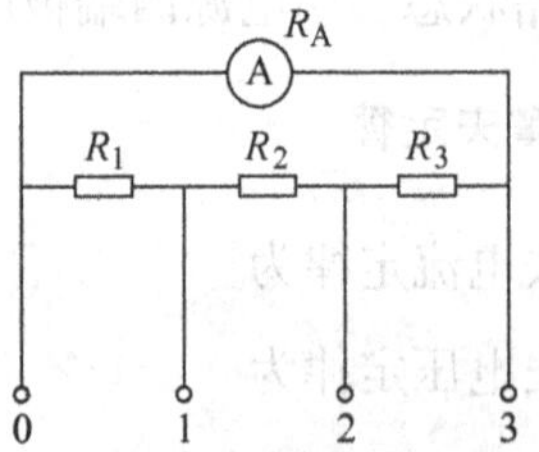

图1-55 题1-9图

1-10 如图1-56所示，两盏220V、40W的白炽灯接到 $u_s=220V$ 的电压源，输电线 $R_i=2\Omega$。①试求白

炽灯的电压、电流和功率。②如再接入一个 220V、500W 的电炉（图中的 R_3），则白炽灯的电压、电流和功率变为多少？

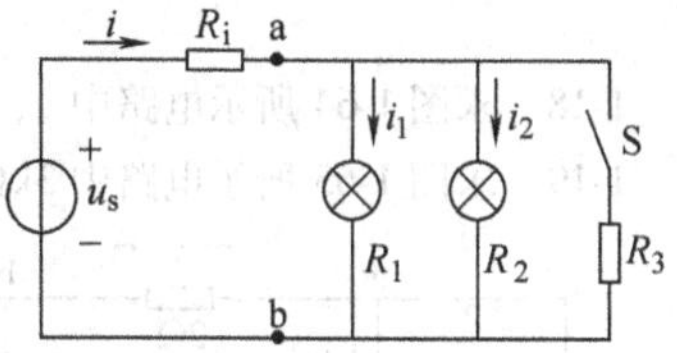

图 1-56　题 1-10 图

1-11　计算如图 1-57 所示二端电路的等效电阻。

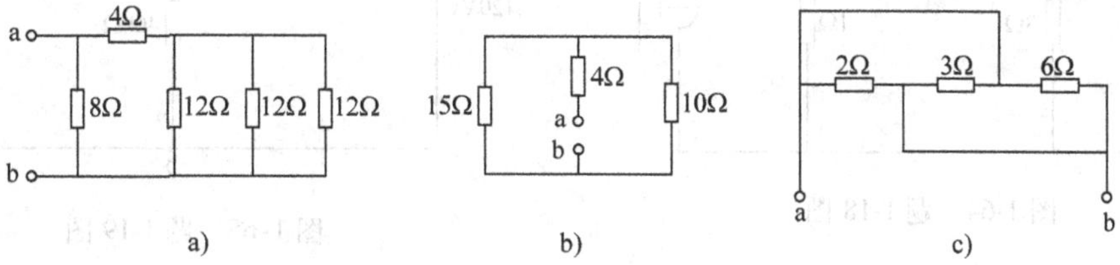

图 1-57　题 1-11 图

1-12　如图 1-58 所示电路，分别求开关 S 打开和闭合时，a、b 两点间的等效电阻。

1-13　求如图 1-59 所示电路中的电阻 R。

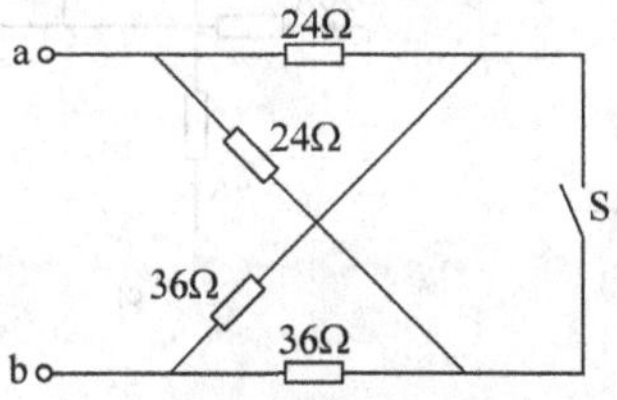

图 1-58　题 1-12 图

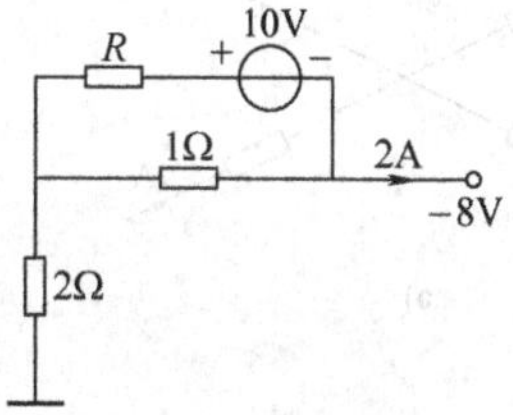

图 1-59　题 1-13 图

1-14　如图 1-60 所示电路中，试求在开关 S 断开和闭合两种情况下 A 点的电位。

1-15　求如图 1-61 所示电路的开路电压 U_{ab}。

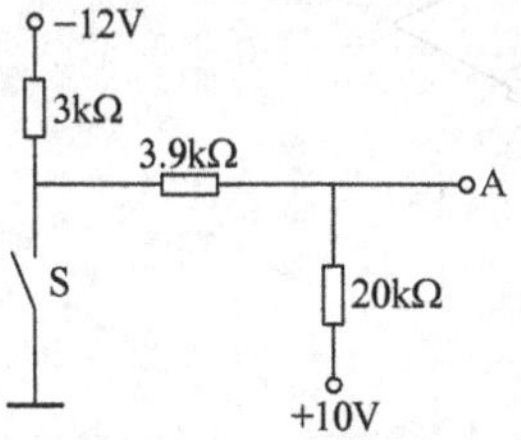

图 1-60　题 1-14 图

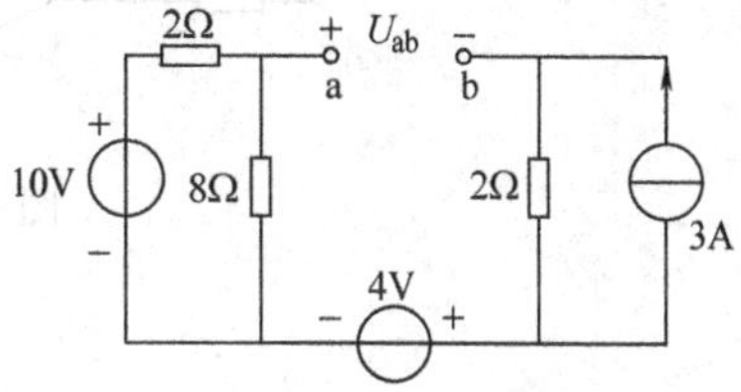

图 1-61　题 1-15 图

1-16　将 1-62 图所示电源电路分别简化为电压源和电流源。

1-17　试求图 1-63 所示电路的等效电路。

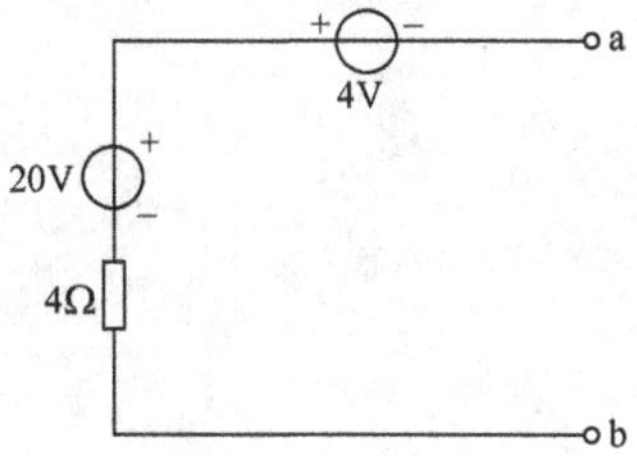

图 1-62　题 1-16 图

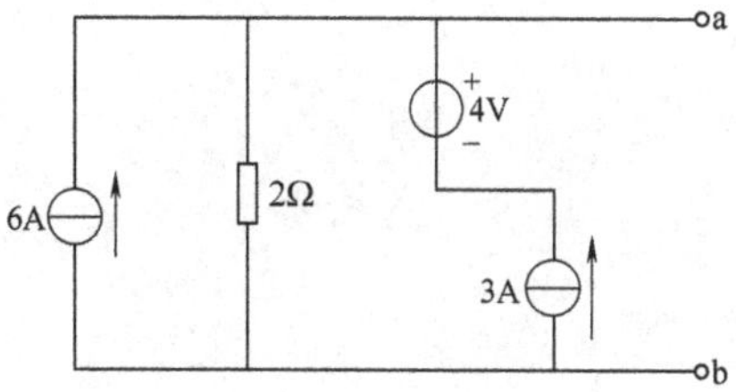

图 1-63　题 1-17 图

1-18　求图 1-64 所示电路中 a、b 两点间的电流 I。

1-19　求图 1-65 所示电路中 3kΩ 电阻中的电流（用戴维南定理求解）。

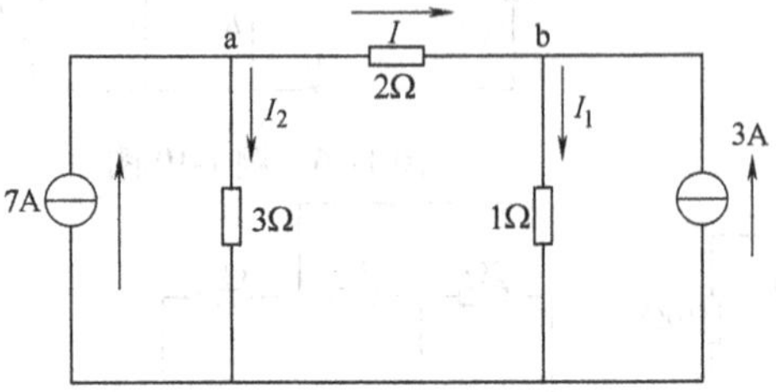

图 1-64　题 1-18 图

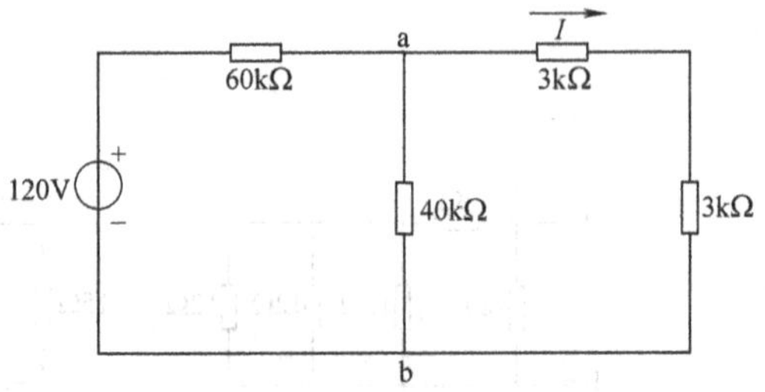

图 1-65　题 1-19 图

1-20　求图 1-66 所示各电路的未知电流。

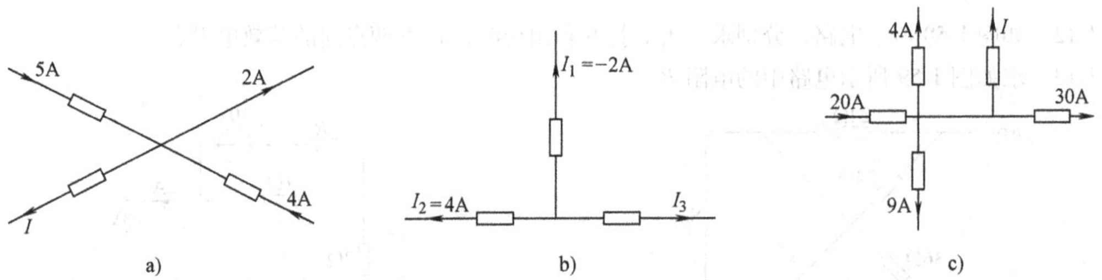

图 1-66　题 1-20 图

1-21　图 1-67 所示为复杂电路的一部分，已知 $U_1=2\text{V}$，$U_2=3\text{V}$，$U_3=4\text{V}$，求 U_4、U_5。

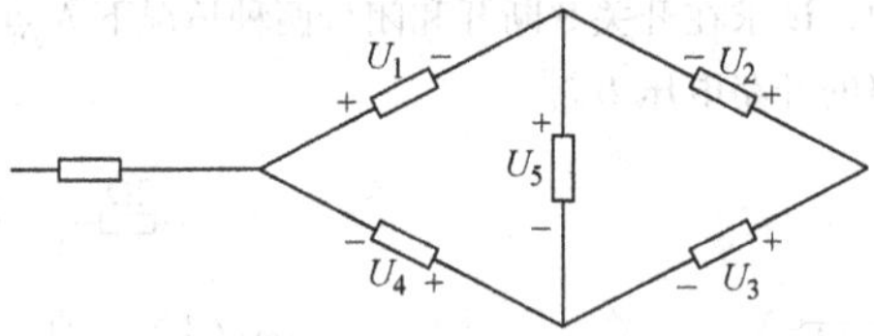

图 1-67　题 1-21 图

第 2 章

正弦交流电路

本章学习要求

理论：掌握正弦交流电的三要素、单一参数元件电路中电压与电流的相量关系、三相负载的星形联结及中性线的作用；熟悉正弦量的相量表示法及相量模型、阻抗串并联电路的分析计算；了解谐振电路的特点、三相负载的三角形联结及特点。

技能：会正确使用仪表测量正弦交流电流、电压及能量。

2.1 正弦交流电量及基本概念

2.1.1 正弦交流电量概述

交流电在工农业生产和日常生活中有着最为广泛的应用，我们所使用的电大部分都是交流电。什么是交流电？它和前面讲述的直流电有什么区别？

我们先看图 2-1 所示的电压和电流的波形图。

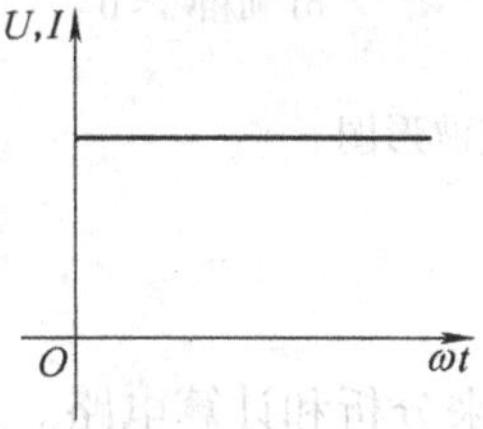

a) 直流量

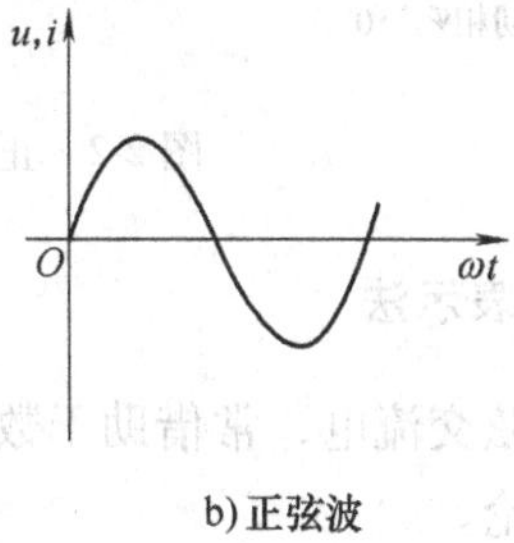

b) 正弦波

图 2-1 直流交流波形图

从图 2-1 可以看出：

图 2-1a 中，电压和电流的大小与方向都不随时间的变化而变化，是恒定的，这种恒定的电压和电流称为直流电压和直流电流，统称为直流电量。

图 2-1b 中，电压和电流的大小与方向都随时间的变化而变化，是交变的，这种交变的电压和电流称为交流电压和交流电流，统称为交流电量。当电压和电流的大小与方向都随时间按正弦规律变化，故这种交流电量称为正弦交流电，简称为正弦量。

正弦交流电易于产生、转换和传输，而且同频率的正弦量易于计算。频率不变，有利于工程测量。因此我们分析的交流电路一般是指正弦交流电路，除非有特别的注明。

2.1.2　正弦交流电的表达形式

对正弦量的数学描述，既可采用正弦函数（sin），也可采用余弦函数（cos）。本书采用正弦函数的表达式。

1. 正弦量数学表达式

根据数学知识可知，一个正弦电压量可表示为

$$u = U_m \sin(\omega t + \varphi_u) \tag{2-1}$$

式中，u 为瞬时值，即表示任一时刻正弦交流电压的值，用小写的英文字母表示。如 e、i 可分别表示交流电动势、交流电流的瞬时值。

2. 正弦量的波形表达

如图 2-2 所示的交流电压，能直观地表达正弦交流电量的初始位置、振幅大小以及变化频率。

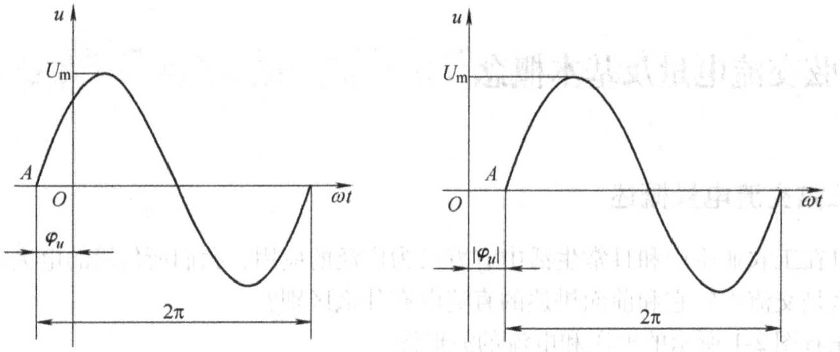

a) 初相φ_u>0　　b) 初相φ_u<0

图 2-2　正弦交流电波形图

3. 正弦量的相量表示法

为了便于讨论正弦交流电，常借助于数学方法来分析和计算电路。正弦量的相量表示法将在 2.2 节中详细讨论。

2.1.3　正弦交流电的三要素

正弦电量无论用哪一种表达形式，都应突出其三个物理量，即 U_m 为正弦量的最大值，ω 为正弦量的角频率，φ_u 称为初相位，这三个物理量所确定的正弦量是唯一的，因此称为正弦量的三要素。

（1）最大值和有效值

最大值又称为幅值，是正弦量变化的最大振幅，用带右下标 m 的大写字母表示，如 I_m、U_m、E_m 分别表示正弦电流、正弦电压、正弦电动势的最大值。

交流电的瞬时值是随时间而变化的，不便于用它表示正弦量的大小。为此，工程上常用有效值来计量正弦电压和电流的大小。

交流电的有效值是根据电流的热效应来规定的。交流电流的有效值是热效应与它相等的直流电流的数值。若某一交流电流 i 通过电阻 R 在一个周期内所产生的热量，与某一直流电流 I 通过同一电阻在相同的时间内产生的热量相等，则称这一直流电流的数值为该交流电流的有效值。

交流电流 i 在 T 时间内，通过 R 产生的热量为

$$Q_1 = \int_0^T i^2 R\mathrm{d}t$$

直流电流 I 在 T 时间内，通过 R 产生的热量为

$$Q_2 = I^2 RT$$

若 $Q_1 = Q_2$，则有

$$\int_0^T i^2 R\mathrm{d}t = I^2 RT$$

由上式可得

$$I = \sqrt{\frac{1}{T}\int_0^T i^2 \mathrm{d}t} \tag{2-2}$$

式（2-2）表示的就是交流电的有效值。该式还表明，交流电的有效值就是它的方均根值。

有效值用大写的英文字母表示，如 I、U、E 分别表示交流电流、电压、电动势的有效值。对于正弦交流电流 $i = I_\mathrm{m}\sin(\omega t + \varphi_i)$，由式（2-2）可得

$$I = \sqrt{\frac{1}{T}\int_0^T [I_\mathrm{m}\sin(\omega t + \varphi_i)]^2 \mathrm{d}t} = \frac{I_\mathrm{m}}{\sqrt{2}}$$

即

$$I = \frac{I_\mathrm{m}}{\sqrt{2}} \tag{2-3}$$

同理，交流电动势有效值为

$$E = \frac{E_\mathrm{m}}{\sqrt{2}} \tag{2-4}$$

交流电压的有效值为

$$U = \frac{U_\mathrm{m}}{\sqrt{2}} \tag{2-5}$$

由式（2-3）、式（2-4）、式（2-5）可知，正弦交流电的有效值是它最大值的 $1/\sqrt{2}$。

在交流电路中，一般所讲电压或电流的大小都是指有效值。通常交流电机和电器的铭牌上所标的额定电压和额定电流都是指有效值，一般交流电压表和电流表的读数，也是被测电量的有效值。输电、配电导线截面积的大小也应按工作电流的有效值查表选用。但是在分析整流量击穿电压和计算电气设备的绝缘耐压水平时，要按交流电压的最大值考虑。如电容器“0.47μF/50V”，表示其容量为 0.47μF，所能承受的最大电压为 50V。

（2）周期、频率和角频率　在单位时间内正弦量所经历的电角度为正弦量的角频率，

用 ω 表示，其单位为弧度每秒（rad/s）。

正弦交流电变化一次所需的时间，称为周期 T，其单位为秒（s）。正弦量在单位时间内变化的次数，称为频率 f，其单位为赫［兹］（Hz）。所以周期 T 和频率 f 互为倒数，即

$$T = \frac{1}{f} \quad 或 \quad f = \frac{1}{T} \tag{2-6}$$

我国和大多数国家都采用 50Hz 作为电力系统的供电频率，有些国家如美国、日本等，采用 60Hz，这种频率习惯上称为工频。

因正弦交流电在一个周期内变化 2π 的角度，因此，ω、T、f 三者有如下关系：

$$\omega = \frac{2\pi}{T} = 2\pi f \tag{2-7}$$

ω、T、f 都是表示正弦量变化快慢的物理量，只要知道其中一个，另外两个量就可求得。

（3）相位和初相位　在式（2-1）中，（$\omega t + \varphi_u$）称为正弦量的相位角，简称为相位。当 $t = 0$ 时相位角为 φ_u，称为初相角或初相位，简称为初相，单位为弧度（rad）或度（°），它表示正弦量的初始状态。

在波形图图 2-2 中，正弦波从负值（负极性）到正值（正极性）的过零点 A 与坐标原点的距离就是初相。如果 A 点在原点的左侧，则初相 $\varphi_u > 0$，如图 2-2a 所示；如果 A 点在原点的右侧，则初相 $\varphi_u < 0$，如图 2-2b 所示。由于正弦波周期性变化，最靠近原点左右两侧各有一个过零点，为了避免混淆，习惯上初相位 φ 的取值范围为 $|\varphi| \leqslant \pi$。

在交流电路中常引用“相位差”这个概念来描述两个同频正弦量之间的相位关系，即两个同频正弦量相位之差，用 φ 表示。相位差的取值范围亦为 $|\varphi| \leqslant \pi$。

设同频正弦电压 u 和电流 i，其波形图如图 2-3 所示，其数学表达式分别为

$$u = U_{\rm m}\sin(\omega t + \varphi_u)$$
$$i = I_{\rm m}\sin(\omega t + \varphi_i)$$

则 u、i 的相位差为

$$\begin{aligned}\varphi &= (\omega t + \varphi_u) - (\omega t + \varphi_i) \\ &= \varphi_u - \varphi_i\end{aligned} \tag{2-8}$$

可见，相位差亦为它们的初相位之差，与时间无关。

从图 2-3 可看出，u 和 i 的初相不同，它们变化的步调是不一致的，u 比 i 先到达幅值。

若 $\varphi > 0$，即 $\varphi_u > \varphi_i$，则说明 u 比 i 先到达正的最大值，即电压在相位上超前电流 φ 角，或者说电流滞后电压 φ 角。

若 $\varphi < 0$，即 $\varphi_u < \varphi_i$，则说明电压滞后电流 φ 角，或者说电流超前电压 φ 角。

若 $\varphi = 0$，即 $\varphi_u = \varphi_i$，则说明电压和电流同时达到最大值，称它们是同相位的，简称同相，如图2-4a所示。

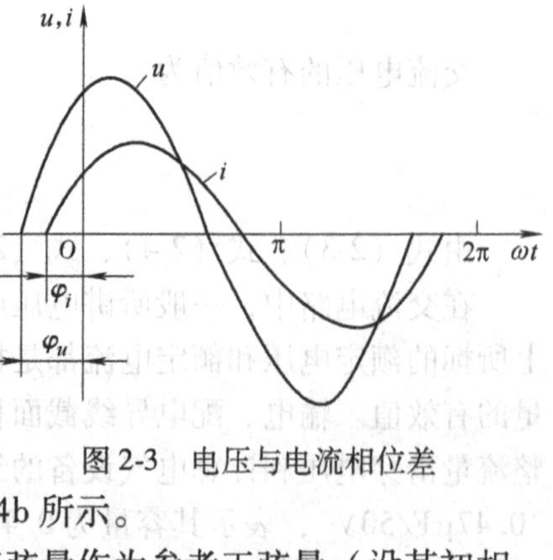

图 2-3　电压与电流相位差

若 $\varphi = \pi$，则说明它们相位相反，简称反相，如图 2-4b 所示。

为了方便地比较正弦量的相位关系，通常取其中一正弦量作为参考正弦量（设其初相 φ

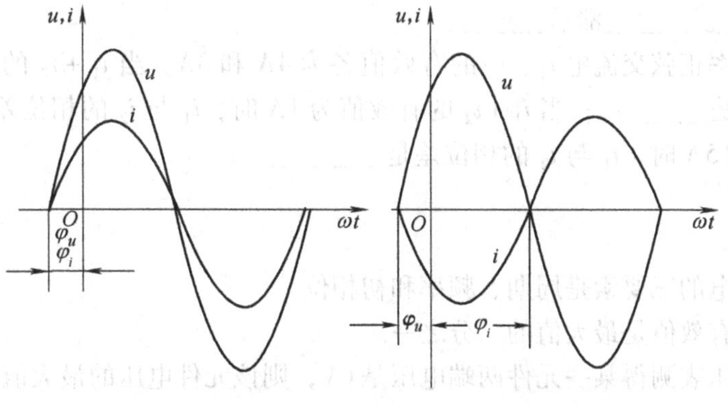

a) 同相位($\varphi=0$)　　b) 反相位($\varphi=\pi$)

图 2-4　两正弦量的同相与反相

=0)，其他正弦量的初相即为与该参考正弦量的相位差。

例 2.1　已知正弦量 $u=220\sqrt{2}\sin(314t+30°)$V，试求正弦量的三要素、有效值及变化周期。

解：对照式（2-1），可知三要素：

最大值为 $U_m=220\sqrt{2}$V　　角频率为 $\omega=314$rad/s　　初相角为 $\varphi=30°$

由式（2-7）可知，有效值为 $U=U_m/\sqrt{2}=220\sqrt{2}/\sqrt{2}$V $=220$V

由式（2-3）可知，周期为 $T=2\pi/\omega=2\pi/314$s $=0.02$s

例 2.2　已知正弦电压 u 和正弦电流 i_1、i_2 的瞬时表达式为 $u=310\sin(\omega t-45°)$V，$i_1=14.1\sin(\omega t-30°)$A，$i_2=28.2\sin(\omega t+45°)$A，试以电压 u 为参考量重新写出 u 和电流 i_1、i_2 的瞬时值表达式。

解：以电压 u 为参考量，则电压 u 的表达式为

$$u=310\sin\omega t\text{V}$$

由于 i_1、i_2 与 u 的相位差为

$$\varphi_1=\varphi_{i_1}-\varphi_u=-30°-(-45°)=15°,\varphi_2=\varphi_{i_2}-\varphi_u=45°-(-45°)=90°$$

故电流 i_1、i_2 的瞬时值表达式为

$$i_1=14.1\sin(\omega t+15°)\text{A},i_2=28.2\sin(\omega t+90°)\text{A}$$

若以电流 i_1 为参考量，读者可自己写出电压 u、电流 i_2 的瞬时值表达式。

2.1.4　概念自测题

一、填空题

1. 正弦交流电的三种常用的表示方法是______、______和______。

2. 我国供电的工频，周期 $T=$______ms，频率 $f=$______Hz，角频率 $\omega=$______rad/s。

3. 单相正弦交流电解析式 $i=\sin(100\pi t-\pi/6)$ A。则可知，有效值 $I=$______mA；周期 $T=$______ms；初相位 $\varphi_i=$______。

4. 单相正弦交流电 $U=220$V，$I=5$A，$f=50$Hz，$\varphi_u=-30°$，$\varphi_i=45°$，则电压解析式 $u(t)=$______________V，电流解析式 $i(t)=$______________A，电压与电流之间的

相位差 φ = ______。______滞后______。

5. 两个同频率正弦交流电 i_1、i_2 的有效值各为4A和3A。当 i_1+i_2 的有效值为7A时，i_1 与 i_2 的相位差是________；当 i_1+i_2 的有效值为1A时，i_1 与 i_2 的相位差是________；当 i_1+i_2 的有效值为5A时，i_1 与 i_2 的相位差是________。

二、判断题

6. 正弦交流电的三要素是周期、频率和初相位。（　）
7. 交流电的有效值是最大值的二分之一。（　）
8. 用交流电压表测得某一元件两端电压是6V，则该元件电压的最大值为6V。（　）
9. 两个同频率的正弦交流电 i_1 和 i_2，它们同时达到零值，并且同时达到峰值，则这两个交流电的相位差必是零。（　）

三、选择题

10. 电气设备铭牌标示的参数、交流仪表指示值一般都指正弦量的（　）。
A. 最大值　B. 瞬时值　C. 有效值

11. 若 $i_1=10\sin(\omega t+30°)$ A，$i_2=20\sin(\omega t-10°)$ A，则 i_1 的相位比 i_2 超前（　）。
A. 20°　B. −20°　C. 40°　D. −40°

12. 正弦交流电压任意时刻的电角度被称为该正弦量的（　）。
A. 初相角　B. 相位差　C. 相位角

2.2 正弦交流电的相量表示方法

正弦量的表示方法，前面已使用了三角函数式和波形图，这两种方法都明确地表达出了正弦量的三要素。但三角函数式计算量大而复杂，波形图绘图较繁锁，误差较大，因此运算不方便，故工程上多采用相量法来分析、计算正弦交流电路。

相量法就是用相量来表示正弦量。相量就是用来表示正弦量的复数，因此，在介绍相量法之前，先回顾一下有关复数的知识。

2.2.1 复数及其运算

1. 复数的表示方法

复数有多种表达形式，常见的有四种形式，现分述如下。

（1）代数式

$$A = a + \mathrm{j}b \tag{2-9}$$

式（2-9）称为复数的代数式，其中 a 为实部，b 为虚部，$\mathrm{j}=\sqrt{-1}$ 称为虚部单位（注：数学中常用i表示虚部单位，而电路中常用 i 表示电流。为了避免混淆，故电工技术中虚部单位不用i表示，而用j表示）。复数 A 在复平面上可用 $\overrightarrow{OA}$ 矢量表示，如图2-5所示。实部 a

就是$\overrightarrow{OA}$在实轴上的投影，虚部 b 就是$\overrightarrow{OA}$在虚轴上的投影，$\overrightarrow{OA}$的长度称为复数的模$|A|$，用 r 表示，即 $r=|A|$，$\overrightarrow{OA}$与实轴正方向的夹角称为复数的幅角，用 φ 表示。

从图 2-5 可知

$$\left.\begin{aligned} r &= |A| = \sqrt{a^2+b^2} \\ \varphi &= \arctan\frac{b}{a} \end{aligned}\right\} \quad (2\text{-}10)$$

$$\left.\begin{aligned} a &= r\cos\varphi \\ b &= r\sin\varphi \end{aligned}\right\} \quad (2\text{-}11)$$

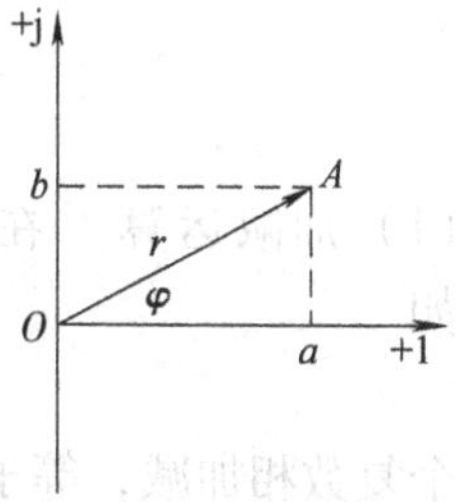

图 2-5　复数的矢量表示

（2）三角函数式　由式（2-9）、式（2-11）可得

$$\begin{aligned} A &= a+\mathrm{j}b \\ &= r\cos\varphi + \mathrm{j}r\sin\varphi \\ &= r(\cos\varphi + \mathrm{j}\sin\varphi) \end{aligned} \quad (2\text{-}12)$$

（3）指数式　根据尤拉公式 $\mathrm{e}^{\mathrm{j}\varphi}=\cos\varphi+\mathrm{j}\sin\varphi$，式（2-12）可写成

$$A = r\mathrm{e}^{\mathrm{j}\varphi} \quad (2\text{-}13)$$

（4）极坐标式　复数的模和幅角通常写成

$$A = r\angle\varphi \quad (2\text{-}14)$$

在交流电路分析计算中，极坐标式使用较为普遍。

以上四种形式可利用式（2-10）、式（2-11）进行相互转换。

例 2.3　现有复数 $A_1=3+\mathrm{j}4$，$A_2=10\angle45°$，求出它们的其他三种表达式。

解：对复数 A_1，将代数式化为三角函数式、指数式和极坐标式，由 $A_1=3+\mathrm{j}4$ 可知 $a=3$，$b=4$，由式（2-10）可得

模为　$r_1=\sqrt{a^2+b^2}=\sqrt{3^2+4^2}=5$

幅角为　$\varphi_1=\arctan\dfrac{b}{a}=\arctan\dfrac{4}{3}=53°$

三角函数式为　$A_1=r_1(\cos\varphi_1+\mathrm{j}\sin\varphi_1)=5(\cos53°+\mathrm{j}\sin53°)$

指数式为　$A_1=r_1\mathrm{e}_1^{\mathrm{j}\varphi}=5\mathrm{e}^{\mathrm{j}53°}$

极坐标式　$A_1=r_1\angle\varphi_1=5\angle53°$

对复数 A_2，将极坐标式化为代数式、三角函数式和指数式，由 $A_2=10\angle45°$ 可知

模为　$r_2=10$

幅角　$\varphi_2=\angle45°$

由式（2-11）可得

$$a=r_2\cos\varphi_2=10\cos45°=5\sqrt{2}$$
$$b=r_2\sin\varphi_2=10\sin45°=5\sqrt{2}$$

代数式为　$A_2=a+\mathrm{j}b=5\sqrt{2}+\mathrm{j}5\sqrt{2}$

三角函数式为　$A_2=r_2$（$\cos\varphi_2+\mathrm{j}\sin\varphi_2$）$=10$（$\cos45°+\mathrm{j}\sin45°$）

指数式为　$A_2=r_2\mathrm{e}_2^{\mathrm{j}\varphi}=10\mathrm{e}^{\mathrm{j}45°}$

2. 复数的四则运算

设有两个复数 A、B，分别为

$$A = a_1 + \mathrm{j}b_1 = r_1 \angle \varphi_1$$

$$B = a_2 + \mathrm{j}b_2 = r_2 \angle \varphi_2$$

（1）加减运算　在一般情况下，复数的加减法运算应把复数写成代数式，运算简便。如

$$A \pm B = (a_1 \pm a_2) + \mathrm{j}(b_1 \pm b_2) \tag{2-15}$$

即两个复数相加减，等于它们的实部和实部相加减，虚部和虚部相加减。

复数的加减运算还可以用矢量合成分析，利用平行四边形法则进行运算，如图 2-6 所示。

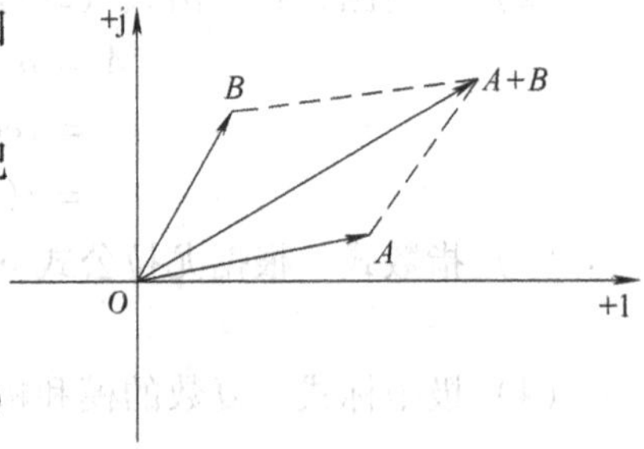

图 2-6　矢量的平行四边形法则

（2）乘除运算　在一般情况下，复数的乘除运算应把复数写成极坐标式进行运算。如

$$A \cdot B = r_1 \angle \varphi_1 \cdot r_2 \angle \varphi_2 = r_1 \cdot r_2 \angle (\varphi_1 + \varphi_2) \tag{2-16}$$

$$\frac{A}{B} = \frac{r_1 \angle \varphi_1}{r_2 \angle \varphi_2} = \frac{r_1}{r_2} \angle (\varphi_1 - \varphi_2) \tag{2-17}$$

即两个复数相乘除，等于它们的模相乘除，幅角相加减。

例 2.4　已知复数 $A = 4 + \mathrm{j}3$，$B = 3 + \mathrm{j}4$，试计算 $A + B$、$A - B$、AB、A/B。

解：复数的加减法运算利用代数式的形式，运算较简便。

$$A + B = (4 + \mathrm{j}3) + (3 + \mathrm{j}4) = (4 + 3) + \mathrm{j}(3 + 4) = 7 + \mathrm{j}7$$

$$A - B = (4 + \mathrm{j}3) - (3 + \mathrm{j}4) = (4 - 3) + \mathrm{j}(3 - 4) = 1 - \mathrm{j}$$

复数的乘除法采用极坐标式运算较简便，则将复数 A、B 化为极坐标式，即

$$A = 4 + \mathrm{j}3 = 5 \angle 37^\circ, B = 3 + \mathrm{j}4 = 5 \angle 53^\circ$$

$$AB = (5 \angle 37^\circ)(5 \angle 53^\circ) = 25 \angle 90^\circ$$

$$A/B = (5 \angle 37^\circ)/(5 \angle 53^\circ) = 1 \angle -18^\circ$$

当然，复数的乘除法，也可以采用代数式的形式进行运算。

2.2.2　正弦量的相量表示法

在正弦交流电路的分析中，因电路中电压、电流的频率与正弦电源的频率相同，且一般已知，因此实际上只分析两个要素：幅值（或有效值）及初相，即可表示一个正弦量。例如对于正弦电流 $i = I_\mathrm{m}\sin(\omega t + \varphi)$，为了表示这个正弦量，可以构建这样一个复数：它的模为正弦量的有效值 I，幅角为正弦量的初相角 φ，这个复数就称为电流 i 的有效值相量，记作 $\dot{I}$，即

$$\dot{I} = I \angle \varphi \tag{2-18}$$

复数 $\dot{I}$，上面加小圆点用来表示与一般复数相区别的记号，以强调它是与一个正弦量相

联系的量。在运算中，相量与复数没有区别。

也可以用幅值相量来表示正弦量：它的模为正弦量的最大值 I_m，幅角为正弦量的初相角 φ，电流 i 的幅值相量为 $\dot{I}_m$，即

$$\dot{I}_m = I_m \angle\varphi \tag{2-19}$$

正弦量和相量是一一对应的关系（**注意：正弦量和相量不是相等的关系!**）。如 $\dot{I} = I\angle\varphi$ 和 $i = I_m\sin(\omega t+\varphi)$ 是一一对应的关系（不能写成 $i = I_m\sin(\omega t+\varphi) = \dot{I} = I\angle\varphi$）。

在复平面中，相量 $\dot{U}$ 可用长度为 U、与实轴正方向的夹角为 φ 的矢量表示。这种表示相量的图形称为相量图。如图 2-7 所示。

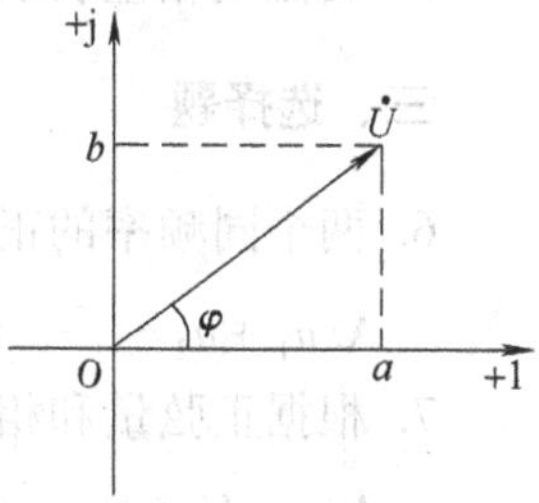

图 2-7　电压的相量图

正弦量用相量表示，在正弦交流电路的分析中，用相量（复数）运算来代替三角函数的运算较简便。

例 2.5　有两个同频率正弦电压量 u_1、u_2，求 u_1+u_2，并画出相量图。已知 $u_1 = 100\sqrt{2}\sin\omega t\text{V}$，$u_2 = 150\sqrt{2}\sin(\omega t-120°)\text{V}$。

解：先将三角函数表示的正弦量用相量表示，化为复数的极坐标式，再化为代数式，求两相量之和：

$$u_1 \rightarrow \dot{U}_1 = \frac{100\sqrt{2}}{\sqrt{2}}\angle 0° \text{ V} = 100\text{V}$$ （注意"→"不能用"="）

$$u_2 \rightarrow \dot{U}_2 = \frac{150\sqrt{2}}{\sqrt{2}}\angle -120°\text{V}$$
$$= 150[\cos(-120°)+\text{j}\sin(-120°)]\text{ V}$$
$$= (-75-\text{j}75\sqrt{3})\text{ V}$$

所以
$$\dot{U}_1+\dot{U}_2 = [100+(-75-\text{j}75\sqrt{3})]\text{ V}$$
$$= (25-\text{j}75\sqrt{3})\text{ V} = 132.3\angle -79°\text{ V}$$

再将和相量还原成对应的正弦量，得

$$u_1+u_2 = 132.3\sqrt{2}\sin(\omega t-79°)\text{V}$$

相量图如图 2-8 所示。

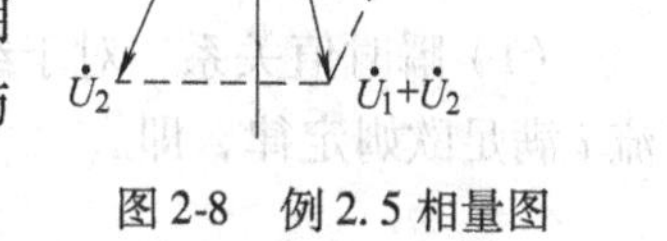

图 2-8　例 2.5 相量图

也可以用相量图求解。先画出正弦量 u_1、u_2 的相量图，利用平行四边形法则进行求和运算，再量出和相量的长度及和相量与实轴正方向的夹角，即为和相量的大小与幅角，如图 2-8 所示。

注意：只有同频率的相量，才能画在同一相量图上。

2.2.3　概念自测题

一、填空题

1. 在复平面中，相量的长度等于正弦量的________或者________，相量的起始位置与横轴正方向的夹角等于正弦量的________，相量绕坐标原点逆时针方向旋转的角速度即为正弦量的________，相量在纵坐标轴的投影即为正弦量的________。

2. 正弦交流电流 $i=5\sqrt{2}\sin(100\pi t-\pi/6)$ A，表示为相量形式是________，还可表示为________、________。

二、判断题

3. 只要是正弦交流电量，都可以用相量表示。（　　）
4. 只要是用相量表示的交流电量，都可以画在同一相量图中。（　　）
5. 交流量相量表示既可以是有效值，也可以是最大值。（　　）

三、选择题

6. 两个同频率的正弦交流电压，它们的和为（　　）（多选）

A. u_1+u_2　　B. U_1+U_2　　C. $U_{\mathrm{im}}+U_{\mathrm{2m}}$　　D. $\dot{U}_1+\dot{U}_2$

7. 根据正弦量和相量的对应关系，电压 $u=\sin(\omega t+\varphi)$ V，可以写成（　　）（多选）

A. $u=U\angle\varphi$　　B. $\dot{U}=U\angle\varphi$　　C. $\dot{U}=U_m\angle\varphi$　　D. $\dot{U}_m=\sqrt{2}U\angle\varphi$

2.3 单一参数元件的正弦交流电路

电阻、电感和电容是正弦交流电路中三大基本元件。由电阻、电感和电容单个元件组成的正弦交流电路，是最简单的交流电路，这种电路称为单一参数元件电路或称为纯参数元件电路。复杂交流电路可以看成是由若干个单一参数元件电路组成的，因此分析单一参数元件电路的特性尤为重要。下面将分别对电阻、电感和电容元件的电压、电流关系及能量关系进行讨论分析，并由此归纳出单一参数元件正弦交流电路的相量模型。

2.3.1 纯电阻电路

纯电阻电路如图 2-9 所示。

1. 电压与电流的关系

（1）瞬时值关系　对于纯电阻元件，在任一时刻，加在电阻 R 两端的电压 u 与通过的电流 i 满足欧姆定律，即

$$u=Ri \tag{2-20}$$

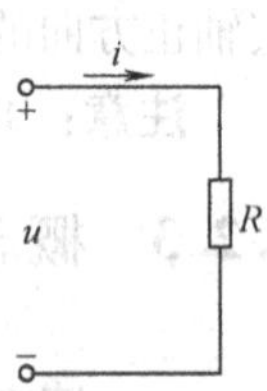

图 2-9　纯电阻电路

设所加电压 $u=U_{\mathrm{m}}\sin\omega t$，由式（2-20）可得

$$i=\frac{u}{R}=\frac{U_{\mathrm{m}}}{R}\sin\omega t=I_{\mathrm{m}}\sin\omega t$$

由上式知，对于纯电阻元件，其电流与电压同相位。

（2）有效值关系　由电流与电压的幅值关系 $I_{\mathrm{m}}=\dfrac{U_{\mathrm{m}}}{R}$，两端同除以$\sqrt{2}$，可得它们的有效值关系为

$$I=\frac{U}{R} \quad 或 \quad U=RI$$

(3) 相量关系　因为电流 i 和电压 u 均为同频率的正弦量。可将它们用相量表示，即 $u\rightarrow\dot{U}$、$i\rightarrow\dot{I}$，则式 (2-20) 的相量形式为

$$\dot{U}=R\dot{I} \tag{2-21}$$

2. 电阻元件的功率

(1) 瞬时功率　在关联参考方向下，电阻元件的瞬时功率（用小写字母 p 表示）：

$$p=ui$$

因为 $u=U_m\sin\omega t$，$i=I_m\sin\omega t$，故

$$p=U_mI_m\sin^2\omega t=UI(1-\cos2\omega t)$$

从上式可知 $p>0$，即电阻元件从电源吸收功率。从能量转换角度看，电阻元件吸收电能，转化为内能（热能）而消耗掉，因而电阻元件是耗能元件。上式还表明，瞬时功率 p 的变化频率是电源频率的两倍。纯电阻电路的波形图、相量图和瞬时功率曲线如图 2-10 所示。

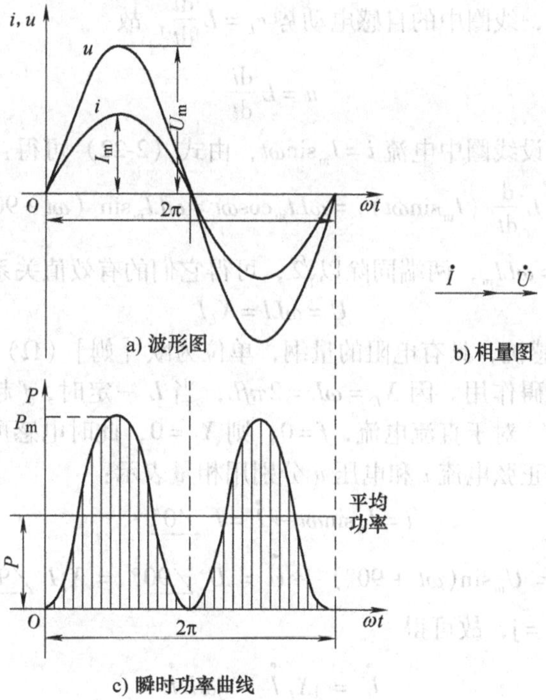

图 2-10　纯电阻电路的波形图、相量图和瞬时功率曲线

(2) 平均功率　瞬时功率是时间的函数，而不是一个定值，在工程计量中采用平均功率，即在一个周期内瞬时功率的平均值，又称为有功功率（用大写字母 P 表示）：

$$P=\frac{1}{T}\int_0^T p(t)\,\mathrm{d}t=\frac{1}{T}\int_0^T UI(1-\cos2\omega t)\,\mathrm{d}t$$
$$=UI=I^2R=U^2/R$$

有功功率的单位为瓦［特］(W)。常用单位还有千瓦 (kW) 和毫瓦 (mW)。

$$1\text{kW} = 10^3\text{W} = 10^6\text{mW}$$

平时所说的40W灯泡、30W电铬铁等都是指有功功率。

2.3.2 纯电感电路

1. 电压与电流的关系

当电流通过一个自感线圈时，既产生磁效应，也要产生热效应。如果线圈的电阻很小，所产生的热效应可以忽略时，就可以把一个自感线圈看作纯电感元件。由纯电感组成的交流电路称为纯电感电路，如图2-11所示。其电路参数为线圈的自感系数L，称为电感，单位为亨［利］（H）。

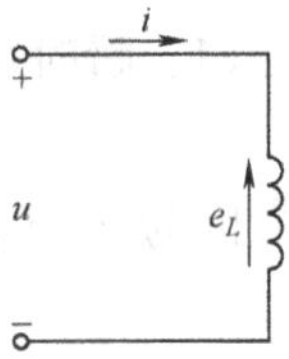

图2-11 纯电感电路

（1）瞬时值关系 在电感元件两端加正弦电压u时，所产生的电流i也为同频率的正弦量，从而会在电感元件中产生自感电动势e_L，因线圈电阻忽略不计，故外加电压u与线圈中的自感电动势相平衡。即

$$u = e_L$$

根据电磁感应定律，线圈中的自感电动势$e_L = L\dfrac{\mathrm{d}i}{\mathrm{d}t}$，故

$$u = L\frac{\mathrm{d}i}{\mathrm{d}t} \tag{2-22}$$

（2）有效值关系 设线圈中电流$i = I_\mathrm{m}\sin\omega t$，由式（2-22）可得：

$$u = L\frac{\mathrm{d}}{\mathrm{d}t}(I_\mathrm{m}\sin\omega t) = \omega LI_\mathrm{m}\cos\omega t = \omega LI_\mathrm{m}\sin(\omega t + 90°)$$

故电压幅值为$U_\mathrm{m} = \omega LI_\mathrm{m}$，两端同除以$\sqrt{2}$，可得它们的有效值关系为

$$U = \omega LI = X_L I$$

其中$X_L = \omega L$称为感抗，具有电阻的量纲，单位为欧［姆］（Ω）。感抗反映电感元件对交变电流具有一定的阻碍作用。因$X_L = \omega L = 2\pi fL$，当L一定时，f越高，X_L越大，因而对高频电流具有阻碍作用。对于直流电流，$f = 0$，则$X_L = 0$，此时电感可视作短路。

（3）相量关系 将正弦电流i和电压u分别用相量表示：

$$i = I_\mathrm{m}\sin\omega t \rightarrow \dot{I} = I\angle 0°$$

$$u = U_\mathrm{m}\sin(\omega t + 90°) \rightarrow \dot{U} = U\angle 90° = X_L I\angle 90°$$

因 $\angle 0° = 1$，$\angle 90° = \mathrm{j}$，故可得

$$\dot{U} = \mathrm{j}X_L\dot{I} = \mathrm{j}\omega L\dot{I} \tag{2-23}$$

式（2-23）表明，电感元件上电压超前电流90°。纯电感电路的波形图和相量图如图2-12a、b所示。

2. 电感元件的功率

（1）瞬时功率 电感元件的瞬时功率为

$$p = ui = U_\mathrm{m}\sin(\omega t + 90°)I_\mathrm{m}\sin\omega t = UI\sin 2\omega t$$

瞬时功率曲线如图2-12c所示。由图2-12可知：在$0 \sim \dfrac{T}{4}$、$\dfrac{T}{2} \sim \dfrac{3T}{4}$的时间内，电感元件

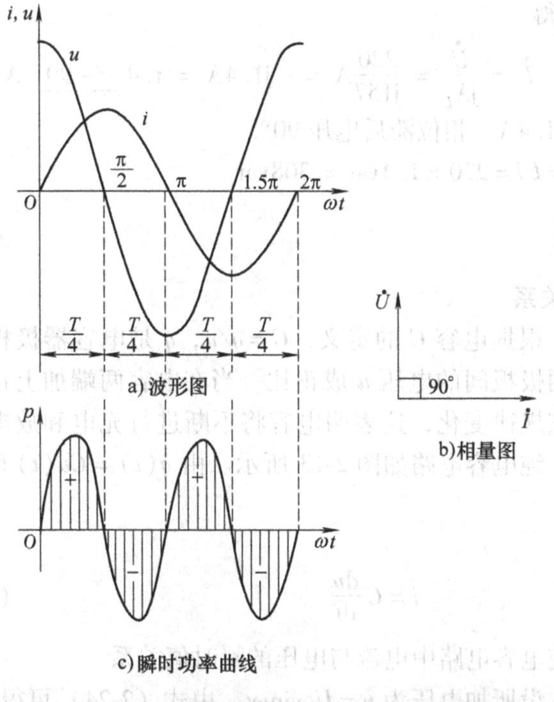

图 2-12　纯电感电路的波形图、相量图和瞬时功率曲线

上电流 i 和电压 u 方向一致，$p>0$，电感元件吸收功率，将电能转换为磁场能储存起来；在 $\frac{T}{4}\sim\frac{T}{2}$、$\frac{3T}{4}\sim T$ 的时间内，电感元件上电流 i 和电压 u 方向相反，$p<0$，电感元件发出功率，又将储存的磁场能释放出来，转换成电能。

（2）平均功率（有功功率）　纯电感元件的平均功率为

$$P = \frac{1}{T}\int_0^T p(t)\,\mathrm{d}t = \frac{1}{T}\int_0^T UI\sin 2\omega t\,\mathrm{d}t = 0$$

以上结果表明：在一个周期内，电感元件吸收的能量和发出的能量数值相等，即电感元件本身不消耗电能，而只是不断地与电源进行能量的交换，因而电感元件是一个储能元件。

（3）无功功率　电感元件虽不消耗功率，但与电源之间有能量交换，从而要占用电源设备的容量。无功功率（用大写字母 Q 表示）用来反映储能元件与电源进行能量交换的快慢。它是瞬时功率的最大值，即

$$Q = UI = X_L I^2 = U^2/X_L$$

无功功率的单位为乏（var）。

例 2.6　有一电感线圈，其电感 $L=0.5\text{H}$，接在 $u=220\sqrt{2}\sin 314t\text{V}$ 的电源上，试求：

（1）感抗 X_L。

（2）电路中电流 I 及其与电压的相位差 φ。

（3）无功功率 Q。

解：（1）感抗 $X_L=\omega L=（314\times 0.5）\Omega=157\Omega$

（2）电压相量 $\dot{U}=U\angle\varphi=\frac{220\sqrt{2}}{\sqrt{2}}\angle 0°\text{V}=220\angle 0°\text{V}=220\text{V}$

由式（2-23），可得

$$\dot{I}=\frac{\dot{U}}{\mathrm{j}X_L}=\frac{220}{\mathrm{j}157}\mathrm{A}=-\mathrm{j}1.4\mathrm{A}=1.4\angle -90^\circ\ \mathrm{A}$$

即电流有效值 $I=1.4\mathrm{A}$，相位滞后电压 90°。

（3）无功功率 $Q=UI=220\times1.4\mathrm{var}=308\mathrm{var}$

2.3.3 纯电容电路

1. 电压与电流的关系

（1）瞬时值关系　根据电容 C 的定义，$C=q/u$，q 是电容器极板所带电荷的量，它与电容两极板间的电压 u 成正比。当在电容两端加上正弦电压时，电量 q 也按正弦规律变化，这表明电容将不断进行充电和放电，从而在电路中形成电流，纯电容电路如图 2-13 所示。由 $q(t)=Cu(t)$ 和电流的定义 $i=\frac{\mathrm{d}q}{\mathrm{d}t}$ 可得

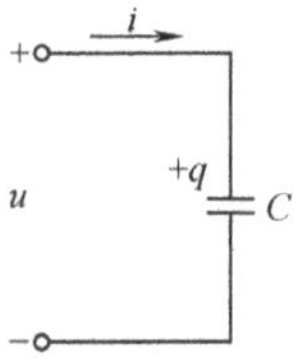

图 2-13　纯电容电路

$$i=C\frac{\mathrm{d}u}{\mathrm{d}t} \tag{2-24}$$

式（2-24）即为纯电容电路中电流与电压的瞬时值关系。

（2）有效值关系　设所加电压为 $u=U_\mathrm{m}\sin\omega t$，由式（2-24）可得：

$$i=C\frac{\mathrm{d}}{\mathrm{d}t}(U_\mathrm{m}\sin\omega t)=\omega CU_\mathrm{m}\cos\omega t=\omega CU_\mathrm{m}\sin(\omega t+90^\circ)$$

故电流幅值为 $I_\mathrm{m}=\omega CU_\mathrm{m}$，两端同除以 $\sqrt{2}$，可得它们的有效值关系为

$$I=\omega CU=\frac{U}{X_C}$$

式中，$X_C=\frac{1}{\omega_C}=\frac{1}{2\pi fC}$ 称为容抗，亦具有电阻的量纲，单位为欧［姆］（Ω）。容抗反映电容元件对交变电流具有一定的阻碍作用。当 C 一定时，f 越高，X_C 越小，因而对高频电流的阻碍作用很小。对于直流电，$f=0$，则 $X_C\to\infty$，此时电容可视为开路。

（3）相量关系　将电流 i 和电压 u 分别用相量表示：

$$u=U_\mathrm{m}\sin\omega t\to\dot{U}=U\angle 0^\circ=X_CI\angle 0^\circ$$

$$i=I_\mathrm{m}\sin(\omega t+90^\circ)\to\dot{I}=I\angle 90^\circ$$

利用 $\angle 0^\circ=1$、$\angle 90^\circ=\mathrm{j}$，故可得

$$\dot{U}=-\mathrm{j}X_C\dot{I}=-\mathrm{j}\frac{1}{\omega C}\dot{I} \tag{2-25}$$

式（2-25）表明：电容元件上电压滞后电流 90°，或者说电流超前电压 90°。纯电容电路的波形图和相量图如图 2-14a、b 所示。

2. 电容元件的功率

（1）瞬时功率　电容元件的瞬时功率为

$$p=ui=U_\mathrm{m}I_\mathrm{m}\sin\omega t\cdot\sin(\omega t+90^\circ)=UI\sin2\omega t$$

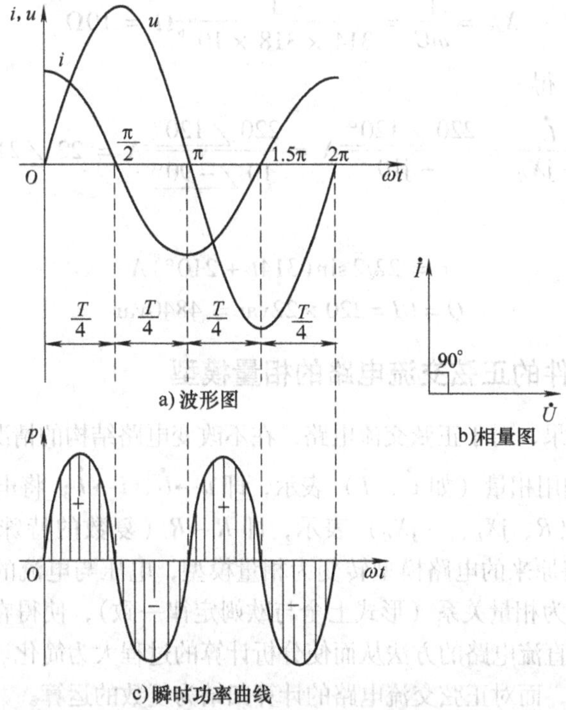

图 2-14 纯电容电路的波形图、相量图和瞬时功率曲线

瞬时功率曲线如图 2-14c 所示。由图 2-14 可知，在 $0\sim\frac{T}{4}$、$\frac{T}{2}\sim\frac{3T}{4}$的时间内，$i$ 和 u 的方向一致，电容器充电，$p>0$，电容元件吸收功率，将电能转换为电场能储存起来；在$\frac{T}{4}\sim\frac{T}{2}$、$\frac{3T}{4}\sim T$ 的时间内，i 和 u 的方向相反，电容器放电，$p<0$，电容元件发出功率，再将电场能转换成电能。

（2）有功功率　纯电容元件的有功功率为

$$P = \frac{1}{T}\int_0^T p(t)\,\mathrm{d}t = \frac{1}{T}\int_0^T UI\sin 2\omega t\,\mathrm{d}t = 0$$

以上结果表明：电容元件本身也不消耗电能，只是不断地与电源进行能量交换。因而电容元件也是一个储能元件。

（3）无功功率　和电感元件一样，电容元件与电源之间能量交换的快慢用无功功率来衡量。

$$Q = UI = X_C I^2 = \frac{U^2}{X_C}$$

例 2.7　在电容值为 318μF 的电容器两端加上电压 $u=220\sqrt{2}\sin(314t+120°)\,\mathrm{V}$，试求：

（1）电容的容抗 X_C。

（2）电容上的电流 i。

（3）无功功率 Q。

解：（1）由电压表达式可知

$$\omega = 314\,\mathrm{rad/s} \quad \dot{U} = 220\angle 120°\ \mathrm{V}$$

所以容抗为 $$X_C=\frac{1}{\omega C}=\frac{1}{314\times318\times10^{-6}}\Omega=10\Omega$$

（2）由式（2-27）得

$$\dot{I}=\frac{\dot{U}}{-\mathrm{j}X_C}=\frac{220\angle 120^\circ}{-\mathrm{j}10}\mathrm{A}=\frac{220\angle 120^\circ}{10\angle -90^\circ}\mathrm{A}=22\angle 210^\circ\ \mathrm{A}$$

故流过电容的电流为

$$i=22\sqrt{2}\sin(314t+210^\circ)\mathrm{A}$$

（3）无功功率为 $$Q=UI=220\times22\mathrm{var}=4840\mathrm{var}$$

2.3.4 单一参数元件的正弦交流电路的相量模型

综合以上讨论的结果，对于正弦交流电路，在不改变电路结构的情况下，只要将电路中的正弦量（如 u、i）分别用相量（如 $\dot{U}$、$\dot{I}$）表示，即 $u\to\dot{U}$、$i\to\dot{I}$；将电路元件的实参数（R、L、C）分别用复参数（R、$\mathrm{j}X_L$、$-\mathrm{j}X_C$）表示，即 $R\to R$（复数的特殊情况）、$L\to\mathrm{j}X_L$、$C\to\mathrm{j}X_C$，通过这种转变，将原来的电路模型转变为相量模型，电压与电流的瞬时值关系（其中有的是微分关系式）转变为相量关系（形式上全与欧姆定律一致），使得在对正弦交流电路的分析计算中，也可以借用直流电路的方法从而使分析计算的过程大为简化。所不同的是对直流电路的计算是实数的运算，而对正弦交流电路的计算归结为复数的运算。

1. 由电路模型到相量模型的转换

这种转换如图 2-15 所示。

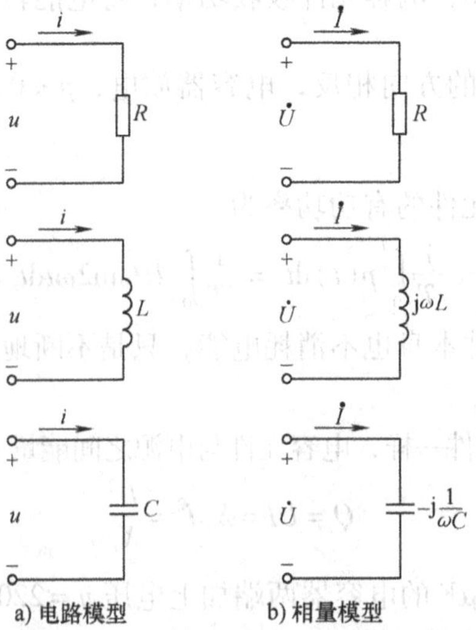

图 2-15 电路模型转换为相量模型

2. 电压与电流关系的转换

表 2-1 是电压与电流瞬时值关系和相量关系的对照表。

表 2-1 电压与电流瞬时值关系和相量关系的对照表

元 件	电压与电流瞬时值关系	电压与电流相量关系
电阻 R	$u=Ri$	$\dot{U}=R\dot{I}$
电感 L	$u=L\frac{\mathrm{d}i}{\mathrm{d}t}$	$\dot{U}=\mathrm{j}\omega L\dot{I}$
电容 C	$i=C\frac{\mathrm{d}u}{\mathrm{d}t}$	$\dot{U}=-\mathrm{j}\frac{1}{\omega C}\dot{I}$

2.3.5 概念自测题

一、填空题

1. 电感器是阻止________电流通过的，对于________电流能够顺利通过。

2. 为了描述电感元件与电源进行能量交换的________，定义无功功率 Q_L = ________。它的单位采用________。

3. 几个电容器串联时，________将减小，但总的________将提高；几个电容器并联，主要用于增大________，电容器________不变，但整个并联电容器组允许的________以最低的一个电容器为准。

二、判断题

4. 纯电阻电路中，$u_R=100\sin(100\pi t+\pi/2)$ V，$i_R=10\sin(100\pi t+\pi/2)$ A，平均功率 $P=1000$W。 ( )

5. 电感线圈在直流电路中不呈现感抗，因为此时电感量为零。 ( )

6. 在纯电感电路中，瞬时值的欧姆定律形式，即 $i_L=u_L/X_L$ 是成立的。 ( )

7. 几个电容器串联，等效电容将增大，总的耐压值也增大。 ( )

三、选择题

8. 下列公式错误的是（ ）。（多选）

A. $i_L=u_L/X_L$　B. $i_C=u_C/X_C$　C. $i_R=u_R/R$　D. $I=U/|Z|$

9. 电感线圈在交流电路中，电感元件有如下特点：（ ）（多选）

A. 不消耗有功功率　B. 消耗有功功率　C. 能量交换　D. 能量储存

10. 常用电容器上标有电容量和耐压值。使用时，根据加在电容器两端电压的（ ）值来选取电容器。

A. 有效值　B. 平均值　C. 最大值　D. 瞬时值

2.4 电阻、电感和电容元件串联的正弦交流电路

上节讨论的单一参数元件的正弦交流电路往往是不存在的，实际的电路模型都是几种单一参数元件电路的某种组合。如电阻、电感和电容串联的电路（RLC 串联电路），这是一种

典型电路，下面用相量模型来讨论这种电路的特性。

2.4.1 电压与电流之间的关系

在图2-16所示的电阻、电感和电容元件串联的电路中，图2-16a为交流电路，电流通过RLC时，产生的压降分别为u_R、u_L、u_C。图2-16b为相量模型。

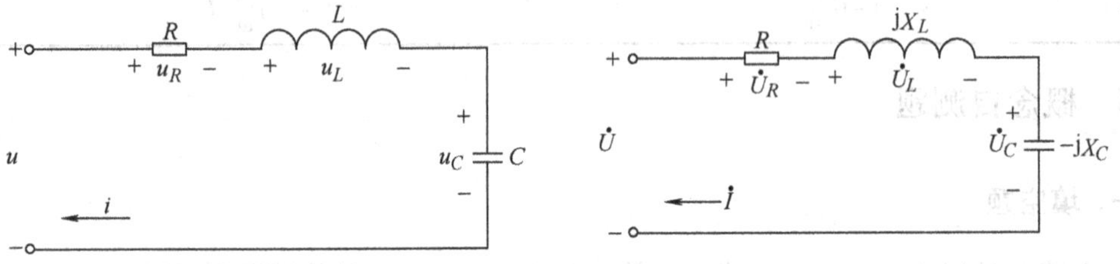

a) 电阻、电感和电容串联交流电路　　b) 相量模型

图2-16　RLC串联电路

1. 相量关系

根据KVL，在任一瞬时有

$$u = u_R + u_L + u_C$$

对应的相量式为

$$\dot{U} = \dot{U}_R + \dot{U}_L + \dot{U}_C = R\dot{I} + jX_L\dot{I} + (-jX_C)\dot{I}$$
$$= [R + j(X_L - X_C)]\dot{I}$$

在上式中，记$X = X_L - X_C = \omega L - \dfrac{1}{\omega C}$，称为电抗；记$Z = R + j(X_L - X_C) = R + jX$，称为复阻抗，它们的单位均为欧［姆］（Ω），则

$$\dot{U} = [R + j(X_L - X_C)]\dot{I} = Z\dot{I} \tag{2-26}$$

式（2-26）称为相量形式的欧姆定律。

2. 复阻抗

$$\left.\begin{aligned}&\text{复阻抗的代数形式：}Z = R + jX\\&\text{复阻抗的极坐标形式：}Z = |Z|\angle\varphi\end{aligned}\right\} \tag{2-27}$$

其中：

$$\left.\begin{aligned}|Z| &= \sqrt{R^2 + X^2} = \sqrt{R^2 + (X_L - X_C)^2}\\ \varphi &= \arctan\frac{X}{R} = \arctan\frac{X_L - X_C}{R}\end{aligned}\right\} \tag{2-28}$$

$|Z|$称为阻抗模，φ称为阻抗角。因电阻R为正的实数，电抗X则与电路的元件参数以及电源频率有关，可为正值也可为负值，故阻抗角是Ⅰ、Ⅳ象限的角，即$|\varphi| \leqslant \dfrac{\pi}{2}$。

注意：Z虽是一个复数，但不是正弦量，故不可在它的符号上面加“·”。

3. 电压与电流的有效值关系和相位关系

由于 $\dot{U}=Z\dot{I}=|Z|\dot{I}\angle\varphi$，故电压与电流的有效值关系为 $U=|Z|I$。

以上内容还表明电压与电流的相位差等于电路的阻抗角 φ。

下面就 φ 值的不同，来讨论电路的性质。

1）当 $\varphi>0$ 时，即 $X>0$，$X_L>X_C$，$U_L>U_C$。电路中电压超前电流 φ 角度，电感起决定作用，电路呈感性，相量图如图 2-17a 所示。

2）当 $\varphi<0$ 时，即 $X<0$，$X_L<X_C$，$U_L<U_C$。电路中电压滞后电流 φ 角度，电容起决定作用，电路呈容性，如图 2-17b 所示。

3）当 $\varphi=0$ 时，即 $X=0$，$X_L=X_C$，$U_L=U_C$。电路中电压和电流同相，电感和电容的作用相当，电路呈阻性，此时电路产生了串联谐振现象（后面的章节讨论），如图 2-17c 所示。

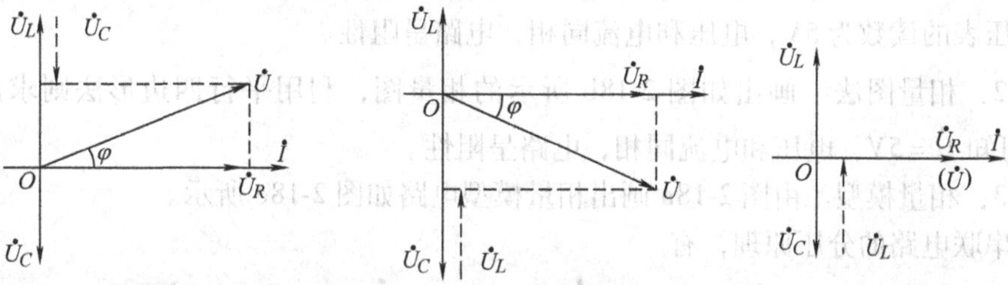

图 2-17　*RLC* 串联电路相位关系

其实对于 *RLC* 串联这种典型电路，单一参数元件电路或两个参数元件串联电路可以看成它的特例。它们的电压和电流关系都可用公式 $\dot{U}=Z\dot{I}$ 统一表示。

例如单一参数元件电路，对纯电阻电路，则 $X_L=X_C=0$，$Z=R+\mathrm{j}(X_L-X_C)=R$，故 $\dot{U}=Z\dot{I}=R\dot{I}$。

对纯电感电路，则 $X_C=0$，$R=0$，$Z=R+\mathrm{j}(X_L-X_C)=\mathrm{j}X_L$，故 $\dot{U}=Z\dot{I}=\mathrm{j}X_L\dot{I}$。

对纯电容电路，则 $R=0$，$X_L=0$，$Z=R+\mathrm{j}(X_L-X_C)=-\mathrm{j}X_C$，故 $\dot{U}=Z\dot{I}=-\mathrm{j}X_C\dot{I}$。

同理，对于 *RL* 串联电路，可看成是 $X_C=0$ 的 *RLC* 串联电路；而对 *RC* 串联电路，则可看成 $X_L=0$ 的 *RLC* 串联电路。因此，分析 *RLC* 串联电路更有普遍性，这也是分析讨论 *RLC* 串联电路这种典型电路特性的意义之所在。

例 2.8　在图 2-18a 所示电路中，电压表 V_1、V_2、V_3 的读数都是 5V，试求电路中电压表 V 的读数，并分析电路的性质。

解：在串联 *RLC* 电路中，以电流为参考相量，即 $\dot{I}=I\angle 0°$ A。

方法 1：相量法　选定 u、u_1、u_2、u_3、i 的参考方向如图 2-18a 所示，则有

$$\dot{U}_1=5\angle 0°\ \mathrm{V}=(5\cos 0°+\mathrm{j}5\sin 0°)\mathrm{V}=5\mathrm{V}$$

$$\dot{U}_2=5\angle 90°\ \mathrm{V}=(5\cos 90°+\mathrm{j}5\sin 90°)\mathrm{V}=\mathrm{j}5\mathrm{V}$$

$$\dot{U}_3=5\angle -90°\ \mathrm{V}=\left[5\cos(-90°)+\mathrm{j}5\sin(-90°)\right]\mathrm{V}=-\mathrm{j}5\mathrm{V}$$

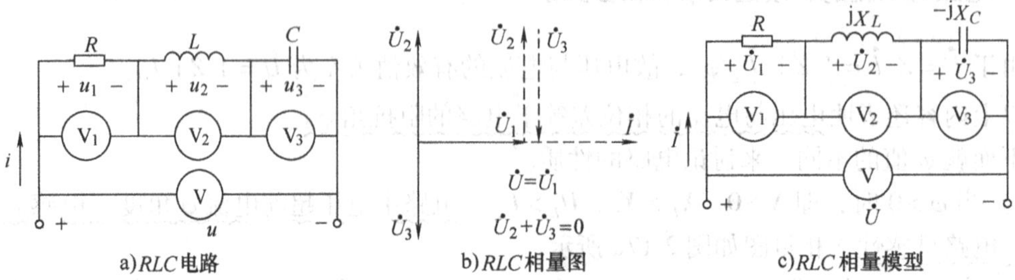

图 2-18　例 2.8 图

由串联电路的特点，得

$$\dot{U}=\dot{U}_1+\dot{U}_2+\dot{U}_3=[5+j5+(-j5)]V=5V$$

故电压表的读数为 5V，电压和电流同相，电路呈阻性。

方法 2：相量图法　画出如图 2-18b 所示的相量图，利用平行四边形法则求解 $\dot{U}$。由图 2-18b可知 $\dot{U}=5V$，电压和电流同相，电路呈阻性。

方法 3：相量模型　由图 2-18a 画出相量模型电路如图 2-18c 所示。

根据串联电路的分压原理，有

$$\frac{\dot{U}}{\dot{U}_1}=\frac{Z}{R}\qquad \frac{\dot{U}_1}{\dot{U}_2}=\frac{R}{jX_L}\qquad \frac{\dot{U}_1}{\dot{U}_3}=\frac{R}{-jX_C}$$

取模计算得　$U=\frac{U_1}{R}|Z|\qquad \frac{U_1}{U_2}=\frac{R}{X_L}=1\qquad \frac{U_1}{U_3}=\frac{R}{X_C}=1$

所以　$$R=X_L=X_C$$

而

$$Z=R+jX_L+(-jX_C)=R$$

$$|Z|=R$$

所以　$$U=\frac{U_1}{R}|Z|=U_1=5V$$

又 $X_L=X_C$，故电路呈阻性。

比较几种方法，体会其中的解题思路。

2.4.2　*RLC* 串联电路的功率分析

在图 2-16 所示电路中，设电流 $i=I_m\sin\omega t$，电压 $u=U_m\sin(\omega t+\varphi)$，则电路的瞬时功率可写成

$$\begin{aligned}p=ui&=U_m\sin(\omega t+\varphi)I_m\sin\omega t\\&=U_mI_m\sin(\omega t+\varphi)\sin\omega t\\&=UI[\cos\varphi-\cos(2\omega t+\varphi)]\end{aligned}$$

1. 有功功率

由上式可得相应的平均功率或有功功率为

$$
\begin{aligned}
P &= \frac{1}{T}\int_0^T p\mathrm{d}t \\
&= \frac{1}{T}\int_0^T [UI\cos\varphi - UI\cos(2\omega t + \varphi)]\mathrm{d}t \\
&= \frac{1}{T}\int_0^T [UI\cos\varphi]\mathrm{d}t - \frac{1}{T}\int_0^T [UI\cos(2\omega t + \varphi)]\mathrm{d}t \\
&= UI\cos\varphi
\end{aligned}
$$

即

$$P = UI\cos\varphi \tag{2-29}$$

该式表明，有功功率不仅与电压和电流的有效值有关，而且还与它们之间的相位差 φ 有关。其中 $\cos\varphi$ 称为电路的功率因数，有功功率的单位是瓦（W），有时也用千瓦（kW）。

2. 无功功率

将 $p = UI[\cos\varphi - \cos(2\omega t + \varphi)]$ 用三角公式展开

$$
\begin{aligned}
p &= UI\cos\varphi - UI\cos(2\omega t + \varphi) \\
&= UI\cos\varphi - UI[\cos 2\omega t\cos\varphi - \sin 2\omega t\sin\varphi] \\
&= UI\cos\varphi(1 - \cos 2\omega t) + UI\sin\varphi\sin 2\omega t
\end{aligned}
$$

其中，第一部分 $p_1 = UI\cos\varphi(1 - \cos 2\omega t)$，其平均值 $\frac{1}{T}\int_0^T p_1\mathrm{d}t = UI\cos\varphi$，正好是有功功率；第二部分 $p_2 = UI\sin\varphi\sin 2\omega t$ 的平均值 $\frac{1}{T}\int_0^T p_2\mathrm{d}t = 0$，表明了电源与电路中储能元件之间的能量交换的情况，这里定义这一部分的幅值 $UI\sin\varphi$ 为无功功率，用来表示电路能量交换的最大速率，用 Q 表示，即

$$Q = UI\sin\varphi \tag{2-30}$$

无功功率的单位为乏（var）或千乏（kvar）。

3. 视在功率

在正弦交流电路中，定义电压和电流有效值的乘积 UI 为视在功率，用 S 表示，即

$$S = UI \tag{2-31a}$$

视在功率通常用来表示电气设备或电源的容量，其单位为伏安（V·A）或（kV·A）。

显然，$S \neq P + Q$，而是

$$S = \sqrt{P^2 + Q^2} \tag{2-31b}$$

需要说明的是，虽然式（2-29）、式（2-30）和式（2-31）是从串联电路推导出来的，但它们是计算正弦交流电路功率的一般公式。

在 RLC 串联电路中，阻抗之间、电压之间和功率之间的关系，可用直角三角形表示，分别称为阻抗三角形、电压三角形和功率三角形，如图 2-19 所示，该图也反映了三个三角形表示方法之间的关系，因此，知其一则知其二。

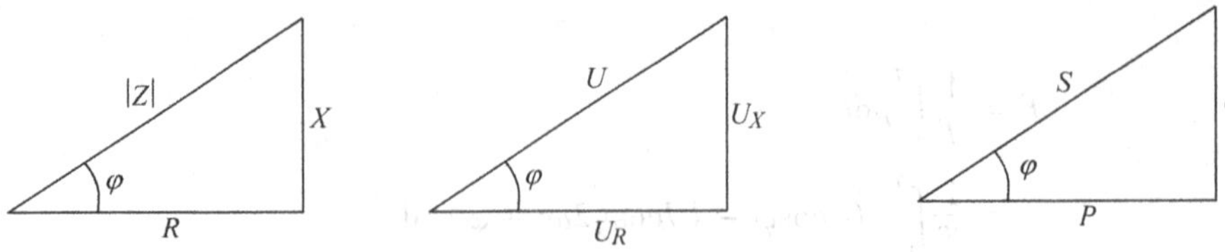

a)阻抗三角形　　b)电压三角形　　c)功率三角形

图 2-19　阻抗、电压和功率三角形

2.4.3　概念自测题

一、填空题

1. 已知 $R=50\Omega$，$L=0.16\text{H}$，$C=63.7\mu\text{F}$，若接工频的交流电路中，则 $R=$______，$X_L=$______，$X_C=$______。若接在直流电路中，则 $R=$______，$X_L=$______，$X_C=$______。

2. 已知 $X_L=10\Omega$，$X_C=10\Omega$，$R=10\Omega$，当频率 f 增大一倍，则 $X_L'=$______，$X_C'=$______，$R'=$______。

3. 已知某元件上电压 $u=100\sin(\omega t)$ V，电流 $i=10\sin(\omega t+60°)$ A；则功率因数角 $\varphi=$______，该元件是______性的元件。阻抗 $|Z|=$______；等效电阻 $R=$______。

二、判断题

4. 在一个电阻和电感相串联的电路中，有 $U=U_R+U_L$ 表达式成立。（　　）

5. 当 $\varphi=\varphi_u-\varphi_i=0$ 时，这一电路无法判定是纯电阻电路。（　　）

6. $\cos\varphi=R/|Z|$ 是求取某电路功率因数唯一可使用的公式。（　　）

三、选择题

7. 在 R、L、C 串联电路中，当总电流与总电压同相时，下列关系式正确的是（　　）。

A. $\omega L^2C=1$　　B. $\omega LC=1$　　C. $\omega^2LC=1$　　D. $\omega LC^2=1$

8. 如图 2-18c 所示电路中，若已知电压表 V1、V2 和 V3 的读数分别为 U_1、U_2 和 U_3，那么电压表 V 的读数应是（　　）。

A. $U_1+U_2+U_3$　　B. $\dot{U}=\dot{U}_1+\dot{U}_2+\dot{U}_3$　　C. $\sqrt{U_1^2+U_2^2+U_3^2}$

2.5　正弦交流电路的分析与计算

交流电路的分析，就是在已知电路结构和元件参数的条件下，分析各部分电压和电流之间的关系以及能量转换关系。为此采用相量模型电路，运用大家较熟悉的分析直流电路的方法和定理，来分析计算交流电路。

在相量模型电路中，交流电路中的正弦量用相量表示，如电压 u、电流 i 用相量电压 $\dot{U}$、电流 $\dot{I}$ 表示；组成电路的元件参数 R、L、C 分别用复阻抗 R、$\text{j}X_L$、$-\text{j}X_C$ 表示。根据复阻抗的连接方式不同，可将交流电路分为复阻抗的串联电路、并联电路和混联电路。

2.5.1 复阻抗的串联电路

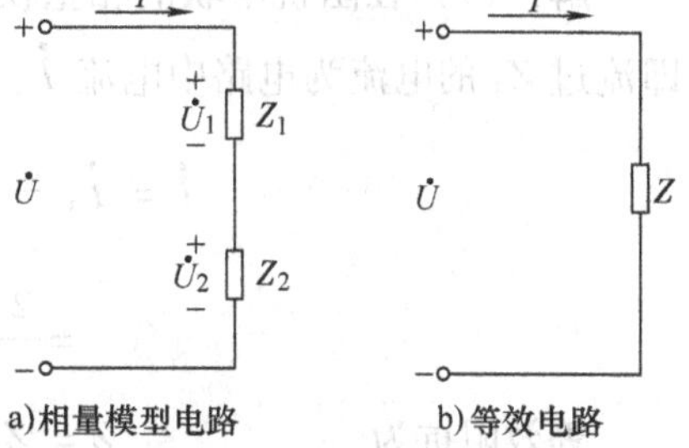

图 2-20 复阻抗的串联电路

图 2-20a 所示的电路为两个复阻抗 Z_1 和 Z_2 串联的相量模型电路，复阻抗可看作是直流电路中的电阻。设复阻抗的端电压分别为 $\dot{U}_1$ 和 $\dot{U}_2$，参考方向如图2-20a所示，则可直接利用直流电路中电阻的串联特点，导出复阻抗 Z_1 和 Z_2 串联的相量模型电路特征。

1）电路的等效复阻抗为

$$Z = Z_1 + Z_2$$

等效电路如图 2-20b 所示，即多个复阻抗串联，其等效复阻抗为多个串联复阻抗之和。

2）电路中流过 Z_1 和 Z_2 的电流 $\dot{I}$ 相同。

3）电路中总电压 $\dot{U}$ 为各串联复阻抗端电压之和，即

$$\dot{U} = \dot{U}_1 + \dot{U}_2$$

4）复阻抗的分压作用，即

$$\frac{\dot{U}_1}{\dot{U}_2} = \frac{Z_1}{Z_2} \qquad \frac{\dot{U}_1}{\dot{U}} = \frac{Z_1}{Z} \qquad \frac{\dot{U}_2}{\dot{U}} = \frac{Z_2}{Z}$$

若用电压有效值和阻抗模表示，则有

$$\frac{U_1}{U_2} = \frac{|Z_1|}{|Z_2|} \qquad \frac{U_1}{U} = \frac{|Z_1|}{|Z|} \qquad \frac{U_2}{U} = \frac{|Z_2|}{|Z|}$$

设复阻抗 $Z_1 = R_1 + \mathrm{j}X_1$，$Z_2 = R_2 + \mathrm{j}X_2$，则等效复阻抗为

$$\begin{aligned} Z = Z_1 + Z_2 &= (R_1 + R_2) + \mathrm{j}(X_2 + X_1) \\ &= R + \mathrm{j}X \end{aligned}$$

复阻抗模为 $$|Z| = \sqrt{(R_1 + R_2)^2 + (X_1 + X_2)^2} = \sqrt{R^2 + X^2}$$

复阻抗角为 $$\varphi = \arctan\frac{X_1 + X_2}{R_1 + R_2} = \arctan\frac{X}{R}$$

显然可知 $$\sqrt{R_1^2 + X_1^2} + \sqrt{R_2^2 + X_2^2} \neq \sqrt{(R_1 + R_2)^2 + (X_1 + X_2)^2}$$

即 $$|Z_1| + |Z_2| \neq |Z|$$

同理可得 $$U_1 + U_2 \neq U$$

因此，在相量模型中，电压、电流和阻抗之间的关系是相量（复数）的关系，必须遵循复数的运算法则，这是和直流电路中电压、电流和电阻计算的不同之处，也是初学者容易出错或混淆的地方，要特别注意。

例 2.9 在如图 2-21 所示的串联电路中，已知 $Z_1 = (2 + \mathrm{j}5)\ \Omega$，$Z_2 = -\mathrm{j}8\Omega$，$Z_3 = 2\Omega$，如果 Z_3 上电压降为 $\dot{U}_3 = 2\angle 30°\ \mathrm{V}$，求：

（1）电路中的电流 $\dot{I}$、电压 $\dot{U}$ 和等效复阻抗 Z。

（2）Z_1、Z_2 上的电压 U_1、U_2。

（3）判别电路的性质。

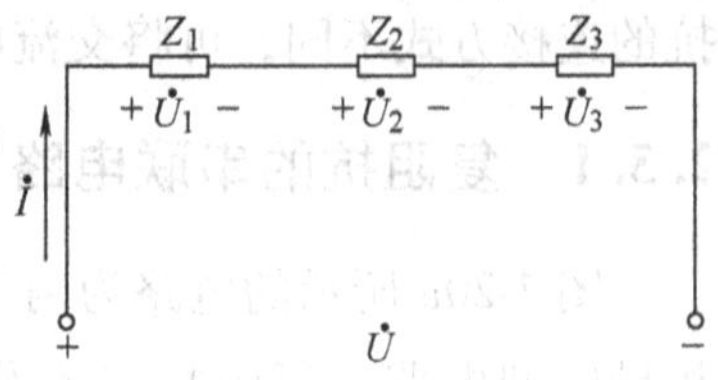

图 2-21　例 2.9 图

解：（1）在阻抗串联的相量模型电路中，电流处处相等，即流过 Z_3 的电流为电路中电流 $\dot{I}$，由欧姆定律可得

$$\dot{I}=\dot{I}_3=\frac{\dot{U}_3}{Z_3}$$

$$=\frac{2\angle 30^\circ}{2}\text{A}=1\angle 30^\circ\ \text{A}$$

等效阻抗为
$$Z=Z_1+Z_2+Z_3$$
$$=(2+\text{j}5-\text{j}8+2)\Omega$$
$$=(4-\text{j}3)\Omega$$
$$=\sqrt{4^2+(-3)^2}\ \angle\arctan\frac{-3}{4}\Omega$$
$$=5\angle -37^\circ\ \Omega$$

电路电压为　$\dot{U}=\dot{I}Z=1\angle 30^\circ\times 5\angle -37^\circ\ \text{V}=5\angle -7^\circ\ \text{V}$

（2）由串联电路复阻抗的分压原理：

$$\frac{\dot{U}_1}{\dot{U}}=\frac{Z_1}{Z}$$

可得
$$U_1=U\frac{|Z_1|}{|Z|}$$
$$=5\times\frac{|2+\text{j}5|}{|4-\text{j}3|}\text{V}=5\times\frac{\sqrt{2^2+5^2}}{\sqrt{4^2+(-3)^2}}\text{V}=\sqrt{29}\text{V}$$

同理：
$$U_2=U\frac{|Z_2|}{|Z|}$$
$$=5\times\frac{|-\text{j}8|}{|4-\text{j}3|}\text{V}=5\times\frac{\sqrt{(-8)^2}}{\sqrt{4^2+(-3)^2}}\text{V}=8\text{V}$$

还可以这样计算：由欧姆定律得　$\dot{U}_1=Z_1\dot{I}$

所以
$$U_1=I|Z_1|=1\times|2+\text{j}5|\text{V}=\sqrt{29}\text{V}$$
$$U_2=I|Z_2|=1\times|-\text{j}8|\text{V}=8\text{V}$$

（3）由 $Z=\dfrac{\dot{U}}{\dot{I}}=5\angle -37^\circ\Omega$ 可知 $\varphi=-37^\circ<0$，即电流超前电压 37°，电路呈容性。

例 2.10　电感降压调速电风扇的等效电路如图 2-22a 所示，已知 $R=190\Omega$，$X_{L_1}=260\Omega$，电源电压 $U=220\text{V}$，$f=50\text{Hz}$，要使 $U_1=180\text{V}$，问串联的电感 L_x 应为多大?

解：将交流电路变为相量模型电路，如图 2-22b 所示，若能求出 X_{L_x}，则由 $X_{L_x}=2\pi fL_x$ 可求出 L_x。

设　　$Z_2=\text{j}X_{L_x}$　　$Z_1=R+\text{j}X_{L_1}=(190+\text{j}260)\ \Omega$

由串联阻抗电路的分压作用，可得

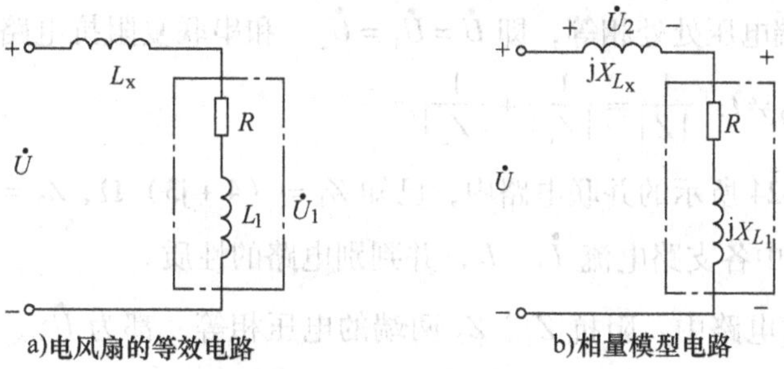

图 2-22　例 2.10 图

$$\frac{\dot{U}}{\dot{U}_1}=\frac{Z}{Z_1}$$

所以
$$|Z|=\frac{U}{U_1}|Z_1|$$

而电路等效阻抗为

$$Z=Z_1+Z_2=(R+jX_{L_1})+jX_{L_x}=R+j(X_{L_1}+X_{L_x})$$

$$|Z|=\sqrt{R^2+(X_{L_1}+X_{L_x})^2}$$

$$\sqrt{R^2+(X_{L_1}+X_{L_x})^2}=\frac{U}{U_1}|Z_1|=\frac{U}{U_1}\sqrt{R^2+X_{L_1}^2}$$

代入数据，整理得

$$X_{L_x}=84.688\Omega$$

由 $X_{L_x}=2\pi fL_x$　可得

$$L_x=\frac{X_{L_x}}{2\pi f}=\frac{84.688}{100\pi}\text{H}=270\text{mH}$$

2.5.2 复阻抗的并联电路

图 2-23a 为两个复阻抗 Z_1、Z_2 的并联相量模型电路，通过 Z_1、Z_2 的电流分别为 $\dot{I}_1$、$\dot{I}_2$，参考方向如图 2-23a 所示，参照直流电路，可直接得出并联复阻抗电路的如下特征。

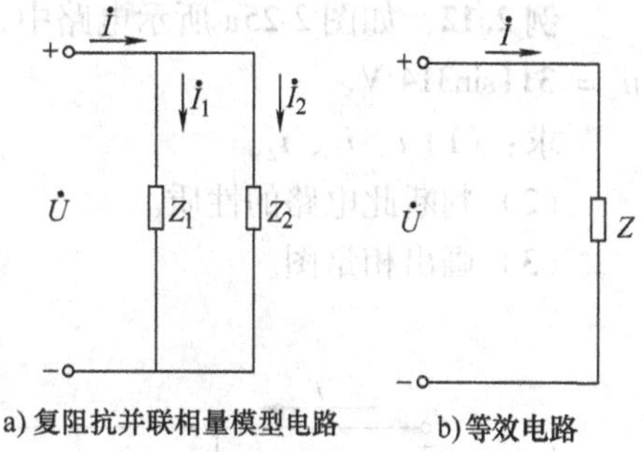

图 2-23　复阻抗并联电路

1）电路的等效电路如图 2-23b 所示，等效阻抗为 Z，则其倒数等于各并联阻抗的倒数和，即

$$\frac{1}{Z}=\frac{1}{Z_1}+\frac{1}{Z_2}$$

2）电路的总电流 $\dot{I}$ 为各支路电流之和，即

$$\dot{I}=\dot{I}_1+\dot{I}_2$$

3）由并联电路复阻抗的分流作用，得

$$\frac{\dot{I}_1}{\dot{I}_2}=\frac{Z_2}{Z_1}$$

4）并联支路的端电压处处相等，即 $\dot{U}=\dot{U}_1=\dot{U}_2$。和串联复阻抗电路相似，在并联复阻抗交流电路中，$I_1+I_2\neq I$，$\frac{1}{|Z|}\neq\frac{1}{|Z_1|}+\frac{1}{|Z_2|}$。

例 2.11 在图 2-24 所示的并联电路中，已知 $Z_1=(4+j3)\ \Omega$，$Z_2=(8-j6)\ \Omega$，$\dot{U}=150\angle 60°\ V$，求电路中各支路电流 $\dot{I}_1$、I_2，并判别电路的性质。

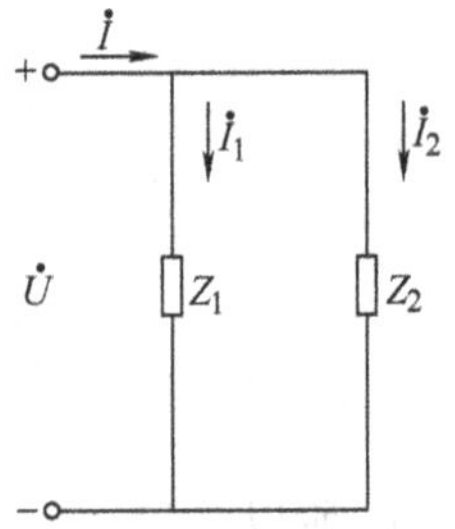

图 2-24 例 2.11 图

解：(1) 在并联电路中，阻抗 Z_1、Z_2 两端的电压相等，都为 $\dot{U}$，由欧姆定律，得

电流 $\dot{I}_1=\frac{\dot{U}}{Z_1}=\frac{150\angle 60°}{4+j3}=\frac{150\angle 60°}{5\angle 37°}A=30\angle 23°\ A$

同理 $\dot{I}_2=\frac{\dot{U}}{Z_2}$

$$I_2=\frac{U}{|Z_2|}=\frac{150}{|8-j6|}A=\frac{150}{\sqrt{8^2+(-6)^2}}A=15A$$

(2) 并联电路的等效阻抗为 Z，则有

$$\frac{1}{Z}=\frac{1}{Z_1}+\frac{1}{Z_2}$$

$$Z=\frac{Z_1Z_2}{Z_1+Z_2}=\frac{(4+j3)(8-j6)}{(4+j3)+(8-j6)}\Omega$$

$$=\frac{50}{51}(4+j)\Omega=4.04\angle 14°\ \Omega$$

所以 $\varphi=14°>0$，即电压超前电流 14°，电路呈感性。

例 2.12 如图 2-25a 所示电路中，已知 $R_1=8\Omega$，$R_2=3\Omega$，$L_1=19.1\text{mH}$，$L_2=12.7\text{mH}$，$u=311\sin 314t\text{V}$。

求：(1) i、i_1、i_2。

(2) 判断此电路的性质。

(3) 画出相量图。

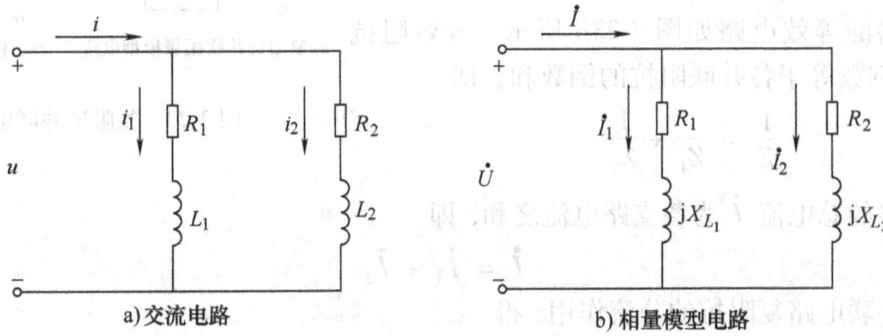

图 2-25 例 2.12 图

解：（1）将交流电路化为相量模型电路，如图 2-25b 所示，则 $\dot{U}=\frac{311}{\sqrt{2}}\angle 0^\circ\ \text{V}=220\angle 0^\circ\ \text{V}$，从电压 u 表达式可知，角频率为

$$\omega = 314\text{rad/s}$$

所以 $$X_{L_1}=\omega L_1=314\times 19.1\times 10^{-3}\Omega=6\Omega$$

$$X_{L_2}=\omega L_2=314\times 12.7\times 10^{-3}\Omega=4\Omega$$

设 $$Z_1=R_1+\text{j}X_{L_1}=(8+\text{j}6)\ \Omega=10\angle 37^\circ\ \Omega$$

$$Z_2=R_2+\text{j}X_{L_2}=(3+\text{j}4)\ \Omega=5\angle 53^\circ\ \Omega$$

并联等效阻抗为 $$Z=\frac{Z_1Z_2}{Z_1+Z_2}=\frac{(3+\text{j}4)(8+\text{j}6)}{(3+\text{j}4)+(8+\text{j}6)}\Omega$$

$$=\frac{50}{11^2+10^2}(10+\text{j}11)\ \Omega=3.36\angle 48^\circ\ \Omega$$

根据阻抗并联电路的特点：并联支路电压处处相等，由欧姆定理得

$$\dot{I}_1=\frac{\dot{U}}{Z_1}=\frac{220\angle 0^\circ}{10\angle 37^\circ}\text{A}=22\angle -37^\circ\ \text{A}$$

$$\dot{I}_2=\frac{\dot{U}}{Z_2}=\frac{220\angle 0^\circ}{5\angle 53^\circ}\text{A}=44\angle -53^\circ\ \text{A}$$

$$\dot{I}=\frac{\dot{U}}{Z}=\frac{220\angle 0^\circ}{3.36\angle 48^\circ}\text{A}=65.5\angle -48^\circ\ \text{A}$$

将相量形式的电流写成三角函数表达式，即

$$i=65.5\sqrt{2}\sin(314t-48^\circ)\text{A}$$

$$i_1=22\sqrt{2}\sin(314t-37^\circ)\text{A}$$

$$i_2=44\sqrt{2}\sin(314t-53^\circ)\text{A}$$

（2）由 $Z=3.36\angle 48^\circ\ \Omega$ 可知 $\varphi=48^\circ>0$，电压超前电流 48°，电路呈感性。由 u、i 表达式也可验证。

（3）电压、电流相量图如图 2-26 所示。

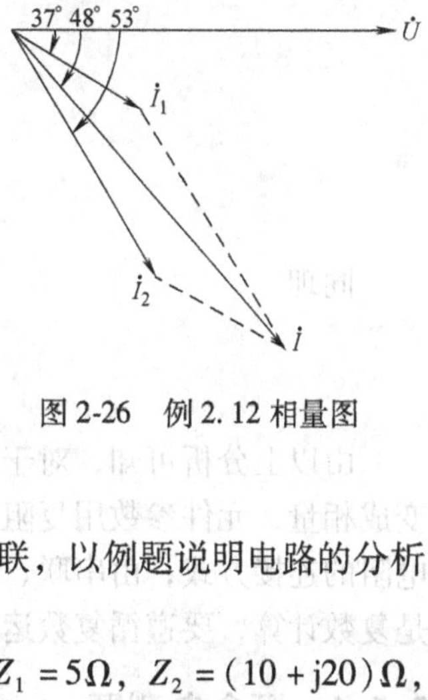

图 2-26　例 2.12 相量图

*2.5.3　复阻抗的混联电路

在复阻抗混联电路中，既有复阻抗的串联，又有复阻抗的并联，以例题说明电路的分析与计算。

***例 2.13**　在图 2-27 所示的电路中，已知 $\dot{U}=220\angle 0^\circ\ \text{V}$，$Z_1=5\Omega$，$Z_2=(10+\text{j}20)\Omega$，$Z_3=-\text{j}40\Omega$，试求等效阻抗 Z 和电流 $\dot{I}$、$\dot{I}_1$、I_2、I_3。

解：该电路为复阻抗的混联电路，Z_2、Z_3 并联后再与 Z_1 串联。

（1）等效阻抗 $Z=Z_1+(Z_2//Z_3)=Z_1+\frac{Z_2Z_3}{Z_2+Z_3}$

$$= \left(5 + \frac{(10+\mathrm{j}20)(-\mathrm{j}40)}{(10+\mathrm{j}20)+(-\mathrm{j}40)}\right)\Omega$$

$$= (37+\mathrm{j}24)\ \Omega = 44\ \angle 33^\circ\ \Omega$$

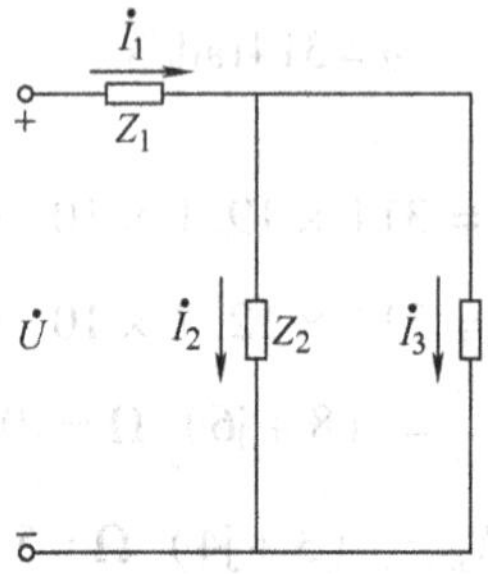

图 2-27 例 2. 13 图

（2）求电流。电路中的电流 $\dot{I}$ 即为流过 Z_1 的电流 $\dot{I}_1$，由欧姆定律，得

$$\dot{I} = \dot{I}_1 = \frac{\dot{U}}{Z} = \frac{220\ \angle 0^\circ}{44\ \angle 33^\circ}\mathrm{A} = 5\ \angle -33^\circ\ \mathrm{A}$$

由 Z_2、Z_3 并联的分流作用，即 $$\frac{\dot{I}_3}{\dot{I}_2} = \frac{Z_2}{Z_3}$$

得 $$\frac{\dot{I}_3 + \dot{I}_2}{\dot{I}_2} = \frac{Z_2 + Z_3}{Z_3}$$

所以 $$\dot{I}_2 = \frac{\dot{I}_3 + \dot{I}_2}{Z_2 + Z_3}Z_3 = \frac{\dot{I}}{Z_2 + Z_3}Z_3$$

$$I_2 = \frac{I|Z_3|}{|Z_2 + Z_3|} = \frac{5 \times |-\mathrm{j}40|}{|10+\mathrm{j}20-\mathrm{j}40|}\mathrm{A}$$

$$= 4\sqrt{5}\ \mathrm{A}$$

同理 $$I_3 = \frac{I|Z_2|}{|Z_2 + Z_3|} = \frac{5 \times |10+\mathrm{j}20|}{|10+\mathrm{j}20-\mathrm{j}40|}\mathrm{A}$$

$$= 5\mathrm{A}$$

由以上分析可知，对于交流电路的分析计算，首先将其转化为相量模型，电路中正弦量变成相量，元件参数用复阻抗代替；其次根据复阻抗之间的连接方式，将其看做直流电路中电阻的连接方式，由串联、并联电路的特点进行分析计算，只不过要注意相量模型中的计算是复数计算，要遵循复数运算的法则，而直流电路中的电阻是实数计算。

2.5.4 概念自测题

一、填空题

1. 在相量模型电路中，元件参数 R、L、C 分别用复阻抗______、______、______表示。

2. 在相量模型中存在欧姆定律，但电压、电流和______三者的关系是______关系，计算时必须遵循______的运算法则。

3. 复阻抗在串并联电路中，仍然有串联______、并联______的作用，等效复阻抗的计算，按照串并联的关系分别以______和______进行计算。

二、判断题

4. 为了描述电感元件与电源进行能量交换的最大速率，定义无功功率 $Q_L = I_L U_L$，它的单位仍采用 W。 (　　)

5. 电容元件在直流电路中呈现开路，因为此时容抗为无穷大。 (　　)

6. 在直流电路中，电感 L 为零，相当于短路。 (　　)

7. 在直流电路中，电容元件的容抗为零，相当于短路；电感元件的感抗为无限大，相当于开路。 (　　)

8. 在 R、L、C 串联电路中，当 $L > C$ 时电路呈电感性，即电流滞后于总电压。 (　　)

三、选择题

9. 当电路中的电流为 $i = 5\sin(100\pi t + \pi/6)$ A 时，说明电路为 (　　)

A. 感性负载　　B. 容性负载　　C. 纯电阻负载

10. 两个复阻抗相串联，等效复阻抗为 (　　)

A. $Z = \dfrac{Z_1 Z_2}{Z_1 + Z_2}$　　B. $|Z_1| + |Z_2| = |Z|$　　C. $Z = Z_1 + Z_2$

*2.6 谐振电路分析

在含有电感和电容元件的交流电路中，若电路的电压和电流的相位差（或夹角）$\varphi = 0$，即电压和电流同相，则电路呈纯阻性，电路的这种状态称为谐振现象。

电路的谐振可根据电路的组成结构分为串联谐振和并联谐振两种类型。谐振电路的一些特性，对生产有用的我们要积极利用，对可能产生的危害要积极加以预防，这就是研究谐振电路的目的。

2.6.1 串联谐振

我们先做一个实验，在图 2-28 所示的 *RLC* 串联电路中，用交流毫伏表测量电压，用双踪示波器监视信号源输出。使函数信号发生器的输出电压始终保持不变，调节函数信号发生器的输出频率，由小逐渐变大，当 R 两端输出电压到达最大值时，再测量电感和电容两端的电压 U_L 和 U_C，发现 $U_C = U_L$ 且方向相反，此时电路中电感的作用和电容的作用相互抵销，电路呈纯阻性，即电压和电流同相，电路产生了串联谐振，此时的频率称为谐振频率 f_0。

串联谐振时，电路等效阻抗 $Z = R + j(X_L - X_C) = R$，呈阻性，虚部为 0，即 $X_L = X_C$，这是电路产生谐振的条件。

所以，谐振频率为

$$\omega_0 = \frac{1}{\sqrt{LC}} \tag{2-32}$$

或

$$f_0 = \frac{1}{2\pi\sqrt{LC}} \tag{2-33}$$

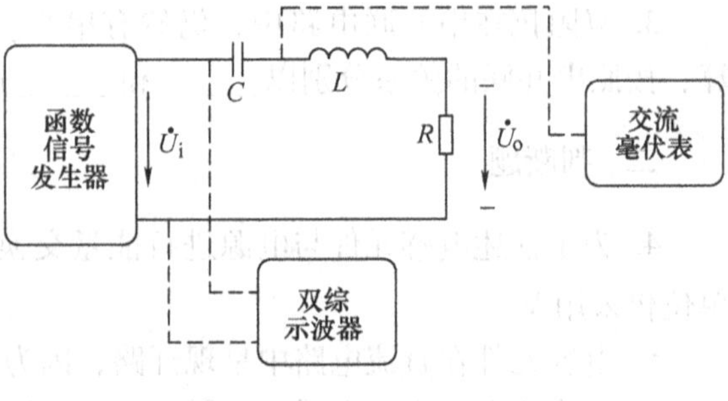

图 2-28　串联谐振实验电路

当电源频率 f 与电路参数 L 和 C 之间满足该式时，则产生谐振现象。由此可见，调整电路参数 L 、C 或调节电源频率 f，都能使电路产生谐振。

串联谐振具有如下特性：

1）电压与电流同相位，电路呈阻性。

2）电路的阻抗模最小，电流最大。

电路上的阻抗模 $|Z| = \sqrt{R^2 + (X_L - X_C)^2} = R$ 最小。在电源电压不变的情况下，电路的电流值 $I = \dfrac{U}{|Z|} = \dfrac{U}{R}$ 最大，此时的电流称为谐振电流 I_0。

图 2-29 为阻抗与电流随频率变化的曲线，其中曲线①称为谐振曲线。

3）电感和电容端电压大小相等，相位相反，外加电压全部加在电阻端，即

$$\dot{U}_L = -\dot{U}_C \quad \dot{U} = \dot{U}_R$$

相量图如图 2-17c 所示。

4）电感和电容的端电压值是外加电源电压值的 Q 倍。Q 值又称为谐振电路上的品质因数，定义为

$$Q = \frac{\omega_0 L}{R} = \frac{1}{\omega_0 CR} \tag{2-34}$$

即谐振时回路感抗值 X_L（或容抗值 X_C）与回路电阻 R 的比值。

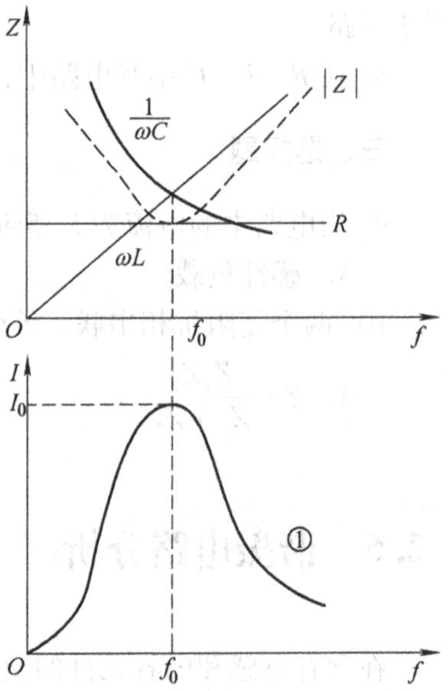

图 2-29　阻抗与电流随频率变化的曲线

当 $X_L = X_C \gg R$ 时，电容和电感端电压数值远大于电源电压，一般 Q 值可达几十至几百，因此串联谐振又称为电压谐振。

串联谐振在无线电中应用广泛，如收音机的调谐回路。如图 2-30a 所示是收音机的磁性天线，绕在磁棒上的线圈 L 和可变电容 C 组成谐振电路。当天线接收到各种不同频率的电台信号时，如 u_1、u_2、u_3（等效电路如图 2-30b 所示），调节可变电容 C，当谐振回路的频率和电台的频率相同时，电路产生串联谐振，线圈 L 两端的电压达到最大，并通过线圈耦合输出，这种频率信号就被选出来，即找到要收听的电台，其他频率的信号就被抑制。谐振曲线越尖，Q 值越大，频率的选择性越好，但通频带越窄，因此二者要统筹兼顾。

串联谐振也有其危害的一面，如在电力系统中，谐振时电感和电容端电压是电源电压值的 Q 倍，过高电压可能会击穿线圈和电容的绝缘，造成设备损坏和系统故障，因此在电力系统中应避免出现串联谐振。

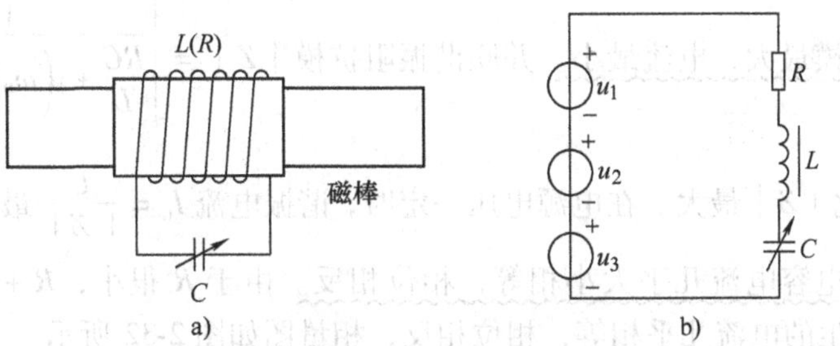

图 2-30　串联谐振调谐回路

2.6.2　并联谐振

串联谐振电路适用于信号源内阻较小的情况（恒压源）。若信号源内阻较大，采用串联谐振回路将极大降低电路的 Q 值，使串联谐振电路的频率选择性变坏，通频带过宽，在这种情况下应采用并联谐振电路。

在 L、C 并联的电路中产生的谐振，称为并联谐振。在图 2-31 所示的并联电路中，R 为电路的等效电阻，与电感 L 串联。

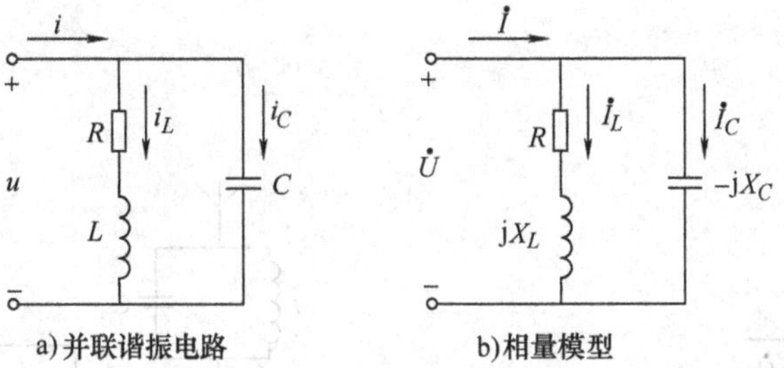

图 2-31　并联谐振电路

在并联电路中等效阻抗 $Z=(R+\mathrm{j}X_L)/\!/(-\mathrm{j}X_C)$，即

$$Z=\frac{(R+\mathrm{j}X_L)(-\mathrm{j}X_C)}{R+\mathrm{j}X_L+(-\mathrm{j}X_C)}$$

在实际应用中，通常等效电阻 R 很小，在谐振时 $X_L=\omega L\gg R$，$R+\mathrm{j}X_L\approx \mathrm{j}X_L$，故上式可近似写成

$$Z\approx\frac{\mathrm{j}X_L(-\mathrm{j}X_C)}{R+\mathrm{j}(X_L-X_C)}=\frac{X_LX_C}{R+\mathrm{j}(X_L-X_C)}=\frac{1}{\dfrac{RC}{L}+\mathrm{j}\left(\omega L-\dfrac{1}{\omega C}\right)}$$

谐振时电路呈阻性，即 $\mathrm{j}\left(\omega L-\dfrac{1}{\omega C}\right)=0$，则并联电路发生谐振的条件是 $\omega L=\dfrac{1}{\omega C}$，由此可得谐振频率

$$\omega_0=\frac{1}{\sqrt{LC}}\text{或}f_0=\frac{1}{2\pi\sqrt{LC}}$$

并联谐振频率和串联谐振频率形式相同。

并联谐振具有如下特性：

1）电压和电流同相位，电路呈阻性。

2）电路的阻抗模最大，电流最小。并联谐振阻抗模 $|Z| = \left|\dfrac{1}{\dfrac{RC}{L}+\mathrm{j}\left(\omega_0 L - \dfrac{1}{\omega_0 C}\right)}\right| = \dfrac{L}{RC}$，分母变为最小，因此 $|Z|$ 最大。在电源电压一定时，谐振电流 $I_0 = \dfrac{U}{|Z|}$ 最小。

3）电感电流和电容电流几乎大小相等，相位相反。由于 R 很小，$R+\mathrm{j}X_L \approx \mathrm{j}X_L$，故在 RL 支路和 C 支路产生的电流几乎相等，相位相反，相量图如图 2-32 所示。

4）电感和电容支路的电流约为电路总电流的 Q 倍。Q 是品质因数，定义为谐振时回路感抗值 X_L（或容抗值 X_C）与回路电阻 R 的比值，即

$$Q = \frac{\omega_0 L}{R} = \frac{1}{\omega_0 CR}$$

Q 值一般为几十到几百，故并联谐振又称为电流谐振。

常用并联谐振电路作为选频网络或抗干扰电路。如图 2-33 所示为并联谐振抗干扰电路，当某个干扰信号频率等于并联谐振电路的谐振频率时，则该电路对于这个干扰信号来说呈现出很大的阻抗，也就是说该并联谐振电路将抑制这个干扰信号，不让它进入接收机，达到滤去干扰频率的目的。

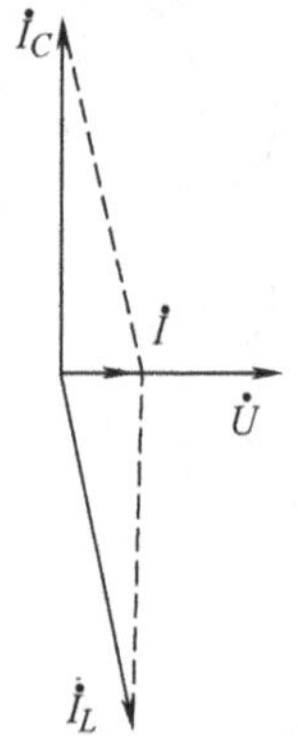

图 2-32　并联谐振相量图

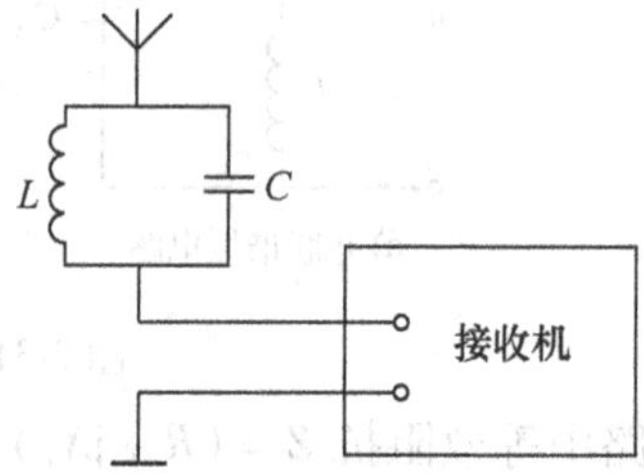

图 2-33　并联谐振抗干扰电路

2.7　功率因数的提高

在讨论电阻、电感和电容元件串联交流电路中，引出了交流电路的功率因数 $\cos\varphi$，其中 φ 是电压和电流的相位差。当电源频率一定时，负载的阻抗角 φ 的大小取决于电路负载的参数，因 $|\varphi| \leqslant \dfrac{\pi}{2}$，其功率因数 $\cos\varphi$ 介于 0 和 1 之间。由于电力系统中接有大量的感性负载，如电动机、变压器和交流电磁铁等，线路的功率因数不高，为此需要提高线路的功率因数。

一个感性负载可用 RL 串联电路作为它的电路模型。

2.7.1 提高功率因数的意义

1. 有利于电源设备容量的充分利用

通常的电源设备，如发电机、变压器都有一个额定容量，即视在功率。但能否全部为负载所利用就取决于负载的性质，如果是呈阻性负载电路，$\varphi=0$，则功率因数为 1，那么负载所获得的有功功率 $P=UI\cos\varphi=UI$，就等于电源的额定容量，电源设备的容量利用率高。而实际的电力线路中负载多为感性负载，电路中存在能量交换。电源设备必须把一部分功率作为与储能元件间的能量交换（无功功率），那么负载得到的有功功率只能是电源设备的额定容量的一部分。$\cos\varphi$ 越小，负载得到的有功功率就越小；$\cos\varphi$ 越大，则电源设备所能提供的有功功率就越大，有利于提高电源设备的容量利用率。

例如某交流电源，额定电压 220V，额定电流 18.2A，那么它可以对 100 盏 40W 的白炽灯供电，电源输出的有功功率可达 $(100\times40)\text{W}=4000\text{W}$。如果用此电源对荧光灯供电，感性负载电路 $\cos\varphi=0.5$，电源输出的有功功率为 $(220\times18.2\times0.5)\text{W}=2000\text{W}$，则只能供 50 盏 40W 的荧光灯用电。

2. 有利于降低输电线路的功率损耗

电能是通过输电线路送到厂矿企业和千家万户的，当输电电压 U 和输送的有功功率 P 一定时，输电线路通过的电流为 $I=\dfrac{P}{U\cos\varphi}$，线路发热损耗的电能为 $P_{损}=I^2R_L$，R_L 为线路的等效电阻。若功率因数 $\cos\varphi$ 提高了，则通过输电线路的电流就减小，线路的损耗也减小，线路压降减少，从而提高了传输效率和供电质量。

由此可见，提高功率因数对国民经济有着极为重要的意义。

2.7.2 提高功率因数的方法

1. 补偿原理

把具有容性负载的装置和感性负载的装置并联在同一电路中。当感性负载吸收能量时，容性负载释放能量；而感性负载释放能量时，容性负载却吸收能量。能量在两种负载间互换交换，使感性负载吸收的无功功率，能从容性负载输出的无功功率中得到补偿，从而提高整个电路的功率因数。

2. 补偿方法

对于感性电路，可利用电容器补偿无功功率，提高功率因数，即将补偿电容器 C 并联在感性电路 RL 的两端。电容器补偿方法，具有造价低廉、安装方便、运行维护简便以及自身损耗很小的特点，是国内外广泛采用的补偿方法。

电容器补偿电路如图 2-34 所示。

图 2-34a 是补偿电路的相量模型电路，利用相量模型，来分析计算并联电路。

图 2-34b 是以电压相量 $\dot{U}$ 为参考量作出的相量图。从相量图中可明显地看出：在感性负

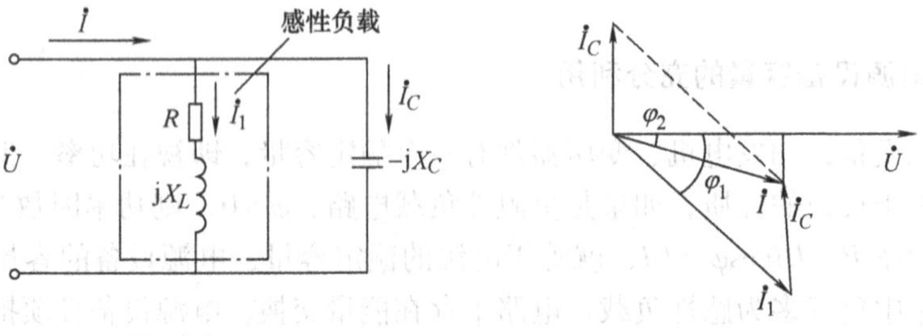

a) 补偿电路　　b) 相量图

图 2-34　电容器补偿电路

载的两端并联电容，可使电压和电流的相位差从 φ_1 减少到 φ_2，$\cos\varphi_2 > \cos\varphi_1$，从而提高了电路的功率因数。根据相量图 2-34b 还可导出将负载系统的功率因数从 $\cos\varphi_1$ 提高到 $\cos\varphi_2$ 所需并联的电容为（读者可自行推导）。

$$C = \frac{P(\tan\varphi_1 - \tan\varphi_2)}{2\pi f U^2} \tag{2-35}$$

此式就是所需并联的补偿电容器的电容量。

由以上分析可知，我们所讨论的提高功率因数，是指提高电源或电网的功率因数，而不是某个感性负载的功率因数。事实上，电网的功率因数提高了，感性负载的有功功率和功率因数并没有改变，这是我们应该注意区分的。

例 2.14　如图 2-34a 所示电路，异步电动机（感性负载）接在 380V 的工频电源上，负载吸收的功率 $P = 20\text{kW}$，功率因数 $\cos\varphi_1 = 0.6$。若要使 $\cos\varphi_1$ 提高到 $\cos\varphi_2 = 0.9$，则在负载两端并联多大电容？此时电动机吸收的功率是否增加？

解：根据式（2-35）求解

$$C = P(\tan\varphi_1 - \tan\varphi_2)/2\pi f U^2$$

$$\cos\varphi_1 = 0.6 \qquad \tan\varphi_1 = 1.333$$

$$\cos\varphi_2 = 0.9 \qquad \tan\varphi_2 = 0.4843$$

代入已知数据，得

$$C = 20 \times 10^3 (1.333 - 0.4843) / (2\pi \times 380^2 \times 50)\text{F}$$
$$= 374.4\mu\text{F}$$

虽说并联电容 C 后，功率因数从 0.6 提高到 0.9，但电动机支路的电流、端电压和阻抗都没有改变，故吸收的有功功率没有变化。

日常生活中照明用的荧光灯电路，就是一个 RL 串联电路，如图 2-35 所示。补偿电容 C 起提高线路功率因数的作用，荧光灯本身在并联电容前后消耗的功率没有变化。

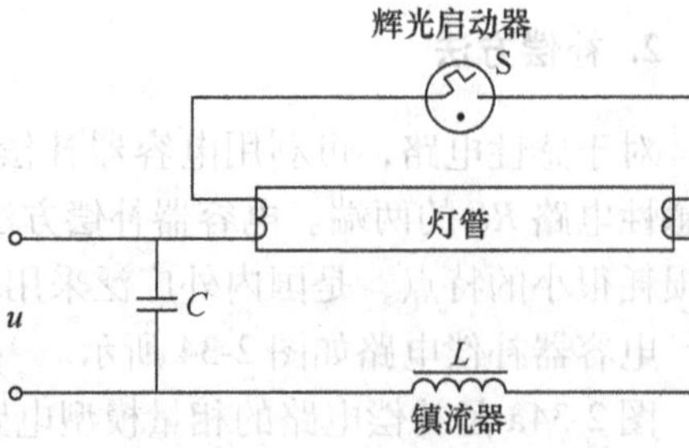

图 2-35　荧光灯电路

2.7.3 概念自测题

一、填空题

1. 在整个电路中，电源提供的全部功率，称为______，而实际做功功率称为______。这两者之间的比值定义为______。

2. 负载的功率因数是供电系统中一个相当重要的参数，它的数值取决于______的性质。如果 $\cos\varphi=1$，则说明电源提供的功率______转换为做功的有功功率 P。$\cos\varphi$ 越小，说明负载与电源进行______的成分越大。

3. 串联谐振发生在________，谐振频率为________，此时电路的电流达________，电压和电流的相位是________。

二、判断题

4. 串联谐振时电流最大，因此加大外施电压以加大电流，也可使电路获得揩振。（　）

5. 功率因数就是指电路中总电压与总电流之间的相位差。（　）

6. 纯电阻电路的功率因数一定等于 1。如果某电路的功率因数为 1，则该电路一定是只含电阻的电路。（　）

三、选择题

7. 提高功率因数的目的是（　）。

A. 节约用电，增加电动机的输出功率　B. 提高电动机效率

C. 增大无功功率，减少电源的利用率　D. 减少无功功率，提高电源的利用率

8. 在感性负载电路中，提高功率因数最有效、最合理的方法是（　）。

A. 串联阻性负载　B. 并联适当的电容器　C. 并联电感性负载　D. 串联纯电感

9. 日光灯所消耗的电功率 $P=UI\cos\varphi$，并联适当电容器后，使电路的功率因数提高，则日光灯消耗的电功率将（　）。

A. 增大　B. 减小　C. 不变　D. 不能确定

2.8 三相交流电路

电能的生产、输送和分配几乎全部采用三相交流电。容量较大的动力设备也都采用三相交流电。广泛应用三相交流电是因为它与前面讨论的单相交流电相比，具有下列优点：

1）制造三相发电机和变压器比制造同容量的单相交流发电机和单相变压器省材料。

2）在输电距离、输送功率、输电等级、负载的功率因数、输电损失及输电线材材质都相同的条件下，用三相输电所需要的输电线材更省，经济效益更明显。

3）三相电流能产生旋转磁场，从而能制成结构简单、性能良好的三相异步电动机。

2.8.1 三相电源及其连接形式

1. 三相电源

三相交流电一般是由三相交流发电机产生的。三相电源就是指三个频率相同、幅值相等、相位相互间隔120°的正弦电压源按一定的方式连接而成的，故称三相对称电源。三相发电机就是一个三相电源，图2-36a为三相交流发电机原理图。在发电机的定子中嵌有三相电枢绕组，每相绕组结构完全相同，在空间位置上相互间隔120°，分别称为U相、V相和W相绕组，绕组的始端标以 U_1、V_1、W_1，对应的末端标以 U_2、V_2、W_2。当转子磁极匀速旋转时，将在三相绕组中产生正弦感应电动势，分别为 e_U、e_V、e_W，如图2-36b所示。若以U相为参考正弦量，则三相电动势为

$$e_U = E_m \sin\omega t$$
$$e_V = E_m \sin(\omega t - 120°)$$
$$e_W = E_m \sin(\omega t + 120°) \tag{2-36}$$

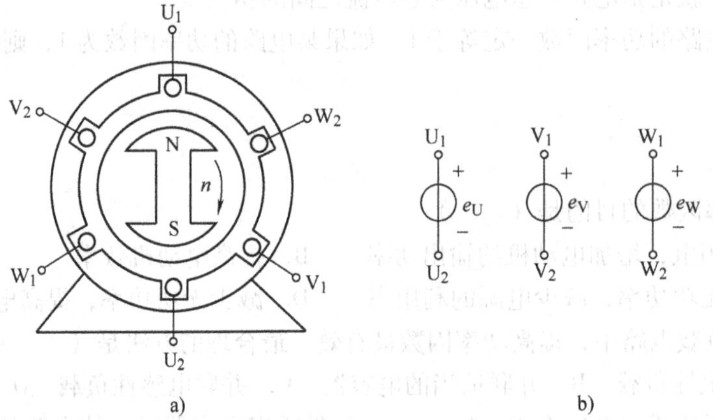

图2-36 三相交流发电机原理图

若以相量形式表示，则

$$\dot{E}_U = E\angle 0°$$
$$\dot{E}_V = E\angle -120°$$
$$\dot{E}_W = E\angle 120° \tag{2-37}$$

它们的波形图和相量图如图2-37所示。从图可知，三相对称电源有如下特性：

$$e_U + e_V + e_W = 0 \text{ 或 } \dot{E}_U + \dot{E}_V + \dot{E}_W = 0 \tag{2-38}$$

三相交流电出现正幅值的先后次序，称为三相电源的相序，若相序U－V－W称为正序，则相序U－W－V称为逆序。对于三相异步电动机来说，不同的相序，电动机的转向不同，要改变电动机的转向，只需任意对调两根电源线即可（实际上是改变旋转磁场的方向，第4章讨论）。无特别说明，相序一般指正序。

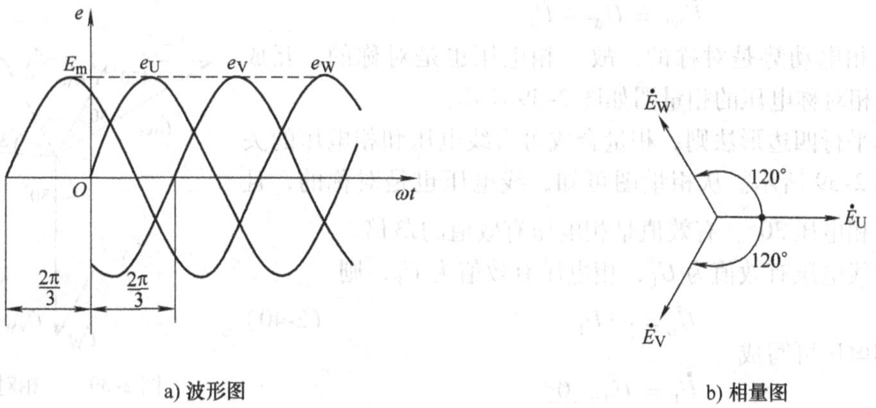

图 2-37 三相对称电动势波形图和相量图

2. 三相电源的星形联结

将三相电源的末端 U_2、V_2、W_2 连成一点 N，而把始端 U_1、V_1、W_1 作为与外电路连接的端点，这种连接方式，称为三相电源的星形联结。节点 N 称为中性点或零点。

三相电路的几个重要概念。

（1）三相四线制 三相电源星形联结，分别从三相绕组的始端和中性点引出四根线，这种供电系统，称为三相四线制，如图 2-38a 所示。其中，从始端 U_1、V_1、W_1 引出的三根导线称为相线，常用 L_1、L_2、L_3 表示。在配电装置的母线上，分别涂以黄、绿、红三种颜色表示，从中性点引出的导线称为中性线，一般涂以黑色或淡蓝色，如图 2-38b 所示。

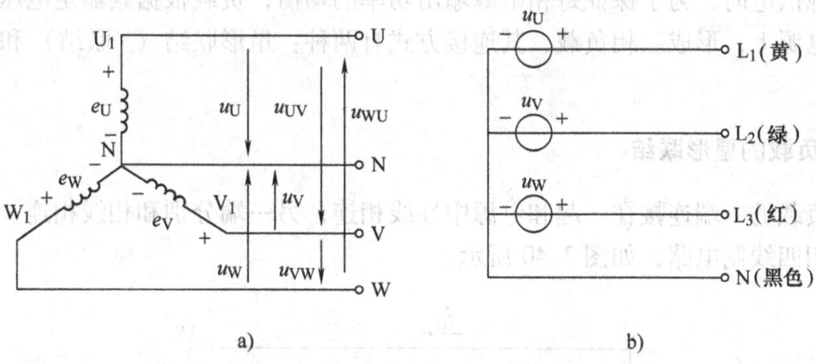

图 2-38 电源星形联结—三相四线制

三相四线制的供电系统，通常是低压供电网采用。我们日常生活所用到的单相供电线路，其实是其中的一相电路，一般由一根相线和一根中性线组成。

（2）相电压和线电压 如图 2-38a 所示，相线和中性线之间的电压，称为相电压，如 u_U、u_V、u_W。相线与相线之间的电压，称为线电压，如 u_{UV}、u_{VW}、u_{WU}。

（3）相电压和线电压的关系 如图 2-38a 所示，相电压和线电压用相量可表示为

$$\dot{U}_{UV} = \dot{U}_U - \dot{U}_V$$

$$\dot{U}_{VW} = \dot{U}_V - \dot{U}_W$$

$$\dot{U}_{WU} = \dot{U}_W - \dot{U}_U \tag{2-39}$$

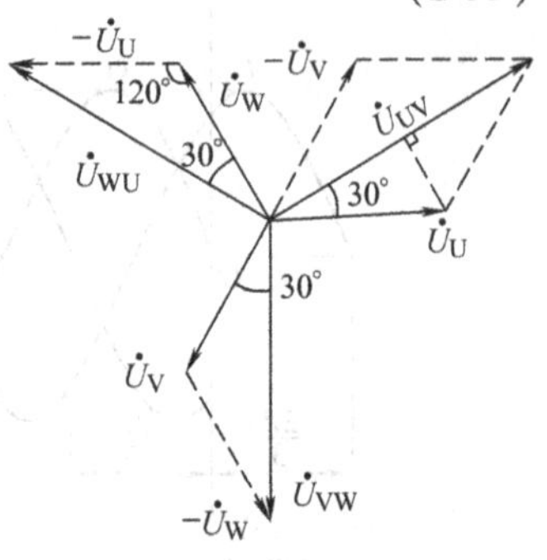

图 2-39　三相对称电压的相量图

因三相电动势是对称的，故三相电压也是对称的，互成 120°，三相对称电压的相量图如图 2-39 所示。

利用平行四边形法则，相量合成可得线电压和相电压的关系，如图 2-39 所示。从相量图可知，线电压也是对称的，且相位超前相电压 30°，有效值是相电压有效值的$\sqrt{3}$倍。

若设线电压有效值为 U_L，相电压有效值为 U_P，则

$$U_L = \sqrt{3}U_P \tag{2-40}$$

则相电压可写成

$$\dot{U}_U = U_P \angle 0°$$

$$\dot{U}_V = U_P \angle -120°$$

$$\dot{U}_W = U_P \angle 120°$$

利用式（2-39）同样可以得出上述结论（读者可自己推导）。

三相四线制供电系统可提供两种电压：一种是相电压 220V，另一种是线电压 380V（$220\sqrt{3}$V）。负载可根据其额定电压采取不同的接法。

（4）三相三线制　当三相电源连接成星形，只引出相线，这种供电方式，称为三相三线制。此时负载只能使用线电压，三相三线制一般为动力线路供电。

2.8.2　三相负载的联结

三相电源供电时，为了保证每相电源输出功率的均衡，负载根据其额定电压的不同，分别接在三相电源上，形成三相负载，其连接方式有两种：星形联结（Y联结）和三角形联结（△联结）。

1. 三相负载的星形联结

将三相负载的一端连接在一起和电源中性线相连，另一端分别和相线相连，形成负载星形联结的三相四线制电路，如图 2-40 所示。

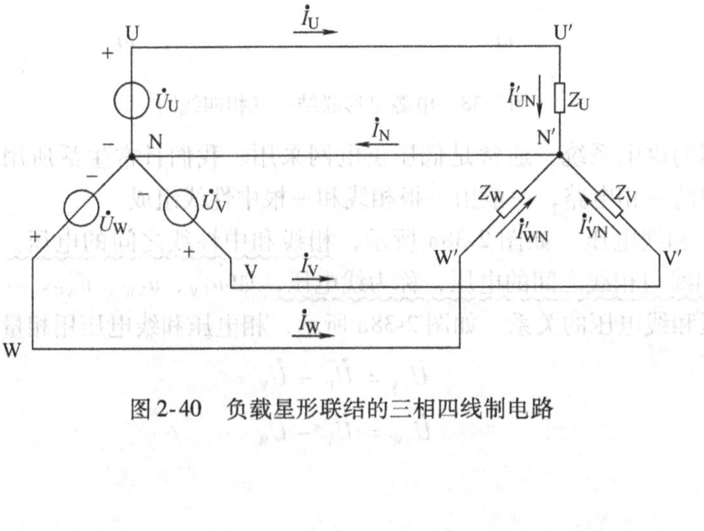

图 2-40　负载星形联结的三相四线制电路

(1) 三相对称负载　如图 2-40 所示电路中，每相负载的等效阻抗分别为 Z_U、Z_V、Z_W，如果 $Z_U = Z_V = Z_W = Z$，即每相负载的阻抗模相等且阻抗角也相等，则称为三相对称负载。如三相异步电动机、三相电炉等。不满足此条件的负载，称为三相不对称负载，如家庭照明电路，不同家庭的负载一般是不相同的，如图 2-41 所示。

(2) 线电压和相电压　负载星形联结时，负载两端的电压等于电源的相电压，其大小等于电源线电压的 $1/\sqrt{3}$。

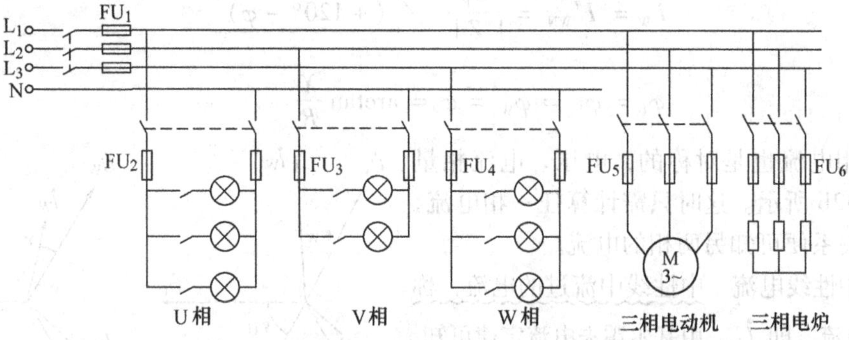

图 2-41　负载的星形联结

(3) 线电流和相电流　三相电路中，相线中流过的电流称为线电流，如 I_U、I_V、I_W。流过每相负载的电流，称为相电流，如 $\dot{I}'_{UN}$、$\dot{I}'_{VN}$、$\dot{I}'_{WN}$。显然，相电流等于相应的线电流。即

$$\dot{I}_U = \dot{I}'_{UN} \qquad \dot{I}_V = \dot{I}'_{VN} \qquad \dot{I}_W = \dot{I}'_{WN}$$

若用有效值一般写成

$$I_P = I_L \tag{2-41}$$

每相电流可通过三个单相电路计算：

$$\dot{I}'_{UN} = \frac{\dot{U}_U}{Z_U} = \frac{U_P\angle 0^\circ}{|Z_U|\angle\varphi_U} = \frac{U_P}{|Z_U|}\angle -\varphi_U$$

$$\dot{I}'_{VN} = \frac{\dot{U}_V}{Z_V} = \frac{U_P\angle -120^\circ}{|Z_V|\angle\varphi_V} = \frac{U_P}{|Z_V|}\angle(-120^\circ-\varphi_V)$$

$$\dot{I}'_{WN} = \frac{\dot{U}_W}{Z_W} = \frac{U_P\angle 120^\circ}{|Z_W|\angle\varphi_W} = \frac{U_P}{|Z_W|}\angle(120^\circ-\varphi_W) \tag{2-42}$$

其中：

$$\varphi_U = \arctan\frac{X_U}{R_U}$$

$$\varphi_V = \arctan\frac{X_V}{R_V}$$

$$\varphi_W = \arctan\frac{X_W}{R_W} \tag{2-43}$$

其电压电流的相量图如图 2-42a 所示。

若是三相对称负载，即 $Z_U = Z_V = Z_W = Z$，则式（2-42）、式（2-43）可写成

$$\dot{I}_U = \dot{I}'_{UN} = \frac{U_P}{|Z|}\angle -\varphi$$

$$\dot{I}_V = \dot{I}'_{VN} = \frac{U_P}{|Z|}\angle(-120° - \varphi)$$

$$\dot{I}_W = \dot{I}'_{WN} = \frac{U_P}{|Z|}\angle(+120° - \varphi) \qquad (2\text{-}44)$$

$$\varphi_U = \varphi_V = \varphi_W = \varphi = \arctan\frac{X}{R} \qquad (2\text{-}45)$$

故三相电流也是对称的，电压、电流相量图如图2-42b所示。这时只需计算任一相电流，根据对称关系便可知另两相的电流。

（4）中性线电流　中性线中流过的电流，称为中性线电流，即 $\dot{I}_N$。由基尔霍夫电流定律可知

$$\dot{I}_N = \dot{I}_U + \dot{I}_V + \dot{I}_W$$

或
$$i_N = i_U + i_V + i_W \qquad (2\text{-}46)$$

若是三相对称负载，则中性线电流为0，即

$$\dot{I}_N = \dot{I}_U + \dot{I}_V + \dot{I}_W = 0$$

或
$$i_N = i_U + i_V + i_W = 0 \qquad (2\text{-}47)$$

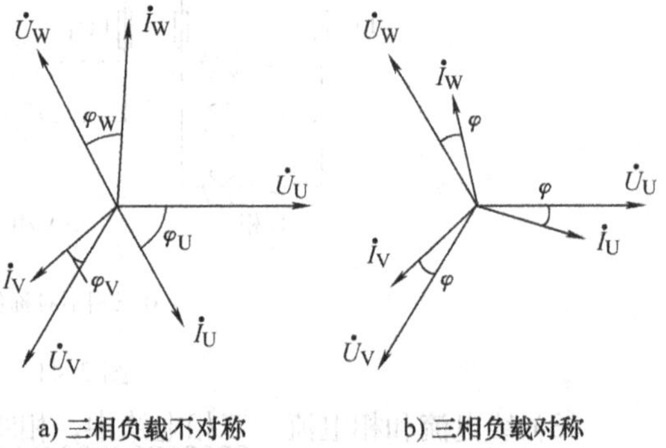

图2-42　负载星形联结相量图

由此可见，在三相四线制中，三相对称负载中性线不起作用，故可将中性线省去，则成为三相三线制系统。厂矿企业为三相电动机供电的线路就采用三相三线制，如图2-41b所示。

在低压配电系统中，都采用三相四线制，提供220V和380V两种电压等级，以满足不同负载额定电压的要求。在该供电系统中，三相负载多为不对称负载，中性线中有电流通过，此时中性线是不能省去的，且要求中性线具有一定的强度，中性线上不允许安装开关和熔断器。正是因为有了中性线，跨接在中性线和相线之间的单相负载，其端电压始终保持为额定电压（相电压）而正常工作。若中性线断开，则会使有的负载端电压升高，有的降低而无法正常工作，严重时还会烧毁负载，下面以例子说明中性线的作用。

例2.15　在图2-43所示的三相四线制系统中，每相接入一组灯泡，其等效电阻 $R = 400\Omega$，若线电压为380V，试计算：

（1）各相负载的电压和电流的大小。

（2）若 L_1 相断开时，其他两相负载的电压和电流的大小。

（3）若 L_1 相发生短路，其他两相负载的电压和电流的大小。

（4）若除去中性线，重新计算（1）、（2）、（3）。

解：（1）在正常情况下，如图2-43a所示。对称三相负载，三相的电压和电流都是对称的，只需求任一相即可，由式（2-40）、式（2-41）可知：

相电压为　$$U_U = U_V = U_W = U_P = \frac{1}{\sqrt{3}}U_L = \frac{380}{\sqrt{3}}\text{V} = 220\text{V}$$

相电流为 $$I_P = \frac{U_P}{R} = \frac{220}{400}\text{A} = 0.55\text{A}$$

（2）当 L_1 断开时，如图 2-43c 所示。L_2、L_3 相的负载端电压还是保持为相电压，能正常工作，电压和电流数值同（1）。

（3）当 L_1 相短路，如图 2-43d 所示。L_1 相上的保险装置使 L_1 相断开，L_2、L_3 相上负载仍能正常工作，电压和电流数值同（1）。

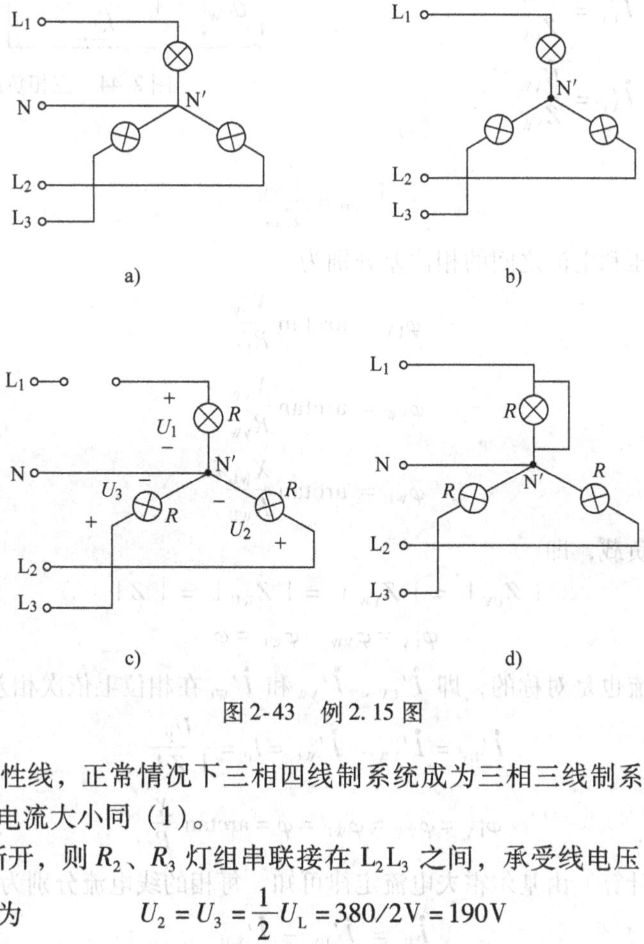

图 2-43　例 2.15 图

（4）若除去中性线，正常情况下三相四线制系统成为三相三线制系统，如图 2-43b 所示。每相的电压和电流大小同（1）。

若此时 L_1 相断开，则 R_2、R_3 灯组串联接在 L_2L_3 之间，承受线电压 380V。因 $R_2 = R_3$，故灯组承受的电压为 $$U_2 = U_3 = \frac{1}{2}U_L = 380/2\text{V} = 190\text{V}$$

电流为 $$I_2 = I_3 = \frac{U_2}{R_2} = \frac{190}{400}\text{A} = 0.475\text{A}$$

因 R_2、R_3 灯组两端电压低于额定电压 220V，因此 R_2、R_3 灯组变暗。

若此时 L_1 相短路，在瞬间 R_2、R_3 分别接在两相 L_1L_2、L_1L_3 之间，灯组两端的电压均为 380V，通过的电流均为 380/400A = 0.95A，两灯组迅速变亮，即刻烧坏。

由此可见，星形联结非对称三相负载，必须采用三相四线制系统供电，中性线不能省略。

2. 三相负载的三角形联结

将三相负载首尾依次相连而成三角形，分别接到三相电源的三根相线上，称为三相负载的三角形联结（△联结），如图 2-44 所示。

Z_{UV}、Z_{VW}、Z_{WU} 为三相负载，其上流过的电流称为相电流，即 $\dot{I}'_{UV}$、$\dot{I}'_{VW}$、$\dot{I}'_{WU}$。显然负

载三角形联结时，负载的相电压就是线电压，即

$$\dot{U}_{UV}=\dot{U}'_{UV}\quad \dot{U}_{VW}=\dot{U}'_{VW}\quad \dot{U}_{WU}=\dot{U}'_{WU}$$

若用有效值表示，则

$$U_L=U_P \tag{2-48}$$

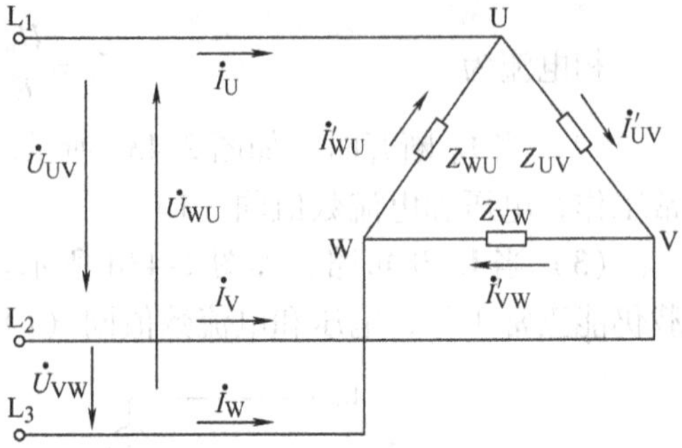

图 2-44　三相负载的△联结

（1）相电流的计算　每相的相电流为

$$\dot{I}'_{UV}=\frac{\dot{U}_{UV}}{Z_{UV}}$$

$$\dot{I}'_{VW}=\frac{\dot{U}_{VW}}{Z_{VW}}$$

$$\dot{I}'_{WU}=\frac{\dot{U}_{WU}}{Z_{WU}} \tag{2-49}$$

每相负载的电压和电流之间的相位差分别为

$$\varphi_{UV}=\arctan\frac{X_{UV}}{R_{UV}}$$

$$\varphi_{VW}=\arctan\frac{X_{VW}}{R_{VW}}$$

$$\varphi_{WU}=\arctan\frac{X_{WU}}{R_{WU}} \tag{2-50}$$

若是三相对称负载，即

$$|Z_{UV}|=|Z_{VW}|=|Z_{WU}|=|Z|$$

$$\varphi_{UV}=\varphi_{VW}=\varphi_{WU}=\varphi$$

则负载的相电流也是对称的，即 $\dot{I}'_{UV}$、$\dot{I}'_{VW}$和 $\dot{I}'_{WU}$在相位上依次相差 120°，且有

$$\dot{I}'_{UV}=\dot{I}'_{VW}=\dot{I}'_{WU}=I_P=\frac{U_P}{|Z|}$$

$$\varphi_{UV}=\varphi_{VW}=\varphi_{WU}=\varphi=\arctan\frac{X}{R} \tag{2-51}$$

（2）线电流的计算　由基尔霍夫电流定律可知，每相的线电流分别为

$$\dot{I}_U=\dot{I}'_{UV}-\dot{I}'_{WU}$$

$$\dot{I}_V=\dot{I}'_{VW}-\dot{I}'_{UV}$$

$$\dot{I}_W=\dot{I}'_{WU}-\dot{I}'_{VW} \tag{2-52}$$

对称三相负载的相电流、线电流、线电压（相电压）之间关系的相量图如图 2-45b 所示。先画三相对称电压，再画出三相对称相电流，根据平行四边形法则，求出线电流相量。

由相量图可知，三相线电流也是三相对称的，且滞后对应的相电流 30°，大小是相电流的$\sqrt{3}$倍，用有效值表示为

$$I_L=\sqrt{3}I_P \tag{2-53}$$

负载作三角形联结时，若某一相出现故障，并不影响其他两相的工作，因为另两相的工

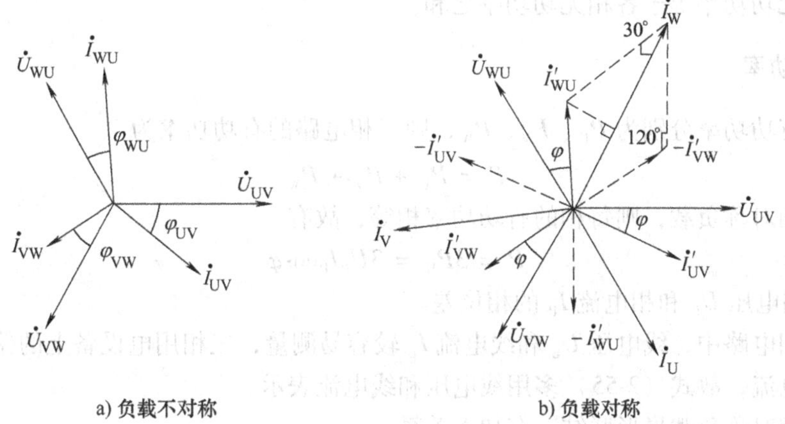

图 2-45　三相负载三角形联结相量图

作电压始终为线电压。

需要说明的是，在三相电路中，若无说明，通常所说的电压、电流是指线电压和线电流。

例 2.16　某三相对称负载，每相负载为 $Z=(3+j4)\,\Omega$，接成三角形，接在线电压为 380V 的三相电源上，如图 2-44 所示，求线电流 $\dot{I}_U$、$\dot{I}_V$、$\dot{I}_W$。

解：三相对称负载三角形联结，可知三相电流也是对称的。设线电压 $\dot{U}_{UV}=380\angle 0°$ V，也是相电压，则相电流

$$\dot{I}'_{UV}=\frac{\dot{U}_{UV}}{Z}=\frac{380\angle 0°}{3+j4}\text{A}=\frac{380\angle 0°}{5\angle 53°}\text{A}=76\angle -53°\text{ A}$$

根据线电流滞后相电流 30°，且大小为相电流的$\sqrt{3}$倍，可得相应的线电流为

$$\dot{I}_U=\sqrt{3}\,\dot{I}'_{UV}\angle -30°=\sqrt{3}\times 76\angle(-30°-53°)\text{A}=131.6\angle -83°\text{A}$$

由其对称性可知

$$\dot{I}_V=131.6\angle(-83°-120°)\text{A}=131.6\angle -203°\text{A}$$

$$\dot{I}_W=131.6\angle(120°-83°)\text{ A}=131.6\angle 37°\text{A}$$

相电流、线电流有效值分别为 76A、131.6A。

三相负载采用何种连接方式，必须根据每相负载的额定电压与电源线电压的关系来决定，而与电源本身的联结方式无关。当各相负载的额定电压等于电源线电压的 $1/\sqrt{3}$ 时，负载就应该采用星形联结，而当各相负载的额定电压等于电源线电压时，就应该采用三角形联结。这样负载就能在额定相电压下工作。错误的接法往往会使用电设备不能正常工作，甚至引起严重的后果。

2.8.3　三相电路的功率

三相负载，无论是星形联结还是三角形联结，三相电路的总有功功率等于各相有功功率

之和，总的无功功率等于各相无功功率之和。

1. 有功功率

设各相有功功率分别为 P_U、P_V、P_W，则三相电路的有功功率为

$$P = P_U + P_V + P_W \tag{2-54}$$

若是三相对称负载，则每相的有功功率相等，故有

$$P = 3P_U = 3U_P I_P \cos\varphi \tag{2-55}$$

式中，φ 是相电压 U_P 和相电流 I_P 的相位差。

由于三相电路中，线电压 U_L 和线电流 I_L 较容易测量，三相用电设备上的铭牌也是标注线电压和线电流，故式（2-55）多用线电压和线电流表示。

对于三相对称负载星形联结，有如下关系

$$U_L = \sqrt{3}U_P \quad I_L = I_P$$

对于三相对称负载三角形联结，有如下关系

$$U_L = U_P \quad I_L = \sqrt{3}I_P$$

分别代入式（2-55）中，均可得

$$P = \sqrt{3}U_L I_L \cos\varphi \tag{2-56}$$

2. 无功功率

设各相电路的无功功率分别为 Q_U、Q_V、Q_W，则三相电路无功功率为

$$Q = Q_U + Q_V + Q_W \tag{2-57}$$

若是三相对称负载，则有

$$Q = 3Q_U = 3U_P I_P \sin\varphi \tag{2-58}$$

同理，可得

$$Q = \sqrt{3}U_L I_L \sin\varphi \tag{2-59}$$

3. 视在功率

三相负载的视在功率定义为

$$S = \sqrt{P^2 + Q^2} \tag{2-60}$$

一般情况下三相负载的视在功率不等于各相视在功率之和，只有当负载对称时，三相视在功率才等于各相视在功率之和。

三相对称负载的视在功率为

$$S = 3U_P I_P = \sqrt{3}U_L I_L \tag{2-61}$$

例 2.17 三相对称负载 $Z=(3+\mathrm{j}4)\Omega$，接于线电压为380V的三相电源上，试分别求负载星形联结和三角形联结时三相电路消耗的总功率。

解：当三相负载星形联接时，有

$$U_L = \sqrt{3}U_P \quad I_L = I_P$$

而
$$U_L = 380\mathrm{V} \quad Z = (3+4\mathrm{j})\Omega = 5\angle 53^\circ\Omega$$

所以
$$U_P = \frac{U_L}{\sqrt{3}} = \frac{380}{\sqrt{3}}\text{V} = 220\text{V}$$

$$I_P = \frac{U_P}{|Z|} = \frac{220}{5}\text{A} = 44\text{A}$$

三相电路的总功率为

$$P = \sqrt{3}U_L I_L\cos\varphi = \sqrt{3}\times380\times44\times\cos53°\text{W} = 17.3\text{kW}$$

当三相对称负载三角形联接时，有

$$U_L = U_P \quad I_L = \sqrt{3}I_P$$

所以
$$I_L = \sqrt{3}I_P = \sqrt{3}\frac{U_P}{|Z|} = \frac{\sqrt{3}\times380}{5}\text{A} = 131.6\text{A}$$

三相电路的总功率为

$$P = \sqrt{3}U_L I_L\cos\varphi = \sqrt{3}\times380\times131.6\times\cos53°\text{W} = 52.1\text{kW}$$

从例题计算结果表明：在电源电压不变的情况下，同一负载由星形联结改接成三角形联结时，功率将增加成为原来的三倍。因此，若要使负载正常工作，则负载的接法必须正确。若正常工作是星形联结的负载，接成三角形联结，将因功率过大而烧毁；若正常工作是三角形联结的负载，接成星形联结，则因功率过小而不能正常工作。

2.8.4 概念自测题

一、填空题

1. 三相电路中，负载的连接方法总体来说有______和______两种。

2. 负载作星形联结的三相四线制电路中，各相负载所承受的电压为电源的______，各相负载的相电流与线电流的关系是____________。

3. 三相照明线路必须采用______制连接的电路。

4. 我国供电系统可提供相、线两种电压。日常生活中民用交流电压220V，是指交流电源的______电压；工厂企业用交流电压380V是指______电压。

二、判断题

5. 当负载作星形联结时，三个相电压相互对称，三个相电流也相互对称。（　）

6. 当负载作星形联结时，负载越对称，中性线电流越小。（　）

7. 负载不对称的三相负载电路，负载端的相电压、线电压、相电流和线电流均不对称。（　）

三、选择题

8. 在计算三相对称负载的有功功率的公式中，角度 φ 是指（　）。

A. 相电压与相电流的相位差　　B. 线电压与相电流的相位差

C. 相电压与线电流的相位差　　D. 线电压与线电流的相位差

9. 发生下列哪种情况时，三相星形联结不对称负载都不能正常工作。（　）

A．某相负载断路　B．某相负载加大　C．某相负载短路　D．中性线断掉

10．对于三相不对称负载，下列公式正确的是（　）。（多选）

A．$P=\sqrt{3}U_LI_L\cos\varphi_p$　B．$Q=Q_a+Q_b+Q_c$　C．$S=3U_PI_P$　D．$P=P_a+P_b+P_c$

本章小结

1．正弦交流电随时间按正弦规律变化。幅值、角频率、初相称为正弦量的三要素。知道了三要素，就可以确定一个正弦量。周期 T、频率 f、角频率 ω 之间的关系为 $\omega=2\pi f=2\pi/T$。

在交流电路中，通常用有效值来表征正弦量的大小，最大值和有效值的关系为

$$U_m=\sqrt{2}U \quad I_m=\sqrt{2}I \quad E_m=\sqrt{2}E$$

2．正弦电量可用三角函数式、波形图和相量三种方法来表示。用复数表示的相量是分析计算交流电路的一种重要方法，利用相量模型电路，就可以用直流电路的分析方法来分析计算交流电路。

3．单一参数元件电路是一种理想化模型电路。R 是耗能元件，L、C 是储能元件，本身不消耗能量。单一参数元件电路的电压和电流的关系为

纯电阻电路：$\dot{U}=R\dot{I}$　纯电感电路：$\dot{U}=jX_L\dot{I}$　纯电容电路：$\dot{U}=-jX_C\dot{I}$

它们既表示了电压和电流之间量的关系，同时也表示了相位的关系，其中感抗 $X_L=\omega L$、容抗 $X_C=1/\omega C$。

4．RLC 串联电路是一种典型电路，电压和电流的关系为 $\dot{U}=Z\dot{I}$。

φ 是电压和电流之间的相位角，也是电路的功率因数角。φ 角表示了电路的性质，由电路的参数决定。

当 $\varphi>0$ 时，电路呈感性，电压超前电流 φ 角度；$\varphi=0$ 时，电路呈阻性，电压和电流同相；$\varphi<0$ 时，电路呈容性，电压滞后电流 φ 角度。

电路功率：有功功率 $P=UI\cos\varphi$；无功功率 $Q=UI\sin\varphi$；视在功率 $S=\sqrt{P^2+Q^2}=UI$。

5．正弦交流电路的分析与计算，就是把正弦交流电路变成相量模型电路，利用直流电路的分析方法，根据阻抗的连接方式和电路的特点来分析计算，只不过是复数计算，遵循复数的运算法则。

6．当电路的阻抗 $X_L=X_C$ 时，发生了谐振现象，电路呈纯阻性。谐振分为串联谐振和并联谐振。

7．提高功率因数的意义在于提高电源设备的容量利用率和减少线路损耗。对于感性负载，利用并联补偿电容器来提高线路的功率因数 $\cos\varphi$。

8．三相电源对称，可接成星形联结，构成三相四线制低压配电系统，提供相电压 220V、线电压 380V 两种电压等级。线电压和相电压之间的关系为 $U_L=\sqrt{3}U_P$。

三相负载有星形和三角形两种连接方式，至于采用哪种连接方式，应根据负载的额定电压和三相电源的线电压而定，即使每相负载承受的电压等于额定电压。

星形联结三相对称负载，三相四线制中的中性线可省略，成为三相三线制，不对称负载中性线不能省略，以保证每相负载的相电压始终保持不变，否则不能正常运行。

三相对称电路的有功功率 $P=\sqrt{3}U_LI_L\cos\varphi$；无功功率 $Q=\sqrt{3}U_LI_L\sin\varphi$；视在功率 $S=\sqrt{3}U_LI_L$。其中 φ 是相电压和相电流的夹角。

习 题 二

2-1　指出下列各正弦量的幅值、有效值、频率和初相角，并画出它们的波形图。

（1）$u=10\sqrt{2}\sin(6280t+45°)$ V。

（2）$i=22\sin(314t-120°)$ mA。

2-2　在图 2-46 中给出了某正弦交流电路的相量图，已知 $U=220$V，$I_1=60$A，$I_2=80$A，角频率为 ω，试写出 u、i_1、i_2 的瞬时值表达式。

2-3　已知正弦电压量 $u_1=20\sin(\omega t+45°)$ V，$u_2=10\sqrt{2}\cos(\omega t+45°)$ V，$u_3=30\sin(\omega t-45°)$ V，若以 u_2 为电压参考量，写出 u_1、u_2、u_3 的表达式。

2-4　10A 的直流电流和最大值为 14.14A 的正弦交流电流分别通过阻值相同的两个电阻 R_1、R_2，在相同的时间内，哪个电阻的发热量大？

2-5　图 2-47 所示正弦交流电 $u_1=22\sqrt{2}\sin\omega t$V，$u_2=22\sqrt{2}\sin(\omega t-120°)$ V，试用相量表示法求出电压 u_a、u_b。

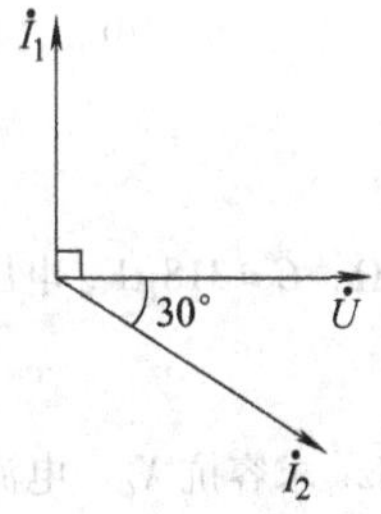

图 2-46　习题 2-2 图

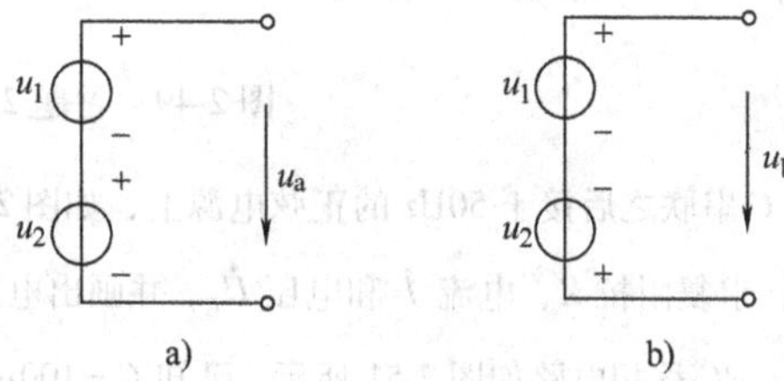

图 2-47　习题 2-5 图

2-6　试将下列复数化为极坐标式。

（1）$-3+j4$	（2）$-4-j3$	（3）$3+j4$
（4）$100-j100$	（5）$2+j4$	（6）$\frac{1}{2}-j\frac{\sqrt{3}}{2}$

2-7　试将下列复数化为代数式。

（1）$60\angle 45°$	（2）$50\angle 60°$	（3）$40\angle 270°$
（4）$10\angle 0°$	（5）$20\angle 90°$	（6）$30\angle -180°$

2-8　求下列各题中 $Z=\frac{Z_1Z_2}{Z_1+Z_2}$ 的值。

（1）$Z_1=j8\Omega$，$Z_2=6\Omega$

（2）$Z_1=8\angle -60°\ \Omega$，$Z_2=6\angle 30°\ \Omega$

（3）$Z_1=(3+j4)\ \Omega$，$Z_2=(4+j3)\ \Omega$

（4）$Z_1=4(\cos30°+j\sin30°)\ \Omega$，$Z_2=5(\cos60°+j\sin60°)\ \Omega$

2-9　电容元件 $C=31.8\mu$F，接于 $u=220\sqrt{2}\sin314t$V 的正弦电源上，求容抗 X_C 和电流 i。

2-10　如图 2-48 所示的电路，电压表 V_1、V_2、V_3 的读数都是 5V，试分别求各电路中 V 表的读数，并分析电路的性质。

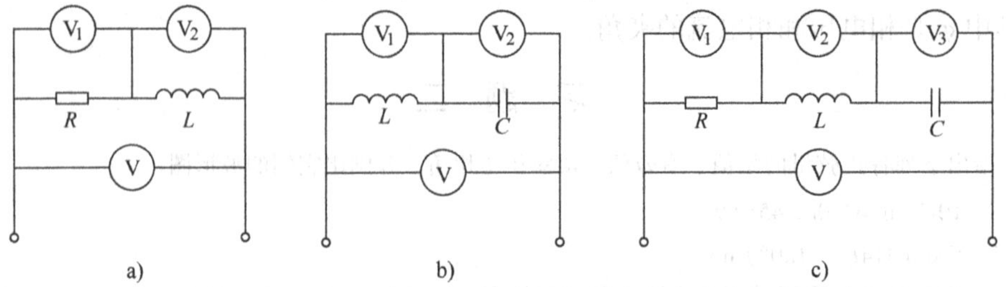

图 2-48　习题 2-10 图

2-11　判断下列电路图（见图 2-49）中输入电压和输出电压的相位关系。

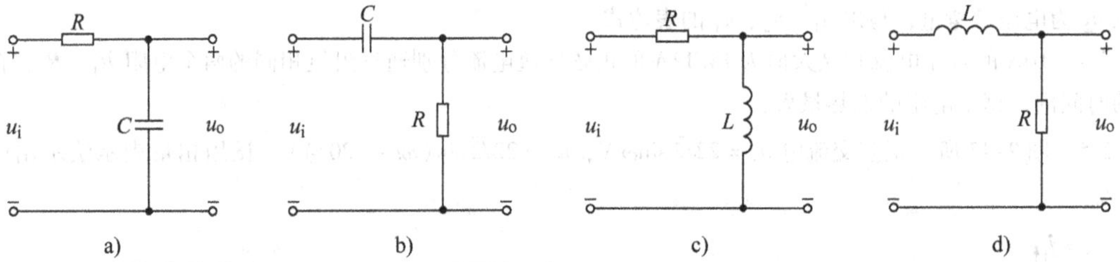

图 2-49　习题 2-11 图

2-12　R、C 串联之后接于 50Hz 的正弦电源上，如图 2-50 所示，已知 $R=10\Omega$，$C=318\mu F$，电压相量 $\dot{U}=200\angle 0^\circ$ V，求复阻抗 Z、电流 $\dot{I}$ 和电压 $\dot{U}_C$，并画出电压、电流相量图。

2-13　有一 RC 移相电路如图 2-51 所示，已知 $C=100\mu F$，$U_1=220V$，$f=50Hz$，求容抗 X_C、电流 I。

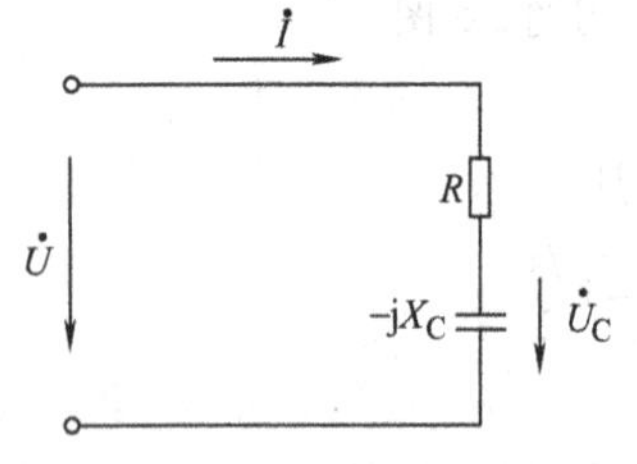

图 2-50　习题 2-12 图

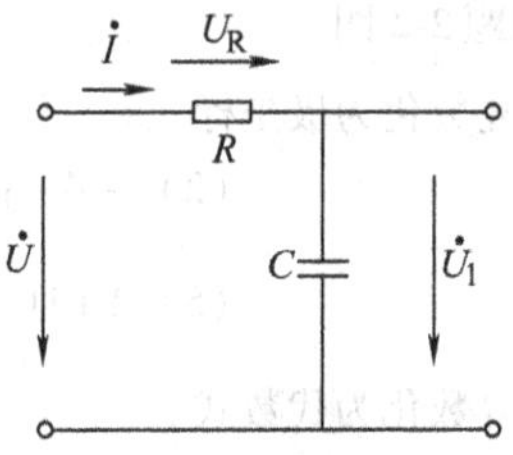

图 2-51　习题 2-13 图

2-14　图 2-52 中，$\dot{U}=220\angle 0^\circ$ V，$Z_1=j10\Omega$，$Z_2=j50\Omega$，$Z_3=j100\Omega$，求 $\dot{I}_1$、$\dot{I}_2$、$\dot{I}_3$。

2-15　如图 2-53 所示正弦交流电路中，已知电流表 A_1 的读数为 40mA，A_2 的读数为 80mA，A_3 的读数为 50mA，求电流表 A 的读数。

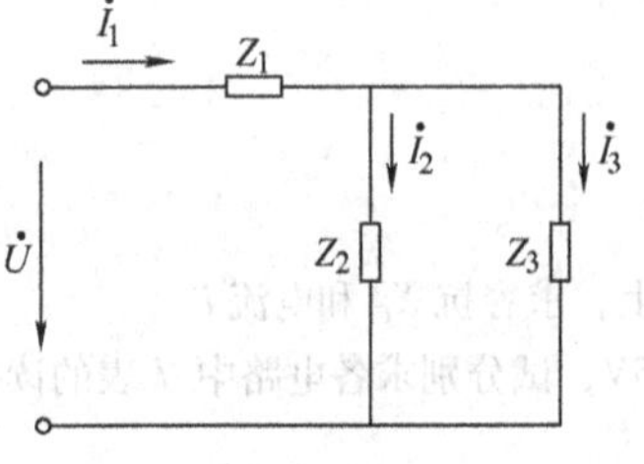

图 2-52　习题 2-14 图

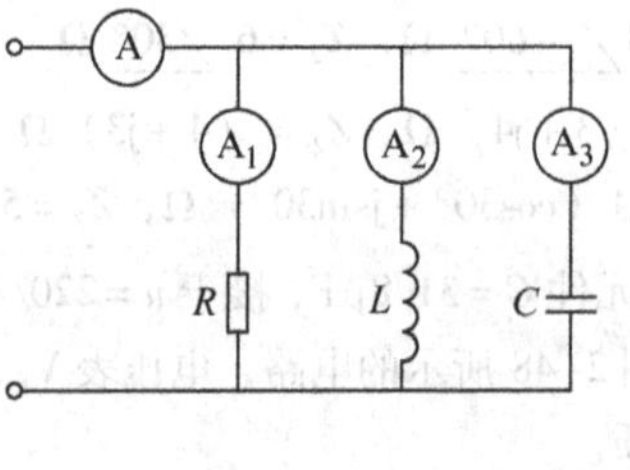

图 2-53　习题 2-15 图

2-16 R、L 串联之后接于 50Hz、100V 的正弦电源上，测得电流 $I=2\text{A}$，功率 $P=100\text{W}$，试求电路参数 R、L。

2-17 图 2-54 所示电路，已知 $U=100\text{V}$，$R_1=20\Omega$，$R_2=10\Omega$，$X_L=10\Omega$。

（1）求电流 I，并画出电压、电流相量图。

（2）计算电路的功率 P 和功率因数 $\cos\varphi$。

2-18 在图 2-55 所示电路中，已知 $R=X_L=X_C$，电流表 A_3 的读数为 10A，那么电流表 A_1、A_2 的读数是多少？

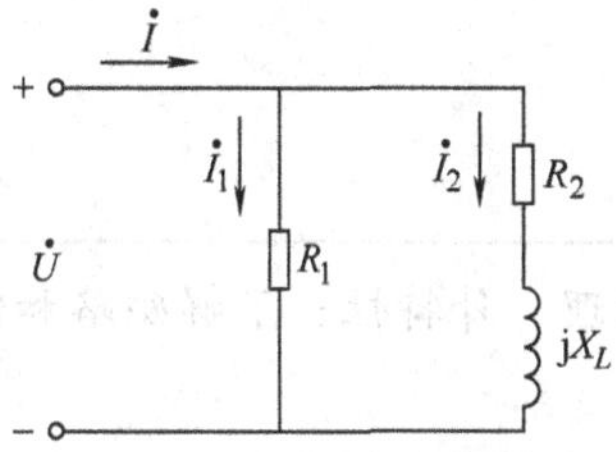

图 2-54 习题 2-17 图

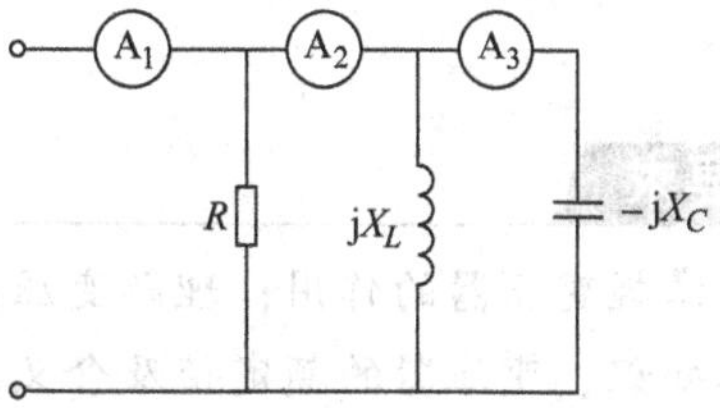

图 2-55 习题 2-18 图

2-19 在三相四线制系统中，若三相负载分别是纯电阻 R，纯电容 C 和纯电感 L，且 $R=X_C=X_L=220\Omega$，电源线电压 $U_L=380\text{V}$。试就负载分别按 R、C、L 顺序和 R、L、C 顺序接入电路的两种情况，画出各相电流和中性线电流的相量图（以 R 所在相的相电压为参考），并由相量图计算中性线电流的大小。

*2-20 试证明同一组三相对称负载在Y形联结和△形联结中，总功率的关系为 $P_{\triangle}=3P_{Y}$。

第 3 章

磁路与变压器

本章学习要求

理论：掌握变压器的作用；理解变压器的结构和工作原理、外特性；了解磁路和铁磁材料的基本知识、变压器的额定值及含义。

技能：熟悉变压器绕组极性的测试及连接方法；了解互感器的使用方法。

3.1 磁路与铁磁材料

实际工程应用中的一些常用电气设备，如变压器、电机、电磁铁和电工测量仪表等，其工作过程同时包含着电、磁相互作用的两个方面。为此，在学习电路的同时，也要学习一些有关磁路的基本知识。

3.1.1 磁场基本物理量

在中学物理中我们已知，不仅磁铁能产生磁场，电流也能产生磁场。用磁感应强度 B、磁通 Φ 、磁场强度 H、磁导率 μ 等物理量来描述磁场的特性。

1. 磁感应强度 B

磁感应强度 B 是表示磁场内某点磁场强弱和方向的物理量。它是一个矢量，其方向与该点磁场方向一致，即小磁针在该点静止时其北（N）极所指的方向。其大小可表示为

$$B = \frac{F}{lI}$$

式中，F 为通电导体在磁场中所受最大磁场力，单位为牛［顿］（N）；I 为通电导体中电流的大小，单位为安［培］（A）；l 为通电导体在磁场垂直方向上的长度，单位为米（m）。

磁感应强度 B 的单位为特［斯拉］（T）。

若磁场内各点的磁感应强度的大小相等、方向相同，则称该磁场为均匀磁场。

2. 磁通 Φ

在均匀磁场中，磁感应强度 B（若不是均匀磁场，则 B 取平均值）与垂直于磁场方向

的面积 S 的乘积，称为通过该面积的磁通 Φ。即

$$\Phi = BS \text{ 或 } B = \frac{\Phi}{S} \tag{3-1}$$

由式（3-1）可见，磁感应强度 B 的大小，在数值上可以看成与磁场方向垂直的单位面积所通过的磁通，故 B 又可称为磁通密度。

磁通的单位为韦［伯］（Wb）。

3. 磁导率 μ

用来描述物质导磁能力的物理量，其单位为亨/米（H/m）。

为了比较物质的磁导率，一般选择真空介质作为比较基准，用物质的磁导率 μ 与真空磁导率 μ_0 的比值 μ_r，即相对磁导率 μ_r 来表示物质的导磁能力。$\mu_0 = 4\pi \times 10^{-7}$ H/m 是一个常数，相对磁导率 μ_r 为

$$\mu_r = \frac{\mu}{\mu_0} \tag{3-2}$$

μ_r 越大，表明磁场中介质的导磁性能越强，该数值可从相关手册中查出。若 $\mu_r \approx 1$，即 $\mu_r = \mu_0$，磁导率是一常数，则该物质材料称为非磁性材料，如空气、铝等；若 $\mu_r \gg 1$，磁导率不是一个常数，则该类材料称为铁磁材料，如铁、钴、镍及其合金等。

4. 磁场强度 H

磁场强度是为便于磁场的分析计算而引入的一个辅助物理量，也是一个矢量，定义磁场强度为

$$H = \frac{B}{\mu} \text{ 或 } B = \mu H \tag{3-3}$$

其单位为安/米（A/m）。

式（3-3）不能说明 B 与 H 成正比，只有在非磁性材料时 μ 为一个常数，B 与 H 才成正比。事实上，磁场内某点的磁场强度 H 只与电流大小、线圈匝数及该点的几何位置有关，而与磁场介质无关。

例如图 3-1 所示的环形通电线圈，通电电流为 I，匝数为 N，则在线圈内部半径为 r 某点 X 处的磁感应强度为

$$B_X = \mu \frac{NI}{2\pi r} \tag{3-4}$$

该式表明：磁感应强度与磁场中介质的磁导率有关。当线圈内媒质不同，则磁导率 μ 不同，在同样电流值下，同一点的磁感应强度大小也不同，线圈内的磁通就不同。反过来说，若要使线圈达到一定的磁感应强度，采用磁导率 μ 较大的铁磁材料，则所需的励磁电流 I 就可以大大降低。因此，在许多电气设备的线圈中都放有一定形状的铁心材料，使得设备的体积、重量大大地减小，解决了既要磁通大，又要励磁电流小的矛盾。

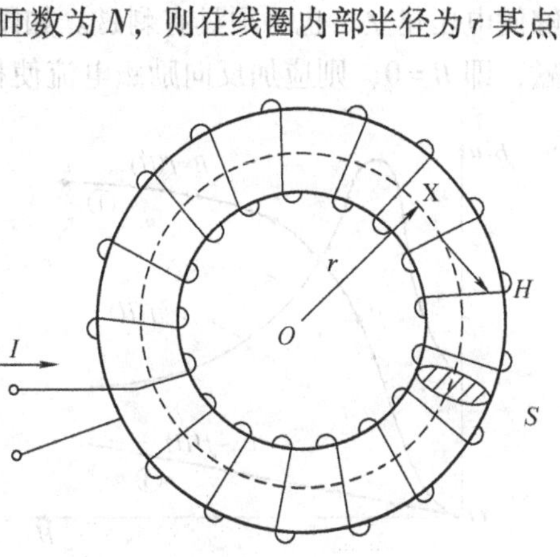

图 3-1　环形通电线圈

3.1.2 铁磁材料及性能

铁磁材料是制造变压器、电机和电器等各种电工设备的主要材料，其磁性能对电磁设备的性能和工作状态影响较大。铁磁材料的磁性能主要表现为高导磁性、磁饱和性和磁滞性。

1. 高磁导性

铁磁材料的磁导率很高，可达 $10^2 \sim 10^4$ 数量级。在外磁场作用下，其内部的磁感应强度大大增强，即被磁化。铁磁材料的磁化现象，说明了铁磁材料是有很高的导磁性能，这一磁性能被广泛地应用于电工设备中，以减轻其重量和体积。

非铁磁材料不能被磁化，因此其磁导率很小，基本保持不变。

2. 磁饱和性

在铁磁材料的磁化过程中，其磁化磁场不会随着外磁场的增强而无限增大。当外磁场（或励磁电流）增大到一定值时，磁化磁场不再随励磁电流的增加而继续增大，这种现象称为磁饱和现象，磁化曲线如图 3-2 所示。

磁化曲线可用 $B = f(H)$ 表示，由实验得出：若实验前铁磁材料处于未磁化状态（即 $B = 0$），实验时调节励磁电流 I，使之由零开始逐渐增大，直至铁磁材料达到饱和状态，测出每次调节后的 I 和 Φ，计算出对应的 B 和 H，画出 $B-H$ 曲线。在图 3-2 中，曲线①为铁磁材料的磁化曲线，分为三个阶段：在 Oa 段，B 和 H 几乎是线性关系；在 ab 段，B 随 H 增长缓慢，称为膝部；在 bc 段，B 几乎不增长，达到饱和状态。曲线②为铁磁材料 μ 随 H 变化的关系。曲线③为非铁磁材料的磁化曲线，是线性关系。

3. 磁滞性

当铁心线圈中通有交变电流时，铁磁材料将受到交变磁化。磁感应强度 B 随磁场强度 H 变化的关系如图 3-3 所示。由图可见，当 H 已回到零时，B 的值并未回到零，而是 $B = B_r$，这种磁感应强度滞后于磁场强度变化的性质，称为铁磁材料的磁滞性。其中 B_r 称为剩磁感应强度（剩磁），永久磁铁的磁性就是由剩磁产生的。再如自励直流发电机的磁极，为了能够使电压建立，也必须具有剩磁。如图 3-3 所示的曲线称为磁滞曲线，由实验得出：若要消磁，即 $B=0$，则应加反向励磁电流使材料反向磁化，此时的外加磁场 H_c 称为矫顽磁力。

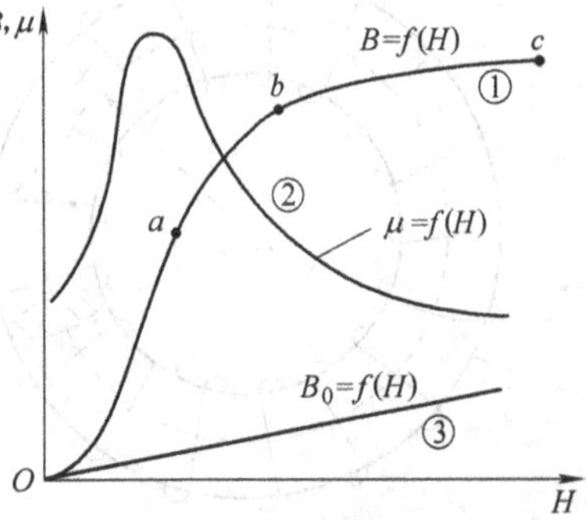

图 3-2　磁化曲线

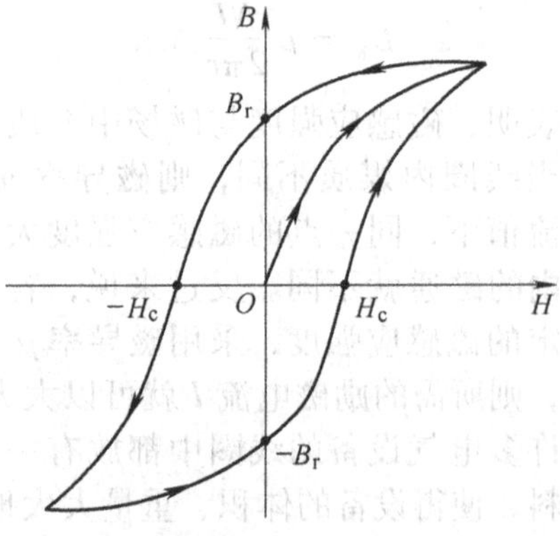

图 3-3　磁滞曲线

3.1.3 磁路及其欧姆定律

铁磁材料的导磁性较好，铁心线圈通电时，产生的磁通绝大部分被集中在铁心中，沿铁心而闭合，这部分磁通称为主磁通。而主磁通所通过的闭合路径，称为磁路。图 3-4 所示为几种常见电气设备的磁路。

由式（3-1）、式（3-4）可得

$$\Phi = \frac{NI}{\dfrac{L}{\mu S}} = \frac{F}{R_m} \tag{3-5}$$

式中，$F = NI$ 为磁通势、磁动势，产生磁通；$R_m = \dfrac{L}{\mu S}$ 为磁阻，表示磁路对磁通的阻碍作用；L 为磁路的平均长度；S 为磁路的截面积。

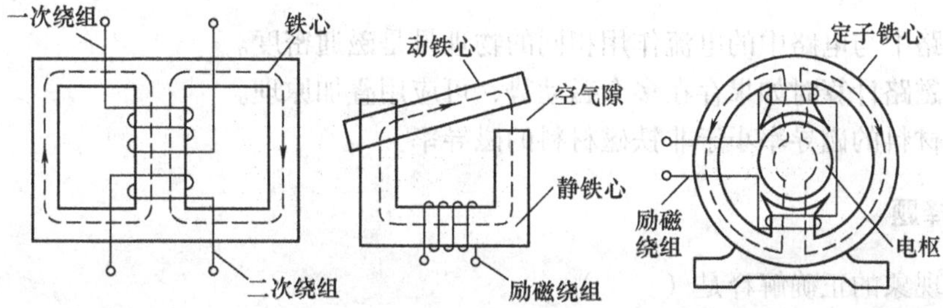

图 3-4 几种常见电气设备的磁路

此式和电路中的欧姆定律有相同的形式，故称其为磁路的欧姆定律。

对于均匀磁路，可以直接用式（3-5）求解，若磁路是由不同的材料或不同长度和截面积的几段组成，则可认为磁路是由几段磁阻串联而成，即

$$NI = H_1L_1 + H_2L_2 + \cdots + H_nL_n = \sum_n HL \tag{3-6}$$

这是计算磁路的基本公式，式中 H_iL_i（$i = 1, 2, \cdots, n$）称为磁路的各段磁压降。

表 3-1 是电路和磁路欧姆定律的对照表。

表 3-1 电路和磁路欧姆定律的对照表

电　　路	磁　　路
电动势 E	磁通势 F
电流 I	磁通 Φ
电阻 $R = \dfrac{\rho l}{S}$	磁阻 $R_m = \dfrac{L}{\mu S}$
电流密度 J	磁感应强度 B
电路欧姆定律 $I = \dfrac{U}{R}$	磁路欧姆定律 $\Phi = \dfrac{NI}{\dfrac{L}{\mu S}} = \dfrac{F}{R_m}$

3.1.4 概念自测题

一、填空题

1. 磁感应强度是________________，用______表示，单位为特［斯拉］（T）；磁导率是________________，用______表示，单位为______；磁场强度是________________，用 H 表示，单位为____________。

2. 磁场强度 H 与磁感应强度 B 的大小关系为__________，方向__________。

3. 铁磁材料的磁性能主要表现为__________、__________ 和 __________ 。

4. 在磁路中，与电路中的电势源作用相同的物理量是________________。

二、判断题

5. 在磁路中与电路中的电流作用相同的物理量是磁通密度。（　　）

6. 磁通磁路计算时如果存在多个磁动势，可应用叠加原理。（　　）

7. 铁磁材料的磁导率小于非铁磁材料的磁导率。（　　）

三、选择题

8. 磁化现象的正确解释是（　　）。

A. 磁畴在外磁场的作用下转向形成附加磁场

B. 磁化过程是磁畴回到原始杂乱无章的状态

C. 磁畴存在与否，与磁化现象无关

D. 各种材料的磁畴数目基本相同，只是有的不易于转向形成附加磁场

9. 当一导线沿磁力线方向运动时，导线中产生的感应电动势将为（　　）。

A. 最大　　B. 为零　　C. 为某一确定数值　　D. 无法确定

10. 对照电路和磁路欧姆定律发现（　　）。

A. 电路和磁路欧姆定律都应用在线性状态　　B. 磁阻和电阻都是线性元件

C. 磁阻和电阻都是非线性元件　　D. 磁阻是非线性元件，电阻是线性元件

3.2 变压器的结构及工作原理

3.2.1 交流铁心线圈电路

当交流铁心线圈采用交流电源激励时，产生交变的磁通，并在线圈中产生感应电动势。交流电机、变压器及其他的交流电器的线圈都是交流铁心线圈。因此分析交流铁心线圈的电磁关系、电压电流关系以及功率损耗关系是学习的基础。

1. 电磁关系

图 3-5 所示的交流铁心线圈电路中，设线圈的匝数为 N，当在线圈两端加上交流激励电

压 u 时，产生的交变励磁电流为 i。磁通势 Ni 将产生两部分交变磁通：一部分是主磁通 Φ，通过铁心形成闭合的磁路，在线圈中产生主磁电动势 e；另一部分称为漏磁通 Φ_σ，是由于空气隙或其他原因而损耗的磁通，不全流经铁心，有一段从附近空气中通过，也将产生漏磁电动势 e_σ，因其值很小，常将其忽略。

2. 电压与电流关系

若不考虑线圈电阻和漏磁电动势 e_σ，则电压 u 和主磁电动势 e 的关系由图 3-5 可以写成

$$u \approx -e \tag{3-7}$$

设主磁通按正弦规律变化，即 $\Phi = \Phi_m \sin\omega t$，则

$$e = -N\frac{d\Phi}{dt} = -N\frac{d(\Phi_m \sin\omega t)}{dt} = -\omega N\Phi_m \cos\omega t$$
$$= 2\pi fN\Phi_m \sin(\omega t - 90°) = E_m \sin(\omega t - 90°) \tag{3-8}$$

其中，$E_m = 2\pi fN\Phi_m$ 是主磁电动势 e 的幅值，则主磁通电动势的有效值为

$$E = \frac{E_m}{\sqrt{2}} = 4.44fN\Phi_m \tag{3-9}$$

所以

$$u \approx -E_m \sin(\omega t - 90°) = E_m \sin(\omega t + 90°) \tag{3-10}$$
$$U \approx E = 4.44fN\Phi_m \tag{3-11}$$

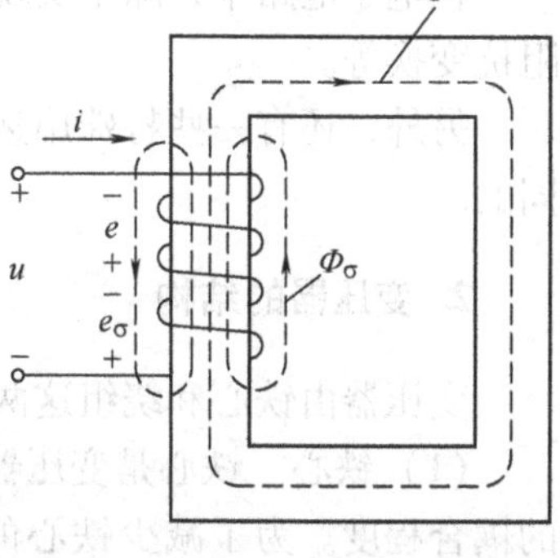

图 3-5 交流铁心线圈电路

式（3-11）表明，在忽略线圈电阻和漏磁电动势的条件下，当线圈匝数 N 和电源频率 f 一定时，铁心中的磁通量最大值 Φ_m 与外电压有效值 U 成线性关系。也就是说，在外加电压 U 和频率 f 一定时，对某一电磁器件，铁心中的磁通最大值 Φ_m 基本保持不变。这是交流铁心线圈的一个重要特点，也是分析交流电机、变压器这类电磁设备的一个重要公式。

3. 功率损耗

在交流铁心线圈中，功率损耗由两部分组成：一部分是线圈通电后发热而产生损耗，称为铜损，用 ΔP_{Cu} 表示，则 $\Delta P_{Cu} = I^2R$（R 为线圈等效电阻），因是变化的，又称为可变损耗；另一部分是交变电流在铁心内产生磁滞和涡流而引起的损耗，称为铁损，用 ΔP_{Fe} 表示，因基本保持不变，又称为不变损耗。铁损又可分为以下两种：

（1）磁滞损耗 ΔP_n　铁磁材料在交变磁化时，因磁滞而在内部产生的发热损耗。为减少磁滞损耗，可选用磁滞曲线狭小的铁磁材料。

（2）涡流损耗 ΔP_e　线圈中的交变电流，在铁心中产生交变磁通，在交变磁通的作用下，铁心中产生感应电动势和呈旋涡状的电流，称为涡流。因涡流使铁心发热的损耗称为涡流损耗。为了减少涡流损耗，可采用彼此绝缘的硅钢片叠成的铁心，既可将涡流限制在较小的截面积内，又可提高铁心的内阻（在铁质材料中掺杂硅），从而减少涡流的发热损失。

铁损使铁心发热，影响了设备绝缘材料的使用寿命。

3.2.2 变压器的种类及结构

1. 变压器的种类及作用

变压器是根据电磁感应原理制成的一种静止的电气设备，具有电压变换、电流变换和阻抗变换的功能。因此，在电力系统和电子电路中得到广泛的应用。

在电力系统中用做电力变压器。在传输电能过程中升高电压，以减少传输电流，降低电能损耗，节省线材，提高传输效率和质量；在用户端，降低电压，使其符合、适合用户安全使用的用电等级。

在电子电路中，除了实现将电网电压转换到所需的电压数值外，还用做耦合电路和实现阻抗变换等。

另外，还有一些特殊用途和专用变压器，尽管用途不同，但基本结构和工作原理是相同的。

2. 变压器的结构

变压器由铁心和绕组这两个基本部分组成。

（1）铁心　铁心是变压器的磁路部分，采用铁磁材料以增强磁感应强度，增大线圈间的耦合程度。为了减少铁心的铁损，铁心材料通常用厚度为0.35mm或0.5mm的硅钢片，两面涂以绝缘漆，按一定的方式叠装而成。

（2）绕组　绕组是变压器的电路部分，多采用电阻率低、导电性能良好的绝缘铜线绕成，一般小容量变压器的绕组采用高强度漆包线绕制，靠自然冷却方式带走因损耗而产生的热量；大容量变压器可用绝缘扁铜线或铝线绕制，多采用油冷式冷却散热。和电源相连的绕组称为一次绕组，另一个和负载相连的绕组，称为二次绕组。

根据铁心结构和与绕组的相对位置，可将变压器分成心式铁心结构变压器和壳式铁心结构变压器，如图3-6所示。

心式变压器的绕组套在铁心柱上，铁心被绕组包围着，这种结构简单，绕组套装方便，绝缘易处理，用铁量较少，多用于较大容量变压器。壳式变压器的绕组套装在中间的铁心柱上，铁心包围绕组，故变压器不需外壳，机械强度较好，但用铁量较多，制造工艺复杂，多用于小容量变压器。如电子设备和仪器中的变压器多采用这种形式。

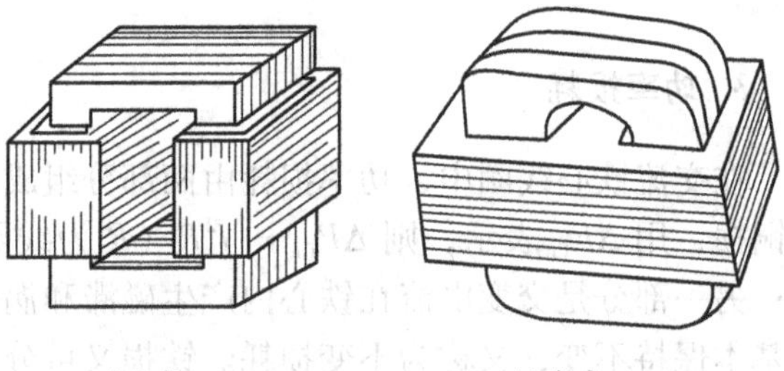

a)心式　　b)壳式

图3-6　变压器的结构

3.2.3 单相变压器的工作原理

图3-7为单相变压器的原理图。为了分析方便，把两个绕组分别画在两个铁心柱上，设一次绕组匝数为N_1，二次绕组匝数为N_2，现分别就变压器空载和负载运行状况，分析其工作过程及特性。

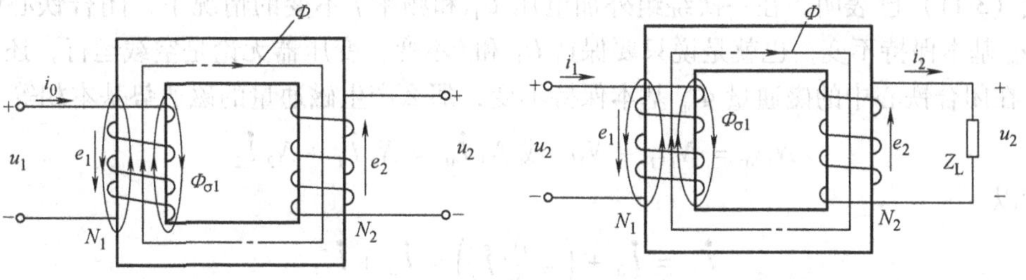

a) 空载运行　　　　b) 负载运行

图 3-7　单相变压器的原理图

1. 电压变换原理

在图 3-7a 中，加在一次绕组上的交流电压为 u_1，若二次绕组不接负载，即开路，这种状态称为变压器的空载运行。

变压器空载运行，一次绕组的工作状况类似于交流铁心线圈。一次绕组中的电流称为空载电流 i_0，也就是激励电流。磁通势 N_1i_0 在闭合铁心中产生的主磁通为 Φ，同时穿过一次绕组和二次绕组，分别产生的感应电动势为 e_1、e_2，各电量的参考方向如图 3-7a 所示。

由式（3-11）可知，感应电动势的有效值分别为

$$\begin{aligned} E_1 &= 4.44fN_1\Phi_m \\ E_2 &= 4.44fN_2\Phi_m \end{aligned} \tag{3-12}$$

式中，f 为交流电源的频率，Φ_m 为最大主磁通。

若忽略漏磁通及绕组上电阻的压降影响，则一、二次绕组上的电压值近似等于其电动势。设二次绕组的开路电压为 u_2，则

$$U_1 \approx E_1 \qquad U_2 \approx E_2 \tag{3-13}$$

由式（3-12）、式（3-13）可得

$$\frac{U_1}{U_2} \approx \frac{E_1}{E_2} = \frac{4.44fN_1\Phi_m}{4.44fN_2\Phi_m} = \frac{N_1}{N_2} = K_u$$

即

$$\frac{U_1}{U_2} \approx \frac{N_1}{N_2} = K_u \tag{3-14}$$

式（3-14）表明：变压器空载运行时，一、二次绕组上的电压与其匝数成正比。一、二次绕组的匝数不同，通过变压器就可得到不同的电压值，即可完成电压的变换作用，K_u 称为电压比。当 $K_u > 1$ 时，即 $U_1 > U_2$，这种变压器称为降压变压器；当 $K_u < 1$ 时，即 $U_1 < U_2$，则变压器称为升压变压器。

2. 电流变换原理

如图 3-7b 所示的图中，若二次绕组接上负载 Z_L，形成闭合回路，则称为变压器的负载运行。

变压器负载运行时，一次绕组中磁通势 N_1i_1 通过二次绕组时，产生感应电动势 e_2 和感应电流 i_2，则二次绕组中的磁通势 N_2i_2 产生的磁通也通过闭合铁心（抵抗一次绕组中磁通的变化），因此，铁心中的主磁通是由一、二次绕组磁通势共同作用产生的。

式（3-11）已表明，在一次绕组外加电压 U_1 和频率 f 不变的情况下，闭合铁心中的磁通量 Φ_m 基本保持不变，也就是说只要保持 U_1 和 f 不变，变压器无论是空载运行，还是负载运行，在闭合铁心中的磁通量 Φ_m 基本保持不变，那么产生磁通量的磁通势基本相等。即

$$N_1 i_0 = N_1 i_1 + N_2 i_2 \text{ 或 } N_1 \dot{I}_0 = N_1 \dot{I}_1 + N_2 \dot{I}_2 \tag{3-15}$$

所以

$$\dot{I}_1 = \dot{I}_0 + \left(-\frac{N_2}{N_1}\dot{I}_2\right) = \dot{I}_0 + \dot{I}'_1 \tag{3-16}$$

该式表明：变压器从空载到负载运行时，一次绕组电流从 $\dot{I}_0$ 增加到 $\dot{I}_1$，其增量为 $\dot{I}'_1 = -\frac{N_2}{N_1}\dot{I}_2$，其中 $\dot{I}_0$ 用来产生主磁通，增量 $\dot{I}'_1$ 用来抵消负载电流 $\dot{I}_2$ 对主磁通的影响，以保持主磁通的稳定。因此，变压器负载无论怎样变化，一次绕组中的电流 $\dot{I}_1$ 总能按比例调节，以适应负载电流 $\dot{I}_2$ 的变化，从而实现能量的传送。

由于空载电流 $\dot{I}_0$ 很小，和满载电流 $\dot{I}_1$ 相比，不到额定电流的 10%，可忽略，故式（3-15）可写成

$$N_1\dot{I}_1 + N_2\dot{I}_2 \approx 0$$

即

$$N_1\dot{I}_1 \approx -N_2\dot{I}_2 \tag{3-17}$$

用一、二次绕组电流的有效值表示：

$$\frac{I_1}{I_2} \approx \frac{N_2}{N_1} = \frac{1}{K_u} = K_i \tag{3-18}$$

式（3-18）表明了变压器的电流变换作用：当变压器负载运行时，一、二次绕组的电流与匝数成反比。改变一、二次绕组的匝数就可以改变一、二次绕组中电流的比值，这就是变压器的变流作用，K_i 称为变压器的电流比。

对于变压器，电压比与电流比互为倒数，因此匝数多的绕组，电压高而电流小，绕组线径较细；而匝数少的绕组，电压低而电流大，绕组线径较粗。

3. 阻抗变换原理

变压器的一、二次绕组虽然没有直接的电的联系，但从以上分析可知，一次绕组中的电流 I_1 随着二次绕组的负载 Z_L 变化而变化。从变压器的一次绕组看进去，用一个等效阻抗 Z'_L 来代替这种作用，则 $|Z'_L| = \frac{U_1}{I_1}$，如图 3-8 所示。

由式（3-14）、式（3-18）得

$$|Z'_L| = \frac{U_1}{I_1} = \frac{K_u U_2}{\frac{1}{K_u}I_2} = K_u^2\frac{U_2}{I_2} = K_u^2|Z_L| \tag{3-19}$$

式（3-19）表明变压器的阻抗变换作用：接在变压器二次绕组上的负载 $|Z_L|$，从一次绕组看上去，相当于在电源上直接接一个阻抗为 $|Z'_L| = K_u^2|Z_L|$ 的负载。

在电子电路和通信工程中，为了提高信号的传输功率，在功率输出端要求负载阻抗为一定的数值，即阻抗匹配。例如收音机的扬声器的阻抗一般较小，为几欧到十几欧。为了使负

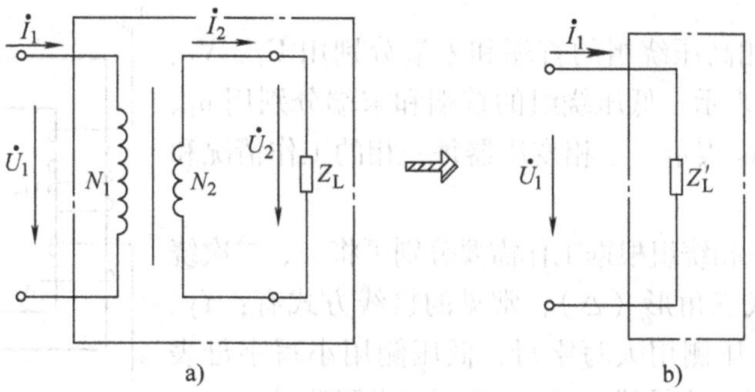

图 3-8 变压器的阻抗变换

载扬声器获得最大的功率，则负载阻抗必须等于信号源（功率输出级）的内阻，在功率输出级要求负载阻抗为几十到几百欧，显然直接接上扬声器不合要求，得到的功率（功率绝大部分消耗在输出级的内阻上）不足以推动扬声器，为此可在功率输出级和负载之间接入一个输出变压器，提高负载的阻抗，实现阻抗匹配。下面以例子来说明阻抗匹配的意义。

例 3.1 某交流信号源的电压 $U_s = 100\text{V}$，其内阻 $R_0 = 500\Omega$，负载电阻 $R_L = 5\Omega$，试求：

（1）将负载直接与信号源相接，负载得到的功率是多少？

（2）若接入变压器，使一次绕组等效阻抗 $R'_L = R_0 = 500\Omega$，求变压器的电压比及信号源输出的功率。

解：（1）直接接负载如图 3-9a 所示，则信号源输出功率为

$$P = I^2 R_L = \left(\frac{U_s}{R_0 + R_L}\right)^2 R_L$$

$$= \left(\frac{100}{500 + 5}\right)^2 \times 5\text{W} = 0.196\text{W}$$

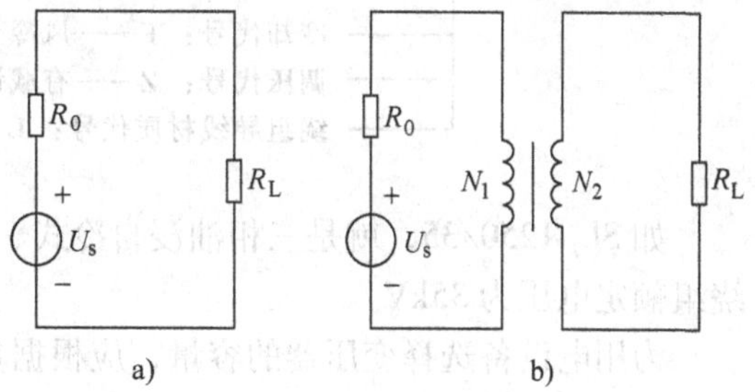

图 3-9 例 3.1 图

（2）如图 3-9b 所示，接入变压器后，一次绕组等效阻抗为 $R'_L = R_0 = 500\Omega$，则电压比由 $R'_L = K_u^2 R_L$ 得

$$K_u = \sqrt{\frac{R'_L}{R_L}} = \sqrt{\frac{500\Omega}{5\Omega}} = 10$$

此时信号源输出功率为

$$P = R'_L I'^2 = R'_L\left(\frac{U_s}{R_0 + R'_L}\right)^2 = 500 \times \left(\frac{100}{500 + 500}\right)^2 \text{W} = 5\text{W}$$

由此可见，经变压器阻抗匹配后，负载得到的功率大幅度提高。

*3.2.4 三相变压器的结构与工作原理

三相变压器用于三相交流电压的变换和电能的传递。三相变压器有两种结构：一种称为三相组式变压器，由三个单相变压器组成；另一种称为三相心式变压器，在一个共有的铁心上有三个心柱，每个心柱上绕有同一相的两个绕组。我国电力系统中大都采用后一种结构，

如图 3-10 所示。

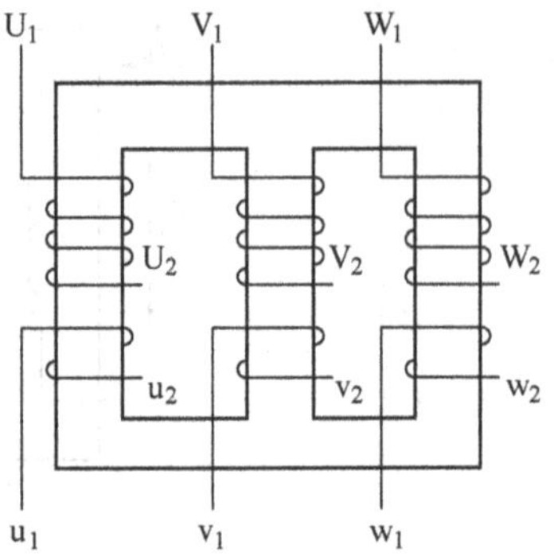

图 3-10　三相心式变压器

三相变压器各相高压绕组的首端和末端分别用 U_1、V_1、W_1 和 U_2、V_2、W_2 表示；低压绕组的首端和末端分别用 u_1、v_1、w_1 和 u_2、v_2、w_2 表示。三相变压器每一相的工作情况和单相变压器相同。

三相变压器的三相绕组根据工作需要分别可将一、二次绕组接成星形（Y）或三角形（△），常见的接线方式有：Yy、Yyn、YNd 三种。高压侧用大写字母，低压侧用小写字母表示，yn 表示星形联结有中性线引出，d 表示三角形联结。

三相变压器的一、二次绕组相电压之比与单相变压器一样，等于一、二次绕组每相的匝数之比，即 $K_u=\dfrac{U_{p_1}}{U_{p_2}}=\dfrac{N_1}{N_2}$。

变压器的型号表示方法及意义为

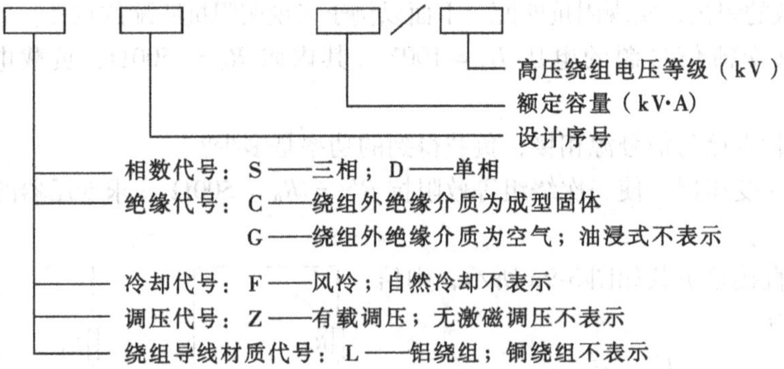

如 SL_7-1250/35，就是三相油浸自冷式、铝线电力变压器，额定容量为 1250kV · A，高压绕组额定电压为 35kV。

为用电设备选择变压器的容量，应根据负载的视在功率计算，不应该按照负载所需的有功功率来计算。

我国变压器容量有 R_{10} 容量系列（容量按 $\sqrt[10]{10}$ 的倍数增加）和 R_8 容量系列（容量按 $\sqrt[8]{10}$ 的倍数增加）两种。我国旧的变压器采用 R_8 容量系列。R_{10} 容量系列等级较密，便于选用，是国家标准《电力变压器》GB 1094 所确定的容量系列，也是国际电工会议确定的国际通用标准容量系列。工矿企业常用变压器的容量等级（kV·A）有：10、20、30、40、50、63、80、100、125、160、200、250、315、400、500、630、800、1000、1250、1600、2000、2500、3150、4000、5000、6300、8000、10000 等。

3.2.5　概念自测题

一、填空题

1. 变压器的损耗有铜耗和铁耗，当它空载运行时，其______较小，所以空载时的损耗近似等于______。

2. 变压器工作时与电源连接的绕组叫______绕组，与负载连接的绕组叫______绕组。

3. 修理后的变压器，如铁心截面积比原来有所减小，在不降低额定电压的情况下，其一、二次绕组都应适当______匝数，额定功率也应适当______。

二、判断题

4. 变压器的一、二次绕组之间没有电的联系，电能也就无法传递。（　　）

5. 变压器的电压比是一、二次绕组感应电动势之比。（　　）

6. 因为变压器一、二次绕组没有导线连接，故一、二次绕组电路是独立的。（　　）

三、选择题

7. 下列材料做铁心最好的一种是（　　）。
A. 热轧硅钢片　B. 冷轧硅钢片　C. 铁块　D. 铸钢

8. 变压器有载运行时主磁通与空载运行时主磁通的关系是（　　）。
A. 前者大　B. 基本一样　C. 不定　D. 后者大

9. 变压器一、二次绕组中不能改变的物理量是（　　）。
A. 电压　B. 电流　C. 阻抗　D. 频率

3.3 变压器的工作特性

变压器的工作性能指标通常称为工作特性，它包括外特性和效率特性。

3.3.1 变压器的外特性

变压器的外特性，指在电源电压 U_1 和负载功率因数 $\cos\varphi_2$ 不变时，二次绕组的端电压 U_2 随负载电流 I_2 变化而变化的规律，即 $U_2=f(I_2)$，用曲线表示则称为变压器的外特性曲线，如图 3-11 所示。

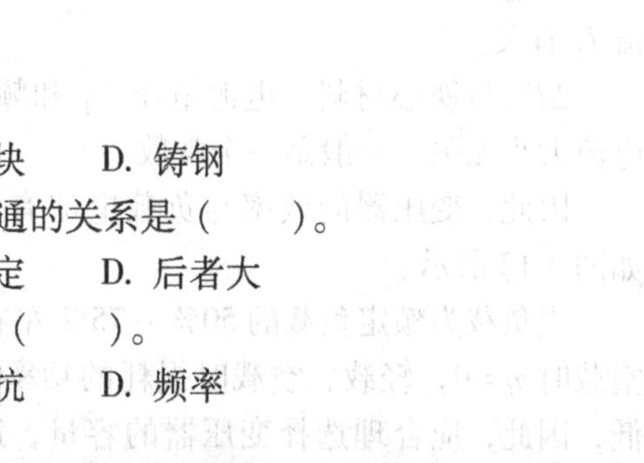

图 3-11　变压器的外特性

由于变压器一、二次绕组具有电阻及漏磁通，尽管数值较小，但对实际变压器的工作有一定的影响。从图中可看出，在阻性负载 $\cos\varphi_2=1$，感性负载 $\cos\varphi_2<1$ 时，外特性曲线呈下降趋势，即二次绕组端电压 U_2 随负载电流 I_2 的增加而下降。

常用电压变化率（或称为电压调整率）来表示外特性的变化程度。若二次绕组的空载电压为 U_{20}，当负载电流 I_2 增加到额定电流 I_{2N} 时的端电压为 U_{2N}，则电压变化率为 $\Delta U\%$，可表示为

$$\Delta U\% = \frac{U_{20}-U_{2N}}{U_{20}}\times 100\% \tag{3-20}$$

电压变化率是表征变压器的工作性能的重要技术指标，它反映了供电电压的稳定性，要求越小越好，一般为2%～5%。电压变化率过大，会给负载运行带来不良影响，如灯光时

亮时暗，会影响工作者的视力和工作效率。

*3.3.2 变压器的效率特性

变压器的效率特性，反映变压器负载运行的经济性。变压器在传送能量过程中，总存在铜损 ΔP_{Cu} 和铁损 ΔP_{Fe}，因而其输出功率 P_2 总小于输入功率 P_1，输出功率与输入功率之比，称为效率 η，即

$$\eta = \frac{P_2}{P_1} \times 100\% = \frac{P_2}{P_2 + \Delta P_{Cu} + \Delta P_{Fe}} \times 100\% \quad (3\text{-}21)$$

ΔP_{Cu} 是一、二次绕组上电阻消耗的功率，与负载的电流 I_2 有关。

ΔP_{Fe} 与铁心材料、电源电压 U_1 和频率 f 有关，与负载电流大小无关，一般是一个常数。

因此，变压器的效率与负载电流有关，效率特性曲线如图3-12所示。

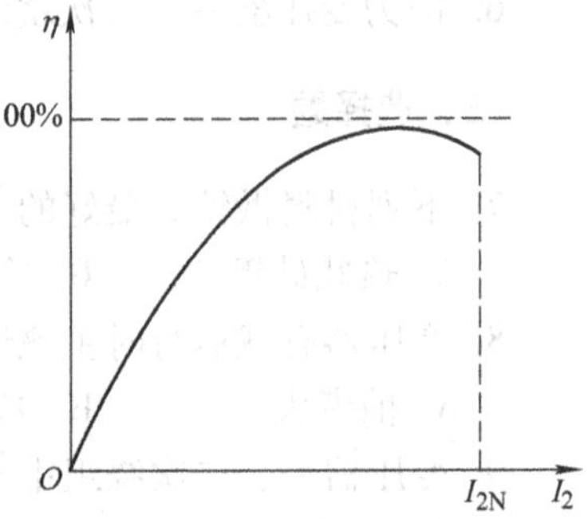

图 3-12 变压器的效率特性曲线

当负载为额定负载的50%～75%左右时，η 达到最大。空载时 $\eta=0$，轻载、空载时损耗的功率的比例较大，效率低，因此，应合理选择变压器的容量，避免长期轻载运行或空载运行。

3.3.3 变压器的额定值

额定值通常标注在变压器的铭牌上，也称为铭牌值，是厂家根据国家技术标准，对其正常可靠工作所作的使用规定。主要有：

（1）额定电压 一次绕组额定电压 U_{1N} 是根据绝缘等级，变压器长时间运行所能承受的工作电压。在电力系统中，二次绕组额定电压 U_{2N} 是指一次绕组加额定电压、二次绕组开路时的电压；在仪器仪表中通常是指变压器一次绕组加额定电压、二次绕组接额定负载时输出的电压。对三相变压器，额定电压指线电压。

（2）额定电流 在额定容量和允许温升条件下，长时间通过的电流值，分别用 I_{1N}、I_{2N} 表示一、二次绕组的额定电流。对三相变压器，额定电流指线电流。

（3）额定容量 在额定运行状态下二次绕组所能输送的容量（视在功率），单位为伏安（V·A）或千伏安（kV·A），用符号 S_N 表示。

单相变压器为 $$S_N = U_{2N}I_{2N} = U_{1N}I_{1N}$$

三相变压器为 $$S_N = \sqrt{3}\,U_{2N}I_{2N} = \sqrt{3}\,U_{1N}I_{1N}$$

例 3.2 有 SL_7-160/10 型电力变压器，容量为160kV·A，一次绕组电压为10kV，二次绕组电压为400V，问该变压器的电压比是多少？求一、二次绕组的额定电流。

解： 三相变压器的一、二次绕组相电压之比，等于一、二次绕组每相的匝数之比，即电压比为

$$K_u = \frac{U_{P_1}}{U_{P_2}} = \frac{N_1}{N_2} = \frac{10000\text{V}}{400\text{V}} = 25$$

由 $S_N = \sqrt{3}\,U_{2N}I_{2N} = \sqrt{3}\,U_{1N}I_{1N}$ 可知，一、二次绕组的额定电流分别为 I_{1N}、I_{2N}，所以有

$$I_{1N}=\frac{S_N}{\sqrt{3}U_{1N}}=\frac{160000}{\sqrt{3}\times 10000}\text{A}=9.24\text{A}$$

$$I_{2N}=\frac{S_N}{\sqrt{3}U_{2N}}=\frac{160000}{\sqrt{3}\times 400}\text{A}=230.95\text{A}$$

3.3.4 变压器绕组极性的测定

在使用变压器和有磁耦合的互感绕组时，要注意同极性绕组间的正确连接。同极性端又称为同名端，是指各绕组电流瞬时极性相同的端点。假设有两个直流电源分别接在两个绕组上，且它们产生的磁通方向相同时，对应绕组上电流的流入端（或流出端）互称为同名端；否则称为异名端或异极性端。绕组的同名端常用符号“·”或“*”标记，例如一台变压器的一次绕组有两个，如图 3-13a 所示，1、3 或 2、4 为同名端，当两绕组串联时，异名端 2、3 端相连，如图 3-13b 所示，可接入较高电压；当两绕组并联时，同名端（如 1 和 3，2 和 4）相接后再接电源，如图 3-13c 所示，可接入较低电压。

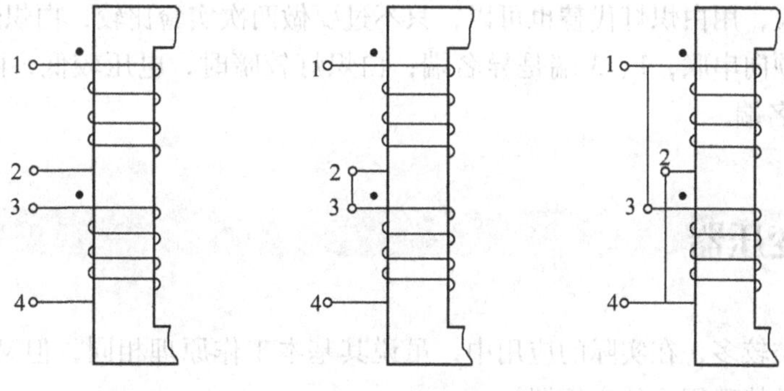

a) 绕组的同名端　b) 两绕组串联　c) 两绕组并联

图 3-13　变压器绕组的正确连接

如果连接错误，如串联时 1 和 3 端相连，2 和 4 端接电源，则两绕组的磁通势方向相反而相互抵消，铁心中不产生磁通。因而绕组中没有感应电动势，将流过很大电流，把绕组绝缘烧坏而烧损变压器。

当变压器绕组的绕向已知时，根据产生感应电动势的同极性，即可判别同名端。但对于已制成的变压器，由于经过工艺处理，从外观上无法辨认两绕组的具体绕向，绕组的同名端就无从看出，只能通过实验的方法来测定出来。

常用的判别方法有两种：直流判别法和交流判别法。

（1）直流判别法　它是根据同名端定义以及绕组电压参考方向（或感应电动势）的标注原则而归纳出的一种实用方法。其判别方法如下：

在图 3-14a 中，在开关 S 闭合的瞬间，电流从 1 端流入，若检流计或毫安表 mA（当然也可以接一电压表）的指针向右偏转，说明绕组 3-4 中的感应电流从 3 端进入毫安表的正端，因而 1、3 端是同名端；否则 1、4 为同名端。

（2）交流判别法　它是根据绕组串联原理而归纳出的一种实用方法，在工程上应用更广泛。其判别方法如下：

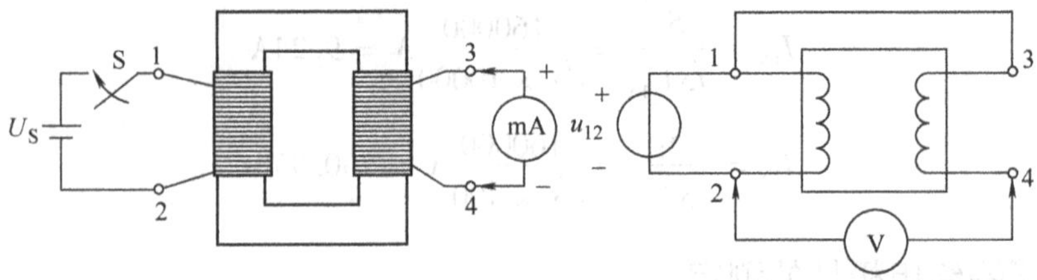

图 3-14　变压器绕组极性的测定

将两个绕组1-2 和3-4 的任意两端连接在一起，如1、3 端相连。在任一绕组两端1-2 之间加接一个较低的便于测量的交流电压 U_{12}，用电压表分别测量2、4 端电压 U_{24}和3、4 端电压 U_{34}，如图 3-14b 所示。根据电压的极性关系，若 $U_{24} = U_{12} - U_{34}$，则说明两绕组是反向串联，2、4（或 1、3）端为同名端；若 $U_{24} = U_{12} + U_{34}$，则说明两绕组是顺向串联，1、4（或2、3）为同名端。

若没有电压表，用白炽灯代替也可以，只不过要做两次实验比较，白炽灯较亮时，电压较高，两绕组是顺向串联，1、3 端是异名端；白炽灯较暗时，电压较低，两绕组是反向串联，1、3 端是同名端。

*3.4　其他变压器

变压器的种类较多，在实际的应用中，虽说其基本工作原理相同，但又有各自的特点。下面简单介绍几种特殊用途的变压器。

3.4.1　自耦变压器

实验室用的调压变压器就是自耦调压器，这种变压器的一、二次绕组并没有像前面讨论的变压器那样相互绝缘而分开，而是一、二次绕组共用一个绕组。绕组总匝数 N_1 作为一次绕组接电源，其中的部分匝数 N_2 作为二次绕组接负载，因此，这种自耦变压器一、二次绕组间不仅有磁的耦合，还有电的联系，这就是和其他变压器相比的特殊之处，如图 3-15 所示。

在实际应用中，为了得到连续可变的交流电压，自耦变压器的铁心做成圆形，二次绕组由抽头形成一个滑动触头，通过旋转手柄滑动触头的位置而改变二次绕组的匝数，达到调节输出电压的目的。

因一、二次绕组之间有电的联系，对低压（二次侧）的绝缘要求较高，因此，使用自耦变压器时要注意以下问题：

1）自耦变压器不能用作安全隔离变压器。

2）一、二次绕组的公用端必须接零线，以避免旋动手柄时有触电的危险。

3）一、二次绕组不能调换，以免电流过高而烧坏变压器或使电源短路。

4）每次在接通电源前和关闭电源后，要保证调压手柄在 0 刻度位置。

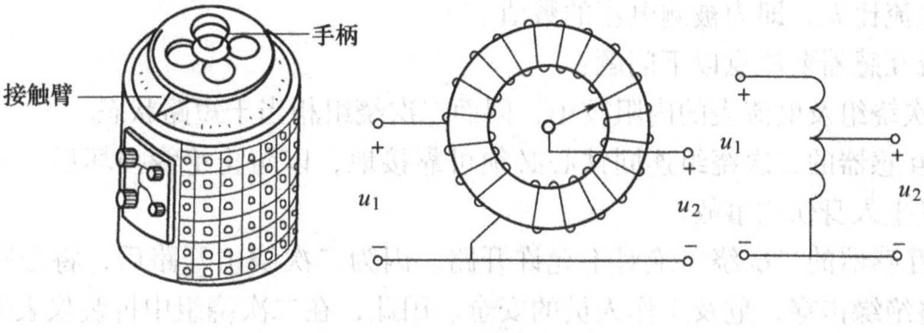

a) 外形　　b) 示意图　　c) 图形符号

图 3-15　自耦变压器

3.4.2　互感器

互感器按其用途的不同，分为电流互感器和电压互感器。

使用互感器有两个主要目的：①使测量回路和高压电网隔离，保证工作人员的安全；②扩大仪表的量程，用小电流、低电压来测定大电流、高电压，同时使仪表各结构简单，价格低廉。

1. 电流互感器

电流互感器是利用变压器的电流变换原理，将被测电路中的大电流，变换成测量仪表量程内的小电流的一种升压变压器，如图 3-16 所示。

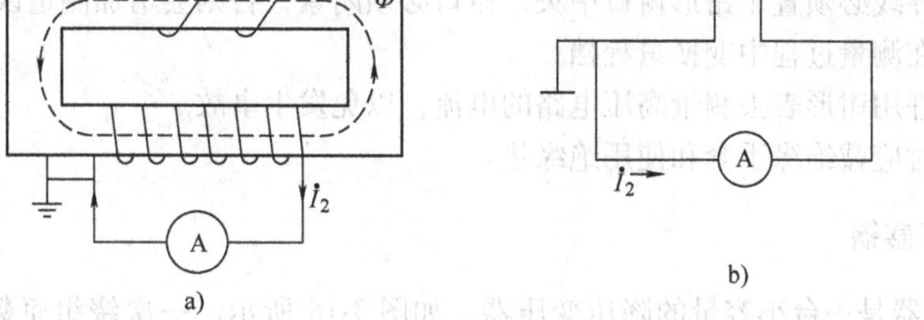

a)　　b)

图 3-16　电流互感器原理图

它的一次绕组和被测负载串联于电路中，一次绕组匝数较少，通常只有一匝或几匝，而线径较粗。二次绕组匝数较多，而线径较细，电流表串联在二次绕组中形成一个闭合电路。

由变压器的电流变换原理

$$\frac{I_1}{I_2} = \frac{N_2}{N_1} = k_{\mathrm{i}}$$

可知

$$I_1 = k_{\mathrm{i}} I_2$$

k_{i} 称为电流互感器电流比，$k_{\mathrm{i}} \gg 1$，即 $I_2 \ll I_1$，故利用小量程电流表可以测量大电流，仪

表刻度乘以电流比 k_i，即为被测电流的数值。

使用电流互感器要注意以下问题：

1）因二次绕组及电流表的内阻较小，因而二次绕组相当于短路状态。

2）电流互感器的二次绕组连同铁心必须可靠接地，以防止绝缘损坏后，一次侧高压传到二次侧，发生人身伤亡事故。

3）电流互感器的二次绕组绝对不允许开路。因为二次绕组开路后，将会感应出很高的电压，可能将绝缘击穿，危及工作人员的安全。因此，在二次绕组中拆装仪表时，必须先将绕组短路。

钳形电流表（简称钳形表）就是利用电流互感器扩大电流表量程的应用。在有些不能断开电路的场合测量电流时，可以使用钳形表。

钳形表是由电流互感器和整流系电流表组成，其外形如图 3-17所示。它的铁心如同钳子一样，可以分开、压紧。测量时将钳口压开套入被测导线，这时该导线就是电流互感器的一次绕组（单匝），电流互感器的二次绕组在铁心上经整流器与电流表接通。根据电流互感器的一次、二次绕组间的一定电流比关系，电流表的指示值就是被测量的数值。

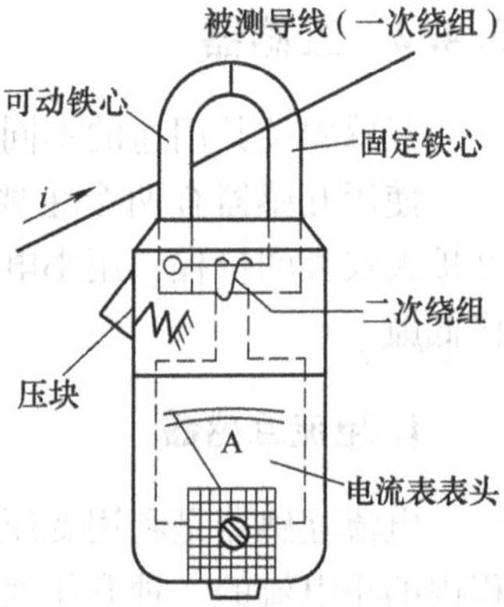

图 3-17　钳形电流表

使用钳形表时应注意以下几点：

1）选择合适的量程，不可用小量程档测量大电流，以防止损坏仪表。若不知被测电流的大小，则选择最大电流量程，根据被测值的大小，再选择适当的量程；如果被测电流值较小，读数不明显，可将被测导线在钳口上多绕几圈进行测量，将读数除以所绕的圈数才是实际的被测电流值。

2）被测导线必须置于钳形窗口中央，钳口必须闭紧，否则会增加测量误差。

3）不要在测量过程中变换量程档。

4）不允许用钳形表去测量高压电路的电流，以免发生事故。

5）操作时应戴绝缘手套和使用绝缘垫。

2. 电压互感器

电压互感器是一台小容量的降压变压器，如图 3-18 所示。一次绕组匝数多，与被测的高压电网并联；二次绕组匝数少，与电压表相连接。因电压表的阻抗较大，电压互感器二次电流很小，近似于变压器的空载运行状态。

根据电压变换原理

$$\frac{U_1}{U_2} = \frac{N_1}{N_2} = k_u$$

可知

$$U_1 = k_u U_2$$

k_u 称为电压互感器的电压比。$k_u \gg 1$，$U_2 \ll U_1$，故可用低电压量程的电压表去测量高电压，电压表在某量程的刻度值乘以电压比 k_u，即为所测电压值。

使用电压互感器要注意以下事项：

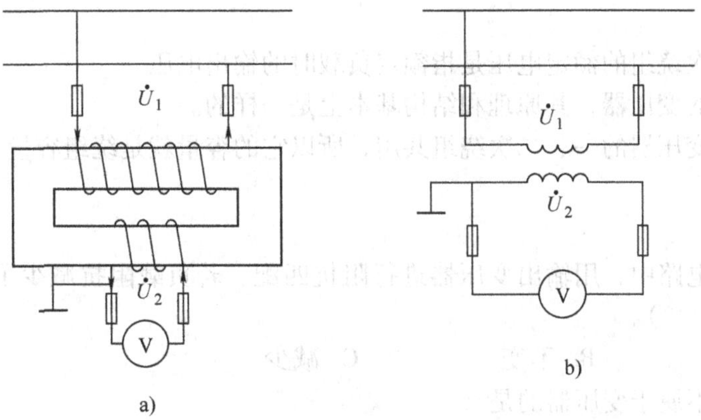

图 3-18 电压互感器

1）电压互感器的二次绕组绝对不允许短路，因为过大的电流也同样会给工作人员和设备带来危害。因此一、二次绕组中要安装熔断器。

2）为了安全使用，电压互感器二次绕组连同铁心必须可靠地接地。

3.4.3 电焊变压器

电焊变压器又称交流电焊机。金属电焊时，要求变压器有下降的外特性，即起弧电压较高（60～75V），起弧后，要求电压迅速下降，额定负载时仅为30V；在工作中要求电流稳定，短路时电流也不要过大；为了适应不同的焊件材质和不同的焊条，还要求能调节焊接电流的大小。

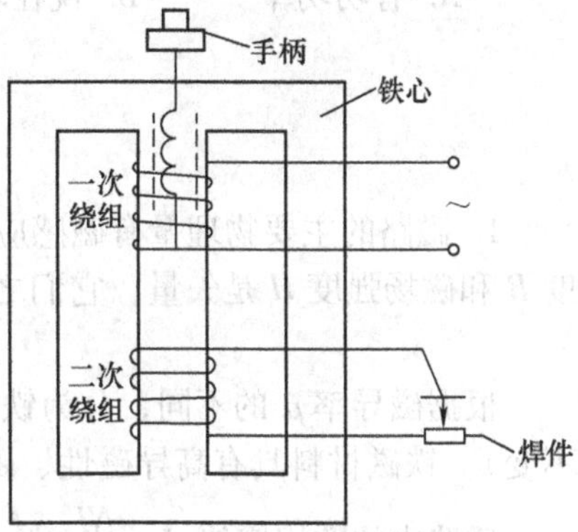

图 3-19 电焊变压器的工作原理

根据电焊变压器的结构特点，可将其分为动绕组式、串联电抗器式和动铁心式三种类型。图 3-19 所示的电焊变压器为动绕组式结构，通过摇动手柄使一次绕组上下移动，改变它与二次绕组的距离，来改变两个绕组的耦合程度，从而改变感应电压大小，实现焊接电流的调节。

3.4.4 概念自测题

一、填空题

1. 自耦变压器的结构特点是一、二次绕组不仅有______的联系，还有______的联系。

2. 电流互感器______绕组匝数较少，______绕组匝数较多，工作时不允许二次绕组______路。

3. 测量时，电压互感器的一次绕组应______联在被测电路中；电流互感器的一次绕组应______联在被测电路中，二次绕组一端要与______相接是为了安全。

二、判断题

4. 变压器二次绕组的额定电压是指额定负载时的输出电压。 （ ）
5. 不同用途的变压器，其原理和结构基本上是一样的。 （ ）
6. 因为自耦变压器的一、二次绕组共用，所以它的容量就是绕组容量。 （ ）

三、选择题

7. 在无线电电路中，用输出变压器进行阻抗匹配。若负载阻抗减少了，则变压器二次绕组匝数应是（ ）。

A. 增加 B. 不变 C. 减少

8. 在原理上不属于变压器的是（ ）。

A. 自耦变压器 B. 弧焊机 C. 滑动变阻器 D. 仪用互感器

9. 自耦变压器的额定功率是指（ ）。

A. 传导功率 B. 电磁功率 C. 计算功率 D. A + B

10. 一、二次绕组有电的联系的变压器是（ ）。

A. 双绕组变压器 B. 三相变压器 C. 自耦变压器 D. 互感器

11. 变压器传递电功率的能力是用（ ）表示。

A. 有功功率 B. 视在功率 C. 无功功率 D. 瞬时功率

本章小结

1. 磁路的主要物理量有磁感应强度 B、磁通 Φ、磁导率 μ 和磁场强度 H，其中磁感应强度 B 和磁场强度 H 是矢量。它们之间有如下关系：

$$\Phi = BS \qquad B = \mu H$$

根据磁导率 μ 的不同，分为铁磁材料（$\mu \gg 1$，不是常数）和非铁磁材料（$\mu \approx 1$，基本不变）。铁磁材料具有高导磁性、磁饱和性和磁滞性。

磁路中的欧姆定律 $\Phi = \dfrac{NI}{\dfrac{L}{\mu S}} = \dfrac{F}{R_m}$，磁通势 $F = NI$，产生磁通。磁阻 $R_m = \dfrac{L}{\mu S}$，表示磁路对磁通的阻碍作用。这些参数都可以和电路中的参数一一对应起来。

2. 交流铁心线圈电路是分析交流电机、变压器电路的基础。在外加电压 U 和频率 f 一定时，对某一电磁器件，铁心中的磁通最大值基本保持不变。

变压器是根据电磁感应原理制成的一种静止的电气设备，由铁心和绕组这两个基本部分组成，在电力系统和电子线路中得到广泛的应用，具有电压变换、电流变换和阻抗变换的功能。即

$$\frac{U_1}{U_2} \approx \frac{N_1}{N_2} = K_u,\ K_u \text{为电压比}, K_u > 1 \text{降压}, K_u < 1 \text{升压}$$

$$\frac{I_1}{I_2} \approx \frac{N_2}{N_1} = \frac{1}{K_u} = K_i, K_i \text{为电流比}$$

$$|Z'_L| = \frac{U_1}{I_1} = K_u^2 |Z_L|$$

三相变压器用于三相交流电压的变换、传递电能。

变压器的损耗由两部分组成：铜损 ΔP_{Cu} 和铁损 ΔP_{Fe}。铜损又称为可变损耗，是线圈发热而产生的；铁损又称为不变损耗，包括磁滞损耗 ΔP_n 和涡流损耗 ΔP_e 两部分。

3. 变压器的工作特性包括外特性和效率特性。常用电压变化率 $\Delta U\%$ 来表示外特性的变化程度，要求越小越好，一般在 2% ~5%。

变压器总存在铜损 ΔP_{Cu} 和铁损 ΔP_{Fe}。变压器的效率特性 η，反映负载运行的经济性。应合理选择变压器的容量，避免长期轻载运行或空载运行。

为了正确选择和使用变压器，还必须了解和掌握其型号的含义，额定容量、额定电压、额定电流的意义及计算方法。

变压器的极性表示了绕组中感应电动势的关系，瞬时极性相同的端点称为同名端，反之称为异名端。可根据绕组的绕向判别，也可以用直流判别法和交流判别法等实验方法判别。

4. 自耦调压器一、二次绕组共用一个绕组，既有磁的耦合，又有电的联系，因此不能用作安全隔离变压器。一、二次绕组的公用端必须接零线，以确保使用安全。

互感器在测量领域的使用既扩大了仪表的量程，又使测量回路和高压电网隔离，在使用时互感器二次绕组连同铁心必须可靠地接地。互感器按用途分为电流互感器和电压互感器。电流互感器的二次绕组绝对不允许开路；电压互感器的二次绕组绝对不允许短路。

习 题 三

3-1 已知某机修照明变压器的一次绕组额定电压为 220V，二次绕组额定电压为 36V，一次绕组的匝数为 4400 匝，试求该变压器的电压比和二次绕组的匝数。

3-2 一台 220V/110V 的变压器，能否用来把 440V 的电源降低 220V，或把 220V 升高到 440V？为什么？

3-3 一台降压变压器，一次绕组接到 4400V 的交流电源上，二次绕组电压为 220V，试求电压比。若一次绕组匝数 $N_1=3300$ 匝，试求二次绕组匝数 N_2。若电源电压减小到 3300V，为使二次绕组电压保持不变，试问一次绕组匝数调整为多少？

3-4 某电力变压器，容量为 160kV · A，一次绕组额定电压为 10kV，二次绕组额定电压为 400V，问该变压器的电压比是多少？

3-5 某车间有一台单相照明变压器，容量为 10kV · A，一、二次电压分别为 3300 V、220V，当变压器在额定状态下运行，问可以安装多少只 220V、60W 的白炽灯？一、二次绕组的额定电流为多少？

3-6 单相变压器的一次绕组电压 $U_1=3000$V，二次绕组电压 $U_2=220$V，若在二次绕组中接入一台额定电压为 220V、功率为 25kW 的电阻炉，则该变压器的一、二次绕组的电流各为多少？

3-7 有一台晶体管收音机的输出端要求最佳负载阻抗为 800Ω，即可输出最大功率。现有负载阻抗为 8Ω 的扬声器，问输出变压器采用多大的电压比？

3-8 有一信号电源，输出电动势 2.4V，内阻为 600Ω，欲使负载获得最大功率，必须在电源和负载之间接一匹配变压器，若此时负载电阻的电流为 4mA，问负载电阻为多少？

3-9 有一台 220V/110V 的变压器，$N_1=2000$ 匝，$N_2=1000$ 匝，有人想节省铜线，将匝数减为 400 匝和 200 匝，是否可行？

3-10 已知图 3-20 中变压器一次绕组 1—2 接 220V 电源，二次绕组 3—4、5—6 的匝数都为一次绕组匝数的一半，额定电流都为 1A。

（1）在图中标出一、二次绕组同名端的符号。

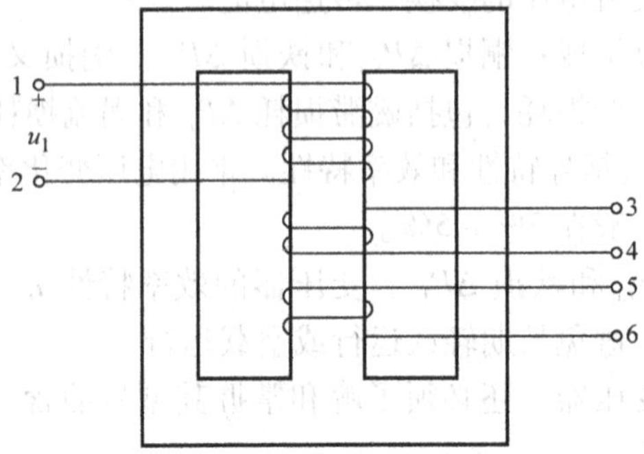

图 3-20　习题 3-10 图

（2）该变压器的二次侧能输出几种电压值？各如何接线？

（3）有一负载，额定电压为 110V，额定电流为 1.5A，能否接在该变压器二次侧工作？若能，应如何接线？

第 4 章

三相异步电动机及控制

本章学习要求

理论：掌握三相异步电动机工作原理、控制方法及基本控制电路；熟悉三相异步电动机的机械特性；熟悉常用低压电器的作用和符号；了解三相异步电动机的基本构造、铭牌数据含义。

技能：能正确阅读简单的电气原理图；能完成三相异步电动机正、反转控制电路接线。

4.1 三相异步电动机的基本构造

三相异步电动机主要由两个基本部分组成，即定子和转子。定子是电动机中固定不动的部分，用来产生旋转磁场；转子是电动机中的旋转部分，产生电磁转矩并通过转轴输出给生产机械。定子和转子之间有一个空气隙。图 4-1 所示为一台三相异步电动机的外形和内部结构。

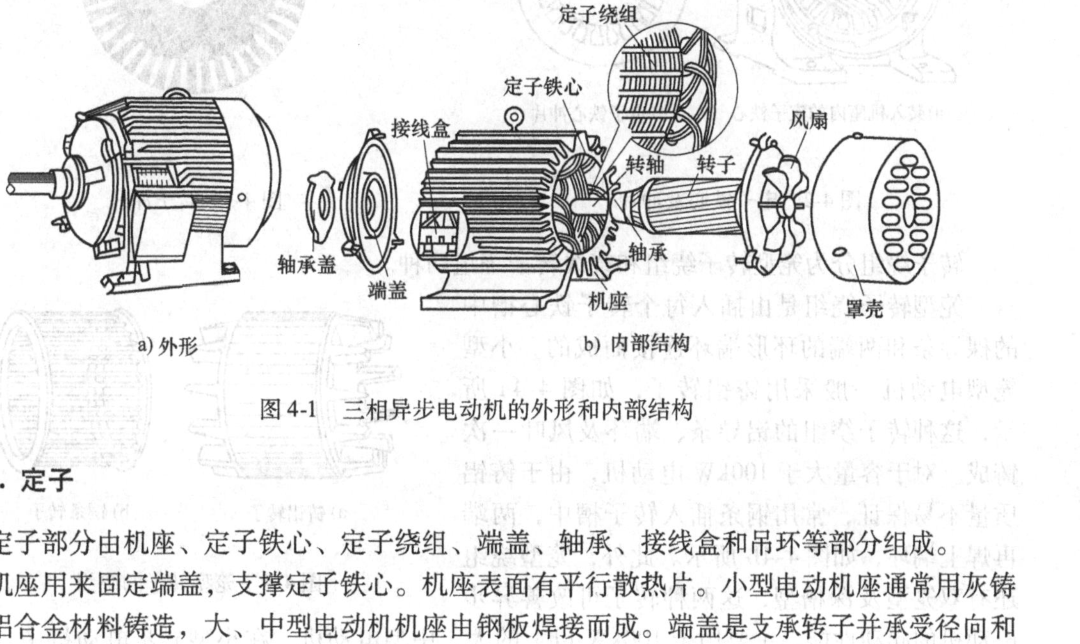

图 4-1 三相异步电动机的外形和内部结构

1. 定子

定子部分由机座、定子铁心、定子绕组、端盖、轴承、接线盒和吊环等部分组成。

机座用来固定端盖，支撑定子铁心。机座表面有平行散热片。小型电动机座通常用灰铸铁或铝合金材料铸造，大、中型电动机机座由钢板焊接而成。端盖是支承转子并承受径向和轴向负荷的重要部件，它通过安放在端盖内的滚动轴承来保证定子和转子的相对位置。与铝合金和铸铁机座相对应，端盖有铝合金和铸铁两种材料。

定子铁心是电动机磁路的一部分。为了减小涡流和磁滞损耗，通常用0.5mm厚的硅钢片冲片叠压成圆筒形，然后固定成一体后安装在机座内，硅钢片表面的氧化层（大型电动机要涂绝缘漆）作为片间绝缘。中、小型电动机一般采用整圆硅钢冲片，部分中型和大型电动机由扇形冲片拼成。在定子铁心内圆均匀地冲有许多与轴平行的槽，用来嵌放定子绕组。定子铁心及冲片如图4-2所示。

三相异步电动机的定子绕组由对称的三相绕组组成，每相绕组由许多线圈按一定的规律嵌放在定子槽中，三相绕组通过三相对称交流电产生旋转磁场。小型电动机的线圈一般采用高强度的漆包铜线绕制，大、中型电动机常用扁平成型线圈。定子绕组在槽内的分布形式分为单层绕组和双层绕组两种基本形式，一般小型电动机采用单层绕组，大、中型电动机采用双层绕组。绕组嵌好后用槽楔锁口压紧。

2. 转子

转子部分由转轴、转子铁心、转子绕组和风扇等部件组成。

转轴一般用中碳钢制成，其作用是支撑转子，输出机械转矩。

转子铁心也是电动机磁路的一部分，是用0.5mm厚的硅钢片叠装成的圆柱体，直接或者通过转子支架套在转轴上。转子冲片外圆冲有均匀分布的槽，用来嵌放转子绕组，如图4-3所示。

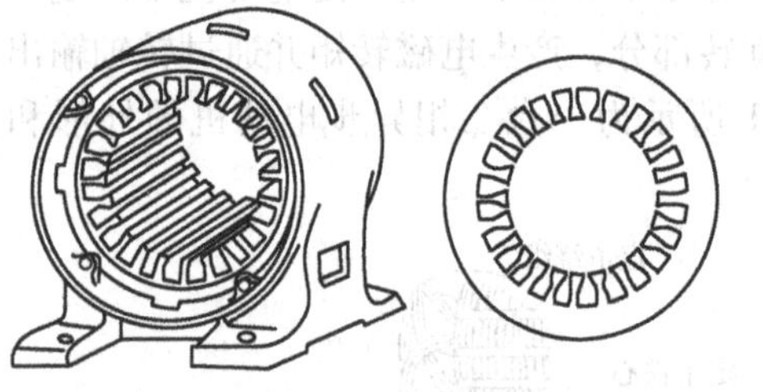

a)装入机座内的定子铁心　b)定子铁心冲片

图4-2　定子铁心及冲片

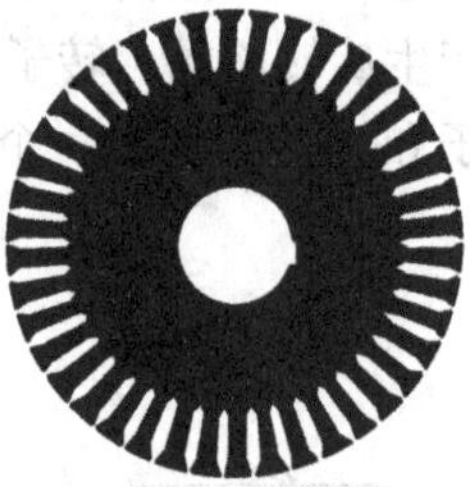

图4-3　转子冲片

转子绕组分为笼型转子绕组和绕线转子绕组两种。

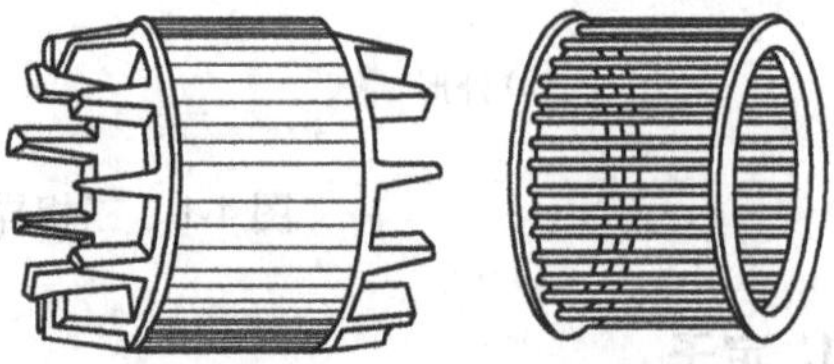

a) 铸铝转子　b) 铜条转子

图4-4　笼型转子的绕组

笼型转子绕组是由插入每个转子铁心槽中的裸导条和两端的环形端环连接而成的。小型笼型电动机一般采用铸铝转子，如图4-4a所示，这种转子绕组的铝导条、端环及风叶一次铸成。对于容量大于100kW电动机，由于铸铝质量不易保证，常用铜条插入转子槽中，两端再焊上端环，如图4-4b所示。此外，笼型绕组还有双笼型及深槽型，这两种转子可改善异步电动机的起动性能，主要用于100kW以上的大、中型电动机。在小型异步电动机中，为了减小气隙中高次谐波磁场引起的有害寄生转矩和电磁噪声，改善起动性能，定子采用半闭口槽，转子采用半闭口或闭口槽。定、转子还选用适当的槽配合并采用短矩绕组、转子斜槽等措施。

绕线式转子绕组是采用绝缘导线嵌放在转子铁心槽内，一般采用星形联结，三个绕组的尾端接在一起，首端三根引出线分别接到转轴上的三个铜集电环上，转子绕组可以通过集电环、电刷与变阻器连接，用以改善三相异步电动机的起动性能或调节电动机的转速，如图4-5所示。

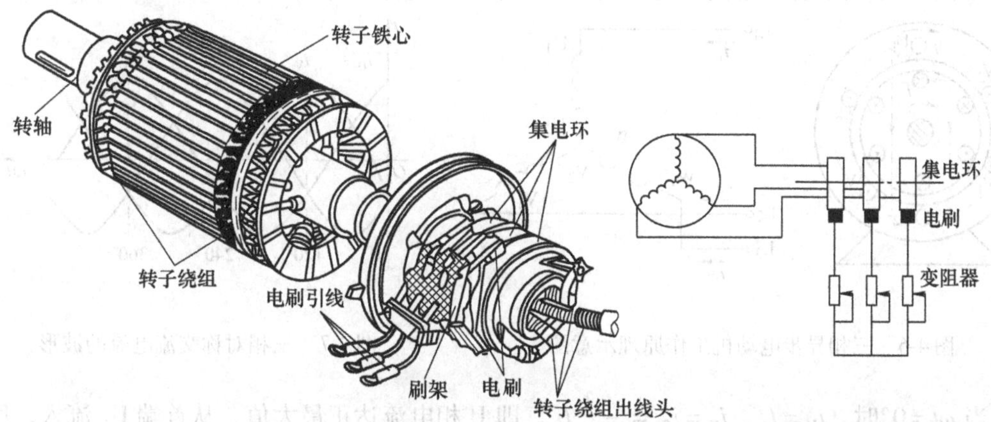

a) 外形　　b) 转子绕组与外加变阻器的连接

图 4-5　绕线式转子

两种转子绕组比较，笼型转子结构简单，造价低廉，运行可靠；绕线式转子结构复杂，造价高，但外接变阻器后，可以改善起动性能，并能在一定范围内调节转速。

3. 气隙

异步电动机的气隙是均匀气隙。气隙的大小对异步电动机的运行性能和参数影响较大。由于励磁电流是由电网供给，气隙越大，励磁电流也就越大，而励磁电流属于无功性质，因而会降低电动机的功率因数。为了提高功率因数，气隙要尽可能小。但从机械方面考虑，要便于装配及防止定子和转子运行时相擦，所以根据电动机的尺寸大小和转速，气隙往往有一定的最小数值，中、小型电动机的气隙一般为 0.2 ~2mm。

4.2　三相异步电动机的工作原理

4.2.1　三相异步电动机的旋转磁场

三相异步电动机之所以会旋转，实现能量转换，是因为气隙内有一个旋转磁场。下面来讨论旋转磁场的产生。

三相笼型异步电动机工作原理示意图如图 4-6 所示，U_1U_2、V_1V_2、W_1W_2 为三相定子绕组，它们在定子槽中的空间上相隔 120°，三相对称定子绕组接在三相对称电源 L_1、L_2、L_3 上，三相绕组中有三相对称电流 i_U、i_V、i_W。

设
$$i_U = \sin\omega t\,\mathrm{A}$$
$$i_V = \sin(\omega t - 120°)\,\mathrm{A}$$
$$i_W = \sin(\omega t - 240°)\,\mathrm{A}$$

为了分析方便，设 U 相电流达到正最大值时为计时起点，电流从绕组首端流入为正，末端流入为负，并且流入端用符号⊗表示，流出端用⊙表示。三相对称交流电流的波形如图 4-7所示。下面取各相电流出现最大值的几个瞬间进行分析。

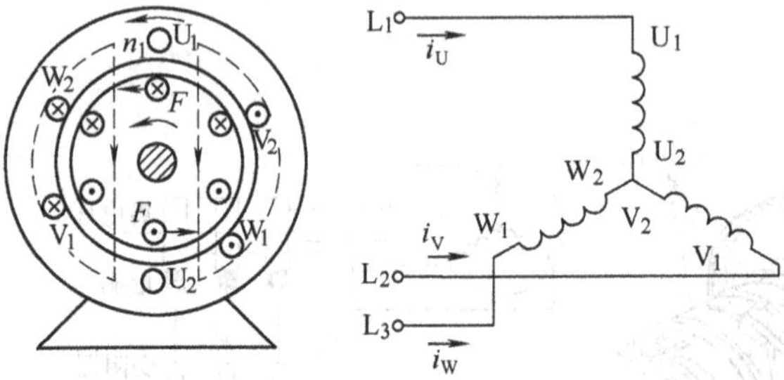

图 4-6　三相异步电动机工作原理示意图

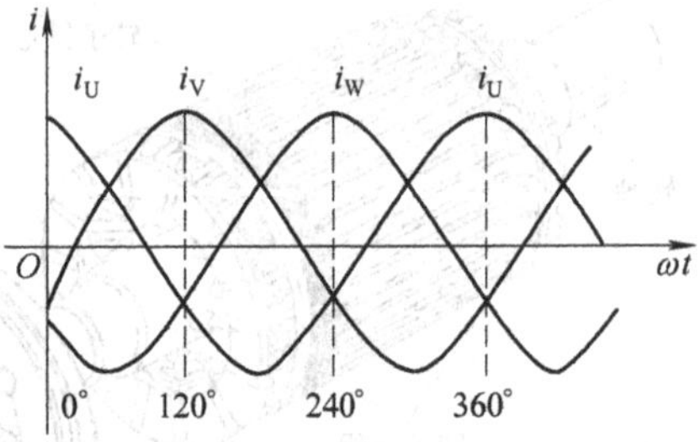

图 4-7　三相对称交流电流的波形

当 $\omega t = 0°$时，$i_U = I_m$，$i_V = i_W = -\dfrac{1}{2}I_m$，即 U 相电流达正最大值，从首端 U_1 流入，用⊗表示；从末端 U_2 流出，用⊙表示。V 相和 W 相电流均为负，从末端流入，V_2 端、W_2 端均用⊗表示；从首端流出，V_1 端、W_1 端均用⊙表示。根据右手定则，可以判定合成磁场的轴线正好与 U 相绕组的轴线重合，如图 4-8a 所示。

当 $\omega t = 120°$时，$i_V = I_m$，$i_U = i_W = -\dfrac{1}{2}I_m$。V 相电流为正的最大值，从 V_1 端流入，用⊗表示；从 V_2 端流出，用⊙表示。U 相和 W 相电流均为负，则 U_2、W_2 端用⊗表示，U_1、W_1 端用⊙表示。此时合成磁场的轴线正好转到与 V 相绕组的轴线重合位置，即合成磁场的方向已从 $\omega t = 0°$时位置，沿逆时针方向旋转了 120°，如图 4-8b 所示。

当 $\omega t = 240°$和 $\omega t = 360°$时，合成磁场轴线的位置如图 4-8c、d 所示。$\omega t = 360°$时，合成磁场的轴线又正好位于 U 相绕组的轴线上，即电流变化一个周期，合成磁场旋转一周。电流继续变化，磁场继续旋转。

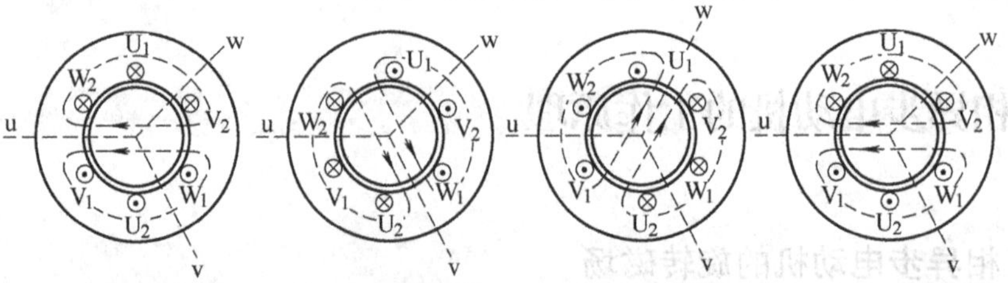

a) $\omega t = 0°$时　b) $\omega t = 120°$时　c) $\omega t = 240°$时　d) $\omega t = 360°$时

图 4-8　旋转磁场的产生

由此可见，对称三相交流电流通入对称三相绕组时，由于三相绕组在定子槽中的分布位置不同，即按 U—V—W 顺序相差一定机械角度依次排列，当绕组中通过的电流按此顺序出现正的最大值时，合成磁场的轴线沿空间发生旋转，从而形成旋转磁场。

4.2.2 三相异步电动机的转速

（1）电动机的旋转方向　电动机的旋转方向与旋转磁场的转向一致，旋转磁场的转向与三相电源接入定子绕组的相序有关。如果三相定子绕组连接三相对称电源时，把任两根接线端子对调位置，就会改变接入电流的相序，则旋转磁场反向，转子反转。如图 4-9 所示，把 V_1 端改为与电源端子 L_3 相连，W_1 与 L_2 相连，则三相绕组引入电流的相序变为 U—W—V，所以在 $\omega t=120°$时旋转磁场轴线顺时针转到了与 W 相绕组轴线重合位置，其他时刻分析方法相同。

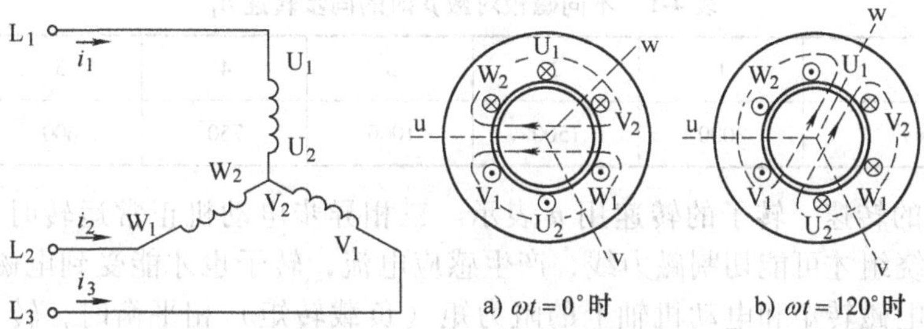

图 4-9　旋转磁场的反转

（2）旋转磁场的极数　三相异步电动机的极数就是旋转磁场的极数，它和三相绕组的安排有关。在图 4-8 中，每相绕组只有一个线圈，绕组的始端之间相差 120°空间机械角度，则产生的旋转磁场只有一对极，即 $p=1$；如果每相定子绕组有两个线圈串联，绕组始端之间相差 60°空间机械角度，则产生的旋转磁场有两对极，即 $p=2$。图 4-10 所示为两对磁极的旋转磁场，三相定子绕组 U_1U_2、V_1V_2、W_1W_2 分别由线圈 $U_1U'_1$ 与 U'_2U_2、$V_1V'_1$ 与 V'_2V_2、$W_1W'_1$ 与 W'_2W_2 串联而成。

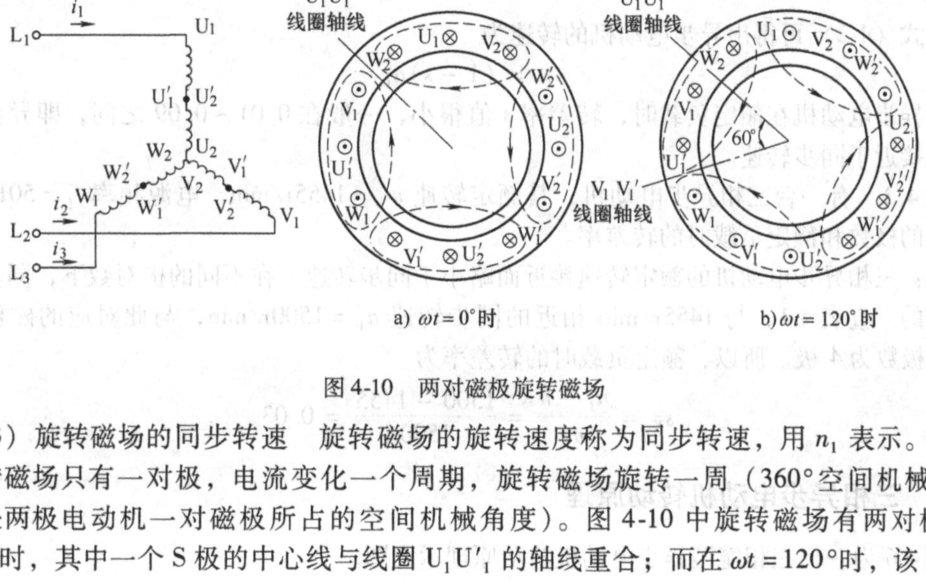

图 4-10　两对磁极旋转磁场

（3）旋转磁场的同步转速　旋转磁场的旋转速度称为同步转速，用 n_1 表示。图 4-8 中旋转磁场只有一对极，电流变化一个周期，旋转磁场旋转一周（360°空间机械角度，也就是两极电动机一对磁极所占的空间机械角度）。图 4-10 中旋转磁场有两对极，在 $\omega t=0°$时，其中一个 S 极的中心线与线圈 $U_1U'_1$ 的轴线重合；而在 $\omega t=120°$时，该 S 极的中心线转到了与线圈 $V_1V'_1$ 轴线重合的位置，即逆时针转过了60°空间机械角度。显然，当 $\omega t=360°$时。该S极只能转过180°空间机械角度（也就是4极电动机一对磁极所占的空间机械角度），只有经过两个电流周期，该S极才能转过360°空间机械角度（转一圈）。因此，如果定子三相对称绕组在定子槽中布置为 p 对磁极时，则旋转磁场转一圈（360°空间机械角度），需要经过 p 个电流周期时间。假设电流频率为 f_1，每分钟电流周期数为 $60f_1$，则旋转磁场的转速为

$$n_1=\frac{60f_1}{p} \tag{4-1}$$

n_1 为对应于 f_1 的旋转磁场同步转速（单位为r/min）。我国工频 $f_1=50\text{Hz}$，可计算出不同磁极对数 p 时的同步转速 n_1 的大小，见表4-1。

表4-1　不同磁极对数 p 时的同步转速 n_1

p	1	2	3	4	5	6
n_1/（r/min）	3000	1500	1000	750	600	500

（4）转子的转速　转子的转速用 n 表示。三相异步电动机正常运转时，转子比磁场转得慢，转子绕组才可能切割磁力线，产生感应电流，转子也才能受到电磁转矩的作用，带动负载。当电磁转矩和电动机轴上的阻力矩（负载转矩）相平衡时，转子保持匀速转动。

（5）转差率　同步转速与转子转速之差（n_1-n）与同步转速 n_1 的比值称为转差率，用 s 表示

$$s=\frac{n_1-n}{n_1} \tag{4-2}$$

转差率 s 是异步电动机的一个基本物理量，它反映异步电动机的各种运行情况。对异步电动机而言，当转子起动瞬间，$n=0$，$s=1$；当转子转速接近同步转速（空载运行）时，$n\approx n_1$，此时 $s\approx 0$。可见，作为异步电动机，转速在 $0\sim n_1$ 范围内变化，s 在 $1\sim 0$ 范围内变化。

由式（4-2）可得出异步电动机的转速为

$$n=(1-s)n_1 \tag{4-3}$$

通常，异步电动机在额定负载时，转差率 s 值很小，一般在0.01～0.09之间，即异步电动机转速接近于同步转速。

例4.1　有一台三相异步电动机，其额定转速 $n_N=1455\text{r/min}$，电源频率 $f_1=50\text{Hz}$，求电动机的极数和额定负载时的转差率。

解：三相异步电动机的额定转速接近而略小于同步转速。在不同的极对数下，同步转速是恒定的。查表4-1，与1455r/min相近的同步转速 $n_1=1500\text{r/min}$，与此对应的磁极对数 $p=2$，极数为4极。所以，额定负载时的转差率为

$$s_N=\frac{n_1-n}{n_1}=\frac{1500-1455}{1500}=0.03$$

4.2.3　三相异步电动机转动原理

图4-6为一台三相笼型异步电动机转动原理示意图。

三相异步电动机的定子绕组中通入对称三相交流电，在定子和转子之间的气隙中产生一个转速为 $n_1=\dfrac{60f_1}{p}$、转向与电流的相序一致的旋转磁场，切割转子导体，根据电磁感应原理，转子导体中产生感应电动势（用右手定则判断），转子导体是闭合的。在转子导体中形成电流，使转子导体成为载流导体，载流的导体又与旋转磁场相互作用产生电磁力（用左手定则判断），对转轴形成电磁转矩，推动转子以转速 n 顺着旋转磁场 n_1 方向转动起来。

异步电动机的转子沿着定子旋转磁场方向转动，但转子转速 n 总是略低于旋转磁场转速 n_1，因为只有这样，转子导体与旋转磁场之间才会有相对运动，才能切割磁力线，转子导体中才能产生感应电动势和感应电流，从而产生电磁力和电磁转矩，使转子按照旋转磁场的方向旋转，异步电动机工作的必要条件，$n \neq n_1$，并且，$n < n_1$，n 和 n_1 总存在一定的差异，异步电动机“异步”的名称由此而来。

4.2.4 概念自测题

一、填空题

1. 电动机是将__________能转换为__________能的设备。
2. 三相异步电动机主要有__________和__________两部分组成。
3. 三相异步电动机的转子有__________式和__________式两种形式。
4. 三相异步电动机旋转磁场的转速称为__________，它与电源频率和__________有关。
5. 三相异步电动机的转速取决于__________、__________和电源频率 f。

二、判断题

6. 异步电动机转子转速等于同步转速时，电动机所产生的电磁转矩最大。 （ ）
7. 当交流电的频率一定时，交流电动机的磁极对数越多，旋转磁场转速越低。 （ ）
8. 一般情况下，异步电动机定子绕组一旦接成三角形或星形就无法改变，将永远在这种接法状态下工作。 （ ）
9. 三相异步电动机负载不变而电源电压降低时，其转子转速将降低。 （ ）

三、选择题

10. 异步电动机旋转磁场的转向与（ ）有关。
  A. 电源频率　B. 转子转速　C. 电源相序
11. 当三相异步电动机的机械负载增加时，如定子端电压不变，其旋转磁场速度（ ）。
  A. 增加　B. 减少　C. 不变
12. 一台磁极对数为 3 的三相异步电动机，其转差率为 3%，则此时的转速为（ ）。
  A. 2910　B. 1455　C. 970

4.3 三相异步电动机的机械特性

异步电动机的机械功率主要表现在输出转矩和转速上，转速 n 或转差率 s 是异步电动机的基本量之一。转速 n 与电磁转矩 T_m 的关系，称为电动机的机械特性。电动机的机械特性分为固有机械特性和人为机械特性。所谓固有机械特性是指在额定电压和频率下，定子和转子电路不外接电阻或电抗时的机械特性。所谓人为机械特性是指人为地改变电源参数或电动机参数而得到的机械特性。

1. 固有机械特性

异步电动机的机械特性曲线 $n=f(T_m)$ 如图4-11所示。以最大转矩 T_{max} 为界，机械特性上半部分近似为直线，为稳定运行区；下半部分近似为双曲线，为不稳定区。最大转矩 T_{max} 又称为临界转矩，对应于 T_{max} 的转差率称为临界转差率，用 s_m 表示。

当电动机工作在稳定区上某一点时，如果负载转矩 T_L 增大或减小，电磁转矩 T_m 能自动增大或减小，直至转矩平衡而又在新的工作点（转速）上稳定运行；空载时，运行于同步转速点附近（$n\approx n_1$）。

当电动机工作点在不稳定区时，如果负载转矩 T_L 超过了电磁最大转矩 T_{max} 时，不仅转速下降，而且电磁转矩 T_m 反而变得更小，使电动机转速不断下降直至停转（堵转）。而在起动过程中，如果电磁转矩 T_m 大于负载转矩 T_L，则电动机转速越来越高，直至进入稳定区运行。

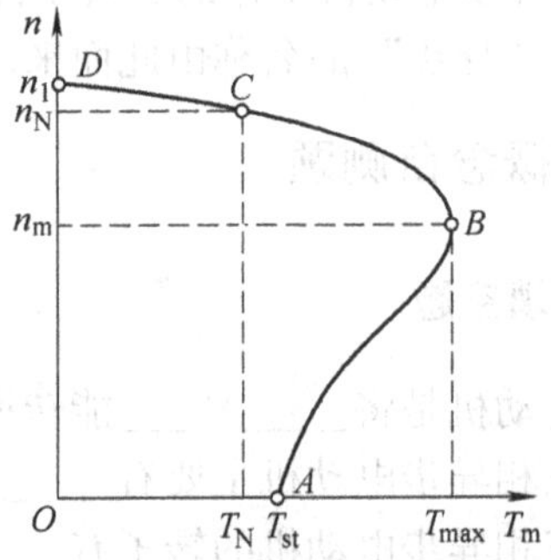

图4-11　三相异步电动机的固有机械特性曲线
A—起动点　B—最大转矩点　C—额定转速点
D—同步转速点

在异步电动机的机械特性曲线中，异步电动机的主要性能指标有额定转矩、最大转矩、起动转矩和最小转矩。

（1）额定转矩 T_N　它是指电动机在额定电压下，以额定转速运行，输出额定功率时，其轴上输出的转矩。因为机械转矩与机械角速度的乘积等于机械功率，即 $P_2=T_2\cdot\Omega$；$T_m=T_2+T_0$，T_0 为电动机空载时阻碍电动机旋转的转矩，称为空载转矩，其值较小，常常忽略；T_2 为电动机负载时转轴上输出的机械转矩；所以 $T_m\approx T_2$，则额定转矩为

$$T_N=\frac{P_N}{\Omega_N}=\frac{P_N\times10^3}{\dfrac{2\pi n_N}{60}}=9550\frac{P_N}{n_N} \tag{4-4}$$

式中，P_N 为额定功率，单位为kW；n_N 为额定转速，单位为r/min；T_N 的单位为N·m；Ω_N 为额定机械角速度，单位为rad/s。

异步电动机的额定工作点（C点）通常大约在机械特性稳定区的中部，如图4-11所示。负载时，一般工作在（0.7~1.0）P_N 范围内，这时效率和功率因数最高，运行费用也最经济。

（2）最大转矩 T_{max}　它是电动机在额定电压、额定频率下可能产生的最大稳态异步转矩。最大转矩的大小，表征电动机的过载能力。提高最大转矩，就提高了电动机承受冲击载荷的能力，但并不是允许长期过载运行，只是允许短时过载，而不致堵转。如果长期过载，会导致电动机长期过热，缩短使用寿命。如果负载转矩超过最大转矩，电动机转速很快降低，导致堵转，应立即切断电源，否则会使电动机过热，甚至烧毁。

在电动机的技术数据中，为了描述电动机允许的瞬间过载能力，通常用最大转矩与额定

转矩的比值 T_{max}/T_N 来表示，称为过载系数，即

$$\lambda_{max} = \frac{T_{max}}{T_N} \tag{4-5}$$

一般 Y 系列、Y2 系列三相异步电动机的过载系数为 1.8～2.3。

（3）起动转矩（又称堵转转矩）T_{st}　它是电动机在额定电压、额定频率下且转子堵住时所产生的转矩的最小测得值。如图 4-11 中的 A 点，这时 $n=0$，$s=1$，定子绕组中的电流最大，称为起动电流（又称堵转电流），一般 $I_{st}=(4.0\sim7.0)I_N$。

只有起动转矩大于负载转矩（$T_{st}>T_L$）时，电动机工作点会沿着机械特性曲线从 A 点向 B 点上升，到达 B 点时，电磁转矩达到 T_{max}。随着转速的进一步升高，电磁转矩 T_m 又逐渐减小，直到 $T_m=T_L$ 时，电动机在稳定区内以某一转速稳定运行。

在电动机的技术数据中，为了描述电动机的起动转矩常用起动转矩与额定转矩的比值 T_{st}/T_N 来表示，称为起动系数，即

$$\lambda_{st} = \frac{T_{st}}{T_N} \tag{4-6}$$

一般 Y 系列、Y2 系列 λ_{st} 值为 1.4～2.4，高转矩电动机可达到 3.0。可见一般三相笼型异步电动机起动转矩是不大的，而绕线式异步电动机由于转子可以通过集电环外接电阻器起动，起动转矩可达最大转矩值。

（4）最小转矩 T_{min}　它是电动机在额定电压、额定频率下，在零转速与对应于最大转矩的转速之间所产生的稳态异步转矩的最小值。笼型异步电动机的最小转矩主要与定、转子谐波磁场所产生的有害寄生转矩有关。若负载转矩大于最小转矩，则起动时将在低速下“爬行”而不能正常起动，从而烧毁电动机。

为了确保三相异步电动机正常起动，在电动机技术数据中，规定了最小起动转矩 T_{min}，通常用最小转矩与额定转矩的比值 T_{min}/T_N 来表示，称为最小转矩系数，即

$$\lambda_{min} = \frac{T_{min}}{T_N} \tag{4-7}$$

Y2 系列电动机的 λ_{min} 一般为 0.5～1.7，且功率越小，数值越大。

例 4.2　Y2-180L-6 型电动机的主要技术数据为 $P_N=15\text{kW}$、$I_N=30.7\text{A}$、$\eta_N=89.0\%$、$n_N=970\text{r/min}$、$\cos\varphi=0.81$，$I_{st}/I_N=7.0$，$T_{st}/T_N=2.0$，$T_{max}/T_N=2.1$。求该电动机的 s_N、T_N、I_{st}、T_{st} 及 T_{max}。

解：Y2-180L-6 型电动机的极数是 6 极，即 $p=3$

$$n_1 = \frac{60f_1}{p} = \frac{60\times50}{3}\text{r/min} = 1000\text{r/min}$$

$$s_N = \frac{n_1-n_N}{n_1} = \frac{1000-970}{1000} = 0.03$$

$$T_N = 9550\frac{P_N}{n_N} = 9550\times\frac{15}{970}\text{N}\cdot\text{m} = 147.68\text{N}\cdot\text{m}$$

$$I_{st} = 7.0I_N = 7.0\times30.7\text{A} = 214.9\text{A}$$

$$T_{st} = 2.0T_N = 2.0\times147.68\text{N}\cdot\text{m} = 295.36\text{N}\cdot\text{m}$$

$$T_{max} = 2.1T_N = 2.1\times147.68\text{N}\cdot\text{m} = 310.03\text{N}\cdot\text{m}$$

2. 人为机械特性

如果改变三相异步电动机的电源电压 U_1 和频率 f_1，还有极对数 p、每相定子绕组电路电阻 R_1 和电抗 X_1、转子绕组电路电阻 R_2 和电抗 X_2 等，其机械特性将发生变化。这里介绍两种常见的人为机械特性。

（1）降低定子电压时的人为机械特性　由《电机学》知识可知，三相异步电动机电磁转矩与加在定子绕组上的相电压 U_1 的平方成正比，而 s_m 与 U_1 无关，所以当定子电压 U_1 降低时，T_m、T_{max}、T_{st}都以 U_1^2 倍减小，而 s_m 不变，如图 4-12 所示。

降低电压后的机械特性变软，导致电动机的起动转矩倍数和过载能力显著下降。如果运行时电源电压降低（如网压下降）就会导致 n 下降，转差率 s 增大，转子电流和定子电流也增大，使电动机电流过载。如果长期欠电压过载运行，必然使电动机过热，使用寿命缩短。如果电压下降过多，可能出现最大转矩小于负载转矩，使电动机停转。

人为降低电压的机械特性适合于笼型异步电动机空载或轻载起动，这样可以大大地降低起动电流，减小电动机起动过电流冲击和电网电压波动。

（2）绕线式转子绕组串接电阻时的人为机械特性　由《电机学》知识可知，T_{max}与转子电阻无关，而 s_m 与转子电阻成正比，所以增大转子电路电阻，则临界转差率 s_m 成正比增加，而 T_{max}不变。转子电路串接对称电阻 R_s 时的人为机械特性如图 4-13 所示，转子中串接的电阻值 $R_{s3}>R_{s2}>R_{s1}$，则 $s_{m3}>s_{m2}>s_{m1}$而 T_{max}不随串入的 R_s 改变，T_{st}却随 R_s 增大而增大，并且在串入 R_{s3}时，起动转矩达到最大值。由此可见，绕线式转子异步电动机可以采用加大转子电路电阻的办法来增大起动转矩。另外，还可以减小起动电流，并提高转子功率因数。

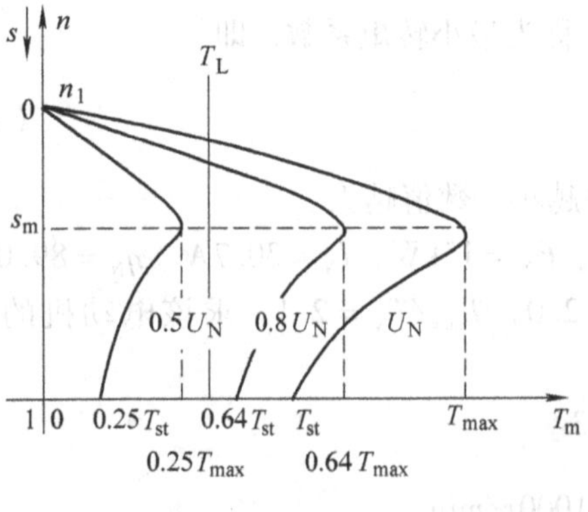

图 4-12　降低定子电压时的人为机械特性

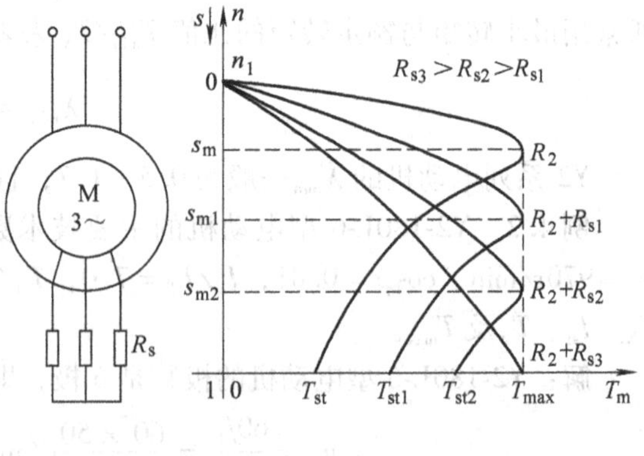

图 4-13　绕线式转子异步电动机转子电路串接对称电阻时的人为机械特性

4.4　三相异步电动机的铭牌数据

电动机按铭牌上所规定的额定值和工作条件运行称为额定运行。铭牌上的额定值及有关技术数据是正确选择、使用和检修电动机的重要依据。

1. 型号

Y 系列、Y2 系列（包括 Y2E 系列）国产三相异步电动机型号是按国际电工委员会 IEC 标准设计生产的，是以电动机机座中心高为依据编制型号的。型号由产品代号和规格代号两部分组成。产品代号表示电动机的类型，用大写汉语拼音字母表示；规格代号用中心高、机座长度、铁心长度、功率及极数等表示。

如某电动机型号为 Y2-200L2-2。

第一部分为产品代号：Y2 为第二次改进设计的异步电动机；还有，如 Y2E 为第二次改进提高效率设计的异步电动机；Y 为异步电动机；YR 为绕线式转子异步电动机；YZ 为笼型起重、冶金专用异步电动机；YZR 为绕线式转子起重、冶金专用异步电动机。

第二部分为规格代号：机座中心高为 200mm；机座长度代号为 L（长机座）、M（中机座）、S（短机座）；铁心长度为 2 号；磁极数为 2 极。

2. 额定值

额定值是制造厂对电动机在额定工作条件下运行所规定的量值。

（1）额定功率 P_N　指在额定状态下正常运行时，转子轴上输出的机械功率，单位为 W 或 kW。

（2）额定电压 U_N　指在额定状态下运行时，加在定子绕组上的线电压值，单位为 V 或 kV。如果铭牌上标有两个电压数据，如 220V/380V，表示电动机定子绕组在两种不同连接方式时的线电压。

（3）额定电流 I_N　指在额定状态下运行时，流入定子绕组的线电流，单位为 A 或 kA。如果铭牌上有两个电流数据，表示定子绕组在两种不同连接方式时的输入电流。

（4）额定频率 f_N　指输入交流电（即电网）的电压频率，我国规定标准电源频率为 50Hz。

（5）额定转速 n_N　指电动机在额定输出时，转子每分钟的转数。生产机械对转速的要求不同，需要生产不同磁极数的异步电动机，要有不同的转速等级。

（6）额定功率因素 $\cos\varphi_N$　指在额定状态下运行时，定子相电压与相电流之间相位差的余弦值。在额定负载时，约为 0.7～0.9，而在轻载和空载时更低，空载时只有 0.2 左右，因此，必须正确选择电动机容量，防止轻载，减少空载时间。

（7）额定效率 η_N　指电动机在额定工作状态下的效率。电动机的输入电功率不等于输出机械功率，两者的差值就是电动机本身的损耗（铁损、铜损、机械损耗和杂散损耗），两者的比值就是效率。

例 4.3　一台 Y2-200L2-2 型电动机，$P_N = 37\text{kW}$，$I_N = 66.6\text{A}$，$\cos\varphi_N = 0.90$，其拖动额定负载时的效率是多少？

解： $P_1 = \sqrt{3}U_N I_N \cos\varphi_N \times 10^{-3} = \sqrt{3} \times 380 \times 66.6 \times 0.9 \times 10^{-3}\text{kW} = 39.5\text{kW}$

$$\eta_N = \frac{P_N}{P_1} \times 100\% = \frac{37}{39.5} \times 100\% \approx 93\%$$

（8）绝缘等级　它是按电动机所用绝缘材料，所允许的最高工作温度或最高温升来分级的。不同等级的绝缘材料所允许的最高工作温度和最高允许温升值见表 4-2（我国规定环境温度为 40℃）。

表 4-2　绝缘材料的耐热等级

耐热等级	Y	A	E	B	F	H	C
允许最高工作温度 /℃	90	105	120	130	155	180	>180
允许最高温升/℃	50	65	80	90	115	140	>140

在规定的温度以内，绝缘材料能保证电动机在一定期限内（一般为 15 ~ 20 年）可靠地工作，如果超过允许的最高工作温度，电动机的寿命将大大缩短。

3. 工作制和定额

工作制是电动机所承受的一系列负载状况的说明，分别用 $S_1 \sim S_{10}$ 表示。基本工作制有连续、短时和断续周期性三种类型。

S_1 表示连续工作制，是指电动机保持在恒定负载下运行至热稳定状态。其工作时间 $t_w >(3 \sim 4)T$（T 为电动机发热时间常数），经过几小时或几十小时，其温升达到稳定值。

S_2 表示短时工作制，是指电动机在恒定负载下运行较短的时间 t_w，$t_w <(3 \sim 4)T$，电动机的温升在工作时间 t_w 内达不到稳定值，随之停机和断能，其停机时间 t_0 很长，足以使电动机再度冷却到与冷却介质温度之差在 2℃以内。我国规定的短时工作制标准工作时间有 10min、30min、60min 和 90min 四种。

S_3 表示断续周期工作制，是指电动机在恒定负载下按一系列相同的工作周期运行，在每一周期（$t_w = t + t_0 \leqslant 10\text{min}$）内工作时，温升达不到稳定值，停机时温升也降不到零，这种工作制也称为重复短时工作制。工作时间 t 与工作周期 t_w 的比值称为负载持续率。我国规定的标准负载持续率有 15%、25%、40% 和 60% 四种。

定额指一组额定值和运行条件。按一般用途制造的电动机（如 Y 系列和 Y2 系列）应具有连续工作制定额，并能以 S_1 工作制运行；特殊专用系列如 YZ 系列以 S_3 工作制运行，YZR 系列以 S_4 工作制（包括起动的断续周期工作制）运行。

4. 防护等级

电动机外壳防护等级的标志是以字母“IP”和其后面的两位数字表示的。“IP”为国际防护的缩写：第一位数字代表第一种防护形式（防尘）的等级，共分 0 ~ 6 七个等级；第二个数字代表第二种防护形式（防水）的等级，共分 0 ~ 8 九个等级。数字越大，表示防护能力越强。Y 系列、Y2 系列防护等级有 IP23、IP44、IP54 和 IP55 等几种。例如 IP54 表示能防尘防溅水，IP23 表示能防护直径大于 12mm 的固体物进入及防淋水。

5. 接线

三相异步电动机定子绕组六根引出线头的连接方式有两种，即星形联结和三角形联结。接线时必须注意电动机电压、电流和连接方式三者之间的关系，如铭牌中标有电压 220V/380V、电流 14.7A/8.49A 以及连接方式为△/Y，这说明采用什么接线方式要依电源线电压来定。当电源电压为 220V 时，应该接成△联结；当电源电压为 380V 时，应该接成Y联结。在这两种方式下，实际上每相绕组只承受 220V 电压。三相异步电动机的接线方式如图 4-14 所示。

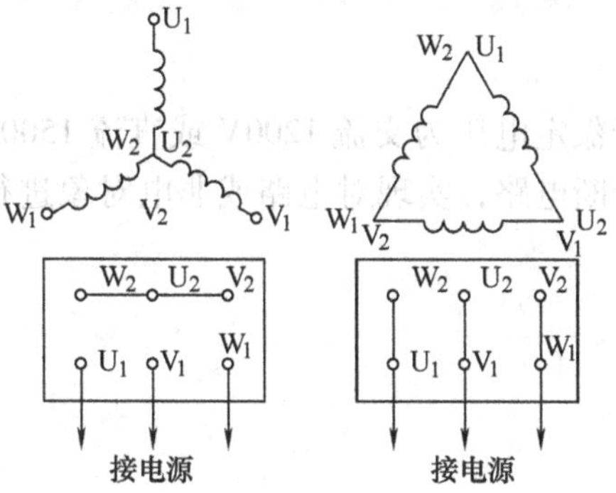

图 4-14 定子绕组的星形联结和三角形联结

4.4.1 概念自测题

一、填空题

1. 电动机的额定转矩应__________最大转矩。
2. 三相异步电动机机械负载加重时，其定子电流将__________。
3. 电动机铭牌上所标额定电压是指电动机绕组的__________。

二、判断题

4. 三相异步电动机在机械特性曲线的稳定区运行时，若负载加大，则转子转速有所下降。（　　）
5. 降低电源电压后，三相异步电动机的起动转矩将降低。（　　）
6. 当三相异步电动机的机械负载增加时，如定子端电压不变，其定子电流不变。（　　）
7. 三相异步电动机的额定功率是指电动机输出的机械功率。（　　）

三、选择题

8. 当电源电压恒定时，异步电动机在满载和轻载下的起动转矩是（　　）。
   A. 完全相同的　B. 完全不同的　C. 基本相同的
9. 笼型异步电动机空载起动与满载起动相比：起动转矩（　　）。
   A. 大　B. 小　C. 不变
10. 三相异步电动机起动转矩不大的主要原因是（　　）。
    A. 起动时电压低　B. 起动时电流不大
    C. 起动时磁通少　D. 起动时功率因数低
11. 一台三相异步电动机，其铭牌上标明额定电压为 220/380V，其接法应是（　　）。
    A. Y/△　B. △/Y　C. △/△　D. Y/Y

4.5 常用低压电器

低压电器通常是指用于额定电压为交流1200V或直流1500V及以下电路中的电器。它用于自动或手动地接通或分断电路，实现对电路或非电对象进行切换、控制、保护、检测、变换和调节等作用。

4.5.1 低压开关

1. 刀开关和隔离器

刀开关是手动电器中结构最简单的一种，广泛用于各种配电设备和供电线路，可作为非频繁地接通和分断容量不太大的低压供电线路之用。当能满足隔离功能要求时，刀开关也可用来隔离电源。刀形转换开关则用于转换电路，从一组连接转换至另一组连接。

隔离器是在电源切除后，将线路与电源明显可见地分开，并保持有效的隔离距离（又称电气间隙），以保障检修人员安全。把兼有开关作用的隔离器称为隔离开关。

图4-15a所示为平板式手柄操作单极刀开关的结构，按极数不同刀开关可分为单极（单刀）、双极（双刀）和三极（三刀）三种，图4-15b所示为它们作隔离器使用时在电路图中的符号。

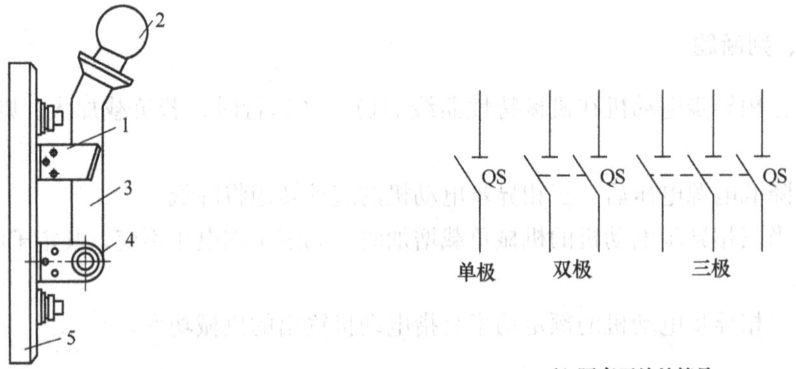

a) 平板式手柄操作单极刀开关的结构　　b) 隔离开关的符号

图4-15　刀开关和隔离开关

1—静插座　2—手柄　3—触刀　4—铰链支座　5—绝缘底板

2. 组合开关

组合开关又称转换开关。它由装在同一根轴上的单个或多个单极旋转开关叠装在一起组成。当手柄每转过一定角度，就带动与转轴固定的动触头分别与对应的静触头接通或断开。图4-16所示为常用的HZ10系列三极组合开关，它有三对静触头，每个静触头的一端固定在绝缘板上，另一端伸出盒外和接线柱相连，三个动触头套装在有手柄的绝缘轴上，转动手柄就可将三对动静触头同时接通或断开。

组合开关一般用于照明、电热器，其额定电流应等于或大于被控制电路中各负载电流的总和；也可用于小容量电动机的非频繁控制，其额定电流一般取电动机额定电流的 1.5 ~ 2.5 倍。组合开关不能用来分断故障电流。当用于电动机作可逆运转时，必须在电动机完全停止后，才允许反向接通。

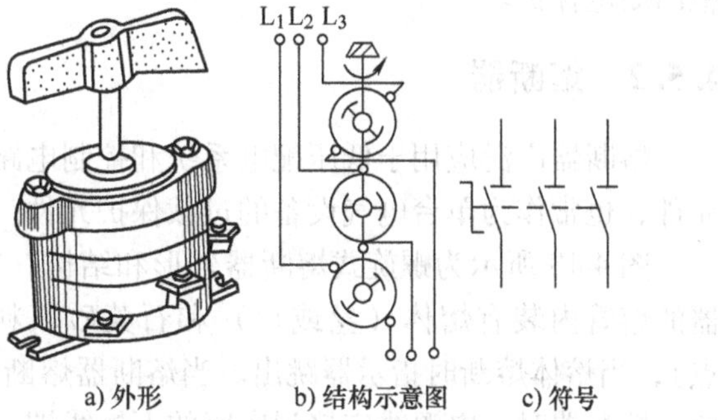

图 4-16　常用的 HZ10 系列三极组合开关

3. 低压断路器

低压断路器俗称自动空气开关。在正常情况下用于配电电路、电动机和其他用电设备的通断操作。当电路内出现过载、短路或欠电压等情况时，自动分断电路。

断路器的种类很多，但基本结构和工作原理相似。断路器主要由触头系统、操作机构、各种脱扣器和灭弧装置等部分组成。触头系统通过自由脱扣机构与操作机构相连，既可以受操作机构的驱动实现分闸（断开）和合闸（闭合），又可以受各种脱扣器的控制在发生故障时跳闸以及防止不正常情况下误合闸。只有自由脱扣机构扣上时，触头系统才能动作。当脱扣器动作时，它使自由脱扣机构脱扣，则触头自动断开。低压断路器的工作原理图及符号如图 4-17 所示。

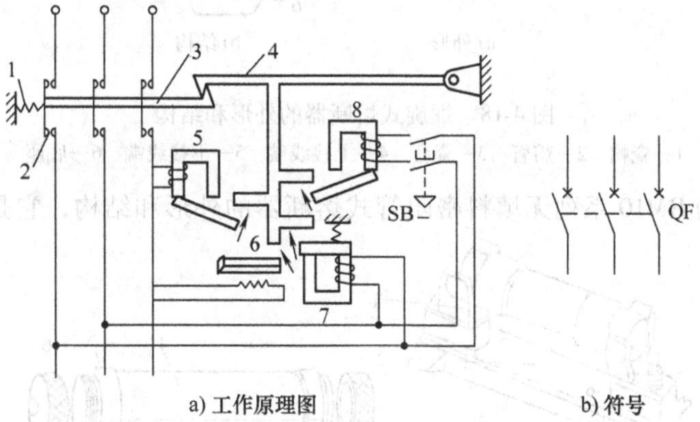

图 4-17　低压断路器的工作原理图及符号

1—分闸弹簧　2—主触头　3—传动件　4—锁扣　5—瞬动过电流脱扣器

6—热脱扣器（反时限过电流脱扣器）　7—欠电压（失电压）脱扣器　8—分励脱扣器

常用的脱扣器有过电流脱扣器、欠电压脱扣器和分励脱扣器等。各种脱扣器的作用原理如图 4-17a 所示。当脱扣器推动杠杆动作，顶开锁扣时，触头在分闸弹簧的作用下分闸。反时限过电流脱扣器一般由发热元件和双金属片组成，又称为热脱扣器，用于过载保护。瞬动过电流脱扣器又称电磁脱扣器，用于短路保护。欠电压（失电压）脱扣器也是电磁机构，用于欠电压保护（当电源电压下降到脱扣器额定电压的 35% ~70% 或为零时动作）。分励脱扣器常用于接受操作人员的指令或继电保护信号使断路器分闸，如用于漏电保护和配电柜开柜门断电保护。

4.5.2 熔断器

熔断器广泛应用于低压配电系统和控制电路中，与被保护电路串联，主要用作短路保护元件，也常作为单台电气设备的过载保护元件。

图4-18所示为螺旋式熔断器外形和结构，常用的有RL5、RL6和RL8系列。这种熔断器的熔管内装有熔体（丝或片）和石英砂填料。熔管上盖中有一熔断指示器（其上有色点），当熔体熔断时指示器跳出。当熔断器熔断后，只需旋开瓷帽，更换熔管即可。使用螺旋式熔断器时，电源线应接到底座的下接线端，而用电设备的连接线应接到金属螺旋壳的上接线端，这样更换熔管时金属螺旋壳上不会带电，保证用电安全。

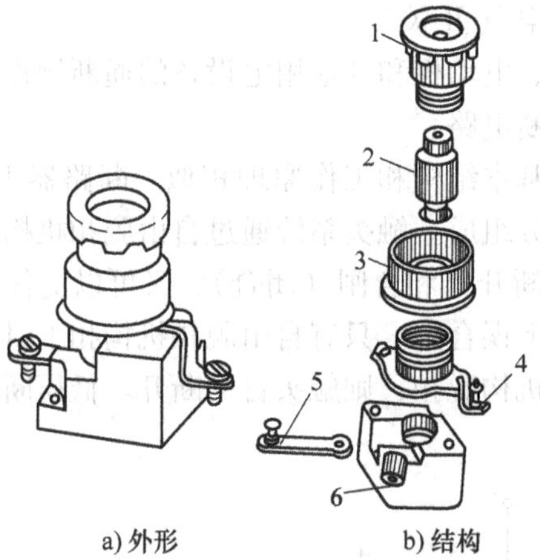

图4-18　螺旋式熔断器的外形和结构

1—瓷帽　2—熔管　3—瓷套　4—上接线端　5—下接线端　6—底座

图4-19所示为RM10系列无填料密闭管式熔断器的外形和结构，它是一种可拆卸的熔

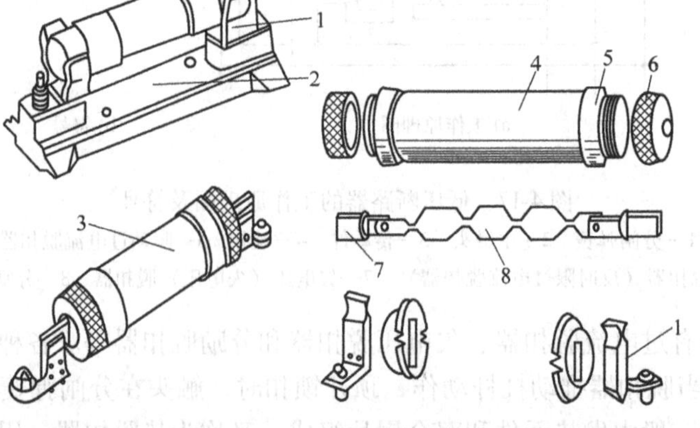

图4-19　RM10系列无填料密闭管式熔断器的外形和结构

1—夹座　2—底座　3—熔管　4—钢纸管　5—黄铜管　6—黄铜帽　7—触刀　8—熔体

断器，熔体熔断后，更换新熔体即可。当熔体熔断时，管内产生高压气，加速灭弧，具有分断能力大、保护特性好和运行安全可靠等优点，常用于频繁发生过载和短路故障的场合。

图 4-20 所示为常用的 RCIA 系列插入式熔断器的结构及熔断器通用符号，广泛用于照明及小容量电动机短路保护。

熔体额定电流是指熔体在长期工作时不会熔断的电流，应根据负载情况及负载电流的大小来选择。

对于照明电路和电热设备等电阻性负载，因负载电流较稳定，熔断器可用作过载保护和短路保护，熔体额定电流（I_{rN}）应等于或稍大于负载的额定电流（I_{fN}），即$I_{rN}=1.1I_{fN}$。

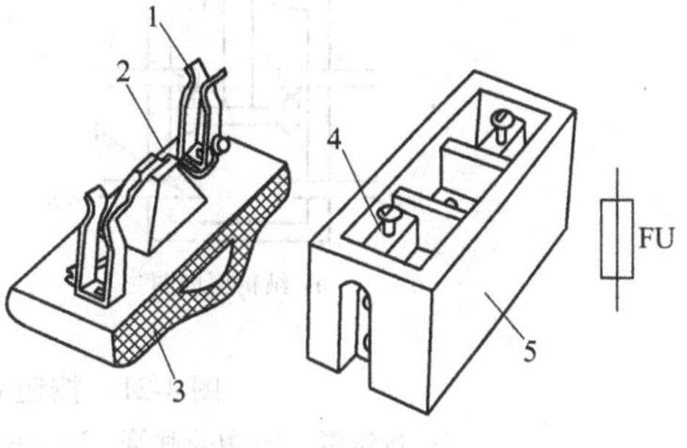

a) 结构　　b) 熔断器通用符号

图 4-20　RCIA 系列插入式熔断器的结构及熔断器通用符号

1—动触头　2—熔丝　3—瓷盖　4—静触头　5—瓷座

对于保护电动机的熔断器只宜作短路保护，而过载保护宜采用热继电器。考虑到电动机起动时，熔体不能熔断，即 $I_{rN}\geqslant(1.5\sim2.5)\ I_{fN}$，轻载起动或起动时间较短时，系数可取 1.5 左右；带重载起动，起动时间较长或起动较频繁时，系数可取 2.5 左右。

对于保护多台电动机的熔断器，考虑在出现尖峰电流时，不熔断熔体，熔体的额定电流应等于或大于最大一台电动机的额定电流的 1.5 ~ 2.5 倍，加上同时使用的其余电动机的额定电流之和，即

$$I_{rN}\geqslant(1.5\sim2.5)I_{fN\max}+\Sigma I_{fN}$$

熔断器具有反时限特性，即过载电流越大，熔断时间越短，虽然电动机起动电流可能高达额定电流的 7 倍，短时间内熔体也不会熔断，但发生短路时，熔体立即熔断。

4.5.3　主令电器

主令电器是在电气自动控制系统中用于发送或转换控制指令的电器。

1. 按钮

按钮又称按钮开关或控制按钮，一般用于电路中发出起动或停止指令，也可用于信号装置的控制。按钮的结构原理图及符号如图 4-21 所示。

当用手按下按钮帽时，动断（常闭）触头断开，动合（常开）触头接通；当手松开后，复位弹簧便将按钮的触头恢复原位。

2. 行程开关

行程开关主要用于机床、自动生产线、起重机械及其他生产机械的程序控制和限位控制。其控制原理与按钮相似，只不过不是用手来按动，而是利用机械部件上的撞块来碰撞行程开关的推杆使触头动作。行程开关用作限位防护时又称为限位开关。行程开关的种类很多，主要区别在于传动操作方式和传动头形状不同。日常用的行程开关有 JLXK1 和 LX19 等系列。图 4-22 所示为 JLXK1-111 型单轮旋转式行程开关的外形和结构及行程开关通用符号。

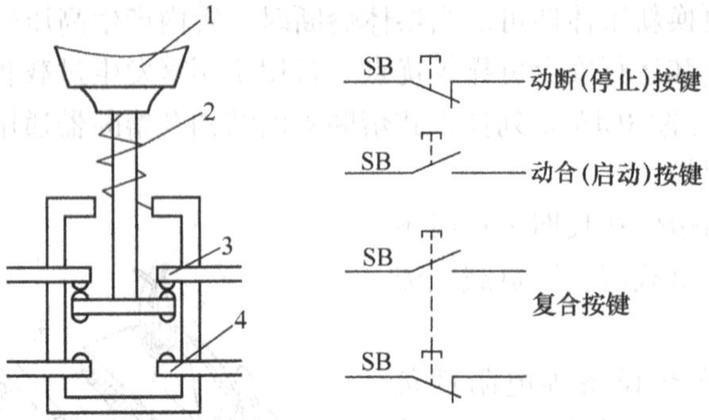

a) 结构原理图　　　　b) 符号

图 4-21　按钮的结构原理图及符号

1—按钮帽　2—复位弹簧　3—动断（常闭）触头　4—动合（常开）触头

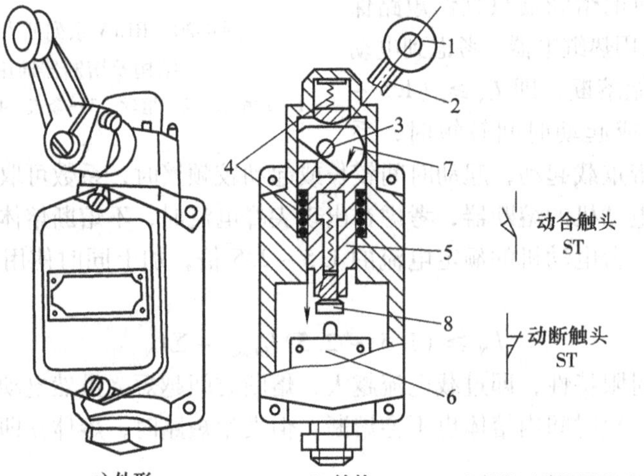

a) 外形　　　　b) 结构　　　　c) 行程开关通用符号

图 4-22　JLXK1-111 型单轮旋转式行程开关的外形和结构及行程开关的通用符号

1—滚轮　2—杠杆　3—转轴　4—复位弹簧　5—撞块　6—微动开关　7—凸轮　8—调节螺钉

当运动机械的挡铁撞到行程开关的滚轮上时，行程开关的杠杆连同转轴一起转动，使凸轮推动撞块，当撞块被压到一定位置时，便推动微动开关快速动作，使其动断（常闭）触头断开，动合（常开）触头闭合；当滚轮上的挡铁移开后，复位弹簧使行程开关的各部件恢复到原始位置。

4.5.4　接触器

接触器是一种用于远距离频繁接通和分断交、直流主电路和大容量控制电路的自动电器，还具有欠电压释放保护功能。接触器能通断负载电流，但不能切断短路电流，常与熔断器和热继电器配合使用。接触器类型很多，这里仅介绍用于控制三相异步电动机的三相交流电磁接触器，图 4-23 所示为交流接触器的外形、结构及符号。

接触器由电磁系统和触头系统组成。电磁系统主要由动、静铁心、吸引线圈和反力弹簧

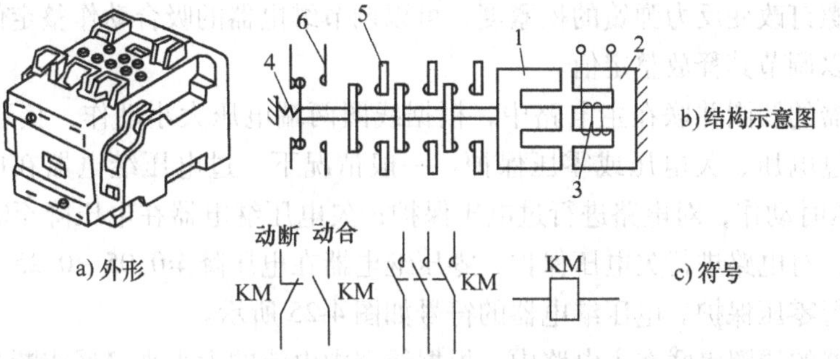

图 4-23 交流接触器的外形、结构及符号

1—动铁心 2—静铁心 3—吸引线圈 4—反力弹簧 5—主触头（动合） 6—辅助触头（动合和动断）

等组成。当吸引线圈通过控制电路接通控制电源时，线圈得电，动、静铁心被磁化，并产生相互电磁吸力，这样动铁心在电磁吸力作用下，克服反力弹簧的反力与静铁心吸合，驱动主触头闭合，同时也驱动辅助触头转换（动合辅助触头闭合，动断辅助触头断开）；当线圈断电或者因欠电压导致电流过小时，电磁吸力消失或减小，在反力弹簧的作用下，动铁心打开，驱动主触头断开，并使辅助触头转换动作恢复到原来状态（动合辅助触头断开，动断辅助触头闭合）。

4.5.5 继电器

继电器是一种根据电量（电压、电流等）或非电量（热、时间、转速和压力等）的变化闭合或断开控制电路，起控制、检测、保护和调节作用的电器。当继电器感测机构感测到的电量或非电量达到整定值（过量或欠量）时，继电器触头动作，从而闭合或断开电路。

1. 电磁式电压、电流和中间继电器

电磁式继电器的结构类型、动作原理和电磁接触器相似。

图 4-24 所示为电磁式继电器的典型结构图，其电磁系统为拍合式直流电磁铁。静铁心采用整根棒状圆钢，将其弯成 U 形，动铁心为板状，绕静铁心的棱角转动。为了防止线圈断电时发生剩磁粘住动铁心不放的现象，在衔铁下表面工作气隙处装有非磁性垫片（一般为 0.1 ~0.5mm 厚的铜片）。

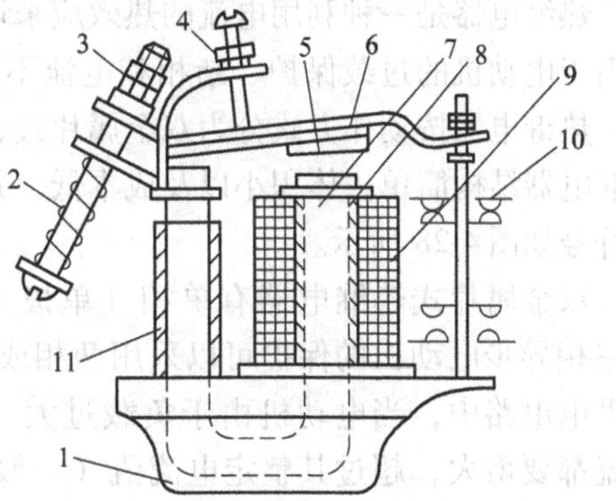

图 4-24 电磁式继电器的典型结构图

1—底座 2—反力弹簧 3、4—调节螺钉 5—非磁性垫片 6—动铁心 7—静铁心 8—极靴 9—电磁线圈 10—触头系统 11—铜套

在电磁式继电器中装设不同的线圈后，可分别制成电流继电器、电压继电器和中间继电器。线圈分为交流线圈和直流线圈两种。直流继电器加装阻尼套（铜套）可以构成电磁式时间继电器。不过，在电流、电压和中间继电器中不装铜套。

通过调节螺钉改变反力弹簧的松紧度，可以调节继电器的吸合动作整定值；改变非磁性垫片的厚度可以调节其释放整定值。

电压继电器的线圈并联在主电路中，根据线圈两端电压大小动作，接通或断开有关电路，通常用作过电压、欠电压或零压保护。一般情况下，过电压继电器在电压升至1.1～1.2倍额定电压时动作，对电路进行过电压保护；欠电压继电器在电压降至0.4～0.7倍额定电压时的动作，对电路进行欠电压保护；零压继电器在电压降至0.05～0.25倍额定电压时动作，对电路进行零压保护。电压继电器的符号如图4-25所示。

电流继电器的线圈串联在主电路中，根据线圈中电流的大小来接通或断开电路。过电流继电器在被保护电路发生短路或严重过载时动铁心执行吸合动作，对电路进行过电流保护；欠电流继电器在电路电流过低时动铁心释放，对电路进行欠电流保护。电流继电器的符号如图4-26所示。

中间继电器是用来转换控制信号的中间元件，可以将一个输入信号（线圈得电或失电）变成多个输出信号（多对触头开、闭），还可以将信号放大（即增大触头容量）。中间继电器符号如图4-27所示。

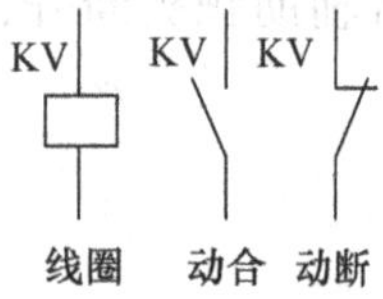

图4-25　电压继电器符号

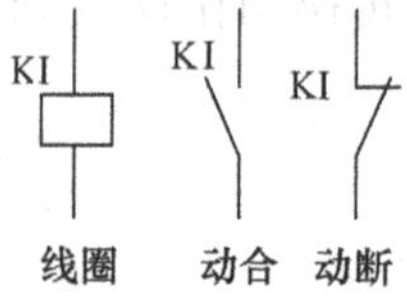

图4-26　电流继电器符号

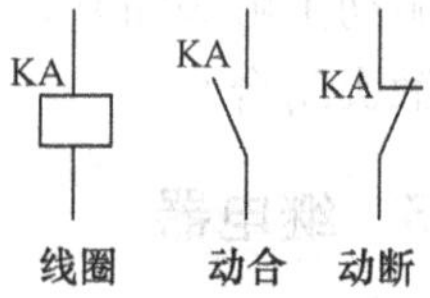

图4-27　中间继电器符号

2. 热继电器

热继电器是一种利用电流的热效应来切断电路的保护电器，常与接触器配合使用。它主要用于电动机的过载保护、断相和电流不平衡运行的保护以及其他电气设备发热状态的控制。热继电器按动作方式分为双金属片式、热敏电阻式和易熔合金式三种。其中双金属片式热继电器结构简单、体积小以及成本低，并有良好的反时限特性，应用广泛，其结构原理图和符号如图4-28所示。

双金属片式热继电器有单相（单极）、两相（双极）和三相（三极）三种形式。对于三相异步电动机的保护可以采用两相或者三相形式，把加热元件4串联在电动机定子绕组供电电路中，当电动机由于负载过大、电压过低或者发生一相断路故障时，电动机的电流都要增大，超过其整定电流值（一般为电动机的额定电流值），这时发热元件发热过量使双金属片5受热膨胀。因双金属片左边的一片膨胀系数大，所以双金属片的下端向右弯曲，通过导板6推动温度补偿双金属片7，使推杆10绕轴转动，推杆又使杠杆15绕转轴14转动，于是动断动触头17与动断静触头16断开。由于动断触头16、17串联在接触器线圈电路中，所以接触器线圈断电，主触头分断，从而切断电动机电源，达到过载保护的目的。

热继电器动作后，应检查并消除电动机过载的原因，待双金属片冷却并复位后才能重新起动电动机。热继电器动作后的复位有两种方式：一种是按压复位按钮3手动复位，这时杠

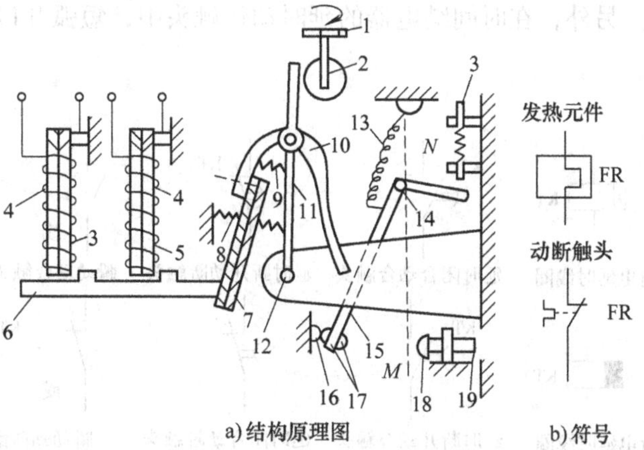

a) 结构原理图　　b) 符号

图 4-28　双金属片热继电器的结构原理图和符号

1—调节旋钮　2—偏心轮　3—复位按钮　4—加热元件　5—双金属片　6—导板
7—温度补偿双金属片　8、9、13—弹簧　10—推杆　11—支撑杆　12—支点
14—转轴　15—杠杆　16—动断静触头　17—动断动触头
18—动合静触头　19—复位调节螺钉

杆向左转过 NM 轴线后，在弹簧 13 的拉力作用下，使动断动触头与动断静触头重新闭合；另一种是调整复位调节螺钉 19，使它向左超过 NM 轴线，当双金属片冷却复原后，在弹簧 9 的作用下，温度补偿双金属片连同推杆复原，杠杆在弹簧 13 的作用下，动断动触头与动断静触头重新闭合，实现自动复位。

热继电器的主要技术数据是整定电流，指长期通过发热元件而不动作的最大电流。热继电器的整定电流应等于电动机的额定电流。电流超过整定电流的数值越大，则发生动作的时间越短。调节旋钮 1 上刻有整定电流值的标尺，旋动旋钮时，偏心轮 2 压迫支撑杆 11 绕支点 12 左右移动。支撑杆向左移动时，推杆与杠杆的间隙增大，其动作电流就增大；反之，动作电流就减小。

由于热惯性，发热元件短时间内通过起动电流甚至是短路电流，热继电器也不会动作。其好处是既可以保证电动机正常起动，又可以保证电动机电流只要超过整定值，时间稍长就会保护动作，不致使电动机长期过载运行。由于热继电器对短路电流没有保护作用，必须采用熔断器或电流继电器来进行短路保护。

3. 时间继电器

时间继电器是指从得到输入信号（通电或断电）开始，经过一定的延时后才输出信号（触头的闭合或断开）的继电器。它被广泛应用于电动机的起、停控制和各种自动控制系统。时间继电器种类很多，按动作原理分类主要有电磁式、同步电动机式（又称电动机式或电动式）、空气阻尼式（又称气囊式）和晶体管式（又称电子式）等，这些继电器的延时方式都有通电延时和断电延时两种类型。

时间继电器的图形符号如图 4-29 所示。注意触头的表示方法遵循一个原则：“上开下闭，左开右闭”，即动合（常开）触头的动触头画在上方或左侧，动断（常闭）触头的动触头画在下方或右侧。另外，在时间继电器的延时动作触头中，短弧开口方向是动触头延时动作的指向。

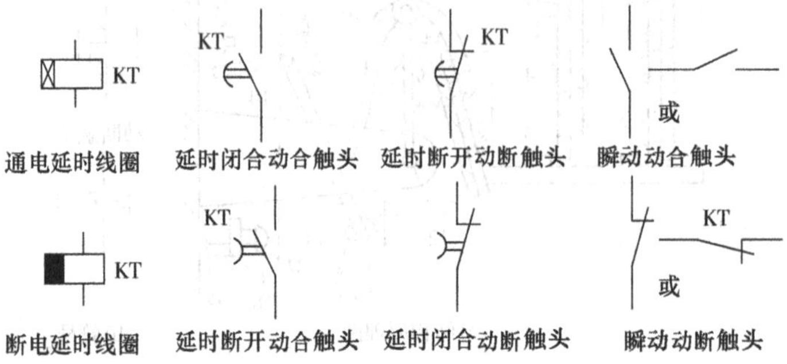

图 4-29　时间继电器的图形符号

4.5.6　概念自测题

一、填空题

1. 常用的低压电器有______、______、______、______、______等几种。
2. 常用的低压电器是指工作电压在交流______V 以下、直流______V 以下的电器。
3. 时间继电器是一种触头____________________的控制电器。
4. 按钮常用于控制电路，______色表示起动，______色表示停止。

二、判断题

5. 闸刀开关只用于手动控制容量较小、启动不频繁的电动机的直接启动。（　　）
6. 接触器是一种适合用于远距离频繁接通和分断交直流主电路的自动控制电器。（　　）
7. 位置开关又称限位开关或行程开关，作用与按钮开关不同。（　　）
8. 热继电器利用电流的热效应原理来切断电路以保护电动机。（　　）

三、选择题

9. 下列电器中，不属于保护电器的是（　　）。
   A. 热继电器　　B. 按钮　　C. 熔断器　　D. 行程开关
10. 热继电器在三相异步电动机电路中的作用是（　　）。
   A. 欠电压保护　B. 过载保护　C. 短路保护　D. 失电压保护
11. 接触器的结构及特点是（　　）。
   A. 触头系统中，主触头的额定电流大，辅助触头的额定电流小
   B. 触头系统中，主触头的额定电流小，辅助触头的额定电流大
   C. 主触头与辅助触头的额定电流值相同
   D. 辅助触头的额定电流稍大于主触头的额定电流

4.6 实际应用举例

4.6.1 三相异步电动机直接起动控制电路

1. 起、停及自锁控制

三相异步电动机单方向起动、停止是最基本的控制电路，如图 4-30 所示。

主电路刀开关 QS 起隔离作用；熔断器 FU1 和 FU2 分别对主电路和控制电路起短路保护作用；热继电器 FR 对电动机起过载保护作用；接触器 KM 的主触头控制电动机起动、运行和停止；控制电路中 SB2 为起动按钮，SB1 为停止按钮。

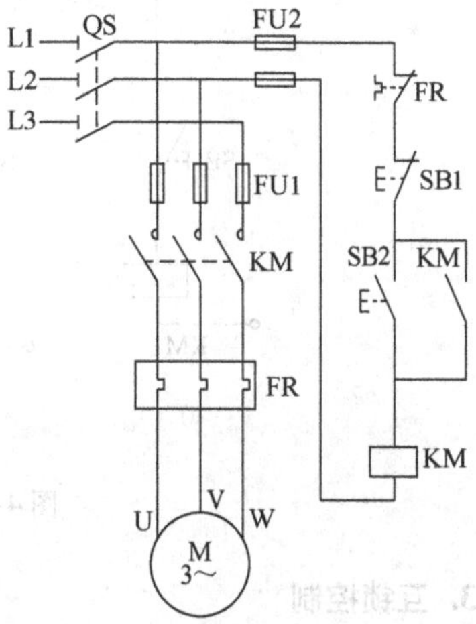

图 4-30 三相异步电动机单向起动、停止控制电路

起动时，合上刀开关 QS 引入三相电源。按下起动按钮 SB2，KM 线圈通电，衔铁吸合，KM 主触头闭合，电动机接通电源起动。同时，与 SB2 并联的 KM 动合（常开）辅助触头也闭合，使接触器线圈经两条电路供电，这样起动按钮 SB2 松开后线圈能保持通电，于是电动机便可连续运行。这种依靠接触器自身的动合辅助触头而使其线圈保持通电的现象，称为自锁或自保持。起自锁作用的辅助触头称为自锁触头。

停机时，按下停止按钮 SB1，这时接触器 KM 线圈断电，衔铁释放，主触头和自锁触头均恢复到断开状态，电动机脱离电源而停止运转。当手松开 SB1 后，SB1 在复位弹簧作用下恢复闭合状态，但此时 KM 线圈的两条并联供电线路均已断开，线圈无法得电。只有再按下起动按钮 SB2 时才能重新起动。

在运行过程中，电动机出现长期过载时，热继电器 FR 动作，其动断（常闭）触头断开，切断 KM 线圈电路，电动机停止运转，实现过载保护。

自锁控制不仅起到使接触器吸引线圈持续通电的作用，还可以实现对电动机的欠电压和失电压保护。当电网电压消失（如停电）后又重新恢复供电时，电动机不能自行起动。因此它可防止在电源电压恢复时，电动机突然起动而造成设备损坏或人身事故，这就实现了失电压保护。另外，当电网电压较低，达到释放电压值时，接触器 KM 的衔铁释放，其主触头断开，电动机停止运行，实现了欠电压保护。在控制电路中，继电器也常采用自锁控制。

2. 点动与连续运行联锁控制

有些生产机械由于工艺的需要，既要能进行连续运行控制，又要能进行点动控制。两种控制方式的区别就在于是否接入自锁触头。

图 4-31a 是点动控制电路。当按下点动按钮 SB 不放时，接触器 KM 线圈得电，其主触头

闭合，电动机开始工作；松开点动按钮，KM 线圈失电，其主触头断开，电动机停止工作。

图 4-31b 是点动与连续运行联锁控制电路。点动按钮 SB3 的动断（常闭）触头和 KM 自锁触头串联，当按下点动按钮 SB3 时，其动断触头先切断自锁供电通路，随后动合（常开）触头才闭合，接通 KM 线圈电路，电动机开始工作。当松开 SB3 时，KM 线圈立即失电，其主触头和自锁触头也断开，这时虽然 SB3 动断触头闭合，KM 线圈仍然不能得电，所以电动机停止运行。当按下连续运行按钮 SB2 时，KM 线圈得电，并自锁，电动机连续运行。

图 4-31c 是增加一个中间继电器 KA 来实现点动与连续运行联锁控制的。

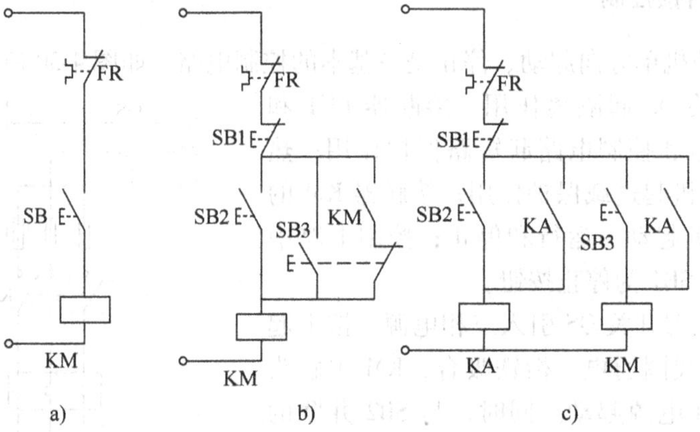

图 4-31　点动与连续运行控制电路

3. 互锁控制

在电动机的控制电路中，有时要求两个接触器或者电动机不能同时工作，这就要通过互锁控制来实现。图 4-32 为用按钮、接触器复合联锁的正反转控制电路，它要求接触器 KM1 和 KM2 不能同时得电，否则会造成主电路短路。

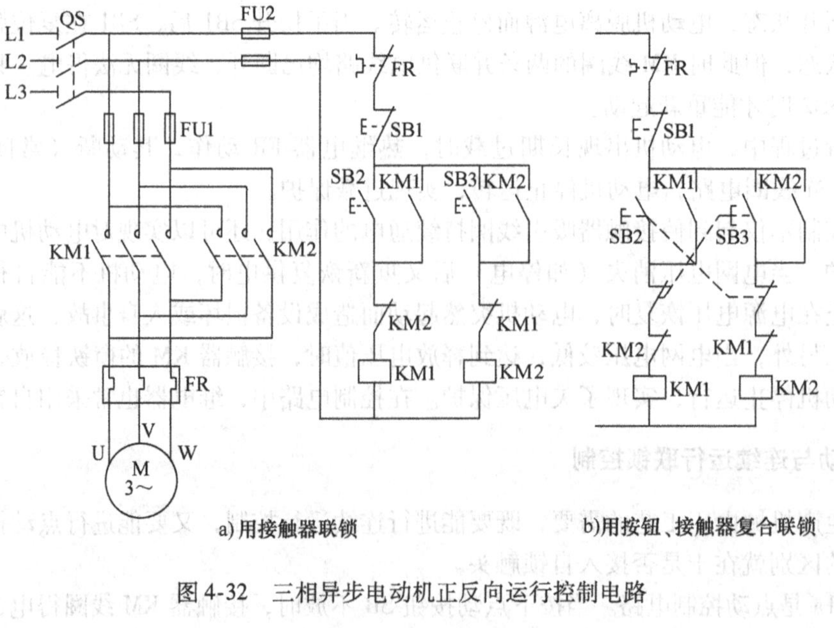

图 4-32　三相异步电动机正反向运行控制电路

在图 4-32a 中，KM1、KM2 分别为正、反转接触器。当 KM1 主触头闭合时，三相电源的相序按 L1、L2、L3 接入 U、V、W 线端；当 KM2 主触头闭合时，三相电源的相序按 L3、L2、L1 接入电动机的 U、V、W 线端。所以，两个接触器线圈分别得电时，电动机的转向不同。如果两个接触器的线圈同时得电，其主触头将使 U-W 两相短路，这是绝对不允许的。当分别在 KM1 线圈电路中串接动断（常闭）触头 KM2，在 KM2 线圈电路中串接动断（常闭）触头 KM1 时，两个接触器就不会同时动作，形成相互制约关系，称为互锁。起互锁作用的辅助触头 KM1、KM2 称为互锁触头。

当按下正转按钮 SB2，KM1 线圈得电并自锁，电动机正转，同时，其互锁触头 KM1 切断了 KM2 线圈电路，对 KM2 互锁。当电动机需要反转时，先按下停止按钮 SB1，KM1 线圈失电，使接触器主触头 KM1 断开，电动机停转，互锁触头 KM1 又闭合，为反转起动做好准备。接着按下反转起动按钮 SB3，KM2 线圈得电并自锁，电动机反转，同时，其互锁触头 KM2 切断了 KM1 线圈电路，对 KM1 互锁。

在图 4-32b 中只是在正、反转起动按钮中增加了动断触头组成的机械联锁，这样正、反转控制更加方便了。

当拖动生产机械的两台电动机同时工作会产生事故时，也应该采用互锁控制电路，如图 4-33所示，其控制原理与上述相似。

可见，如果两个接触器线圈不允许同时通电，只允许一个工作时，需要在其线圈电路中分别互串一个对方的动断（常闭）触头。

4. 多台电动机的顺序联锁控制

在装有多台电动机的生产机械上，有时需要按一定顺序起动或停止才能保证操作过程的合理和工作的安全可靠。例如车床主轴转动时，要求油泵先给润滑油，主轴停止后，油泵方可停止，即要求油泵电动机先起动，主轴电动机后起动，主轴电动机停止后，才允许油泵电动机停止，这种按照一定先后次序投入工作和停止工作的控制过程称为顺序联锁控制。

图 4-34 所示为两台电动机顺序控制电路。接触器 KM1 的一对动合（常开）辅助触头

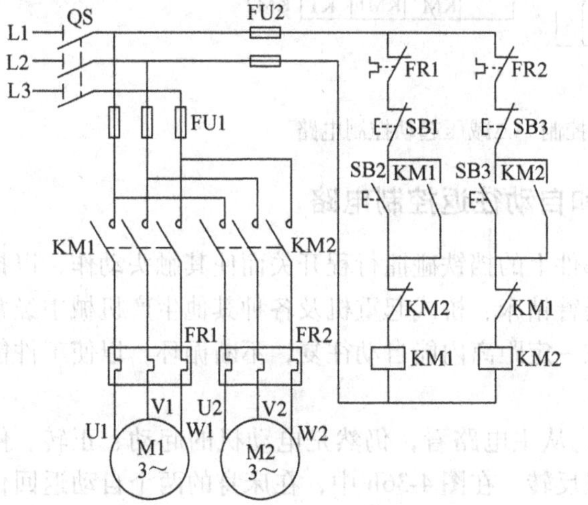

图 4-33　两台电动机互锁控制电路

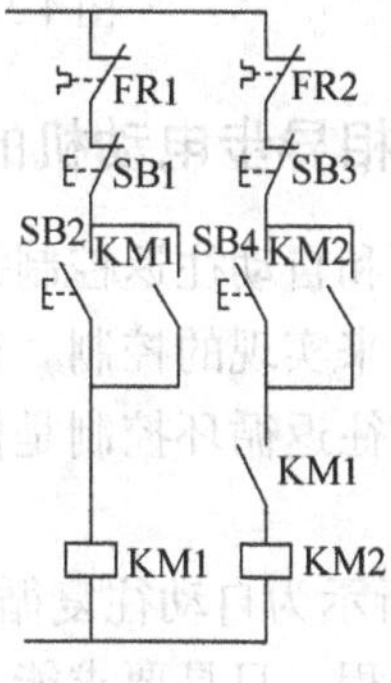

图 4-34　两台电动机的顺序控制电路

串联在接触器 KM2 线圈的控制电路中，这样保证了只有当接触器 KM1 线圈通电工作后，顺序联锁触头 KM1 闭合，接触器 KM2 线圈才能通电工作，即使电动机 M1 起动后，电动机 M2 才能起动。

4.6.2　三相异步电动机减压起动控制电路

图 4-35 所示为笼型异步电动机时间继电器控制Y-△减压起动控制电路。接触器 KM 用来通断电动机电源，接触器 KM1 用来把定子绕组接成星形联结，接触器 KM2 用来把定子绕组接成三角形联结，通电延时型时间继电器用来控制减压起动的时间。当合上刀开关 QS，按下起动按钮 SB2 后，接触器 KM 线圈得电并自锁，同时接触器 KM1 线圈和时间继电器 KT 线圈也得电，电动机接成星形联结开始起动。这时时间继电器进入通电延时过程，当电动机接近于额定转速，即 KT 延时时间已到时，KT 的延时断开动断触头断开，切断 KM1 线圈电路，接触器 KM1 释放，其主触头断开。当延时闭合触头 KT 和互锁触头 KM1 都闭合后，接触器 KM2 线圈得电并自锁，KM2 主触头闭合，电动机接成三角形联结，进入正常运行状态。此时时间继电器 KT 线圈又因互锁触头 KM2 断开而失电，KT 辅助触头都复位，为下一次再起动做好准备。

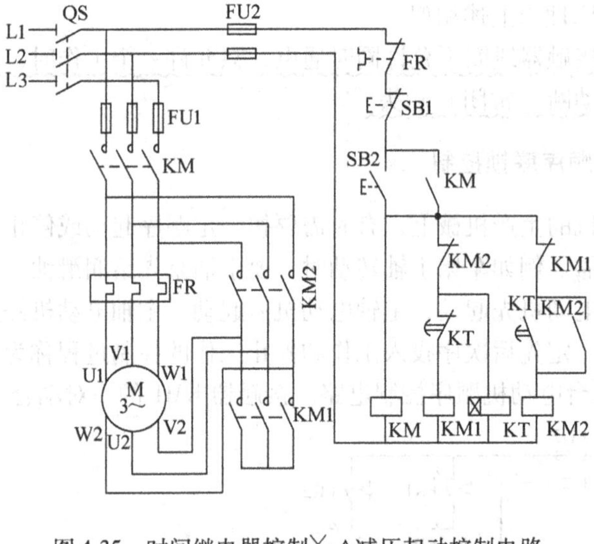

图 4-35　时间继电器控制Y-△减压起动控制电路

*4.6.3　三相异步电动机的行程控制和自动往返控制电路

行程控制和自动往返控制是利用运动部件上的挡铁碰撞行程开关而使其触头动作，以接通或断开电路来实现的控制。行程控制在摇臂钻床、桥式起重机及各种其他生产机械中经常被采用。自动往返循环控制是使生产机械在一定距离内能自动往复，不断循环，以使工件能被连续加工。

图 4-36 所示为自动往复循环控制电路，从主电路看，仍然是电动机的起动、正转、停止和反转等过程，只是要求能自动使电动机反转。在图 4-36b 中，在床身的两个自动返回位置设置了行程开关 ST1 和 ST2 来控制工作台的往返运动。ST1 的动断（常闭）触头用来控制正转接触器 KM1 的线圈电路，ST1 的动合（常开）触头用来控制反转接触器 KM2 的线圈电

路。按下正转起动按钮 SB2，KM1 线圈得电并自锁，电动机正转，工作台向左运动。当挡铁 1 碰撞上 ST1 时，ST1 的动断触头断开，切断了 KM1 线圈电路；同时，ST1 动合触头闭合，使 KM2 线圈得电并自锁，这时由于电动机电源相序改变，进行反接制动，转速迅速下降，然后反向起动，电动机反转，工作台向右运动。当挡铁 2 碰撞上 ST2 时，其控制原理与前面相似，工作台又返回向左运动。可见，往复循环运动控制是利用行程开关的动合触头，来接通其反方向转动电源的接触器线圈电路来实现的。另外，在两个接触器线圈电路中还互串了互锁触头 KM1 和 KM2。

如果工作台要先向右运动，则先按反转起动按钮 SB3；如果运行过程中需要停止时，则按下停止按钮 SB1。

行程开关 ST3、ST4 分别安装在生产机械的极限位置上，起终端保护作用。如果 ST1 或 ST2 失灵（受到挡铁碰撞而不动作），电动机将继续按原方向运转，工作台也将继续按原方向移动，这样工作台移动到极限位置时，ST3 或 ST4 受挡铁碰撞而动作切断控制电路，电动机停转。

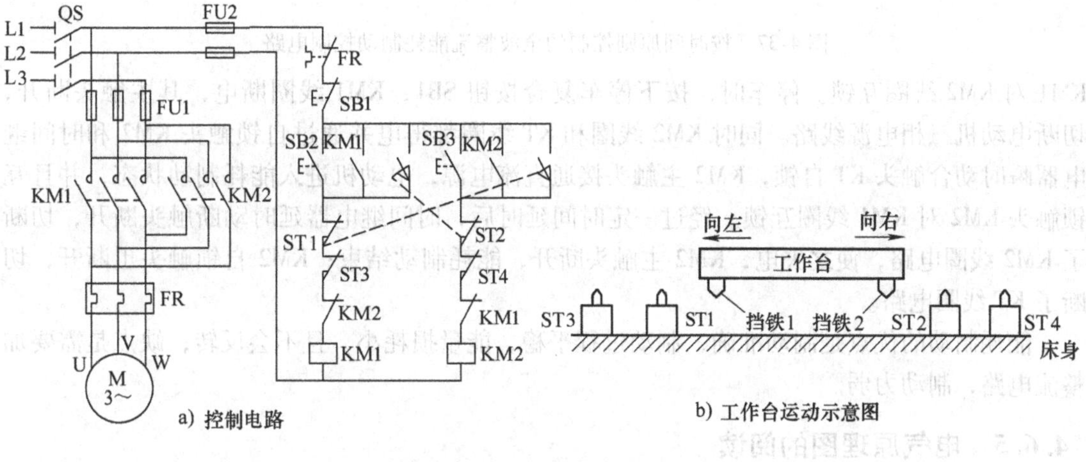

图 4-36　自动往复循环控制电路

4.6.4　三相异步电动机制动控制电路

电动机断电后，由于惯性作用，停车时间较长。某些生产工艺要求电动机能迅速而准确地停车，因此，需要对电动机进行强迫制动。制动停车的方式有机械制动和电气制动两种。机械制动采用机械抱闸制动；电气制动是使转子中产生一个和转子原来旋转方向相反的制动转矩。电气制动分为反接制动和能耗制动。从制动控制的准确度和简单性考虑，反接制动常采用速度控制方式，能耗制动可以采用速度控制或时间控制方式。

图 4-37 所示为按时间原则控制的全波整流能耗制动控制电路。KM1 为正常运行时电源接触器，KM2 为能耗制动时直流电源接触器。当 KM2 主触头闭合后，经全波整流器 UR 产生的直流电流从电动机定子绕组的 U 相和 V 相绕组流入，从 W 相绕组流出，产生静止磁场。调节电阻 R 的阻值，可以调节制动电流的大小，一般取直流制动电流 I_Z =（1.5 ~4）I_N（I_N 为电动机额定电流）。当转速高，惯性大时，系数可取大些，否则取小些。

起动时，按下起动按钮 SB2，KM1 线圈得电并自锁，电动机正常运行。同时，互锁触头

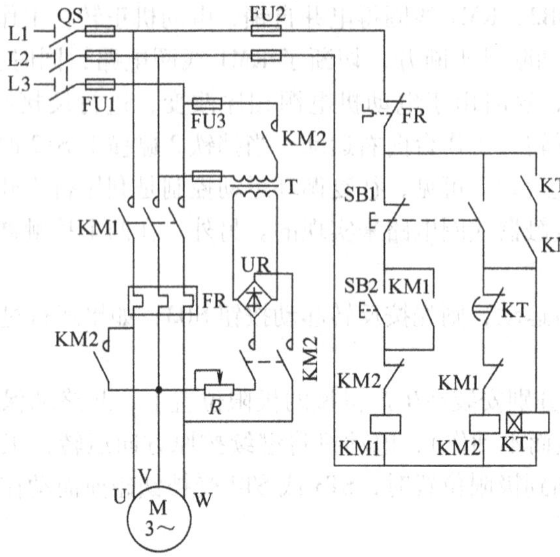

图 4-37　按时间原则控制的全波整流能耗制动控制电路

KM1 对 KM2 线圈互锁。停车时，按下停车复合按钮 SB1，KM1 线圈断电，其主触头断开，切断电动机三相电源线路。同时 KM2 线圈和 KT 线圈都得电并通过自锁触头 KM2 和时间继电器瞬时动合触头 KT 自锁，KM2 主触头接通直流电源，电动机进入能耗制动状态，并且互锁触头 KM2 对 KM1 线圈互锁。经过一定时间延时后，时间继电器延时动断触头断开，切断了 KM2 线圈电路，使之失电，KM2 主触头断开，能耗制动结束；KM2 自锁触头也断开，切断了 KT 线圈电路。

能耗制动的优点是制动准确，制动过程平稳，能量损耗小，且不会反转；缺点是需要加整流电路，制动力弱。

*4.6.5　电气原理图的阅读

1. 读图的方法

阅读电气拖动系统原理图一般应注意以下几个方面：

1）掌握基础电工知识，可以帮助我们准确、迅速地掌握系统的控制原理，比如各种低压电器的工作原理与作用，三相异步电动机起动、调速、制动和正反转控制原理等。

2）分清电路的类型，熟悉典型控制电路。电气原理图主要分为主电路和控制电路，此外还有信号电路和照明电路，阅读电气原理图时要区分清楚。任何复杂的控制电路都是由若干基本电路和环节组成的，熟悉这些典型的基本电路和控制环节，在读图时就可以迅速地分清主次，抓住主要矛盾，从而看懂较复杂的电路图。基本电路包括起动、制动、正反转、短路、过载保护、顺序控制及行程控制等，基本控制环节包括点动、自锁、互锁、多地点联锁控制、延时联锁控制及顺序联锁等。

3）注意有关图样说明，有助于了解电路的具体情况，便于抓住看图的重点。

4）掌握绘图的基本规则和要求，这些规则和要求是为了加强图样的规范性、通用性和示意性所提出的，利用这些知识有助于准确地读图。

同一电器的不同部件常常不画在一起，但都用相同的文字符号表示，如接触器的主触头通常画在主电路中，吸引线圈和辅助触头（一个或多个）则分散地画在控制电路中，但它们都用 KM 表示。

同种电器一般用相同的字母表示，但在字母的后面加上数码或其他字母下标以示区别，如两个接触器分别用 KM1、KM2 或 KM_F、KM_R 表示。

电气图中元器件和设备的可动部分，都按常态画出，即按没有通电或没有外力作用时画出。例如继电器、接触器的触头按吸引线圈不通电状态画；主令控制器、万能转换开关按手柄处于零位时的状态画；按钮、行程开关的触头按不受外力作用时的状态画等。

图幅分区相当于在图上建立了一个坐标，便于我们快速找到控制电路支路或元件的位置。接触器和继电器的线圈下方常常给出相应触头的索引，接触器的索引左栏表示每个主触头所在的图区，中栏表示辅助动合触头所在的图区，右栏表示辅助动断触头所在的图区；继电器的索引左栏表示动合触头所在的图区，右栏表示动断触头所在的图区。另外，在每个触头的下方还给出其电器吸引线圈所在的图区。在图区编号的下方是功能分区说明，它告诉我们某个元件或某部分电路的功能，以利于理解全电路的工作原理。

2. 读图的步骤

1）首先了解机械设备的主要结构、运动方式、加工工艺、技术性能、工作原理及机械设备对电气控制系统的要求。

2）了解各主令电器的位置和作用，以及相互之间关系；弄清机械、液压和电气控制系统三者之间的关系。

3）分析电动机控制电路，首先看清电路的性质和类型，是交流电路还是直流电路，是主电路还是控制、信号或照明电路；然后阅读主电路，弄清有几台电动机及其相互控制关系、它们分别由哪些电器控制以及每台电动机的工作状况是怎样的等。再分析控制电路，按照控制动作顺序对每条小回路逐一分析研究；然后再分析各条回路间的联系。在分析中，要特别注意各环节之间的联系和制约关系，以及与机械液压部件的动作关系。最后，对照明、信号等辅助电路进行分析。

4）在分析完整个电气控制电路后，要对其进行整理，总结出各类电气控制的特点和规律。

3. 阅读 CA6140 型车床电气控制电路

图 4-38 所示为 CA6140 型车床电气控制电路。

（1）主电路分析　根据车床的结构和加工工艺要求，车床的电气控制有以下特点：主轴电动机 M1 不进行电气调速而通过主轴变速箱使用机械调速；主轴电动机 M1 只要求单向旋转，车削螺纹时，用操作手柄通过摩擦离合器来使主轴正、反转；主轴电动机起动、停止采用按钮操作，并且采用直接起动方式，由接触器 KM1 控制；车削加工时，为了冷却工件和刀具，需要冷却泵电动机 M2 输送冷却液，冷却泵电动机 M2 须在主轴电动机 M1 起动后才起动，M1 停止时，M2 也停止，M2 由中间继电器 KA1 控制；M3 为刀架快速移动电动机，由 KA2 控制；主轴电动机和冷却泵电动机有必要的短路和过载保护，热继电器 FR1、FR2 分别为 M1、M2 的过载保护，M3 是短时工作，无过载保护，熔断器 FU1 是 M2 和 M3 的短

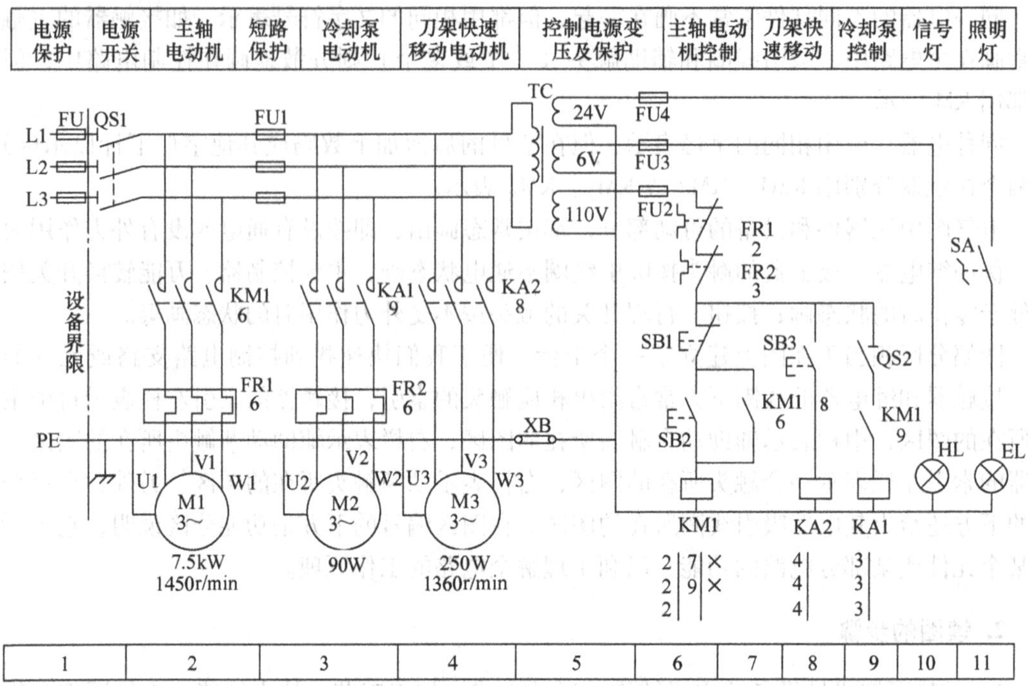

图 4-38　CA6140 型车床电气控制电路

路保护，由于 M1 功率比 M2、M3 大得多，没有单独设置熔断器而由电源的熔断器 FU 提供短路保护。

（2）控制电路分析　控制电路的电源由控制变压器 TC 将 380V 交流电压降为 110V 电压供电，并由熔断器 FU2 作短路保护，其控制原理是：

1）主轴电动机控制。支路 6 为其控制电路。按下 SB2，线圈 KM1 通电并自锁，KM1 主触头闭合，主轴电动机起动，同时，支路 9 中的顺序控制动合触头 KM1 也闭合，它的闭合是为冷却泵电动机通电起动作准备。按停止按钮 SB1，线圈 KM1 断电，主触头 KM1 断开，使主轴电动机停止。

2）冷却泵电动机控制。支路 9 为其控制电路。当主轴电动机起动后，合上 QS2（也可先合上），线圈 KA1 得电，其动合触头 KA1 闭合，冷却泵电动机起动。由于主轴电动机停止时，冷却泵电动机应立即停止，所以当按下 SB1 时，线圈 KM1 断电，其顺序控制动合触头 KM1 由原来闭合状态转为断开状态，切断电路，使线圈 KA1 断电，其动合触头 KA1 断开，冷却泵电动机停止运转。

3）刀架快速移动电动机的控制。支路 8 为其控制电路。控制按钮 SB3 安装在进给操作手柄的顶端，将操作手柄扳到所需的方向，按下 SB3 使线圈 KA2 通电，其动合触头闭合，电动机起动。操作手柄复位，则松开 SB3，线圈 KA2 断电，动合触头断开，电动机停止运转。

热继电器 FR1 和 FR2 的动断触头均串联在控制电路中，所以，只要其中一个电动机过载，其动断触头就断开，使控制电路断电，两台电动机都停止运转。

（3）照明和信号电路 照明灯 EL 由控制变压器 TC 二次侧 24V 电压供电，通断由开关 SA 控制。熔断器 FU4 作短路保护。

指示灯 HL 由二次侧 6V 电压供电，熔断器 FU3 作短路保护。当电源开关 QS1 合上后，指示灯 HL 亮，表示车床已开始工作。

从图中可以看出，当电动机出现故障使其外壳带电或控制变压器 TC 的一次绕组和二次绕组发生短路时，可通过公共端 XB 接地，保证操作员的人身安全。

表 4-3 是 CA6140 型普通车床的电气设备表。

表 4-3 CA6140 型普通车床的电气设备表

符 号	名称及用途	符 号	名称及用途
M1	主轴电动机	FU4	照明灯短路保护熔断器
M2	冷却泵电动机	SB1	主轴电动机停止按钮
M3	刀架快速移动电动机	SB2	主轴电动机起动按钮
FR1	主轴电动机过载保护热继电器	SB3	刀架快速移动电动机起停按钮
FR2	冷却泵电动机过载保护热继电器	QS1	电源引入开关
KM1	主轴电动机起停交流接触器	QS2	冷却泵电动机起停开关
KA1	冷却泵电动机起停中间继电器	SA	照明灯开关
KA2	刀架快速移动电动机起停中间继电器	TC	控制电源变压器
FU1	冷却泵、刀架快速移动电动机短路保护熔断器	HL	电源指示信号灯
FU2	控制电路短路保护熔断器	EL	安全照明灯
FU3	指示灯短路保护熔断器		

4.6.6 概念自测题

一、填空题

1. 三相定子绕组在接线盒内有 6 个出线端，可根据需要接成______形或______形。

2. 三相异步电动机自锁控制电路不仅起到使接触器吸引线圈持续通电的作用，还可以实现对电动机的______和______保护。

3. 只要任意调换三相异步电动机两项绕组所接电源的相序，电动机就__________。

二、判断题

4. 三相异步电动机在空载和满载启动时，起动电流和起动转矩相同。（ ）

5. 在实际应用中，正常运行为△形联结的异步电动机可接成Y型，但正常运行为Y形联结的电动机则不允许接成△形。（ ）

6. 笼型异步电动机采用星形-三角形起动时，起动电流会降低到全压起动时的 1/3 倍。（ ）

三、选择题

7. Y-△起动法作减压起动适用于（ ）。

A. 所有三相异步电动机　　B. 所有笼型异步电动机

C. 正常运行采用Y形接法的所有异步电动机　　D. 正常运行采用△形接法的异步电动机

8. 电动机断电后，由于惯性作用，停车时间较长。下列哪种控制电路能够使电动机迅速而准确地停车。(　　)

A. 点动控制电路　　B. 顺序联锁控制电路

C. Y-△减压起动控制电路　　D. 全波整理能耗控制电路

9. 从降低起动电流来考虑，三相异步电动机可以采用减压起动，但起动转矩将降低，因而只适用______或轻载起动的场合。(　　)

A. 重载　　B. 轻载　　C. 空载

本章小结

1. 异步电动机由定子和转子两部分组成。三相异步电动机按转子结构分笼型和绕线式两种。笼型结构简单，维护方便，应用最为广泛；绕线式转子绕组可外接变阻器，起动和调速性能好。

2. 三相异步电动机的转动原理是：电动机的三相定子绕组通入三相交流电后，产生旋转磁场，转子绕组切割旋转磁场产生感应电动势和感应电流，使转子导体受到电磁力作用而产生电磁转矩，驱使转子跟着旋转磁场旋转。

只要把接入三相定子绕组的三相电源中的任意两个端子对调，就可以改变三相定子绕组电流的相序，旋转磁场反向，电动机的转向反向。

旋转磁场的转速 n_1 称为同步转速，$n_1=60f_1/p$。转子转速 $n<n_1$，转差率 $s=(n_1-n)/n_1$，s 在 0～1 范围内变化。空载时，$s\approx0$；起动瞬间，$s=1$；在额定负载时，s 一般在 0.01～0.09 之间。

3. 三相异步电动机机械特性的直线部分是稳定工作区，具有硬的工作特性；双曲线部分是不稳定工作区。机械特性曲线上有 T_N、T_{max}、T_{st} 三个特征转矩值，衡量起动性能的指标是 T_{st}、T_{min}、I_{st}，衡量过载能力的指标是 T_{max}。它们都可以通过查出电动机技术参数 I_{st}/I_N、T_{min}/T_N、T_{st}/T_N 和 T_{max}/T_N 等倍数，然后计算出来。

异步电动机的人为机械特性常常采用改变定子电压和转子电阻来调节。降低定子电压时，临界转差率 s_m 不变，T_{max}、T_{st} 都减小，机械特性曲线变软；增加转子电阻时，T_{max} 不变，临界转差率 s_m 增大，T_{st} 增大。

4. 异步电动机直接起动时起动电流很大，为了减小对电网网压的影响，功率较大或频繁起动的笼型电动机应采用减压起动，常见的方法有Y-△换接起动、自耦变压器减压起动；绕线式转子异步电动机常采用转子电路串电阻或频敏电阻起动。笼型异步电动机起动转矩小，适应于空载或轻载起动；绕线式转子电动机起动转矩大，可以适应于重载频繁起动。

5. 异步电动机的铭牌数据包括型号、额定值、工作制、定额、防护等级和接线方式等。

6. 开关和组合开关多用作电源开关，非频繁地接通或切断容量不大的低压电路，但它们不能用来分断故障电流。

低压断路器俗称自动空气开关，常用作电路的非频繁通断，且具有断开故障电流的能力，还具有短路、过载和欠电压等保护功能。

主令电器是一种手动操作的小电流开关电器，用来发出控制命令去控制其他执行元件。

熔断器在低压电路中起过载保护和短路保护作用，但在电动机电路中因起动电流很大，只用于作短路保护。

接触器可以频繁地接通和切断交、直流主电路和大容量控制电路，并能实现距离控制。接触器线圈采用自锁供电，对电动机可起欠电压和零压保护作用。

继电器能感测输入量的变化，当输入量达到某一定值时，闭合或断开控制电路，是一种起控制、检测、保护和调节作用的电器。它感测的输入量可以是电压、电流等电量，也可以是热、时间、转速和压力等非电量。

7. 三相异步电动机的主要控制方法有直接起动、减压起动、制动、正反转、调速和行程控制等。控制电路的基本环节有点动、连续运行、多地点控制、自锁、互锁、顺序控制、自动往返、时间控制、速度控制及电流控制等。

习 题 四

4-1 三相异步电动机工作原理是怎样的？如何改变它的转向？

4-2 三相异步电动机转差率的含义是什么？

4-3 两台三相异步电动机的电源频率为 50Hz，额定转速分别为 1430r/min 和 2900r/min，它们的磁极数分别是多少？额定转差率分别是多少？

4-4 当三相异步电动机在额定电压下正常运行时，如果转子突然被卡住，会产生什么后果？为什么？

4-5 一台额定电压为 380V 的异步电动机带某一负载运行，其输入功率为 4kW，线电流为 10A，输出功率为 3.2kW。求其功率因数是多少？效率是多少？

4-6 已知 Y123S-4 型三相异步电动机的额定技术数据为：$P_N = 5.5\text{kW}$，$U_N = 380\text{V}$，$\eta_N = 85.5\%$，$\cos\varphi_N = 0.84$，$n_N = 1440\text{r/min}$，$I_{st}/I_N = 7$，$T_{max}/T_N = 2.2$，$T_{st}/T_N = 2.2$，电源频率 $f = 50\text{Hz}$。求额定状态下的转差率 s_N，电流 I_N，转矩 T_N，起动电流 I_{st}，起动转矩 T_{st} 以及最大转矩 T_{max}。

4-7 三相异步电动机铭牌上的功率因数是指什么？

4-8 在拖动系统中，三相异步电动机需要哪些保护？

4-9 什么是自锁控制？什么是互锁控制？

4-10 三相异步电动机控制电路中装有接触器和电源开关，它们的工作任务有何不同？

4-11 三相异步电动机控制电路中的热继电器是按电动机的额定电流整定的，为什么在起动时，起动电流比额定电流大 4～7 倍，热继电器并不动作？而在运行时，当电流大于额定电流值，热继电器就因过载而动作？

4-12 电动机主电路中装了热继电器，为什么还要装熔断器？它们的作用有何不同？

4-13 三相异步电动机控制电路中，接触器 KM1 和接触器 KM2 若同时吸合会发生什么问题？为了防止它们同时吸合，在控制电路中，采取了什么措施？

下篇

第5章 半导体器件

本章学习要求

理论：了解半导体的结构及特点，掌握二极管、晶体管及场效应晶体管的特性及应用。

技能：掌握用万用表判断二极管、晶体管各电极的方法，会用仪器测量二极管、晶体管的特性曲线。

半导体器件是组成各种电子电路的基础。具有体积小、重量轻、使用寿命长、可靠性高、输入功率小和功率转换效率高等优点，因而在现代电子技术中得到广泛的应用。

5.1 半导体基本知识

5.1.1 半导体概述

自然界中存在着许多不同的物质，根据其导电性能的不同大体可分为导体、绝缘体和半导体三大类。

导体内部存在着大量的能摆脱原子核束缚的自由电子，在外电场的作用下，这些大量的自由电子将逆着电场方向定向运动而形成较大的电流，因此导体导电能力很强，电阻率一般小于 $10^{-4}\Omega/cm$，例如铜、铝和银等金属材料都是导体。

绝缘体的原子核对最外层电子的束缚力很大，常温下自由电子很少，因此导电能力很差，电阻率一般大于 $10^{10}\Omega/cm$。例如塑料、橡胶、陶瓷和云母等材料都是绝缘体。

导电性能介于导体和绝缘体之间，电阻率在 $10^{-3}\sim10^{9}\Omega/cm$ 范围内的物质，称为半导体。常用的半导体材料有硅（Si）、锗（Ge）、硒（Se）、砷化镓（GaAs）及其他金属氧化物和硫化物等。

半导体之所以引起人们的注意并得到广泛的应用，主要原因是它的导电能力随着外界环境的改变而改变，即它的导电能力会随着温度的变化、光照的强弱和掺入杂质的多少发生显著的变化，这就是半导体的热敏性、光敏性和杂敏性。

（1）热敏性　所谓热敏性是指半导体的导电能力随着温度的升高而迅速增加。半导体的导电能力对温度的变化十分敏感。一般温度每上升10℃，物质的导电能力将增强一倍。例如，纯净的锗温度从20℃升高到30℃时，它的导电能力增加到原来的2倍。利用此特性可以制造热敏电阻等器件。

（2）光敏性　所谓光敏性是指半导体的导电能力随着光照的强弱而显著改变。例如，硫化镉薄膜，当无光照时，其电阻为几十兆欧姆；当有光照时，电阻可以下降到几十千欧姆。利用半导体的光敏性可以制造生活中常见的光敏二极管和光敏电阻等器件。

（3）杂敏性　所谓杂敏性就是半导体的导电能力会因为掺入适量杂质而发生显著变化。例如，在纯净的半导体硅中，掺入百万分之一的磷后，电阻率就会下降到原来的万分之一，导电能力明显增强。利用半导体的杂敏性可以制造出不同性能、不同用途的半导体器件，如二极管、晶体管和场效应晶体管。半导体之所以具有上述特性，根本原因在于其特殊的原子结构和导电原理。

5.1.2　本征半导体

纯净的、不含任何杂质且晶体结构排列整齐的半导体称为本征半导体。常用的半导体材料有硅和锗，它们都是四价元素，原子间的结构为共价键结构。构成共价键的电子不像导体的价电子那样容易挣脱成为自由电子，也不像在绝缘体中被束缚的那样紧。因此，半导体的导电能力介于导体和绝缘体之间。

当温度逐渐升高或有一定强度的光照时，本征半导体中的价电子可挣脱共价键的束缚而成为带单位负电荷的自由电子，同时在原来的共价键位置上留下一个相当于带有单位正电荷电量的空穴。

自由电子和空穴在热运动中又可能重新相遇结合而消失，这种现象称为复合。

在外加电场或其他能源的作用下，半导体中自由电子和空穴都可以参与导电，因此半导体中有两种载流子：带负电荷的自由电子和带正电荷的空穴。有两种载流子同时参与导电是半导体导电方式的最大特点，也是半导体与金属导体在导电机理上的本质差别。

5.1.3　杂质半导体

本征半导体的导电能力很差，但是如果在本征半导体中掺入某种微量元素后，它的导电能力可增加几十万倍。根据掺入杂质的不同，杂质半导体又可分为 N 型（电子型）半导体和 P 型（空穴型）半导体。

1. N 型半导体

在本征半导体硅（或锗）中，掺入微量磷（或其他五价元素）之后，由于磷原子最外层有五个价电子，因此与硅原子构成共价键后，将多出一个价电子，多余的一个价电子很容易成为带负电的自由电子，同时，磷原子由于失去一个电子，成为带正电的离子。每掺入一个磷杂质原子，就相当于掺入了一个自由电子。于是，在杂质半导体中的自由电子数目大大增加，自由电子导电是这种半导体的主要导电方式，故称这种杂质半导体为电子型半导体或 N 型半导体。由于磷元素杂质可以提供自由电子，故称之为施主杂质。这种掺杂半导体中的自由电子数目远远大于空穴数，因此称自由电子为多数载流子，简称多子；相应的空穴为少数载流子，简称少子。

N 型半导体的形成及结构示意图如图 5-1 所示。

2. P 型半导体

在本征半导体硅（或锗）中，掺入微量硼元素（或其他三价元素）之后，硼原子也与相邻的硅原子组成共价键结构。三价硼原子的最外层有三个价电子，因此与硅原子组成共价键后，将因缺少一个价电子而形成一个空位，即空穴。同时，硼原子由于提供了一个带正电荷的空穴，而成为带负电的离子。每掺入一个硼原子就相当于掺入了一个空穴。于是，在杂质半导体中的空穴数目大大增加，空穴导电是这种半导体的主要导电方式，故称这种杂质半导体为空穴型半导体或 P 型半导体。由于硼元素杂质可以提供能接受自由电子的空穴，所以称三价元素硼为受主杂质。这种掺杂半导体中的空穴数目远远大于自由电子数，因此称空穴为多数载流子，简称多子；相应的自由电子为少数载流子，简称少子。

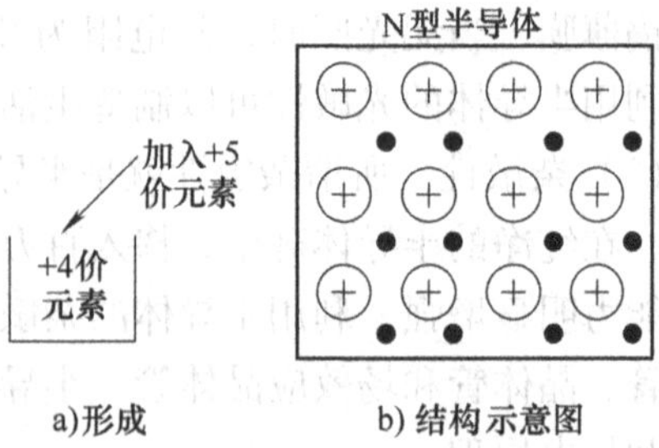

图 5-1　N 型半导体的形成及结构示意图

P 型半导体的形成及结构示意图如图 5-2 所示。

由上述分析可知，控制掺入杂质的多少，可以控制多子的数量。并且无论是 N 型半导体还是 P 型半导体，虽然它们都有一种载流子占多数，但总体上仍然保持电中性。杂质半导体结构示意图如图 5-3 所示。杂质半导体的导电能力比本征半导体有了明显增强，但还是远远不如导体的导电能力强，因此在实际生活中没有实用价值。只有将这两种杂质半导体做成 PN 结之后才能做成各种半导体器件。

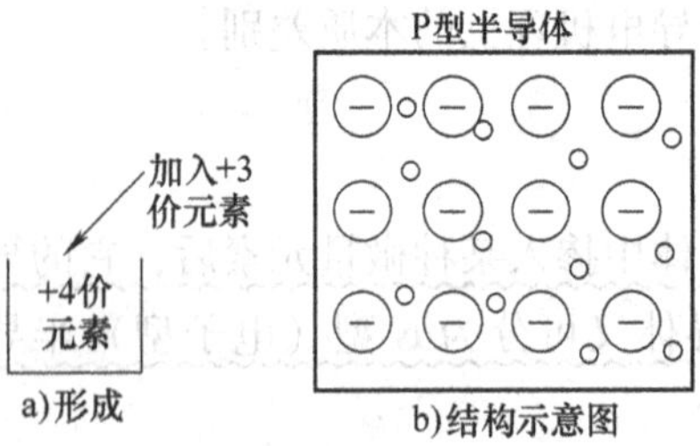

图 5-2　P 型半导体的形成及结构示意图

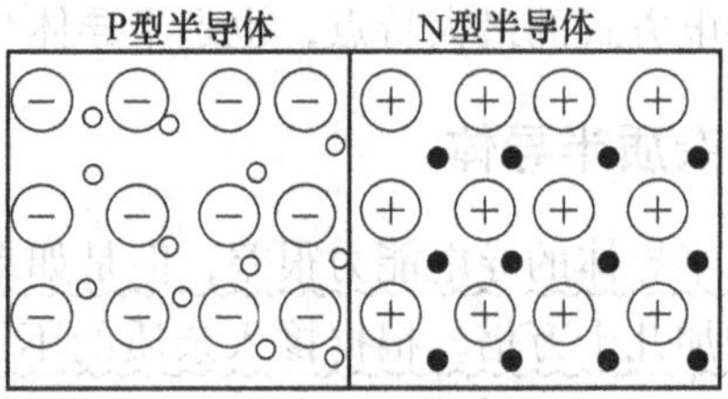

图 5-3　杂质半导体结构示意图

5.1.4　概念自测题

一、填空题

1. 自然界中存在着许多不同的物质，根据其导电性能的不同大体可分为______、______和______三大类。

2. 半导体之所以引起人们的注意并得到广泛的应用，主要原因是它的导电能力随着外界环境而改变，即半导体具有______、______和______。

3. N 型半导体是在本征半导体中加入______价的元素，常用的是______，在 N 型半导体中多数载流子是______；P 型半导体是在本征半导体中加入______价的元素，常用的是______，在 P 型半导体中多数载流子是______。

二、判断题

4. 半导体导电能力随着温度的变化、光照的强弱或掺入杂质的多少而发生变化。（　）
5. 在本征半导体和杂质半导体中自由电子和空穴的数量总是相等的。（　）
6. 导体与半导体的导电能力都随外界环境而变化。（　）

三、选择题

7. 导体之所以能够导电，是因为在导体内部存在着大量的能摆脱原子核束缚的（　）
   A. 自由电子　B. 空穴　C. 自由电子和空穴
8. 生活中常用到的发光二极管是利用半导体的（　）特性制造而成的。
   A. 光敏性　B. 热敏性　C. 杂敏性
9. N 型半导体或 P 型半导体（　）
   A. 带正电　B. 带负电　C. 呈电中性

5.2 半导体二极管

5.2.1 PN 结的形成及单向导电性

单一的 P 型半导体或 N 型半导体是不能做成半导体器件的。如果通过一定的工艺把 P 型半导体和 N 型半导体结合起来，则在它们的交界处就会形成一个具有特殊性质的薄层，称为 PN 结。几乎所有的半导体器件都是由不同数量和结构的 PN 结构成的，因此，下面先介绍一下 PN 结的结构特点。

1. PN 结的形成

在本征半导体上通过某种掺杂工艺，使其形成 P 型区和 N 型区两部分，由于 P 区的多子是空穴，N 区的多子是自由电子，因此在交界处自由电子和空穴都要从高浓度区向低浓度区扩散。多数载流子在浓度差作用下的定向运动，称为扩散运动，如图 5-4a 所示。

多子扩散到对方区域后，使对方区域的多子因复合而耗尽，于是 P 区和 N 区的交界处就会出现数量相等、不能移动的负离子区和正离子区，这些不能移动的带电离子形成了空间电荷区，也就是 PN 结，如图 5-4b 所示。在空间电荷区内，多子已扩散到对方，或被对方扩散过来的多子复合，即多子被耗尽了，所以空间电荷区也称为耗尽层。在耗尽层以外的 P 型半导体或 N 型半导体仍呈电中性。

空间电荷区靠近 P 区带负电，靠近 N 区带正电，因此形成了一个电场方向由 N 区指向 P 区的内建电场，简称内电场。由于内电场的方向是从 N 区指向 P 区，因此这个电场对多子的扩散起到阻碍的作用；对少子的运动起到了加强的作用。少数载流子在电场力作用下的定

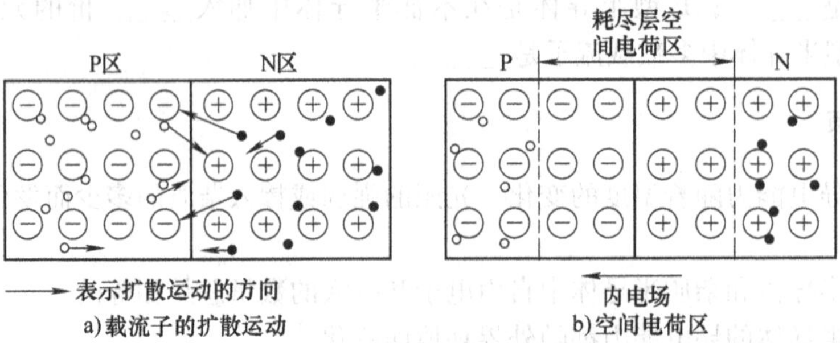

图 5-4　PN 结的形成

向移动，称为漂移运动。随着内电场从无到有，从弱到强的建立，少子的漂移运动也从无到有并逐渐增强。因此在交界面两侧存在两种对立的运动：扩散运动和漂移运动，扩散运动使空间电荷区变宽，漂移运动使空间电荷区变窄。

开始时空间电荷区较小，内电场较弱，扩散运动占优势。随着扩散运动的进行，空间电荷区不断加宽，内电场不断增强，对扩散运动的阻力不断增大，同时将加强少子的漂移运动。随着扩散运动逐渐减弱，漂移运动逐渐增强，最后形成了一种动态平衡，即空间电荷区维持一定的宽度（约为几微米）不再变化。达到动态平衡时，流过 PN 结的总电流为零，因此 PN 结呈电中性。

2. PN 结的单向导电特性

当 PN 结没有外加电压时，流过 PN 结的总电流为零，只有外加电压时，PN 结才具有单向导电性。

(1) 外加正向电压时 PN 结导通　将 PN 结的 P 区接电源的正极，N 区接电源的负极，这种接法为正向接法或正向偏置，简称正偏。如图 5-5a 所示。

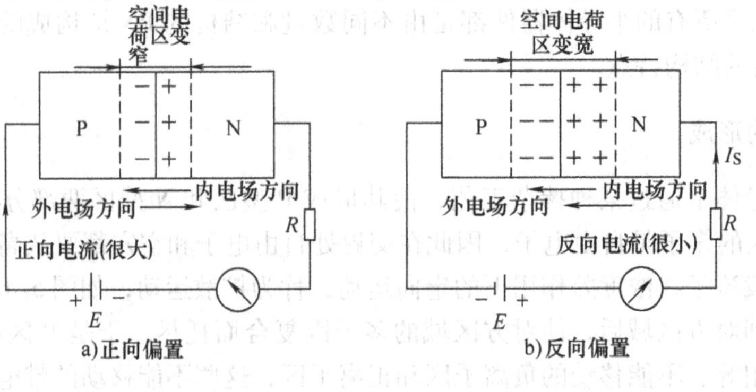

图 5-5　PN 结外加电压

PN 结处在正向偏置时，此时外电场与 PN 结的内电场方向相反，内电场被削弱，空间电荷区变窄，外加电场使 PN 结的平衡状态被打破，扩散运动增强，漂移运动减弱。在外电场的作用下，多数载流子就能越过空间电荷区形成正向电流，电流方向是从 P 区指向 N 区，为了防止较大的正向电流将 PN 结烧坏，应串联限流电阻 R。扩散电流随外加电压的增加而增加，当外加电压增加到一定值后，正向电流将显著增加，与正向电压呈指数关系。在正向偏置下，PN 结对外电路呈现较小的电阻（理想情况下电阻为零），因此称 PN 结处在导通状态。

(2) 外加反向电压时 PN 结截止　将 PN 结的 P 区接电源的负极，N 区接电源的正极，这种接法为反向接法或反向偏置，简称反偏。如图 5-5b 所示。

PN 结处在反向偏置时，此时外电场与 PN 结的内电场方向相同，内电场被加强，空间电荷区变宽。多子扩散运动减弱，少子漂移运动增强，在 PN 结中形成了少子漂移电流，电流方向是从 N 区指向 P 区，称为反向电流。因为漂移电流是由少子形成的，少子数目很少，所以反向电流非常小，一般为微安数量级。随着反向电压的增大反向电流几乎不变，因此反向电流又称为反向饱和电流 I_S。在反向偏置下，PN 结对外电路显现很大的电阻（理想情况下电阻为无穷大），因此称 PN 结处在截止状态。

综上所述，PN 结具有单向导电性：正向偏置时导通，反向偏置时截止。

5.2.2　二极管

1. 二极管的结构

半导体二极管，实质上是由一个 PN 结加上电极引线及外壳封装制成的。由 P 区引出的电极为阳极或正极，由 N 区引出的电极为阴极或负极。二极管的结构及符号如图 5-6 所示。

半导体二极管根据制造材料不同可分为硅管和锗管；根据适用范围不同可分为普通二极管、整流二极管和开关二极管等；根据制造工艺不同，可分为点接触型、面接触型和平面型。

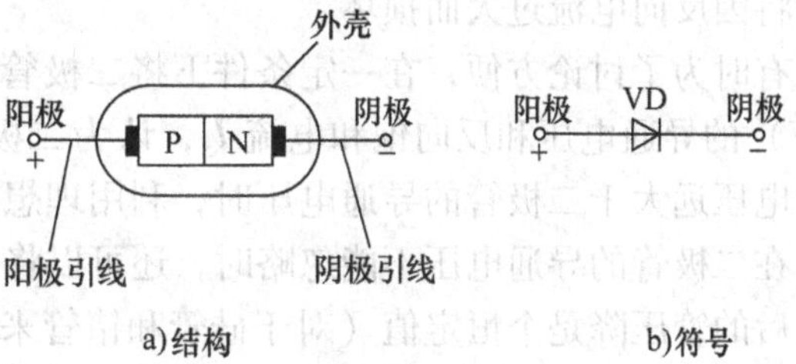

图 5-6　二极管的结构及符号

点接触型二极管的 PN 结面积很小，允许通过的电流小，但其结电容小，高频性能好。适用于高频检波、高频振荡及脉冲数字电路里的开关元件，如 2AP 系列和 2AK 系列二极管。

面接触型二极管的 PN 结面积大，能通过较大的电流，但其结电容大，低频性能好。适用于工作频率较低的电路中，主要用于整流，如 2CZ 系列二极管。

平面型二极管一般采用光刻生产工艺制成，集成电路中的二极管通常采用这种结构。

2. 二极管的伏安特性曲线

二极管的伏安特性是指外加到二极管两端的电压与流过二极管的电流之间的关系。把流过二极管的电流和外加电压的关系以曲线的形式描绘出来，就是二极管的伏安特性曲线。如图 5-7 所示。

外加正向电压（$U>0$）的伏安特性为二极管的正向特性。当外加电压等于零时，流过二极管电流为零，PN 结处于平衡状态。当电压 U 开始增加时，即正向特性的起始部分，由于此时外加电压 U 较小，形成的外电场很小，还不足以削弱 PN 结的内电场，因此扩散电流仍几乎为零，PN 结不导通，如图5-7 中 OA 段。只有当 U 大于一定电压（即二极管的导通电压：锗管约 0.2V，硅管约 0.6V）后，外加电场才足以削弱内电场，使扩散运动迅速增加，PN 结导通，产生正向电流。并且 PN 结一旦导通后只要正向电压 U 有微小的增加，电流就急剧地以指数规律上升，如图 5-7 中 AB 段。从二极管的正向特性曲线还可以看出，当二极管正向电流在很大范围内变化时，二极管两端的电压几乎不变，即二极管导通后正向导通压降可近似为固定值，一般小功率硅管约为 0.7V，锗管约为 0.3V。

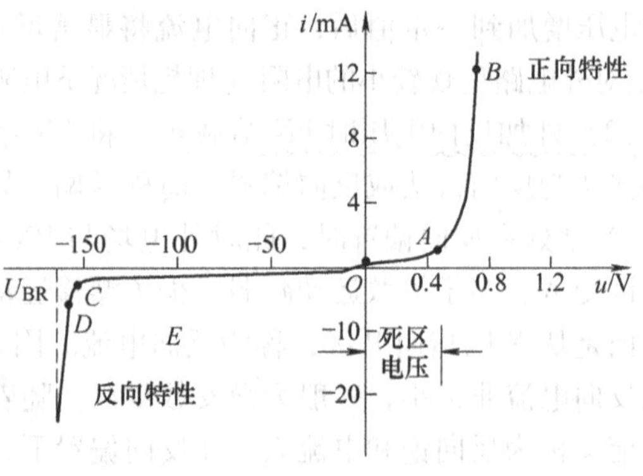

图 5-7　二极管的伏安特性曲线

外加反向电压（$U<0$）的伏安特性为二极管的反向特性。当外加反向电压时，PN 结内流过的电流为少子的漂移电流，即反向饱和电流 I_S。当反向电压 U 在一定范围内变化时，反向电流很小，并且几乎不变，一般为微安数量级，如图 5-7 中 OC 段。

外加反向电压不可能无限制地增大，当增大到一定程度时，即超过某一定特定电压值时，反向电流将急剧增大，如图 5-7 中 CD 段，这种现象称为反向击穿。发生击穿时的反向电压称为反向击穿电压 U_{BR}。各类二极管的反向击穿电压大小各不相同，普通二极管反向击穿后将因反向电流过大而损坏。

有时为了讨论方便，在一定条件下将二极管视为理想二极管，即忽略二极管 0.6V（或 0.2V）的导通电压和反向饱和电流 I_S，认为二极管的导通电压和反向电流等于零。一般在电源电压远大于二极管的导通电压时，利用理想二极管来分析，不会产生较大的误差。

在二极管的导通电压不能忽略时，还可以将二极管视为恒压降模型，即认为二极管正偏导通后的管压降是个恒定值（对于硅管和锗管来说，分别取 0.7V 和 0.3V 的典型值），二极管反偏时反向饱和电流 I_S 和理想二极管一样视为零。这个模型比理想二极管更接近实际情况，因此应用比较广泛。

3. 二极管的主要参数

二极管的特性除了用特性曲线来表示外，还可用它的参数来说明，同时二极管的参数也是合理选择和正确使用二极管的依据，其主要参数有：

（1）最大整流电流 I_F　最大整流电流 I_F 是指二极管在一定温度下，长期运行时允许通过的最大正向直流电流。使用时通过二极管的电流要小于这个电流，否则会使二极管因过热而损坏。

（2）反向击穿电压 U_{BR}　反向击穿电压 U_{BR} 是指二极管反向击穿时的电压值。当温度升高时，二极管反向击穿电压值 U_{BR} 会有所下降。

（3）最高反向工作电压 U_{RM}　最高反向工作电压 U_{RM} 是指确保二极管安全使用时所允许的最大反向电压。一般最高反向工作电压 U_{RM} 约为反向击穿电压的一半或三分之二，以保证二极管正常工作的余量，避免二极管发生反向击穿。

（4）反向电流 I_R　反向电流 I_R（又称为反向饱和电流 I_S）是指在室温和规定的反向工

作电压下的反向电流值。此值越小，说明二极管的单向导电性越好。当温度升高时，反向电流 I_R 会有所增大。一般温度每升高 10℃，反向饱和电流 I_S 将增加一倍。

（5）最高工作频率 f_M　最高工作频率 f_M 就是二极管能保持单向导电性的外加电压的最高频率，其值的大小取决于 PN 结结电容的大小。结电容越小，则二极管允许的最高工作频率越高。

除上述参数外，二极管的参数还有很多，如结电容、正向压降等。在实际应用时，可查阅半导体器件手册。

4. 二极管的型号命名

根据国产半导体器件型号命名规则，半导体器件的型号由四部分组成。国家标准 GB/T249—1989 适用于无线电电子设备所用半导体器件的型号命名及意义见附录 A。

例如：2AK 系列二极管，表示 N 型锗材料开关二极管。

2CZ 系列二极管，表示 N 型硅材料整流二极管。

2DW 系列二极管，表示 P 型硅材料稳压二极管。

5. 二极管的测试

二极管从本质上说就是一个 PN 结，具有单向导电性，因此可以通过用万用表测量其正反向电阻值来确定二极管的电极。测量时把万用表置于电阻 $R\times100$ 档或 $R\times1k$ 档。一般不用 $R\times1$ 档，因为输出电流太大；也不用 $R\times10k$ 档，因为电压太高，有可能对二极管造成不利影响，把二极管烧坏。将万用表两表笔分别接二极管的两个电极，测出电阻值；然后更换二极管的电极，再测出电阻值。这两个电阻值分别为正向电阻、反向电阻。由于二极管的单向导电性，两个电阻阻值必定相差悬殊。对于指针式万用表，电阻值很小的那次测量，万用表的黑表笔相接的电极为二极管的正极，红表笔相接的电极为二极管的负极。对于数字万用表，由于表内电池极性相反，电阻值很小的那次测量，红表笔接二极管的正极，黑表笔接二极管的负极，在实际测量中必须注意。

二极管正、反向电阻的测量值相差愈大愈好，一般二极管的正向电阻测量值为几百欧姆，反向电阻为几十千欧姆到几百千欧姆。若两次测量所得电阻值都很小或接近于零，说明二极管内部已被击穿；若两次测量所得电阻值都很大或接近于无穷大，说明二极管内部已断路；若两次测量值相差不大，说明二极管单向导电性能变坏或已失效。

6. 二极管的应用

二极管在电子技术中广泛地应用于整流、限幅、开关和稳压等方面，大多是利用其正偏导通、反偏截止的特点。

（1）整流应用　利用二极管的单向导电性，可以把大小和方向都随时间发生变化的正弦交流电变为单向脉动的直流电。这种方法简单、经济，在日常生活及电子电路中经常采用。第七章稳压电源中的整流电路就是根据这个原理构成的。

（2）限幅应用　利用二极管的单向导电性，将输入电压限定在要求的范围之内，称为限幅。如图 5-8a 所示的双向限幅电路中，假设 VD_1、VD_2 为理想二极管。当输入电压 $u_i>$ 2V 时，二极管 VD_1 因处在正向偏置而导通，二极管 VD_2 因处在反向偏置而截止，此时 $u_o=$

2V；当 $u_i < -2V$ 时，同理可得，二极管 VD_1 截止，二极管 VD_2 导通，此时输出电压 $u_o = -2V$；当 u_i 在 $-2V$ 与 $+2V$ 之间时，VD_1 和 VD_2 均截止，因此输出电压 $u_o = u_i$。输入输出波形如图5-8b 所示。利用这个限幅电路就可以把输入电压 u_i 的幅度加以限制。

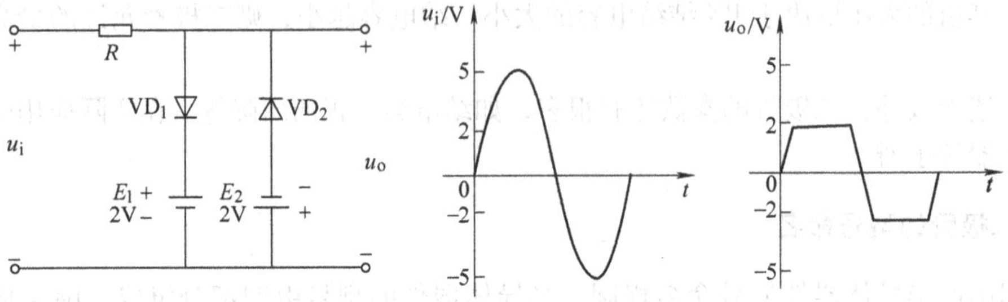

a)双向限幅电路　　b)输入输出波形

图 5-8　二极管的限幅应用

(3) 开关应用　因为二极管具有单向导电性，正向偏置时导通，反向偏置时截止，在电路中的作用类似于开关，因此在数字电路中经常将半导体二极管作为开关元件来使用，如图 5-9a 所示为一简单电路。其中 u_S 是需要定期通过二极管 VD 加入到应用电路的信号，u_i 为控制信号。当控制信号 $u_i < 5V$ 时，二极管 VD 因处于反向偏置而截止，相当于“开关断开”，u_S 不能通过 VD；当 $u_i > 5V$ 时，二极管 VD 处于正向偏置而导通，u_S 可以通过 VD 加入到应用电路，此时二极管相当于“开关闭合”。这样，二极管 VD 就在信号 u_i 的控制下，实现了开关的作用。

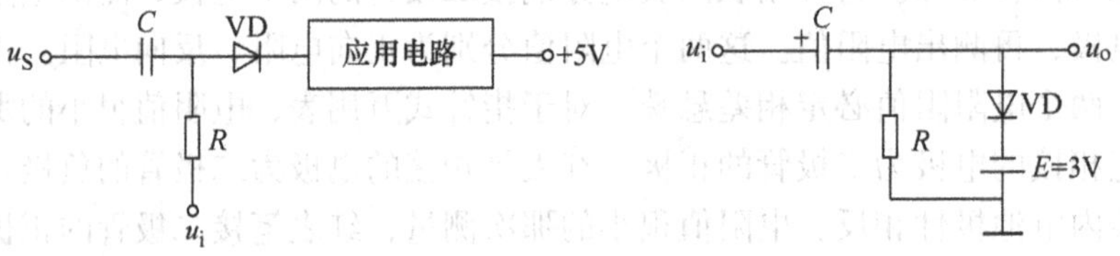

a)开关应用　　b) 钳位作用

图 5-9　二极管的应用

(4) 钳位作用　如图 5-9b 所示电路中，二极管在电路中起钳位作用，将输入信号的顶部钳位于直流电平 $-3V$，作用类似于开关作用，选用的二极管也是开关二极管。

例 5.1　图 5-10 所示电路中，已知二极管为硅管，电源电压为 $U_1 = 6V$，$U_2 = 3V$。电阻 $R = 300\Omega$，问二极管是否导通？U_{ab} 等于多少？流过电阻的电流各为多少？

解：分析时，可以先假设二极管不导通，来判断加在二极管两端的正向电压是否大于导通电压。若两端的电压大于导通电压，则二极管导通，电路中有电流，二极管两端的电压等于导通电压；若两端的电压小于导通电压，则二极管截止，电路中无电流。

对于图 5-10a 假设二极管不导通，以 b 点为参考电位点（即令 $U_b = 0V$），则二极管的阳极电位为 $-6V$，阴极电位为 $-3V$，二极管的正向压降为 $[(-6)-(-3)]V = -3V < 0.6V$，所以二极管截止，$U_{ab} = -3V$，流过电阻的电流为零。

对于图 5-10b 假设二极管不导通，以 b 点为参考电位点（即令 $U_b = 0V$），则二极管的阳

极电位为 -3V，阴极电位为 -6V，二极管的正向压降为 [(-3) - (-6)] V = 3V > 0.6V，所以二极管导通，导通电压为 0.6V。U_{ab} = [(-6) + 0.6] V = -5.4V，流过电阻的电流：$I=\frac{0.6+(-6)+3}{300}A=-0.008A$。

负号表示电流方向由 a 指向 b。

例 5.2 图 5-11 所示电路中，已知输入端 1 的电位为 U_1 = 5V，输入端 2 的电位 U_2 = 0.7V，电阻 R = 1kΩ，电源电压 E = -6V，二极管为硅管，求输出端 3 的电位和流过电阻 R 的电流。

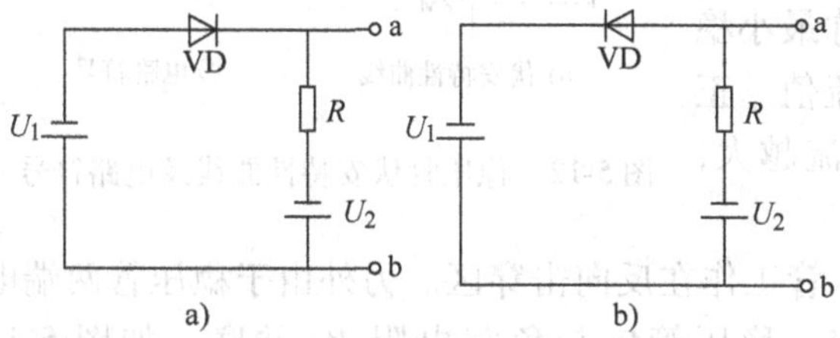

图 5-10 例 5.1 题图

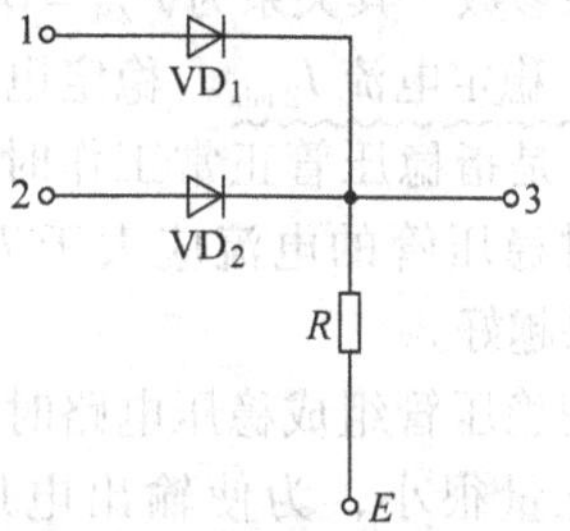

图 5-11 例 5.2 题图

解：假设两个二极管都不导通，则由于二极管 VD_1 两端的正向电压为 [5 - (-6)] V = 11V，故二极管 VD_1 导通，此时 3 端的电位等于 (5 - 0.6) V = 4.4V；对于二极管 VD_2 其两端正向电压为 (0.7 - 4.4) V = -3.4V，故二极管 VD_2 截止。

当先讨论二极管 VD_2 时，结果是一样的。由于二极管 VD_2 两端的正向电压为 [0.7 - (-6)] V = 6.7V，故二极管 VD_2 导通，此时 3 端的电位等于 (0.7 - 0.6) V = 0.1V；对于二极管 VD_1 的正向电压为 (5 - 0.1) V = 4.9V，二极管 VD_1 也导通，且导通后使得的 3 端电位为 (5 - 0.6) V = 4.4V，造成二极管 VD_2 因正向电压小于零而截止。

所以 3 端的电位为　　U_3 = (5 - 0.6) V = 4.4V

流过电阻 R 的电流为　　$I=\frac{4.4-(-6)}{1000}mA=10.4mA$

综上所述可得：当数个二极管的负极并联在一点，而加在这些二极管的正极电位各不相同且都高于负极电位时，正极电位最高的二极管导通；当数个二极管的正极并联在一点，而加在这些二极管的负极电位各不相同且都高于正极电位时，负极电位最低的二极管导通。

5.2.3 其他二极管

1. 稳压二极管

稳压二极管简称稳压管，是利用二极管的反向击穿特性，用特殊工艺制造的面接触型半导体二极管。稳压管可以稳定地工作在击穿区而不损坏。稳压二极管的外形、内部结构均与普通二极管相似。常用的稳压二极管有 2CW 和 2DW 系列，其伏安特性曲线及电路符号如图 5-12所示。

稳压二极管的参数是合理选择稳压管的重要依据，主要参数有：

(1) 稳定电压值 U_Z　稳定电压值 U_Z 就是稳压管工作在反向击穿区时的稳定工作电压，

它的大小取决于制造时的掺杂浓度，所以同一型号稳压管的稳定电压值也有所不同，例如2CW15型稳压管的稳定电压值在7～8.5V之间。

（2）最大稳压电流I_{ZM}和最大功率损耗P_{ZM}　最大稳定电流I_{ZM}指稳压管允许流过的最大工作电流。最大功率损耗P_{ZM}指稳压管不产生热击穿的最大功率损耗。正常工作时稳压管的电流和功率不应超过这两个极限参数。其关系为$P_{ZM}=U_ZI_{ZM}$。

（3）稳定电流$I_{Z\min}$　稳定电流$I_{Z\min}$又称最小稳压电流，是指稳压管正常工作时的最小电流值。正常工作时稳压管的电流应大于$I_{Z\min}$，且电流越大，稳压效果越好。

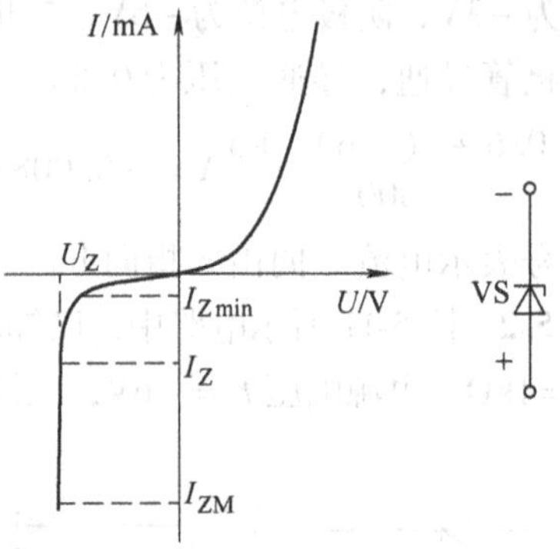

a) 伏安特性曲线　　b) 电路符号

图5-12　稳压管伏安特性曲线及电路符号

使用稳压管组成稳压电路时，应使稳压管工作在反向击穿区。另外由于稳压管两端电压的变化量很小，为使输出电压比较稳定，稳压管应与负载电阻R_L并联，如图5-13所示。

例5.3　电路如图5-14所示，其中VS_1的稳定电压值为6V，VS_2的稳定电压值为8V，它们的正向压降为0.6V。求各电路的输出电压值。

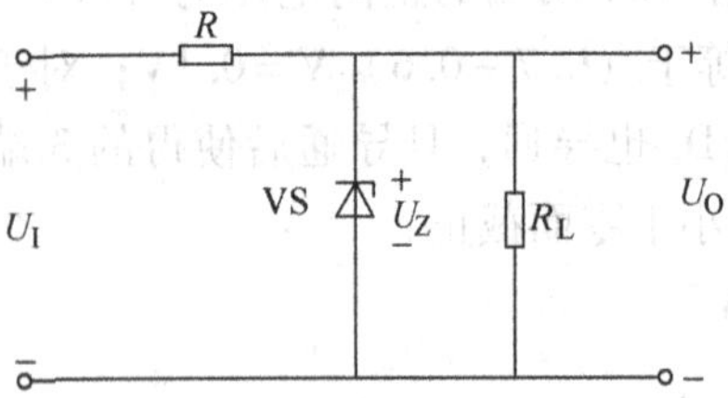

图5-13　稳压管电路

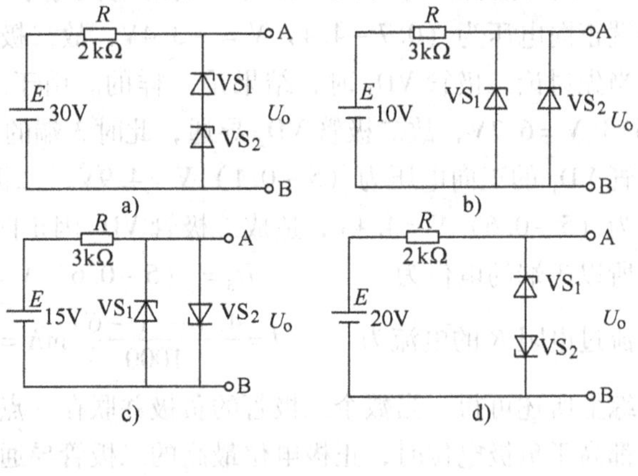

图5-14　例5.3题图

解：图5-14a中VS_1、VS_2串联反向连接于电路中，两个稳压管处于稳压状态，因此输出电压为$U_o=6V+8V=14V$。

图5-14b中VS_1、VS_2并联反向连接于电路中，当稳压管VS_1处于稳压状态时，稳压管VS_2因两端电压小于稳压值而处于截止状态。因此输出电压为$U_o=6V$。

图5-14c中VS_1、VS_2并联在电路中，VS_1反向连接，VS_2正向连接，稳压管VS_2因正向连接而导通，相应的稳压管VS_1因两端电压值小于稳压值而处在截止状态。因此输出电压为$U_o=0.6V$。

图5-14d中VS_1、VS_2串联在电路中，VS_1反向连接，VS_2正向连接，稳压管VS_2因正向连接而导通，稳压管VS_1处于稳压状态，两端电压等于稳压值6V。因此输出电压为$U_o=(6V+0.6)\ V=6.6V$。

2. 发光二极管

发光二极管（简称 LED，是英文 Light Emitting Diode 的缩写）是常见的光电器件，属于转换器件的一种，是可以将电能直接转换成光能的半导体器件。发光二极管与普通二极管一样，也是由一个 PN 结构成的，其伏安特性曲线及电路符号如图 5-15 所示。

发光二极管具有功耗小、体积小、驱动简单、寿命长、可靠性高、单色性好及易与集成电路匹配等优点，因此应用十分广泛。一般常用于信号灯指示、数字和字符指示（接成七段显示数码管）等。

***3. 光敏二极管**

光敏二极管是一种能将接受的光信号转换成电信号输出的半导体二极管。光敏二极管的工作原理是因为半导体具有光敏特性，其电路符号如图 5-16 所示。

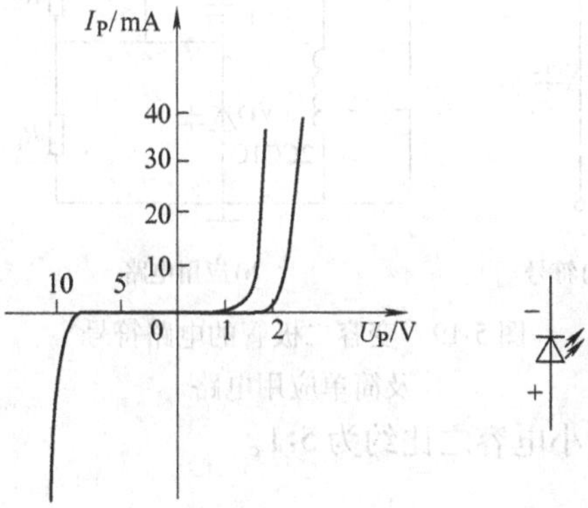

a)伏安特性曲线　　b)电路符号

图 5-15　发光二极管的伏安特性曲线及电路符号

图 5-16　光敏二极管的电路符号

正向偏置时光敏二极管的光敏特性不明显，所以光敏二极管在电路中一般是处于反向偏置状态。在没有光照射时，光敏二极管的反向电阻很大，处于截止状态；当有光照射在 PN 结上时，光敏二极管处于导通状态。光的强度越大，光照产生的光电流就越大。

光敏二极管可以用来作为测光元件，也可以作为将光信号转换成电信号的器件，如图 5-17所示为光电数字转速表。在电动机的转轴上涂上黑白相间条纹的两种颜色，在电动机轴转动时，反光和不反光交替出现，所以光敏器件间断地接受光的反射信号，输出电脉冲。再经过放大整形电路，输出整齐的方波信号，由数字频率计测出电动机的转速。

光敏器件还可以和发光二极管一起组成光耦合元器件，实现电→光→电的传输和转换。图 5-18 所示是常见的利用光信号来远距离传输电信号的原理示意图。

***4. 变容二极管**

变容二极管是利用 PN 结反向偏置时，电容大小随外加电压而发生变化的特性制成的。外加电压增大时电容减小，反之电容增加。变容二极管的电路符号及简单应用电路如图 5-19 所示。

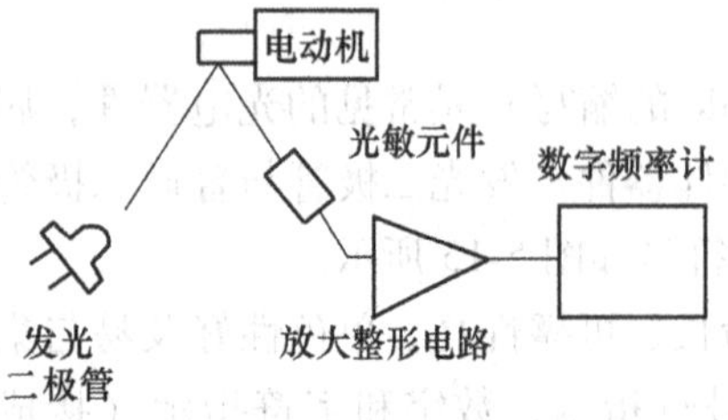

图 5-17　光电数字转速表

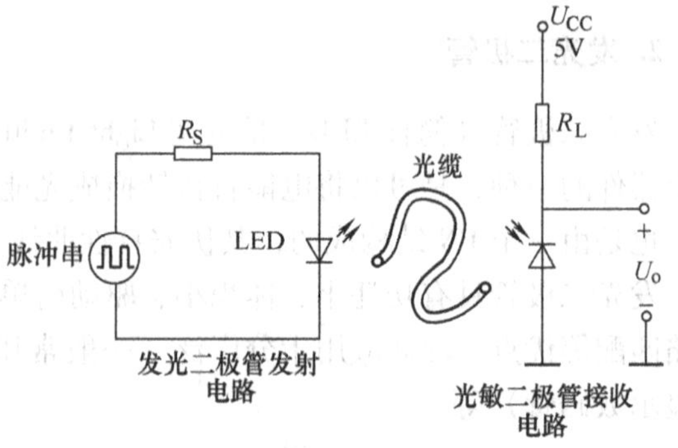

图 5-18　远距离电信号传输的示意图

对于普通二极管来说，高频工作时要注意防止结电容的不利影响。而变容二极管正是利用了结电容随反向电压的增加而减小的效应，并使这个效应显著，因此变容二极管主要在高频电路中用作自动调谐、调频和调相等。图 5-19b 所示为一变容二极管调频电路，在低频信号 U_1 的作用下，变容二极管 VD 的结电容发生变化，*LC* 振荡回路的谐振频率也随之改变。变容二极管的电容量一般很小，其最大值为几十到几百微法，最大电容和最小电容之比约为 5:1。

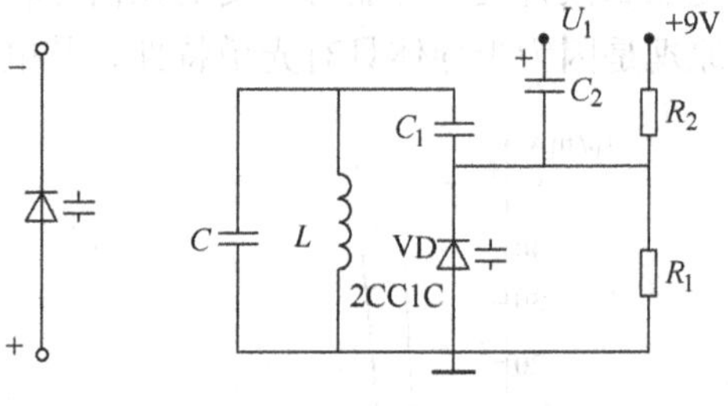

a)符号　　b)应用电路

图 5-19　变容二极管的电路符号及简单应用电路

5.2.4　概念自测题

一、填空题

1. PN 结是由__________和__________在其结合面上形成的一种特殊结构的薄层，具有__________，其导通条件是__________。

2. 二极管实质上是由一个 PN 结构成，具有______。外加正向电压大于导通电压时导通，硅二极管的正向压降约为______，锗二极管的正向压降约为______。外加反向电压时截止，当反向电压超过一定值时二极管______。

3. 发光二极管（LED）是把______转换成______的半导体器件，工作于______。光敏二极管是把______转换成______的半导体器件，在电路中一般是工作于______。

4. 用万用表测量二极管的正反向电阻阻值可以来确定二极管的电极。一般二极管的正向电阻______反向电阻；若正向电阻和反向电阻都很小或接近于零，说明二极管______；若正向电阻和反向电阻都很大或接近于无穷大，说明二极管______；若正向电阻和反向电阻相差不大，说明二极管______________。

二、判断题

5. 因 PN 结存在一个内电场，则用导线将 PN 结的两端连接起来，导线中将有电流流

过。 （ ）

6. 温度升高，二极管的反向击穿电压减小。 （ ）

7. 当二极管外加反向电压增大超过一定值时，反向电流急剧增加，二极管被击穿，二极管一旦被击穿就不能再使用了。 （ ）

三、选择题

8. 当 PN 结外加正向电压时，在 PN 结内参与导电的是（ ）

A. 多数载流子 B. 少数载流子 C. 多数载流子和少数载流子

9. 二极管最高反向工作电压 U_{RM} 是指确保二极管安全使用所允许施加的最大反向电压，一般约为反向击穿电压的（ ）

A. 一半或三分之二 B. 相等 C. 三分之一

10. 能在高频电路中用作自动调谐、调频、调相的二极管为（ ）

A. 发光二极管 B. 光敏二极管 C. 变容二极管

5.3 晶体管

晶体管是电子电路的重要器件，是三极管中的一种。它是通过一定的工艺，将两个 PN 结结合在一起的器件。由于两个 PN 结的相互影响，使晶体管呈现出不同于单个 PN 结的特性，即具有电流放大作用。图 5-20 所示为几种常见晶体管的外形图。

5.3.1 晶体管的结构

晶体管的种类很多，按照半导体材料的不同可分为硅管、锗管；按照功率分为小功率管、中功率管和大功率管；按照频率分为高频管和低频管；按照制造工艺分为合金管和平面管等。由于晶体管是由两个 PN 结构成，所以根据两个 PN 结的组成不同又可分为 NPN 型晶体管和 PNP 型晶体管，其结构示意图及电路符号如图 5-21 所示，符号中的箭头方向是晶体管的实际电流方向。

如图 5-21 所示，晶体管有三个区，分别为基区、发射区和集电区。从三个区引出的三个电极相应的为基极、发射极和集电极，分别用 b、e、c 来表示。组成晶体管的两个 PN 结分别为发射结（基区与发射区交界处的 PN 结）和集电结（基区和集电区交界处的 PN 结）。NPN 型晶体管和 PNP 型晶体管结构的区别在于：NPN 型晶体管的基区是一块很薄的 P 型半导体，两端为 N 型半导体；PNP 型晶体管的基区是一块很薄的 N 型半导体，而两端为 P 型半导体。两种晶体管的工作原理及用途几乎相同，仅在实现放大作用时各电极端的电压极性和电流流动方向不同，两种晶体管的电流方向在符号中已用箭头表示出，因此根据符号中的箭头方向可以判断晶体管的类型。

为了使晶体管具有放大作用，晶体管在制造工艺上应具有如下特点：基区做得很薄，一般只有 1μm 到几十微米厚；发射区掺杂浓度远远高于基区掺杂浓度，使发射区有足够多的载流子发射；集电区的面积比较大，保证集电区有足够的收集能力。由此可见晶体管在使用时发射极和集电极不能对调使用。

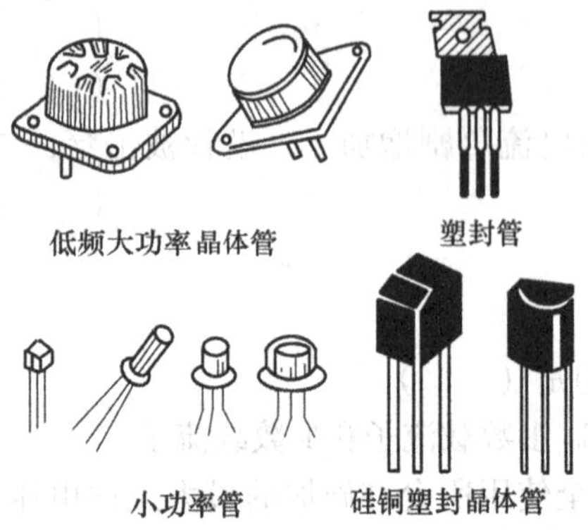

图 5-20　常见晶体管的外形图

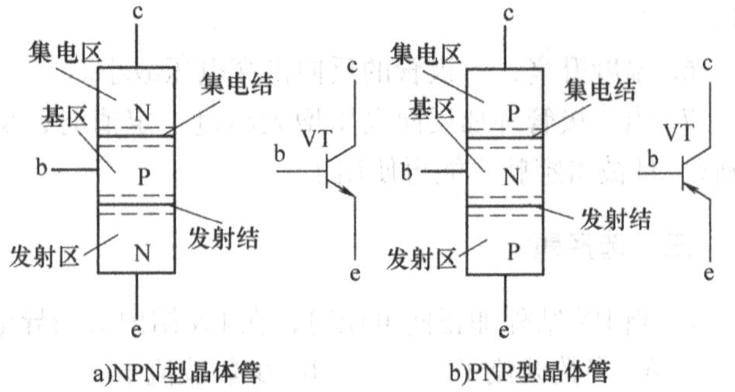

图 5-21　晶体管结构示意图及电路符号

当晶体管电流放大作用的内部条件（即晶体管制造工艺的特点）满足后，为实现电流放大作用，还必须具备一定的外部条件。使晶体管具有电流放大作用的外部条件为：给晶体管发射结加正向偏置电压，使发射结正偏；给集电结加反向偏置电压，使集电结反偏。

1. 晶体管的基本工作原理

由于 NPN 管和 PNP 管的结构对称，工作原理完全相同，下面仅以 NPN 管为例，讨论晶体管的基本工作原理。

在满足上述内部和外部条件的情况下，晶体管内部载流子的运动和电流的关系如图 5-22 所示。

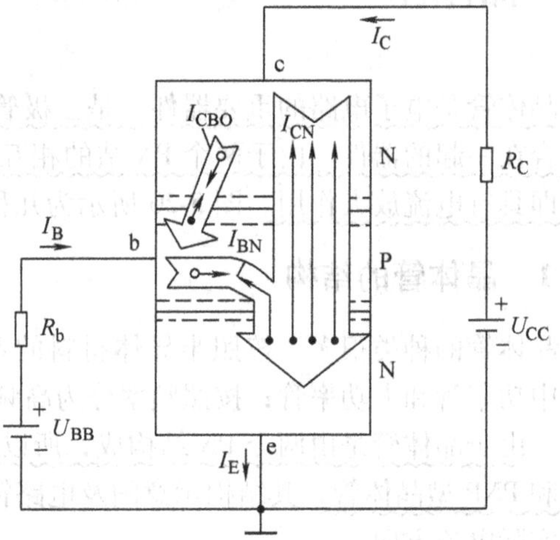

图 5-22　晶体管内部载流子的运动和电流关系

载流子的运动可分为三个部分来理解。首先，发射区向基区注入电子，形成发射极电流 I_E。在图 5-22 中，由于发射结正偏，高掺杂浓度的发射区多子（自由电子）越过发射结向基区扩散，形成发射极电流 I_E，发射极电流 I_E 的方向与电子流动方向相反，由晶体管的发射极流出。与此同时，基区的多子（空穴）也向发射区扩散，但由于基区做得很薄，基区的空穴数目远远少于发射区的自由电子数，因此形成的电流可以忽略不计。

其次，发射区发射的自由电子注入基区后，因为基区多子为空穴，所以从发射极发射出来的自由电子要和基区的空穴产生复合运动而形成基极电流 I_B。由于基区做的很薄，因此被复合掉的自由电子只是一小部分，大部分自由电子很快到达集电结。所以基极电流 I_B 比发射极电流 I_E 小得多。

最后，由于集电结反向偏置，集电结的内电场阻止集电区的多子（自由电子）向基区扩散，却有利于将基区的自由电子（包括基区的少子和从发射区“发射”来的自由电子）收集到集电区，从而形成集电极电流 I_C。集电极电流的方向是流入集电极的。同时加在集电结上的反偏电压还使集电结的少子（P 区的自由电子和 N 区的空穴）形成漂移运动而产生漂移电流 I_{CBO}，又称为反向饱和电流。它实际上相当于二极管的反向饱和电流 I_S。

从以上分析可以看出，晶体管中的两种载流子都参与了导电，所以晶体管又称为双极型晶体管。

由于 PNP 管和 NPN 管结构对称，发射结正向偏置时发射区发射的多子是空穴，因此 PNP 管的电流方向正好和 NPN 管的电流方向相反。

2. 各极电流分配关系

由晶体管内部载流子的运动可以看出，发射极电流 I_E 在基区分为基区内的复合电流 I_B 和继续向集电极扩散的电流 I_C 两个部分，因此 $I_E = I_C + I_B$。在基区形成的复合电流 I_B 很小，所以通常认为 $I_E \approx I_C$。I_C 和 I_B 成比例关系，比值的大小取决于制造晶体管时的结构和工艺，管子制成后，它们的比值基本上是个定值，称为晶体管的直流电流放大系数，用 $\bar{\beta}$ 表示，$\bar{\beta} \approx I_C/I_B$（忽略晶体管的反向饱和电流）。晶体管各电极电流分配关系也可以用实验的方法直接测量得出。

通常将集电极电流与基极电流的变化量之比定义为晶体管的电流放大系数，用 β 表示，即

$$\beta = \Delta I_C/\Delta I_B$$

参数 $\bar{\beta}$ 和参数 β 含义不同，但是对于大多数晶体管来说，它们的数值差别不大，因此在以后的计算中，不再将它们严格区分。

当考虑到晶体管的少子漂移产生的漂移电流时，集电极电流

$$I_C = \beta I_B + (1+\beta) I_{CBO} = \beta I_B + I_{CEO}$$

式中，$I_{CEO} = (1+\beta) I_{CBO}$ 称为穿透电流。

综上所述，晶体管各电极电流如图 5-22 所示。忽略少子漂移电流，各电极电流的关系为 $I_C = \beta I_B$，$I_E = I_C + I_B$。这些关系同样也适用于 PNP 管，并且十分重要，在讨论晶体管及其放大电路时经常要用到。

通常 β 取值范围为 20 ~ 200，利用基极电流 I_B 实现对集电极电流 I_C 的控制，就是晶体管的电流放大作用。晶体管的电流放大作用可以转化为电压放大作用，当输入电压变化时，会引起基极电流 I_B 的变化，由于 I_B 的变化，在集电极输出端就会引起集电极电流 I_C 的较大变化，该变化电流在集电极负载电阻 R_C 上就会产生较大的输出电压，从而实现电压的放大作用。

5.3.2 晶体管的伏安特性曲线

晶体管的伏安特性曲线是指晶体管各极电压与电流之间的关系曲线。它反映了晶体管的性能，是分析放大电路的依据。晶体管有三个电极，所以常用的伏安特性曲线有输入特性曲线和输出特性曲线。这些曲线和电路的接法有关。这里仅以最常用的 NPN 管构成的共发射极电路为例来分析晶体管的特性曲线。测试晶体管共发射极输入、输出特性曲线的电路如图 5-23所示，特性曲线可以直接对电流进行测量后绘出，也可用晶体管特性图示仪从荧光屏上直接显示出。

1. 输入特性曲线

输入特性曲线是指当集电极与发射极之间的电压 U_{CE} 为一常数时，输入回路中基极电流 i_B 与加在晶体管基极与发射极之间的电压 u_{BE} 之间的关系曲线。用函数式表示为

$$i_B = f(u_{BE})\big|_{U_{CE}=\text{常数}}$$

当 U_{CE} 为不同的数值时，输入特性曲线为一组曲线。测得的晶体管的输入特性曲线如图 5-24所示。

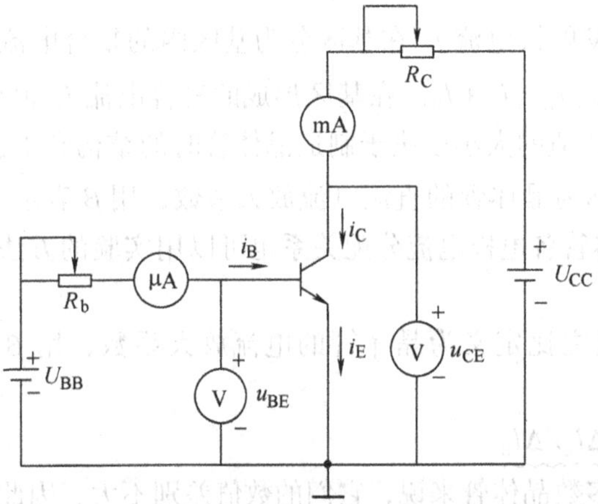

图 5-23　测试晶体管共发射极输入、输出特性曲线的电路

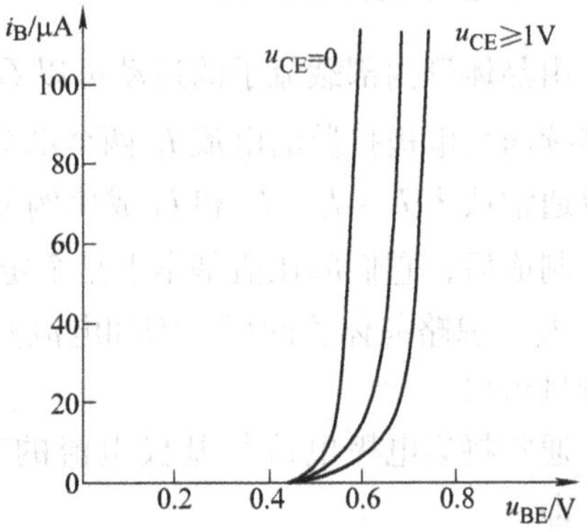

图 5-24　晶体管的输入特性曲线

从图上可以看出：晶体管的输入特性曲线和二极管的正向特性曲线相似，当输入电压小于导通电压时，晶体管不导通，基极电流为零；当输入电压大于导通电压时，晶体管导通。当 u_{CE} 为不同的值时，输入特性略有不同，即当 u_{CE} 增大时，特性曲线向右移动。随着 u_{CE} 的增大，移动趋势越来越慢，一般当 $u_{CE} \geqslant 1\text{V}$ 时，各条特性曲线几乎重叠，所以通常只用一条曲线代表 $u_{CE} \geqslant 1\text{V}$ 以后的各条曲线。

2. 输出特性曲线

输出特性曲线是在基极电流 I_B 一定的情况下，晶体管的集电极电流 i_C 和集电极与发射极之间的电压 u_{CE} 之间的关系曲线。用函数式表示为

$$i_C = f(u_{CE})\big|_{I_B=\text{常数}}$$

当 I_B 取不同的值时，输出特性曲线也是一组曲线。测得晶体管的输出特性曲线如图 5-25 所示。

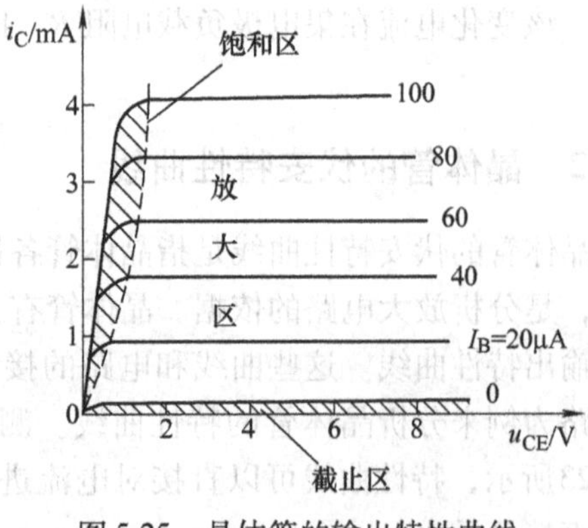

图 5-25　晶体管的输出特性曲线

从图中可以看出：输出特性各条曲线的形状基本上是一样的，起始部分很陡，当 u_{CE} 略有增加时，i_C 增大的很快。当 $u_{CE} > 1\text{V}$ 左右以后，I_C 和 I_B 的分配比例固定，即使 u_{CE} 再增

加，i_C 也不会有明显的增加。若改变基极电流 I_B 的值，就可以得到另外一条输出特性曲线。若 ΔI_B 为一常数，将得到一组间隔基本均匀且比较平坦的曲线。

按输出特性曲线的不同特点，可将其划分为三个区域：截止区、放大区和饱和区，如图5-25所示。

（1）截止区　习惯上把 $I_B \leqslant 0$ 的区域称为截止区。在截止区 $I_B = i_C = i_E \approx 0$，晶体管没有放大作用。为了使晶体管能够可靠截止，通常给晶体管的发射结加反向偏置电压，即 $u_{BE} \leqslant 0$，所以发射结与集电结均处在反向偏置状态。

（2）放大区　各条输出特性曲线比较平坦，近似为水平线的区域为放大区。在放大区 $i_C = \beta I_B$，i_C 基本上不随 u_{CE} 的变化而变化，晶体管有放大作用。晶体管的发射结正向偏置，集电结反向偏置。

（3）饱和区　通常认为在图5-25中对应 u_{CE} 较小的区域为饱和区。在饱和区 u_{CE} 较小，硅管约为0.3V，锗管约为0.1V，称此时的管压降为晶体管饱和管压降，用符号 $U_{CE(sat)}$ 表示。在饱和区 i_C 基本上不随 i_B 而变化，晶体管失去了放大作用，晶体管的发射结和集电结均处于正向偏置状态。

虽然饱和区和截止区都没有放大作用，但这两个区的特点是截然不同的。在饱和区，集电极电流达到最大值，并且此时晶体管各电极间的压降均很小，可以近似为零。所以饱和区的晶体管各电极间可以近似为短路，集电极、发射极之间等效为一个闭合的开关；在截止区，基极电流和集电极电流近似为零，晶体管各电极间可以近似为断路，集电极、发射极之间等效为一个断开的开关。晶体管在三个区域的工作状态及特点见表5-1。

表5-1　晶体管的工作状态及特点

特点 / 工作状态	PN 结偏置状态	各电极电流	等效	应用
放大区	发射结正偏、集电结反偏 $u_{BE}>0$，$u_{BC}<0$	$i_C = \beta I_B$	电流控制器件	放大
饱和区	两 PN 结均正偏 $u_{BE}>0$，$u_{BC}>0$	$i_C = I_{C(SAT)}$	闭合开关	开关
截止区	两 PN 结均反偏 $u_{BE}<0$，$u_{BC}<0$	$I_B = i_C = i_E \approx 0$	断开开关	开关

必须注意：当 u_{CE} 增大到一定程度时，集电结因反偏电压过大而击穿，晶体管发生反向击穿，此时集电极电流 i_C 急剧增大，可能造成管子的击穿而损坏，在使用中应避免出现这种情况。

例5.4　测得放大电路中两个晶体管的对地电位分别为A管（+3V、+3.2V、+9V）和B管（−11V、−6V、−6.7V）。试识别晶体管的各电极，并且判断晶体管是PNP型还是NPN型？是硅管还是锗管？

解：在放大电路中，NPN型晶体管的三个电极电位关系为 $U_C > U_B > U_E$；PNP型晶体管的三个电极电位关系为 $U_E > U_B > U_C$。

由此可得无论是PNP型还是NPN型晶体管，基极的电位总是居中。因此可判断出A管中+3.2V为基极，B管中的−6.7V为基极。又因为无论是PNP型还是NPN型晶体管基极与发射极之间为一个PN结，所以两者电位差为PN结的导通电压，硅管导通电压为0.6～0.8V，锗管导通电压为0.1～0.3V。由此可以判断出A管中+3V为发射极，B管中的-6V为发射极，且A管为锗管，B管为硅管。剩余的A管的+9V为集电极，B管的-11V为集电极。又因为A管的集电极电位大于其他两极，所以A管为NPN型晶体管，同理B管中的集电极电位小于其他两极电位，所以B管为PNP型晶体管。

综上所述可知：A管基极为+3.2V、发射极为+3V、集电极为+9V，是锗材料的NPN型晶体管。B管基极为-6.7V、发射极为-6V、集电极为-11V，是硅材料的PNP型晶体管。

5.3.3 晶体管的主要参数

晶体管的参数表征了晶体管的性能和适用范围，是合理选择和正确使用晶体管的依据。主要参数有如下几种。

1. 电流放大系数

直流电流放大系数$\overline{\beta}$是在共发射极电路没有交流输入信号的情况下，(I_C-I_{CEO})与I_B的比值，即$\overline{\beta}=\dfrac{I_C-I_{CEO}}{I_B}\approx\dfrac{I_C}{I_B}$。

所以$\overline{\beta}$也可以理解为直流工作情况时，共发射极电路的集电极电流I_C与输入直流电流I_B的比值。

交流电流放大系数β是指在共发射极电路中，集电极电流I_C的变化量与基极电流I_B的变化量的比值，即$\beta=\dfrac{\Delta I_C}{\Delta I_B}$。

β值是衡量晶体管放大能力的重要指标。小功率管的β值一般都比较大，而且可以认为是基本不变的，一般取值在20～200之间。β太小，电流放大作用差；β太大，管子的工作稳定性差。

$\overline{\beta}$和β的含义是不同的，但数值较为接近。在工程上，为了简便，一般都认为$\overline{\beta}=\beta$。

晶体管放大系数β可用万用表来测量，有些晶体管也可以根据其管壳顶部标有的色点来粗略判断β值的大概范围，其分档标注如表5-2所示。

表5-2 晶体管顶部标注的颜色及对应β值的大概范围

0～15	15～25	25～40	40～55	55～80	80～120	120～180	180～270	270～400	400～600
棕	红	橙	黄	绿	蓝	紫	灰	白	黑

2. 极间反向电流

（1）集电极—基极反向饱和电流I_{CBO}　集电极—基极反向饱和电流I_{CBO}是指在发射极断开时，基极和集电极之间的反向电流。I_{CBO}一般很小，在常温下，小功率硅管的I_{CBO}为纳安数量级，小功率锗管则为微安数量级。I_{CBO}的大小标志着集电结质量的好坏，I_{CBO}越小越好。所以在工作环境温度变化较大的场所一般都选择硅管。

（2）集电极—发射极间反向电流I_{CEO}　集电极—发射极间反向电流I_{CEO}是指基极开路时，从集电极穿过基区流到发射极的电流，因此又称穿透电流，I_{CEO}与反向饱和电流I_{CBO}的

关系为 $I_{CEO}=I_{CBO}+\beta I_{CBO}=(1+\beta)I_{CBO}$。$I_{CEO}$ 也是衡量晶体管质量好坏的一个标准，其值越小越好。在输出特性曲线上，$I_B=0$ 时对应的 I_{CE} 即为 I_{CEO}。

3. 极限参数

晶体管的极限参数是指晶体管在正常工作时，管子上的电压、电流及功率等参数不得超过的限度。当选择晶体管的参数超过极限参数时会使晶体管特性变坏，甚至损坏。所以，选择和使用管子时，必须保证晶体管的工作参数不能超过这些极限值。

（1）集电极最大允许电流 I_{CM}　当集电极电流超过 I_{CM} 时，晶体管性能变差，β 值下降。当 $I_C=I_{CM}$ 时，β 值下降到额定值的 1/3 ~ 2/3。一般晶体管在正常工作时，流过晶体管的集电极电流 i_C 应小于 I_{CM}。

（2）极间反向击穿电压　极间反向击穿电压表示外加在晶体管各电极之间的最大允许反向电压。如果超过这个限度，晶体管的反向电流会急剧增加，甚至损坏晶体管。主要有 $U_{(BR)CEO}$ 和 $U_{(BR)CBO}$。$U_{(BR)CEO}$ 是指当基极开路时，集电极与发射极之间的反向击穿电压；$U_{(BR)CBO}$ 是指当发射极开路时，集电极与基极之间的反向击穿电压。

（3）集电极最大允许损耗功率 P_{CM}　P_{CM} 表示集电结上允许损耗功率的最大值。P_{CM} 与环境温度有关，温度越高，P_{CM} 越小。$P_{CM}=U_{CE}\times I_{CM}$，在输出特性曲线上表示一条双曲线。它与 I_{CM} 及 $U_{(BR)CEO}$ 一起划定了晶体管的安全工作区，如图 5-26 所示。

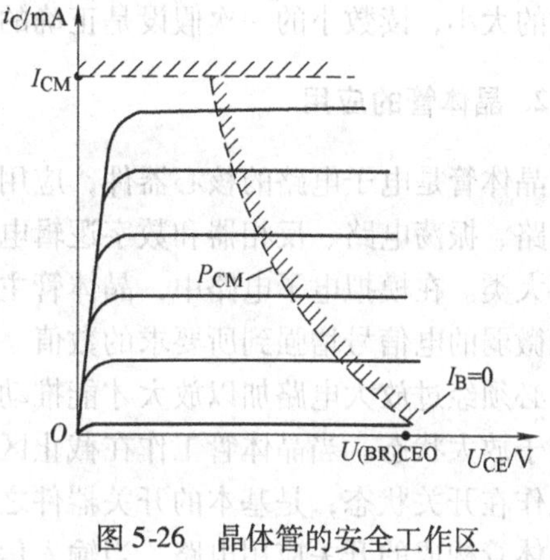

图 5-26　晶体管的安全工作区

晶体管为半导体器件，因此温度对晶体管的各个参数都有影响。如晶体管的电流放大系数 β 随着温度升高而增大，无论是硅管还是锗管，温度每升高 1℃，β 值相应地增大 0.5% ~ 1%；发射结正向压降 U_{BE} 随着温度升高而减小，温度每升高 1℃，U_{BE} 值相应地降低 2.5mV；集电极-基极反向饱和电流 I_{CBO} 随着温度变化按指数规律变化，温度升高 I_{CBO} 增大。

5.3.4　晶体管的型号命名

晶体管的型号命名与二极管的型号命名类似，同样有四部分组成。国家标准 GB/T 249—1989 适用于无线电电子设备所用半导体器件的型号命名及意义见附录 A。

例如：3AG11 为锗材料 PNP 型高频小功率晶体管；3DG110 为锗材料 NPN 型高频小功率晶体管。

5.3.5　晶体管的测试及应用

1. 晶体管的测试

由于晶体管内部是由两个 PN 结构成的，因此也可以用万用表对晶体管的电极、好坏作大致的判断。用万用表测量判断晶体管的依据是：NPN 型晶体管基极到发射极和基极到集电极均为 PN 结的正向，而 PNP 型晶体管基极到发射极和基极到集电极均为 PN 结的反向。无论是基极和集电极之间的正向电阻，还是基极与发射极之间的正向电阻，都在几千欧姆到十几千欧姆的范围内，而反向电阻则趋近于无穷大。若测出的电阻无论正反向电阻值均为零，说明此晶体管内部已短路；若测出的电阻无论正反向电阻值均为无穷大，说明此晶体管内部已断路，晶体管已损坏。

用万用表还可以判断晶体管的三个电极。对于中小功率管，可用万用表 $R\times100\Omega$ 档或 $R\times1k\Omega$ 档测量；对于大功率管，可用 $R\times1\Omega$ 档或 $R\times10\Omega$ 档测量。测量判断方法为：用万用表的黑表笔接触某一管脚，用红表笔分别接触另外两个管脚，如果两次测得的阻值都很小，则黑表笔接触的那一个管脚就是基极，同时可知此晶体管是 NPN 型；若用万用表的红表笔接触某一管脚，用黑表笔分别接触另外两个管脚，如果两次测得的阻值都很小，则红表笔接触的那一个管脚就是基极，同时可知此晶体管是 PNP 型。当基极确定后（以 NPN 型晶体管为例），假设剩余的两个管脚中的一个为集电极，另一个为发射极。用手捏住假设的集电极和基极，将黑表笔接到假设的集电极管脚上，红表笔接到假设的发射极管脚上，观察表针的指示，并记住此时的电阻值。然后交换红黑表笔的位置，做同样的测量记录，比较两次读数的大小，读数小的一次假设是正确的。

2. 晶体管的应用

晶体管是电子电路的核心器件，应用十分广泛。晶体管可以组成运算放大电路、功率放大电路、振荡电路、反相器和数字逻辑电路等，在电路中的作用可归纳为放大应用和开关应用两大类。在模拟电子电路中，晶体管主要工作于放大状态，就是利用晶体管的电流控制作用把微弱的电信号增强到所要求的数值。例如收音机、电视机从天线接收到的电信号是微弱的，必须经过放大电路加以放大才能推动扬声器和显像管工作，在放大电路中用到的晶体管均处于放大状态。当晶体管工作在截止区和饱和区时，分别相当于断开和闭合的开关。晶体管工作在开关状态，是基本的开关器件之一，主要应用于数字电路。例如图 5-27a 所示电路为晶体管构成的开关应用电路。当输入信号 $u_i=0V$ 时，晶体管处在截止状态，输出电压为 3.6V；当输入电压为 3V 左右时，调节电阻 R_1 和 R_2，使晶体管处在饱和状态，由于晶体管饱和状态时 $U_{CE}\approx0.3V$，所以输出电压 $u_o=0.3V$。输入、输出波形如图 5-27b 所示。

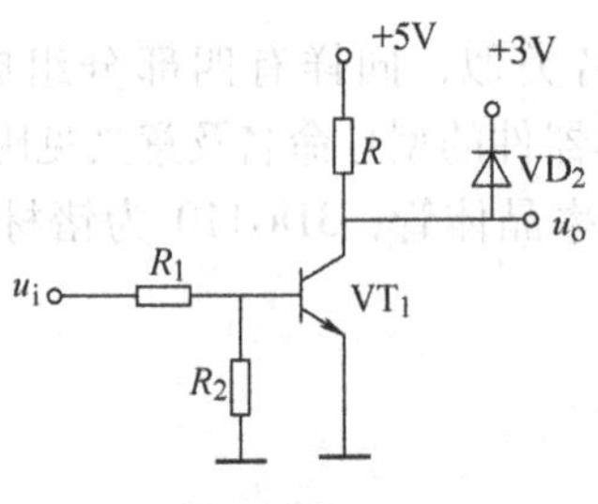

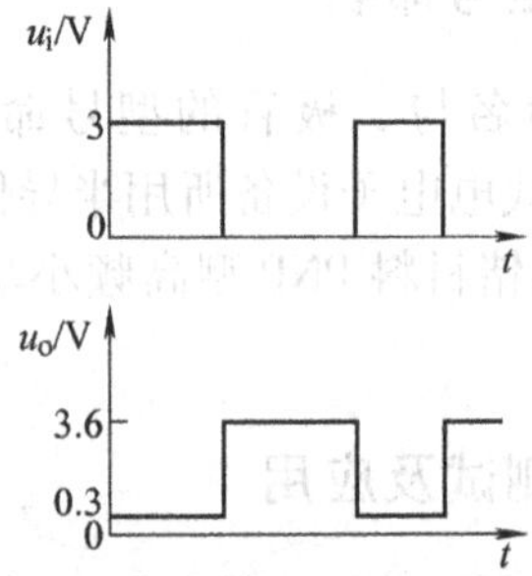

图 5-27　晶体管的开关应用电路及输入、输出波形

5.3.6 概念自测题

一、填空题

1. 晶体管的三层半导体为三个区，分别为______、______、______。从三个区引出的三个电极相应为______、______、______，分别用______、______、______来表示。组成晶体管的两个 PN 结分别为______、______。

2. 半导体晶体管是由两个 PN 结构成的，根据两个 PN 结的组成不同可分为______和______。其中______的发射区是 N 型半导体，基区是 P 型半导体。

3. 有一晶体管的三个电极无法直接观察出，现测得 1 端的对地电位为 6V，2 端的对地电位为 6.7V，3 端的对地电位为 11V。从而可以判断出为______，______材料制成，1 端为______，2 端为______，3 端为______。

4. 晶体管在放大电路中，已知 $I_C = 3\text{mA}$，$I_E = 3.02\text{mA}$，则 $I_B =$______，晶体管放大倍数 $\beta =$______。

二、判断题

5. 晶体管工作在放大状态，发射结一定是处于正向偏置。 (　　)

6. β 值是衡量晶体管放大能力的重要指标，对于一个管子来说是一个定值，选用晶体管时，β 值越高越好。 (　　)

7. 发射结正偏，集电结反偏，则晶体管工作在放大状态。 (　　)

三、选择题

8. 已知晶体管中的集电极电流随着基极电流 I_B 的增加而增加，与 U_{CE} 的大小无关，则晶体管工作在（　　）

A. 放大区　　B. 饱和区　　C. 截止区

9. 已知测得晶体管 $I_B = 20\mu\text{A}$ 时，$I_C = 2.5\text{mA}$；$I_B = 30\mu\text{A}$ 时，$I_C = 3\text{mA}$。则晶体管的电流放大系数为（　　）

A. 50　　B. 80　　C. 100

10. 集电极-发射极间反向电流 I_{CEO} 是衡量晶体管质量好坏的一个标准，其值（　　）

A. 越小越好　　B. 越大越好　　C. 不能确定

*5.4 场效应晶体管

晶体管的自由电子和空穴两种载流子均参与导电，是双极型晶体管。本节介绍另一种类型的晶体管，它依靠一种载流子（多数载流子）导电，所以是一种单极型器件。又因为这种管子是利用电场效应来控制电流的，所以又称为场效应晶体管（FET，Field Effect Transistor）。这种器件不仅具有体积小、重量轻、寿命长和耗电低等特点，而且还具有输入电阻高、稳定性好及制造工艺简单等优点，因而应用十分广泛，特别是在大规模和超大规模集成电路中得到更加广泛的应用。

根据结构的不同，场效应晶体管可以分成两大类：结型场效应晶体管（JFET）和绝缘栅型场效应晶体管（MOSFET），下面分别加以介绍。

5.4.1 结型场效应晶体管

1. 结型场效应晶体管的结构和类型

结型场效应晶体管分为N沟道和P沟道两种，其结构示意图及电路符号如图5-28所示。

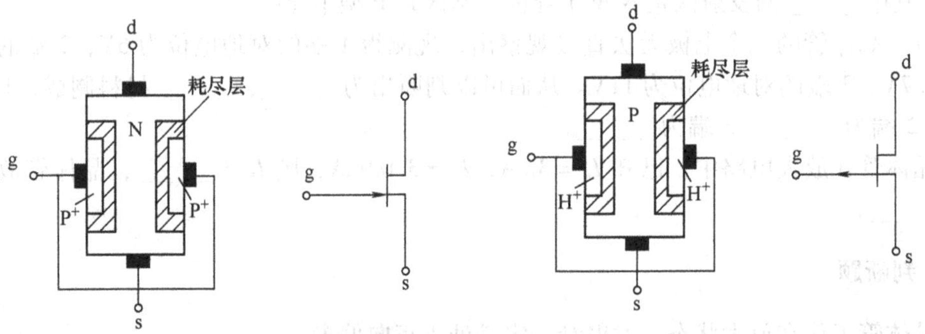

a) N沟道结构示意图　b) N沟道电路符号　c) P沟道结构示意图　d) P沟道电路符号

图5-28　结型场效应晶体管的结构示意图及电路符号

N沟道结型场效应晶体管栅极上的箭头指向内侧，P沟道结型场效应晶体管栅极上的箭头指向外侧。

2. 工作原理

从结型场效应晶体管的结构可以看出，在栅极和导电沟道之间存在一个PN结。如果在栅极和源极之间加上反向电压u_{GS}，使PN结反向偏置，则改变u_{GS}大小可以改变耗尽层的宽度。由于耗尽层变宽，相应的导电沟道将减小，使得导电沟道本身的电阻值增大，于是，漏极电流i_D将减小。所以，通过改变u_{GS}的大小可以实现对漏极电流i_D的控制。

3. 伏安特性曲线

和晶体管相类似，场效应晶体管的工作性能，也可以用它的特性曲线来表示，但场效应晶体管的特性曲线不同于晶体管的输入、输出特性曲线，而是用转移特性曲线和漏极特性曲线表示。下面以N沟道结型场效应晶体管为例，介绍共栅极放大电路的常用伏安特性曲线。

（1）转移特性曲线　转移特性曲线是指在漏源电压U_{DS}一定时，输出回路的漏极电流I_D与输入回路的栅源电压u_{GS}之间的关系曲线。用函数式表示为

$$i_D = f(u_{GS})\big|_{U_{DS}=\text{常数}}$$

图5-29a所示为某N沟道结型场效应晶体管的转移特性曲线。当$u_{GS}=0V$时，$i_D=I_{DSS}$，称为饱和漏电流。

（2）漏极特性曲线　漏极特性曲线又称输出特性曲线。它是指在栅源电压U_{GS}一定时，漏极电流i_D与漏源电压u_{DS}之间的关系曲线。用函数式表示为

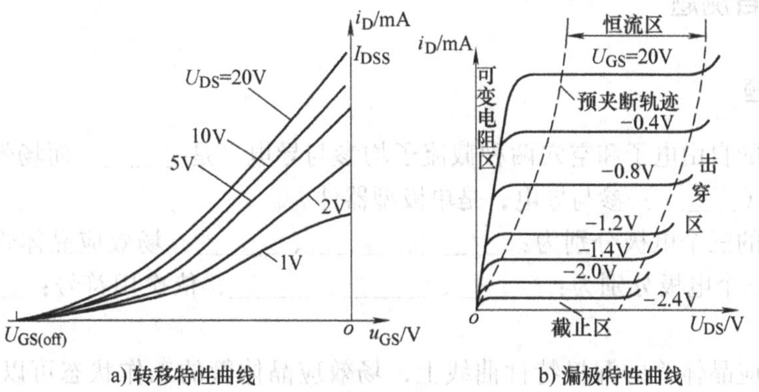

图 5-29　N 沟道结型场效应晶体管的特性曲线

$$i_D = f(u_{DS})\big|_{U_{GS}=\text{常数}}$$

图 5-29b 所示为某 N 沟道结型场效应晶体管的漏极特性曲线。从图中可以观察到场效应晶体管的工作状态可以分为四个区，分别为可变电阻区、放大区（恒流区）、截止区和击穿区。

5.4.2　绝缘栅型场效应晶体管

绝缘栅型场效应晶体管由金属-氧化物-半导体制成，所以称为金属-氧化物-半导体场效应晶体管，或称 MOS 场效应晶体管（Metal – Oxide – Semiconductor），简称 MOSFET 或 MOS 管。因为它的栅极被绝缘层隔离处于绝缘状态，所以称为绝缘栅型场效应晶体管。由于 MOS 管输入电阻很高，可达 $10^{15}\Omega$ 以上，并且易于集成，所以 MOS 管是发展较快的一种半导体器件。

根据导电沟道不同，绝缘栅型场效应晶体管也有 N 沟道和 P 沟道两种类型。无论是 N 沟道还是 P 沟道，每一种又可分为增强型和耗尽型两种。所谓增强型就是当栅源电压 $u_{GS}=0$ 时，没有导电沟道，即漏极电流 $i_D=0$。所谓耗尽型就是当栅源电压 $u_{GS}=0$ 时，存在导电沟道，此时漏极电流 $i_D\neq0$ 时。前面介绍的两种结型效应管都属于耗尽型。

绝缘栅型场效应晶体管的电路符号如图 5-30 所示。

关于绝缘栅型场效应晶体管的工作原理及伏安特性，这里不再叙述，有兴趣的同学可以查阅相关资料。

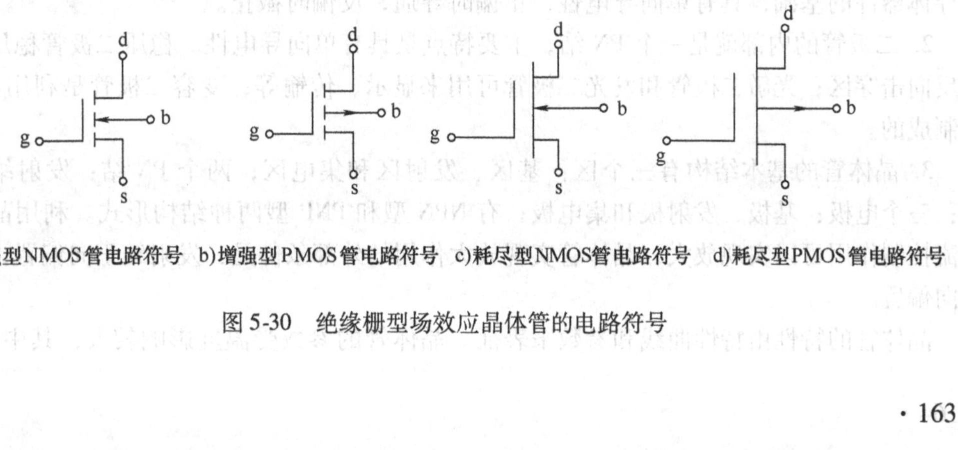

图 5-30　绝缘栅型场效应晶体管的电路符号

5.4.3 概念自测题

一、填空题

1. 晶体管的自由电子和空穴两种截流子均参与导电，是______。而场效应晶体管只依靠一种截流子（______）参与导电，是单极型器件。

2. 晶体管的三个电极分别为：______、______、______，场效应晶体管也是一种三端半导体器件，三个电极分别为：______、______、______，依次用符号：______、______、______表示。

3. 在场效应晶体管的漏极特性曲线上，场效应晶体管的工作状态可以分为：______、______、______、______四个区。

二、判断题

4. 场效应晶体管工作在恒流区时，可以作压控电阻使用。（　　）

5. 场效应晶体管的源极和漏极可以对调使用。（　　）

6. 场效应晶体管制造结构简单，但不利于集成。（　　）

三、选择题

7. 场效应晶体管是属于（　　）类型的电子元件。

A. 电流控制　　B. 电压控制　　C. 不确定

8. 场效应晶体管有以下哪些作用（　　）

A. 电压放大　　B. 电流放大　　C. 电阻转换　　D. 都有

9. 场效应晶体管的优点有（　　）

A. 温度稳定性好　　B. 输入电阻低　　C. 功率损耗大

本章小结

1. 主要的半导体材料是硅和锗。半导体分为本征半导体和杂质半导体。杂质半导体分为 N 型半导体和 P 型半导体。N 型半导体和 P 型半导体结合形成 PN 结。PN 结是组成一切半导体器件的基础，具有单向导电性，正偏时导通，反偏时截止。

2. 二极管的内部就是一个 PN 结，主要特点是具有单向导电性。稳压二极管稳压时工作在反向击穿区；光敏二极管和发光二极管可用来显示、传输等；变容二极管是利用 PN 结电容制成的。

3. 晶体管的基本结构有三个区：基区、发射区和集电区；两个 PN 结：发射结和集电结；三个电极：基极、发射极和集电极；有 NPN 型和 PNP 型两种结构形式。利用晶体管的电流控制作用可以实现放大，晶体管实现放大作用的外部条件是：发射结正向偏置，集电结反向偏置。

晶体管的特性由特性曲线和参数来表征。晶体管的参数受温度影响较大，其中 I_{CEO} 和 β

随温度的升高而增大，U_{BE}随温度升高而减小。晶体管的共射输出特性曲线可划分为三个区：截止区、放大区和饱和区，为了对输入信号进行线性放大，避免严重的失真，应使晶体管工作在放大区。

4. 场效应晶体管是一种电压控制器件，分为结型场效应晶体管和绝缘栅型场效应晶体管，每一种都有 N 沟道和 P 沟道两种类型。对于绝缘栅型场效应晶体管，又有增强型和耗尽型两种类型，但结型场效应晶体管只有耗尽型。

习 题 五

5-1 简述 PN 结的定义？如何判定 PN 结具有单向导电性？

5-2 既然 PN 结有一个内电场，那么把二极管的两极短路，电路中是否有电流？

5-3 欲使二极管具有良好的单向导电性，管子的正向电阻和反向电阻分别是大些好？还是小些好？

5-4 假设用万用表的 $R\times100$ 档测的某二极管的正向电阻为 300Ω，若改用 $R\times1\text{k}$ 档进行测量同一个二极管，则测得结果将比 300Ω 大还是小？或者正好相等？并说明理由。

5-5 电路如图 5-31 所示，已知 $E=3\text{V}$，电阻 $R=500\Omega$。当输入电压 U_i 分别为 8V、3V、−5V 时，求输出电压 U_o 的大小。二极管的导通电压忽略不计。

5-6 电路如图 5-31 所示，当输入电压 $U_i=5\sin(\omega t)\text{V}$ 时，试画出电路的输出电压波形。二极管的导通电压忽略不计。

5-7 设有两个相同型号的稳压管，稳压值均为 8V，正向导通电压均为 0.6V，如果将它们用不同的方法串联或并联接入电路后，可能得到几种不同的稳压值？并画出各种不同的连接方法。

5-8 电路如图 5-32 所示，当输入电压 $U_i=10\sin(\omega t)\text{V}$ 时，稳压管为理想稳压二极管，稳定电压值为 5V。试画出电路的输出电压波形。

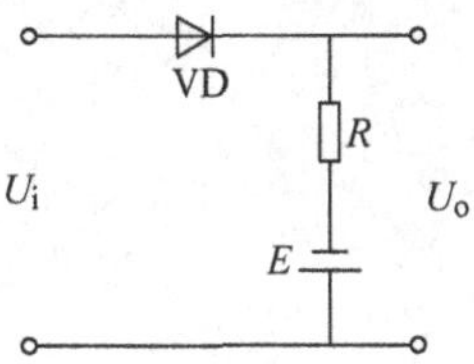

图 5-31 习题 5-5 图

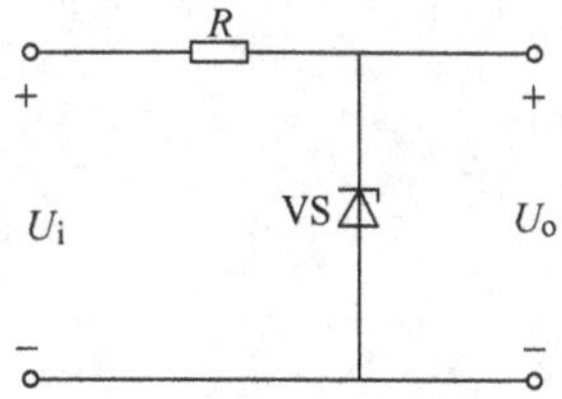

图 5-32 习题 5-8 图

5-9 电路如图 5-33 所示，试判断各二极管是导通还是截止，并求出 A 端点的电位。假设二极管为理想二极管。

5-10 测得晶体管三个电极对地电位分别为 8V、2V、2.7V。试区分晶体管的三个电极，并判断它是硅管还是锗管，是 NPN 型晶体管还是 PNP 型晶体管。

5-11 画出晶体管共射极输出特性曲线，并在曲线上说明晶体管的截止区、放大区及饱和区是怎样划分的，晶体管工作在每个区的外部条件是什么？

5-12 晶体管三个电极对地电位如图 5-34 所示，试判断各晶体管处于哪种工作状态？是硅管还是锗管？

5-13 有两个晶体管，一个 $\beta=200$，$I_{CEO}=200\mu\text{A}$；另一个 $\beta=50$，$I_{CEO}=20\mu\text{A}$。其余参数相同，选用哪一个管子较好些？

5-14 说出下列二极管或晶体管符号代表的含义。

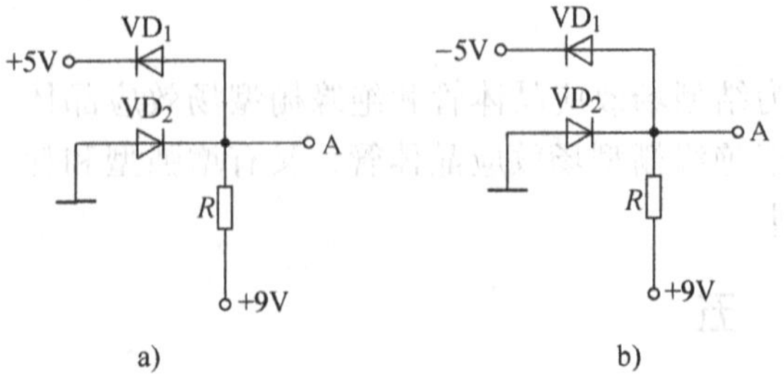

图5-33　习题5-9图

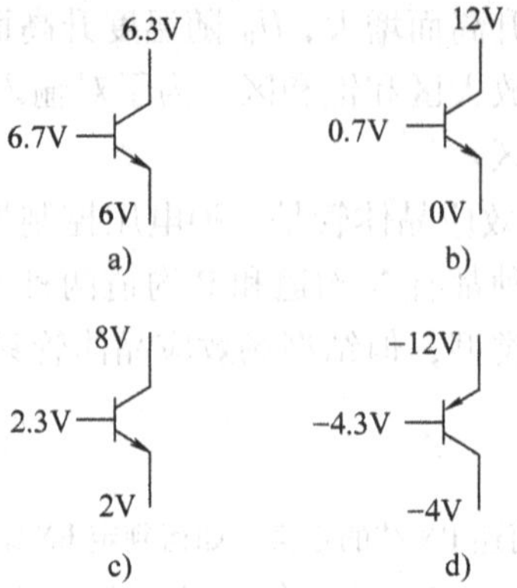

图5-34　习题5-12图

（1）2AP5　（2）2CZ54D　（3）3DD206　（4）3BX31　（5）2CW77　（6）3CG14

5-15　已知晶体管，当 $I_B=10\mu A$ 时，$I_C=1.2mA$；当 $I_B=20\mu A$ 时，$I_C=2mA$。试求晶体管的放大倍数 β，并求当 $I_B=30\mu A$ 时，I_C 的值。

5-16　今测得晶体管的 U_{BE} 和 U_{CE} 的值如下，试判断不同情况下晶体管的工作状态。

（1）$U_{BE}=0.3V$、$U_{CE}=10V$　（2）$U_{BE}=-0.7V$、$U_{CE}=0.1V$　（3）$U_{BE}=0.6V$、$U_{CE}=4V$

5-17　晶体管的极限参数为 $P_{CM}=100mW$，$I_{CM}=20mA$，$U_{(BR)CEO}=15V$。试问在下列情况下，哪种情况能正常工作？

（1）$U_{CE}=4V$，$I_C=10mA$　（2）$U_{CE}=3V$，$I_C=30mA$　（3）$U_{CE}=5V$，$I_C=25mA$

*5-18　场效应晶体管是属于什么控制器件？有哪些优点？

*5-19　场效应晶体管和晶体管相比有哪些不同？

第 6 章

放大电路

本章学习要求

理论：掌握放大电路的原理、静态和动态分析及计算，掌握集成运算放大器的基本应用；理解负反馈原理、判断反馈类型及性能改善；了解放大电路的三种基本电路的应用，了解功率放大电路的工作原理及应用。

技能：掌握放大电路的识图方法，能分析电路的故障及排除简单故障，能测试放大电路主要参数；掌握函数信号发生器、示波器的使用方法。

6.1 基本放大电路

放大电路是电子设备中很普遍的基本单元电路，应用于各类收音机、电视机、音响设备、精密仪器以及自动控制系统中。所谓“放大”并非能量的真正放大，而是通过晶体管的基极电流对集电极电流的控制作用，对能量进行“以小控大”的过程，习惯上称这个过程为放大。例如常见的扩音机就是一个把微弱的声音变大的放大电路。声音先经过传声器变成微弱的电信号，再经过放大器，然后由扬声器（喇叭）还原成放大了的声音。

要使放大电路能正常地放大信号，必须满足以下条件：

1）必须有直流电源，为晶体管提供正确的偏置，保证晶体管处于放大状态。

2）必须合理设置静态工作点，满足性能指标要求，保证不失真地传递信号。

3）必须设置合理的信号传输通道，保证信号由输入端经过放大后传送到输出端。

6.1.1 基本放大电路的组成

图 6-1 中点画线框内的部分是由晶体管构成的共发射极接法的基本放大电路。放大电路的输入端（u_i）与信号源相连，输出端（u_o）接负载电阻 R_L。在电子电路中常把公共端点称为“地”，用符号“⊥”表示（**注意：实际上这一点并不真正接到大地上**），并以地端作为零电位点（参考电位点），电路中各点电位都以它为参考。如：U_{CC}为 +12V 即该点与参考点之间的电位差为 12V。

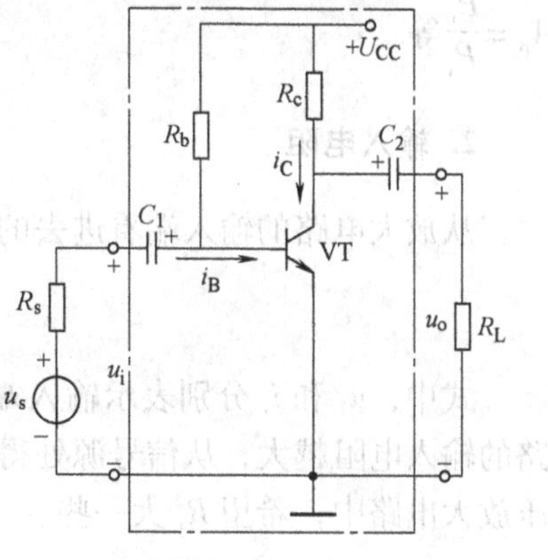

图 6-1　共发射极基本放大电路的组成

放大电路中各元器件的作用如下：

（1）晶体管 VT　晶体管是放大电路的核心器件，具有放大功能。

（2）直流电源 U_{CC}　直流电源为电路提供能量，保证发射结正向偏置、集电结反向偏置，使晶体管工作在放大状态。U_{CC}一般为几伏到几十伏，是输出电压稳定的低电阻直流电源。值得注意的是，当选用不同类型的晶体管时，直流电源的极性应作相应调整。

（3）基极偏置电阻 R_b　它和 U_{CC}电源一起，给基极提供一个合适的基极直流 I_B，这个电流通常被称为偏置电流，简称偏流。只有具有合适的偏流，输出电压才不会失真。R_b 的阻值一般为几十千欧到几百千欧。

（4）集电极负载电阻 R_c　简称集电极电阻，其作用是将集电极电流的变化转换成集电极-发射极之间电压的变化，以实现电压放大。R_c 的值一般为几千欧至几十千欧，远小于集电极电阻 R_b。

（5）耦合电容 C_1 和 C_2　也称隔直电容，其作用是“传送交流，隔离直流”，保证本级放大电路静态工作点的独立。通常要求 C_1、C_2 上的交流压降小到可以忽略不计，交流信号可以顺畅传输，即对交流信号而言可视作短路。C_1、C_2 一般为几微法至几十微法的电解电容器，在连接电路时，应注意电容器的极性，不能接错。

6.1.2　放大电路的主要性能指标

由于放大电路可以看成是一个有源四端双口网络，为讨论放大电路的性能指标，画出放大电路的等效网络，如图 6-2 所示，并按双口网络的一般约定画出了电流的方向和电压的极性。

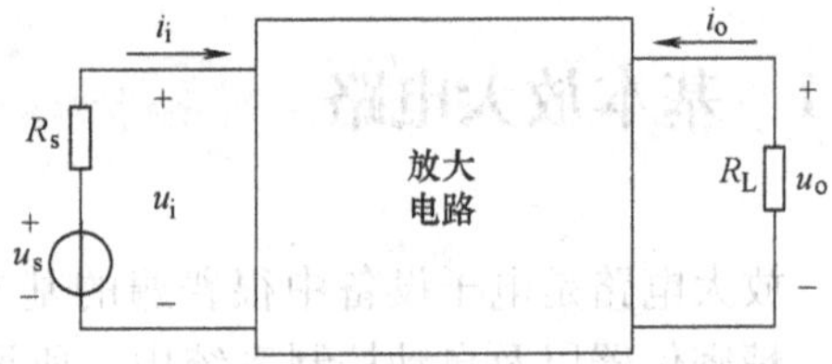

图 6-2　放大电路的等效网络

通常用三个指标来衡量一个放大电路的性能。

1. 放大倍数（或增益）

为衡量放大电路的放大能力，规定不失真时的输出量与输入量的比值称为放大电路的放大倍数，又称增益。放大倍数包括电压放大倍数 $A_u=\frac{u_o}{u_i}$、电流放大倍数 $A_i=\frac{i_o}{i_i}$和功率放大倍数 $A_p=\frac{P_o}{P_i}$等。

2. 输入电阻

从放大电路的输入端看进去的等效电阻称为放大电路的输入电阻，定义为

$$R_i=\frac{u_i}{i_i}$$

式中，u_i 和 i_i 分别表示输入端口的输入电压和输入电流。信号源为电压源时，放大电路的输入电阻越大，从信号源处得到信号的能力越强，越有利于获得较大的输出幅度。在电压放大电路中，希望 R_i 大一些。

3. 输出电阻 R_o

输出电阻就是在输入电压源短路（电流源开路）并保留信号源内阻和负载开路的情况下，从放大电路输出端（不包括 R_L）看进去的等效电阻，用 R_o 表示，定义为

$$R_o = \frac{u}{i}\bigg|_{\substack{u_s=0\\R_L=\infty}}$$

式中，u_s 为信号源电压，R_L 为负载电阻。放大电路的输出电阻越小，负载上得到的电压信号就越多，负载变化对输出电压大小的影响就越小，放大电路的带负载能力越强。

初步了解了放大电路的组成及简单工作原理后，就可以对放大电路进行分析。

放大电路的分析主要包含两个部分：静态分析，又称直流分析，在直流通道中进行，用于确定电路的直流工作状态，即基极直流电流、集电极直流电流、集电极与发射极间直流电压；动态分析，又称交流分析，用来确定电压放大倍数、输入电阻和输出电阻三项指标。

6.1.3 静态分析

静态是指在放大电路中没有交流输入信号（$u_i=0$）时的直流工作状态，主要任务是确定静态工作点，在分析时只需要画出直流通路。直流通路是在直流电源作用下直流电流流经的路径。画直流通路时，将电容视为开路，电感线圈视为短路（即忽略线圈电阻），信号源视为短路，但应保留其内阻。根据上述原则，图 6-3a 所示电路的直流通路如图 6-3b 所示。静态工作点的确定有两种方法：估算法和图解法。

1. 估算法确定静态工作点

静态工作点简称 Q 点，在静态工作情况下，晶体管的基极电流、集电极电流、基极和发射极之间的电压、集电极和发射极之间的电压（即晶体管管压降）称为放大电路的静态工作点参数，常记作 I_{BQ}、I_{CQ}、U_{BEQ}和 U_{CEQ}。对于静态工作点，当发射极正偏时 PN 结导通，U_{BEQ}为定值（硅管为 0.6 ~ 0.8V，锗管为 0.1 ~ 0.3V），故只需求出三个参数（I_{BQ}、I_{CQ}、U_{CEQ}）即可确定电路的静态工作点。

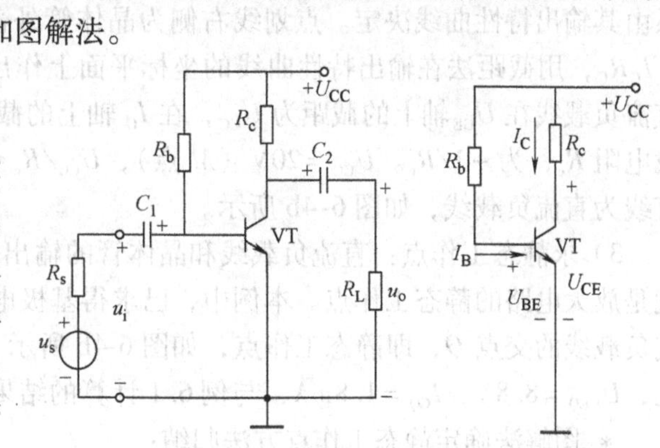

a) 共发射极放大电路　　b) 直流通路

图 6-3　共发射极基本放大电路及其直流通路

在图 6-3b 所示直流通路中，分别列写输入回路、输出回路的 KVL 方程及晶体管的电流关系，可得到静态工作点参数：

$$I_{BQ} = (U_{CC} - U_{BEQ})/R_b \tag{6-1}$$

$$I_{CQ} = \beta I_{BQ} \tag{6-2}$$

$$U_{CEQ} = U_{CC} - I_{CQ}R_c \tag{6-3}$$

在式（6-1）中，当 $U_{CC} \gg U_{BEQ}$时，U_{BEQ}可略去不计。另外，采用此方法时，必须已知晶体管的型号或已知电流放大倍数 β 值。

例 6.1　在图 6-3 所示共发射极放大电路中，已知 $U_{CC}=20V$，$R_c=6.2k\Omega$，$R_b=500k\Omega$，

晶体管为3DG100，$\beta=45$。试求放大电路的静态工作点。

解：
$$I_{BQ}\approx\frac{U_{CC}}{R_b}=\frac{20V}{500k\Omega}=0.04mA$$
$$I_{CQ}=\beta I_{BQ}=45\times0.04mA=1.8mA$$
$$U_{CEQ}=U_{CC}-I_{CC}R_c=20V-1.8mA\times6.2k\Omega\approx8.8V$$

根据计算可知，共发射极放大电路的静态工作点是由基极偏置电阻 R_b 决定的。因此，通过调节基极偏置电阻 R_b 可以使放大电路获得一个合适的静态工作点。

2. 图解法确定静态工作点

图解法确定静态工作点，主要是在晶体管特性曲线上用作图的方法分析放大电路的工作情况，从而确定 I_{CQ}和 U_{CEQ}的值，基极电流 I_{BQ}则可用式（6-1）进行估算。

例 6.2 在图 6-3 所示共发射极放大电路中，已知 $U_{CC}=20V$，$R_c=6.2k\Omega$，$R_b=500k\Omega$，试用图解法确定放大电路的静态工作点。

解：1）估算基极电流 I_{BQ}：根据式（6-1），有
$$I_{BQ}\approx\frac{U_{CC}}{R_b}=\frac{20V}{500k\Omega}=40\mu A$$

2）作直流负载线：直流负载线是放大电路输出回路的直流伏安特性曲线。为分析问题方便，作出图 6-3b 所示直流通路的输出回路，如图 6-4a 所示。图中，晶体管的 I_C 和 U_{CE}关系由其输出特性曲线决定。点划线右侧为晶体管外部电路，其 I_C 和 U_{CE}关系满足 $U_{CE}=U_{CC}-I_CR_C$，用截距法在输出特性曲线的坐标平面上作出相应的直线，就是直流负载线。显然，直流负载线在 U_{CE}轴上的截距为 U_{CC}，在 I_C 轴上的截距为 U_{CC}/R_c，其斜率则决定于集电极负载电阻 R_c，为 $-1/R_c$。$U_{CC}=20V$（M 点），$U_{CC}/R_c\approx3.2mA$（N 点），连接 M、N 两点所得直线为直流负载线，如图 6-4b 所示。

3）求静态工作点：直流负载线和晶体管的输出特性都反映了 I_C 和 U_{CE}的关系，其交点就是放大电路的静态工作点。本例中，已求得基极电流 $I_{BQ}=40\mu A$，这条输出特性曲线与直流负载线的交点 Q，即静态工作点，如图 6-4b 所示。Q 点对应的值就是 U_{CEQ}和 I_{CQ}。由图可见，$U_{CEQ}=8.8V$，$I_{CQ}=1.8mA$，与例 6.1 计算的结果相一致。

* 图解法确定静态工作点方法归纳：

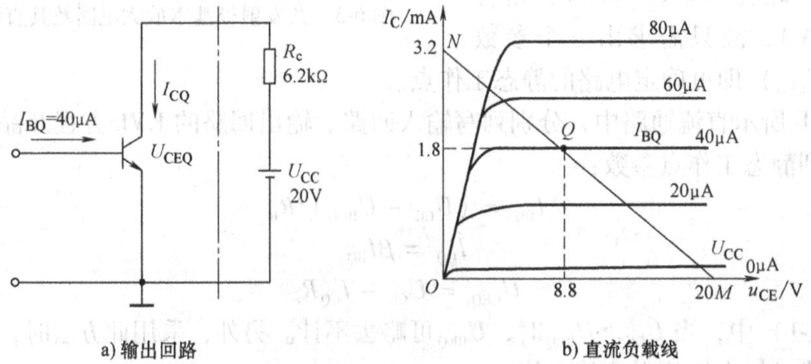

图 6-4 例 6.2 图解法确定静态工作点

① 在输入回路确定一条 I_{BQ} 线： $I_{BQ}=\frac{U_{CC}-U_{BE}}{R_b}\approx\frac{U_{CC}}{R_b}$

② 在输出回路列写 KVL 方程：$U_{CE}=U_{CC}-I_cR_c$，令 $U_{CE}=0$，可得 N 点，即$I'_C=U_{CC}/R_c$；令 $I_C=0$，可得 M 点，即 $U'_{CE}=U_{CC}$。

③ 在输出特性曲线上找到 I_{BQ}线及 N、M 两点。

④ 连接 N、M 两点且与 I_{BQ}线相交，得到相交点 Q。

⑤ 查到 Q（I_{BQ}、I_{CQ}、U_{CEQ}）。

6.1.4 动态分析

动态是指放大电路加入交流信号后电路的状态。动态分析主要任务是确定电路的交流参数：电压放大倍数、输入电阻、输出电阻。动态工作情况下的各极电压、电流都是一个直流量和一个交流量的合成，即交流量叠加在直流量上。进行动态分析时，要利用交流通路来分析。

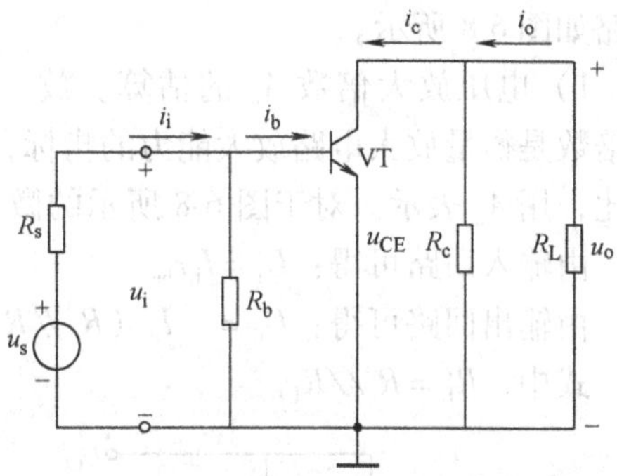

图 6-5 共发射极基本放大电路的交流通路

交流通路是在输入信号作用下交流信号流经的通路，是交流成分流过的路径。画交流通路时，将容量大的电容（如耦合电容）视为短路，无内阻的直流电源视为短路，其他不变。则图 6-3a所示电路的交流通路如图 6-5 所示。动态分析有两种分析方法：微变等效电路法和图解法。

1. 微变等效电路法（工程估算法）

微变等效电路法又称为工程估算法。当输入信号变化的范围很小（微变）时，可以认为晶体管的电压、电流变化量之间的关系基本上是线性的。因此，就可给晶体管建立一个小信号的线性模型，这就是微变等效电路。

（1）晶体管的等效电路　晶体管的输入端 b、e 极之间可用电阻 r_{be}来等效。r_{be}称为晶体管的输入电阻。低频小功率晶体管的输入电阻 r_{be}可用下式估算：

$$r_{be}=r'_{bb}+(1+\beta)r_e=300\Omega+(1+\beta)\frac{26\text{mV}}{I_{EQ}} \tag{6-4}$$

式中，r'_{bb}为基区体电阻，对于低频小功率晶体管 r'_{bb}约为 300Ω 左右；r_e 为发射结电阻，$(1+\beta)r_e$ 是 r_e 折算到基极回路的等效电阻；I_{EQ}为静态工作电流。对于常用的小功率晶体管，当 $I_{EQ}=1\sim2$mA 时，r_{be}约为 1kΩ，这可作为估算放大电路的参考数据。

从晶体管的输出端 c、e 来看，集电极电流 $i_c=\beta i_b$，几乎与 u_{ce}无关，表明晶体管输出端具有恒流源的特性，因而可用受控恒流源 $i_c=\beta i_b$ 来等效。

综上所述，以晶体管的输入电阻 r_{be}表达晶体管的输入特性，用受控电流源 βi_B 表达晶体管的输出特性（即晶体管的电流放大特性），可得到图 6-6 所示的简化低频晶体管微变等效电路。

（2）用微变等效电路法分析共发射极放大电路　分析的目的是确定放大电路的电压放大倍数 A_u、输入电阻 R_i 和输出电阻 R_o，这些都是交流量，可以通过微变等效电路来计算。

注意：画放大电路的微变等效电路时，应将直流电源、耦合电容及旁路电容均短接。

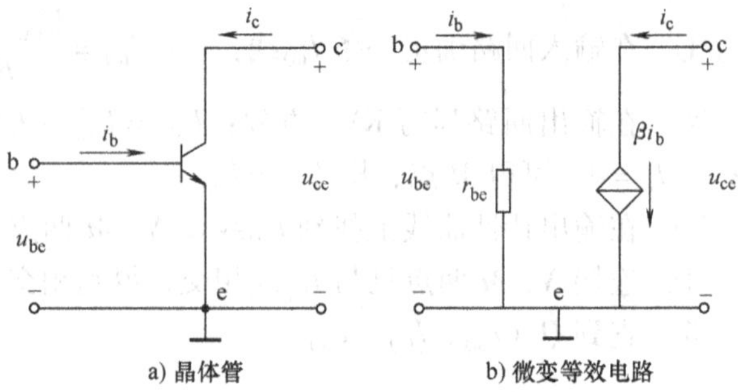

图 6-6　晶体管微变等效电路

在图 6-7 所示的共发射极基本放大电路中，R_L 为交流负载电阻，接上 R_L 称有载，未接称空载，求出的电压放大倍数分别为 A'_u 和 A_u。其微变等效电路如图 6-8 所示。

1）电压放大倍数 A_u 的估算。放大倍数是衡量放大电路放大能力的指标，电压放大倍数是指放大电路的输出电压与输入电压之比，用 A_u 表示。对于图 6-8 所示的微变等效电路

由输入回路可得：$U_i = I_b r_{be}$

由输出回路可得：$U_o = -I_c (R_c /\!/ R_L) = -\beta I_b R'_L$

式中，$R'_L = R_c /\!/ R_L$。

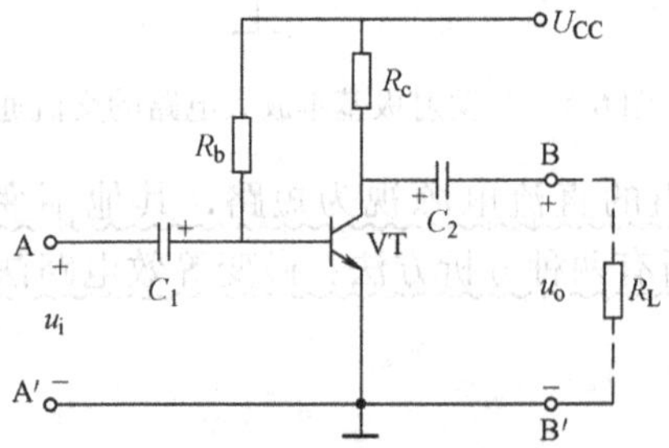

图 6-7　共发射极基本放大电路

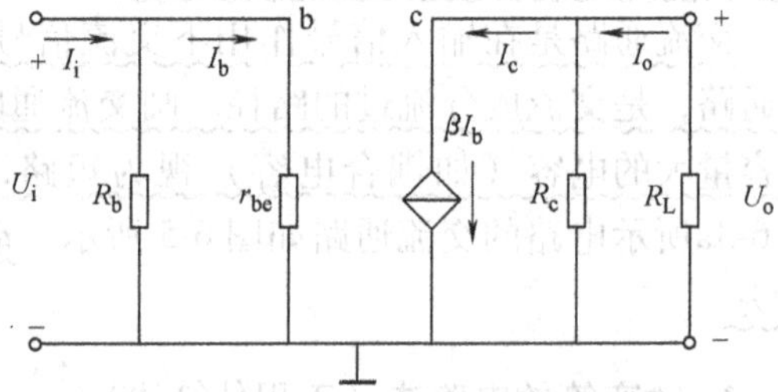

图 6-8　共发射极放大电路的微变等效电路

故，有载电压放大倍数为

$$A'_u = \frac{U_o}{U_i} = -\beta \frac{R'_L}{r_{be}} \tag{6-5}$$

共发射极放大电路的电压放大倍数一般较大，通常为几十倍至几百倍。式（6-5）中，负号表示输出电压与输入电压相位相反，这与图解分析的结果是一致的。

空载时，交流负载等效电阻 $R'_L = R_c$，因此空载电压放大倍数为

$$A_u = -\beta \frac{R_c}{r_{be}}$$

2）放大电路的输入电阻 R_i。放大电路的输入电阻 R_i 是指从放大电路的输入端向右看进去时的等效电阻，对于图 6-8 有

$$R_i = R_b /\!/ r_{be} \tag{6-6}$$

通常，R_b 为几百千欧，r_{be} 约为 1kΩ，$R_b >> r_{be}$，因此

$$R_i \approx r_{be} \tag{6-7}$$

可见共发射极基本放大电路的输入电阻不大。

3）放大电路的输出电阻 R_o。所谓放大电路的输出电阻 R_o 是从放大电路的输出端（不包括交流负载电阻 R_L）看进去的交流等效电阻。由于 R_c 一般为几千欧至几十千欧，因此共

发射极放大电路输出电阻 R_o 较大，电路的带负载能力也较差。输出电阻为

$$R_o = \frac{U_o}{I_o} = R_c \tag{6-8}$$

例 6.3 放大电路如图 6-7 所示，图中 $U_{CC}=20V$，$R_c = 6.8k\Omega$，$R_b = 500k\Omega$，$R_L = 6.8k\Omega$，晶体管的 $\beta=45$，求 A'_u、R_i 和 R_o 的值。

解：

$$I_{BQ} \approx \frac{U_{CC}}{R_b} = \frac{20V}{500k\Omega} = 0.04mA = 40\mu A$$

$$r_{be} = 300\Omega + (1+\beta)\frac{26mV}{I_{EQ}} = 300\Omega + \frac{26mV}{I_{BQ}}$$

$$= 300\Omega + \frac{26mV}{0.04mA} = 950\Omega \approx 1k\Omega$$

$$A'_u = -\frac{\beta R'_L}{r_{be}} = -\frac{45 \times \dfrac{1}{\dfrac{1}{6.8}+\dfrac{1}{6.8}}}{1} = -153$$

$$R_i = R_b // r_{be} = \frac{1}{\dfrac{1}{500}+\dfrac{1}{1}} k\Omega \approx 1k\Omega$$

$$R_o \approx R_c = 6.8k\Omega$$

*2. 图解法分析动态特性

由于交流信号的加入，进行动态分析时，要利用图 6-5 所示的交流通路来考虑。交流负载 $R'_L = R_c // R_L$。在交流信号作用下，晶体管工作状态的移动不再沿着直流负载线，而是按交流负载线移动。因此，在用图解法分析前，应先画出交流负载线。

1）在输出特性曲线上先画出直流负载线，找到 Q 点，Q 点对应的电流、电压值分别为 I_{CQ}，U_{CEQ}。

2）求出交流负载 R'_L，过 Q 点作一斜率为（$-1/R'_L$）的直线。由于 $R'_L = R_c // R_L$，所以 $R'_L < R_c$，故一般情况下交流负载线比直流负载线陡，如图 6-9 所示。

交流负载线也可以先求出在横坐标上的截距，再与 Q 点相连即可得到。由图 6-7 可看出

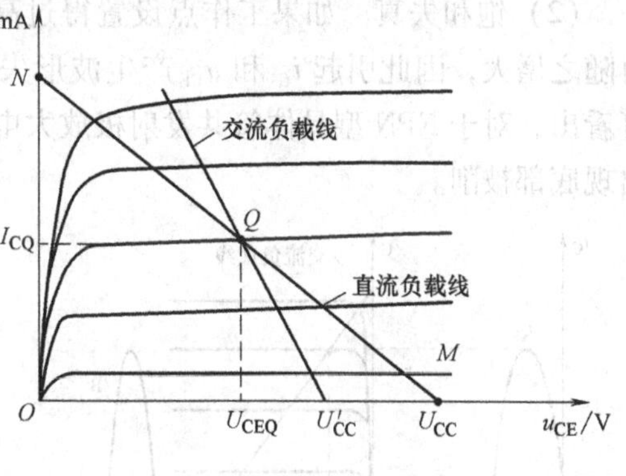

图 6-9 交流负载线的画法

$$U'_{CC} = U_{CEQ} + I_{CQ}R'_L \tag{6-9}$$

连接 Q 点和 U'_{CC} 点即为交流负载线。

例 6.4 作出图 6-7 所示电路的交流负载线。已知特性曲线如图 6-10a 所示，$U_{CC}=12V$，$R_c = 3k\Omega$，$R_b = 280k\Omega$，$R_L = 3k\Omega$。

解： 首先用例 6-2 所讲方法作出直流负载线，求出 Q 点，如图 6-10b 所示。显然有

$$R'_L = R_c // R_L = 1.5k\Omega$$

过 Q 点作 $(-1/R_L')$ 的直线，即为交流负载线。可以看出 $U'_{CC}=9V$，与按 $U'_{CC}=U_{CEQ}+I_{CQ}R'_L=6V+2\times1.5V=9V$ 相一致。

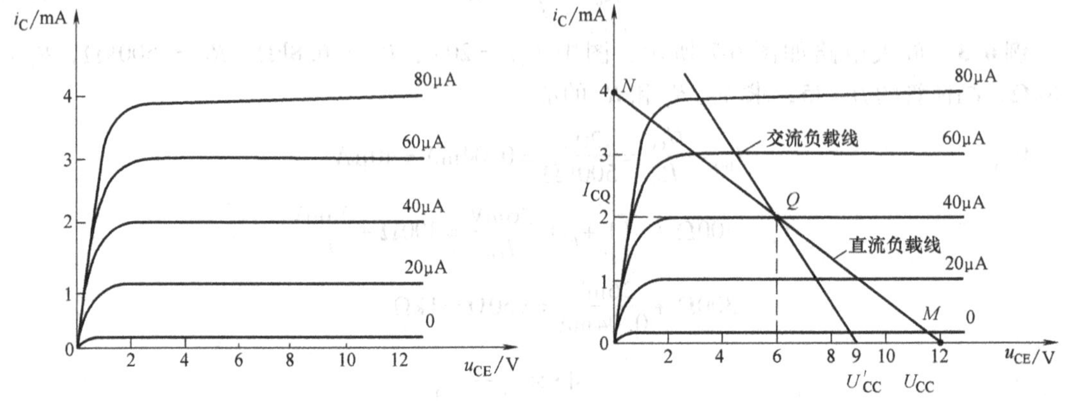

a) 特性曲线　　b) 交流负载线

图 6-10　例 6.4 中交流负载线的画法

6.1.5　静态工作点对输出波形的影响

当输出信号波形与输入信号波形存在差异时，称为失真。这是放大电路应该尽量避免的。静态工作点设置不当，输入信号幅度又较大时，将使放大电路的工作范围超出晶体管特性曲线的线性区域而产生失真，称为非线性失真。非线性失真分为截止失真和饱和失真。

（1）截止失真　当工作点设置得过低，Q 点进入截止区，因而引起 i_B、i_C 和 u_{CE} 的波形失真，称为截止失真，如图 6-11 所示。由图 6-11 可以看出，对于 NPN 型晶体管共发射极放大电路，对应截止失真时，输出电压 u_{CE} 的波形出现顶部被削。

（2）饱和失真　如果工作点设置得过高，Q 点进入饱和区，此时，i_B 继续增大而 i_C 不再随之增大，因此引起 i_C 和 u_{CE} 产生波形失真，称为饱和失真，如图 6-12 所示。由图 6-12 可看出，对于 NPN 型晶体管共发射极放大电路，当产生饱和失真时，输出电压 u_{CE} 的波形上出现底部被削。

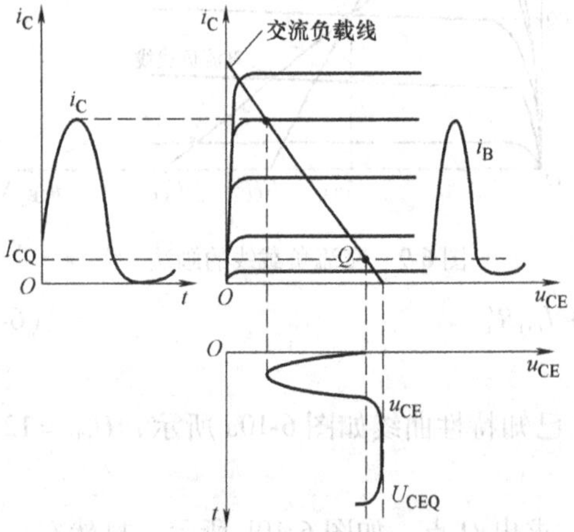

图 6-11　截止失真

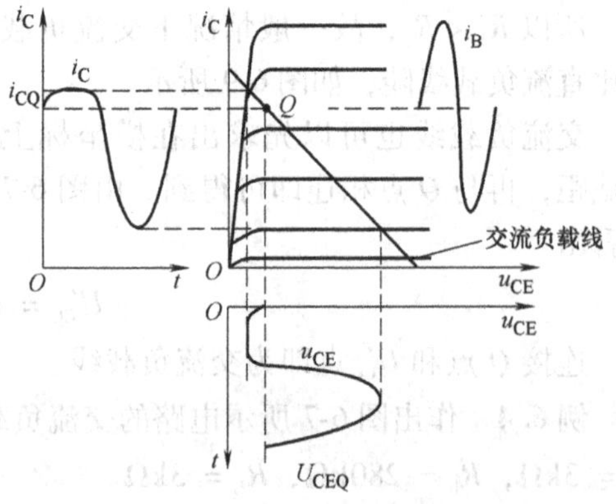

图 6-12　饱和失真

如果放大电路用 PNP 型晶体管共发射极放大电路，失真波形正好相反。截止失真，u_{CE} 是底部被削；饱和失真，u_{CE} 是顶部被削。

因此，为了减小或避免非线性失真，必须合理选择静态工作点的位置，并适当限制输入信号的幅度。一般，静态工作点大致选在交流负载线的中点附近。

6.1.6 概念自测题

一、填空题

1. 晶体管放大电路输入信号等于零的工作状态称为______。静态工作点的四个参数为：晶体管的基极电流、集电极电流、基极和发射极之间的电压、集电极和发射极之间的电压。其数值用______、______、______和______来表示。电路静态分析是在放大电路的______中进行。分析方法为______和______。

2. 晶体管放大电路输入信号不等于零的工作状态称为______。对放大电路的动态分析，也即是求解放大电路的______、______和______，在放大电路的______中进行。分析方法为______和______。

3. 输入电阻和输出电阻是衡量放大电路性能的重要指标，一般希望放大电路的______，以减小对信号源的影响。希望______，以增大带负载能力。

4. 在对放大电路作静态分析时，电容器视为______；作动态分析时，耦合电容、旁路电容可视为______。

二、判断题

5. 只有电路既放大电流又放大电压，才称其有放大作用。（ ）

6. 可以说任何放大电路都有功率放大作用。（ ）

7. 放大电路中输出的电流和电压都是由有源元件提供的。（ ）

8. 电路中各电量的交流成分是交流信号源提供的。（ ）

9. 放大电路必须加上合适的直流电源才能正常工作。（ ）

10. 由于放大的对象是变化量，所以当输入信号为直流信号时，任何放大电路的输出都毫无变化。（ ）

11. 只要是共射放大电路，输出电压的底部失真都是饱和失真。（ ）

三、选择题

12. 为使晶体管工作在放大状态，必须保证（ ）。

A. 发射结正向偏置，集电结反向偏置　B. 发射结正向偏置，集电结正向偏置
C. 发射结反向偏置，集电结正向偏置　D. 发射结反向偏置，集电结反向偏置

13. 基本放大器出现饱和失真时，应使 R_B 的阻值（ ）。

A. 增大　B. 减小　C. 不变　D. 不确定

14. 小信号等效电路法适用于（ ）。

A. 放大器的静态分析，确定静态工作点　B. 对放大电路的电流放大倍数进行估算
C. 对输入电阻、输出电阻进行估算　D. 计算放大电路的非线性失真量的大小

15. 在共射放大电路中，当输入正弦波时，输出波形下半波失真，引起失真的原因是（　　）。

A. 静态工作点太低，i_B 的负半周进入截止区

B. 静态工作点太高，i_B 的正半周进入饱和区

C. 静态工作点合适，i_B 值过大

D. 静态工作点合适，i_B 值过小

6.2 分压式偏置电路

前几节中讨论过，为了使晶体管放大电路不失真地放大信号，必须建立合适的静态工作点，而这项任务是由图6-1所示的固定偏置电路来完成的。但实践表明，即使设置了合适的静态工作点，由于环境温度变化或更换晶体管等，都会引起晶体管参数的变化，从而使原来设置好的静态工作点产生移动，影响放大电路的正常工作，严重时甚至烧坏晶体管。为此必须设计能够自动调整工作点位置的偏置电路，以使工作点能稳定在合适的位置。

6.2.1 温度对静态工作点的影响

实际应用中，影响静态工作点的因素有很多，例如电源电压的波动、电路参数的变化以及温度变化、晶体管老化等。实践表明，温度的变化是其中最主要的因素，其中，对静态工作点影响较大的有发射结正向压降 U_{BE}，集电极-基极反向饱和电流 I_{CBO} 和电流放大系数 β。为克服温度等不利因素的影响，通常采用图6-13a 所示的分压式偏置电路来稳定静态工作点。

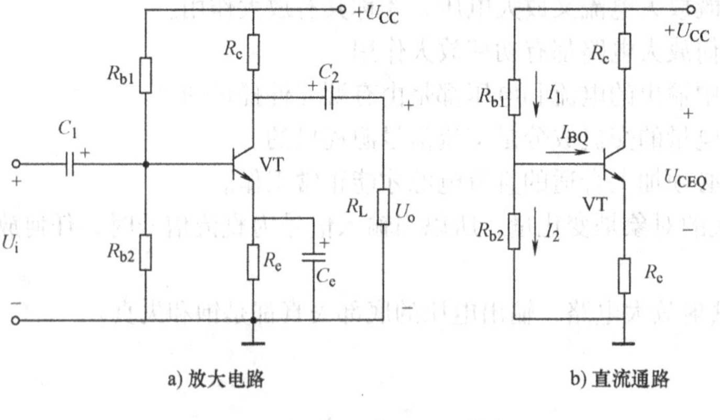

图6-13　分压式偏置电路

由于硅管的反向饱和电流 I_{CBO} 的值很小，所以对工作点稳定性的影响相对较小。但硅管的 U_{BE} 和 β 受温度的影响较大。大多数管子（包括硅管和锗管）的发射结正向压降 U_{BE} 的温度系数为 -2.2mV/℃。在任意温度 t 时的 U_{BE} 为 $U_{BE} = U_{BE(t_0=25℃)} - (t - t_0)\ 2.2 \times 10^{-3}\text{V}$，$U_{BE}$ 变化将通过 I_B 的变化影响静态工作点。

晶体管的电流放大系数 β 随温度升高而增大。根据实验结果，温度每升高1℃，β 要增加0.5%~1.0%。晶体管的输出特性因 β 的变化而随之变化，当 β 变大时，输出特性曲线簇的间

隔将变宽，静态工作点 Q 上移，I_C 增加；当 β 减小时，Q 点下移，I_C 减小，这样变化的结果都使工作状态发生变化。为了克服基本放大电路的这些缺点，引入分压式偏置电路。

6.2.2 分压式偏置电路的工作原理

1. 电路的组成

为了克服温度变化对晶体管参数（U_{BE}、I_{CBO}、β）的影响，通常采用分压式偏置电路，又称射极偏置电路，它是交流放大电路中最常用的一种基本电路，如图 6-13a 所示。

图中，R_{b1} 为上偏置电阻，R_{b2} 为下偏置电阻，R_e 为发射极电阻，C_e 为射极旁路电容，C_e 的作用是提供交流通路，减小信号放大过程中的耗损，使电路的交流信号放大能力不因 R_e 存在而降低。

2. 静态工作点稳定的原理

（1）利用 R_{b1}、R_{b2} 固定基极电位　由图 6-13b 所示直流通路可见，$I_1 = I_2 + I_{BQ}$，当 $I_2 >> I_{BQ}$ 时，$I_1 \approx I_2$，因此基极电位为

$$V_B \approx \frac{R_{b2}}{R_{b1} + R_{b2}} \cdot U_{CC} \tag{6-10}$$

式（6-10）表明基极电位几乎仅决定于 R_{b1} 与 R_{b2} 对 U_{CC} 的分压，与晶体管参数几乎无关，不受温度影响。

（2）利用 R_e 稳定集电极电流 I_C　若 $V_B >> U_{BE}$，则有

$$I_C \approx I_E = \frac{V_B - U_{BE}}{R_e} \approx \frac{V_B}{R_e} \tag{6-11}$$

由于 V_B、R_e 不受温度影响，因此 I_C 稳定。

静态工作点的调节过程与 R_e 有关，R_e 越大，调节效果越明显。当温度升高，引起集电极电流 I_C 增大时，电阻 R_e 稳定静态工作点的过程如下：

$T(℃)\uparrow \rightarrow I_C \uparrow \rightarrow I_E \uparrow \rightarrow V_E(I_E R_e)\uparrow \rightarrow U_{BE}\downarrow \rightarrow I_B \downarrow \rightarrow I_C \downarrow$

当温度下降时，各物理量向相反方向变化，读者可自行分析。

值得注意的是，这个工作点的稳定过程，必须满足 $I_2 >> I_{BQ}$ 和 $U_B >> U_{BE}$ 这两个条件，否则分析将不成立。

3. 静态工作点的估算

由图 6-13b 可以得到如下估算公式：

已知 $I_2 >> I_{BQ}$，则有

$$U_{BQ} \approx U_{CC} R_{b2} / (R_{b1} + R_{b2})$$

发射极电流 I_{EQ} 和集电极电流 I_{CQ} 为

$$I_{CQ} \approx I_{EQ} = (U_{BQ} - U_{BEQ})/R_e \tag{6-12}$$

可得

$$U_{CEQ} = U_{CC} - I_C R_c - I_E R_e \approx U_{CC} - I_{CQ}(R_C + R_e) \tag{6-13}$$

$$I_B = I_{CQ}/\beta \tag{6-14}$$

4. 交流参数的估算

作出图 6-13a 所示分压式偏置稳定电路的交流通路和微变等效电路图，如图 6-14 所示，电容 C_e 为旁路电容，容量很大，对交流信号可视为短路。

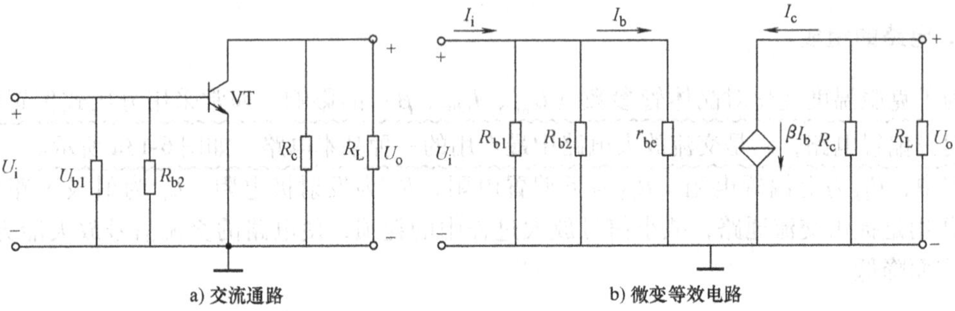

图 6-14　分压式偏置稳定电路的交流通路和微变等效电路

1）电压放大倍数：

由于

$$U_i = I_b r_{be}$$

$$U_o = -\beta I_b(R_c /\!/ R_L) = -\beta I_b R'_L$$

因此

$$A'_u = \frac{U_o}{U_i} = -\beta \frac{R'_L}{r_{be}} \tag{6-15}$$

式中，$R'_L = R_c /\!/ R_L$。

2）输入电阻：

$$R_i = U_i/I_i = R_{b1} /\!/ R_{b2} /\!/ r_{be} \tag{6-16}$$

3）输出电阻：

$$R_o \approx R_c \tag{6-17}$$

可见，其性能指标与共发射极基本放大电路相同。

例 6.5　在图 6-13a 所示的分压式偏置稳定电路中，设 $U_{CC} = 12\text{V}$，$R_c = 2.5\text{k}\Omega$，$R_{b1} = 20\text{k}\Omega$，$R_{b2} = 10\text{k}\Omega$，$R_e = 2\text{k}\Omega$，$R_L = 2\text{k}\Omega$，$U_{BEQ}$取 0.7V，晶体管 $\beta = 80$。

（1）求此放大电路的静态参数。

（2）计算电压放大倍数 A_u、输入电阻 R_i、输出电阻 R_o。

解：（1）求此放大电路的静态参数：

$$U_{BQ} \approx \frac{R_{b2}}{R_{b1} + R_{b2}} \cdot U_{CC} = \frac{10}{20 + 10} \times 12\text{V} = 4\text{V}$$

$$I_{CQ} \approx I_{EQ} = \frac{U_{BQ} - U_{BEQ}}{R_e} = \frac{(4 - 0.7)\text{V}}{2 \times 10^3 \Omega} = 1.65\text{mA}$$

$$I_{BQ} = I_{CQ}/\beta = 1.65\text{mA}/80 \approx 0.02\text{mA}$$

$$U_{CEQ} \approx U_{CC} - I_{CQ}(R_c + R_e) = 12\text{V} - 1.65 \times 10^{-3}(2.5 \times 10^3 + 2 \times 10^3)\text{V} = 4.57\text{V}$$

（2）计算电压放大倍数 A_u、输入电阻 R_i、输出电阻 R_o：

$$r_{be} = 300\Omega + (1+\beta)\frac{26\text{mV}}{I_{EQ}} = \left[300 + (1+80) \times \frac{26}{1.65}\right]\Omega \approx 1.5\text{k}\Omega$$

$$A_u = \frac{U_o}{U_i} = -\beta\frac{R_c // R_L}{r_{be}} = -80 \times \frac{1}{1.5} = -53$$

$$R_i = r_{be} // R_{b1} // R_{b2} \approx 1.3\text{k}\Omega$$

$$R_o = R_c = 2\text{k}\Omega$$

6.3 其他放大电路

根据输入回路和输出回路公共端的不同，放大电路还可以构成共集电极放大电路和共基极放大电路。

6.3.1 共集电极放大电路

1. 电路的组成

图 6-15 所示为共集电极放大电路，由于是从发射极输出信号，又称射极输出器。图 6-15a 为电路原理，图 6-15b 为交流通路。它是从基极输入信号，从发射极输出信号，在它的交流通路上可看到，集电极是输入回路、输出回路的公共端，故称共集电极放大电路。

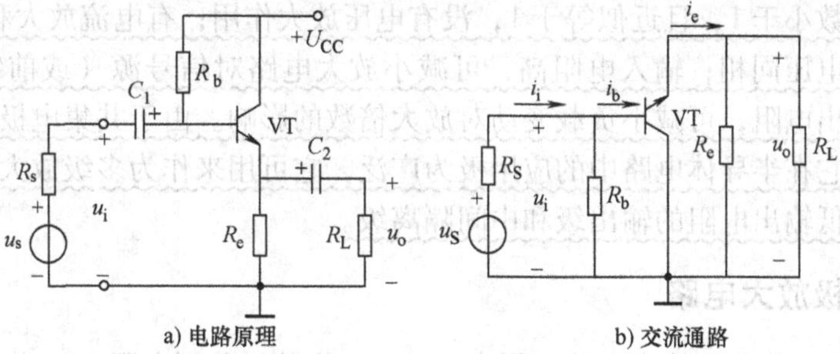

图 6-15　共集电极放大电路

2. 工作原理

电源 U_{CC} 给晶体管 VT 的集电结提供反偏电压，又通过基极偏置电阻 R_b 给发射结提供正偏电压，使晶体管 VT 工作在放大区。输入信号电压 u_i 通过耦合电容 C_1 加到晶体管 VT 的基极，经过晶体管的放大，输出信号电压 u_o 从发射极通过输出耦合电容 C_2 送到负载 R_L 上。

3. 共集电极放大电路的参数

图 6-15a 电路的微变等效电路如图 6-16 所示。

（1）电压放大倍数 A_u

$$A_u = u_o/u_i = \frac{i_b(1+\beta)R'_L}{i_b[r_{be} + (1+\beta)R'_L]}$$

$$= \frac{(1+\beta)R_L'}{r_{be}+(1+\beta)R_L'} \quad (6\text{-}18)$$

式中，$R_L' = R_e /\!/ R_L$，一般 $(1+\beta)R_L' >> r_{be}$，所以这个电压放大倍数是小于1且约等于1的，并且输出电压和输入电压同相。这说明输出电压和输入电压相位相同、大小近似相等，所以共集电极放大电路又被称为电压跟随器或射极跟随器。

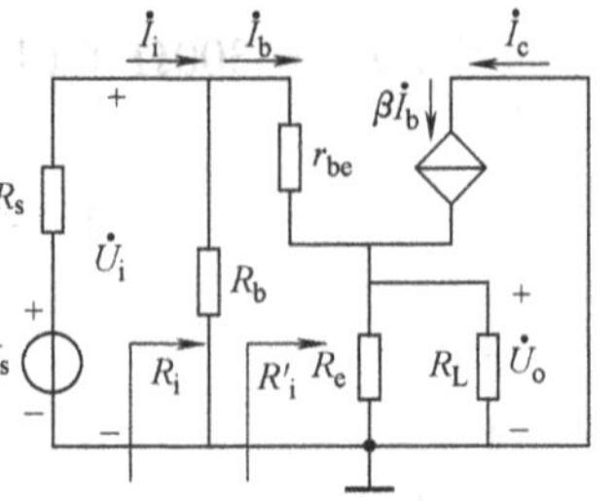

图6-16　共集电极放大电路的微变等效电路

（2）输入电阻 R_i

$$R_i = R_b /\!/ R_i' = R_b /\!/ [r_{be} + (1+\beta)R_L'] \quad (6\text{-}19)$$

此式说明，由于发射极电阻的存在，射极跟随器的输入电阻是共发射极基本放大电路的输入电阻的几十倍到几百倍，相当于 R_L' 扩大 $(1+\beta)$ 倍与 r_{be} 串联，因此射极跟随器从信号源处获得电压信号的能力比较强。

（3）输出电阻 R_o

$$R_o \approx \frac{r_{be} + (R_s /\!/ R_b)}{1+\beta} \quad (6\text{-}20)$$

信号源内阻和晶体管输入电阻 r_{be} 都很小，而晶体管的 β 值一般较大，所以共集电极放大电路的输出电阻比共发射极放大电路的输出电阻小得多，一般在几十欧左右。因此，共集电极放大电路的带负载能力较强。

4. 共集电极放大电路的特点

电压放大倍数小于1，且近似等于1，没有电压放大作用；有电流放大和功率放大作用；输出电压与输入电压同相；输入电阻高，可减小放大电路对信号源（或前级）索取的信号电流；很低的输出电阻，可减小负载变动对放大倍数的影响。由于共集电极放大电路具有的这些特点，所以它在半导体电路中的应用极为广泛，它可用来作为多级放大电路中的高输入电阻的输入级、低输出电阻的输出级和中间隔离级。

*6.3.2　共基极放大电路

图6-17a 所示为共基极放大电路，图中 R_{b1}、R_{b2} 为基极分压电阻，R_c 为集电极电阻，C_b 保证基极对地交流短路。其交流通路如图6-17b 所示，信号从发射极输入，从集电极输出，基极是输入、输出回路的公共端，因而被称为共基极放大电路。

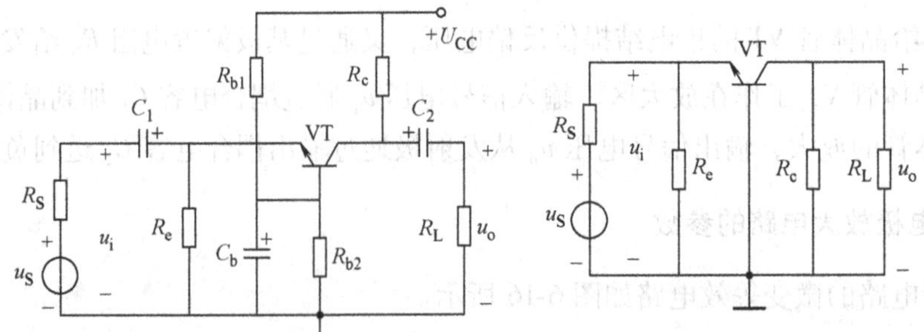

a) 电路原理　　　　b) 交流通路

图6-17　共基极放大电路

共基极放大电路的静态分析与分压式偏置电路的直流通路完全相同，共基极放大电路的特点是：输入电阻低；输出电阻与共发射极放大电路一样；输出电压与输入电压同相，电压放大倍数与共发射极放大电路一样。共基极放大电路的输入电流大于输出电流，没有电流放大作用。

*6.3.3 三种基本放大电路特点的比较

综上所述，晶体管单管放大电路的三种组态的特点归纳如下：

1）共发射极放大电路既能放大电流又能放大电压，输入电阻在三种电路中居中，输出电阻较大，频带较窄，常作为低频电压放大电路的单元电路。

2）共集电极放大电路只能放大电流不能放大电压，是三种接法中输入电阻最大、输出电阻最小的电路，并具有电压跟随的特点，常用于电压放大电路的输入级和输出级，在功率放大电路中也常采用射极输出形式。

3）共基极放大电路只能放大电压不能放大电流，输入电阻小，电压放大倍数和输出电阻与共发射极放大电路相当，频率特性是三种接法中最好的电路，常用于宽频带放大电路。

三种基本放大电路的主要性能、特征见表6-1。

表 6-1 三种基本放大电路的主要性能、特征

	共发射极放大电路	共集电极放大电路	共基极放大电路
电路图	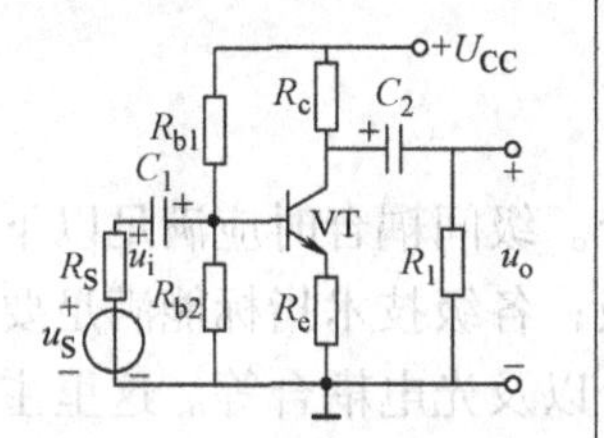	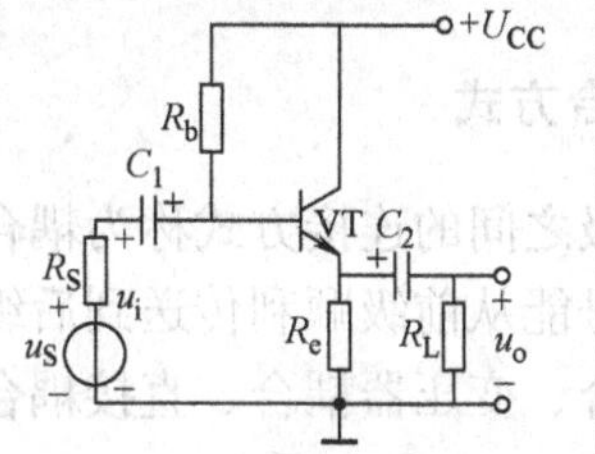	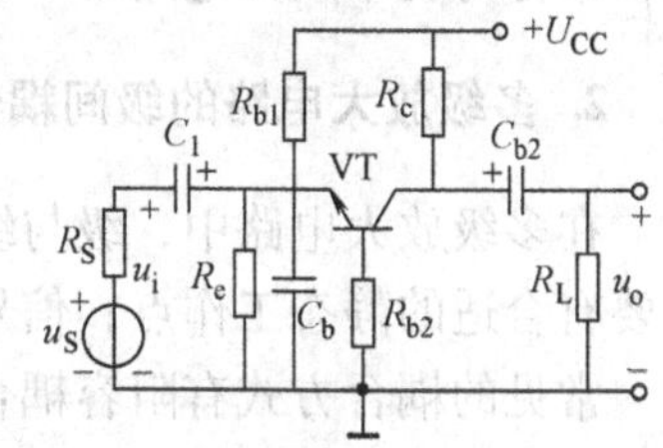
电压增益 A_u	$A_u=-\dfrac{\beta R'_L}{r_{be}+(1+\beta)R_e}$ $(R'_L=R_c//R_L)$	$A_u=\dfrac{(1+\beta)R'_L}{r_{be}+(1+\beta)R'_L}$ $(R'_L=R_e//R_L)$	$A_u=\dfrac{\beta R'_L}{r_{be}}$ $(R'_L=R_c//R_L)$
u_o 与 v_i 的相位关系	反相	同相	同相
最大电流增益 A_i	$A_i\approx\beta$	$A_i\approx 1+\beta$	$A_i\approx\alpha$
输入电阻	$R_i=R_{b1}//R_{b2}//[r_{be}+(1+\beta)R_e]$	$R_i=R_b//[r_{be}+(1+\beta)R'_L]$	$R_i=R_e//\dfrac{r_{be}}{1+\beta}$
输出电阻	$R_o\approx R_c$	$R_o=\dfrac{r_{be}+R'_s}{1+\beta}//R_e$ $(R'_s=R_s//R_b)$	$R_o\approx R_c$
用途	多级放大电路的中间级	输入级、中间级、输出级	高频或宽频带电路

6.3.4 多级放大电路

1. 多级放大电路的组成框图

在实际应用中，放大电路的输入信号往往很微弱，一般为毫伏或微伏数量级。为了推动负载工作，必须由多级放大电路对微弱信号进行连续放大。图 6-18 为多级放大电路的组成框图，含有输入级、中间级和输出级。

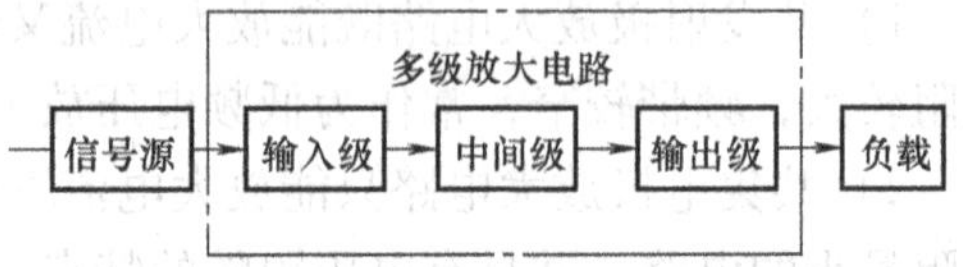

图 6-18 多级放大电路的组成框图

1）对输入级的要求，与信号源的性质有关。例如，当输入信号源为高内阻电压源时，则要求输入级也必须有高的输入电阻，以减小信号在内阻上的损失。如果输入信号源为电流源，为了充分利用信号电流，则要求输入级有较低的输入电阻。

2）中间级的主要任务是电压放大，多级放大电路的放大倍数，主要取决于中间级，它本身可由一级或几级放大电路组成。

3）输出级的任务是推动负载。当负载仅需要足够大的电压时，则只要求输出具有大的电压动态范围。更多场合下，输出级推动扬声器、电动机等执行部件，需要输出足够大的功率，常称为功率放大电路。

2. 多级放大电路的级间耦合方式

在多级放大电路中，级与级之间的连接方式称为耦合。级间耦合时应满足以下要求：各级要有合适的静态工作点；信号能从前级顺利传送到后级；各级技术指标能满足要求。

常见的耦合方式有阻容耦合、变压器耦合、直接耦合以及光电耦合等。这里主要介绍阻容耦合和直接耦合。

（1）阻容耦合 图 6-19 所示为用电容 C_2 将两个单级放大电路连接起来的两级放大电路，第一级为分压式偏置电路，第二级为射极输出器。可以看出，第一级的输出信号是第二级的输入信号，第二级的输入电阻是第一级的负载。这种通过电容和下一级输入电阻连接起来的方式，称为阻容耦合。

阻容耦合的特点是：由于前、后级之间是通过电容相连的，各级的直流电路互不相通，每一级的静态工作点各自独立，互不影响，这样就给电路的设计、调试和维修带来很大的方便。但是，它不能用于直流或缓慢变化信号的放大，此外，在集成电路中制造大容量电容很困难，甚至不可能，所以这种耦合方式不便于集成化。应当指出，由于集成放大电路的应用越来越广泛，只有在特殊需要下，由分立元器件组成的放大电路中才可能采用阻容耦合方式。

（2）直接耦合 前级的输出端直接与后级的输入端相连接的方式，称为直接耦合，如图 6-20 所示。

直接耦合的特点是各级之间直接相连，它不会造成信号的损失，但是也存在着两个问题：

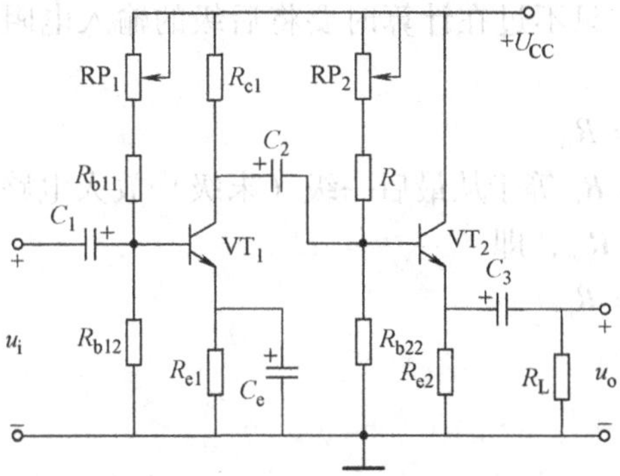

图 6-19　两级阻容耦合放大电路

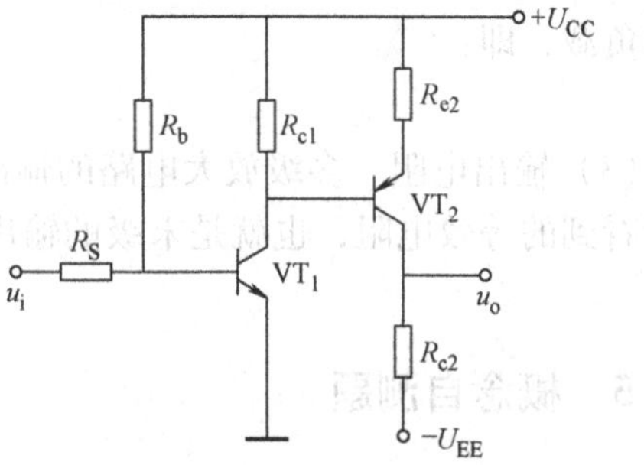

图 6-20　直接耦合两级放大电路

1）各级的静态工作点相互影响。在交流阻容耦合放大电路中，由于耦合电容的隔直流通交流的作用，既保证了交流信号的传递和放大，也保证了各级放大电路的静态工作点相互独立，互不影响。在直接耦合放大电路中，各级的静态工作点不独立，相互影响，在设计电路时需要合理地安排各级的静态工作点，使它们之间能正确配合。当放大电路级数增多时，这个问题显得更加复杂。

2）零点漂移问题。输入交变信号为零时的输出电压值被称为放大电路的零点。零点不一定为零，但希望为零。由于直接耦合使得各级静态工作点 Q 相互影响，如果前级静态工作点 Q 发生变化，则会影响后面各级的静态工作点 Q。由于各级放大作用，第一级微弱变化将经多级放大电路的放大，使输出端产生很大的变化。最常见的是由于环境温度的变化而引起工作点漂移（称为温漂），它是影响直接耦合放大电路性能的主要因素之一。当输入短路时，输出将随时间缓慢变化，如图 6-21 所示。这种输入电压为零，输出电压偏离零点的变化称为“零点漂移”，简称“零漂”。此时的输出信号显然不是正常放大信号的输出，这种假象将会造成测量误差，或使自动控制系统发生错误动作，严重时，将会淹没真正的信号。产生零漂的原因，主要是因为晶体管的参数受温度的影响。

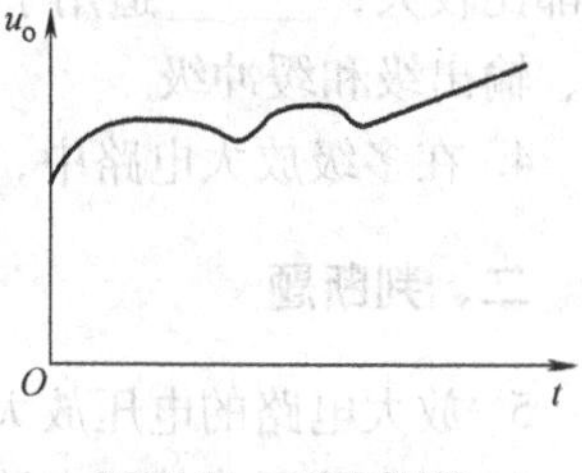

图 6-21　零点漂移

3. 多级放大电路的分析方法

单级放大电路的某些性能指标可作为分析多级放大电路的依据。实际使用中，多级放大电路的分析主要指确定电压放大倍数、输入电阻和输出电阻等动态性能。多级放大电路的主要性能指标采用以下方法估算。

（1）电压放大倍数　由于前级的输出电压就是后级的输入电压，根据电压放大倍数的定义式，可知

$$A_u = \frac{u_o}{u_i} = \frac{u_{o1}}{u_i} \cdot \frac{u_{o2}}{u_{i2}} \cdot \cdots \cdot \frac{u_o}{u_{in}} = A_{u1} \cdot A_{u2} \cdot \cdots \cdot A_{un} \tag{6-21}$$

可见，多级放大电路总的电压放大倍数等于各级电路电压放大倍数的乘积。

（2）输入电阻　多级放大电路的输入电阻 R_i 等于从第一级放大电路的输入端所看到的

等效输入电阻，也就是第一级的输入电阻R_{i1}，只不过在计算时要将后级的输入电阻作为前级的负载，即：

$$R_i = R_{i1} \tag{6-22}$$

（3）输出电阻　多级放大电路的输出电阻R_o等于从最后一级（末级）放大电路的输出端所看到的等效电阻，也就是末级的输出电阻R_{on}，即

$$R_o = R_{on} \tag{6-23}$$

6.3.5　概念自测题

一、填空题

1. 造成静态工作点不稳定的因素很多，其中最主要的因素是______。为克服温度等不利因素的影响，常采用______电路来稳定静态工作点。

2. 共集电极放大电路又叫______（或射极跟随器），其电路特点为______，输出电压与输入电压______，输入电阻______，输出电阻______。由于它的这些特点，该电路常常被用作多级放大电路的______、______或______。

3. 共射极、共集电极和共基极三种放大电路，其中______的电压、电流、功率放大倍数都比较大；______适用于高频情况下使用；______输入电阻高、输出电阻低，多用于输入级、输出级和缓冲级。

4. 在多级放大电路中，常见的耦合方式有______、______、______和______等。

二、判断题

5. 放大电路的电压放大倍数和电流放大倍数一定都大于1。（　　）

6. 引入分压式偏置电路，使得电路的放大倍数得以提高。（　　）

7. 共集电极放大电路既能放大电压，也能放大电流。（　　）

8. 射极输出器的输出端接在晶体管的发射极，因此它是一种共射放大电路。（　　）

三、选择题

9. 分压式偏置放大电路的输出电压和输入电压相位差为（　　）

A. 同相位　　B. 90°　　C. 180°　　D. 不确定

10. 共集电极放大电路的输出电压和输入电压相位差为（　　）

A. 同相位　　B. 90°　　C. 180°　　D. 不确定

11. 对于射极输出器，下列说法正确的是（　　）

A. 它是共集电极放大电路　　B. 它是共发射极放大电路

C. 它是共基极放大电路

12. 射极输出器作为放大器的输入级使用时，主要作用是（　　）

A. 放大信号　　B. 改变输入电阻　　C. 隔离前后级直流联系

13. 分压式偏置单管放大电路的发射极旁路电容C_e因损坏而断开，则该电路的电压放大倍数将（　　）。

A. 增大　　B. 减小　　C. 不变

14. 就放大作用而言，射极输出器是一种（　　）。

A. 有电流放大作用而无电压放大作用的电路

B. 有电压放大作用而无电流放大作用的电路

C. 电压和电流放大作用均没有的电路

6.4 反馈电路

“反馈”在电子技术中应用十分广泛，应用正反馈技术能构成各种振荡器，以获得不同波形和频率的信号源；应用负反馈技术能有效改善放大电路的交直流性能。所以在实际放大电路中，几乎都要引入这样或那样的反馈，以获得放大电路诸多性能的改善。如前面讨论的分压式偏置电路中，利用在发射极上接一个电阻 R_e 来稳定放大电路的静态工作点，就是利用了 R_e 的负反馈作用。

6.4.1 反馈的基本概念

将放大电路输出信号（电压或电流）的一部分或全部，通过某些元件或网络（称为反馈网络），反向送回到输入回路，并对原输入信号（电压或电流）产生影响的过程称为反馈。有反馈的放大电路称为反馈放大电路，反馈放大电路的框图如图 6-22 所示。

图中，基本放大电路是没有引进反馈的放大电路，用 $\dot{A}$ 表示，信号传输方向由左至右，正向传输；反馈网络用 $\dot{F}$ 表示，信号传输方向由右至左，反向传输，两者合起来就是引入反馈后的放大电路，称为反馈放大电路，用 $\dot{A}_f$ 表示。符号⊗表示信号叠加；$\dot{X}_i$ 称为输入信号，它由前级电路提供；$\dot{X}_f$ 称为反馈信号，它是由反馈网络送回到输入回路的信号；$\dot{X}_{id}$ 称为净输入信号或有效控制信号；$\dot{X}_f$ 的“+”、“−”表示反馈信号参与输入信号 $\dot{X}_i$ 叠加时的瞬时极性；$\dot{X}_o$ 称为输出信号。通常，把输出信号的一部分取出的过程称为“取样”；把 $\dot{X}_i$ 与 $\dot{X}_f$ 的叠加过程称为“比较”。引入反馈后，按照信号的传输方向，基本放大电路和反馈网络构成一个闭合环路，所以把引入了反馈的放大电路称为闭环放大电路，而未引入反馈的放大电路称为开环放大电路。

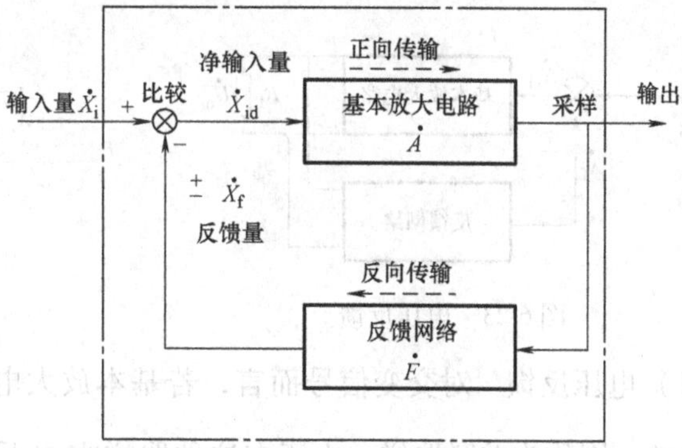

图 6-22　反馈放大电路的框图

由图 6-22 知，各量的关系为：

$$\dot{X}_{id} = \dot{X}_i - \dot{X}_f$$

开环放大倍数为

$$\dot{A} = \dot{X}_o/\dot{X}_{id} \tag{6-24}$$

反馈系数为

$$\dot{F} = \dot{X}_f/\dot{X}_o \tag{6-25}$$

电路的闭环放大倍数为

$$\dot{A}_f = \dot{X}_o/\dot{X}_i \tag{6-26}$$

将 $\dot{X}_{id} = \dot{X}_i - \dot{X}_f$ 和式（6-24）、式（6-25）代入式（6-26）得

$$\dot{A}_f = \frac{\dot{X}_o}{\dot{X}_i} = \frac{\dot{X}_o}{\dot{X}_{id} + \dot{X}_f} = \frac{\dot{A}\dot{X}_{id}}{\dot{X}_{id} + \dot{A}\dot{F}\dot{X}_{id}} = \frac{\dot{A}}{1 + \dot{A}\dot{F}} \tag{6-27}$$

上式是反馈放大电路的基本关系式，它是分析反馈问题的基础。其中 $1 + \dot{A}\dot{F}$ 称为反馈深度，表示反馈的强弱。

*6.4.2 反馈类型及其判定方法

1. 电压反馈与电流反馈

根据在输出回路中取样方式的不同，反馈可分为电压反馈和电流反馈。图 6-23 所示的反馈信号取自输出电压，称为电压反馈；图 6-24 所示的反馈信号取自输出电流，称为电流反馈。

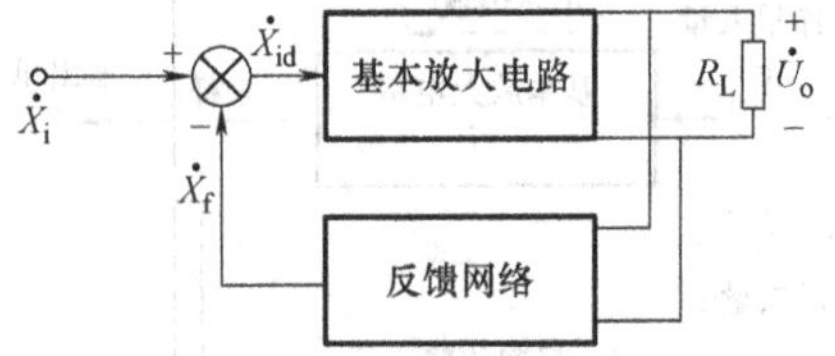

图 6-23 电压反馈

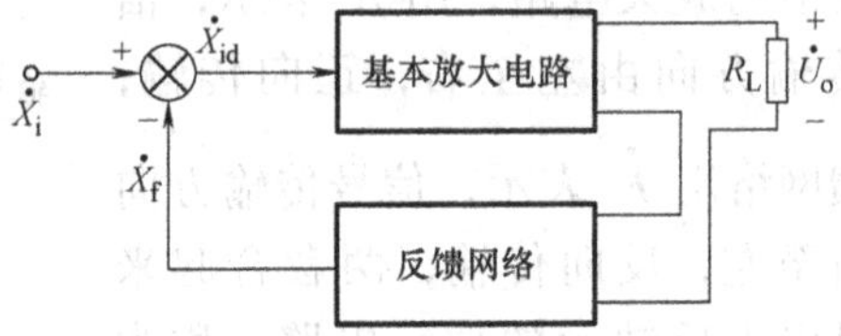

图 6-24 电流反馈

（1）电压反馈 对交变信号而言，若基本放大电路、反馈网络及负载三者在取样端是并联连接，则称为并联取样。由于在这种取样方式下，$\dot{X}_f$正比于输出电压，$\dot{X}_f$反映的是输出电压的变化，所以称之为电压反馈。

（2）电流反馈 对交变信号而言，若基本放大电路、反馈网络及负载三者在取样端是串联连接，则称为串联取样。由于在这种取样方式下，$\dot{X}_f$正比于输出电流，$\dot{X}_f$反映的是输出电流的变化，所以称之为电流反馈。

需要指出的是，在电流反馈电路中，由于直接对电流取样不方便，因而通过间接方式完成对输出电流的取样。如让取样电流通过一个小电阻，把电阻两端电压反馈给输入回路，故称这小电阻为取样电阻。反馈信号在形式上是电压信号，但这个电压与流过小电阻的电流（这里是输出电流）成正比，因而实质上反馈信号与输出电流成正比，反馈信号取自输出电流。

（3）电压反馈和电流反馈的判定 是电压反馈还是电流反馈在输出回路中判断。在确定有反馈的情况下，若不是电压反馈，则必定是电流反馈。通常判定是否是电压反馈较

容易。

1）判定方法之一：输出短路法。将反馈放大电路的输出端对地短接，若其反馈信号随之消失，说明反馈信号取自于输出电压，则为电压反馈；输出端对地短接后，若反馈信号依然存在，则说明反馈信号与输出电压无关，故不是电压反馈，则必然是电流反馈。

2）判定方法之二：按电路结构判定。在交流通路中，若放大电路的输出端和反馈网络的取样端接在同一个电位上，则为电压反馈；否则是电流反馈。

例 6.6 判断图 6-25 所示电路是电压反馈还是电流反馈。

解：由上述的方法判断可知，图 6-25a 中反馈元件是 R_f，将输出电压对地短接，反馈信号随之消失，则图 6-25a 是电压反馈；图 6-25b 中反馈元件是 R_e，将输出电压对地短接，R_e 上仍有电流，则图 6-25b 是电流反馈。

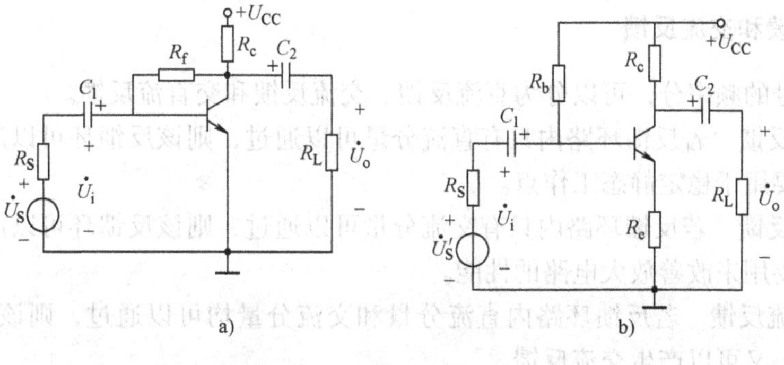

图 6-25 电压电流反馈举例

2. 串联反馈和并联反馈

根据反馈信号在输入回路中与输入信号比较（叠加）方式的不同，反馈可分为串联反馈和并联反馈。

（1）串联反馈　对交流信号而言，信号源、基本放大电路和反馈网络三者在比较端是串联连接，则称为串联反馈。在串联反馈中，反馈信号与输入信号不在一个节点上，必以电压的形式叠加，如图 6-26 所示。

在串联反馈电路中，反馈信号和原始输入信号以电压的形式进行叠加，产生净输入电压信号，即：

$$\dot{U}_{id} = \dot{U}_i - \dot{U}_f$$

（2）并联反馈　对交流信号而言，信号源、基本放大电路和反馈网络三者在比较端是并联连接，则称为并联反馈，如图 6-27 所示。

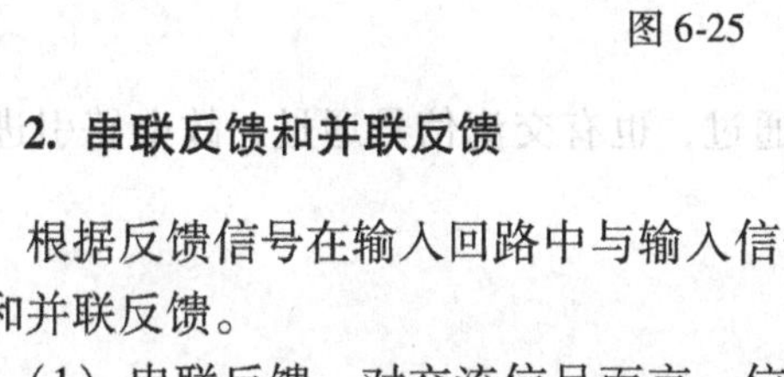

图 6-26 串联反馈示意图

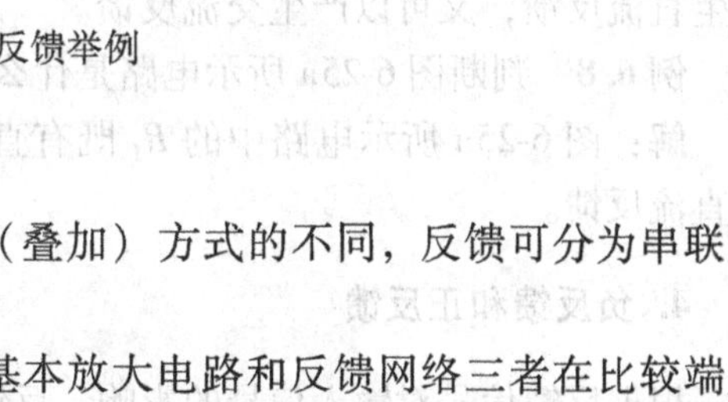

图 6-27 并联反馈示意图

在并联反馈中，反馈信号和原始输入信号，以电流的形式进行叠加，产生净输入电流信号，即：$\dot{I}_{id} = \dot{I}_i - \dot{I}_f$。

（3）串联反馈和并联反馈的判定方法　在输入回路中判断是串联反馈还是并联反馈。对于交变分量而言，若信号源的输出端和反馈网络的比较端接于放大电路的同一个电极上，则为并联反馈；否则，为串联反馈。

例 6.7　判断图 6-25 所示电路是串联反馈还是并联反馈。

解： 图 6-25a 所示电路的反馈信号与输入信号接于同一点，以电流的形式进行叠加，故为并联反馈；图 6-25b 所示电路的反馈信号与输入信号分别接于基极和发射极，不在同一点，以电压的形式进行叠加，故为串联反馈。

3. 直流反馈和交流反馈

按反馈信号的频率分，可以分为直流反馈、交流反馈和交直流反馈。

（1）直流反馈　若反馈环路内只有直流分量可以通过，则该反馈环可以产生直流反馈。直流负反馈主要用于稳定静态工作点。

（2）交流反馈　若反馈环路内只有交流分量可以通过，则该反馈环可以产生交流反馈，交流负反馈主要用来改善放大电路的性能。

（3）交直流反馈　若反馈环路内直流分量和交流分量均可以通过，则该反馈环既可以产生直流反馈，又可以产生交流反馈。

例 6.8　判断图 6-25a 所示电路是什么反馈？

解： 图 6-25a 所示电路中的 R_f 既有直流信号通过，也有交流信号通过，故电路引进了交直流反馈。

4. 负反馈和正反馈

根据反馈信号对输入信号的影响，反馈可分为正反馈和负反馈。凡反馈量使放大电路净输入量得到增强的称为正反馈，反之使净输入量减弱的称为负反馈。负反馈多用于改善放大电路的性能；正反馈多用于振荡电路。

通常用“瞬时极性法”来判断反馈的极性。其步骤如下：首先在基本放大电路输入端设定一个递增（或递减）的净输入信号，对并联反馈，设定一个电流信号；对串联反馈，设定一个电压信号。其次在上述设定下，推演各节点的瞬时极性，包括反馈信号的变化极性，最后判定在反馈信号的影响下净输入信号的变化极性。若该极性与前面设定的变化极性相反，则为负反馈；若相同，则为正反馈。

例 6.9　判断图 6-25a 所示电路的反馈极性。

解： 假设基极瞬时极性为正（+），集电极瞬时极性则为（-），反馈环节通过 R_f 将一个负极性的电量引入到正极性的基极进行叠加，必然削弱了净输入量，即在 i_f 的影响下 i_B 的变化极性与原设定的变化极性相反，表明反馈信号使净输入信号减弱，所以为负反馈。

方法归纳：如反馈信号与输入信号作用在同一个节点，瞬时极性相反，则会削弱净输入信号，为负反馈；瞬时极性相同，则会加强净输入信号，为正反馈；若反馈信号与输入信号作用在不同的节点，瞬时极性相同为负反馈，瞬时极性相反为正反馈。

由上面分析可知，按照取样方式和比较方式，反馈放大电路可分为电压串联负反馈，电压并联负反馈，电流串联负反馈和电流并联负反馈四种基本组态。

6.4.3 负反馈对放大电路性能的影响

1. 减小非线性失真

如图 6-28a 所示，虚线①、②为开环的输入输出信号。在开环放大电路中，当放大电路的静态工作点选择不当或输入信号幅度过大时，会使晶体管的动态工作范围进入非线性区域，造成输出信号的非线性失真，输出会得到正半周大、负半周小的失真波形，如图中曲线②所示。当引入负反馈后，将正半周大、负半周小的波形反馈到输入端，如曲线③所示，与输入信号叠加，由于负反馈的作用，使净输入信号削弱，成为正半周略小、负半周略大的波形，如曲线④所示，此信号再经过放大后便正好修正了输出波形的失真，如曲线⑤所示，输出波形得到有效改善，说明电路引入负反馈后，有减小非线性失真的作用。

值得注意的是，如果输入信号本身是失真的，引入负反馈的方法将无效。

2. 扩宽通频带

负反馈电路能扩展放大电路的通频带宽度，使放大电路具有更好的通频特性。例如在阻容耦合放大电路中，当输入信号处于低频区和高频区时，放大电路的放大倍数均要下降。由于引入负反馈具有稳定放大倍数的作用，因此在低频区和高频区的放大倍数下降的速度减慢，相当于扩宽了通频带，如图 6-28b 所示。此外，通频带的展宽，意味着频率失真的减少，因此负反馈能减少频率失真。

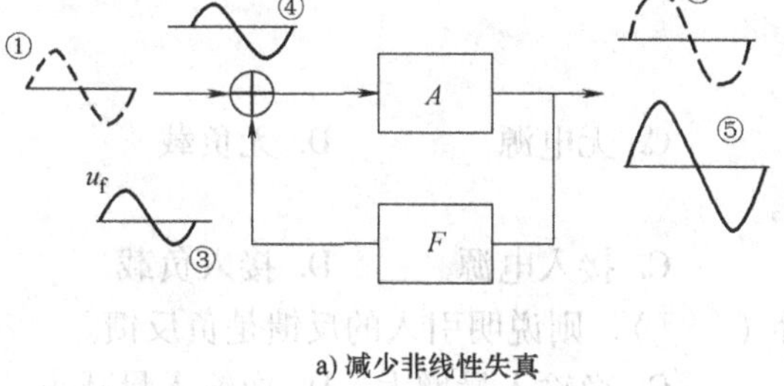

a) 减少非线性失真

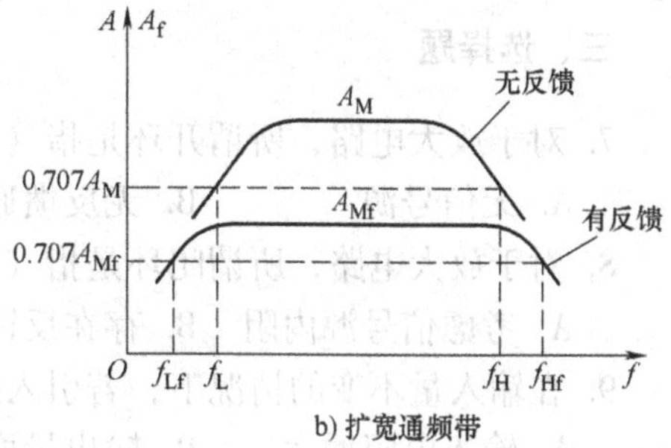

b) 扩宽通频带

图 6-28 负反馈改善放大电路性能

3. 提高电路及其放大倍数的稳定性

由于多种原因，例如环境温度的变化，元器件的老化或更换以及负载的变化等，都能致使电路元器件参数和放大电路的特性参数发生变化，因而导致放大电路放大倍数的改变。引入负反馈后，在输入信号一定时，电压负反馈能使输出电压基本维持恒定，电流负反馈能使输出电流基本维持恒定，故能维持放大倍数稳定。

4. 改变输入电阻和输出电阻

引入负反馈后，放大电路的输入电阻和输出电阻都会有一些改变，具体的改变与反馈的类型有关。其中，比较方式的不同表现在放大电路的输入端，因此，比较方式影响反馈放大电路的输入电阻。串联负反馈使输入电阻增大，而并联负反馈使输入电阻减少。取样方式的不同表现在放大电路的输出端，所以，取样方式影响放大电路的输出电阻。电压负反馈使输出电阻减少，而电流负反馈使输出电阻增加。

此外，引入负反馈还能抑制内部干扰和噪声，引入直流负反馈能稳定静态工作点等。

6.4.4 概念自测题

一、填空题

1. 将放大电路______的一部分或全部，通过某些元件或网络，反向送回输入电路，并对原输入信号（电压或电流）产生影响的过程称为______。

2. 根据在输出回路中取样方式的不同，反馈可分为______；根据反馈信号在输入回路中与输入信号比较（叠加）方式的不同，反馈可分为______；按反馈信号的频率分，反馈可分为______；根据反馈信号对输入信号的影响，反馈可分为______。

3. 负反馈对放大电路性能的主要影响有：减小非线性失真，扩宽通频带，__________，__________。

二、判断题

4. 只要在放大电路中引入反馈，就一定能使其性能得到改善。（　　）

5. 放大电路的级数越多，引入的负反馈越强，电路的放大倍数也就越稳定。（　　）

6. 反馈量仅仅决定于输出量。（　　）

三、选择题

7. 对于放大电路，所谓开环是指（　　）。
   A. 无信号源　B. 无反馈通路　C. 无电源　D. 无负载

8. 对于放大电路，所谓闭环是指（　　）。
   A. 考虑信号源内阻　B. 存在反馈通路　C. 接入电源　D. 接入负载

9. 在输入量不变的情况下，若引入反馈后（　　），则说明引入的反馈是负反馈。
   A. 输入电阻增大　B. 输出量增大　C. 净输入量增大　D. 净输入量减小

6.5 功率放大电路

到目前为止，前面介绍的放大电路，是以对低频微小电压信号进行放大为目的的。然而，要使扬声器鸣响或电动机转动，必须要有与信号成比例的功率，用于实现这一目的的放大电路称为功率放大电路。

6.5.1 功率放大电路概述

1. 功率放大电路的概念

从能量控制的观点来看，功率放大电路和电压放大电路没有本质上的区别。功率放大电路的主要特点是要获得一定的不失真（或失真较小）的输出功率，通常工作在大信号状态下，动态工作范围大。因此，功率放大电路应满足以下条件：

（1）输出功率足够大　为了获得较大的输出信号电压和电流，往往要求晶体管工作在极限状态。实际应用时，应考虑晶体管的极限参数 P_{CM}、I_{CM} 和 $U_{(BR)CEO}$。

（2）效率高　所谓效率是指功率放大电路向负载输出的信号功率与直流电源提供的功率之比。功率放大电路在输出信号功率的同时，晶体管本身也发热损耗功率，称为管耗。显然，为了提高效率，应尽量减小管耗。

（3）非线性失真小　功率放大电路在大信号的工作状态，很容易产生非线性失真，因此需要采取措施，减小非线性失真。

2. 功率放大电路的分类

功率放大电路的电路形式很多，按晶体管工作状态的不同，可以分为甲类、乙类和甲乙类功放三种类型。根据静态工作点的位置（见图 6-29a）来分类：Q 点位于负载线的中点，晶体管在信号的整个周期内都有电流流通的工作状态，称为甲类，如图 6-29b 所示；Q 点位于负载线偏下接近于截止区，晶体管的电流流通时间大于信号的半个周期，而小于一个周期的工作状态称为甲乙类，如图 6-29c 所示；Q 点完全进入截止区，晶体管只在信号的半个周期内有电流流通的工作状态，称为乙类，如图 6-29d 所示。

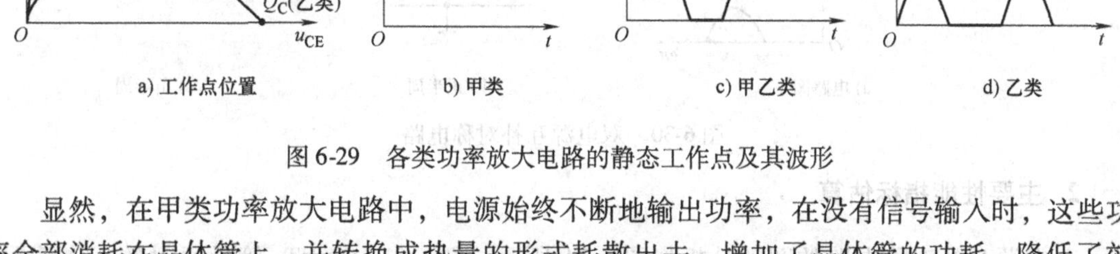

图 6-29　各类功率放大电路的静态工作点及其波形

显然，在甲类功率放大电路中，电源始终不断地输出功率，在没有信号输入时，这些功率全部消耗在晶体管上，并转换成热量的形式耗散出去。增加了晶体管的功耗，降低了效率。可以证明，即使在理想情况下，甲类功率放大电路的效率最高也只能达到 50%，故在功率放大电路中基本不采用甲类功率放大电路。

乙类功率放大电路，基本上没有静态工作电流，所以效率较高。但是晶体管仅在半个信号周期工作，非线性失真严重。在实际应用中，需采用两个晶体管组成互补对称放大电路，以减小失真。

甲乙类功率放大电路的效率介于以上两者之间。

6.5.2 乙类互补对称功率放大电路

通过前面的分析，为保证输出效率高、电路波形不失真，在电路结构上采用上下对称的互补电路。目前应用较多的功率放大电路是无变压器的互补对称功率放大电路。

此电路按电源供给的不同，分为双电源互补对称功率放大电路和单电源互补对称功率放大电路。下面主要介绍双电源互补对称功率放大电路。

1. 双电源互补对称功率放大电路的组成及工作原理

双电源互补对称功率放大电路又称无输出电容的功率放大电路，简称 OCL 电路，其基本原理电路如图 6-30a 所示，图中的晶体管 VT_1、VT_2 分别为特性对称一致的 NPN 型晶体管和 PNP 型晶体管，它们的基极接在一起，为信号的输入端；发射极接在一起并与负载相连，作为信号的输出端；而集电极分别接正电源 U_{CC} 和负电源 U_{EE}。这个电路可以看成由图 6-30b、c 所示两个输出器组合而成的。考虑到晶体管发射结处于正向偏置时才导电，因此当信号处于正半周时，VT_2 截止，VT_1 导通承担放大任务，有电流流过负载 R_L；而当信号处于负半周时，VT_1 截止，VT_2 导通承担放大任务，仍有电流流过负载 R_L，但方向与正半周相反。即 VT_1、VT_2 管交替工作，流过 R_L 的电流为一完整的正弦波信号。这样，图 6-30a 所示的双电源互补对称电路实现了在静态时晶体管不导通，而在有信号时，VT_1、VT_2 轮流导电，组成推挽式电路。由于两管互补对方的不足，工作性能对称，所以这种电路通常称为互补对称电路。

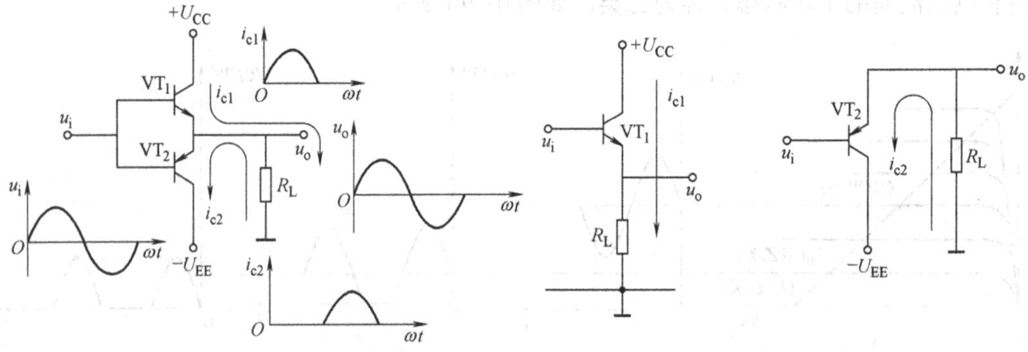

图 6-30 双电源互补对称电路

2. 主要性能指标估算

双电源互补对称电路的图解分析如图 6-31 所示。图 6-31a 为 VT_1 管导通时的工作情况。图 6-31b 是将 VT_2 管的导通特性倒置后与 VT_1 特性画在一起，让静态工作点重合，形成两管合成曲线，图中交流负载线为一条通过静态工作点的斜率为 $-1/R_L$ 的直线 AB。由图上可看出输出电流、输出电压的最大允许变化范围分别为 $2I_{cm}$ 和 $2U_{cem}$，I_{cm} 和 U_{cem} 分别为集电极正弦电流和电压的振幅值。有关指标的估算如下：

（1）输出功率　乙类互补对称电路的输出功率，用晶体管电压的有效值和输出电流有效值的乘积表示，即

$$P_o = \frac{I_{cm}}{\sqrt{2}} \cdot \frac{U_{cem}}{\sqrt{2}} = \frac{U_{cem}}{\sqrt{2}R_L} \cdot \frac{U_{cem}}{\sqrt{2}} = \frac{1}{2}\frac{U_{cem}^2}{R_L} \approx \frac{1}{2}\frac{U_{CC}^2}{R_L} \tag{6-28}$$

（2）效率　负载上得到的有用信号功率与电源提供的直流功率之比定义为效率，在理想情况下，互补对称电路工作在乙类、负载电阻为理想值，饱和管压降可忽略不计，可得到效率为

$$\eta_m \approx \pi/4 = 78.5\% \tag{6-29}$$

往往实际效率要略低于这个数值。

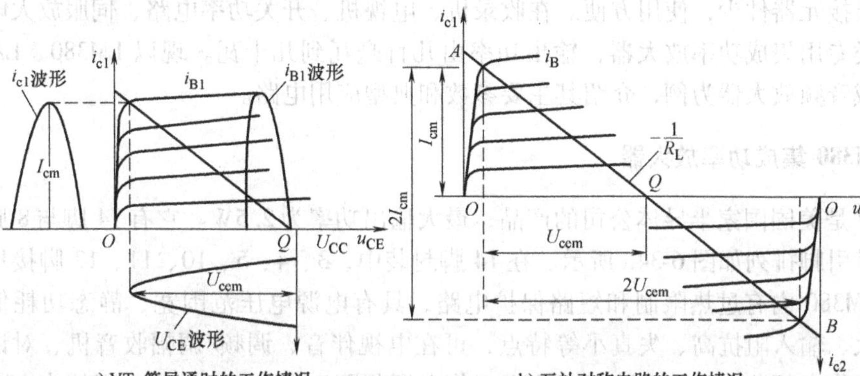

图 6-31　双电源互补对称电路的图解分析

3. 交越失真

在上述乙类互补对称电路中，VT_1 管和 VT_2 管的基极都未加偏置电压，静态时 $U_{BE}=0$。由于晶体管有一死区电压，当 u_i 小于死区电压时，两管均不导通，输出为零，只有当 u_i 增加到大于死区电压时，晶体管才导通，因此，当输入正弦电压 u_i 时，在输出电压 u_o 的正负半周交接处会出现失真，如图 6-32 所示，这种失真称为交越失真。

为了消除交越失真，必须在 VT_1 和 VT_2 的基极设置偏置电压。图 6-33 所示电路中，利用两个二极管 VD_1 和 VD_2 的直流电压降，作为 VT_1 和 VT_2 的基极偏置电压，使 VT_1 和 VT_2 工作在微导通的甲乙类工作状态，既可消除交越失真，又不会产生过多的管耗。

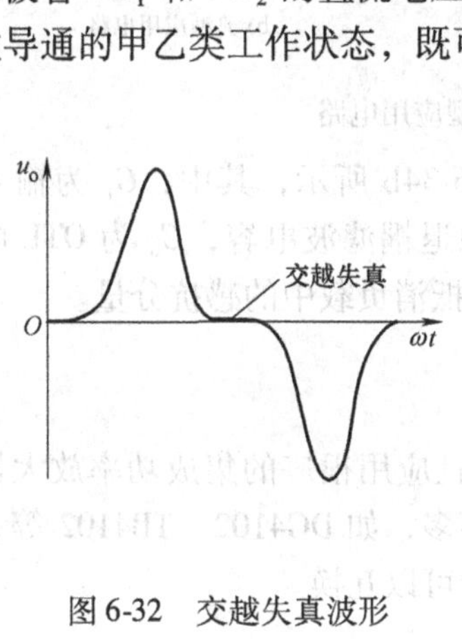

图 6-32　交越失真波形

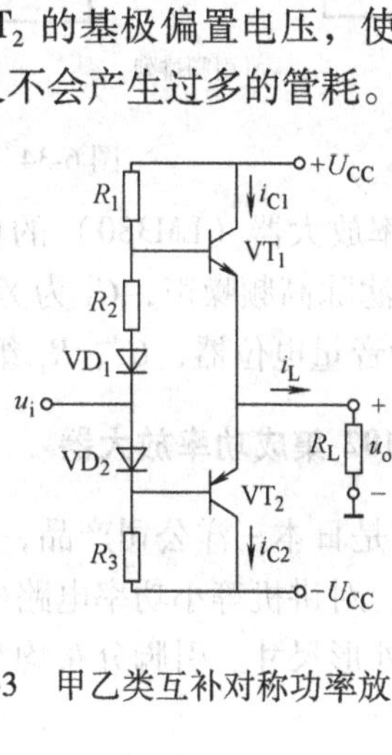

图 6-33　甲乙类互补对称功率放大电路

例 6.10 如图 6-30a 所示双电源互补对称电路，u_i 为正弦信号，$U_{CC}=16V$，$R_L=32\Omega$，试求负载上获得的最大功率。

解：由式（6-28）可求得负载上获得的最大功率为

$$P_{om} \approx \frac{1}{2}\frac{U_{CC}^2}{R_L} = \frac{1}{2} \times \frac{16^2}{32}W = 4W$$

6.5.3 集成功率放大器

集成功率放大器是在集成运算放大器（将在 6.7 小节中介绍）基础上发展起来的，其内部结构与集成运算放大器相似，但与集成运算放大器相比具有更大的输出功率。集成功率放大器的外接元器件少，使用方便。在收录机、电视机、开关功率电路、伺服放大电路中广泛采用各类专用集成功率放大器，输出功率由几百毫瓦到几十瓦。现以 LM380、LA4102 两种单片集成音频放大器为例，介绍其主要参数和典型应用电路。

1. LM380 集成功率放大器

LM380 是美国国家半导体公司的产品，最大输出功率为 2.5W。它有 14 脚与 8 脚两种封装形式，其引脚排列如图 6-34a 所示。在 14 脚封装中，3、4、5、10、11、12 脚接地，构成散热片。LM380 内有过热限制和短路保护电路，具有电源电压范围宽、静态功耗低、峰值电流容量大、输入阻抗高、失真小等特点，可在电视伴音、调频/调幅收音机、对讲机、报警器电路中作音频功率放大电路。LM380 工作电压范围为 10～22V，输入阻抗为 150kΩ。静态输出电压自动调节至电源电压的一半，电压增益固定在 50 倍（约 34dB）。

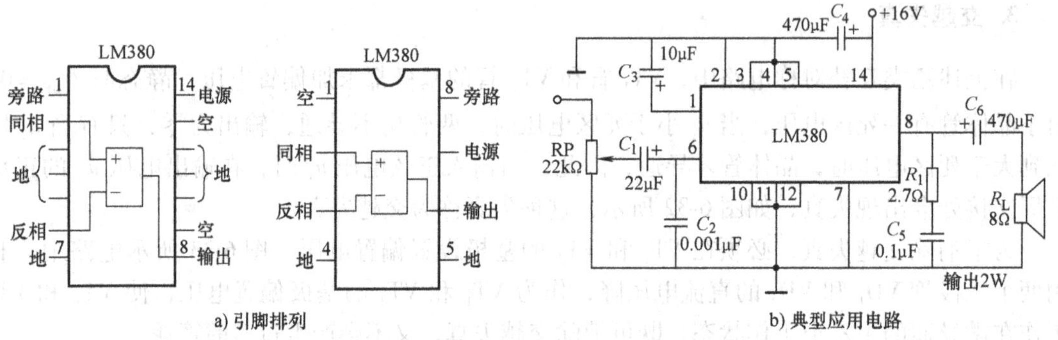

图 6-34 LM380 引脚排列与典型应用电路

集成功率放大器（LM380）的典型应用电路如图 6-34b 所示，其中，C_1 为输入耦合电容，C_2 用以滤除高频噪声，C_3 为旁路电容；C_4 为电源退耦滤波电容，C_6 为 OTL 电路输出电容，RP 为音量电位器，C_5、R_1 组成阻抗校正网络，抵消负载中的感抗分量。

2. LA4102 集成功率放大器

LA4102 是日本三洋公司产品，是一种技术成熟并且应用很广的集成功率放大器。它常用于收录机、对讲机等小功率电路中。国产同类产品很多，如 DG4102、TB4102 等，它们的内部电路、外形尺寸、引脚分布均是一致的，在使用中可以互换。

（1）电路外形与引脚　它是采用带散热片的 14 脚双列直插式塑料封装结构，其封装外形如图 6-35a 所示。各引脚是从散热片顶部按逆时针方向依次编号的。分别为：1—输出端；3—接地；4、5—消振；6—反相输入端；9—同相输入端；10、12—退耦滤波；8—公共射极电位；13—接自举电容；14—正电源；2、7、11—空脚。

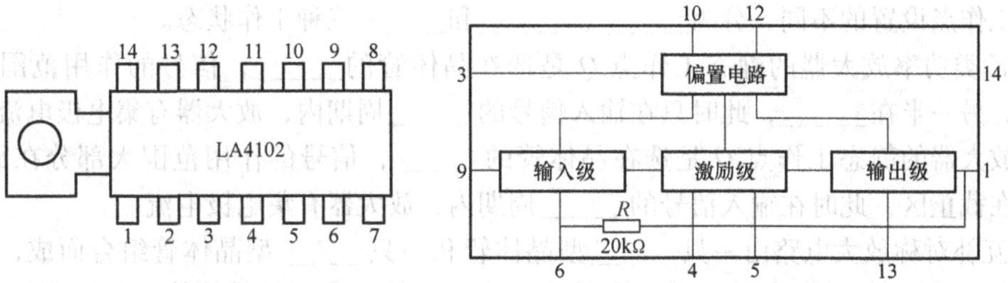

a) 封装外形　　b) 内部框图

图 6-35　LA4102 封装外形和内部框图

LA4102 内部框图如图 6-35b 所示，主要包括以下部分：输入级为差动放大电路；激励级为高增益共发射极放大电路；输出级为复合管构成的准互补对称电路；偏置电路给各级提供稳定的偏置电压。图中 $R=20\text{k}\Omega$ 电阻是集成电路内部设置的反馈电阻，在实际应用中，通过改变接在引脚 6 的外接电阻大小，就可改变功率放大器的电压放大倍数。

（2）典型应用电路　图 6-36 是 LA4102 的典型应用电路。

外围元件的作用如下：C_1 为输入耦合电容；C_2、C_4 用于消除纹波，C_5 起相位补偿作用，以消除高频寄生振荡；C_6 为反馈电容，用以消除自激振荡；C_3、R_f 与内部的 20kΩ 的电阻 R 一起组成交流电压串联负反馈电路；C_7 为防止高频自激振荡；C_8 为自举电容，以提高最大不失真输出功率；C_9 起电源退耦滤波作用；C_{10} 为 OTL 电路输出电容。

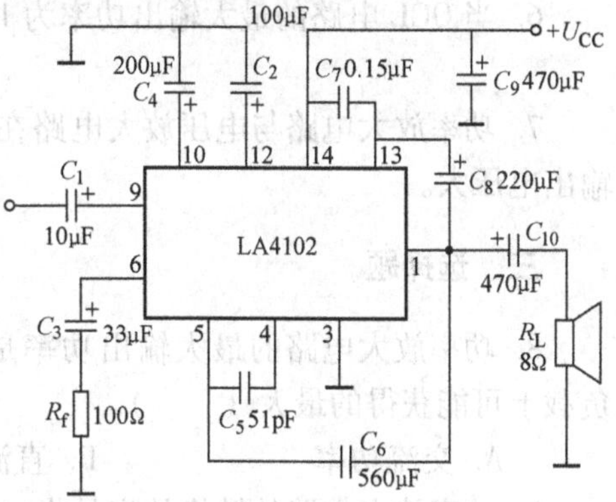

图 6-36　LA4102 的典型应用电路

（3）LA4102 主要参数　LA4102 主要参数见表 6-2。

表 6-2　LA4102 主要参数

参数名称	符　号	单　位	规　范
电源电压	U_{CC}	V	9
静态电流	I_{CCO}	mA	≤2.5
输出功率	P_o	W	2.1（1.4）
输入阻抗	R_i	kΩ	≥20
负　载	R_L	Ω	4（8）

6.5.4 概念自测题

一、填空题

1. 对功率放大器的主要要求是：输出功率______，效率______，非线性失真______。按静态工作点设置的不同，分为______、______和______三种工作状态。

2. 乙类功率放大器的静态工作点 Q 是选在晶体管的______，信号的作用范围一半在______，另一半在______，此时只在输入信号的______周期内，放大器有集电极电流；甲乙类功率放大器的静态工作点 Q 是选在晶体管的______，信号的作用范围大部分在放大区，少部分在截止区，此时在输入信号的______周期内，放大器有集电极电流。

3. 互补对称放大电路由一只______型晶体管和一只______型晶体管组合而成，它实际上是______对接在一起共同向一个负载输出功率，一般要求两只晶体管的特性必须______。OTL 是指______功率放大电路，OCL 是指______功率放大电路。

二、判断题

4. 在功率放大电路中，输出功率愈大，功放管的功耗愈大。（ ）

5. 功率放大电路的最大输出功率是指在基本不失真情况下，负载上可能获得的最大交流功率。（ ）

6. 当 OCL 电路的最大输出功率为 1W 时，功放管的集电极最大耗散功率应大于 1W。（ ）

7. 功率放大电路与电压放大电路在电源电压相同的情况下，前者比后者的最大不失真输出电压大。（ ）

三、选择题

8. 功率放大电路的最大输出功率是在输入电压为正弦波时，输出基本不失真情况下，负载上可能获得的最大（ ）。

A. 交流功率　　B. 直流功率　　C. 平均功率

9. 功率放大电路的转换效率是指（ ）。

A. 输出功率与晶体管所消耗的功率之比

B. 最大输出功率与电源提供的平均功率之比

C. 晶体管所消耗的功率与电源提供的平均功率之比

10. 在 OCL 乙类功放电路中，若最大输出功率为 1W，则电路中功放管的集电极最大功耗约为（ ）。

A. 1W　　B. 0.5W　　C. 0.2W

6.6 差动放大电路

在直接耦合放大电路中，由于各级静态工作点 Q 相互影响，引起零点漂移问题（当输入电压为零，输出电压偏离零点的变化）。这种输出显然不反映输入信号的输出，也就是说无法分辨输出电压变化究竟是由输入电压造成的还是零点漂移造成的。这样的放大电路在放大微弱信号时，漂移会将有用的信号“淹没”掉，使放大电路失去正常放大能力。

产生零漂的原因，主要是因为晶体管的参数受温度的影响。为了解决零漂，人们采取了多种措施，但最有效的措施之一是采用差动放大电路。

6.6.1 差动放大电路的组成及静态分析

差动放大电路又称差分放大电路，简称差放，是集成运算放大器内部电路的主要组成部分，也是一种使用十分广泛的单元电路，它具有优异的抑制零点漂移的性能。

1. 电路组成

图 6-37 所示是基本的差动放大电路，它由两个完全相同的单管放大电路组成。该电路采用两个对称的共发射极放大电路，具有两个输入端 u_{i1}、u_{i2}，由于两个晶体管 VT_1、VT_2 的特性完全一样（称为差分对管），外接电阻也完全对称相等，输入信号从两管的基极输入，输出信号则从两管的集电极之间输出。采用正负电源供电，$|U_{CC}| = |U_{EE}|$。

2. 静态分析

静态时，即 $u_{i1} = u_{i2} = 0$ 时，画出了电路的直流通路如图 6-38 所示。

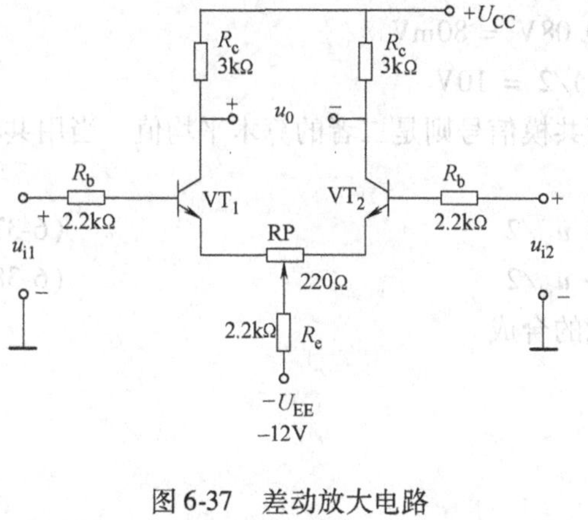

图 6-37 差动放大电路

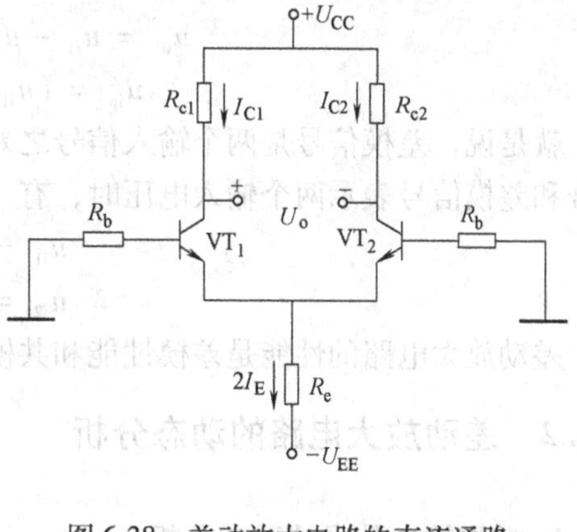

图 6-38 差动放大电路的直流通路

当没有输入信号，即 $u_{i1} = u_{i2} = 0$ 时，由于电路完全对称 $I_{C1} = I_{C2}$，所以有 $R_{C1}I_{C1} = R_{C2}I_{C2}$，则

$$U_O = U_{C1} - U_{C2} = 0 \tag{6-30}$$

即静态时，差动放大电路具有零输入、零输出的特点。

3. 共模信号、差模信号及其放大倍数

（1）差模信号及差模电压放大倍数 设差动放大电路两输入端分别作用一对大小相等、极性相反的信号电压，即 $u_{i1} = -u_{i2}$，则称它们为一对差模信号，用下标 d 表示：

$$u_{id} = u_{id1} - u_{id2} = 2u_{id1}$$

$$u_{id1} = -u_{id2} = u_{id}/2 \tag{6-31}$$

在只有差模输入信号 u_{id} 作用时，差动放大电路的输出电压为差模输出电压 u_{od}，且把输入一对差模信号时的电压放大倍数称为差模电压放大倍数，用 A_{ud} 表示，即

$$A_{ud} = u_{od}/u_{id} \tag{6-32}$$

（2）共模信号及共模电压放大倍数　设差动放大电路两输入端分别作用一对大小相等、极性相同的信号，即 $u_{i1}=u_{i2}$，则称它们为一对共模信号，用下标 c 表示：

$$u_{ic} = u_{ic1} = u_{ic2} \tag{6-33}$$

通常，共模信号都是无用信号。我们把只在共模信号 u_{ic} 作用时差动放大电路的输出电压称为共模输出电压 u_{oc}，把输入共模信号时的电路的电压放大倍数称为共模电压放大倍数，用 A_{uc} 表示，即

$$A_{uc} = u_{oc}/u_{ic} \tag{6-34}$$

一般情况下，差模信号和共模信号是不存在的，但任何信号都可以分解为差模和共模两种信号。其中差模信号为有用信号，共模信号为无用信号。而实际输出电压不仅取决于两个输入信号 u_{i1}、u_{i2} 的差模信号 u_{id}，而且还与两个输入信号的共模信号 u_{ic} 有关，它们分别表示为：

$$u_{id} = u_{i1} - u_{i2} \tag{6-35}$$

$$u_{ic} = (u_{i1} + u_{i2})/2 \tag{6-36}$$

例 6.11　已知差动放大电路的 $u_{i1}=10.04\text{V}$，$u_{i2}=9.96\text{V}$，试求差模和共模输入电压。

解：由式（6-35）和式（6-36）可得：

$$u_{id} = u_{i1} - u_{i2} = 0.08\text{V} = 80\text{mV}$$

$$u_{ic} = (u_{i1} + u_{i2})/2 = 10\text{V}$$

就是说，差模信号是两个输入信号之差，而共模信号则是二者的算术平均值。当用共模信号和差模信号表示两个输入电压时，有

$$u_{i1} = u_{ic} + u_{id}/2 \tag{6-37}$$

$$u_{i2} = u_{ic} - u_{id}/2 \tag{6-38}$$

差动放大电路的性能是差模性能和共模性能的合成。

6.6.2　差动放大电路的动态分析

1. 差模输入信号的动态分析

图 6-39a 所示为双端输出差动放大电路，其中负载 R_L 接在两管集电极之间，由于差模输入时 R_L 两端电压相反变化，R_L 中点电压相当于交流接地，差模交流通路如图 6-39b 所示，因为流过 R_e 的电流 $I_{E1}=-I_{E2}$，故差模信号在电阻值 R_e 产生的电压降等效为零。

差模电压放大倍数为

$$A_{ud} = \frac{u_{od}}{u_{id}} = \frac{u_{o1} - u_{o2}}{u_{i1} - u_{i2}} = \frac{2u_{o1}}{2u_{i1}} = A_{u1} = -\frac{\beta R'_L}{R_b + r_{be}} \tag{6-39}$$

式中，$R'_L=R_c//(R_L/2)$，u_{od} 是双端输出时差模输出电压，它等于两管输出电压信号之差；A_{u1} 为单管共发射极放大电路的电压放大倍数。由式（6-39）可知，双端输出的差动放大电路，其电压放大倍数和单管放大电路的电压放大倍数相同。

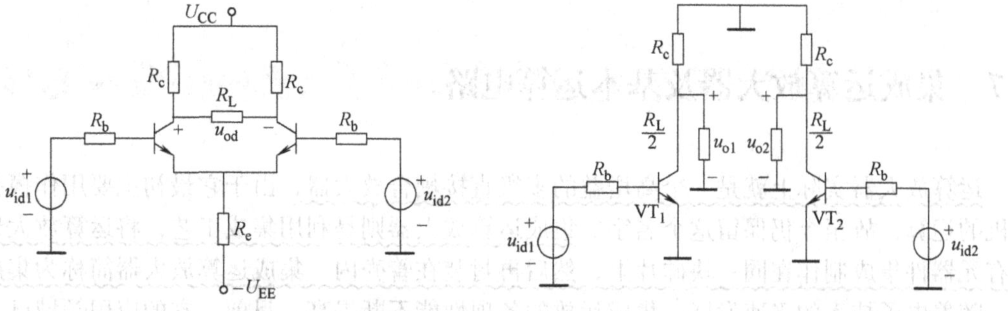

a) 电路原理　　b) 差模交流通路

图 6-39　双端输出差动放大电路

电路的输入电阻则是从两个输入端看进去的等效电阻，由图 6-39b 可知

$$R_i = 2(R_b + r_{be}) \tag{6-40}$$

电路的输出电阻为

$$R_o = 2R_c \tag{6-41}$$

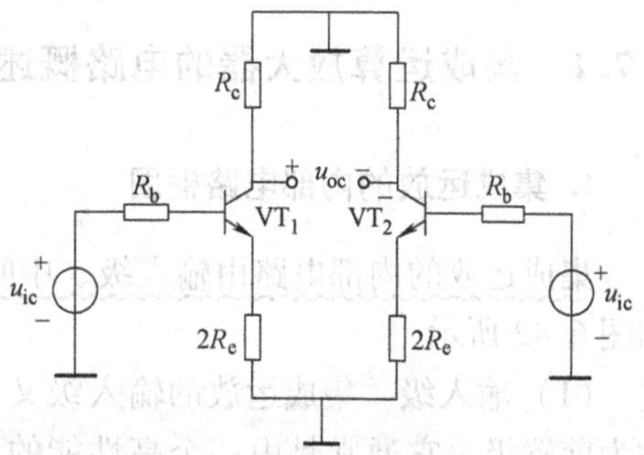

图 6-40　共模交流通路

2. 共模输入信号的动态分析

图 6-39a 所示电路的共模交流通路如图 6-40 所示。如果电路完全对称，在输入共模信号时，总有 $\Delta u_{c1} = \Delta u_{c2}$，$R_L$ 中没有电流流过，可视为开路，故

$$A_{uc} = u_{oc}/u_{ic} = 0 \tag{6-42}$$

从式（6-42）可以看出，差动放大电路对共模信号具有抑制作用。为了更好地反映此能力，引入共模抑制比 K_{CMR}，定义为

$$K_{CMR} = |A_{ud}/A_{uc}| \quad 或 \quad 分贝表示\ K_{CMR} = 20\lg|A_{ud}/A_{uc}|\,dB \tag{6-43}$$

K_{CMR} 越大，差动放大电路的共模抑制能力越强。由式（6-43）可知，在理想情况下双输出共模抑制比趋近无穷大。

以上分析的差动放大电路为双端输入双端输出电路，根据差动电路的结构和特点，它还有双端输入单端输出电路、单端输入双端输出、单端输入单端输出的工作方式。双端输入的分析方法也同样适合于单端输入情况。请读者自行分析相关电路。

例 6.12　在图 6-41 所示的电路中，设 $R_{b1} = 20k\Omega$，$R_{b2} = 25k\Omega$，其余完全对称，$I_{b1} = I_{b2} = 1.5\mu A$，若差模放大倍数 $A_{ud} = 100$，共模放大倍数为 $A_{uc} = 0$，求输出电压 U_o。

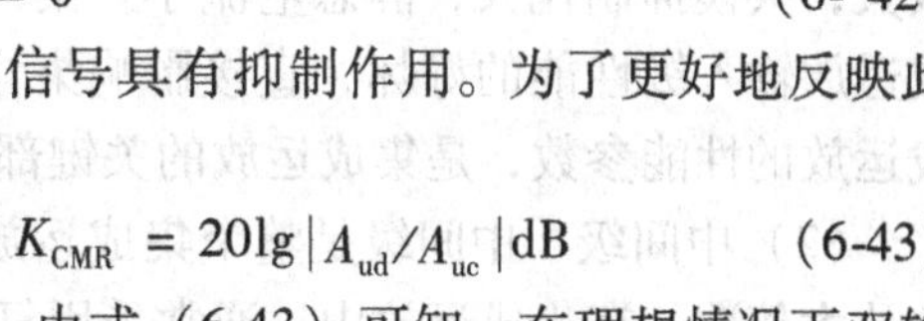

图 6-41　例 6.12 电路

解：各管偏流在输入端电阻上的压降形成输入电压。

$$U_1 = I_{b1} \times R_{b1} = 1.5\mu A \times 20k\Omega = 30mV$$

$$U_2 = I_{b2} \times R_{b2} = 1.5\mu A \times 25k\Omega = 37.5mV$$

$$\Delta U_{id} = U_2 - U_1 = 7.5mV$$

$$U_o = A_{ud}\Delta U_{id} = 100 \times 7.5mV = 0.75V$$

6.7 集成运算放大器及基本运算电路

运算放大器实际上就是一个高增益的多级直接耦合放大器，由于它最初主要用作模拟计算机的运算，故至今仍保留这个名字。集成运算放大器则是利用集成工艺，将运算放大器的所有元器件集成制作在同一块硅片上，然后再封装在管壳内。集成运算放大器简称为集成运放。随着电子技术的飞速发展，集成运放的各项性能不断提高，目前，它的应用领域已大大超出了数学运算的范畴。使用集成运放，只需另加少数几个外部元件，就可以方便地实现很多电路功能。可以说，集成运放已经成为模拟电子技术领域中的核心器件之一。

6.7.1 集成运算放大器的电路概述

1. 集成运放的内部电路框图

集成运放的内部电路由输入级、中间级、输出级和偏置电路四个部分构成。其典型结构如图 6-42 所示。

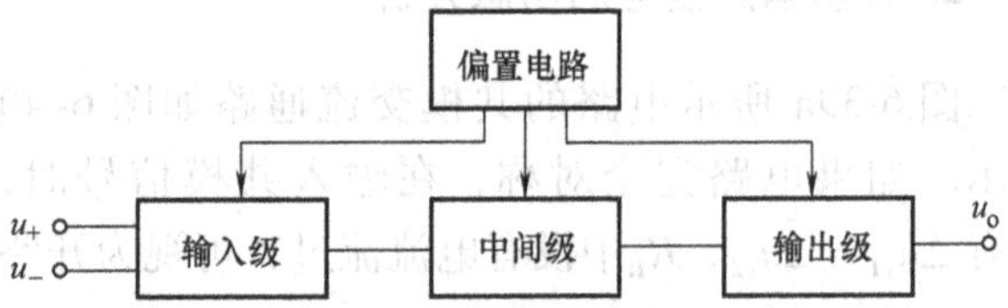

图 6-42 集成运放的典型结构

（1）输入级 集成运放的输入级又称为前置级，它通常是由一个高性能的双端输入差动放大器组成。一般要求该放大器的输入电阻高，差模电压放大倍数大，共模抑制比大，静态电流小。集成运放输入级性能的好坏，直接影响集成运放的性能参数，是集成运放的关键部分。

（2）中间级 中间级是整个集成运放的主放大器，它性能的好坏，直接影响集成运放的放大倍数，在集成运放中，通常采用复合管的共发射极电路作为中间级电路。

（3）输出级 为了提高集成运放输出信号的动态范围和带负载的能力，输出级通常采用互补对称功放电路。输出级电路直接影响集成运放输出信号的动态范围和带负载的能力，要求向负载提供较大的额定输出电压和电流。

（4）偏置电路 为集成运放内部各级电路提供所需要的恒定偏置电压或电流，确定各级静态工作点。偏置电路性能的好坏直接影响到各级组成部分的性能。各级对偏置电流的要求各不相同。对于输入级，通常要求提供一个比较小的偏置电流，而且应该非常稳定，以便提高集成运放的输入电阻，降低输入偏置电流、输入失调电流及其温漂等。通常采用恒流源电路，为集成运放内部的各级电路提供合适又稳定的静态工作点电流。

2. 集成运放的图形符号

集成运放的图形符号如图 6-43 所示。

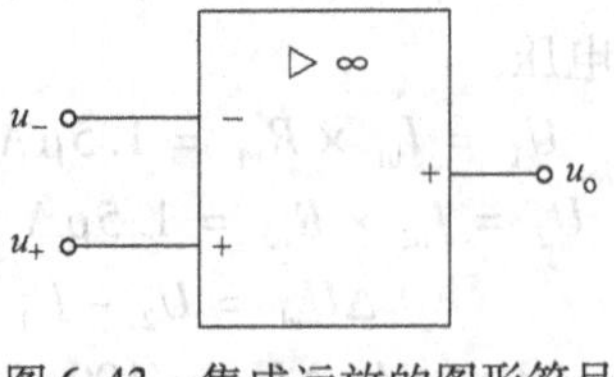

图 6-43 集成运放的图形符号

由图可见，集成运放有两个输入端、一个输出端。两个输入端分别称为反相输入端和同相输入端，用“u_-”和“u_+”表示，或者用“u_n”和“u_p”分别表示。信号从 u_- 端输入时，输出信号与输入信号反相；信号从 u_+ 端输入时，输出信号与输入信号同相。图形符号中的“∞”表示理想运放的开环差模电压放大倍数为无穷大。

输出电压 u_o 与反相输入端输入电压 u_-、同相输入端输入电压 u_+ 满足下列关系式：

$$u_o = A_{uo}(u_+ - u_-) \tag{6-44}$$

式中，A_{uo} 为集成运放开环放大倍数。

3. 集成运放的应用基础

利用集成运放作为放大电路，引入各种不同的反馈，就可以构成具有不同功能的实用电路。在分析各种实用电路时，通常都将集成运放的性能指标理想化，即将其看成为理想运放。尽管集成运放的应用电路多种多样，但其工作区域却只有两个。在电路中，它们不是工作在线性区，就是工作在非线性区。下面所讲的不同工作区的基本特点是分析集成运放应用电路的基础。

（1）理想运放的性能指标　理想集成运放的理想化参数是：开环差模电压增益 $A_{od}=\infty$，差模输入电阻 $R_{id}=\infty$，输出电阻 $R_{od}=0$，共模抑制比 $K_{CMR}=\infty$，频带宽度 $f_{BW}=\infty$，失调电压 U_{IO}、失调电流 I_{IO} 和它们的温漂 dI_{IO}/dT、dU_{IO}/dT 均为零，且无任何内部噪声。满足上述理想参数的运算放大器称为理想运算放大器。

（2）理想运放线性应用条件　集成运放具有线性和非线性两种工作状态，把集成运放接成负反馈电路是集成运放线性应用的必要条件。把运算放大器看成理想运算放大器，集成运放线性应用时有以下两个特性，即：

1）虚短。由式（6-44）可得 $u_+ - u_- = u_o/A_{uo}$，由于 u_o 为有限值，对于理想运放 $A_{od}=\infty$，因而可以认为集成运放的两个输入端电压相等，即 $u_+ \approx u_-$，称两个输入端“虚短”。所谓“虚短”是指集成运放两个输入端电位无穷接近，但不是真正的短路。

2）虚断。因为集成运放的输入电阻无穷大，所以它的输入端就相当于开路，集成运放基本不向前级索取电流，即 $i_+ \approx i_- \approx 0$。换言之，从集成运放输入端看进去相当于断路，称两个输入端“虚断”。所谓“虚断”是指集成运放两个输入端的电流趋近于零，但不是真正断路。

应当特别指出，“虚短”和“虚断”是非常重要的概念。对于运放工作在线性区的应用电路，“虚短”和“虚断”是分析其输入信号和输出信号关系的两个基本依据。

（3）集成运放非线性运用条件　在电路中，集成运放不是处于开环状态（即没有引入反馈），就是只引入了正反馈，则表明集成运放工作在非线性区。对于理想运放，由于差模增益无穷大，输入信号即使很小，也足以使运算放大器输出饱和，输出电压 U_{om} 数值略低于电源电压，处于非线性工作状态。集成运放处于非线性工作状态的电路统称为非线性应用电路。这种电路大量地被用于信号比较、信号转换、信号发生以及自动控制系统和测试系统中。

理想运放工作在非线性区有两个特点：①输出电压 u_o 只有两种可能的情况，分别为 $\pm U_{om}$。当 $u_+ > u_-$ 时 $u_o = +U_{om}$；当 $u_+ < u_-$ 时 $u_o = -U_{om}$。②由于理想运放的差模输入电阻无穷大，故净输入电流为零，即 $i_+ = i_- = 0$。可见，理想运放工作在非线性区不存在“虚短”，但仍具有“虚断”的特点，且其净输入电压不再为零，而取决于电路的输入信号。对于运放工作在非线性区的应用电路，上述两个特点是分析其输入信号和输出信号关系的基本出发点。

4. 集成运放的主要参数

在衡量集成运放的性能时，常用下列参数来描述：

（1）开环电压放大倍数 A_{od}　电路开环情况下，输出电压与输入差模电压之比一般为 $10^4 \sim 10^7$，即 80～140dB。A_{od}越大，集成运放运算准确度越高。理想集成运放的 $A_{od} \to \infty$。

（2）共模抑制比 K_{CMR}　指电路开环情况下，差模放大倍数与共模放大倍数之比的绝对值，即 $K_{CMR} = |A_{ud}/A_{uc}|$，也常用分贝表示，其数值为 $20\lg K_{CMR}$，一般在 80dB 以上。K_{CMR}值越大表示集成运放对共模信号的抑制能力越强。理想运放的 $K_{CMR} \to \infty$。

（3）开环差模输入电阻 R_{id}　指电路开环情况下，差模输入电压与输入电流之比。R_{id}越大，集成运放性能越好。一般在几百千欧至几兆欧。理想运放的 $R_{id} \to \infty$。

（4）开环差模输出电阻 R_{od}　指电路开环情况下，输出电压与输出电流之比。R_{od}越小，集成运放性能越好。一般 R_{od}小于 20Ω，理想运放的 $R_{od} \to 0$。

（5）最大差模和共模输入电压（U_{idmax}和 U_{icmax}）　U_{idmax}是指集成运放两个输入端所允许加的差模最大电压，超过此电压，集成运放输入级某一侧晶体管将会出现发射结反向击穿（利用平面工艺制成的 NPN 型晶体管的 U_{idmax} 约为 ±5V）。U_{icmax} 指集成运放两个输入端所允许加的共模最大电压，超过此电压，集成运放共模抑制比将明显下降。

（6）输入失调电压 U_{IO}以及其温漂 dU_{IO}/dT　U_{IO}指输入电压为零时，为了使放大器输出电压为零，在输入端外加的补偿电压，一般为毫伏级。它表征电路输入部分不对称的程度，U_{IO}越小，集成运放性能越好。dU_{IO}/dT 是 U_{IO}的温度系数，是衡量温漂的重要参数，其值越小，表明集成运放的温漂越小。

（7）输入失调电流 I_{IO}及其温漂 dI_{IO}/dT　I_{IO}是指在常温下，输入电压为零时，为了使放大器输出电压为零，在输入端外加的补偿电流，其值为两个输入端静态基极电流之差。dI_{IO}/dT 是 I_{IO}的温度系数。显然，I_{IO}和 dI_{IO}/dT 越小，集成运放的质量越好。

（8）输入偏置电流 I_{IB}　指输入电压为零时，两个输入端静态基极电流的平均值。一般为微安数量级，I_{IB}越小，信号源内阻对集成运放静态工作点的影响也就越小。一般为 10nA～10μA。理想运放的 $I_{IB} \to 0$。

（9）最大输出电压 U_{om}　在给定负载上，最大不失真输出电压的峰-峰值称为最大输出电压，一般比电源电压低 2V 以上。

（10）转换速率 S_R　转换速率又称上升速率，$S_R = |dU_o/dt|$，它反映了集成运放对快速变化信号的响应能力。S_R 越大，表明集成运放的高频性能越好。通用型集成运放的 S_R 在 0.5～100V/μs 范围。

6.7.2　集成运算放大器的应用

1. 线性应用

对于集成运放工作在线性区的应用电路，是建立在“虚短”和“虚断”两个重要特性基础之上的。

（1）反相比例运算放大电路　将输入信号按比例放大的电路，称为比例运算电路。按输入信号加在不同的输入端，比例运算又分为：反相比例运算、同相比例运算和差动比例运算。

反相比例运算放大电路又叫反相放大器，其电路如图 6-44 所示。该电路为电压并联负反馈电路。输入信号 u_i 经电阻 R_1 送到反相输入端，而同相输入端接 R_p 接地。R_f 为反馈电阻，输出电压 u_o 通过它接到反相输入端，构成电压并联负反馈。

图 6-44 中电阻 R_p 是为了与反相端上的电阻 R_1 和 R_f 进行直流平衡，称为直流平衡电阻，取

$$R_p = R_1 // R_f$$

根据虚断、虚短的特性有 $i_+ = i_- = 0$，$u_+ = u_-$

由于 $i_- = 0$，所以 R_P 上的压降为零，P 点等同于接地，又因为 $u_+ = u_-$，故 N 为“虚地”也等同于接地，于是：

$$u_o = -u_f = -i_f R_f$$

$$u_i = i_1 R_1$$

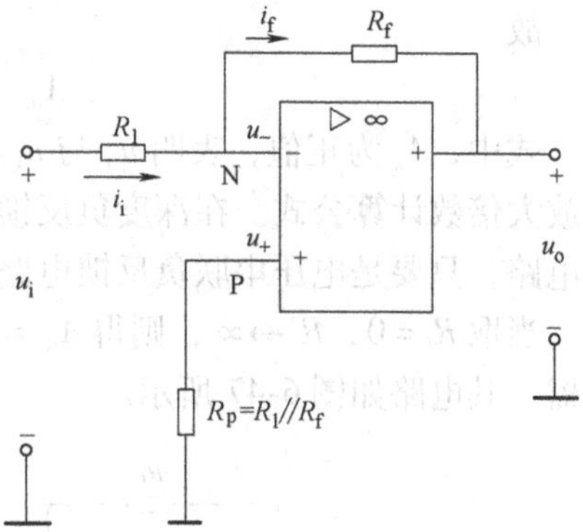

图 6-44 反相比例运算放大电路

由此得到闭环电压放大倍数为

$$A_{uf} = u_o/u_i = -i_f R_f / i_1 R_1 = -R_f/R_1 \quad (6\text{-}45)$$

式（6-45）表明输出电压与输入电压相位相反，且成一定比例关系，而与集成运算放大电路本身无关。因此，把这种电路称为反相比例放大电路。若取 $R_1 = R_f$，则 $A_{uf} = -1$，即电路的 u_o 与 u_i 大小相等，相位相反，此时的电路称为反相器。

放大电路的输入电阻为

$$R_i = u_i/i_i = R_1 \tag{6-46}$$

放大电路的输出电阻为

$$R_o = 0 \tag{6-47}$$

例 6.13 在图 6-44 中，设 $R_1 = 50\text{k}\Omega$，$R_f = 100\text{k}\Omega$，求 A_{uf}，如果 $u_i = 1\text{V}$，求输出电压 u_o。

解：根据式（6-45）得到 $A_{uf} = \dfrac{u_o}{u_i} = -\dfrac{R_f}{R_1} = -\dfrac{100}{50} = -2$

故得到输出电压为 $u_o = A_{uf} u_i = (-2) \times 1\text{V} = -2\text{V}$

例 6.14 设计一个比例运算电路，要求比例系数为 −50，设 $R_1 = 10\text{k}\Omega$，确定反馈电阻阻值。

解：已知 $R_1 = 10\text{k}\Omega$ 且 $A_{uf} = -50 < 0$，故确定为反相比例放大电路。

又因为 $A_{uf} = -R_f/R_1 = -50$

故 $R_f = 50R_1 = 50 \times 10\text{k}\Omega = 500\text{k}\Omega$

取平衡电阻 $R_P = R_1 // R_f = 10//500\text{k}\Omega \approx 8.33\text{k}\Omega$，根据参数，画出电路图，如图 6-45 所示。

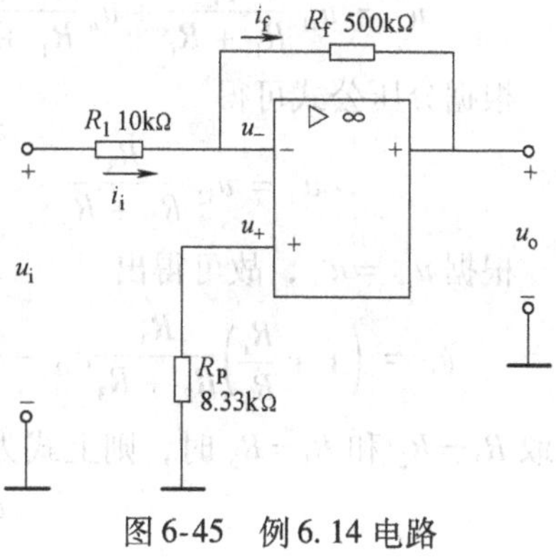

图 6-45 例 6.14 电路

（2）同相比例运算电路 同相比例运算电路又叫同相放大器，电路如图 6-46 所示。图中输入信号 u_i 经电阻 R_2 送到同相输入端，而反相输入端通过 R_1 接地，负反馈仍由输出端经 R_f 引入到反相输入端。该电路为电压串联负反馈电路。

由虚断、虚短性质可列出

$$u_- = u_o R_1/(R_1 + R_f)$$
$$u_+ = u_- = u_i$$
$$u_i = u_o R_1/(R_1 + R_f)$$

故

$$A_{uf} = u_o/u_i = 1 + (R_f/R_1) \tag{6-48}$$

式中，A_{uf}为正值，表明 u_o 与 u_i 同相。式（6-48）为深度负反馈电压串联负反馈电路电压放大倍数计算公式。在深度负反馈的情况下，无论是分立元器件还是集成运算放大器组成的电路，只要是电压串联负反馈电路，它的放大倍数均可用式（6-48）估算。

当取 $R_f = 0$，$R_1 \to \infty$，则得 $A_{uf} = 1$，即 u_o 与 u_i 大小相等，相位相同，称此电路为电压跟随器，其电路如图 6-47 所示。

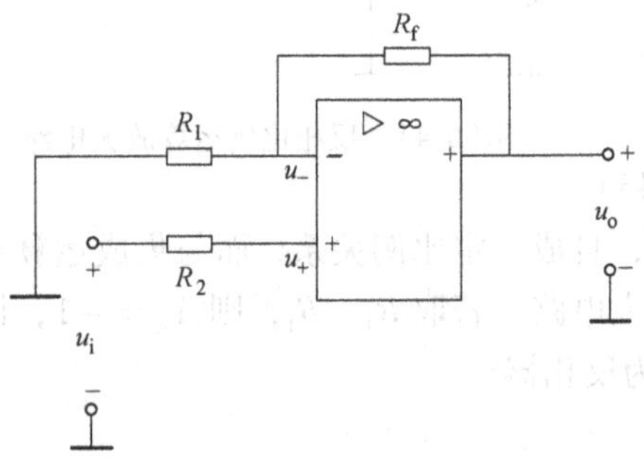

图 6-46　同相比例运算电路

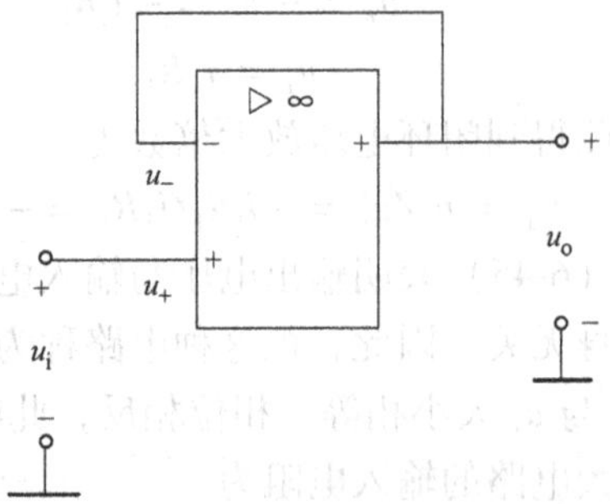

图 6-47　电压跟随器电路

由图 6-46 可知，同相比例运算电路的输入电阻 $R_i \to \infty$，输出电阻为零。

例 6.15　在图 6-46 中，设 $R_1 = 10\text{k}\Omega$，$R_f = 20\text{k}\Omega$，求 A_{uf}，如果 $u_i = 1\text{V}$，求 u_o。

解：根据式（6-48）可得　$A_{uf} = \dfrac{u_o}{u_i} = 1 + \dfrac{R_f}{R_1} = 1 + \dfrac{20}{10} = 3$

所以输出电压为　$u_o = A_{uf} u_i = 3 \times 1\text{V} = 3\text{V}$

（3）减法运算电路　减法运算电路也叫差动比例运算电路或差动放大器，电路如图 6-48 所示。

由图 6-48 可知，u_-为 u_{i1}和 u_o 共同作用的结果，应用叠加定理：

$$u_- = u_{i1}\frac{R_f}{R_1 + R_f} + u_o\frac{R_1}{R_1 + R_f}$$

根据分压公式可得

$$u_+ = u_{i2}\frac{R_3}{R_2 + R_3}$$

根据 $u_+ = u_-$，故可得出

$$u_o = \left(1 + \frac{R_f}{R_1}\right)\frac{R_3}{R_2 + R_3}u_{i2} - \frac{R_f}{R_1}u_{i1}$$

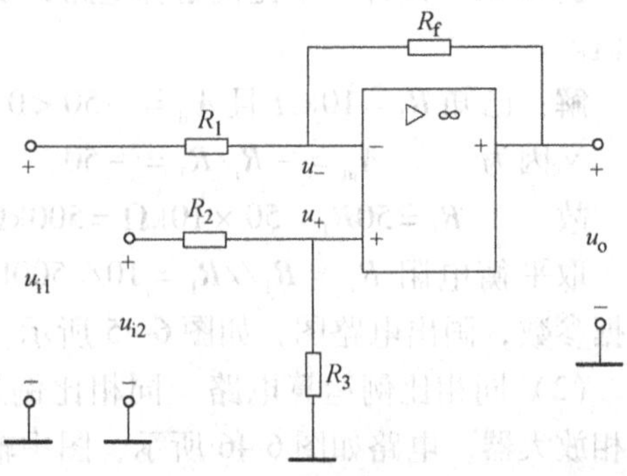

图 6-48　差动比例运算电路

当取 $R_1 = R_2$ 和 $R_f = R_3$ 时，则上式为

$$u_o = (u_{i2} - u_{i1})R_f/R_1 \tag{6-49}$$

可见其输出电压 u_o 与两个输入电压的差值（$u_{i2}-u_{i1}$）成正比，因此称为差动比例运算电路或减法运算电路。

例 6.16 电路如图 6-49 所示，要求：

1）写出输出电压 u_o 与输入电压 u_{i1}、u_{i2}之间运算关系的表达式。

2）若 $R_{f1}=R_1$，$R_{f2}=R_2$，$R_3=R_4$，写出此时 u_o 与 u_{i1}、u_{i2}的关系式。

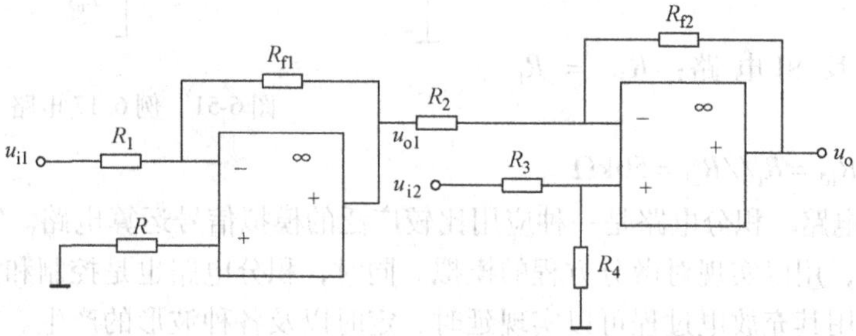

图 6-49 例 6.16 电路

解：1）由 $u_{o1}=-\dfrac{R_{f1}}{R_1}u_{i1}$，$u_o=-\dfrac{R_{f2}}{R_2}u_{o1}+\dfrac{R_4}{R_3+R_4}\left(1+\dfrac{R_{f2}}{R_2}\right)u_{i2}$

因此 $$u_o=\frac{R_{f1}R_{f2}}{R_1R_2}u_{i1}+\left(1+\frac{R_{f2}}{R_2}\right)\frac{R_4}{R_3+R_4}u_{i2}$$

2）若 $R_{f1}=R_1$，$R_{f2}=R_2$，$R_3=R_4$，则得到输出电压表达式：

$$u_o=u_{i1}+u_{i2}$$

（4）加法运算电路　加法运算电路也叫反相求和电路，如图 6-50 所示。电路中设有两个输入端，两个输入信号 u_{i1}、u_{i2}分别通过 R_1、R_2 加到反相输入端，实际中可根据需要增减输入端的数量。R_f 为反馈电阻，引入深度并联电压负反馈，R_1、R_2 分别是各个信号源的等效内阻，R_3 为直流平衡电阻，考虑到平衡条件，$R_3=R_1//R_2//R_f$。

根据虚断、虚短性质和基尔霍夫电流定理（KCL），可列出

$$\frac{u_{i1}}{R_1}+\frac{u_{i2}}{R_2}=\frac{0-u_o}{R_f}$$

则

$$u_o=-\left(\frac{R_f}{R_1}u_{i1}+\frac{R_f}{R_2}u_{i2}\right)\tag{6-50}$$

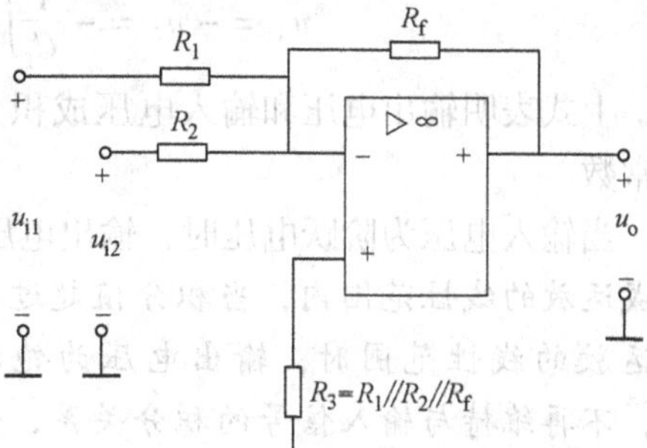

图 6-50 反相求和电路

加法电路的特点与反相比例电路的特点相同。这种加法电路便于调整，可以十分方便地调整某一路的输入电阻，改变电路的比例系数，而不影响其他电路的比例系数，因此，反相加法运算电路应用较为广泛。

例 6.17 一个测量系统的输出电压和一些待测量的关系为 $u_o=2u_{i1}+0.5u_{i2}+4u_{i3}$，试用集成运放构成信号处理电路，若取 $R_f=100\text{k}\Omega$，求各电阻值。

解：分析，输入信号为加法关系，故第一级采用加法电路；输入信号与输出信号同相位，所以再加一级反相器。电路构成如图 6-51 所示。

推算各电阻阻值：

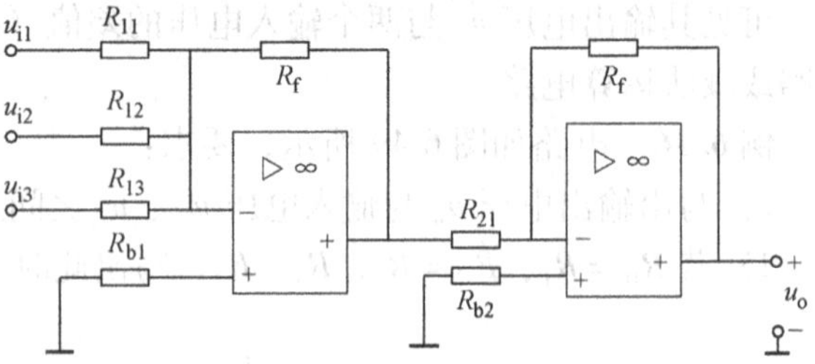

图 6-51　例 6.17 电路

根据：$u_o=-\left(\frac{R_f}{R_{11}}u_{i1}+\frac{R_f}{R_{12}}u_{i2}+\frac{R_f}{R_{13}}u_{i3}\right)$

由 $R_f=100\text{k}\Omega$，得：$R_{11}=50\text{k}\Omega$，$R_{12}=200\text{k}\Omega$，$R_{13}=25\text{k}\Omega$

平衡电阻：$R_{b1}=R_{11}//R_{12}//R_{13}//R_f=16\text{k}\Omega$

第二级为反相电路：$R_{21}=R_f=100\text{k}\Omega$

平衡电阻：$R_{b2}=R_f//R_{21}=50\text{k}\Omega$

*(5) 积分电路　积分电路是一种应用比较广泛的模拟信号运算电路。它是组成模拟计算机的基本单元，用以实现对微分方程的模拟。同时，积分电路也是控制和测量系统中常用的重要单元，利用其充放电过程可以实现延时、定时以及各种波形的产生。在反相运算放大电路中用电容 C_f 代替电阻 R_f 作为反馈元件，就构成了反相积分运算电路，电路组成如图 6-52 所示。

由 $u_+=u_-=0$ 可得：

$$i_1=\frac{u_i}{R_1}\qquad 且\ i_1=i_f$$

要注意这里讨论的输入信号变化很慢，即频率很低，当电流流过电容时，电容被充电，极板两端电压也相应地上升，它们之间的关系为

$$u_f=\frac{1}{C_f}\int i_f\mathrm{d}t$$

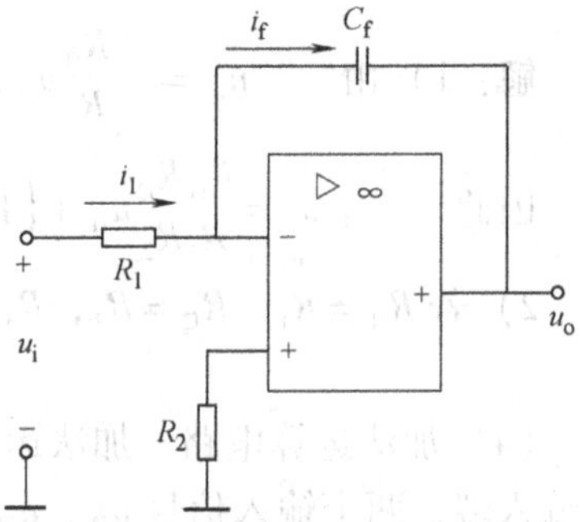

图 6-52　积分电路

输出电压：

$$u_o=-u_f=-\frac{1}{C_f}\int i_f\mathrm{d}t=-\frac{1}{C_f}\int i_1\mathrm{d}t=-\frac{1}{C_fR_1}\int u_i\mathrm{d}t \tag{6-51}$$

上式表明输出电压和输入电压成积分关系，式中负号表示两者相反。C_fR_1 称为积分时间常数。

当输入电压为阶跃电压时，输出电压则为时间的一次函数。**注意：积分电路使用必须在集成运放的线性范围内，当积分值超过集成运放的线性范围时，输出电压为饱和值，不再维持与输入信号的积分关系，如图 6-53a 所示。**当输入矩形波时，输出波形为三角波，如图 6-53b 所示。

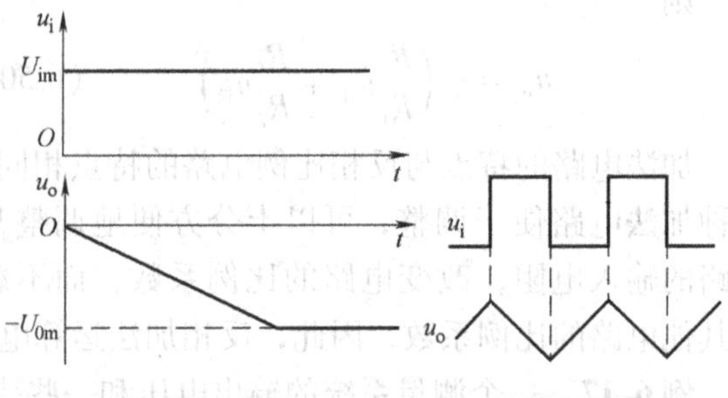

图 6-53　积分电路的输入、输出波形

*(6) 微分电路　微分是积分的逆运算。将积分电路中电阻 R_1 和电容 C_f 的位置互换，即可组成基本微分电路，如图 6-54 所示。

由于“虚断”，流入集成运放反相输入端的电流为零，则 $i_C=i_f$，又因反相输入端“虚地”，可得：

$$u_o = -i_f R_f = -i_C R_f = -R_f C\frac{du_C}{dt} = -R_f C\frac{du_i}{dt} \quad (6\text{-}52)$$

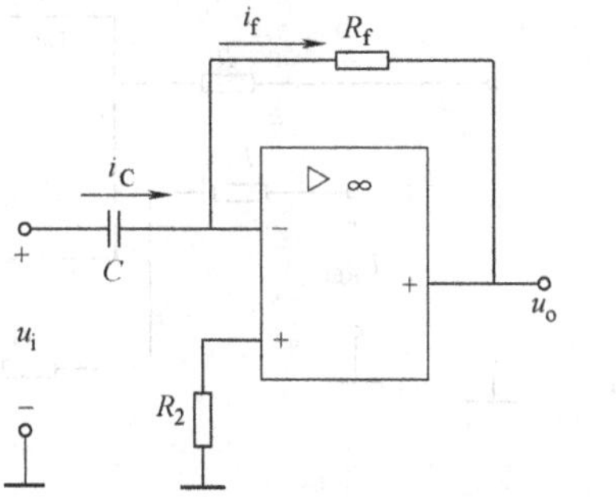

图 6-54 微分电路

可见，输出电压正比于输入电压对时间的微分。

微分电路可以实现波形变换，例如将矩形波变换为尖脉冲。此外，微分电路也可以实现移相作用，例如，当输入电压为正弦波时，即 $u_i = U_m \sin \omega t$，则微分电路的输出电压为

$$u_o = -R_f C\frac{du_i}{dt} = -U_m \omega R_f C\cos \omega t$$

u_o 成为余弦波，它的波形将比 u_i 滞后 90°，此时微分电路实现移相作用。

2. 非线性应用

运算放大器除了线性应用外，还可以使集成运放工作在非线性状态，构成其他各种应用电路。在此只讨论单值电压比较器和迟滞比较器。

（1）单值电压比较器

1）功能：比较器是将信号电压去和一个参考电压进行比较，在两者幅度相等时，输出电压产生跳变，借以判别输入信号电压的相对大小。

2）应用：常用于自动控制、波形变换、模数转换以及越限报警等场合。

3）输出状态：进行比较时，输入信号是模拟量，但输出电压只有正的最大值或负的最大值两种状态。

4）工作区：电压比较器中的集成运放处于开环状态，因而集成运放是工作在饱和区，即非线性区，虚短的原则不适用，但虚断的原则仍然成立。

单值电压比较器如图 6-55a 所示。输入信号 u_i 与基准电压 U_{REF} 进行比较。当 $u_i < U_{REF}$ 时，$u_o = +U_{om}$；当 $u_i > U_{REF}$ 时，$u_o = -U_{om}$；在 $u_i = U_{REF}$ 时，u_o 发生跳变。该电路的理想传输特性如图 6-55b 所示。

当基准电压设为零电位时，即同相输入端通过电阻 R 接地，就形成一个过零比较器，即每当输入信号过零点时，输出信号就发生跳变。

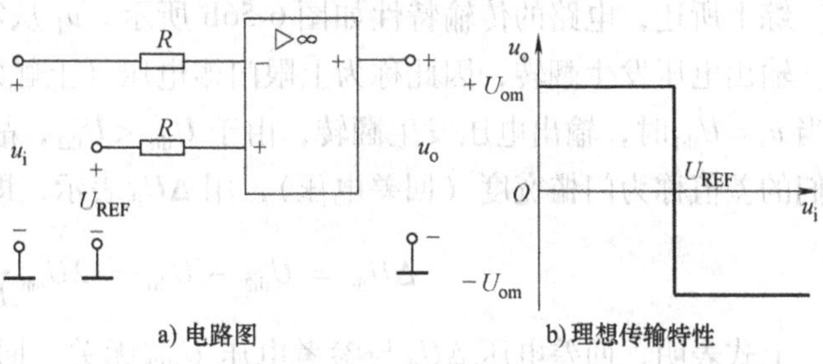

图 6-55 单值电压比较器及其理想传输特性

（2）迟滞比较器 单值比较器抗干扰能力较弱，当输入信号在阈值电压附近发生抖动或受到干扰时，比较器的输出电压就会发生不应有的跳变，使后续电路发生误动作。为了提高比较器的抗干扰能力，将电路引进反馈，如图 6-56a 所示，使之具有上限和下限阈值电压不同的滞回特性，故叫做迟滞比较器。其传输特性如图 6-56b 所示。

1）电路工作原理。测量的信号通过平衡电阻 R 接到反向输入端，基准电压 U_{REF} 通过 R_1

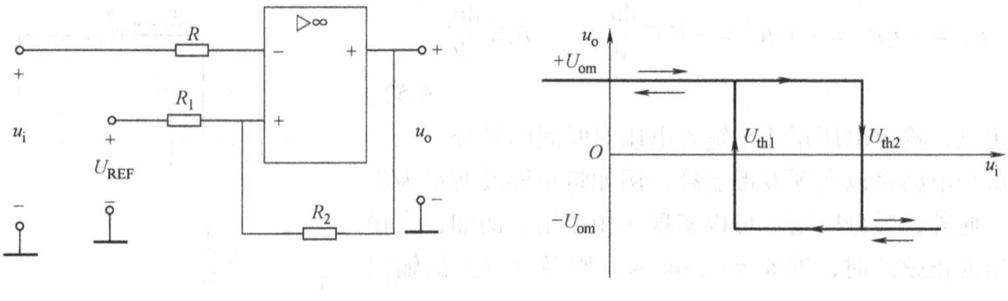

a) 迟滞比较器电路　　b) 传输特性

图 6-56　迟滞比较器及其传输特性

接到同相输入端，同时输出电压 u_o 通过 R_2 接到同相输入端，构成正反馈。集成运放看作理想器件，电路工作于非线性状态，应用叠加原理分析它的两个输入触发电平。

电路输出正饱和电压时，得上限触发电平 U_{th2} 为

$$U_{th2} = \frac{R_1}{R_1 + R_2}U_{om} + \frac{R_2}{R_1 + R_2}U_{REF} \tag{6-53}$$

电路输出负饱和电压时，得下限触发电平 U_{th1} 为

$$U_{th1} = \frac{R_1}{R_1 + R_2}(-U_{om}) + \frac{R_2}{R_1 + R_2}U_{REF} \tag{6-54}$$

因此，当输入电压 $u_i > U_{th2}$ 时，电路翻转而输出负饱和电压 $-U_{om}$；当输入电压 $u_i < U_{th1}$ 时，电路再次翻转并输出正饱和电压 $+U_{om}$。

2）传输特性和回差电压 ΔU_{th}。设起始时 u_i 足够低，电路输出正饱和电压 $+U_{om}$，此时集成运放同相端对地的电压等于 U_{th2}。当输入信号 u_i 逐渐增大到刚超过上限触发电平 U_{th2} 时，电路立即翻转，输出电压由 $+U_{om}$ 翻转到 $-U_{om}$。u_i 继续增大，u_o 保持为 $-U_{om}$，这时集成运放同相端对地电压变为 U_{th1} 值。现在 u_i 开始下降，u_o 保持为 $-U_{om}$ 值，当 u_i 降低到略小于下限触发电平 U_{th1} 时，电路又发生翻转，输出由 $-U_{om}$ 翻回到 $+U_{om}$。

综上所述，电路的传输特性如图 6-56b 所示。u_i 从零逐渐增大时，可以认为当 $u_i = U_{th2}$ 时，输出电压发生翻转，因此称为上限门槛电压（上触发电平）；当 u_i 逐渐减少时，可以认为当 $u_i = U_{th1}$ 时，输出电压发生翻转，由于 $U_{th1} < U_{th2}$，故称为下限门槛电压（下触发电平）。它们的差值称为门槛宽度（回差电压），用 ΔU_{th} 表示，即

$$\Delta U_{th} = U_{th2} - U_{th1} = 2U_{om}\frac{R_1}{R_1 + R_2} \tag{6-55}$$

上式表明，回差电压 ΔU_{th} 与参考电压 U_{REF} 无关。回差电压的存在，可以大大提高电路的抗干扰能力。

例 6.18　电压比较器如图 6-57 所示，当双向稳压管的稳定电压为 ±6V 时：1）画出其传输特性；2）当输入一个幅度为 4V 的正弦信号时，画出输出电压波形。

解：1）由图可知该电路是一个迟滞比较器，在输出端接入一个限幅用的稳压电路，图中标出限制输出为 ±6V；输入则有两个门槛电压，根据式（6-53）和式（6-54）求得上、下限门槛电压为

$$U_{th1}=\frac{R_1}{R_1+R_2}(-U_{om})=-2V$$

$$U_{th2}=\frac{R_1}{R_1+R_2}U_{om}=2V$$

由此可作出电路的传输特性如图 6-57b 所示。

2）当输入正弦信号时，输出电压能稳定在双向稳压管稳压范围内，输出波形如图 6-57c 所示。

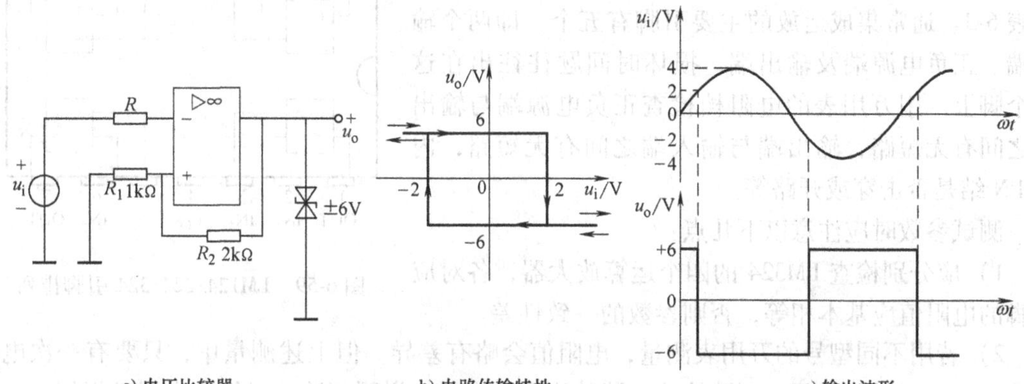

a) 电压比较器　　b) 电路传输特性　　c) 输出波形

图 6-57　例 6.18 图

6.7.3　集成运算放大器的使用常识与应用实例

1. 集成运放的使用常识

（1）合理选用集成运放　集成运放类别繁多，在选用时根据电路特点选用集成电路，除了具有高电压放大倍数的通用型外，还有性能更优良的具有特殊功能的集成运放，可分为高输入阻抗型、高精度低漂移型、高速型、低功耗型、高压型等。集成运算放大器的分类与主要特性见附录 C。

（2）认清引脚及功能　常见的集成运放封装方式有金属壳圆形封装、双列直插式塑料封装和扁平陶瓷封装，外形如图 6-58 所示，金属壳封装一般有 8、10、12 只引脚等种类，双列直插式有 8、12、14、16 只引脚等种类。

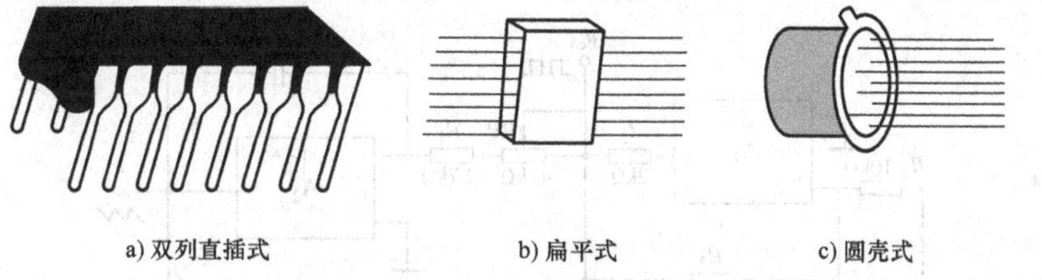

a) 双列直插式　　b) 扁平式　　c) 圆壳式

图 6-58　集成运放的外形

（3）特性参数测试　集成运放出厂前需要进行特性参数测试，以便对其进行检验和筛选。集成运放在使用前一般也需要进行特性参数测试。

参数测试的方法和测试电路有很多种，请参阅有关文献。现介绍用万用表粗测 LM324 的方法。

LM324 系列产品包括 LM124、LM224、LM324，国产对应型号为 FX124、FX224、FX324。它们都是由四个独立的低功能、高增益、频率内补偿式运算放大器组成的，其引脚排列如图 6-59 所示。

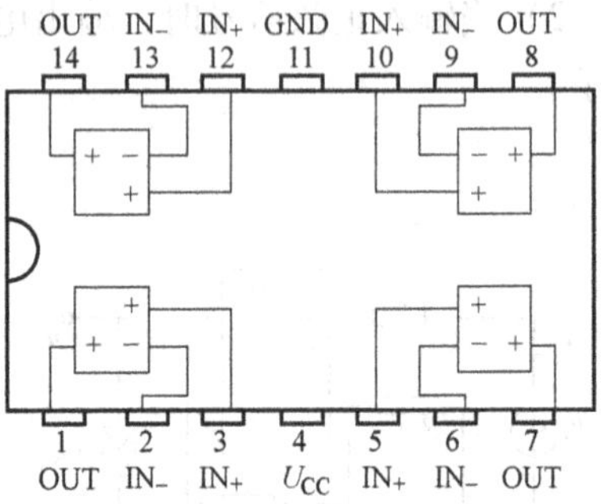

图 6-59　LM124/224/324 引脚排列

用万用表简单判断集成运放的好坏时，选择万用表 $R\times1k$ 档分别测量各引脚间的电阻值，其典型数据见表 6-3。通常集成运放的主要引脚有五个，即两个输入端、正负电源端及输出端，损坏时问题往往出在这五个脚上。用万用表的电阻档检查正负电源端与输出端之间有无短路，输出端与输入端之间有无短路，内部 PN 结是否击穿或开路等。

测试参数时应注意以下几点：

1）应分别检查 LM324 的四个运算放大器，各对应引脚的电阻值应基本相等，否则参数的一致性差。

2）若用不同型号的万用表测量，电阻值会略有差异。但上述测量中，只要有一次电阻值为零，即可说明内部有短路故障；读数为无穷大时，说明开路，运算放大器已损坏。

表 6-3　测量 LM324 电阻值的典型数据

黑表笔位置	红表笔位置	正常电阻值/kΩ	不正常电阻值
U_{CC}	GND	16 ~ 17	0 或∞
GND	U_{CC}	5 ~ 6	
U_{CC}	IN_+	50	
U_{CC}	IN_-	55	
OUT	U_{CC}	20	
OUT	GND	60 ~ 65	

2. 集成运放的应用实例

（1）三角波和方波发生器　图 6-60 所示的电路为三角波和方波发生器。把迟滞比较器和积分器首尾相接形成正反馈闭环系统，则比较器 A_1 输出的为方波 U_{o1}，方波经积分器 A_2 可得

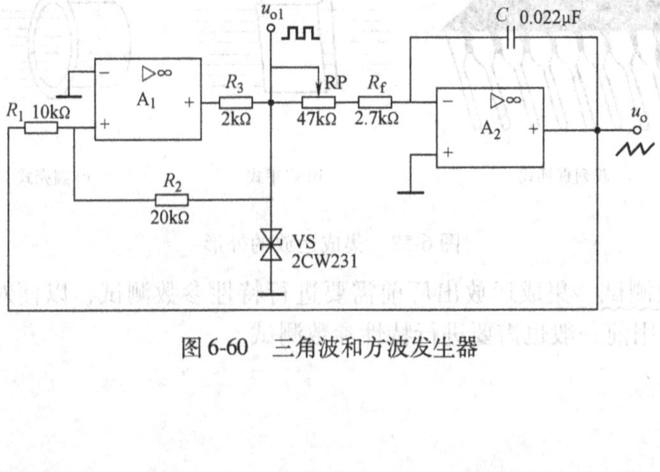

图 6-60　三角波和方波发生器

到三角波 U_o，三角波又触发比较器自动翻转形成方波，这样即可构成三角波、方波发生器。由于采用集成运放组成的积分电路，因此可实现恒流充电，使三角波线性大大改善。

（2）测量放大器　在自动控制和非电量的测量等系统中，常用各种传感器将非电量的变化转换为电压信号，然后输入系统。但这种非电量电信号的变化往往非常小，一般只有几毫伏到几十毫伏，所以用一个通用运算放大电路构成的差分放大电路还不适用，常用几个集成运算放大器构成测量放大电路。选取若干个集成运算放大器来构成测量放大电路，可以用较低的成本达到较高的测量准确度。其原理电路如图 6-61 所示，电路有两个放大级，第一级由集成运放 A_1、A_2 组成，它们都是同相输入，故输入电阻很高，并且由于电路结构对称，可很好地抑制零点漂移。第二级为 A_3 组成的差分放大电路。

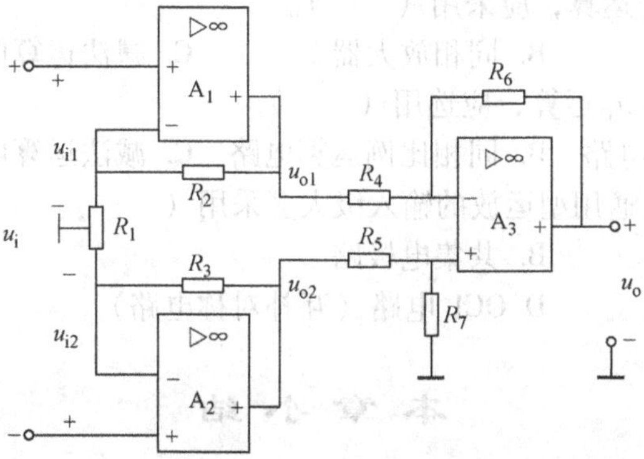

图 6-61　测量放大器

6.7.4　概念自测题

一、填空题

1. 差动放大电路中，当 $u_{i1}=300\text{mV}$，$u_{i2}=200\text{mV}$ 时，分解为共模输入信号 $u_{ic}=$______，差模输入信号 $u_{id}=$______。

2. 典型集成运算放大电路是由______、______、______和______组成的。

3. 运算放大器的应用可分为______和______两大类。用运算放大器构成的反相、同相放大器属于______应用，用运算放大器构成的比较器属于______应用。

4. 理想的集成运算放大器在线性区具有______和______的特点。

5. 实际运算放大器作为理想化运算放大器应满足的条件是：______，______，______，______。

二、判断题

6. 反相比例运算电路中同相端的接地电阻起减小输入电流的作用。（　　）

7. 在多级连接的运算电路中，前一级的输出即为后一级电路的输入。（　　）

8. 功率放大电路与电压放大电路、电流放大电路的共同点是：都使输出电压大于输入电压；都使输出电流大于输入电流；都使输出功率大于信号源提供的输入功率。（　　）

三、选择题

9. 差动放大电路抑制零点漂移的能力是：双端输出时比单端输出时（　　）。

A. 强　　B. 弱　　C. 相同　　D. 不确定

10. 差动放大电路是为了（　　）而设置的，它主要利用电路的对称性互相抵消来实现。

A. 稳定增益　　B. 提高输入电阻　　C. 克服温漂　　D. 扩展频带

11. 差动放大电路用恒流源代替发射极电阻 R_e 是为了进一步（　　）。

A. 提高差模增益　　B. 提高共模增益　　C. 提高共模抑制比

12. 要实现 $u_o = 12u_i$ 运算，应采用（　　）。

A. 反相放大器　　B. 同相放大器　　C. 减法运算电路

13. 要实现 $u_o = u_{i1} - u_{i2}$ 运算，应选用（　　）。

A. 反相比例运算电路　　B. 同相比例运算电路　　C. 减法运算电路

14. 为了减小温漂，通用型运放的输入级大多采用（　　）。

A. 共发射极电路　　B. 共集电极路

C. 差动放大电路　　D. OCL 电路（互补对称电路）

本章小结

1. 以共发射极放大电路为例，了解放大电路的组成及各元器件的作用。分析放大电路主要有两个方面，一是确定静态工作点，二是计算放大电路动态性能指标。主要分析方法有两种：图解法和估算法。

2. 温度变化是引起放大电路静态工作点不稳定的主要原因，采用分压式偏置电路是解决这问题的办法之一。按照输入、输出端的不同，晶体管放大电路有共发射极、共集电极和共基极三种组态，它们的性能各具特点。

3. 常见的功率放大电路可分为甲类、甲乙类和乙类。衡量功率放大电路的性能指标有输出功率和效率。乙类互补对称功率放大电路的主要优点是效率高。集成功率放大器是采用集成工艺将大部分电路及元器件集成制造在一块芯片上，其外接元器件少，使用方便。主要介绍了 LM380、LA4102 型集成功率放大器及其应用。

4. 多级放大电路常用的耦合方式有阻容耦合、直接耦合、变压器耦合和光电耦合等。本章以阻容耦合电路为例介绍了多级放大电路的性能指标。由于直接耦合存在零点漂移现象，所以采用差动放大电路来有效地克服零点漂移。

5. 集成运放已广泛应用于电子技术的各个领域，是一种具有高电压放大倍数、高输入电阻和低输出电阻的多级直接耦合放大电路，在大多数情况下，都是将集成运放看成理想运放来进行分析的。掌握理想化条件下的“虚短”和“虚断”两条重要原则，对分析集成运放应用电路十分方便。本章介绍了集成运放的各种应用电路。集成运放的产品种类繁多，可查阅手册，正确使用好集成运放器件。

习题六

6-1　如何画出一个基本放大电路的直流通路和交流通路？

6-2 什么是静态工作点？如何设置静态工作点？

6-3 为什么交流负载线一定要过静态工作点？

6-4 分压式偏置电路是如何稳定工作点的？

6-5 简述共发射极放大电路、共集电极放大电路和共基极放大电路的用途。

6-6 从电路的结构来看，如何区分串联反馈和并联反馈？

6-7 什么是交越失真？如何改善？

6-8 什么是零点漂移？如何改善？

6-9 对集成运放组成部分有哪些要求？

6-10 理想运放工作在线性区和非线性区各有什么特点？

6-11 为什么说共模抑制比越大，电路抗共模能力越强？

6-12 画出图 6-62 所示各电路的直流通路和交流通路。设所有电容对交流信号均可视为短路。

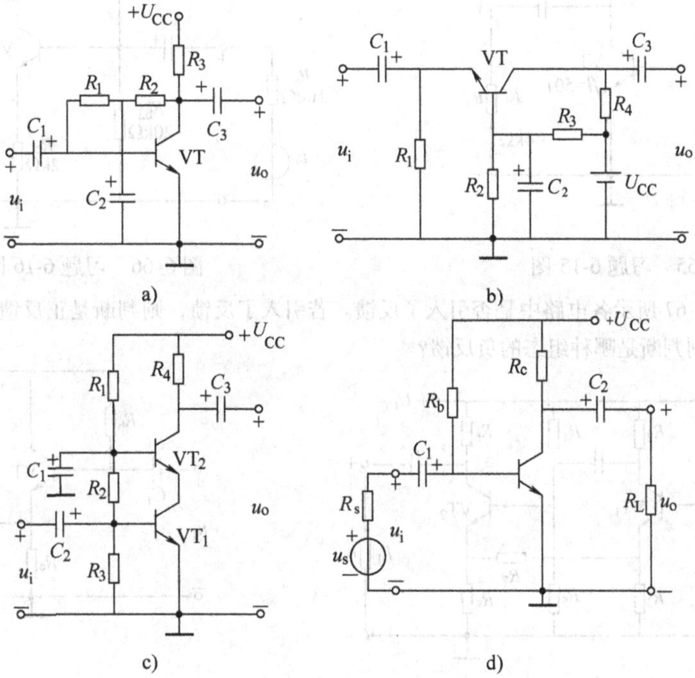

图 6-62 习题 6-12 图

6-13 电路如图 6-63 所示，晶体管的 $\beta=80$，$r_{be}=1000\Omega$。试计算 $R_L=3k\Omega$ 时的 Q 点、$\dot{A}_u$、R_i 和 R_o。

6-14 已知图 6-64 所示电路中晶体管的 $\beta=100$，$r_{be}=1k\Omega$。

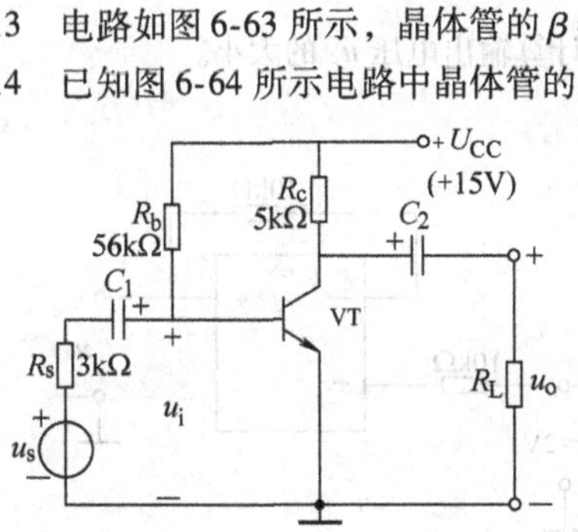

图 6-63 习题 6-13 图

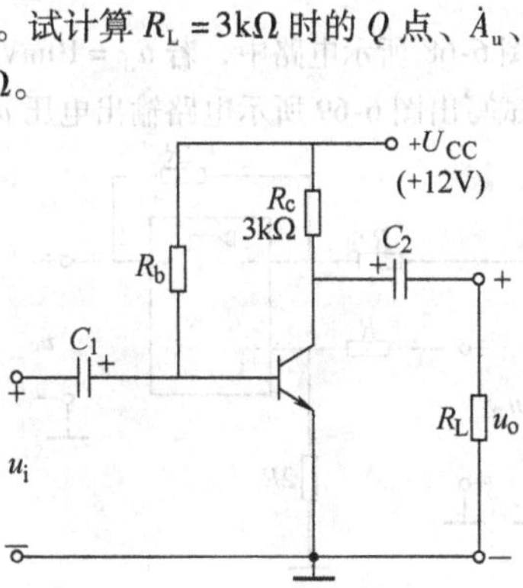

图 6-64 习题 6-14 图

（1）现已测得静态管压降 $U_{CEQ}=6V$，估算 R_b 约为多少千欧？

（2）若测得 $\dot{U}_i$ 和 $\dot{U}_o$ 的有效值分别为 1mV 和 100mV，则负载电阻 R_L 为多少千欧？

6-15　电路如图 6-65 所示，若晶体管的 $U_{BE}=0.7V$，$U_{CE(sat)}=0.3V$。

（1）估算工作点 Q 点。

（2）求 $\dot{A}_u$、R_i 和 R_o。

6-16　分压工作点稳定电路如图 6-66 所示，已知晶体管的 $\beta=60$，$U_{BE}=0.7V$，$U_{CE(sat)}=0.3V$。

（1）估算工作点 Q 点。

（2）求 $\dot{A}_u$、R_i 和 R_o。

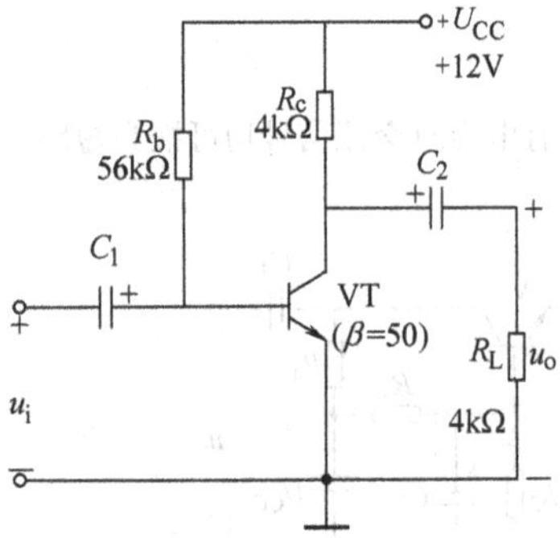

图 6-65　习题 6-15 图

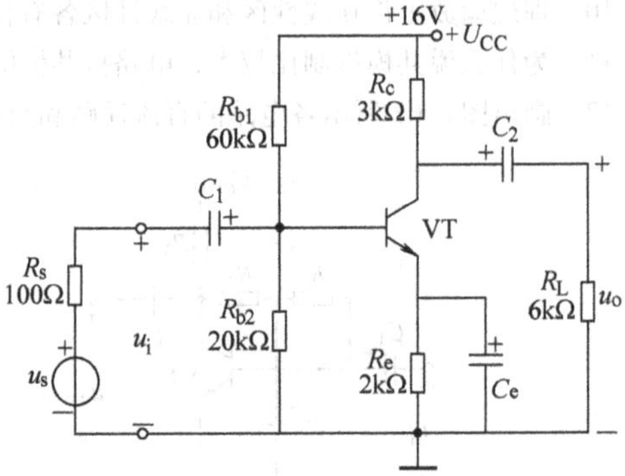

图 6-66　习题 6-16 图

6-17　判断图 6-67 所示各电路中是否引入了反馈。若引入了反馈，则判断是正反馈还是负反馈。若引入了交流负反馈，则判断是哪种组态的负反馈？

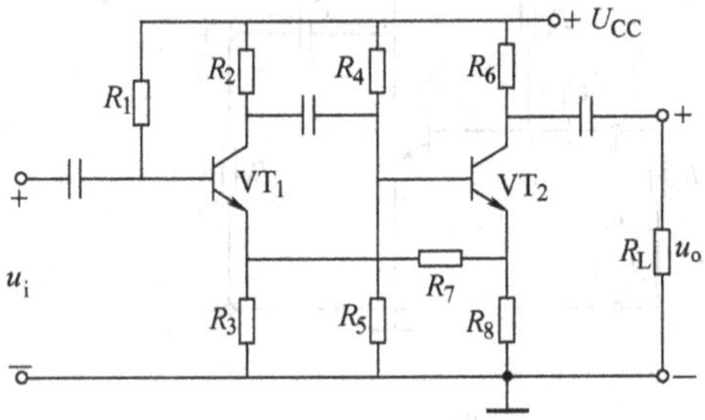

a)

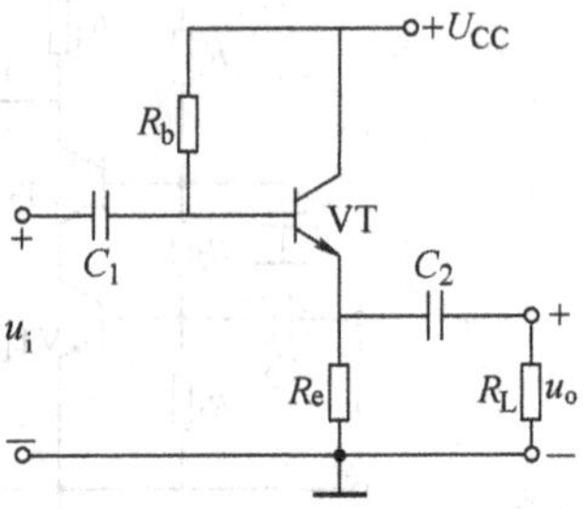

b)

图 6-67　习题 6-17 图

6-18　图 6-68 所示电路中，若 $u_{i1}=10mV$，$u_{i2}=20mV$，试计算输出电压 u_o 的大小。

6-19　试写出图 6-69 所示电路输出电压 u_o 的值。

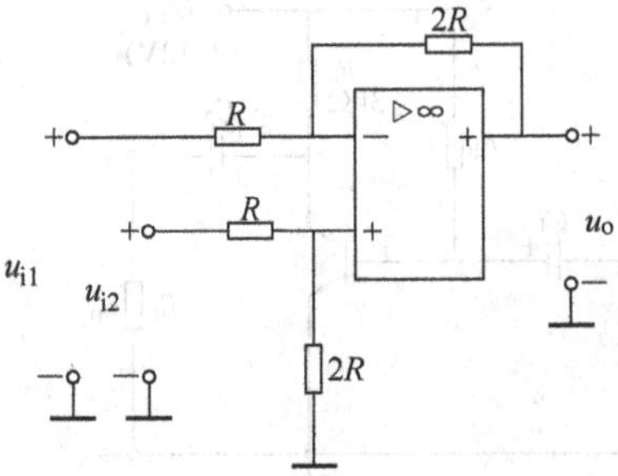

图 6-68　习题 6-18 图

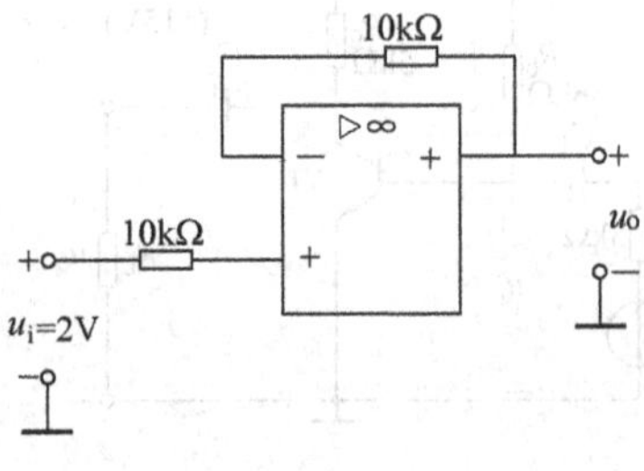

图 6-69　习题 6-19 图

6-20 电路如图 6-70 所示，求输出电压 u_o 与输入电压 u_i 之间运算关系的表达式。

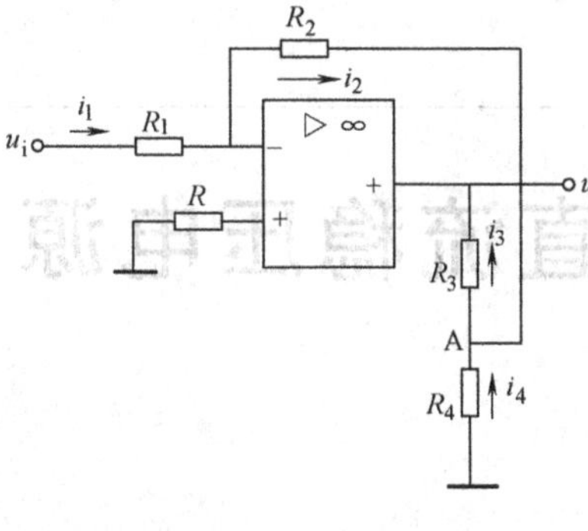

图 6-70 习题 6-20 图

6-21 求图 6-71 所示电路的输入、输出关系。

6-22 求图 6-72 所示电路的电压传输特性，图中 $R_1 = R_f$、双向稳压管的稳定电压为 5V。

6-23 滞回比较器电路如图 6-73a 所示，图中 $R_1 = R_f$、双向稳压管的稳定电压为 5V，（1）求回差电压；（2）如果在其输入端加上图 6-73b 所示输入波形，画出其输出波形。

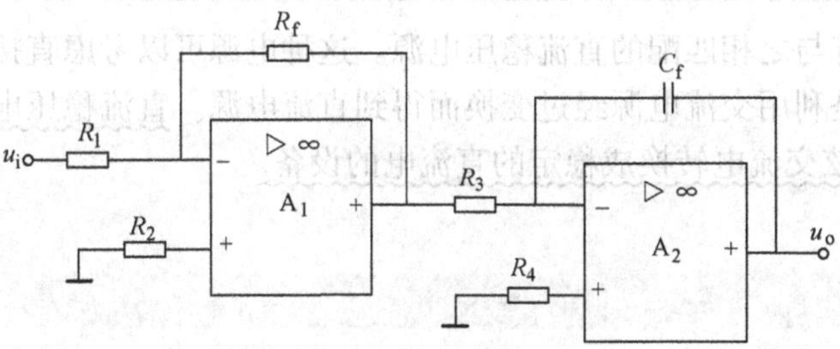

图 6-71 习题 6-21 图

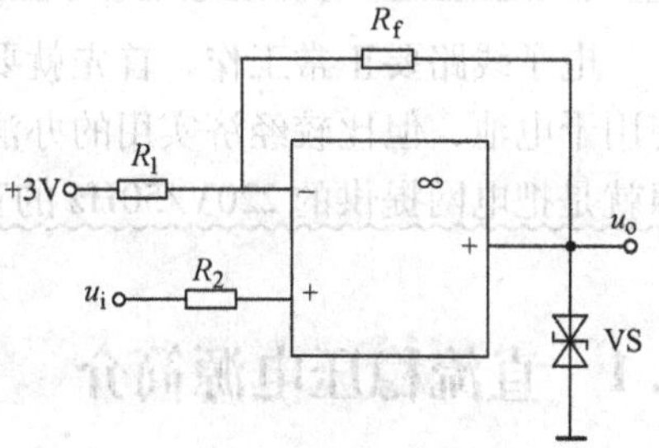

图 6-72 习题 6-22 图

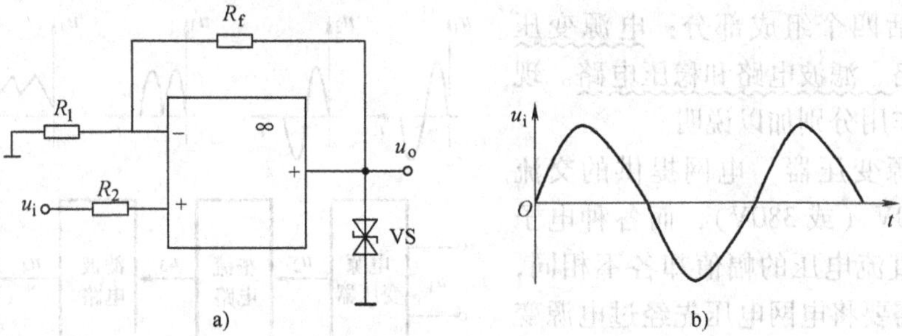

图 6-73 习题 6-23 图

第 7 章

直流稳压电源

本章学习要求

理论：掌握分析计算整流、滤波及稳压电路参数的方法，会画出各电路输出波形，理解直流稳压电源的工作原理，了解直流稳压电源的组成。

技能：掌握整流二极管和滤波电容的选择，能够判断直流稳压电源的故障，理解集成稳压器的使用，并能进行简单应用。

电子线路要正常工作，首先就要有与之相匹配的直流稳压电源。这种电源可以考虑直接使用干电池，但比较经济实用的办法是利用交流电源经过变换而得到直流电源。直流稳压电源就是把电网提供的220V/50Hz的正弦交流电转换成稳定的直流电的设备。

7.1 直流稳压电源简介

小功率直流稳压电源是常用的小型电子设备，其组成框图如图 7-1 所示。

其中包括四个组成部分：电源变压器、整流电路、滤波电路和稳压电路。现将各部分的作用分别加以说明。

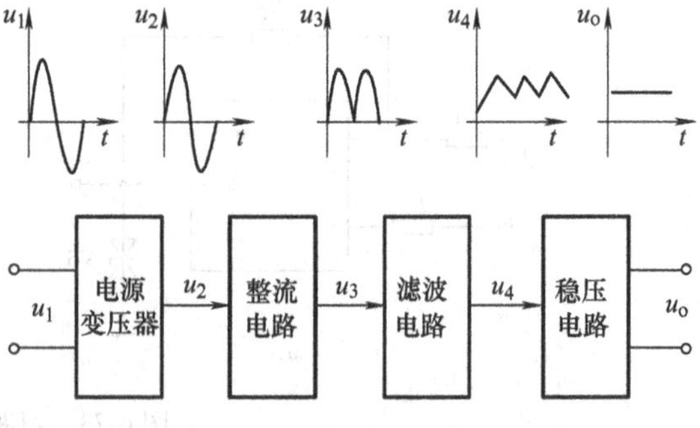

图 7-1　直流稳压电源的组成框图

（1）电源变压器　电网提供的交流电一般为 220V（或 380V），而各种电子设备所需要直流电压的幅值却各不相同，因此，常常需要将电网电压先经过电源变压器。电源变压器的作用是将电网电压提供的交流电变换成所需要的较低的交流电，再将变换后的交流电送到整流电路。

（2）整流电路　整流电路是利用具有单向导电性的整流器件，将大小、方向随时间变化的正弦交流电压变成单向脉动的直流电压。但这种单向脉动电压还有很大的脉动成分，距离理想的直流电压还相差很远，一般不能直接应用。常见的整流器件有整流二极管、晶闸管。

（3）滤波电路　经整流后的输出电压，除了含有直流成分外，还包含有较大的谐波分量。一般不能直接作为直流稳压电源，为了满足电子设备正常工作的需要，必须采用滤波电路。滤波电路常由电容、电感等储能元件组成。滤波电路的主要作用是将整流后的单向脉动直流电压中的纹波成分尽可能滤除掉，使其变成平滑的直流电。但是当电网电压或负载电流发生变化时，滤波电路输出的直流电压的幅值也将随之而变化，在要求比较高的电子设备中，这种情况是不符合要求的，需要在滤波电路的后面加上稳压电路。

（4）稳压电路　稳压电路的作用是采取某些措施，使输出的直流电压在电网电压、负载电流发生变化或温度发生变化时保证输出直流电压的稳定。稳压电路的种类很多，常用的稳压电路有硅稳压管稳压电路、串联型稳压电路、集成稳压电路等，较为简单的是硅稳压管稳压电路。

7.1.1　概念自测题

一、填空题

1. 小功率直流稳压电源是常用的小型电子设备，包括四个组成部分：________、________、________和________。

2. 稳压电路的作用是采取某些措施，使输出的________在电网电压、负载电流发生变化或________变化时保证输出直流电压的________。

3. 稳压电路的种类很多，常用的稳压电路有：________、________、________。

二、判断题

4. 直流稳定电源是一种能量转换电路，它将交流能量转换为直流能量。（　）

5. 稳压二极管也具有单向导电性，因此可作为整流元件使用。（　）

6. 交流电经过整流电路后，大小依然随时间而发生变化，所以经过整流电路后的信号还是交流电。（　）

三、选择题

7. 下列元件常被用作为整流元件的是（　　）。

A. 稳压管　B. 发光二极管　C. 晶闸管　D. 变容二极管

8. 下列元件常被用作为滤波元件的是（　　）。

A. 电阻和电容　B. 电容和电感　C. 电阻和二极管　D. 电感和二极管

7.2　单相整流电路

由第 5 章可知，二极管具有单向导电性，因此可以利用二极管的这一特性组成整流电路，将交流电压变成单向脉动电压。在小功率直流电路中，常见的整流电路有单相半波整流电路、单相全波整流电路和单相桥式整流电路。

7.2.1　单相半波整流电路

图 7-2a 所示为单相半波整流电路。图中 T 为电源变压器，VD 为整流二极管，R_L 代表需要利用直流电源的负载。

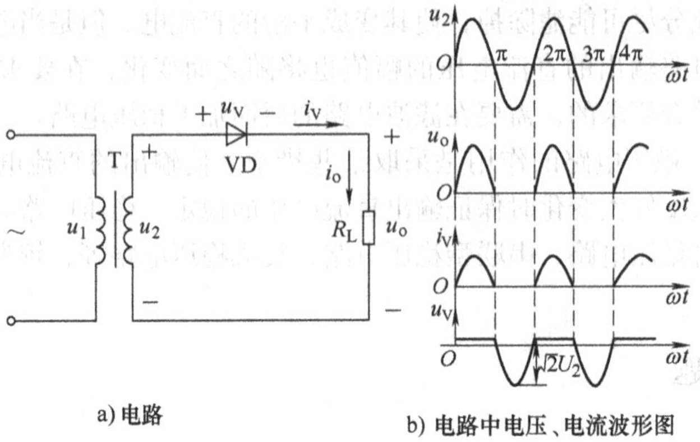

图 7-2　单相半波整流电路

1. 工作原理

在图 7-2a 中，电压 u_2 为变压器二次电压，设 $u_2=\sqrt{2}U_2\sin\omega t$。在 u_2 的正半个周期内，其极性为上正下负，二极管因正向偏置而导通，此时有电流流过负载，并且和流过二极管的电流相等。因有电流流过负载，所以在负载上就可以得到一个极性为上正下负的电压 u_o。若忽略二极管的导通电压，此时 $u_o=u_2$。在 u_2 的负半个周期内，其极性为上负下正，二极管因反向偏置而截止，流过二极管的电流基本上等于零，流经负载的电流也近似为零，所以负载上的电压 $u_o=0$，此时 u_2 全部加于二极管两端。此后不断重复上述过程。负载电阻 R_L 上的电压始终是上正下负，而且只有在 u_2 的正半周内才有波形输出，从而实现了半波整流。

综上所述，半波整流电路中各处的波形如图 7-2b 所示。由图可见，由于二极管的单向导电作用，使交流电压 u_2 变换成为负载两端的单向脉动电压，达到了整流的目的。因为这种电路只在交流电压的半个周期内才有电流流过负载，所以称为单相半波整流电路。

2. 电路参数

（1）输出平均电压 $U_{O(AV)}$　由于二极管导通时其导通电压忽略不计，所以在 u_2 正半周期内负载上的电压 u_o 等于变压器二次电压 u_2，即 $u_o=u_2$；在 u_2 负半周期内二极管因反向偏置而截止，负载上的电压 $u_o=0$。输出平均电压 $U_{O(AV)}$ 是指输出电压 u_o 在一个周期内的平均值，即 $U_{O(AV)}=\frac{1}{2\pi}\int_0^{\pi}\sqrt{2}U_2\sin\omega t\,\mathrm{d}(\omega t)=U_2\frac{\sqrt{2}}{\pi}\approx 0.45U_2$。

（2）输出电流平均值 $I_{O(AV)}$　在 u_2 正半周期内二极管导通时，负载上的电流等于流过二极管的电流，即 $i_o=i_V=\frac{U_2}{R}$。在 u_2 负半周期内二极管截止，电流为零，即 $i_o=i_V=0$。输出电流平均值 $I_{O(AV)}$ 是指一个周期内流过负载 R_L 的电流的平均值，即 $I_{O(AV)}=I_{V(AV)}=\frac{U_{O(AV)}}{R_L}\approx 0.45\frac{U_2}{R_L}$。

（3）二极管承受的最高反向电压 U_{RM}　在 u_2 负半周期内二极管截止，$u_V=u_2$，因此二极管承受的最高反向电压 U_{RM} 等于 u_2 电压的幅值，即 $U_{RM}=\sqrt{2}U_2$。

单相半波整流电路的优点是结构简单，使用的元器件少。缺点是效率低，输出脉动大，直流成分低等。所以只能用于输出电流较小，要求不高的场合。单相半波整流电路一般很少单独用做直流电源。

例 7.1 已知单相半波整流电路如图 7-2a 所示，电路中负载电阻 $R_L=40\Omega$，需要直流电压 $U_O=40V$。试求出变压器二次电压、流过负载电阻电流及流过整流二极管的平均电流。

解：由单相半波整流电路输出电压为 $U_O=0.45U_2$，可得变压器二次电压：

$$U_2 = 88.9V$$

流过负载电阻电流的平均值：

$$I_{O(AV)} = \frac{U_O}{R_L} = 1A$$

流过整流二极管的平均电流：

$$I_{O(AV)} = I_{V(AV)} = 1A$$

7.2.2 单相桥式整流电路

由于单相半波整流电路存在一些不足，因此引入如图 7-3 所示的单相桥式整流电路。T 为电源变压器，VD_1、VD_2、VD_3、VD_4 为四个整流二极管，也称为整流桥。

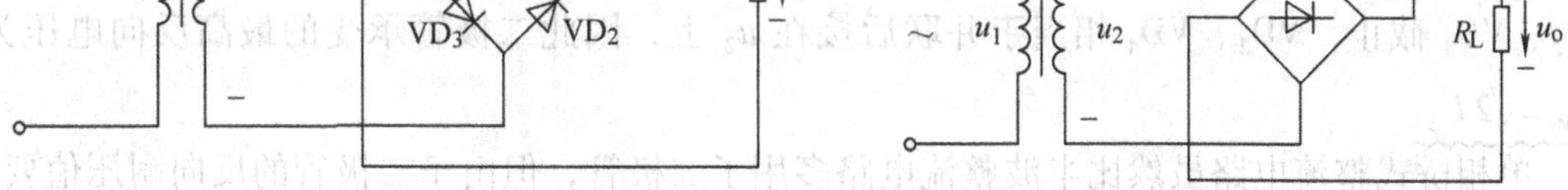

图 7-3 单相桥式整流电路及常用简化电路

1. 工作原理

设 $u_2=\sqrt{2}U_2\sin(\omega t)$，如图 7-4 所示。

在 u_2 的正半个周期内，其极性为上正下负，VD_1、VD_3 导通，VD_2、VD_4 截止，忽略二极管的正向导通电压时，输出电压 $u_o=u_2$，R_L 上电压方向上正下负，电流从变压器二次侧 a 端出发，经过负载 R_L 而由 b 端返回，即 $a\rightarrow VD_1\rightarrow R_L\rightarrow VD_3\rightarrow b$。

在 u_2 的负半个周期内，其极性为上负下正，VD_2、VD_4 导通，VD_1、VD_3 截止，忽略二极管的正向导通电压时，R_L 上电压大小和 u_2 一样，方向同样是上正下负，电流从变压器二次侧 b 端出发，经过负载 R_L 而由 a 端返回，即 $b\rightarrow VD_2\rightarrow R_L\rightarrow VD_4\rightarrow a$。

由此可见，当电源电压变换一个周期时，整流二极管在正半周期和负半周期各导通一次。通过负载 R_L 的输出电流、电压的波形如图 7-5 所示。

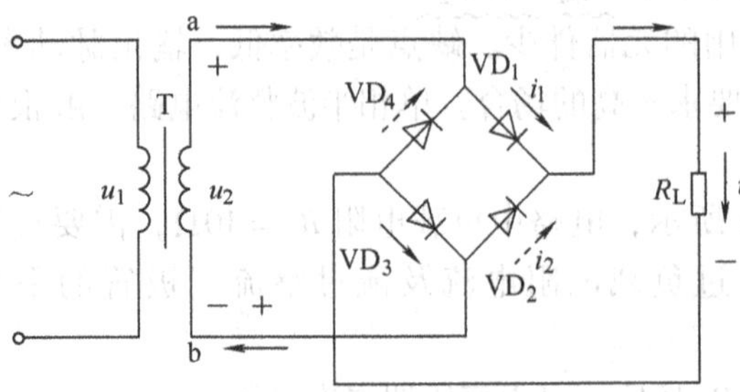

图7-4　单相桥式整流电路工作原理

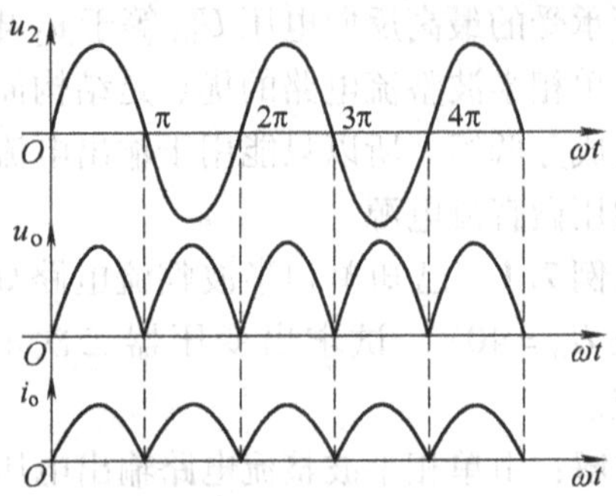

图7-5　输出电流、电压的波形

2. 电路参数

（1）输出平均电压 $U_{O(AV)}$　由 u_o 的波形可知，桥式整流是半波整流的2倍，即 $U_{O(AV)}=U_2\frac{2\sqrt{2}}{\pi}\approx 0.9U_2$。

（2）输出电流平均值 $I_{O(AV)}$ 和流过二极管的电流平均值 $I_{V(AV)}$　一个周期内流过负载 R_L 的电流由波形可知同样为半波整流的两倍，即 $I_{O(AV)}=\frac{U_{O(AV)}}{R_L}\approx 0.9\frac{U_2}{R_L}$。

在桥式整流电路中，由于四个二极管轮流导通，所以流过二极管的电流平均值为输出电流平均值 $I_{O(AV)}$ 的二分之一，即 $I_{V(AV)}=\frac{I_{O(AV)}}{2}\approx 0.45\frac{U_2}{R_L}$。

（3）二极管承受的最高反向电压 U_{RM}　当 u_2 为正半个周期内时，VD$_1$、VD$_3$ 导通，VD$_2$、VD$_4$ 截止，VD$_2$、VD$_4$ 相当于并联后接在 u_2 上，因此二极管承受的最高反向电压为：$U_{RM}=\sqrt{2}U_2$。

单相桥式整流电路虽然比半波整流电路多用了二极管，但由于二极管的反向耐压值要求较低，加上市场上已有集成的整流桥供应，它把四个整流二极管做在一个集成块里，性能参数比较好，因此单相桥式整流电路应用较为广泛。

例7.2　有一单相桥式整流电路如图7-4所示，要求输出电压 $U_O=110V$，$R_L=80\Omega$，交流电压为220V。

（1）如何选用整流二极管？（2）若 VD$_1$ 短路，电路会出现什么情况？

解：（1）由已知条件可得

$$I_O=\frac{U_O}{R_L}=\frac{110}{80}A=1.4A$$

整流二极管所流过的电流为

$$I_D=\frac{1}{2}I_O=0.7A$$

变压器二次电压有效值为

$$U_2=\frac{U_O}{0.9}=1.1U_O=122V$$

整流器件所承受的最大反向电压为

$$U_{RM} = \sqrt{2}U_2 = \sqrt{2} \times 122V = 172V$$

因此所选用的整流器件，额定整流电流必须大于 0.7A，最高工作反向电压必须大于 172V，由此可选其最大整流电流为 1A，最高反向电压为 300V 的 2CZ12C 二极管。

（2）当 VD_1 短路后，在电源负半周内电流的流向为 $b \to VD_2 \to VD_1 \to a$。一个二极管的导通电压只有 0.7V（硅管）或 0.2V（锗管），因此变压器二次电流迅速增加，容易烧坏变压器和二极管。

7.2.3 概念自测题

一、填空题

1. 电力网提供的都是大小和方向随时间变化的交流电，而电子设备需要直流电才能工作，因此在电子设备中需要将交流电变成直流电。这个过程称为__________。常见的整流电路有__________、__________和__________。

2. 整流电路中的整流二极管，在正弦交流电信号一个周期内，处在导通的时间为________。

3. 单相半波整流电路的优点是____________________，____________________。缺点是________，________，________等。

二、判断题

4. 整流电路可将正弦电压变为脉动的直流电压。（　）

5. 在变压器二次电压和负载电阻相同的情况下，桥式整流电路的输出电流是半波整流电路输出电流的 2 倍。因此，它们的整流管的平均电流比值为 2:1。（　）

6. 若 U_2 为电源变压器二次电压的有效值，则半波整流电容滤波电路和全波整流电容滤波电路在空载时的输出电压均为 $\sqrt{2}U_2$。（　）

三、选择题

7. 单相半波整流电路的输出电压平均值等于（　）。

A. $0.9U_2$　　B. $0.45U_2$　　C. U_2　　D. $1.2U_2$

8. 单相半波整流电路的输出电流平均值 $I_{O(AV)}$ 与流过二极管的电流平均值 $I_{V(AV)}$ 的关系为（　）。

A. $I_{O(AV)} = 2I_{V(AV)}$　　B. $I_{V(AV)} = \frac{I_{O(AV)}}{2}$　　C. $I_{O(AV)} = I_{V(AV)}$

9. 单相半波整流电路中，变压器二次电压有效值为 U_2，二极管 VD 所承受的最高反向电压是（　）。

A. U_2　　B. $\sqrt{2}U_2$　　C. $2\sqrt{2}U_2$

10. 单相桥式整流电路如图 7-3 所示，如果二极管 VD_2 接反了，则电路会（　）。

A. 等效为半波整流电流　　B. 正常工作　　C. 整流管将因电流过大而烧坏

7.3 滤波电路

整流电路虽然把交流电变换为直流电，但输出电压脉动较大。除了在一些特殊场合可以直接作为放大器的电源外，通常都要采取一定的措施，尽量降低输出电压的脉动成分。滤波电路的任务就是把脉动较大的直流电压变成基本上平稳的电压。

7.3.1 电容滤波电路

在整流电路的输出端，把一个大容量的电容与负载电阻相并联，如图 7-6a 所示，就构成了滤波电路。其工作原理是利用了电容两端的电压在电路状态改变时不能跃变的特性。

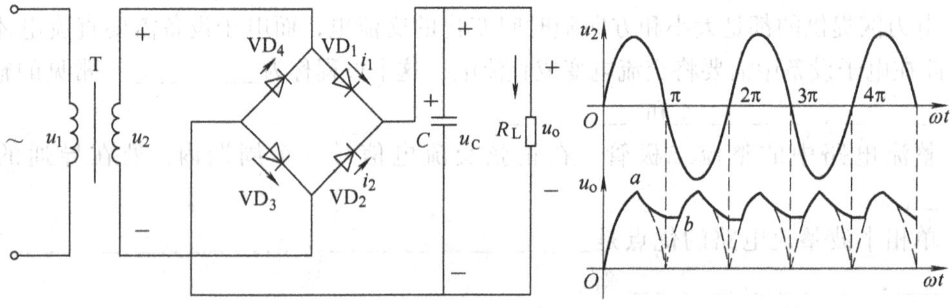

图 7-6　桥式整流电容滤波电路及波形

（1）工作原理　设电容 C 的初始电压值为零，当 u_2 为正半个周期时，其极性为上正下负，并逐渐增大，VD_1、VD_3 导通，电源一方面给负载供电，另一方面对电容 C 充电。如果忽略二极管导通的正向压降，在 u_2 达到峰值前，始终有 $u_o = u_C \approx u_2$。当 u_C 充电到 u_2 的最大值$\sqrt{2}U_2$ 时，到达 a 点，u_2 开始下降，因为电容两端的电压在电路状态改变时不能跃变，此时 $u_C > u_2$，VD_1、VD_3 截止，电容 C 经负载 R_L 放电。放电时间常数 $\tau_{放电} = R_L C$，故放电较慢，并以指数规律下降，直到 u_2 的负半周。在 u_2 的负半周，当$|u_2| < u_C$ 时，四个二极管依然不导通，直到$|u_2| \geqslant u_C$ 时，过了 b 点，u_2 使 VD_2、VD_4 导通，电容再次被充电。当 u_C 充电到 u_2 的最大值时，u_2 开始下降，这时$|u_2| < u_C$，VD_2、VD_4 截止，电容再次经过负载电阻 R_L 放电。随着 u_2 的变化，电容反复被充放电，可得到图 7-6b 所示的输出电压波形图。

（2）电路参数　由上述分析可知，在二极管截止时电容向负载电阻放电缓慢，所以输出电压的脉动减少，输出电压较为平滑。由图 7-6b 可知输出电压 u_o 在 $0.9u_2 \sim \sqrt{2}u_2$ 范围内波动，在工程上一般采用估算公式

$$u_o = 1.2u_2$$

由此可见输出电压的平均值也得到了提高。

放电时间常数 $\tau_{放电}$ 越大，滤波的效果越好，为了取得良好的效果，一般取放电时间常数 $\tau_{放电}$ 大于 u_2 的周期 T，即 $\tau_{放电} = R_L C \geqslant (3 \sim 5)\dfrac{T}{2}$。

在负载电阻 R_L 一定的情况下，滤波电容值一般比较大，约为几十到几千微法，所以通

常采用电解电容器。电解电容器有极性，接入电路时正负极不能接反。电容器的耐压值应大于$\sqrt{2}U_2$。

加上电容滤波器后，整流二极管的最大整流电流I_{FM}一般应大于流过二极管的平均电流$I_{V(AV)}$的两倍，一般选为$I_{FM}=(2\sim3)I_{V(AV)}$。

例 7.3 一单相桥式整流电容滤波电路中，已知交流电源的频率$f=50Hz$，要求输出电压$U_o=30V$，负载电流为250mA，试选择整流二极管的型号和滤波电容C的大小。

解：（1）选择整流二极管

流过二极管的电流为

$$I_{V(AV)}=\frac{I_{O(AV)}}{2}=\frac{I_L}{2}=\frac{1}{2}\times250mA=125mA$$

变压器二次电压有效值为

$$U_2=\frac{U_O}{1.2}=\frac{30}{1.2}V=25V$$

二极管所承受的最高反向工作电压为

$$U_{RM}=\sqrt{2}U_2=35V$$

考虑有滤波电容，选择参数为$I_{FM}=300mA$，$U_{RM}=50V$的整流二极管。

（2）选择滤波电容

负载电阻为

$$R_L=\frac{U_O}{I_O}=0.12k\Omega$$

交流电源周期为

$$T=\frac{1}{f}=0.02s$$

由

$$R_LC\geqslant(3\sim5)\frac{T}{2}$$

得：

$$C=\frac{5T}{2R_L}=417\mu F$$

电容滤波结构简单，缺点是负载电流不能过大，否则会影响滤波效果，所以电容滤波适用于负载变动不大、电流较小的场合。

*7.3.2 其他类型的滤波电路

除了电容滤波器外，还可以采用RCπ 型滤波器、电感滤波器和LCπ 型滤波器等。RCπ 型滤波如图7-7所示。

RCπ 型滤波器采用简单的电阻、电容元件，可以进一步使输出电压趋于平滑。但是这种电路的缺点是在R上有直流压降，所以只适合于小电流的场合。当负载电流比较大时，可以考虑采用LCπ 型滤波器（见图7-8）和电感滤波器（见图7-9）。

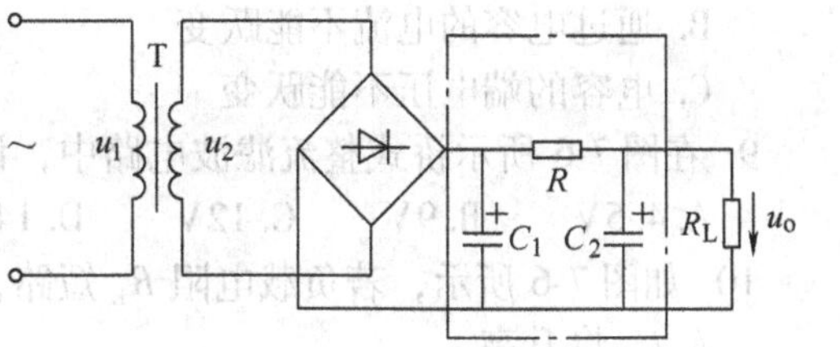

图 7-7 RCπ 型滤波器

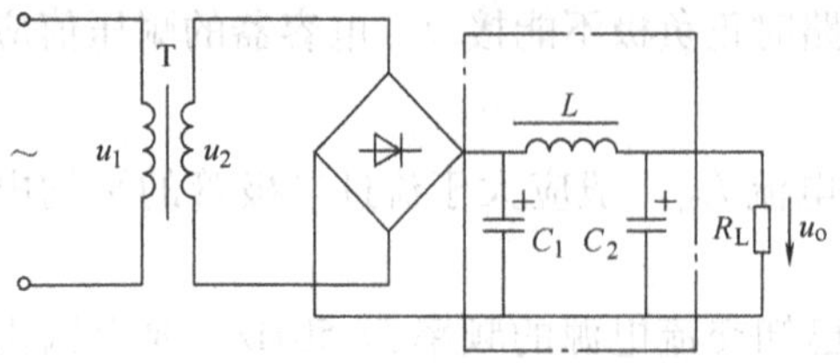

图 7-8　LCπ 型滤波器

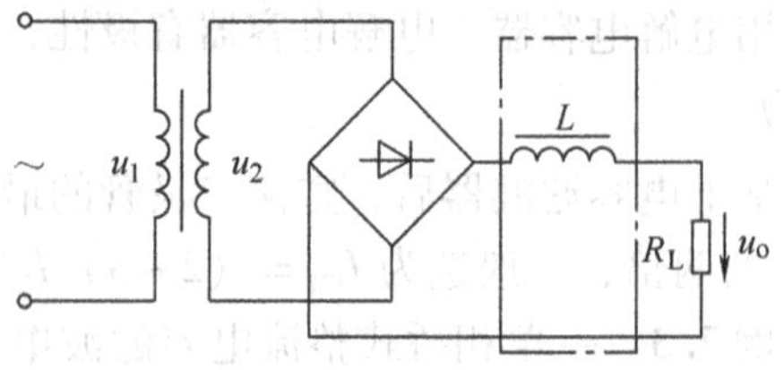

图 7-9　电感滤波器

由于电感具有阻交流通直流的作用，因此此类电路的滤波效果更好，而且在 L 上无直流功率损耗，一般用在负载电流较大和电源频率较高的场合。缺点是采用了电感，体积和重量较大。

7.3.3　概念自测题

一、填空题

1. 滤波电路接在整流电路的后面，在滤波电路中，是________和________的储能作用的特征对脉动电压和电流进行补偿，可以降低________的脉动程度。常见的滤波电路有________、________、________、________滤波电路。

2. 采用电容滤波时，电路中的电容器与负载________，它常用于________情况；电感滤波时，电路中的电感器与________，它常用于________情况。

3. 在桥式整流滤波电路中，放电时间常数 $\tau_{放电}$ 越大，滤波的效果________，为了取得良好的效果，一般取放电时间常数 $\tau_{放电}$________ u_2 的周期 T，即：________。

二、判断题

4. 在单相桥式整流电容滤波电路中，若有一只整流管断开，输出电压平均值变为原来的一半。（　　）

5. 电容滤波电路适用于小负载电流，而电感滤波电路适用于大负载电流。（　　）

6. 直流稳压电源滤波电路中，滤波电路应选用高通滤波器。（　　）

三、选择题

7. 直流稳压电源中滤波电路的目的是（　　）。

A. 将交流变为直流

B. 将高频变为低频

C. 将交直流混合量中的交流成分滤掉

8. 电容滤波器的滤波原理是根据电路状态改变时，其（　　）。

A. 电容的数值不能跃变

B. 通过电容的电流不能跃变

C. 电容的端电压不能跃变

9. 在图 7-6 所示桥式整流滤波电路中，设 U_2 的有效值为 10V，则 U_o 为（　　）。

A. 4.5V　　B. 9V　　C. 12V　　D. 14V

10. 如图 7-6 所示，若负载电阻 R_L 短路，则（　　）。

A. U_o 将升高　　B. 变为半波整流

C. 电容 C 将过电压而击穿　　D. 稳压管过电流而损坏

7.4 稳压电路

整流、滤波后得到的直流输出电压往往会随时间而有微小变化，造成这种直流输出电压不稳定的原因有：一是当负载改变时，负载电流将随着改变，因为整流变压器、整流二极管和滤波电容都有一定的等效电阻，因此当负载电流变化时，即使交流电网电压不变，直流输出电压也会改变。二是电网电压常有变化，通常有 ±10% 左右的波动，当电网电压变化时，即使负载未变，直流输出电压也会改变。而输出电压的不稳定会产生测量和计算的误差，引起控制装备的不稳定，因此在整流滤波电路后面再加一级稳压电路，以获得稳定的直流输出电压。

7.4.1 硅稳压管稳压电路

最简单的直流稳压电路是硅稳压管稳压电路，如图 7-10 所示。经过桥式整流电路和电容滤波器滤波得到直流电压 U_i，再经过限流电阻 R 和稳压管 VS 构成的稳压电路接到负载电阻 R_L 上，负载电阻 R_L 上得到的就是一个比较稳定的电压 U_o。由于 VS 与 R_L 并联，所以也称并联稳压电路。

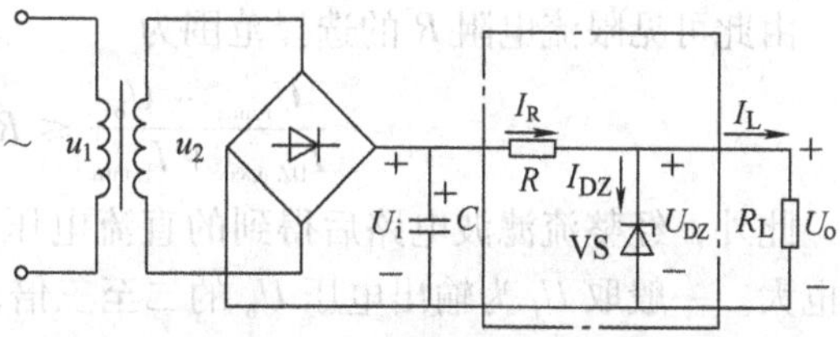

图 7-10 硅稳压管稳压电路

1. 稳压电路的工作原理

引起输出电压不稳定的主要原因是交流电源电压的波动和负载电流的变化。下面来分析这两种情况下稳压电路的作用。

1）若负载电阻 R_L 不变，交流电源电压增加，从而导致整流滤波后的输出电压 U_o 增大，电路的传输作用使输出电压也就是稳压管两端电压也趋于上升。由稳压管反向特性知，I_{DZ} 将显著增加，于是电流 I_R（$I_R = I_{DZ} + I_L$）加大，所以电压 U_R 升高，即输入电压的增加量基本降落在电阻 R 上。由于 $U_i = U_R + U_o$，从而使输出电压 U_o 基本上没有变化，达到了稳定输出电压的目的。这一稳压过程可表示为

$$\text{电源电压}\uparrow \rightarrow U_2\uparrow \rightarrow U_i\uparrow \rightarrow U_o\uparrow \rightarrow I_{DZ}\uparrow \rightarrow I_R\uparrow (I_R = I_{DZ} + I_L)$$
$$\rightarrow U_R\uparrow \rightarrow U_o\downarrow \rightarrow \text{输出电压稳定}$$

同理，电压 U_i 降低时，通过类似变化过程来稳定 U_o。

2）若交流电源电压不变，负载电阻 R_L 增加，则引起负载电流 I_L 减小，于是电流 I_R（$I_R = I_{DZ} + I_L$）减小，所以电压 U_R 降低，由于电源电压不变，所以 U_i 不变。而 $U_i = U_R + U_o$，因而负载输出电压 U_o 增大，稳压管两端电压 U_{DZ} 增大，I_{DZ} 将显著增加，从而补偿了 I_L 的减小，保持输出电压 U_o 基本上没有变化。这一稳压过程可表示为

$$R_L\uparrow \rightarrow I_L\downarrow \rightarrow I_R\downarrow (I_R = I_{DZ} + I_L) \rightarrow U_R\downarrow \rightarrow U_o\uparrow (U_i = U_R + U_o)$$
$$\rightarrow U_{DZ}\uparrow \rightarrow I_{DZ}\uparrow \rightarrow I_R\uparrow \rightarrow U_R\uparrow \rightarrow U_o\downarrow \rightarrow \text{输出电压稳定}$$

同理，负载电阻 R_L 减小时，通过类似变化过程来稳定 U_o。

2. 稳压元器件的选择

1）稳压管。由图 7-10 和上面的讨论可见，稳压管的稳压值 U_{DZ} 就是硅稳压管稳压电路

的输出电压值 U_o。考虑到当负载电阻开路时输出电流可能全部流过稳压管，一般取稳压管的最大稳压电流是输出电流的二至三倍，即

$$U_{DZ} = U_o \qquad I_{DZ\max} = (2 \sim 3)I_L$$

2）限流电阻 R 的选择。在稳压过程中，限流电阻 R 是实现稳压的关键，限流电阻 R 的选取十分重要，必须满足两个条件：

一是当输入电压最小（为 $U_{i\min}$）而负载电流最大时（为 $I_{L\max}$）时，流过稳压管的电流最小，这个电流应大于稳压管稳压范围内的最小工作电流 $I_{DZ\min}$，即

$$\frac{U_{i\min} - U_o}{R} - I_{L\max} \geqslant I_{DZ\min}$$

二是当输入电压最高（为 $U_{i\max}$）而负载电流最小时（为 $I_{L\min}$）时，流过稳压管的电流最大，这个电流应小于稳压管稳压范围内的最大工作电流 $I_{DZ\max}$，即

$$\frac{U_{i\max} - U_o}{R} - I_{L\min} \leqslant I_{DZ\max}$$

由此可见限流电阻 R 的选择范围为

$$\frac{U_{i\max} - U_o}{I_{DZ\max} + I_{L\min}} \leqslant R \leqslant \frac{U_{i\min} - U_o}{I_{DZ\min} + I_{L\max}}$$

此外，经整流滤波电路后得到的直流电压 U_i 高，R 大，稳定性能就好，但这样电路损耗也大。一般取 U_i 为输出电压 U_o 的二至三倍，即

$$U_i = (2 \sim 3)U_o$$

例 7.4 选择图 7-10 所示稳压电路中元器件参数。要求：U_i 波动范围为 ±5%，$U_o = 10V$，$I_L = 0 \sim 10mA$。

解 （1）选择稳压管

$$U_{DZ} = U_o = 10V$$

$$I_{DZ\max} = (2 \sim 3)I_L = 2I_{L\max} = 2 \times 10 \times 10^{-3}mA = 20mA$$

则选 2CW7 型稳压管，$U_{DZ} = 9 \sim 10.5V$，$I_{DZ\max} = 23mA$，$I_{DZ\min} = 5mA$。

（2）确定 U_i

$$U_i = (2 \sim 3)U_o = 2.5 \times 10V = 25V$$

（3）选择 R

由于 U_i 波动范围为 ±5%，所以

$$U_{i\max} = 1.05\,U_i = 26.25\ V \qquad U_{i\min} = 0.95U_i = 23.75V$$

由

$$\frac{U_{i\max} - U_o}{I_{DZ\max} + I_{L\min}} \leqslant R \leqslant \frac{U_{i\min} - U_o}{I_{DZ\min} + I_{L\max}}$$

得

$$\frac{26.25V - 10V}{23mA + 0mA} \leqslant R \leqslant \frac{23.75V - 10V}{5mA + 10mA}$$

即 $706\Omega \leqslant R \leqslant 916\Omega$

可取 $R = 900\Omega$。

硅稳压管稳压电路结构简单，使用元器件少，在输出电压不需要调节、负载电流比较小

的情况下效果较好，所以在小型的电子设备中经常采用这种电路。但是这种电路的输出电压由稳压管的稳压值决定，不能任意调节；另外电网电压和负载电流变化较大时，电路将不能适用。为了改进这些缺点，引入了串联型稳压电路。

7.4.2 串联型稳压电路

串联型稳压电路是目前较为通用的稳压电路类型，所谓串联型稳压电路就是在输入直流电压和负载电阻之间串入一个晶体管，当电网电压或负载电阻波动引起输出电压 U_o 变化时，U_o 的变化将反映到晶体管的输入电压 U_{BE}，然后 U_{CE} 也随之改变，从而调整 U_o，以保证输出电压的稳定。串联型稳压电路及其框图如图 7-11 所示。

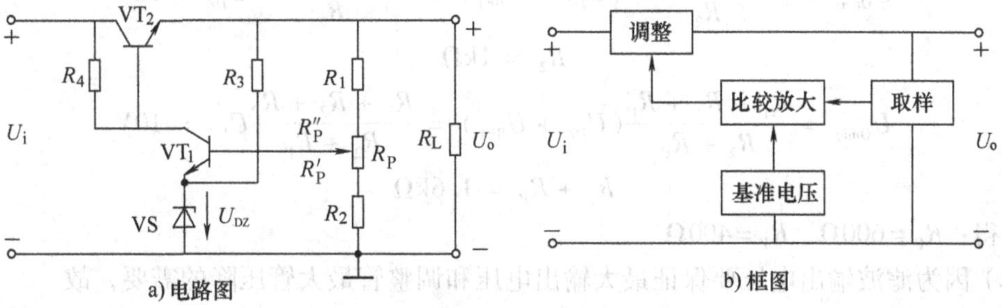

图 7-11 串联型稳压电路及其框图

从图中可以看出串联型稳压电路包括如下几个部分：取样环节、基准电压环节、比较放大环节和调整环节。

取样环节的作用是将输出电压的变化取出，在电路中取样环节由电阻 R_1、R_2 和 R_P 组成。

基准电压环节是由电路中的 R_3 和 VS 组成。稳压管 VS 提供基准电压，由采样环节取得的输出电压的变化与基准电压相比较，并把比较结果送入比较放大环节。

比较放大环节由 VT_1 单管直流放大器构成，作用是把比较结果进行放大，并送到调整管 VT_2。

调整环节由调整管 VT_2 构成，其基极电压由比较放大环节的输出控制。

结合图 7-11a 所示电路图，分析该电路的稳压过程。电网电压升高或负载电流减小，使输出电压 U_o 增加时，经 R_1、R_2 和 R_P 分压，VT_1 的基极电位 U_{B1} 升高。由于 VT_1 的发射极电位 U_{E1} 被稳压管 VS 稳住而基本不变，又因为 $U_{BE1}=U_{B1}-U_{E1}$，因此 VT_1 的发射结电位 U_{BE1} 也升高。该电压经 VT_1 放大引起 I_{C1} 增加并使 U_{C1} 下降。而 $U_{C1}=U_{B2}$，因为 $U_{BE2}=U_{B2}-U_{E2}=U_{C1}-U_o$，所以 VT_2 的 U_{BE2} 下降，I_{B2} 减小，使 U_{CE2} 增大，从而使输出电压 U_o 减小，保持输出电压 U_o 基本不变。稳压过程可表示为

$$U_o\uparrow\rightarrow U_{B1}\uparrow\rightarrow U_{BE1}\uparrow\rightarrow I_{B1}\uparrow\rightarrow I_{C1}\uparrow\rightarrow U_{C1}\downarrow\rightarrow U_{BE2}\downarrow\rightarrow I_{B2}\downarrow\rightarrow U_{CE2}\uparrow\rightarrow U_o\downarrow$$

同理，如果电网电压降低或负载电流增加，使输出电压 U_o 减小时，通过上述取样、比较放大和调整也可以使输出电压 U_o 保持基本不变。

若 R_1、R_2 固定，则可调整电位器 R_P 以实现输出电压的调节，该电路输出电压 U_o 的调节范围为

$$U_{o\,max}=\frac{R_1+R_2+R_P}{R_2}(U_{DZ}+U_{BE1}) \qquad U_{o\,min}=\frac{R_1+R_2+R_P}{R_2+R_P}(U_{DZ}+U_{BE1})$$

由此可以看出，串联型稳压电路的工作原理是将输出电压的变化通过取样电路反映出来，并与基准电压进行比较，将比较结果放大后，送到调整管去控制输出电压，从而使输出电压保持稳定。

例 7.5 串联型稳压电路形式如图 7-11a 所示，要求输出电压范围 $U_O=(10\sim16)$ V，$U_{DZ}=8$V，采样电阻总阻值为 2kΩ，调整管 VT_2 的电压范围为 3 ~ 8V，晶体管 VT_1 的基极电压 U_{BE} 忽略不计，电容容量足够大，该电路前端接桥式整流电路。试求：（1）R_1、R_2 和 R_P 的阻值。（2）变压器二次电压。

解：（1）已知 $R_1+R_2+R_P=2\text{k}\Omega$，又因

$$U_{Omax}=\frac{R_1+R_2+R_P}{R_2}(U_{DZ}+U_{BE1})=\frac{R_1+R_2+R_P}{R_2}U_{DZ}=16\text{V}$$

故
$$R_2=1\text{k}\Omega$$

因为
$$U_{Omin}=\frac{R_1+R_2+R_P}{R_2+R_P}(U_{DZ}+U_{BE1})=\frac{R_1+R_2+R_P}{R_2+R_P}U_{DZ}=10\text{V}$$

故
$$R_2+R_P=1.6\text{k}\Omega$$

所以可得：$R_P=600\Omega$，$R_1=400\Omega$

（2）因为滤波输出电压要保证最大输出电压和调整管最大管压降的需要，故

$$U_1=U_{Omax}+U_{Tmax}=16\text{V}+8\text{V}=24\text{V}$$

由于 $U_I=1.2U_2$，所以有

$$U_2=20\text{V}$$

7.4.3 集成稳压电源

随着集成电路技术的发展，稳压电路也迅速实现集成化。集成稳压器具有体积小、可靠性高及温度性能好等优点，而且使用灵活、价格低廉，因此广泛应用于仪器、仪表以及其他各类电子设备中。集成稳压电源的种类很多，使用最简便的是三端集成稳压器，三端集成稳压器有三个引脚，分别作为输入端、输出端和公共端，基本上不需要外接元件，而且内部有限流保护、过热保护和过电压保护电路，使用更加安全方便。比较常用的三端集成稳压器有 W7800 系列（输出正电压）和 W7900 系列（输出负电压）。图 7-12 为常见的三端集成稳压器外形图，图 7-13 为它们的电路符号。

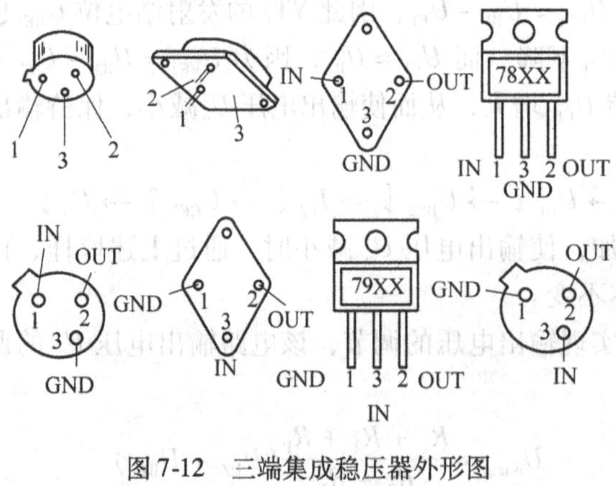

图 7-12 三端集成稳压器外形图

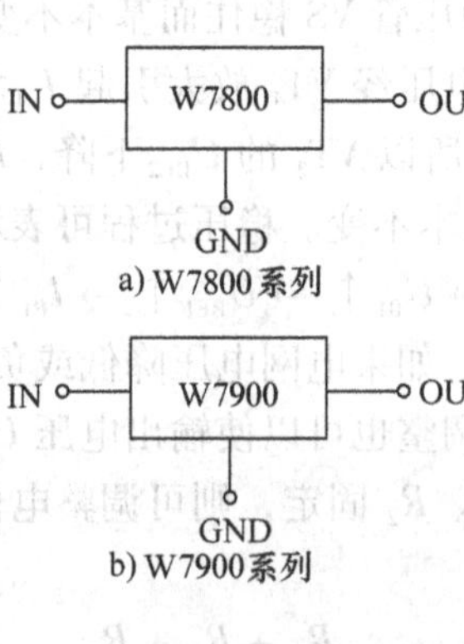

图 7-13 三端集成稳压器的电路符号

1. 三端集成稳压器的结构、参数及命名

（1）三端集成稳压器的结构　三端集成稳压器的内部原理框图如图 7-14 所示，由图可见，电路内部实际上包括了串联型直流稳压电路的各个组成部分，另外加上起动电路和保护电路，使用时更加可靠。

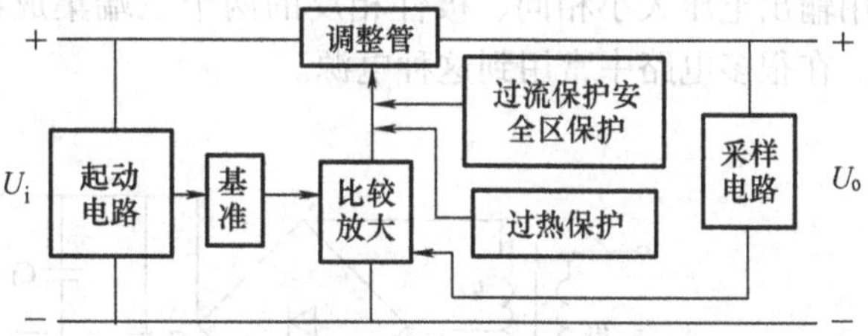

图 7-14　三端集成稳压器的内部原理框图

电路中起动电路的作用是在刚接通直流输入电压时，使调整管、放大电路和基准电源等建立起各自的工作电流，而当稳压电路正常工作时起动电路被断开，以免影响稳压电路的性能。保护电路通常有限流保护、过热保护和过电压保护，在 W7800 系列三端集成稳压器中，已将三种保护电路集成在芯片内部。

（2）集成稳压器的参数　集成稳压器的参数是选择稳压器的重要依据，部分主要参数如下：

1）最大输入电压值 $U_{i\,max}$。

2）输出电压 U_o。三端集成稳压器可分为固定正输出和固定负输出，无论是正输出还是负输出，它们通常可以分为七个等级，即 ±5V、±6V、±8V、±12V、±15V、±18V 和 ±24V。

3）最大输出电流值 $I_{o\,max}$。不同型号的三端集成稳压器的 $I_{o\,max}$ 通常为 0.1～2A，可分为三个等级，即 1.5A、0.5A 和 0.1A。

（3）三端集成稳压器的命名　三端集成稳压器命名组成及含义见表 7-1。例如：CW7805 表示输出固定正电压为 5V，最大输出电流为 1.5A 的三端集成稳压器。

表 7-1　三端集成稳压器命名组成及含义

C	W	78（79）	L	XX
国标	稳压器	78：输出固定正电压 79：输出固定负电压	最大输出电流 L 为 0.1A　M 为 0.5A 无字母为 1.5A	数字表示输出电压值

2. 三端集成稳压器的应用

（1）基本稳压电路　图 7-15 所示为三端集成稳压器的基本稳压电路，使用时根据输出电压和输出电流来选择稳压器的符号。

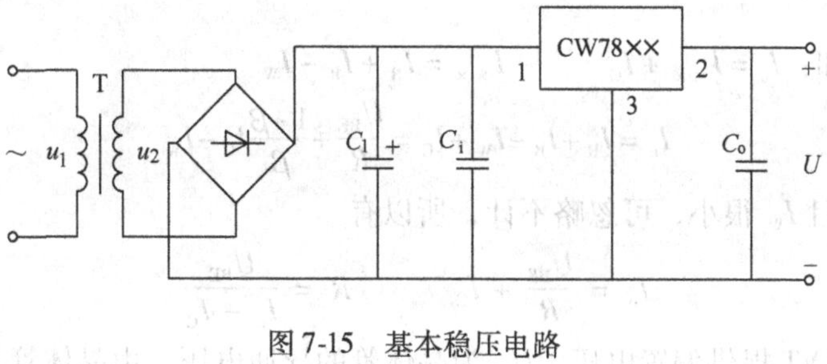

图 7-15　基本稳压电路

电路中输入电容 C_i 和输出电容 C_o 是用来减小输入输出电压的脉动，其值均在 0.1 ~ 1μF 之间。最小输入电压和输出电压的差值要在 3V 以上。

（2）可同时输出正、负电压的电路　图 7-16 为用两个三端集成稳压器连接的电路，若选用输出电压大小相同、极性相反的两个三端集成稳压器，则可同时输出正、负对称的电源。在很多电路中常用到这种电源。

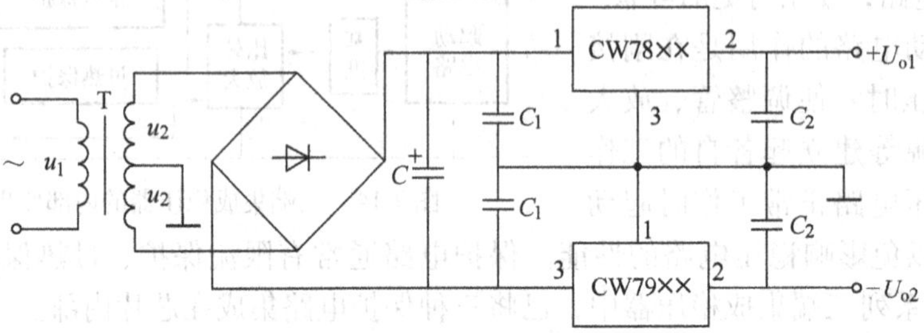

图 7-16　同时输出正、负电源的稳压器

（3）提高输出电压的电路　如果需要输出电压高于三端稳压器输出电压时，可采用图 7-17所示电路。

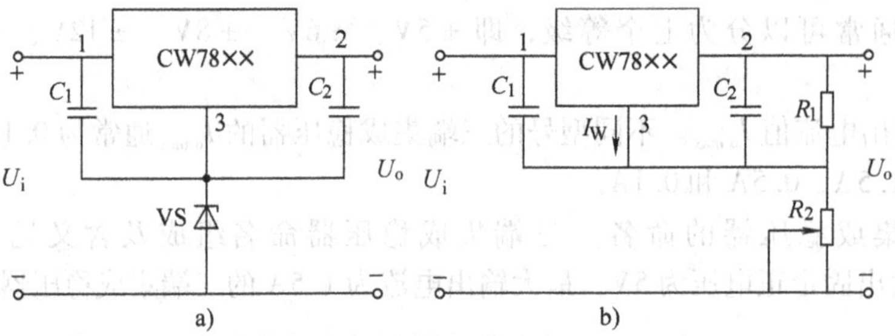

图 7-17　提高输出电压的电路

图 7-17a 中，输出电压 $U_O = U_{DZ} + U_{××}$，式中 $U_{××}$ 为集成稳压器的输出电压，U_{DZ} 为稳压管的稳压值。

图 7-17b 输出电压 $U_o = U_{××}\left(1 + \frac{R_2}{R_1}\right) + I_W R_2$，式中 I_W 为三端稳压器的静态电流，一般为几毫安。若经过 R_1 的电流 I_{R1} 大于 $5I_W$，可以忽略 $I_W R_2$ 的影响，则有 $U_o = U_{××}\left(1 + \frac{R_2}{R_1}\right)$。

（4）提高输出电流的电路　当负载电流大于三端稳压器输出电流时，可采用图 7-18 所示电路。

由图 7-18 可知：$I_o = I_{××} + I_C$　　　$I_{××} = I_R + I_B - I_W$

$$I_o = I_R + I_B - I_W + I_C = \frac{U_{BE}}{R} + \frac{1+\beta}{\beta} I_C - I_W$$

由于 $\beta \gg 1$，且 I_W 很小，可忽略不计，所以有

$$I_o = \frac{U_{BE}}{R} + I_C \qquad R = \frac{U_{BE}}{I_o - I_C}$$

式中，R 为晶体管 VT 提供偏置电压，U_{BE} 为晶体管的导通电压，由晶体管类型决定，一般锗

管为0.3V，硅管为0.7V。由以上分析可知输出电流被扩大了。

例7.6 由三端集成稳压器CW7806构成的直流稳压电路如图7-19所示。已知 $R_1=120\Omega$，$R_2=80\Omega$，$I_d=10mA$，电路的输入电压 $U_i=20V$，C_1、C_2 选择合理，求：（1）电路的输出电压 U_o 为多少？（2）若 R_2 改用0~100Ω的电位器，则 U_o 的可调范围是多少？

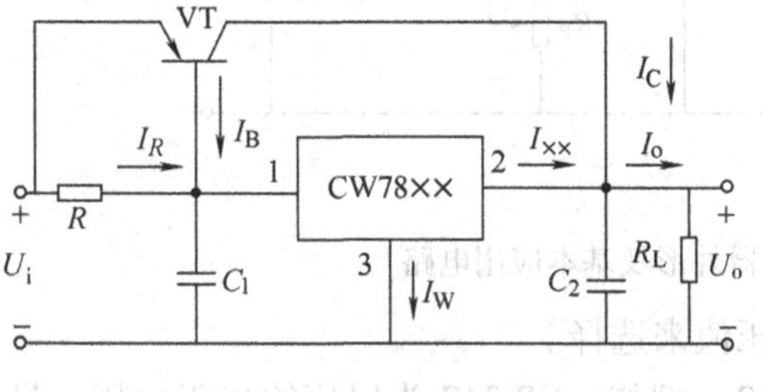

图7-18 提高输出电流的电路

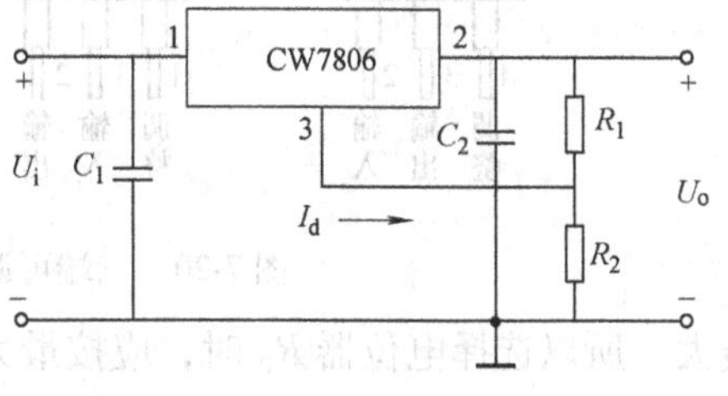

图7-19 例7.6图

解：（1）由于提高输出电压电路的输出电压 $U_o=U_{××}\left(1+\dfrac{R_2}{R_1}\right)+I_W R_2$，式中 $U_{××}$ 为集成稳压器的输出电压；I_W 为三端稳压器的静态电流。可得：

$$
\begin{aligned}
U_o &= U_{××}\left(1+\frac{R_2}{R_1}\right)+I_W R_2 \\
&= 6(1+80/120)V+0.01\times 80V \\
&= 10.8V
\end{aligned}
$$

（2）若 R_2 改用0~100Ω的电位器：

R_2 最大为100Ω时，可得 $U_{omax}=6\ (1+100/120)\ V+0.01\times 100V=12V$

R_2 最大为0Ω时，可得 $U_{omin}=U_{××}\left(1+\dfrac{R_2}{R_1}\right)+I_W R_2=6V$

3. 三端可调集成稳压器

W7800、W7900系列集成稳压器，只能输出固定电压值，在实际应用中不太方便。由此引入三端可调集成稳压器。三端可调集成稳压器克服了固定三端稳压器输出电压不可调的缺点，继承了三端固定式集成稳压器的诸多优点。

三端可调集成稳压器也有输出正电压（CW117、CW217、CW317系列）和输出负电压（CW137、CW237、CW337系列）。与W7800、W7900系列一样，同一系列的内部电路和工作原理基本相同。根据输出电流的大小，每个系列又可分为L系列（$I_o\leqslant 0.1A$）和M系列（$I_o\leqslant 0.5A$）。如果没有标出L或M，则其 $I_o\leqslant 0.15A$，其外形与W7800系列相同。其外形及基本应用电路如图7-20所示。

为了使电路正常工作，一般输出电流不小于5mA。输入电压范围在2~40V之间，输出电压可在1.25~37V之间调整，负载电流可达1.5A。由于调整端的输出电流非常小（50μA）且恒定，故可将其忽略，那么输出电压可用下式表示：

$$U_o \approx U_{REF}\left(1+\frac{R_P}{R}\right)$$

式中，U_{REF} 为集成稳压器输出端与调整端之间提供的1.25V的基准电压。由此可见，调节电位器 R_P 就可以实现输出电压的调节。当 $R_P=0$ 时，输出电压最小；当 R_P 最大时，输出电压

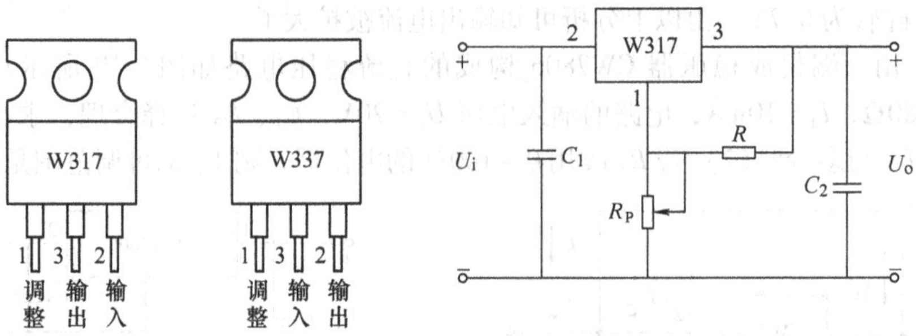

图 7-20 三端可调集成稳压器外形及基本应用电路

最大。所以选择电位器 R_P 时，应按最大输出电压值来选择。

三端可调集成稳压器命名组成及含义见表 7-2，例如：CW317 为民用输出正电压，最大输出电流为 1.5A 的三端可调集成稳压器。

表 7-2 三端可调集成稳压器命名组成及含义

第 1 部分	第 2 部分	第 3 部分	第 4 部分	第 5 部分
C	*W*			
国标	稳压器	产品序号： 1 为军工 2 为工业、半军工 3 为民品	产品序号： 17 为输出正电压 37 为输出负电压	最大输出电流： L 为 0.1A M 为 0.5A 无字母为 1.5A

例 7.7 已知三端可调集成稳压器 W117 的基准电压 $U_{REF}=1.25V$，用它组成的稳压电路如图 7-21 所示，$R_1=250\Omega$，$R_2=3k\Omega$，调整端电流 I_d 对 U_o 的影响可以忽略不计，C_1、C_2 选择合理，求：（1）输出电压 U_o；（2）若 R_2 改用 0 ~ 3kΩ 电位器，则 U_o 的可调范围有多大？

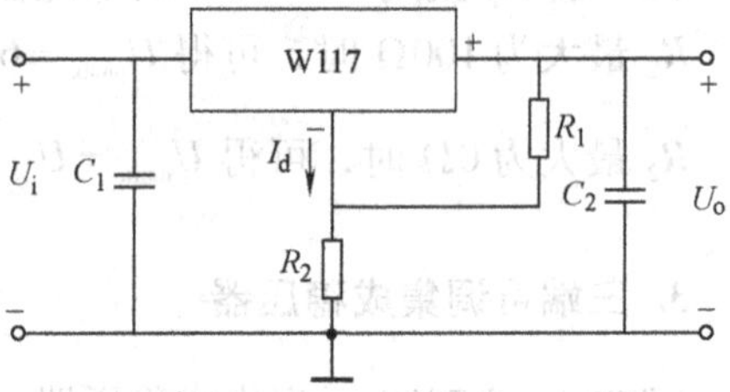

图 7-21 例 7.7 图

解：（1）由输出电压的表示式：$U_o \approx U_{REF}\left(1+\frac{R_2}{R_1}\right)$，可得 $U_o=1.25\ (1+3/0.25)\ V=16.25V$。

（2）若 R_2 改用 0 ~ 3kΩ 电位器，当 $R_2=3k\Omega$，$U_{omax}=16.25V$；当 $R_2=0\Omega$，$U_{omin}=1.25V$。

7.4.4 概念自测题

一、填空题

1. 根据稳压器件与负载的连接方式划分，稳压电路分为用稳压管的________和用晶体管或集成电路组成的________。

2. 硅稳压管稳压电路结构________，使用元件________，适用于输出电压________，负载电流________的场合。

3. 串联型稳压电路由________、________、________和________四部分组成。

4. 集成稳压器具有体积________、可靠性________及温度性能________等优点，集成稳压电源的种类很多，使用最简便的是________，三端集成稳压器有三个引角，分别作为________、________和________。比较常用的三端集成稳压器有 W7800 系列（输出________）和 W7900 系列（输出________）。

二、判断题

5. 稳压电路既能稳定输出电压，又能稳定输出电流。（　　）

6. 对于理想的稳压电路，$\Delta U_o/\Delta U_i=0$，$R_o=0$。（　　）

7. 在稳压管稳压电路中，稳压管的最大稳定电流必须大于最大负载电流。（　　）

三、选择题

8. 稳压管的稳压区是工作在（　　）。

A. 正向导通区　　B. 反向截止区　　C. 反向击穿区

9. 串联型稳压电路中的放大环节放大的对象是（　　）。

A. 基准电压　　B. 取样电压　　C. 基准电压与取样电压之差

10. 用电压表测量一接在电路中的稳压管 W7815 的电压，读数只有 0.7V，则这时(　　)。

A. 稳压管被击穿　　B. 稳压管开路

C. 稳压管反接，不起稳压作用　　D. 稳压管正常工作

本章小结

1. 常用的直流电获得方法通常是利用电网提供的交流电经过整流、滤波和稳压以后得到的。利用二极管的单向导电性可以组成整流电路。在单相半波、单相桥式整流电路中，单相桥式整流电路的输出直流电压较高，输出波形的脉动成分相对较低，因此应用比较广泛。

2. 滤波电路主要是由电容、电感等储能元件组成。常用的滤波电路除了电容滤波器外，还有 RCΠ 型滤波器、电感滤波器和 LCΠ 型滤波器等。

3. 稳压电路的作用是当输出的直流电随外界环境发生变化时保证输出直流电的稳定。常用的有硅稳压管稳压电路、串联型稳压电路和集成稳压电路等。电路结构最简单的是硅稳压管稳压电路；输出电压可以在一定的范围内调节的是串联型稳压电路；体积小、可靠性高及温度特性好的是集成稳压电路。

习 题 七

7-1　画出单相桥式整流电路及电容滤波单相桥式整流电路。说明其工作原理。

7-2　已知单相半波整流电路如图 7-2 所示，电路中负载电阻 $R_L=40\Omega$，需要直流电压 $U_0=40V$。试求出变压器二次电压、流过负载电阻的电流及流过整流二极管的平均电流。

7-3　单相桥式整流电路中，如果有一个二极管断路了，结果会如何？如果有一个二极管正负极接反了，结果又会如何？如果四个二极管全部接反，分析电路如何工作。

7-4　已知桥式整流电路如图 7-3 所示，电路中负载电阻 $R_L = 20\Omega$，需要直流输出电压 $U_O = 36V$。试求出变压器二次电压、流过负载电阻的电流及流过整流二极管的平均电流。

7-5　单相桥式整流电路如图 7-22 所示。变压器二次电压有效值为 $U_2 = 20V$，负载电阻 $R_L = 50\Omega$，试求电路的输出直流电压 U_O，负载电阻上流过的直流电流 I_L 及各二极管所承受的最大反向电压 U_{RM}？

7-6　在桥式整流电容滤波电路中，如图 7-22 所示。已知负载电阻 $R_L = 100\Omega$，电路的直流输出电压 $U_O = 30V$，交流电源的频率 $f = 50Hz$，试选择整流二极管的型号、滤波电容 C 的大小及耐压值。

7-7　在桥式整流电容滤波电路中，如图 7-22 所示。已知电路中负载电阻 $R_L = 20\Omega$，$C = 100\mu F$，用交流表测得变压器二次电压有效值 U_2 为 20V，现在用直流电压表测量负载电阻两端的电压，分别计算下面四种情况下直流电压表测量的值：①C 断开；②负载电阻断开；③整流二极管中有一个二极管断开；④电路完好。

7-8　电路如图 7-23 所示。已知稳压管的稳定电压 $U_{DZ} = 12V$，输入电压 $U_i = 20V$，则硅稳压管稳压电路输出电压是多少？R_L 取值太大时能否稳定？太小时又会如何？

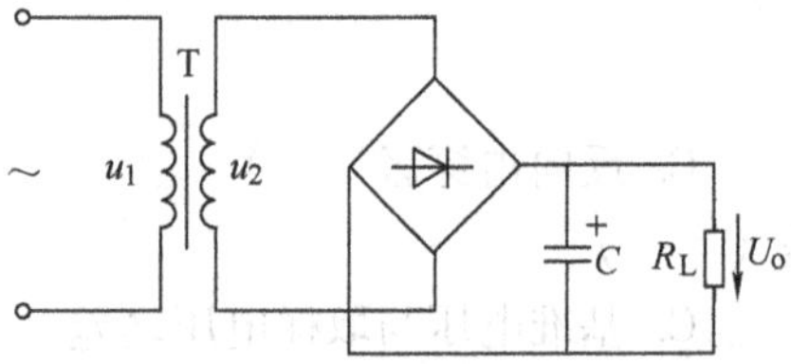

图 7-22　习题 7-5 图

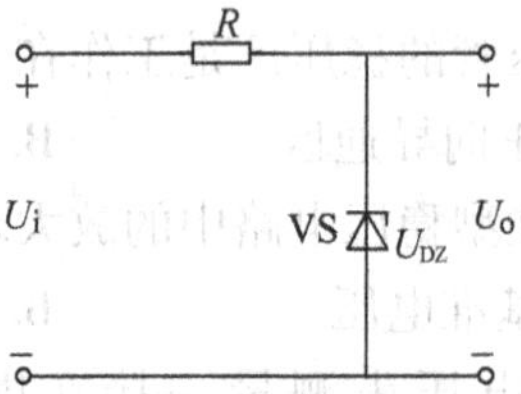

图 7-23　习题 7-8 图

7-9　电路如图 7-10 所示，当输入电压 U_i 波动范围为 ±2%，输出电压 $U_o = 12V$，负载电流 I_L 在 0 ~ 8mA 范围内变化时，试选择电路的参数。

7-10　在图 7-10 所示电路中，已知输出直流电流 $I_{Lmin} = 20mA$，$I_{DZmax} = 30mA$，稳压管 VS 的稳压值为 6V，额定功耗为 250mW，最小稳定电流为 5mA，变压器二次电压有效值在 12.5 ~ 15V 之间波动。问：(1) 在 R 一定的情况下，稳压管中电流 I_{DZ} 何时最大？何时最小？(2) 为使稳压电路正常工作，R 应如何选择？

7-11　有一小型电子设备需要 +12V 的直流电源，试用硅稳压管稳压电路和三端固定式集成稳压器分别组成 +12V 稳压源，并画出电路图。

7-12　串联型稳压电路如图 7-24 所示，已知稳压管 $U_{DZ} = 10V$，求：(1) 流过稳压管的电流 I_{DZ}；(2) 输出电压 U_o；(3) 将 R_1 改为 0 ~ 3kΩ 的可变电阻时的 U_{omin} 和 U_{omax}。

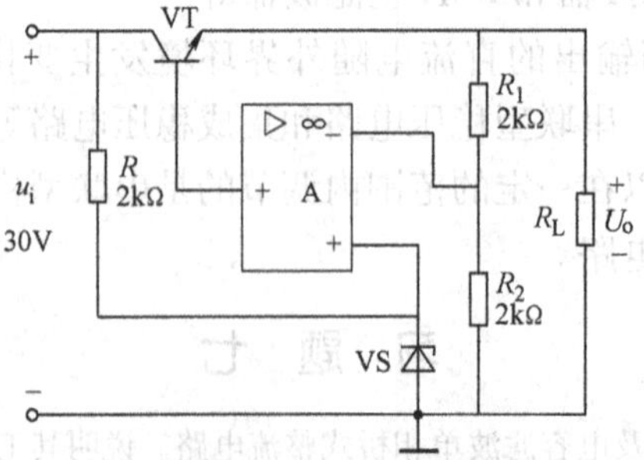

图 7-24　习题 7-12 图

7-13　下列元器件符号各代表什么含义？

(1) CW7815　(2) CW79L12　(3) CW78M05　(4) CW237M　(5) CW117L　(6) CW317

第 8 章

数字电路基础

本章学习要求

理论：掌握各种基本逻辑门电路的逻辑功能，波形分析方法，理解复合门电路的工作原理，了解各种门电路的特点及用途。

技能：掌握 TTL 逻辑门的测试方法，能用 TTL 门电路构成其他的逻辑功能，熟悉 TTL 集成芯片的引脚排列、使用方法和查阅手册的方法，了解使用注意事项。

8.1 数字电路的基本知识

电子电路中的电信号常分为两类：一类是模拟信号，其特点是大小和方向随时间连续变化，如正弦交流电压、正弦交流电流等；另一类是数字信号，其特点是大小和方向随时间间断变化，即离散信号，又称脉冲信号，如矩形波、方波和尖顶波等。脉冲信号常见的波形图如图 8-1 所示。由于这两类信号的处理方法各不相同，因此电子电路也相应地分为两类：一类是处理模拟信号的电路，即模拟电路；另一类是处理数字信号的电路，即数字电路。

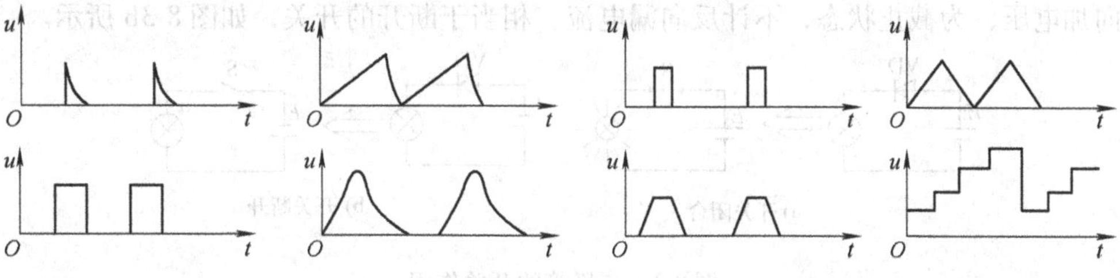

图 8-1 脉冲信号

8.1.1 数字电路的特点

1）数字电路处理的是脉冲信号，信号用状态来表示。显然，状态是没有单位的。比如，电压不再用“伏特”衡量其大小，只用高电平、低电平来表示两种状态，这是一种相对的表示方法，分别用数字 1、0 表示。由于它只表示逻辑状态，而没有“值”的意义，所以称为数字电路。

2）数字电路研究的主要问题是电路的输入与输出的逻辑关系，故又称为数字逻辑电路。

3）分析的方法与模拟电路完全不同，主要用真值表、逻辑表达式、波形图及卡诺图表示和分析电路。

4）数字电路具有结构简单、便于集成、工作可靠、控制迅速且测量准确度高等优点。

8.1.2 逻辑的概念及表示方法

（1）逻辑概念　所谓逻辑，是指“条件”与“结果”的关系。在数字电路中，利用输入信号反映“条件”，用输出信号反映“结果”，即输入和输出之间存在一定的因果关系，称它为逻辑关系，这也是电路的逻辑功能，如图 8-2 所示。

图 8-2　逻辑电路的因果对应关系

（2）逻辑关系的表示方法　反映条件的输入信号通常用字母 A、B、C…表示逻辑变量，反映结果的输出信号通常用 X、Y、Z…表示逻辑函数，它们的取值都只有 0 和 1 两种，仅表示两种相互对立的逻辑状态。当输入逻辑变量 A、B、C…取值确定后，输出逻辑变量 Y 的值也随之确定，则称 Y 是 A、B、C…的逻辑函数，记作

$$Y = F(A、B、C\cdots)$$

基本的逻辑关系有“与”逻辑、“或”逻辑和“非”逻辑三种，相应的基本逻辑运算为与运算、或运算和非运算，对应的门电路为与门、或门和非门三种基本逻辑门。凡能实现一定逻辑功能的电路统称为逻辑电路。

8.1.3 半导体管的开关作用

1. 二极管的开关作用

二极管正向加电压，为导通状态，在电路中相当于闭合的开关，如图 8-3a 所示；二极管反向加电压，为截止状态，不计反向漏电流，相当于断开的开关，如图 8-3b 所示。

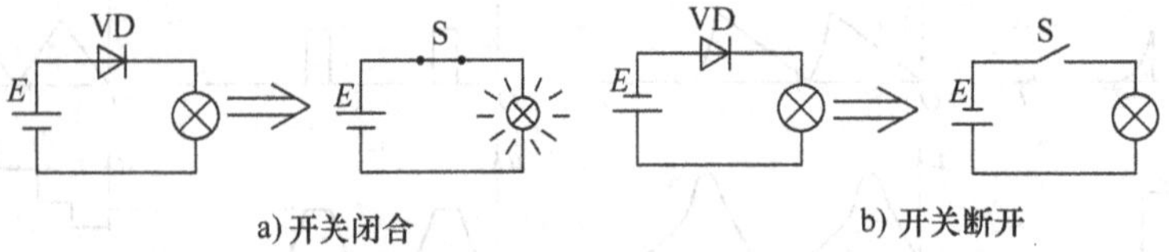

图 8-3　二极管的开关作用

但在实际使用中要注意两个问题：一是当输入电压 u_i 突然从 $+U$ 变到 $-U$ 时，二极管并不是立即截止，而是要经过一段时间，称这段时间为反向恢复时间。一般可以不考虑这个时间，但在通断频繁的开关电路中，反向恢复时间不能忽略，应选用专门的开关二极管。二是二极管的正向导通管压降一般可以忽略不计，但当多个二极管构成串联开关电路时，输出为这几个管的压降之和，此时不可忽略。

2. 晶体管的开关作用

如图 8-4 所示，输入信号为 3.6V 时，晶体管工作在饱和区，此时相当于开关闭合，输出为低电平；输入信号为0V 时，晶体管工作在截止区，此时相当于开关断开，输出为高电平。

实际上晶体管由截止转换到饱和，或由饱和转换到截止都是需要时间的，晶体管的开关时间一般在纳秒数量级。输入信号由 0 到 1 时，称为晶体管的开启时间，用符号 t_{ON} 表示；输入信号由 1 到 0 时，称为晶体管的关断时间，用符号 t_{OFF} 表示。通常晶体管由饱和转换到截止所需的时间，要比由截止转换到饱和所需的时间长得多，亦即 $t_{OFF} > t_{ON}$。

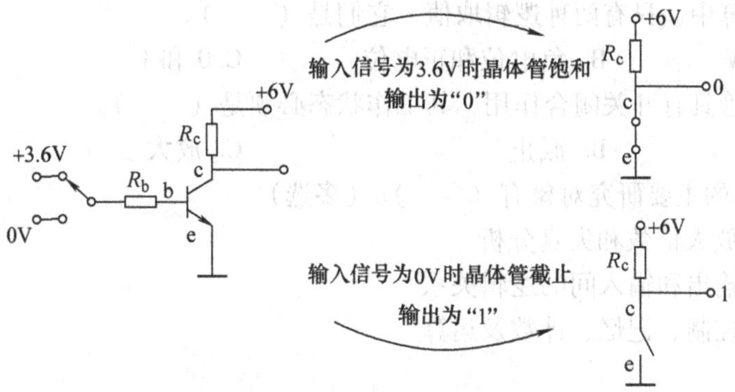

图 8-4　晶体管的开关作用

8.1.4　正逻辑和负逻辑

根据“1”、“0”代表逻辑状态的含义不同，有正、负逻辑之分，即在逻辑电路中有两种逻辑系统：用“1”表示高电平，“0”表示低电平的，称为正逻辑系统（简称正逻辑）；用“1”表示低电平，“0”表示高电平的，称为负逻辑系统（简称负逻辑）。逻辑电路既可用正逻辑表示，也可用负逻辑表示，但不可在同一逻辑电路中同时采用两种逻辑系统。在本书中，如无特殊说明，一律采用正逻辑系统。

8.1.5　高电平和低电平

前面说过，数字电路中不考虑电压值的大小，只考虑电路状态，即电路是高电平还是低电平。高、低电平往往指电压的一个范畴，在双极型 TTL 电路中，通常规定高电平在 2.8 ~ 3.6V 之间，低电平在 0.5V 以下。

8.1.6　概念自测题

一、填空题

1. 电子电路的电信号常分为________和________两大类，其特点分别为________大小随时间作连续变化，另一类信号变化________且作用时间________。

2. 工作在开关状态下的晶体管相当于一个________控制的无触头开关。晶体管截止时相当于开关________，饱和时相当于开关________。

3. 数字电路主要研究电路的输出和输入间的________，故数字电路又可称为________。

二、判断题

4. 在数字电路中，数码是通过电路或元件的状态来表示的。　　（　　）

5. 逻辑值 1 只表示高电平，0 只表示低电平。（　）
6. 代表逻辑 1 的逻辑信号的电平一定高于代表逻辑 0 的信号的电平。（　）
7. 两只二极管串联不能起到开关作用。（　）

三、选择题

8. 在逻辑运算中，只有两种逻辑取值，它们是（　　）。
A. 0V 和 5V　　B. 负电位和正电位　　C. 0 和 1
9. 要使晶体管具有开关闭合作用，其工作状态必须是（　　）。
A. 饱和　　B. 截止　　C. 放大
10. 数字电路的主要研究对象有（　　）。（多选）
A. 电路的放大倍数和失真分析
B. 电路的输出和输入间的逻辑关系
C. 信号的控制、记忆、计数及运算

8.2 基本逻辑关系和逻辑门

8.2.1 与逻辑、与门

1. 与逻辑关系和符号

“与逻辑”又称“逻辑与”，或者称为“逻辑乘”。

只有当决定事物结果的所有条件全部具备时，结果才会发生，这种逻辑关系称为与逻辑关系。描述与逻辑关系的模型电路如图 8-5a 所示。

逻辑假定为：变量中用 1 表示开关闭合，用 0 表示开关断开；函数中用 1 表示灯亮，用 0 表示灯灭，则可得到与逻辑真值表，见表 8-1。

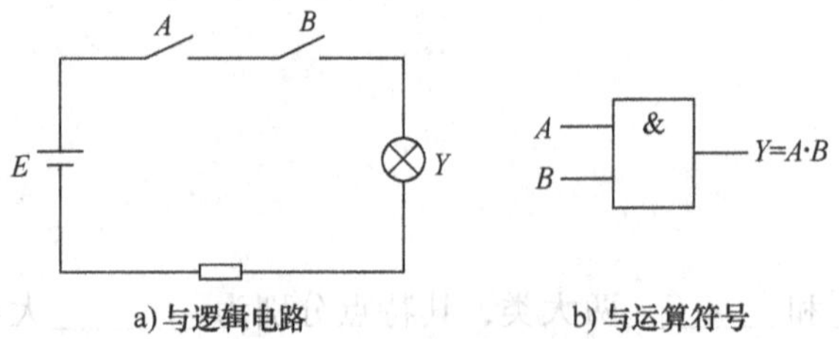

a) 与逻辑电路　　b) 与运算符号

图 8-5　与逻辑关系

表 8-1　与逻辑真值表

A	B	Y
0	0	0
0	1	0
1	0	0
1	1	1

所谓真值表是指由 n 个输入变量，能构成 $N=2^n$ 项组合的逻辑关系的一种表格，它能反映输入和输出之间所有逻辑组合的可能。

与运算的逻辑表达式为

$$Y=A\cdot B \tag{8-1}$$

式中，“·”表示“与运算”或者“逻辑乘”，与普通代数中的乘号一样，它可省略不写，也可省略不读。

在数字电路中，凡输入和输出之间符合与运算关系的电路都称为与逻辑电路，其符号如图 8-5b 所示。

2. 与门电路及功能

如果一个电路的输入、输出之间能实现与运算，则此电路称为“与门电路”，简称“与门”。如图 8-6 所示是用二极管构成的与门，图中有两个输入端 A、B，一个输出端 Y。假设低电平为 0V，高电平为 3.6V，且二极管为理想器件，功能分析如下：

1）当 A、B 输入全为低电平时，两管为并联连接，会同时导通，输出为 0V，即低电平。

2）当 A、B 输入全为高电平时，两管也会同时导通，输出为 3.6V，即高电平。

3）当输入端中有一个为低电平 0V 时，比如 A 端为低电平，B 端为高电平，则二极管 VD_1 两端电位差大于二极管 VD_2 两端，所以 VD_1 优先导通，输出被钳制在 0V（为低电平）。二极管 VD_2 因反偏截止，相当于开关断开。经分析可知，一旦两管中有一管导通，另一管会因为反偏而截止，输出为低电平。与逻辑功能为：输入有 0，输出为 0；输入全 1，输出为 1。逻辑功能表见表 8-1，与门的符号也就是与运算的符号。

3. 波形图

根据与门的逻辑功能，还可画出输入与输出间的波形，如图 8-7 所示。该图直观地描述了任意时刻输入与输出之间的对应关系及变化的情况。

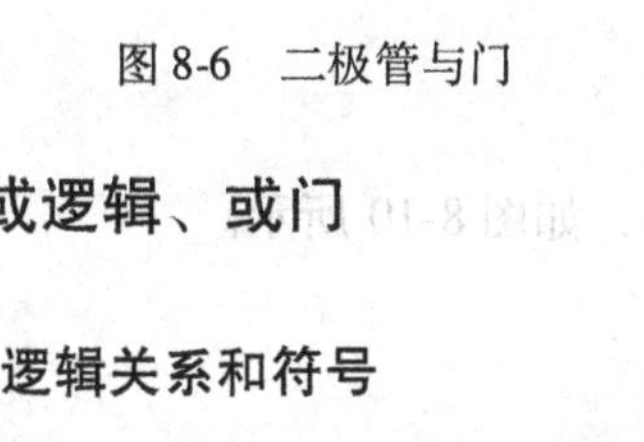

图 8-6 二极管与门

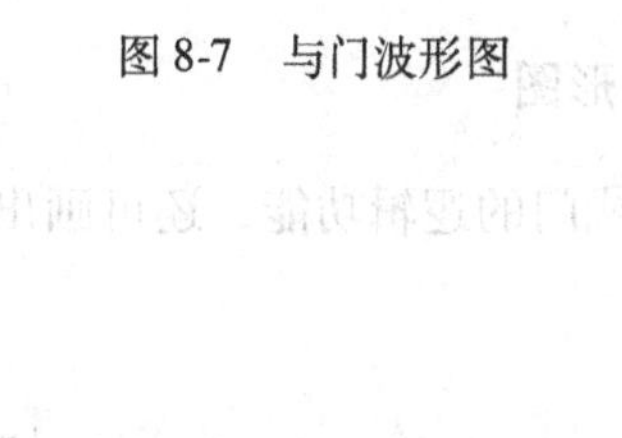

图 8-7 与门波形图

8.2.2 或逻辑、或门

1. 或逻辑关系和符号

“或逻辑”又称“逻辑或”，或者称为“逻辑加”。

当决定事物结果的几个条件中，只要有一个或一个以上条件得到满足，结果就会发生，这种逻辑关系称为或逻辑关系。描述或逻辑关系的模型电路如图 8-8a 所示。

逻辑假定为：变量中用 1 表示开关闭合，用 0 表示开关断开；函数中用 1 表示灯亮，用 0 表示灯灭，则可得到表 8-2 所示的或逻辑真值表。

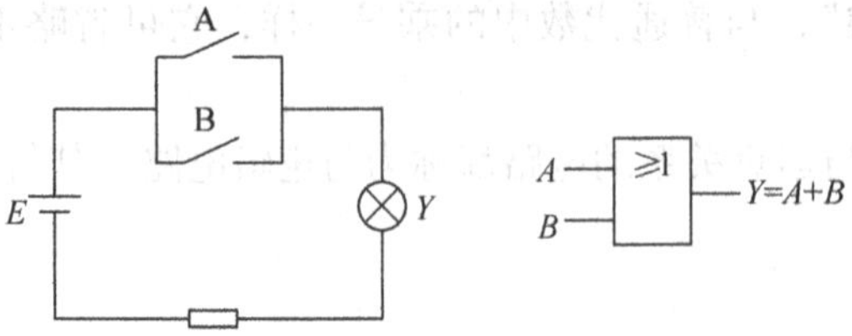

a)或逻辑电路　　b)或运算符号

图 8-8　或逻辑关系

表 8-2　或逻辑真值表

A	B	Y
0	0	0
0	1	1
1	0	1
1	1	1

或运算的逻辑表达式为

$$Y = A + B \tag{8-2}$$

式中的“+”表示“或运算”或者“逻辑加”。

在数字电路中，凡输入和输出之间符合或运算关系的电路都称为或逻辑电路，其符号如图 8-8b 所示。

2. 或门电路及功能

如果一个电路的输入、输出之间能实现或运算，则此电路称为“或门电路”，简称“或门”。如图 8-9 所示是用二极管构成的或门，功能分析如下：

1）当 A、B 输入全为低电平时，两管为并联连接，会同时导通，输出为 0V，即低电平。

2）当 A、B 输入全为高电平时，两管也会同时导通，输出为 3.6V，即高电平。

3）当输入端中有一个为高电平 3.6V 时，比如 A 端为高电平，B 端为低电平，则二极管 VD_1 两端电位差大于二极管 VD_2 两端，所以 VD_1 优先导通，输出被钳制在 3.6V（为高电平）。二极管 VD_2 因反偏截止，相当于开关断开。经分析可知，一旦两管中有一管导通，另一管会因为反偏而截止，输出为高电平。或逻辑功能为：输入有1，输出为1；输入全0，输出为0。逻辑功能表见表 8-2，或门的符号也就是或运算的符号。

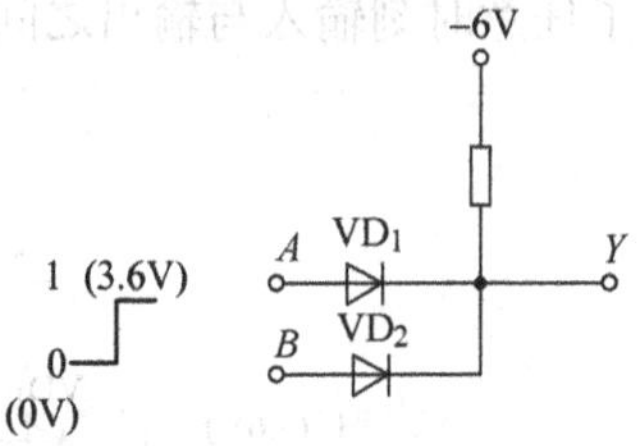

图 8-9　二极管或门

3. 波形图

根据或门的逻辑功能，还可画出输入与输出的波形，如图 8-10 所示。

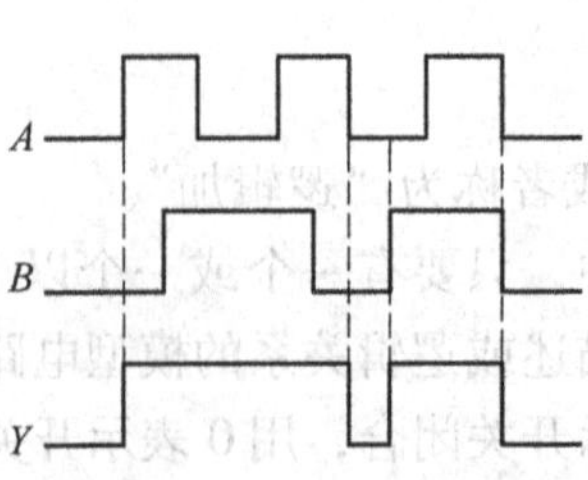

图 8-10　或门波形图

8.2.3 非逻辑、非门

1. 非逻辑关系和符号

"非逻辑"又称"逻辑非"，或者称为"逻辑反"。

决定事物的结果与条件刚好相反，这种逻辑关系称为非逻辑关系。描述非逻辑关系的模型电路如图 8-11a 所示。

逻辑假定为：变量中用 1 表示开关闭合，用 0 表示开关断开；函数中用 1 表示灯亮，用 0 表示灯灭，则可得到表 8-3 所示的非逻辑真值表。

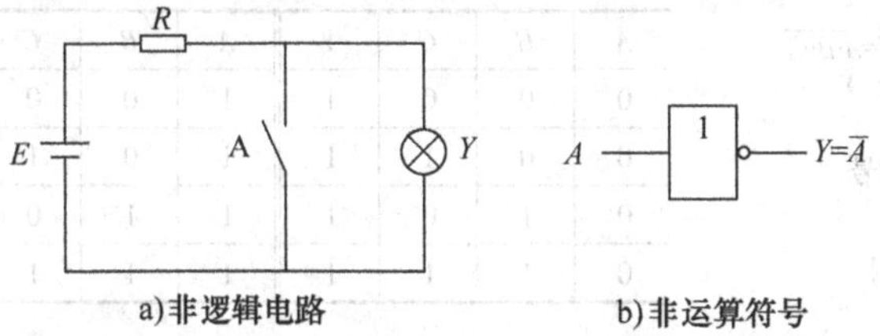

图 8-11 非逻辑关系

表 8-3 非逻辑真值表

A	Y
0	1
1	0

非运算的逻辑表达式为

$$Y = \overline{A} \tag{8-3}$$

读作"A 非"，或读"A 反"。在数字电路中，凡输入和输出之间符合非运算关系的电路都称为非逻辑电路，其符号如图 8-11b 所示。

2. 非门电路及功能

如果一个电路的输入、输出之间能实现非运算，则此电路称为"非门电路"，简称"非门"。图 8-12 所示是用晶体管构成的非门，功能分析如下：

1）当 A 为高电平时，晶体管饱和，相当于开关闭合，输出为低电平。

2）当 A 为低电平时，晶体管截止，相当于开关断开，输出为高电平。可见非逻辑功能为：输入是 1，输出为 0；输入是 0，输出为 1。由于输入输出总是反相，所以通常也把非门称为反相器。逻辑功能表如表 8-3 所示，非门的符号也就是非运算的符号。

3. 波形图

根据非门的逻辑功能，还可画出输入与输出的波形，如图 8-13 所示。

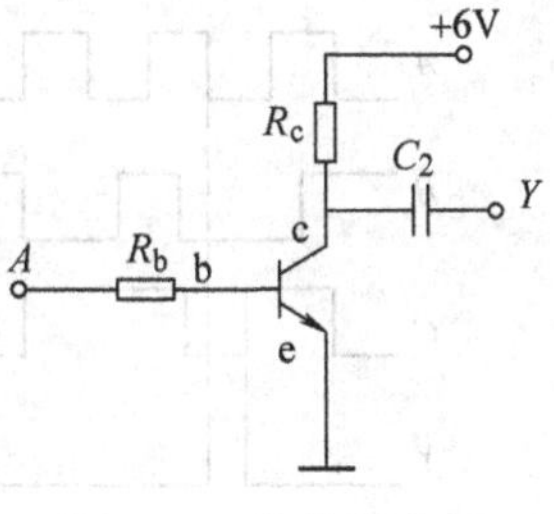

图 8-12 晶体管非门

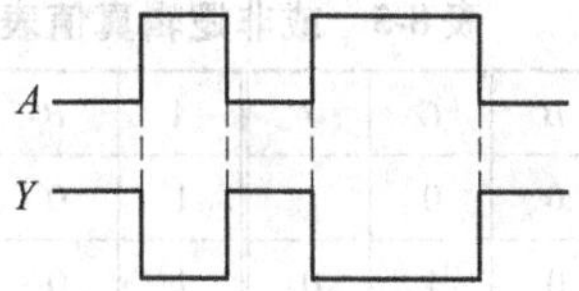

图 8-13 非门波形图

8.2.4 复合逻辑门

用“与”、“或”、“非”三种基本逻辑运算的各种不同组合可以构成“与非”、“或非”、“与或非”、“异或”和“同或”等复合逻辑，并构成相应的“复合门”。

（1）与非门　将“与门”和“非门”组合在一起可以构成“与非门”，或称“与非逻辑”。图8-14所示为“与非门”的逻辑图和逻辑符号，与非逻辑的真值表见表8-4，逻辑函数表达式为

$$Y = \overline{A \cdot B \cdot C} \tag{8-4}$$

a) 逻辑图　　b) 逻辑符号

图8-14　与非门的逻辑图和逻辑符号

表8-4　与非逻辑真值表

A	B	C	Y	A	B	C	Y
0	0	0	1	1	0	0	1
0	0	1	1	1	0	1	1
0	1	0	1	1	1	0	1
0	1	1	1	1	1	1	0

可根据与门和非门的逻辑功能，以及与门和非门的真值表分析出与非逻辑门的功能为：输入有0，输出为1；输入全1，输出为0。

根据逻辑功能，可画出与非门的输入与输出的波形，如图8-15所示。

（2）或非门　将“或门”和“非门”组合在一起可以构成“或非门”，或称“或非逻辑”。图8-16所示为或非门的逻辑图和逻辑符号。或非逻辑的真值表见表8-5，其逻辑表达式为

$$Y = \overline{A + B + C} \tag{8-5}$$

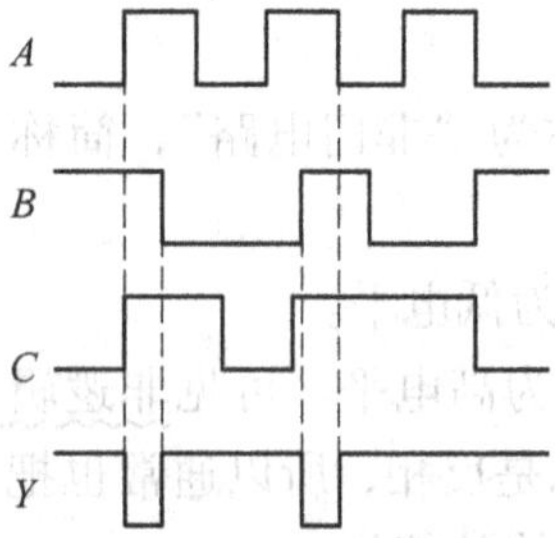

图8-15　与非门波形图

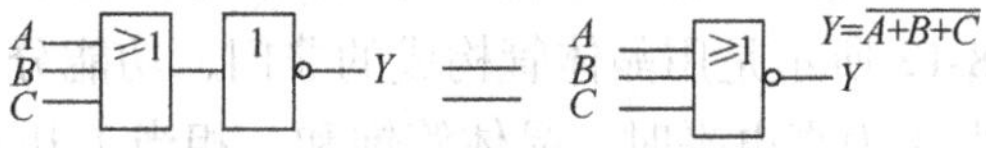

a) 逻辑图　　b) 逻辑符号

图8-16　或非门的逻辑图和逻辑符号

同理，可分析出或非逻辑功能为：输入有1，输出为0；输入全0，输出为1。

根据逻辑功能，可画出或非门的输入与输出的波形，如图8-17所示。

表8-5　或非逻辑真值表

A	B	C	Y	A	B	C	Y
0	0	0	1	1	0	0	0
0	0	1	0	1	0	1	0
0	1	0	0	1	1	0	0
0	1	1	0	1	1	1	0

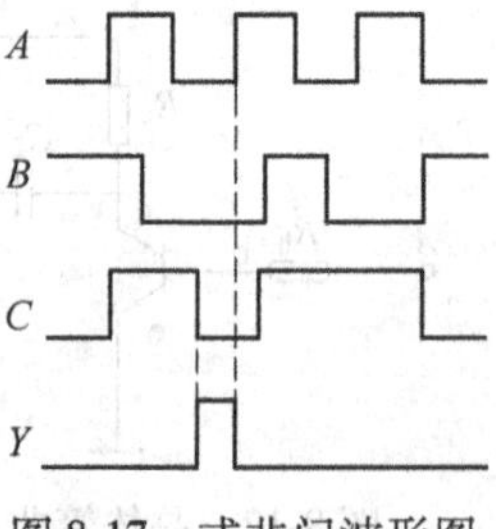

图8-17　或非门波形图

（3）与或非门　将“与门”、“或门”和“非门”组合在一起可以构成“与或非门”，或称“与或非逻辑”。图 8-18 所示为与或非门的逻辑图和逻辑符号，与或非逻辑的真值表见表 8-6，逻辑表达式为

$$Y = \overline{A \cdot B + C \cdot D} \tag{8-6}$$

表 8-6　与或非逻辑真值表

A	B	C	D	Y	A	B	C	D	Y
0	0	0	0	1	1	0	0	0	1
0	0	0	1	1	1	0	0	1	1
0	0	1	0	1	1	0	1	0	1
0	0	1	1	0	1	0	1	1	0
0	1	0	0	1	1	1	0	0	0
0	1	0	1	1	1	1	0	1	0
0	1	1	0	1	1	1	1	0	0
0	1	1	1	0	1	1	1	1	0

同理，根据三种基本逻辑门的逻辑功能及其真值表，分析出与或非门的逻辑功能为：与项为 1，输出为 0；其余组合，输出为 1。

根据逻辑功能，可画出与或非门的输入与输出的波形，如图 8-19 所示。

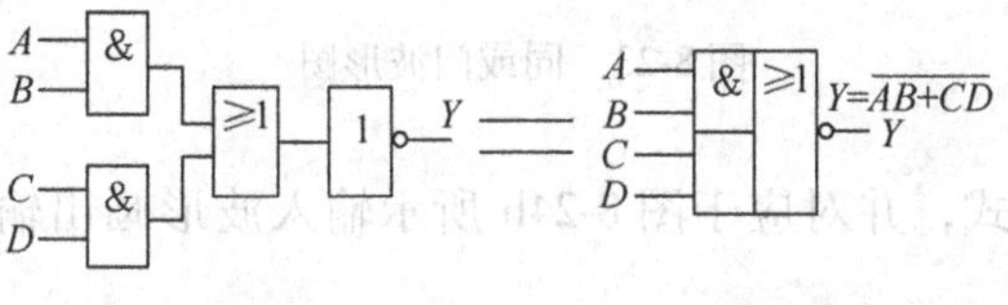

a) 逻辑图　　b) 逻辑符号

图 8-18　与或非门的逻辑图和逻辑符号

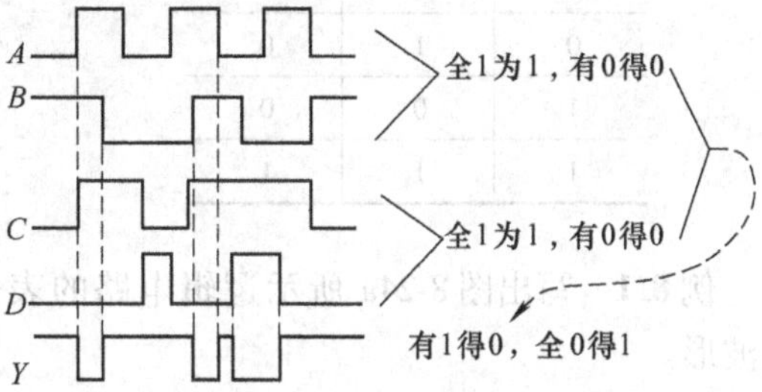

图 8-19　与或非门波形图

（4）异或门　“异或门”也称“异或逻辑”，它是两个变量的逻辑函数。如图 8-20 所示为异或门的逻辑图和逻辑符号。同理，根据三种基本逻辑门的逻辑功能，可分析出异或门的逻辑关系是：输入相同，输出为 0；输入相异，输出为 1。

异或逻辑的真值表见表 8-7，函数表达式为

$$Y = A\overline{B} + \overline{A}B = A \oplus B \tag{8-7}$$

表 8-7　异或逻辑真值表

A	B	Y
0	0	0
0	1	1
1	0	1
1	1	0

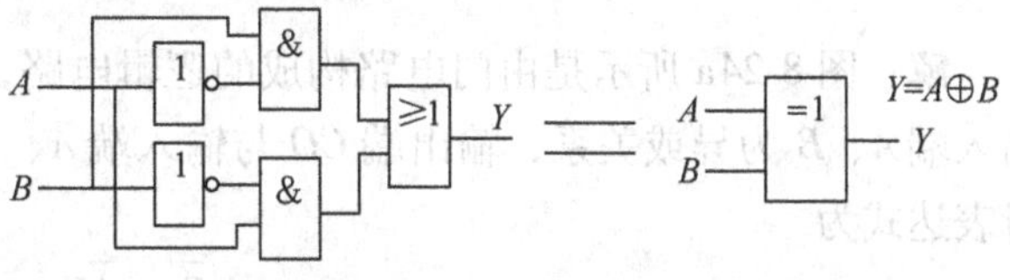

a) 逻辑图　　b) 逻辑符号

图 8-20　异或门的逻辑图和逻辑符号

根据逻辑功能，可画出异或门的输入与输出的波形，如图 8-21 所示。

（5）同或门　“同或门”也称“同或逻辑”，它是两个变量的逻辑函数。图 8-22 所示

为同或门的逻辑图和逻辑符号。同理，根据三种基本逻辑门的逻辑功能，可分析出异或门的逻辑关系是：输入相同，输出为1；输入相异，输出为0。

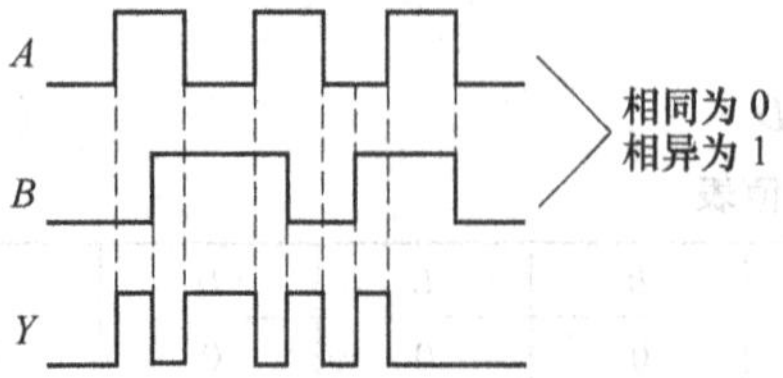

图 8-21　异或门波形图

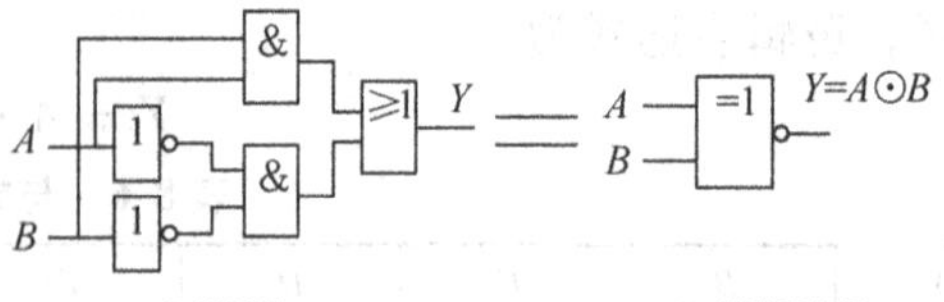

a) 逻辑图　　b) 逻辑符号

图 8-22　同或门的逻辑图和逻辑符号

同或逻辑的真值表见表 8-8，逻辑函数表达式为

$$Y = \bar{A}\,\bar{B} + AB = A \odot B \tag{8-8}$$

根据逻辑功能，可画出同或门的输入与输出的波形，如图 8-23 所示。

不难证明，同或门和异或门互为求反，即 $A\bar{B} + \bar{A}B = \overline{AB + \bar{A}\,\bar{B}}$，或者 $AB + \bar{A}\,\bar{B} = \overline{A\bar{B} + \bar{A}B}$，读者可自己证明。

表 8-8　同或逻辑真值表

A	B	Y
0	0	1
0	1	0
1	0	0
1	1	1

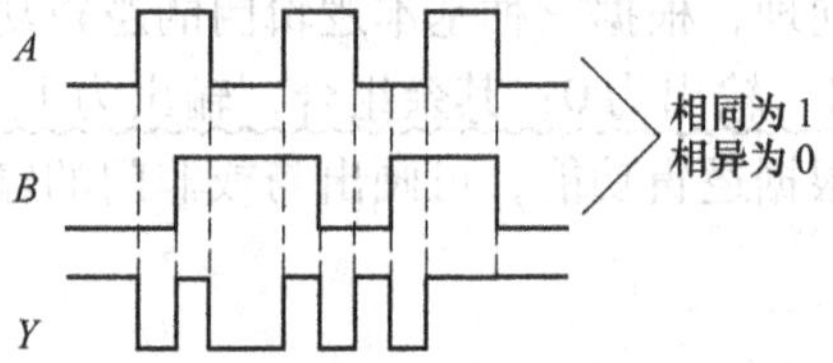

图 8-23　同或门波形图

例 8.1　写出图 8-24a 所示逻辑电路的表达式，并对应于图 8-24b 所示输入波形画出输出波形。

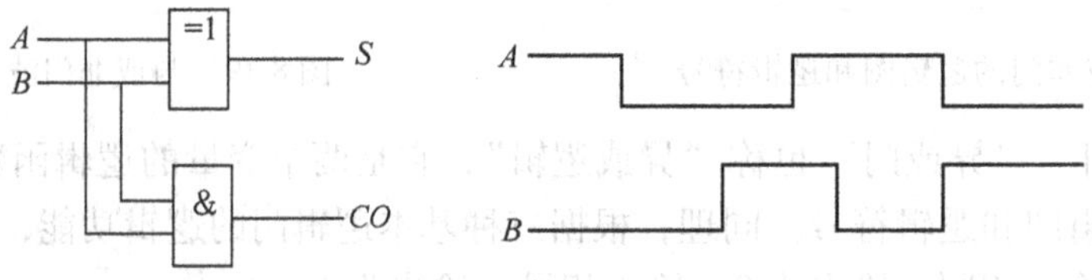

a) 逻辑电路　　b) 输入波形

图 8-24　例 8.1 逻辑电路及输入波形

解：图 8-24a 所示是由门电路构成的逻辑电路，两个输入端、两个输出端。输出端 S 与输入端 A、B 为异或关系，输出端 CO 与输入端 A、B 为与关系，按输入与输出的关系写出逻辑表达式为

$$S = A\bar{B} + \bar{A}B = A \oplus B \tag{8-9}$$

$$CO = A \cdot B \tag{8-10}$$

根据逻辑关系，画出输出波形如图 8-25 所示。

例 8.2　写出图 8-26 所示电路模型的逻辑关系，并对应地画出图 8-27 所示输入波形的输出波形。

解：在图 8-26a 中，A、B 两开关串联，再与开关 C 并联，输出与输入之间的关系是：先“与”后“或”。

$$L = AB + C \tag{8-11}$$

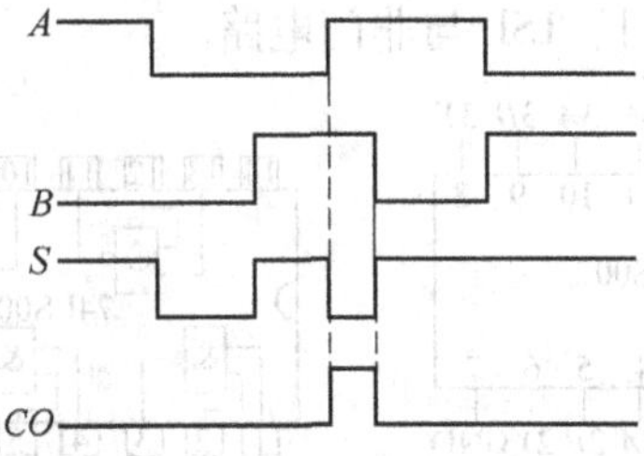

图 8-25　例 8.1 输出波形

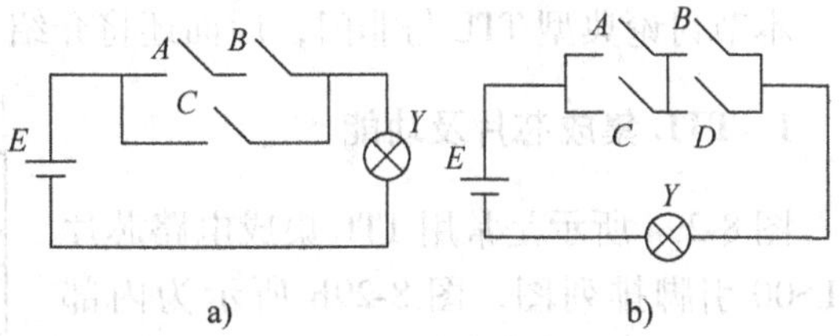

图 8-26　例 8.2 电路模型

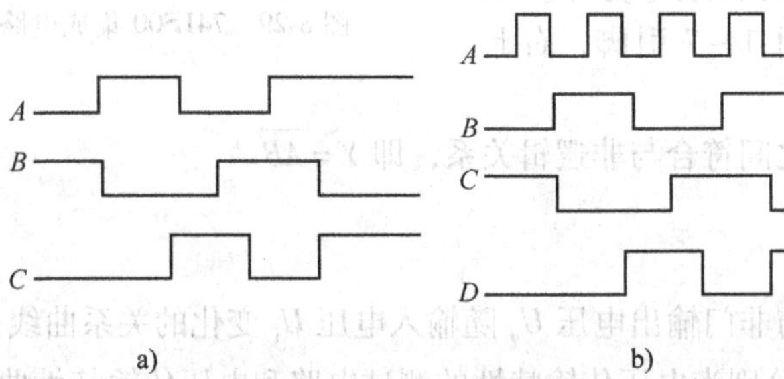

图 8-27　例 8.2 输入波形

其输出波形如图 8-28a 所示。

在图 8-26b 中，A 开关和 C 开关相并联，B 开关和 D 开关相并联，之后相串联，输出与输入之间的关系是先“或”后“与”。

$$L = (A + C)(B + D) \tag{8-12}$$

其输出波形如图 8-28b 所示。

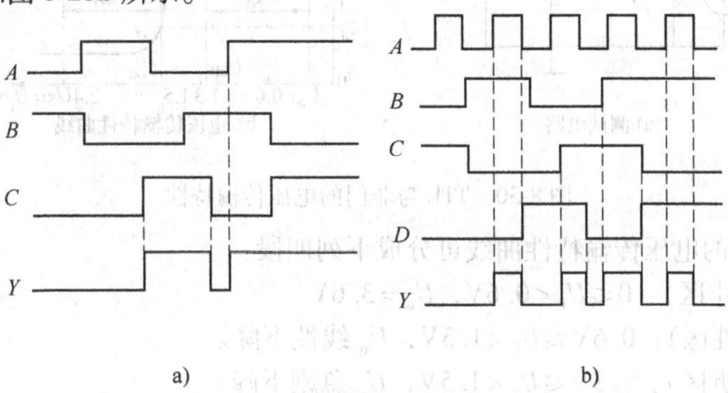

图 8-28　例 8.2 输出波形

8.2.5　TTL 集成与非门电路

这种与非功能的集成逻辑门，其内部的输入级和输出级都是由晶体管构成的，即晶体管—晶体管逻辑与非门，简称 TTL 与非门。集成门电路除了 TTL 外，还有许多各具特点的集成门电路，如集电极开路的与非门（OC）、三态门（TSL）都是一种能实现线与的与非门；

高阈值逻辑门（HTL）是专为工业控制设计的高抗干扰的逻辑电路；射极耦合逻辑门（ECL）是一种非饱和高速逻辑电路；集成注入逻辑门（I^2L）是一种多输出端的高速逻辑电路。

本节讨论典型 TTL 与非门，后面还将介绍 OC 与非门、TSL 与非门电路。

1. TTL 集成芯片及功能

图 8-29a 所示是常用 TTL 集成电路芯片 74LS00 引脚排列图，图 8-29b 所示为内部接线图。74LS00 内部为两输入端四与非门。双列直插式集成电路芯片引脚分布规律是：从半圆缺口的左下角逆时针顺号分布。如 74LS00，左下角起逆时针 1 ~7 引脚，右上角逆时针 8 ~14 引脚。

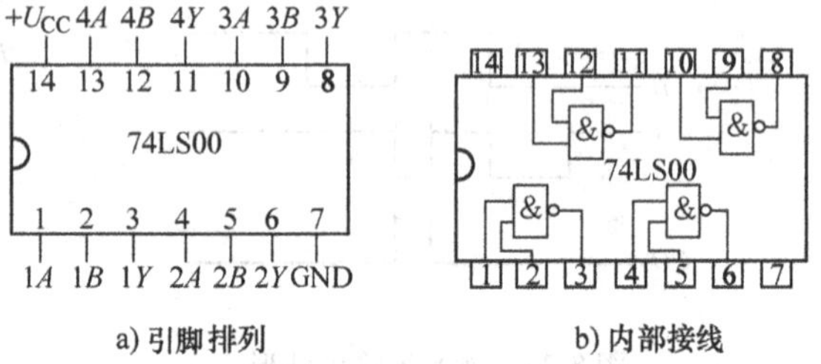

图 8-29　74LS00 集成电路引脚排列图

电路的输出和输入之间符合与非逻辑关系，即 $Y=\overline{AB}$。

2. 电压传输特性

电压传输特性是指与非门输出电压 U_o 随输入电压 U_i 变化的关系曲线，它反映了与非门的外特性。图 8-30a、b 分别为电压传输特性的测试电路和电压传输特性曲线。

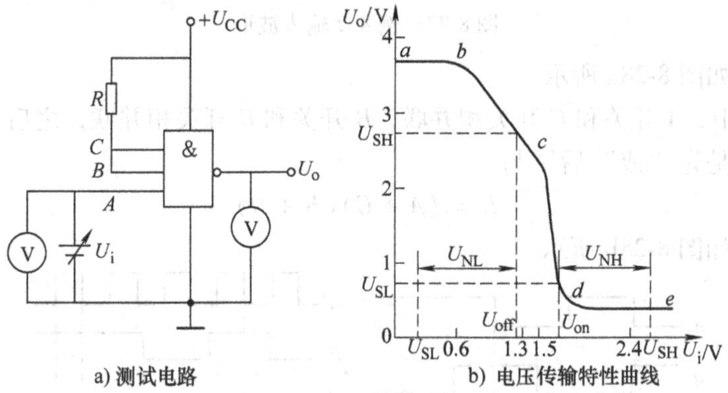

图 8-30　TTL 与非门的电压传输特性

图 8-30b 所示的电压传输特性曲线可分成下列四段：

① *ab* 段（截止区）：$0\leqslant U_i<0.6\text{V}$，$U_o=3.6\text{V}$。

② *bc* 段（线性区）：$0.6\text{V}\leqslant U_i<1.3\text{V}$，$U_o$ 线性下降。

③ *cd* 段（转折区）：$1.3\text{V}\leqslant U_i<1.5\text{V}$，$U_o$ 急剧下降。

④ *de* 段（饱和区）：$U_i\geqslant 1.5\text{V}$，$U_o=0.3\text{V}$。

3. 静态参数

（1）输出高电平 U_{oH} 和输出低电平 U_{oL}　U_{oH} 的典型值为 3.6V，U_{oL} 的典型值为 0.3V。但是，实际门电路的 U_{oH} 和 U_{oL} 并不是恒定值，考虑到元器件参数的差异及实际使用时的情况，手册中规定高、低电平的额定值为 $U_{oH}=3\text{V}$，$U_{oL}=0.35\text{V}$。有的手册中还对标准高电平（输出高电平的下限值）U_{SH}及标准低电平（输出低电平的上限值）U_{SL}做了规定，即 $U_{SH} \geqslant 2.7V$，$U_{SL} = 0.5V$。

（2）阈值电压 U_{TH}　U_{TH}是电压传输特性的转折区中点所对应的 U_i 值，是与非门截止与导通的分界线，也是输出高、低电平的分界线。它的含义是：

当 $U_i < U_{TH}$时，与非门关门，输出为高电平。

当 $U_i > U_{TH}$时，与非门开门，输出为低电平。实际上，阈值电压有一定范围，通常取 $U_{TH} = 1.4V$，也常被称为门槛电平。

（3）扇出系数 N　扇出系数指 TTL 与非门能够驱动同类与非门的个数，即与非门的负载能力，通常 $N \geqslant 8$。

（4）关门电平 U_{off}和开门电平 U_{on}　在保证输出电压为标准高电平 U_{SH}（即额定高电平的 90%）的条件下，所允许的最大输入低电平，称为关门电平 U_{off}。在保证输出电压为标准低电平 U_{SL}（额定低电平）的条件下，所允许的最小输入高电平，称为开门电平 U_{on}。U_{off}和 U_{on}是与非门电路的重要参数，表明正常工作情况下输入信号电平变化的极限值，同时也反映了电路的抗干扰能力。一般为

$$U_{off} \geqslant 0.8V$$
$$U_{on} \leqslant 1.8V$$

（5）平均传输延迟时间 t_{pd}　该参数是一个表征与非门开关速度的参数，一般为 3 ~ 30ns，其值越小越好。

（6）噪声容限　低电平噪声容限是指与非门截止，保证输出高电平不低于高电平下限值时，在输入低电平基础上所允许叠加的最大正向干扰电压，用 U_{NL}表示。由图 8-30b 可知，$U_{NL} = U_{off} - U_{SL}$。

高电平噪声容限是指与非门导通，保证输出低电平不高于低电平上限值时，在输入高电平基础上所允许叠加的最大负向干扰电压，用 U_{NH}表示。由图 8-30b 可知，$U_{NH} = U_{SH} - U_{on}$。显然，为了提高器件的抗干扰能力，要求 U_{NL}与 U_{NH}越大越好。

与 74LS00 系列（四 2 输入正与非门）同类型的产品还有 74LSH10（三 3 输入正与非门）、74LSH20（双 4 输入正与非门）、74LSH30（8 输入正与非门）和 74LSH133（13 输入正与非门）等，引脚排列及参数可查阅相关手册。

*8.2.6 其他逻辑门电路

在实际使用的数字系统中，往往需要两个或两个以上与非门的输出端连接在同一条导线上，将这些与非门上的数据（状态）用同一条导线输送出去，这种用“线”连接形成“与”功能的方式称为“线与”。因此，实际中需要一种新的与非门电路来实现线与逻辑，这种门电路就是集电极开路的与非门电路，简称 OC（Open Collector）门。

1. 集电极开路与非门（OC 门）

如图 8-31 所示，只要 Y_1 或 Y_2 有一个为低电平，Y 便为低电平；只有当 Y_1 和 Y_2 均为高电平时，Y 才为高电平。因此，这个电路实现的逻辑功能是 $Y = Y_1 \cdot Y_2$，即能实现“与”的功能。

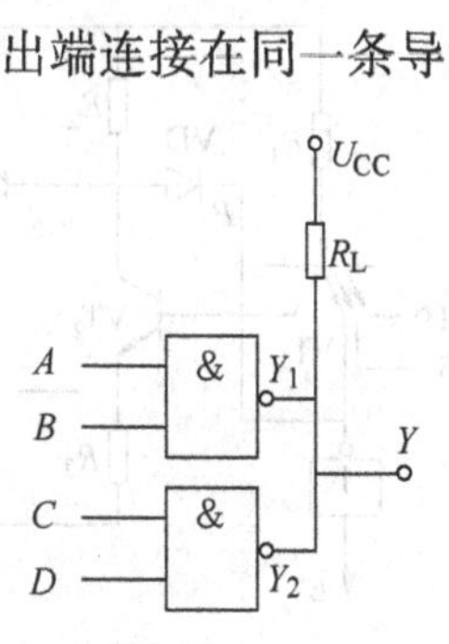

图 8-31　与非门输出端的线与

OC 门的电路如图 8-32a 所示，其逻辑符号如图 8-32b 所示。OC 门是用外接电阻 R_L 来代替 VT_3、VT_4 复合管组成的有源负载，它在工作时需外接负载电阻 R_L 和电源。只要 R_L 选择恰当，就既能保证输出的高、低电平符合要求，又能使输出晶体管的负载电流不致过大。

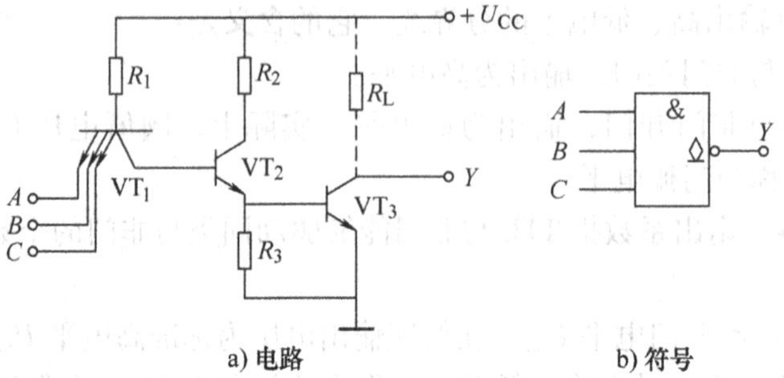

图 8-32　集电极开路与非门

OC 门的主要用途有以下 3 个方面：

① 实现线与功能。

② 用作电平转换。

③ 用作驱动器。

2. 三态门

三态门也能实现线与，是输出有三种状态的与非门，简称 TSL 门。它与一般 TTL 与非门的不同点在于：

1）输出端除了可以输出高、低电平两种状态外，还可以出现第三种状态——高阻状态（或称禁止状态）。

2）输入级多了一个控制端（或称使能端）$\overline{E}$。

图 8-33 所示为三态门电路，从图中可知：

① 当 $\overline{E}=0$ 时，P 点为高电平，二极管 VD 截止，对与非门无影响，电路处于正常工作状态，$Y=\overline{AB}$。

② 当 $\overline{E}=1$ 时，P 点为低电平，二极管 VD 管导通，使 VT_2 管的集电极电压 $U_{c2}\approx1V$，因而 VT_4 管截止。同时，由于 $\overline{E}=1$，因而 VT_1 管的基极电压 $U_{b1}=1V$，则 VT_2、VT_5 管也截止。这时从输出端看进去，电路处于高阻状态。这种门的真值表见表 8-9。

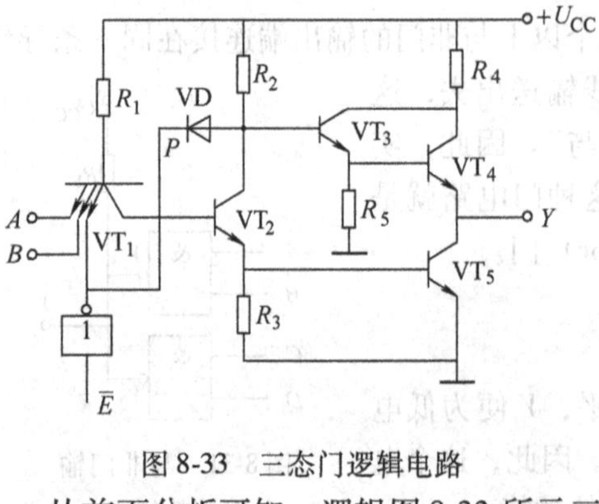

图 8-33　三态门逻辑电路

表 8-9　三态门真值表

$\overline{E}$	A	B	Y
1	×	×	高阻态
0	0	0	1
0	0	1	1
0	1	0	1
0	1	1	0

从前面分析可知：逻辑图 8-33 所示三态门是在 $\overline{E}=0$ 时，与非门处于正常工作状态，在

逻辑符号的控制端加小圆圈表示控制端为低电平有效。此外，还有一种三态门是在控制端为高电平时，与非门处于工作状态，在其逻辑符号中 E 端没有小圆圈，表示控制端是高电平有效，这两种逻辑符号分别如图 8-34a、b 所示。在实际应用三态门时，请注意区分控制端 E 是低电平有效还是高电平有效。

例 8.3 对应图 8-35 所示的输入波形，分别画出如图 8-34a、b 所示不同逻辑符号的三态门输出端波形。

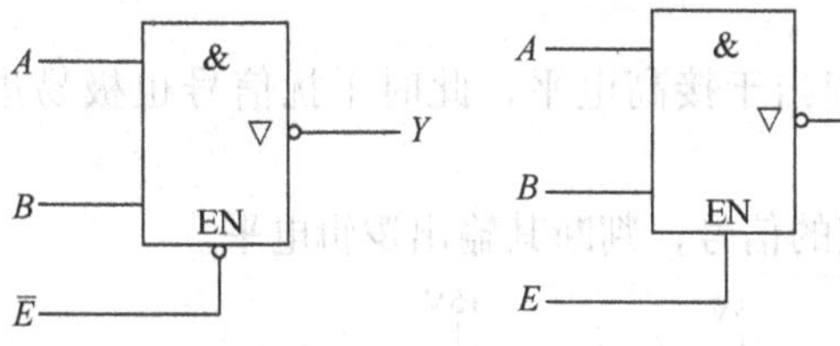

a) 低电平有效　　b) 高电平有效

图 8-34　三态门逻辑符号

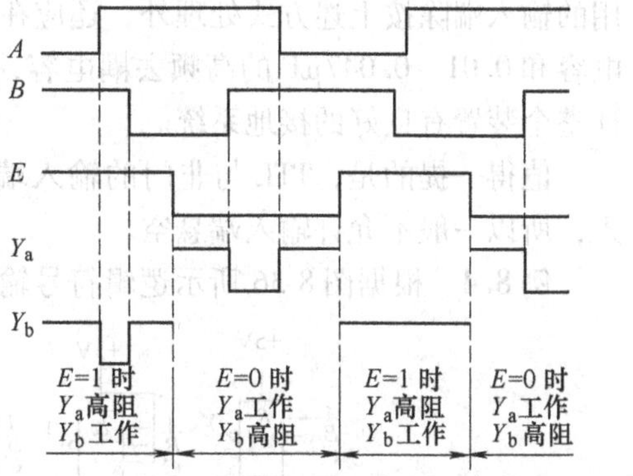

图 8-35　例 8.3 图

解：图 8-34a 所示的逻辑符号为控制信号 E 在低电平时有效，所以，在 $E=0$ 期间输出端 Y 和输入端 A、B 为与非逻辑关系；在 $E=1$ 期间输出端 Y 为高阻状态，如图 8-35 中 Y_a 所示。

图 8-34b 所示的逻辑符号为控制信号 E 在高电平时有效，所以，在 $E=1$ 期间输出端 Y 和输入端 A、B 为与非逻辑关系；在 $E=0$ 期间输出端 Y 为高阻状态，高阻状态既不是高电平也不是低电平，如图 8-35 中 Y_b 所示。

8.2.7　集成逻辑门电路的使用常识

在数字系统中，每一种集成门电路都有其特点，例如，有高速逻辑门、低功耗逻辑门或抗干扰能力强的逻辑门等。因此在使用时，必须根据需要首先选定逻辑门的类型，然后确定合适的集成逻辑门的型号。在逻辑门的使用中，应注意下列事项。

1. 对输入端的要求

1）各输入端不能直接接高于 5.5V 的电源，亦不能与低于 0.5Ω 内阻的电源连接，以免因过热而烧坏电路。

2）带扩展的 TTL 电路，其扩展端不允许直接接电源，否则将损坏元器件。

2. 对输出端的要求

1）不允许直接接电源。

2）除 OC 门外，普通 TTL 与非门输出端不允许并联使用。

3）为避免容性负载的瞬时过电流，一般应接入限流电阻。

3. 对 TTL 门多余输入端的处理

多余的或暂时不用的输入端可采用以下方法进行处理：

1）并联接到使用的输入端上。

2）通常与非门通过限流电阻接电源，或非门接地或接低电平。

3）在门电路的使用安装过程中，应尽量避免干扰信号的侵入，保证电路稳定工作。不用的输入端除按上述方式处理外，还应在每一块插板的电源线上，并接几十微法的低频去耦电容和0.01～0.047μF 的高频去耦电容，以防止 TTL 电路的动态尖峰电流产生的干扰，保证整个装置有良好的接地系统。

值得一提的是，TTL 与非门的输入端悬空即相当于接高电平，此时干扰信号也极易进入，所以一般不允许输入端悬空。

例 8.4 根据图 8-36 所示逻辑符号输入端所接的信号，判断其输出逻辑电平。

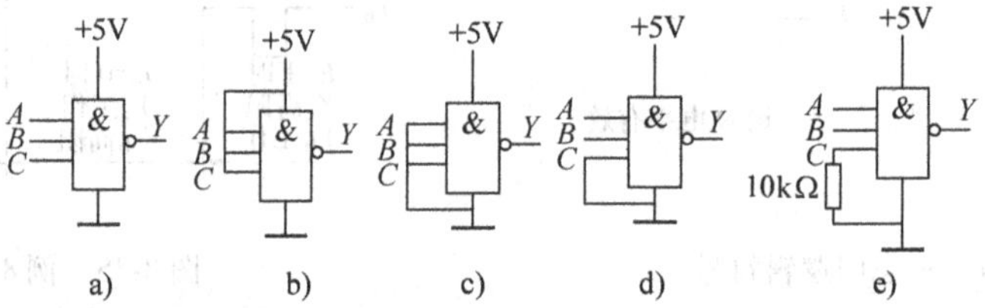

图 8-36 例 8.4 图

解：图 8-36a 中的三个输入端均悬空，即相当于接高电平，根据与非门的逻辑功能，全 1 为 0，所以图 8-36a 的输出为 0。

图 8-36b 中的三个输入端接电源，即接高电平，根据与非门的逻辑功能，全 1 为 0，所以图 8-36b 的输出为 0。

图 8-36c 中的三个输入端均接地，即相当于接低电平，根据与非门的逻辑功能，有 0 为 1，所以图 8-36c 的输出为 1。

图 8-36d 中有一个输入端接地，根据与非门的逻辑功能，有 0 为 1，所以图 8-36d 的输出为 1。

图 8-36e 中有两个输入端悬空，一个输入端接高阻值电阻，相当于开路，亦可认为三个输入端全部为高电平。根据与非门的逻辑功能，全 1 为 0，所以图 8-36e 的输出为 0。

8.2.8 概念自测题

一、填空题

1. 一个非门只能有________个输入端；一个异或门只能有________个输入端。

2. NPN 晶体管构成的反相器，当输入高电平时，晶体管处于________状态，输出为________；而当输入低电平时，晶体管处于________状态，输出为________。

3. TTL 与非门电压传输特性曲线上规定的一个特殊的 U_i 的界限电压（U_{TH}）称为________，对于 TTL 与非门，此电压参数的值一般按________计算。当 $U_i > U_{TH}$时，TTL 与非门输出________电平；而当 $U_i < U_{TH}$时，TTL 与非门输出________电平。

二、判断题

4. 在逻辑运算中，逻辑值 1 大于逻辑值 0。 ( )
5. TTL 与非门的闲置输入端必须接地。 ( )
6. TTL 或非门的闲置输入端应该接低电平。 ( )
7. 三态门有三个状态外，其他逻辑门均只有两个状态。 ( )

三、选择题

8. 完成“见 0 出 1，全 1 出 0”的逻辑关系是（　　）。

A. 与非　　B. 或非　　C. 异或

9. 若图 8 - 26b 中的灯炮不亮，则开关 A、B 的关系是（　　）。

A. $Y = AC + BD$　　B. $Y = (A + C)(B + D)$

C. $Y = (A + B)(C + D)$　　D. $Y = (A + D)(B + C)$

10. TTL 与非门多余输入端的处置方法是（　　）。（多选）

A. 接高电平　　B. 接电源电压 +5V　　C. 接地　　D. 与使用端并联

8.3 逻辑函数的表示及化简

在数字电路中，一位二进制数码的 0 或 1 不仅可以表示数量，而且还可以表示两种不同的逻辑状态。当两个二进制数码表示两个数量大小时，它们之间可以进行数值运算，称这种运算为算术运算。其运算法则与十进制的运算法则基本相同，唯一的区别在于相邻两位之间的关系是逢二进一而不是逢十进一。当两个二进制数码表示不同的逻辑状态时，它们之间则可以按照指定的某种因果关系进行逻辑运算。本节将介绍运算规则、基本定律和法则，以及学习一种对逻辑电路进行运算、分析和设计用的特殊工具，即逻辑代数。

逻辑代数是讨论逻辑关系的一门学科，它是分析和设计逻辑电路的数学基础。逻辑代数是由英国科学家乔治·布尔（George·Boole）创立的，故又称布尔代数。

8.3.1 数制与码制

1. 计数制

计数制是人们用以表示数的进位方式和计数的规则。常用的计数制有十进制、二进制、八进制和十六进制等。分别用括号加下标 D、B、O 和 H 表示。

1）十进制数。十进制是人们最习惯采用的一种计数制。在十进制中，用 0，1，2，…，9 这 10 个不同的数码按照一定的规律排列起来表示数值的大小，十进制数是以 10 为基数的计数体制，向高位数进位的规则是“逢十进一”，给低位借位的规则是“借一当十”。当数码处于不同的位置时，它所表示的数值也不相同。例如，十进制数 785 可表示成

$$(785)_D = 7\times10^2 + 8\times10^1 + 5\times10^0$$

等式右边中的 10^2、10^1、10^0 标明数码在该位的“权”。不难看出各位数表示的数值就

是该位数码（系数）乘以相应的权。按此规律，任意一个十进制数（N）$_D$ 都可以写成按权展开式：

$$(N)_D = K_{n-1}\times 10^{n-1} + K_{n-2}\times 10^{n-2} + \cdots + K_1\times 10^1 + K_0\times 10^0 = \sum_{i=0}^{n-1} K_i\times 10^i$$

式中，K_i 代表第 i 位的系数，可取 0～9 这 10 个数码中的任一个；10^i 为第 i 位的权；n 为原数的位数。本书只讲整数的数制，关于小数数制，请阅读其他资料。

2）二进制数。二进制是计算机技术中广泛采用的一种数制。二进制数只有 0 和 1 两个数码，以 2 为基数的计数体制。它采用的进位规则是“逢二进一”，借位规则是“借一当二”。任意一个二进制数（N）$_B$ 都可以写成按权展开式：

$$(N)_B = K_{n-1}\times 2^{n-1} + K_{n-2}\times 2^{n-2} + \cdots + K_1\times 2^1 + K_0\times 2^0 = \sum_{i=0}^{n-1} K_i\times 2^i$$

K_i 表示第 i 位的系数，只能取 0 或 1；2^i 为第 i 位的权；n 为原数总位数。

例如，四位二进制数 1011，可以表示成

$$(1011)_B = 1\times 2^3 + 0\times 2^2 + 1\times 2^1 + 1\times 2^0$$

从以上可知，二进制数比较简单，只有 0 和 1 两个数码，并且算术运算也很简单，所以二进制数在数字电路中获得广泛应用。但是二进制数也有缺点：用二进制表示一个数时，位数多，读写不方便，而且也难记忆。

3）八进制数。二进制数位数太多，书写不便，因此，引入八进制数作为二进制数与十进制数的中间过渡。八进制数是以 8 为基数的计数体制，它用 0，1，2，…，7 这 8 个数码表示，它采用的进位规则是“逢八进一”，借位规则是“借一当八”。三位二进制码可用一位八进制码表示。任意一个八进制数（N）$_O$ 可写成按权展开式：

$$(N)_O = K_{n-1}\times 8^{n-1} + K_{n-2}\times 8^{n-2} + \cdots + K_1\times 8^1 + K_0\times 8^0 = \sum_{i=0}^{n-1} K_i\times 8^i$$

K_i 表示第 i 位的系数，可取 0～7 这 8 个数；8^i 为第 i 位的权；n 为原数总位数。

例如，一个多位八进制数 3601，可以表示成

$$(3601)_O = 3\times 8^3 + 6\times 8^2 + 0\times 8^1 + 1\times 8^0$$

4）十六进制数。十六进制数是以 16 为基数的计数体制，它用 0，1，2，…，9，A，B，C，D，E，F 这 16 个数码表示，采用“逢十六进一”的计数规律。四位二进制码可用一位十六进制码表示。任意一个十六进制数（N）$_H$ 可以写成按权展开式：

$$(N)_H = K_{n-1}\times 16^{n-1} + K_{n-2}\times 16^{n-2} + \cdots + K_1\times 16^1 + K_0\times 16^0 = \sum_{i=0}^{n-1} K_i\times 16^i$$

例如，一个多位十六进制数 3B8C，可以表示成

$$(3B8C)_H = 3\times 16^3 + 11\times 16^2 + 8\times 16^1 + 12\times 16^0$$

2. 数制转换

1）十进制正整数转换为二进制、八进制和十六进制数。在将十进制数转换成二进制、八进制和十六进制数时，分别采用“除 2 取余法”、“除 8 取余法”和“除 16 取余法”，一直除到商 0 为止，便可求得二、八、十六进制数的各位数码 K_{n-1}，K_{n-2}，…，K_1，K_0。

如将十进制数（35）$_D$ 转换为二进制数，采用“除 2 取余法”：

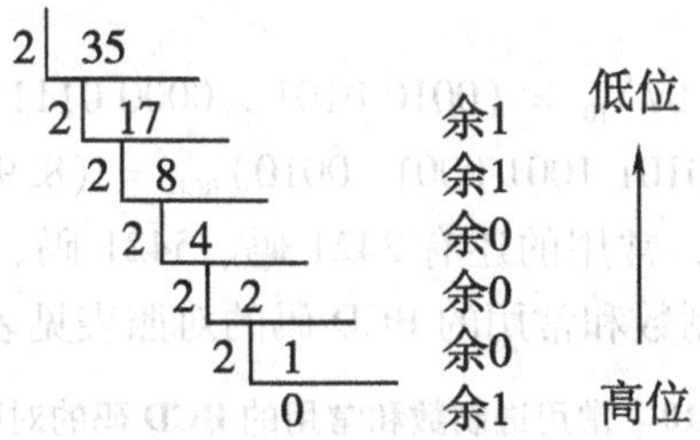

最后的商为0。于是得

$$(35)_D=(100011)_B$$

又如，将 $(235)_D$ 转换成八进制数：

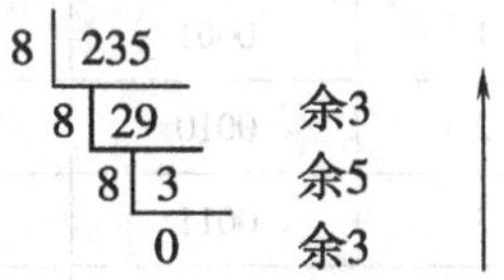

得
$$(235)_D=(353)_O$$

将 $(235)_D$ 转换成十六进制数：

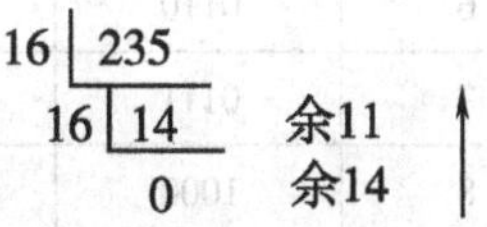

得
$$(235)_D=(BE)_H$$

2）二进制、八进制和十六进制数转换为十进制数 。将一个二进制、八进制或十六进制数转换成十进制数，只要写出该进制数的按权展开式，然后按十进制数的计数规律相加，就可得到所求的十进制数。

如将二进制数 $(1101)_B$ 转换成十进制数：

$$(1101)_B=1\times2^3+1\times2^2+0\times2^1+1\times2^0=(13)_D$$

将八进制数 $(156)_O$ 转换成十进制数：

$$(156)_O=1\times8^2+5\times8^1+6\times8^0=(110)_D$$

将十六进制数 $(5D4)_H$ 转换成十进制数：

$$(5D4)_H=5\times16^2+13\times16^1+4\times16^0=(1492)_D$$

3. 代码、编码和码制

在二进制数字系统中，每一位数只有0或1两个数码，只限于表达两个不同的信号。如果将若干0、1组合起来，可以表示多种数字、文字符号以及其他不同的事物，这种二进制码称为代码。赋予每个代码以固定的含义的过程，称为编码。编码的规则不同，就出现了不同的码制。

通常，用一组四位二进制码来表示一位十进制数的编码方法称为二—十进制码，亦称BCD（Binary Code Decimal）码。BCD码中最常用码制为8421BCD码，它是一种有权码，每个代码从左向右的“权”分别是8、4、2、1。

8421BCD码和十进制数之间的转换是直接按位进行的，一位十进制数用四位二进制数

表示，如

$$(25.07)_{10} = (0010\ 0101\ .\ 0000\ 0111)_{BCD}$$

$$(1000\ 0101\ 1001\ 0001.\ 0010)_{BCD} = (8591.2)_{10}$$

BCD码除了8421码以外，常用的还有2421码、5421码、5211码、余3码、余3循环码和BCD格雷码等。常用进制数和常用的BCD码的对照表见表8-10。

表8-10　常用进制数和常用的BCD码的对照表

常用进制数				常用BCD码			
十进制数	二进制数	八进制数	十六进制数	8421码	5421码	2421码	5211码
0	0	0	0	0000	0000	0000	0000
1	1	1	1	0001	0001	0001	0001
2	10	2	2	0010	0010	0010	0100
3	11	3	3	0011	0011	0011	0101
4	100	4	4	0100	0100	0100	0111
5	101	5	5	0101	1000	0101	1000
6	110	6	6	0110	1001	0110	1001
7	111	7	7	0111	1010	0111	1100
8	1000	10	8	1000	1011	1110	1101
9	1001	11	9	1001	1100	1111	1111
10	1010	12	A	0001 0000	0001 0000	0001 0000	0001 0000
11	1011	13	B	0001 0001	0001 0001	0001 0001	0001 0001
12	1100	14	C	0001 0010	0001 0010	0001 0010	0001 0100
13	1101	15	D	0001 0011	0001 0011	0001 0011	0001 0101
14	1110	16	E	0001 0100	0001 0100	0001 0100	0001 0111
15	1111	17	F	0001 0101	0001 1000	0001 0101	0001 1000
16	10000	20	10	0001 0110	0001 1001	0001 0110	0001 1001

8.3.2　逻辑函数的表示方法

一个逻辑函数通常有多种表达形式，常用的表示方法有五种：逻辑真值表、逻辑函数表达式（又称逻辑式或函数式）、逻辑图、卡诺图和时序图，每种表示方法都有自己的特点和应用场合。

1. 逻辑真值表

把输入逻辑变量的各种取值和相应函数值列在一起而组成的表格称为真值表。如有 n 个输入变量，则能构成 $N=2^n$ 个组合。在输入端，每一个逻辑组合都对应一个输出逻辑函数的值，这种表示方法常用于分析逻辑电路和判断电路的逻辑关系。真值表能全面反映所有输入与输出之间逻辑组合的可能。下面以裁判判定举重成功的逻辑关系为例，列出其真值表。一

个主裁判 A，两个副裁判 B、C，当主裁判和任意一个副裁判认定举重成功，则可判定举重成功，否则，判定举重不成功。假定裁判的成功用 1 表示，不成功用 0 表示；结果用 Y 表示，1 为成功，0 为不成功。举重裁判逻辑真值表见表 8-11。

表 8-11　举重裁判逻辑真值表

输入			输出	输入			输出
A	B	C	Y	A	B	C	Y
0	0	0	0	1	0	0	0
0	0	1	0	1	0	1	1
0	1	0	0	1	1	0	1
0	1	1	0	1	1	1	1

2. 逻辑函数表达式

把逻辑电路的输入与输出关系写成与、或、非、与非和或非等逻辑运算的组合式，称为逻辑函数表达式。这种表示方法比较简单，能简捷、明确地表示输入和输出之间的逻辑关系，适合于逻辑设计和逻辑函数的代数法化简。如式（8-11）和式（8-12）都是逻辑电路的函数表达式表示方式。同样以裁判判定举重成功的逻辑关系为例，举重成功的逻辑关系应表示为

$$Y=A(B+C) \tag{8-13}$$

3. 逻辑图

在逻辑电路中，并不要求画出具体电路，而是采用一种特定的符号表示基本单元电路，这种用来表示基本单元电路的符号称为逻辑符号。用逻辑符号表示的逻辑电路的原理图，称为逻辑图。比如逻辑函数式中各变量之间的与、或、非、与非和或非等逻辑关系用相应的逻辑符号表示出来，就构成了函数关系的逻辑图。如图8-37所示为式（8-13）的逻辑图。

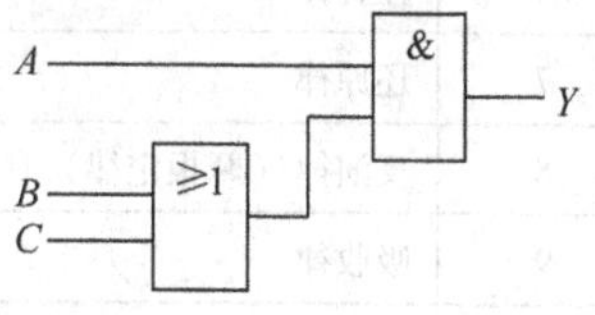

图 8-37　式（8-13）的逻辑图

这种表示方法非常适合于电路的设计和安装，只需要用相应的器件代替图中的逻辑符号，并将图中的输入输出端按图对应连接，即可得到实际的安装电路。

4. 时序图

把一个逻辑电路的输入变量的波形和输出变量的波形，依时间顺序画出来的图称为时序图，又称波形图。它能非常直观地描述输入与输出之间的逻辑变化。

5. 卡诺图

卡诺图是一种按照相邻性原则排列的最小项的方格图，它不仅是一种特殊的表示方法，而且还是一种非常实用的逻辑化简工具，常用来化简逻辑函数。

以上几种表示方法是可以相互转换的。由真值表能十分方便地写出逻辑函数式，如由

8.2 节的与逻辑真值表（表 8-1）和或逻辑真值表（表 8-2）可以写出：

与表达式　　　　　　　　$Y = A \cdot B$

或表达式　　$Y = AB + \overline{A}B + A\overline{B} = A + B$（后面一步是化简而来，将在 8.3.3 中讨论）

也可以由逻辑图写出函数式，根据逻辑关系画出时序图，还可列出真值表等，熟练地掌握各种方法，对我们分析逻辑电路极为方便。

8.3.3 逻辑函数的定律和规则

1. 基本定律

基本定律又称布尔恒等式，可以通过真值表加以证明。表 8-12 列出了逻辑代数的基本定律。表中的反演律、吸收律和隐含律可由序号 1 ~7 的定律证明得到，也可用真值表证明，读者可自己证明。

表 8-12　逻辑代数基本定律

序号	定律名称	与逻辑形式	或逻辑形式
1	0-1 律	$A \cdot 0 = 0$ $A \cdot 1 = A$	$A + 0 = A$ $A + 1 = 1$
2	交换律	$A \cdot B = B \cdot A$	$A + B = B + A$
3	结合律	$A \cdot (B \cdot C) = (A \cdot B) \cdot C$	$A + (B + C) = (A + B) + C$
4	分配律	$A \cdot (B + C) = A \cdot B + A \cdot C$	$A + (B \cdot C) = (A + B) \cdot (A + C)$
5	重叠律	$A \cdot A = A$	$A + A = A$
6	互补律	$A \cdot \overline{A} = 0$	$A + \overline{A} = 1$
7	还原律	$\overline{\overline{A}} = A$	
8	反演律（摩根定律）	$\overline{AB} = \overline{A} + \overline{B}$	$\overline{A + B} = \overline{A} \cdot \overline{B}$
9	吸收律	$A \cdot (A + B) = A$	$A + AB = A$
10	隐含律	$(A + B)(A + \overline{B}) = A$ $A(\overline{A} + B) = AB$ $(\overline{A} + B)(A + C)(B + C + D) = (\overline{A} + B)(A + C)$	$AB + A\overline{B} = A$ $A + \overline{A}B = A + B$ $AB + \overline{A}C + BCD = AB + \overline{A}C$

2. 基本规则

在逻辑代数中，利用代入规则、对偶规则和反演规则可由基本定律推导出更多的公式。

（1）代入规则　在任何一个逻辑等式中，如将等式两边所有出现某一变量的地方都用同一函数式替代，则等式仍然成立，这个规则就是代入规则。代入规则扩大了逻辑等式的应用范围。

例 8.5　已知等式 $\overline{AB} = \overline{A} + \overline{B}$。

解： 若用 $Y = BC$ 代替等式中的 B，即 $\overline{A(BC)} = \overline{A} + \overline{BC} = \overline{A} + \overline{B} + \overline{C}$。

（2）反演规则　若求一个逻辑函数 Y 的反函数，只要将函数中所有“·”换成“+”、“+”换成“·”、“0”换成“1”、“1”换成“0”，原变量换成反变量，反变量换成原变量，则所得到的逻辑函数式就是逻辑函数 Y 的反函数。

运用规则必须注意运算符号的先后顺序，必须按照先括号，然后按先与、后或的顺序变换，而且应保持两个及两个以上变量的非号不变。

例 8.6　求 $Y=\overline{A}\,\overline{B}+CD+0$ 的反函数。

解：

$$\overline{Y}=(A+B)\cdot(\overline{C}+\overline{D})\cdot 1$$

3. 对偶规则

将某一逻辑表达式中的“·”换成“+”、“+”换成“·”、“0”换成“1”、“1”换成“0”，就得到一个新的表达式，这个新的表达式就是原表达式的对偶式。如果两个逻辑式相等，则它们的对偶式也相等，反函数也相等，这就是对偶规则。对偶规则常用于验证函数和化简函数。

例 8.7　求 $Y=A+BC$ 的对偶式 Y'。

解： $Y'=A\cdot(B+C)$

8.3.4　逻辑函数的代数法化简

根据逻辑表达式可以画出相应的逻辑图，但往往需要对逻辑函数进行化简，这样画出来的逻辑图才是最简的。化简逻辑函数在于简化实际电路，减少其元器件和接线。

化简方法通常有两种：代数化简法和卡诺图化简法。代数化简法也称公式化简法，是利用逻辑代数的基本公式和常用公式来简化逻辑函数。通常有以下几种方法。

1. 并项法

利用公式 $AB+A\overline{B}=A$，将两项合并成一项，消去一个变量。例如：

$$\begin{aligned}Y&=A(BC+\overline{B}\,\overline{C})+A(B\overline{C}+\overline{B}C)=A(BC+\overline{B}\,\overline{C}+B\overline{C}+\overline{B}C)\\&=A(B+\overline{B})=A\end{aligned}$$

2. 吸收法

利用公式 $A+AB=A$，消去多余的乘积项。例如：

$$\begin{aligned}Y&=\overline{A}B+\overline{A}BC(D+E)\\&=\overline{A}B[1+C(D+E)]\\&=\overline{A}B\end{aligned}$$

3. 消去法

利用公式 $A+\overline{A}B=A+B$，消去多余的变量。例如：

$$\begin{aligned}Y&=AB+\overline{A}C+\overline{B}C\\&=AB+(\overline{A}+\overline{B})C\end{aligned}$$

$$= AB + \overline{AB}C$$
$$= AB + C$$

4. 配项法

利用$A = A(B+\overline{B})$，对不能直接应用公式化简的乘积项，配上$(B+\overline{B})$，然后再进行化简。例如

$$
\begin{aligned}
Y &= A\overline{B} + B\overline{C} + \overline{B}C + \overline{A}B \\
&= A\overline{B} + B\overline{C} + (A+\overline{A})\overline{B}C + \overline{A}B(C+\overline{C}) \\
&= A\overline{B} + BC + A\overline{B}C + \overline{A}\,\overline{B}C + \overline{A}BC + \overline{A}B\overline{C} \\
&= (A\overline{B} + A\overline{B}C) + (B\overline{C} + \overline{A}B\overline{C}) + (\overline{A}\,\overline{B}C + \overline{A}BC) \\
&= A\overline{B} + B\overline{C} + \overline{A}C
\end{aligned}
$$

逻辑函数化简的方法并不是唯一的，在实际解题时，往往需要综合运用上述几种方法进行化简，才能得到最简结果。

例 8.8　用公式法化简下列函数：

$$Y = \overline{A\overline{\overline{C}}}B + \overline{A\overline{\overline{C}} + B} + BC$$

解：

$$
\begin{aligned}
Y &= \overline{A\overline{\overline{C}}}B + \overline{A\overline{\overline{C}}}\,\overline{B} + BC && \text{（摩根定律）} \\
&= \overline{A\overline{\overline{C}}} + BC && \text{（并项法）} \\
&= \overline{A} + C + BC && \text{（摩根定律）} \\
&= \overline{A} + C && \text{（吸收法）}
\end{aligned}
$$

例 8.9　用公式法化简下列函数：

$$Y = AD + A\overline{D} + AB + \overline{A}C + BD + ABEF + ACEF + \overline{B}EF + DEFG$$

解：

$$
\begin{aligned}
Y &= A + AB + \overline{A}C + BD + ABEF + ACEF + \overline{B}EF + DEFG && \text{（由于 } AD + A\overline{D} = A\text{）} \\
&= A + \overline{A}C + BD + \overline{B}EF + DEFG && \text{（所有含 } A \text{ 的项均被吸收）} \\
&= A + C + BD + \overline{B}EF + DEFG && \text{（利用 } A + \overline{A}B \text{ 消去多余因子）} \\
&= A + C + BD + \overline{B}EF && \text{（利用隐含律的推论消去多余项 } DEFG\text{）}
\end{aligned}
$$

利用代数法化简逻辑函数，其优点是没有变量个数的局限性，但要求熟练掌握公式及定律，并能灵活运用，另外技巧性较强，通常也难以判断化简结果是否为最简。下面介绍的卡诺图化简法可以比较简便地得到最简逻辑函数。

8.3.5　概念自测题

一、填空题

1. BCD 码是用________位二进制数码来表示________位十进制数。

2. 十进制数 19 表示为二进制数是________，表示成 8421BCD 码是________，两者结果________同的原因是前者是________，后者是________。

3. 运用摩根定律，$AB =$________，$\overline{\overline{A}\,\overline{B}} =$________。

二、判断题

4. BCD 码即 8421 码。 （ ）

5. 真值表能反映逻辑函数最小项的所有取值。 （ ）

6. 对于任何一个确定的逻辑函数，其函数表达式和逻辑图的形式是唯一的。 （ ）

7. 因为 $A(A+B)=A$，所以 $A+B=1$。 （ ）

三、选择题

8. 十进制数 367 的 8421BCD 码是（ ）。

A. 1111011　　B. 001101100111　　C. 110110111

9. 逻辑函数式 $Y=ABC+(\overline{A}+\overline{B}+\overline{C})$ 的逻辑值为（ ）。

A. 0　　B. 1　　C. ABC　　D. $\overline{A}+\overline{B}+\overline{C}$

10. 函数 $Y=A\odot B$ 的表达式还可写成为（ ）。

A. $\overline{A+B}$　　B. $A+B$　　C. $\overline{A}\,\overline{B}+AB$　　D. $A\overline{B}+\overline{A}B$

11. 下列逻辑运算式成立的等式是（ ）。

A. $A+A=2A$　　B. $A\cdot A=A^2$　　C. $A+A=1$　　D. $A+1=1$

12. 下列逻辑命题正确的是（ ）。

A. 若 $A+B=A+C$，则 $B=C$　B. 若 $AB=AC$，则 $B=C$　C. 若 $Y=A+B$，则 $\overline{Y}=\overline{A+B}$

本章小结

1. 常见的数字信号有矩形波、方波、尖顶波、三角波、锯齿波和阶梯波等。

2. 在数字电路中，利用输入信号来反映“条件”，用输出信号来反映“结果”，即输入和输出之间就存在一定的因果关系，称为逻辑关系。

数字电路研究的主要问题是电路的输入与输出的逻辑关系，分析的方法与模拟电路完全不同，主要有真值表、逻辑图、逻辑表达式和波形图等。要把重点放在数字集成电路的元器件的外部逻辑关系、特性和正确使用上。

3. 基本逻辑门电路有与门、或门和非门，常用的复合门有与非、或非、与或非、异或和同或。要理解各门电路的输入与输出的逻辑关系，真值表的概念，理解真值表与逻辑表达式的相关性和对应关系。了解 TTL 集成逻辑门电路的结构，掌握逻辑功能和外部特性，了解 OC 门和 TTL 三态门的工作原理及有关的逻辑概念。

4. 逻辑函数的表示及化简是本章的一个重点内容。熟悉数制与码制的表示方法；掌握逻辑函数的表达方式，以及真值表、逻辑式、时序图和逻辑图之间的相互转换。

正确应用基本公式和基本定律，重点掌握摩根定律；运用代数化简法对逻辑函数进行化简。

习 题 八

8-1 电子电路的电信号常分为几类？各有什么特点？常见的波形有哪些？

8-2 在数字电路中，高电平和低电平指的是电压范围还是指某一个固定数值？

8-3 判断下列说法是否正确，对不正确的请予以纠正。

（1）晶体管作开关使用时，无信号输入相当于开关断开，有信号输入相当于开关闭合。（ ）

（2）三态门处于高阻状态时，电路输出为高电平。（ ）

（3）正逻辑的与就是负逻辑的或，正逻辑的异或就是负逻辑的同或。（ ）

（4）对两输入端的与非门和或非门，当一个输入端传输信号时，另一个输入端作为控制端应加高电平。（ ）

8-4 判断图 8-38 所示逻辑关系是否正确。

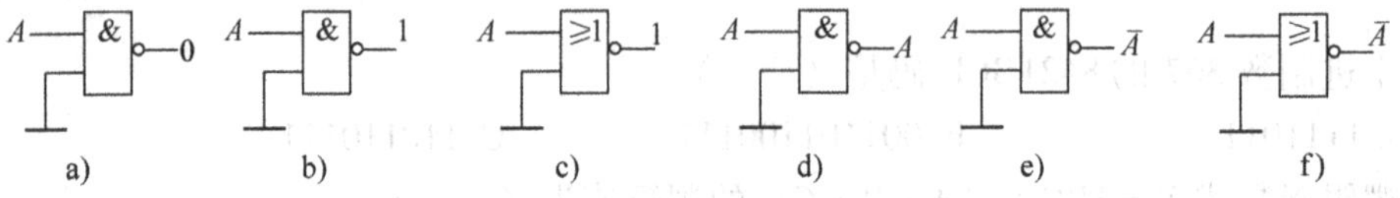

图 8-38 习题 8-4 图

8-5 对应于图 8-39 画出逻辑门电路的输出波形。

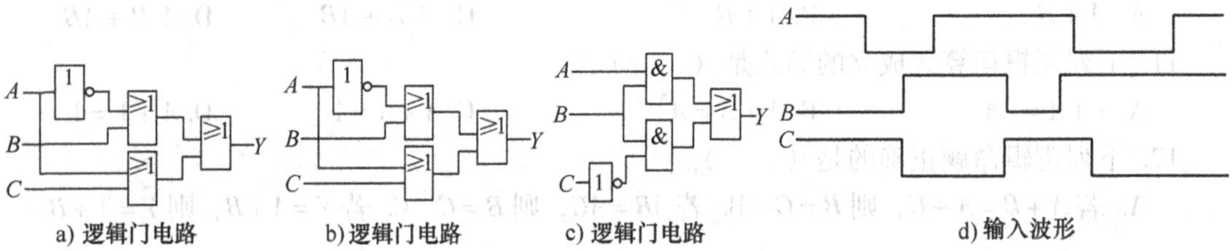

图 8-39 习题 8-5 图

8-6 已知四组 2 输入与非门 74LS00 的引脚排列如图 8-40 所示，试用其构成门电路，以实现下列函数，并画出接线图（可用多块芯片完成）。

（1）$Y_1 = \bar{A}B + A\bar{B}$　　（2）$Y_2 = \bar{A}B + \bar{C}\bar{D}$

（3）$Y_3 = (AB + C)(A\bar{B} + B\bar{C})$　　（4）$Y_2 = \bar{A}(B + C\bar{D})$

（5）$Y_3 = \overline{BC(\bar{A} + D)} + \overline{A\bar{B}}$　　（6）$Y_3 = AB(\bar{C} + D) + \bar{A}(\bar{B}C + \bar{C})$

*8-7 如图 8-41 所示的三态门和输入波形，对应地画出输出端 Y 的波形。

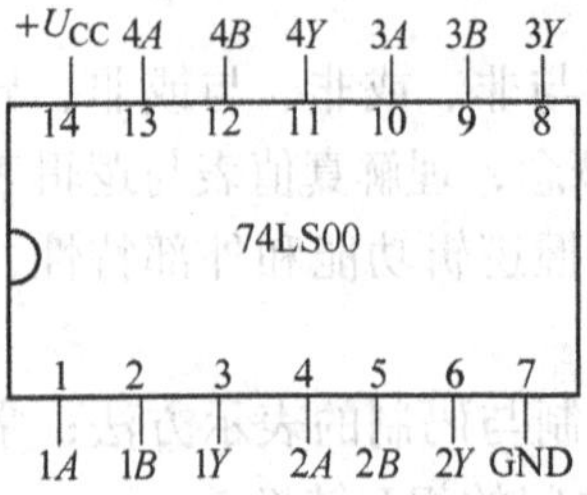

图 8-40 习题 8-6 图

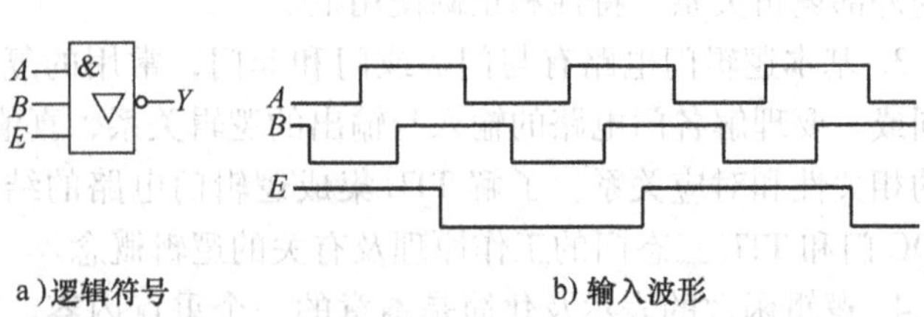

图 8-41 习题 8-7 图

8-8 下列逻辑命题正确的有哪些？

（1）若 $A + B = A + C$，则 $B = C$。

（2）若 $AB = AC$，则 $B = C$。

（3）若 $Y = A + B$，则 $\bar{Y} = \overline{A + B}$。

（4）若 $AB + AC = 1$，则 $A = B = C$。

（5）逻辑 0 只表示 0V 电位，逻辑 1 只表示 +5V。

（6）与非门、或非门和异或门都能当反相器用。

8-9 完成下列进位制之间的互换。

（1）$(39)_D=(\_\_\_\_\_\_)_B=(\_\_\_\_\_\_)_O=(\_\_\_\_\_\_)_H$

（2）$(109)_D=(\_\_\_\_\_\_)_B=(\_\_\_\_\_\_)_O=(\_\_\_\_\_\_)_H$

（3）$(10111001)_B=(\_\_\_\_\_\_)_D=(\_\_\_\_\_\_)_O=(\_\_\_\_\_\_)_H$

（4）$(11001001)_B=(\_\_\_\_\_\_)_D=(\_\_\_\_\_\_)_O=(\_\_\_\_\_\_)_H$

（5）$(317)_O=(\_\_\_\_\_\_)_H=(\_\_\_\_\_\_)_B=(\_\_\_\_\_\_)_D$

（6）$(207)_O=(\_\_\_\_\_\_)_B=(\_\_\_\_\_\_)_D=(\_\_\_\_\_\_)_H$

（7）$(1F0)_H=(\_\_\_\_\_\_)_D=(\_\_\_\_\_\_)_O=(\_\_\_\_\_\_)_B$

（8）$(A36)_H=(\_\_\_\_\_\_)_D=(\_\_\_\_\_\_)_O=(\_\_\_\_\_\_)_B$

8-10 如图 8-42 所示，写出图 8-42a 中开关 $S_1\sim S_4$ 和图 8-42b 中开关 $S_1\sim S_6$ 的状态与 A、B 间导通时的函数关系。

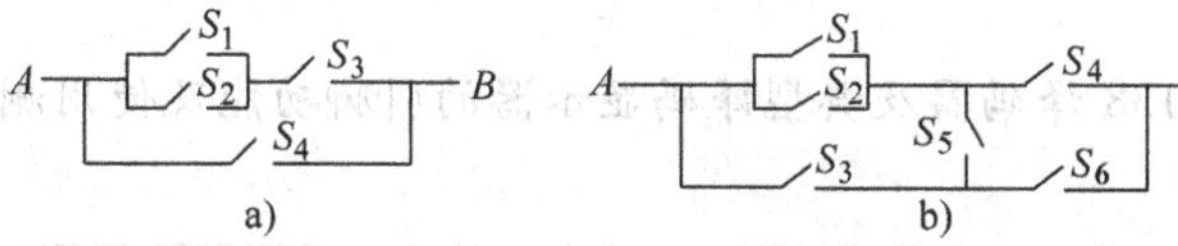

图 8-42 习题 8-10 图

8-11 证明下列表达式成立。

（1）$A\oplus\overline{A}=1$

（2）$A\overline{B}+\overline{A}B=\overline{AB+\overline{A}\cdot\overline{B}}$

（3）$A\oplus\overline{B}=\overline{A}\oplus B=\overline{A\oplus B}$

8-12 写出下列逻辑函数的反函数，并化成最简与或表达式。

（1）$Y=A\overline{B}+\overline{C}D$

（2）$Y=\overline{A}(\overline{B}\,\overline{C}+A\overline{C})\cdot(AB\overline{C}+A+C)$

8-13 用代数法化简下列逻辑函数。

（1）$Y=\overline{A}\,\overline{B}\,\overline{C}+B\overline{C}+A\overline{C}$

（2）$Y=\overline{A}\,\overline{C}+A(\overline{C}+A\overline{B}C)+AB\overline{C}$

（3）$Y=(ABC+B\overline{C}D)(A+C)$

（4）$Y=\overline{C}\,\overline{D}+A\overline{C}+\overline{\overline{A+\overline{\overline{BC}}}\cdot\overline{(C+D)}}+(BC)$

（5）$Y=AB\overline{C}+\overline{A}D(\overline{B}\,\overline{C}+A\overline{C})+ABC+AB(\overline{D}+EF)+A\overline{C}D$

（6）$Y=(A+BC)\cdot(B+\overline{C}\,\overline{D})$

第 9 章

组合逻辑电路

本章学习要求

理论：掌握组合逻辑电路的逻辑关系及一般组合逻辑电路的设计方法，熟悉加法器、编码器、译码器/显示电路的工作原理，了解数据分配器/选择器、数值比较器的工作原理及分析方法。

技能：掌握 74LS138 译码器及典型译码显示器的引脚功能及使用测试方法，熟悉查阅手册的方法。

逻辑电路按照逻辑功能的不同可分为两大类：一类是组合逻辑电路（简称组合电路），另一类是时序逻辑电路（简称时序电路）。它们的特点分别是：组合逻辑电路在任意时刻的输出信号取决于该时刻的输入信号，与信号作用前的状态无关，即电路没有记忆功能，从结构上看，构成单元是各种门电路；时序逻辑电路的输出状态不仅与当时的输入信号有关，还与电路的原状态有关，即电路保留了原状态，它有记忆功能，从结构上看，构成单元是门电路与存储单元（触发器）。本章讨论组合逻辑电路，并以常用的组合逻辑电路为例，说明分析及设计的方法。

9.1 组合逻辑电路的特点及分析方法

9.1.1 组合逻辑电路的特点

1）输出、输入之间没有反馈延迟通路，电路中不含记忆元件，输出信号仅由当时的输入决定。

2）电路一般由各种基本门电路和复合门电路构成。

3）输入信号和输出信号个数可以是一个，也可以是多个；变量和函数的个数可以是相同也可以是不同。

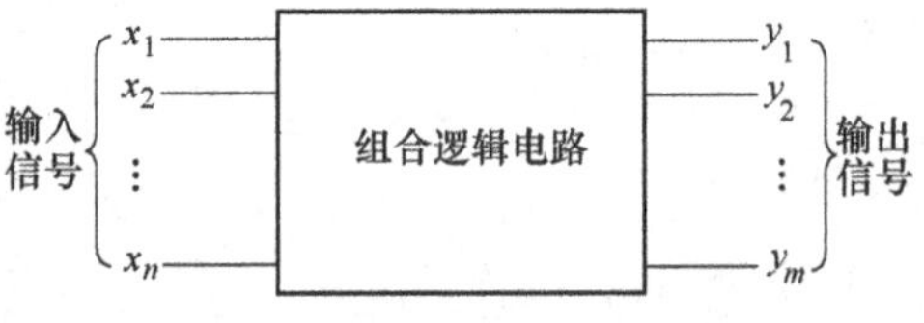

图 9-1 组合逻辑电路的框图

组合逻辑电路的框图如图 9-1 所示。输入变量用 x_1、x_2、x_3、…、x_n 表示，输出函数用 y_1、y_2、y_3、…、y_m 表示，输入与输出之间的逻辑关系可以表示为

$$y_1 = f(x_1, x_2, x_3, \cdots, x_n)$$
$$y_2 = f(x_1, x_2, x_3, \cdots, x_n)$$
$$\vdots$$
$$y_m = f(x_1, x_2, x_3, \cdots, x_n)$$

9.1.2 组合逻辑电路的分析方法

分析组合逻辑电路的目的是为了确定已知电路的逻辑功能，或者检查电路设计是否合理。组合逻辑电路的分析方法及步骤如下。

方法：根据已给的逻辑电路图找出逻辑功能。

步骤：组合逻辑图 → 函数式 → 卡诺图 → 真值表 → 功能

1）根据已知的逻辑电路图，从输入到输出逐级写出逻辑函数表达式。

2）利用公式法或卡诺图法化简逻辑函数表达式。

3）按逻辑函数表达式列真值表。

4）按真值表的逻辑关系，分析并确定其逻辑功能。

下面通过实例，说明组合逻辑电路的分析方法。

例 9.1 分析图 9-2 所示组合逻辑电路的功能。

解：(1) 写出函数式 $Y=\overline{\overline{AB}\cdot\overline{BC}\cdot\overline{AC}}$。

(2) 整理后得 $Y=AB+BC+AC$。

(3) 列真值表，见表 9-1。

(4) 由真值表 9-1 可知，若输入两个或者两个以上的 1（或 0），输出 Y 便为 1（或 0），此电路为多数表决电路。

表 9-1 例 9.1 真值表

A	B	C	Y
0	0	0	0
0	0	1	0
0	1	0	0
0	1	1	1
1	0	0	0
1	0	1	1
1	1	0	1
1	1	1	1

例 9.2 分析图 9-3 所示组合逻辑电路，确定其逻辑功能。

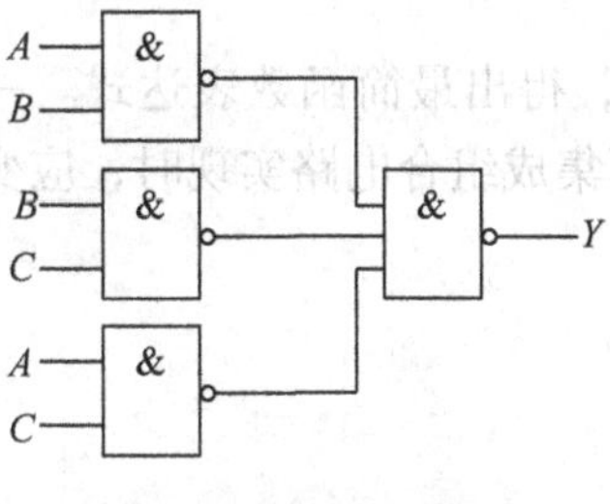

图 9-2 例 9.1 逻辑图

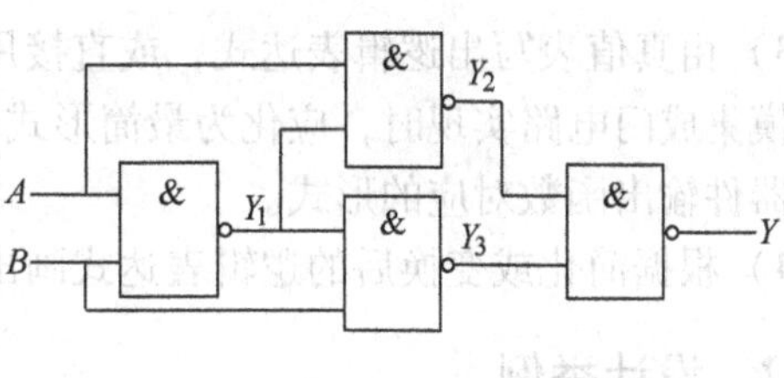

图 9-3 例 9.2 逻辑图

解：(1) 写出函数式

$$Y_1=\overline{AB}$$

$$Y_2=\overline{A\cdot Y_1}=\overline{A\cdot\overline{AB}}$$

$$Y_3 = \overline{Y_1 \cdot B} = \overline{\overline{AB} \cdot B}$$

$$Y = \overline{Y_2 Y_3} = \overline{\overline{A \cdot \overline{AB}} \cdot \overline{\overline{AB} \cdot B}}$$

（2）化简后得

$$\begin{aligned} Y &= \overline{\overline{A \cdot \overline{AB}}\;\overline{\overline{AB} \cdot B}} \\ &= \overline{(\overline{A} + AB) \cdot (AB + \overline{B})} \\ &= \overline{\overline{A}\,\overline{B} + AB} \\ &= A \oplus B \end{aligned}$$

（3）确定逻辑功能，本例通过化简可直接得出电路功能。从逻辑表达式可以看出，电路具有“异或”功能。

9.2 组合逻辑电路的设计

9.2.1 组合逻辑电路的设计方法与步骤

在实际的逻辑系统中，往往需要我们根据实际要求，设计、修改并画出符合逻辑要求的电路图，以满足实际应用的逻辑控制需要。这类问题正是组合逻辑电路的设计问题，它的过程正好是组合逻辑电路分析的逆过程。

方法：根据给定的实际问题找出实现该功能的逻辑电路。

步骤：实际问题 → 真值表 → 逻辑式 → 最简式 → 逻辑图

组合逻辑电路设计的一般步骤：

1）分析设计要求，进行逻辑假设。把一个逻辑问题表达成一个逻辑函数，即确定输入、输出变量。定义逻辑状态，即确定0、1的具体含义。

2）列出逻辑函数的真值表。在列真值表时，不会出现或不允许出现的输入变量的取值组合可不列出。如果列出，就在相应的输出函数处画“×”号，化简时作约束项处理。

3）由真值表写出逻辑表达式，或直接用卡诺图化简，得出最简函数表达式。一般如用小规模集成门电路实现时，应化为最简形式；如用中规模集成组合电路实现时，应变换为与集成器件输出函数对应的形式。

4）根据简化或变换后的逻辑表达式画出逻辑电路图。

9.2.2 设计举例

例9.3 交叉路口的交通管制灯有三个，分红、黄、绿三色。正常工作时，应该只有一盏灯亮，其他情况均属电路故障。试设计故障报警电路。

解：（1）设定灯亮用1表示，灯灭用0表示；报警状态用1表示，正常工作用0表示。红、黄、绿三灯分别用X、Y、Z表示，电路输出即报警状态用M表示。

（2）根据实际问题和逻辑假设，可列出真值表（表9-2）。

表 9-2 例 9.3 真值表

X	Y	Z	M
0	0	0	1
0	0	1	0
0	1	0	0
0	1	1	1
1	0	0	0
1	0	1	1
1	1	0	1
1	1	1	1

（3）作出卡诺图（图 9-4），可得到化简的逻辑表达式为

$$M = \overline{X}\,\overline{Y}\,\overline{Z} + XY + YZ + XZ$$

若限定电路用与非门实现，则逻辑函数式可变换成

$$M = \overline{\overline{\overline{X}\,\overline{Y}\,\overline{Z}} \cdot \overline{XY} \cdot \overline{YZ} \cdot \overline{XZ}}$$

（4）根据简化后的逻辑表达式画出逻辑电路图，如图 9-5 所示。

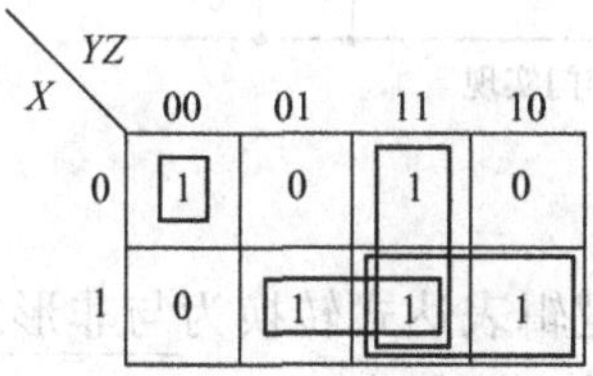

图 9-4 例 9.3 卡诺图

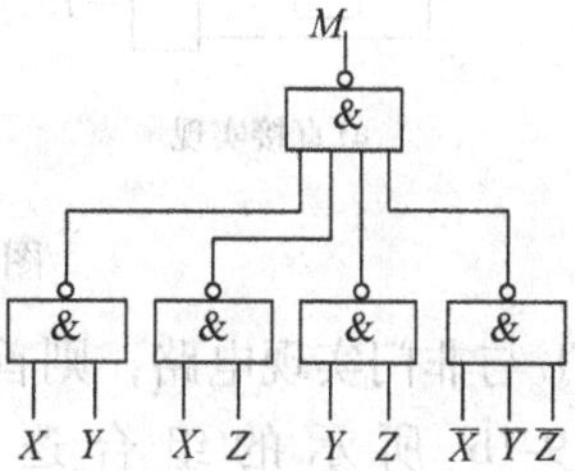

图 9-5 例 9.3 逻辑电路图

例 9.4 有三个班学生上自习，大教室能容纳两个班学生，小教室能容纳一个班学生。为节约用电，设计两个教室是否开灯的逻辑控制电路，要求如下：

（1）一个班学生上自习，开小教室的灯。

（2）两个班上自习，开大教室的灯。

（3）三个班上自习，两教室均开灯。

解：（1）确定输入、输出变量的个数：根据电路要求，设输入变量 A、B、C 分别表示三个班学生是否上自习，1 表示上自习，0 表示不上自习；输出变量 X、Y 分别表示大教室、小教室的灯是否亮，1 表示亮，0 表示灭。

（2）根据实际问题和逻辑假设，列出真值表，见表 9-3。

表 9-3 例 9.4 真值表

A	B	C	X	Y
0	0	0	0	0
0	0	1	0	1
0	1	0	0	1
0	1	1	1	0
1	0	0	0	1
1	0	1	1	0
1	1	0	1	0
1	1	1	1	1

（3）作出卡诺图（图 9-6），可得到化简的逻辑表达式为

$$X = BC + AC + AB$$

$$Y = \overline{A}\,\overline{B}C + \overline{A}B\overline{C} + A\overline{B}\,\overline{C} + ABC$$

$$= \overline{A}(B \oplus C) + A(B \odot C) = \overline{A}(B \oplus C) + A(\overline{B \oplus C})$$

$$= A \oplus B \oplus C$$

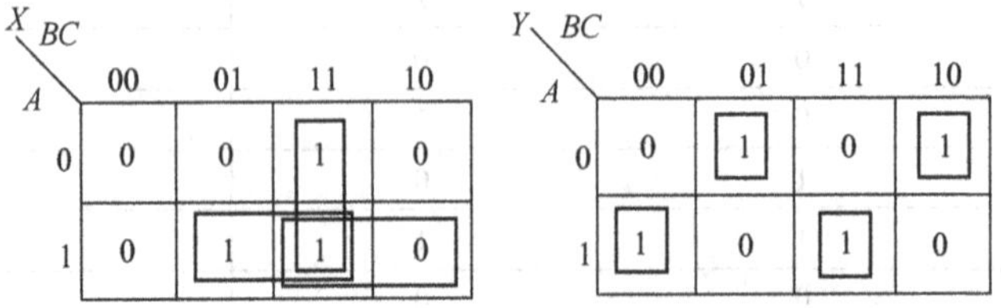

图 9-6　例 9.4 卡诺图

（4）画逻辑图。根据简化后的逻辑表达式画出逻辑电路图，如图 9-7a 所示。

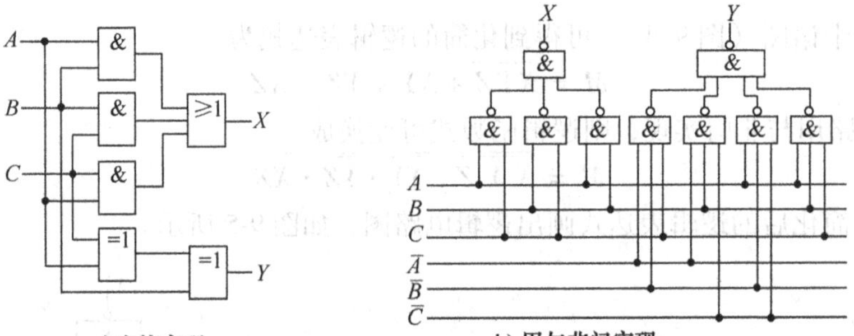

a) 直接实现　　b) 用与非门实现

图 9-7　例 9.4 逻辑电路图

若用 TTL 与非门实现电路，则首先将化简后的与或逻辑表达式转换为与非形式，然后再画出图 9-7b 所示的组合逻辑电路。化成与非形式为 $X = \overline{\overline{AB}\cdot\overline{BC}\cdot\overline{CA}}$，$Y = \overline{\overline{\overline{A}\,\overline{B}\,C}\cdot\overline{\overline{A}B\overline{C}}\cdot\overline{A\overline{B}\,\overline{C}}\cdot\overline{ABC}}$。

例 9.5　用与非门设计一个故障显示电路，共两台电机 A、B 和三个指示灯红、黄、绿，要求如下：

（1）两台电机都出现故障时红灯亮。

（2）一台电机出现故障时黄灯亮。

（3）两台电机均未出现故障时绿灯亮。

解：（1）根据电路要求，确定输入、输出变量的个数，并作逻辑假设：输入变量 A、B 分别表示两台电机，1 表示有故障，0 表示没有故障；输出变量 Y_1、Y_2、Y_3 分别表示红灯、黄灯和绿灯，1 表示亮，0 表示灭。

（2）根据实际问题和逻辑假设，列出真值表，见表 9-4。

表 9-4　例 9.5 真值表

A	B	Y_1	Y_2	Y_3
1	1	1	0	0
1	0	0	1	0
0	1	0	1	0
0	0	0	0	1

（3）本题不用化简，可直接写出逻辑函数表达式。

$$Y_1 = AB$$

$$Y_2 = A\bar{B} + \bar{A}B$$

$$Y_3 = \bar{A}\bar{B}$$

并根据题意，化成与非表达式：

$$Y_1 = \overline{\overline{AB}}$$

$$Y_2 = \overline{\overline{A\bar{B}} \cdot \overline{\bar{A}B}}$$

$$Y_3 = \overline{\overline{\bar{A}\,\bar{B}}}$$

（4）画逻辑图。根据与非逻辑表达式画出逻辑电路图，如图 9-8 所示。

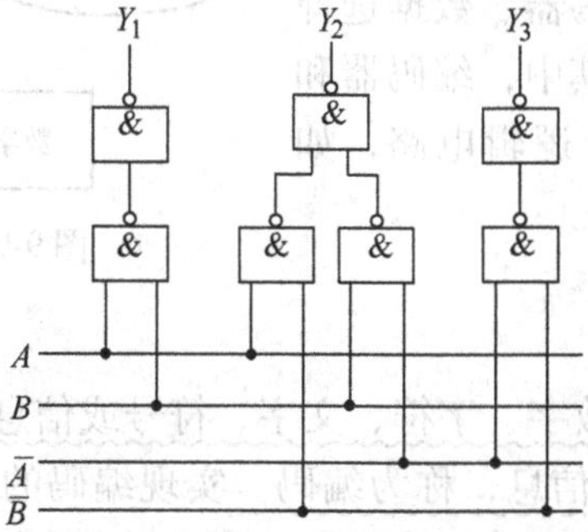

图 9-8　例 9.5 逻辑电路图

9.2.3　概念自测题

一、填空题

1. 组合逻辑电路的特点是输出状态只与__________，与电路的原状态________，输入输出之间没有______________，电路不具有__________。

2. 组合逻辑电路的分析方法是根据已知的________，确定其________。

3. 组合逻辑电路的设计步骤为：由逻辑实际问题______________、______________、______________、______________。

二、判断题

4. 组合逻辑电路是一种多输入多输出而相互无关联的逻辑电路。（　　）

5. 组合逻辑电路的输入和输出信号端子数可以相同也可以不同。（　　）

6. 组合逻辑电路的设计就是画出能满足某一实际要求的逻辑电路。（　　）

三、选择题

7. 为了判别输入信号中“1”的个数的奇偶性，可选用单个的门电路是（　　）。（多选）

A. 异或门　　B. 同或门　　C. 与非门　　D. 或非门

8. 设计一个组合逻辑电路，其逻辑电路的形式（　　）。

A. 具有唯一性　B. 可以有多种形式　C. 只有与非形式

9.3 常用中规模组合逻辑电路应用举例

在实际应用中常会见到许多逻辑问题和各种逻辑电路，不过我们发现，其中有些逻辑电路经常会大量地出现在各种数字系统当中。为了方便使用，各厂家就把这些逻辑电路制成中规模集成的组合逻辑电路产品。

比较常用的有编码器、译码器、数据选择器、加法器和数值比较器等，其中，编码器和译码器是一对功能互逆的组合逻辑电路，如图9-9所示。下面分别进行介绍。

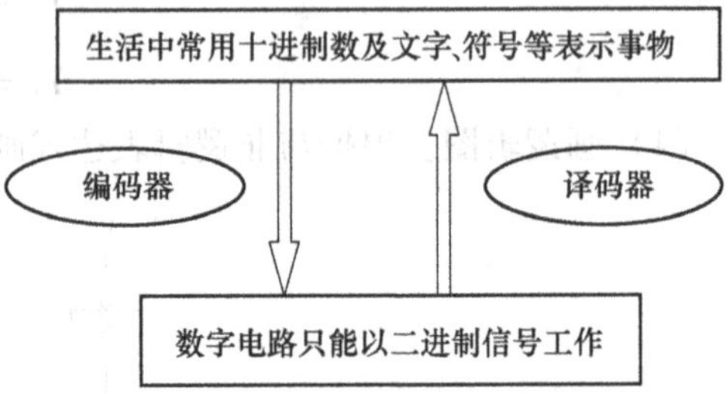

图9-9　编码、译码流程关系

9.3.1 编码器

用二进制代码表示给定的数字、字符、文字、符号或信息等特定对象的过程，或者说用不同的0、1组合来表示不同的信息，称为编码。实现编码的逻辑电路，称为编码器。编码器分为普通编码器和优先编码器。普通编码器对输入要求比较苛刻，任何时刻只允许一个输入信号有效，即输入信号之间是有约束的。在优先编码器中，允许同时输入两个及两个以上的有效编码请求信号。当几个输入信号同时出现时，只对其中优先权最高的一个进行编码。优先级别的高低由设计者根据输入信号的轻重缓急情况而定。

下面以二进制码编码器为例，说明一般编码器的功能。

图9-10是一个3位二进制编码器。它用3位二进制数分别代表8个信号，3位输出信号*A*、*B*、*C*。输入8个需要进行编码的信号，用“0”～“7”8个键表示，8个输入信号为高电平有效。3位二进制编码器的编码表见表9-5。

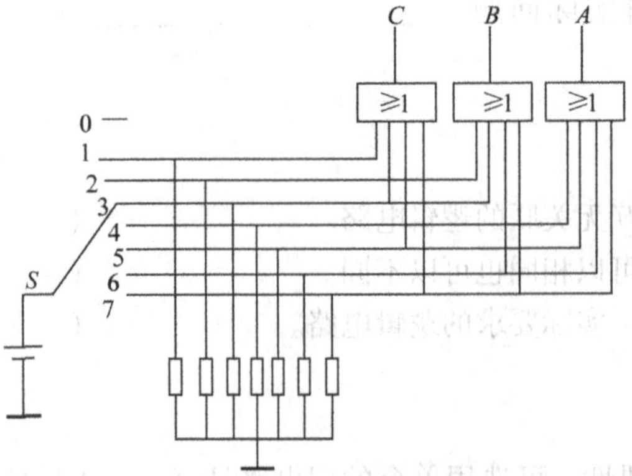

图9-10　3位二进制编码器

表9-5　3位二进制编码器的编码表

输　入	输　　出		
十进制数	*A*	*B*	*C*
0	0	0	0
1	0	0	1
2	0	1	0
3	0	1	1
4	1	0	0
5	1	0	1
6	1	1	0
7	1	1	1

如果要对数5进行编码，则按下数字键5，对应的或门输入端将有高电平，根据或逻辑门电路的功能，“有1得1，全0为0”，则输出端*C*、*A*将输出1，即$ABC=101$。又如，要对数4进行编码，则按下数字4的键，可以通过电路分析得到对应的输出为$ABC=100$。

8421BCD 编码器的输入端输入一个一位十进制数，通过内部编码，输出四位 8421BCD 二进制代码，每组代码与相应的十进制数对应。图 9-11 是集成 8421BCD 码编码器 C304 的内部电路，图中 1 ~ 9 为对应于数字 1 ~ 9 的按键输入端。

A、*B*、*C*、*D* 是编码输出端，*D* 是最高位。如果按下数字 7 的键时，对应的门 3 和门 5 输入端将有高电平，根据或非逻辑门电路的功能，门 3、5 的输出为 0，这两个 0 信号将分别送到与非门 7、8 和 9。与非门的逻辑功能是“有 0 得 1，全 1 为 0”，所以门 7、8、9 输出为 1，即 *DCBA* = 0111。又如，当按下数字 3 的键时，对应的输出为 *DCBA* = 0011，这可以通过分析电路得到。图 9-12 是这种集成电路的一个实用电路。

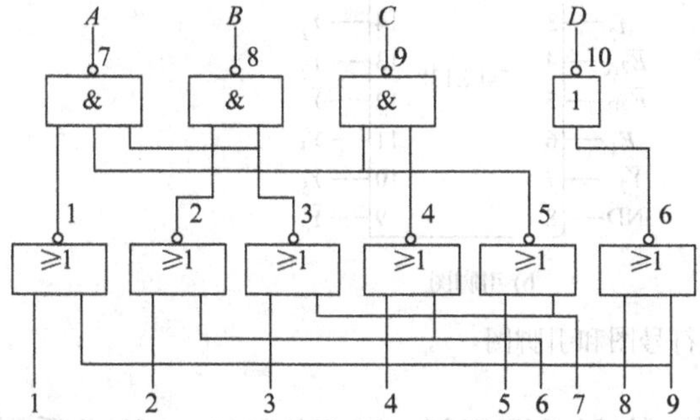

图 9-11　C304 内部电路图

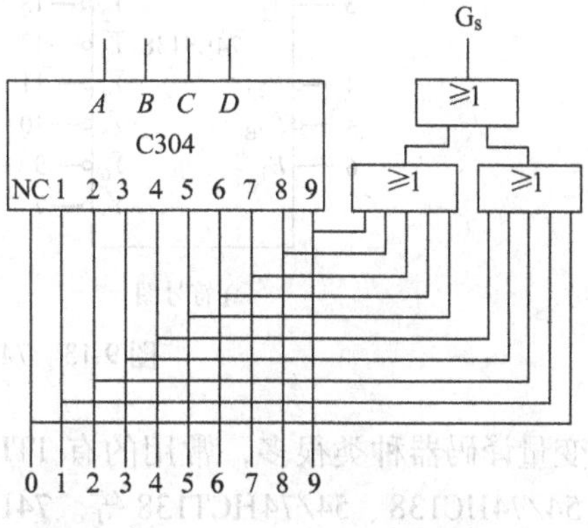

图 9-12　C304 实用电路

C304 中的数字 0 的输入是隐含的，即当输入端 1 ~ 9 均为 0 时，电路输出即是 0 的编码。图 9-12 所示的实用电路中，数字 1 ~ 9 的输入键接于 C304 的相应输入端，0 号键接空端（开路脚）NC。由于按 0 键和不按任何键，BCD 码输出都是 0000，为了区别这种情况，电路中用了三个或门，形成群信号 Gs。当按动 0 ~ 9 这 10 个键中的任一键时，Gs = 1；不按键时，Gs = 0。这样，接收电路就可依此判定输出端的 0 是表示输入了数字 0 还是没有按键。有些计算机键盘的数字输入逻辑电路就用的是 C304。

9.3.2　译码器

在数字电路中，用二进制数码表示信息的过程称为编码。反之，将二进制数码所表示的信息翻译出来的过程称为译码，能实现译码功能的组合逻辑电路叫做译码器。

译码器有多个输入端和多个输出端，按照功能不同，常把译码器分为变量译码器、码制变换译码器和显示/驱动译码器三类。变量译码器有二进制译码器和非二进制译码器，仅仅是变量译码；码制变换译码器是将不同码制的输入信号翻译成对应的输出信号，如 8421*BCD* 码的码制变换译码器，其输入信号为四位二进制代码，输出则是 0 ~ 9 十个对应的信号，而变量译码器当输入信号为四位时，对应的输出信号是 0 ~ 15 共十六个对应信号；显示/驱动译码器就是将数字或文字、符号的二进制代码翻译并直观地显示出来的电路，显示译码器按显示材料分为荧光、发光二极管译码器、液晶显示译码器，通常由译码器、驱动器和显示器组成。

1. 变量译码器

译码器输入为 N 个二进制代码，输出为 M 个信号，且满足 $M=2^N$。图 9-13 所示为集成 3 线-8 线译码器 74LS138 的符号图和引脚图，输入是三位二进制代码、有八种组合状态，输出端有八个，分别对应其中一种输入状态。因此，又把三位二进制译码器称为 3 线-8 线译码器。

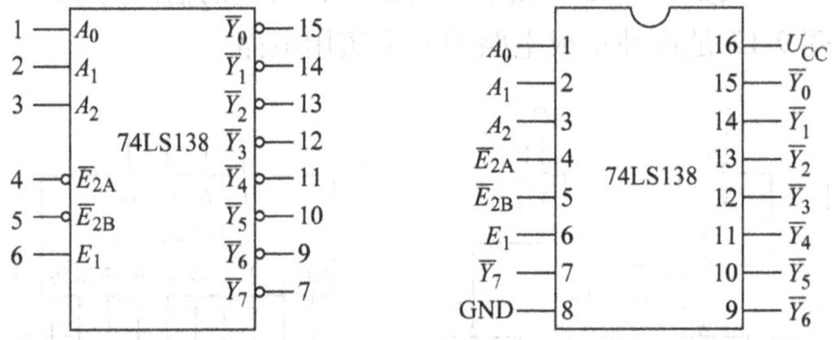

a) 符号图　　b) 引脚图

图 9-13　74LS138 符号图和引脚图

变量译码器种类很多，常用的有 TTL 系列中的 54/74HC138、54/74LS138；CMOS 系列中的 54/74HC138、54/74HCT138 等。74LS138 的逻辑功能表见表 9-6。

表 9-6　74LS138 译码器的逻辑功能表

输入					输出							
E_1	$\overline{E}_{2A}+\overline{E}_{2B}$	A_2	A_1	A_0	$\overline{Y}_7$	$\overline{Y}_6$	$\overline{Y}_5$	$\overline{Y}_4$	$\overline{Y}_3$	$\overline{Y}_2$	$\overline{Y}_1$	$\overline{Y}_0$
×	1	×	×	×	1	1	1	1	1	1	1	1
0	×	×	×	×	1	1	1	1	1	1	1	1
1	0	0	0	0	1	1	1	1	1	1	1	0
1	0	0	0	1	1	1	1	1	1	1	0	1
1	0	0	1	0	1	1	1	1	1	0	1	1
1	0	0	1	1	1	1	1	1	0	1	1	1
1	0	1	0	0	1	1	1	0	1	1	1	1
1	0	1	0	1	1	1	0	1	1	1	1	1
1	0	1	1	0	1	0	1	1	1	1	1	1
1	0	1	1	1	0	1	1	1	1	1	1	1

由表 9-6 可知，它能译出三个输入变量的全部状态。该译码器设置了 E_1、$\overline{E}_{2A}$、$\overline{E}_{2B}$ 三个使能输入端，当 E_1 为 1 且 $\overline{E}_{2A}$ 和 $\overline{E}_{2B}$ 均为 0 时，译码器处于工作状态，否则译码器不工作。

下面通过一个例题来说明 74LS138 译码器的应用。

例 9.6　用一个 3 线-8 线译码器实现函数 $Y=\overline{A}\,\overline{B}\,\overline{C}+A\overline{B}\,\overline{C}+\overline{A}B\overline{C}$。

解：当 E_1 接 +5V，$\overline{E}_{2A}$ 和 $\overline{E}_{2B}$ 接地时，得到对应每个输入端的输出 Y

$$\overline{Y_0} = \overline{\overline{A_2}\ \overline{A_1}\ \overline{A_0}} \qquad \overline{Y_1} = \overline{\overline{A_2}\ \overline{A_1}A_0}$$

$$\overline{Y_2} = \overline{\overline{A_2}\ A_1\ \overline{A_0}} \qquad \overline{Y_3} = \overline{\overline{A_2}A_1A_0}$$

$$\overline{Y_4} = \overline{A_2\ \overline{A_1}\ \overline{A_0}} \qquad \overline{Y_5} = \overline{A_2\ \overline{A_1}A_0}$$

$$\overline{Y_6} = \overline{A_2\ A_1\ \overline{A_0}} \qquad \overline{Y_7} = \overline{A_2A_1A_0}$$

若将输入变量 A、B、C 分别置换 A_2、A_1、A_0，则可到函数

$$Y = \overline{A}\,\overline{B}\,\overline{C} + A\overline{B}\,\overline{C} + \overline{A}B\overline{C}$$

$$= \overline{\overline{\overline{A}\ \overline{B}\ \overline{C}} \cdot \overline{A\overline{B}\,\overline{C}} \cdot \overline{\overline{A}B\overline{C}}}$$

$$= \overline{\overline{Y_0} \cdot \overline{Y_2} \cdot \overline{Y_4}}$$

可见，用 3 线-8 线译码器再加上一个与非门就可实现函数 Y，其逻辑图如图 9-14 所示。

2. 码制变换译码器

码制变换译码器种类很多，其中二—十进制（BCD 码）译码器应用较广泛。二—十进制译码器常用型号有：TTL 系列的 54/7442、54/74LS42 和 CMOS 系列中的 54/74HC42、54/74HCT42 等。

图 9-15 所示为 74LS42 的符号图和引脚图。该译码器有 $A_0 \sim A_3$ 四个输入端，$Y_0 \sim Y_9$ 共 10 个输出端，简称 4 线-10 线译码器。74LS42 的逻辑功能表见表 9-7。

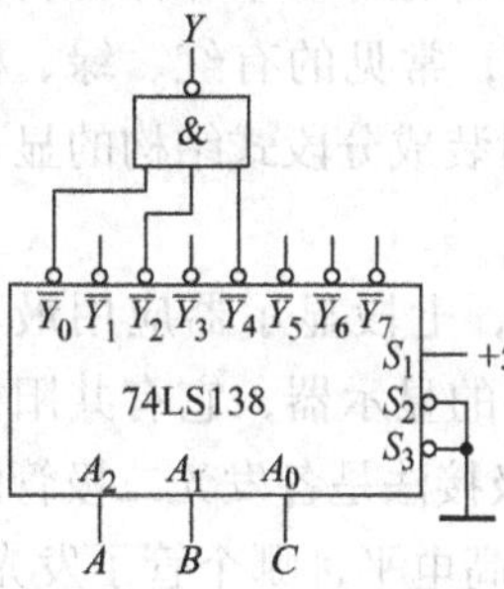

图 9-14 例 9.6 逻辑图

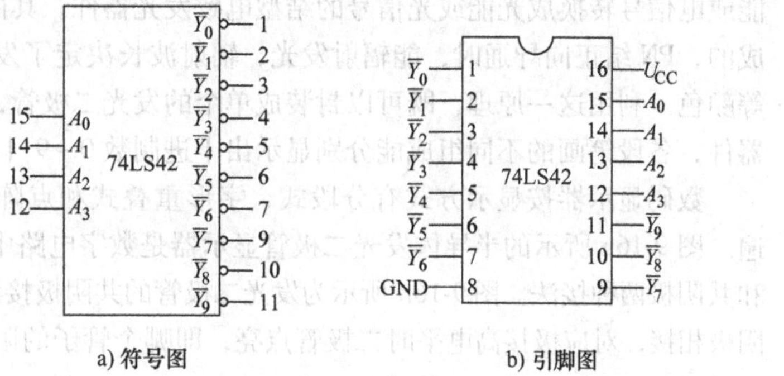

a) 符号图 b) 引脚图

图 9-15 74LS42 的符号图和引脚图

表 9-7 74LS42 二—十进制译码器的逻辑功能表

输入				输出									
A_3	A_2	A_1	A_0	$\overline{Y_9}$	$\overline{Y_8}$	$\overline{Y_7}$	$\overline{Y_6}$	$\overline{Y_5}$	$\overline{Y_4}$	$\overline{Y_3}$	$\overline{Y_2}$	$\overline{Y_1}$	$\overline{Y_0}$
0	0	0	0	1	1	1	1	1	1	1	1	1	0
0	0	0	1	1	1	1	1	1	1	1	1	0	1
0	0	1	0	1	1	1	1	1	1	1	0	1	1
0	0	1	1	1	1	1	1	1	1	0	1	1	1
0	1	0	0	1	1	1	1	1	0	1	1	1	1
0	1	0	1	1	1	1	1	0	1	1	1	1	1
0	1	1	0	1	1	1	0	1	1	1	1	1	1
0	1	1	1	1	1	0	1	1	1	1	1	1	1
1	0	0	0	1	0	1	1	1	1	1	1	1	1
1	0	0	1	0	1	1	1	1	1	1	1	1	1

由表 9-7 可得到逻辑输出

$$Y_0 = \overline{\overline{A_3}\ \overline{A_2}\ \overline{A_1}\ \overline{A_0}} \qquad Y_1 = \overline{\overline{A_3}\ \overline{A_2}\ \overline{A_1}\ A_0}$$

$$Y_2 = \overline{\overline{A_3}\ \overline{A_2}\ A_1\ \overline{A_0}} \qquad Y_3 = \overline{\overline{A_3}\ \overline{A_2}\ A_1\ A_2}$$

$$Y_4 = \overline{\overline{A_3}\ A_2\ \overline{A_1}\ \overline{A_0}} \qquad Y_5 = \overline{\overline{A_3}\ A_2\ \overline{A_1}\ A_0}$$

$$Y_6 = \overline{\overline{A_3}\ A_2\ A_1\ \overline{A_0}} \qquad Y_7 = \overline{\overline{A_3}\ A_2\ A_1\ A_0}$$

$$Y_8 = \overline{A_3\ \overline{A_2}\ \overline{A_1}\ \overline{A_0}} \qquad Y_9 = \overline{A_3\ \overline{A_2}\ \overline{A_1}\ A_0}$$

如当输入 $A_3A_2A_1A_0 = 0000$ 时，$Y_0 = \overline{\overline{A_3}\ \overline{A_2}\ \overline{A_1}\ \overline{A_0}}$，即输出 $Y_0 = 0$，$Y_1 \sim Y_9$ 输出为 1，此时译码器对应的十进制数输出为 0；又如当输入 $A_3A_2A_1A_0 = 0101$ 时，$Y_5 = \overline{\overline{A_3}A_2\ \overline{A_1}A_0}$，即输出 $Y_5 = 0$，$Y_0 \sim Y_4$ 和 $Y_6 \sim Y_9$ 输出为 1，此时译码器对应的十进制数输出为 5；……，其余输出依次类推。

*3. 显示/ 驱动译码器

如果 BCD 译码器的输出能驱动显示器件发光，将译码器中的十进制数显示出来，这种译码器就是显示译码器。显示译码器常见的是数字显示电路，它通常由译码器、驱动器和显示器等部分组成。

（1）显示器件　半导体数码管（LED）是一种常用的数码显示器件，它是一种能将电能或电信号转换成光能或光信号的结型电致发光器件。其内部是由磷砷化镓等半导体材料做成的，PN 结正向导通时，能辐射发光，辐射波长决定了发光的颜色，常见的有红、绿、橙等颜色。利用这一原理，既可以封装成单个的发光二极管，也可以封装成分段式结构的显示器件，各段笔画的不同组成能分别显示出十进制数 0 ~ 9 十个数码。

数码显示器按显示方式有分段式、字形重叠式和点阵式。其中，七段显示器应用最普遍。图 9-16a 所示的半导体发光二极管显示器是数字电路中使用最多的显示器，它有共阳极和共阴极两种接法。图 9-16b 所示为发光二极管的共阴极接法，共阴极接法是各发光二极管的阴极相接，对应极接高电平时二极管点亮，即哪个管子的阳极接收到高电平，哪个管子发光。

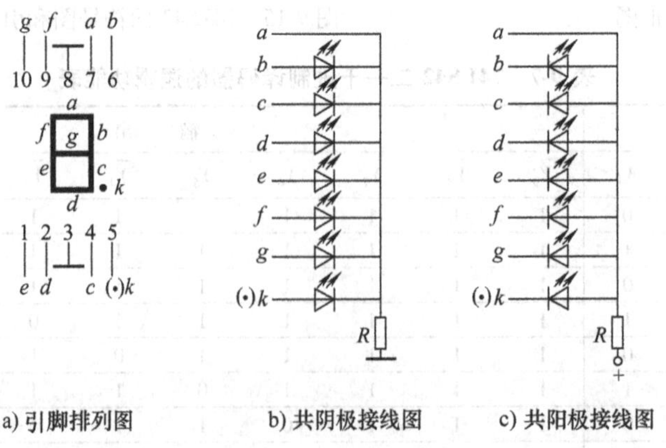

a) 引脚排列图　　b) 共阴极接线图　　c) 共阳极接线图

图 9-16　半导体显示器

七段数字显示器发光段组合图如图 9-17 所示。共阳极接法是各发光二极管阳极相接，如图 9-16c 所示，对应极接低电平时二极管点亮，即哪个管子阴极接收到低电平，哪个管子发光。

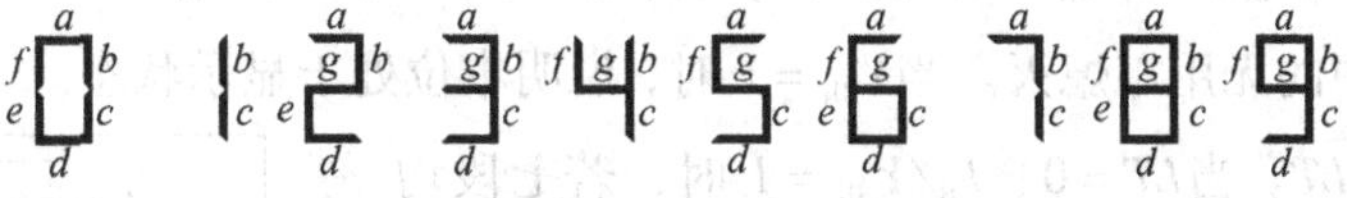

图 9-17　七段数字显示器发光段组合图

（2）74LS48 七段译码/显示器集成电路　图 9-18 所示为显示译码器 74LS48 的符号和引脚功能图，74LS48 的逻辑功能表见表 9-8，它有三个辅助控制端$\overline{LT}$、$\bar{I}_{BR}$、$\bar{I}_B/\bar{Y}_{BR}$。

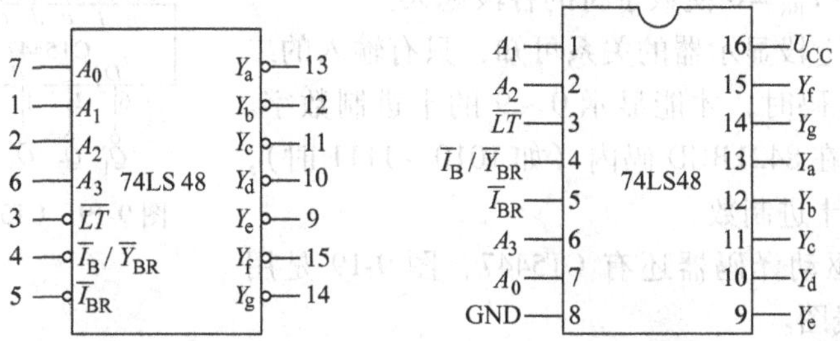

a) 符号图　　b) 引脚图

图 9-18　74LS48 的符号和引脚功能图

表 9-8　74LS48 七段译码/显示器集成电路的逻辑功能表

数字	输入							输出						
十进制	$\overline{LT}$	I_{BR}	A_3	A_2	A_1	A_0	$\bar{I}_B/\bar{Y}_{BR}$	a	b	c	d	e	f	g
0	1	1	0	0	0	0	1	1	1	1	1	1	1	0
1	1	×	0	0	0	1	1	0	1	1	0	0	0	0
2	1	×	0	0	1	0	1	1	1	0	1	1	0	1
3	1	×	0	0	1	1	1	1	1	1	1	0	0	1
4	1	×	0	1	0	0	1	0	1	1	0	0	1	1
5	1	×	0	1	0	1	1	1	0	1	1	0	1	1
6	1	×	0	1	1	0	1	0	0	1	1	1	1	1
7	1	×	0	1	1	1	1	1	1	1	0	0	0	0
8	1	×	1	0	0	0	1	1	1	1	1	1	1	1
9	1	×	1	0	0	1	1	1	1	1	0	0	1	1

74LS48 七段译码/显示器集成电路使能端的功能如下：

1）消隐输入/灭零输出端$\bar{I}_B/\bar{Y}_{BR}$。当$\bar{I}_B=0$ 时，不论其他各使能端和输入端处于何种状态，$Y_a \sim Y_g$ 均输出低电平，显示器的七个字段全熄灭。这个端子是个双功能端子，既可作输入端子，也可作输出端子。作输入端子用时，它是消隐输入$\bar{I}_B$；作输出端子用时，它是灭零输出$\bar{Y}_{BR}$。

2）灭零输入端$\bar{I}_{BR}$。当$\bar{I}_{BR}=0$，输入$A_3A_2A_1A_0=0000$时，使$\bar{Y}_{BR}=0$，利用该灭零输出信号可将多位显示中的无用零熄灭。当$\bar{Y}_{BR}=1$时，说明本位处于显示状态。

3）试灯输入$\overline{LT}$。当$\overline{LT}=0$、$\bar{I}_B/\bar{Y}_{BR}=1$时，若七段均完好，显示字形是“8”，该输入端常用于检查74LS48显示器的好坏；当$\overline{LT}=1$时，译码器可以进行正常的译码显示。用来动态灭零，当$\overline{LT}=1$，且$\bar{I}_{BR}=0$，输入$A_3A_2A_1A_0=0000$时，则$\bar{I}_B/\bar{Y}_{BR}=0$使数字符的各段熄灭。

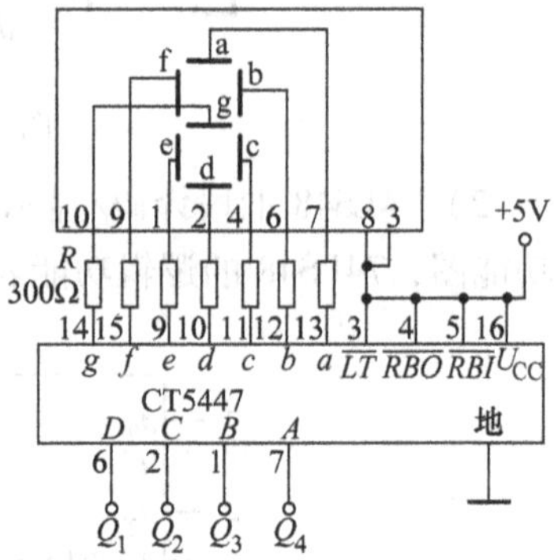

图9-19　CT5447实际接线图

分析功能表与七段显示器的关系可知，只有输入的二进制码是8421BCD码时，才能显示0～9的十进制数字。当输入的四位码不在8421BCD码内（如1010～1111时），显示的字型就不是十进制数。

此外，显示/驱动译码器还有CT5447，图9-19是用CT5447的实际接线图。

9.3.3　数据选择器

数据选择器按要求从多路输入选择一路输出，根据输入端的个数不同可分为四选一、八选一等。其示意图如图9-20所示。

图9-21所示是四选一数据选择器的逻辑图和符号图。其中，A_1、A_0为控制数据准确传送的地址输入信号，D_0～D_3为供选择的电路并行输入信号。E为选通端或使能端，低电平有效。当$E=1$时，选择器不工作，禁止数据输入；$E=0$时，选择器正常工作，允许数据选通。由图9-21可写出四选一数据选择器输出逻辑表达式

$$Y=\bar{E}(\bar{A}_1\bar{A}_0D_0+\bar{A}_1A_0D_1+A_1\bar{A}_0D_2+A_1A_0D_3) \tag{9-1}$$

由式（9-1）可列出功能表，见表9-9。

74LS151是一种典型的集成电路数据选择器，其符号图和引脚排列图分别如图9-22a、b所示。它有三个地址端$A_2A_1A_0$。可选择D_0～D_7八个数据，具有两个互补输出端W和$\overline{W}$，其功能表见表9-10。

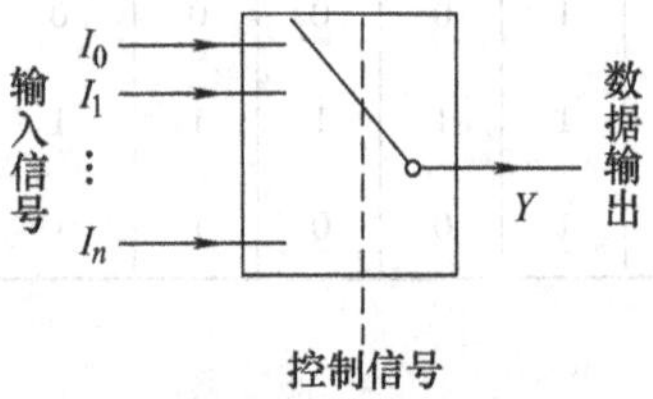

图9-20　数据选择器示意图

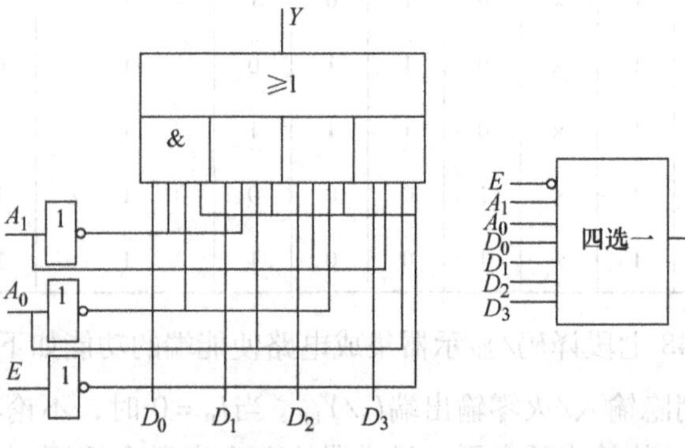

a) 逻辑图　b) 符号图

图9-21　四选一数据选择器的逻辑图和符号图

利用数据选择器，当使能端有效时，将地址输入、数据输入代替逻辑函数中的变量实现逻辑函数。

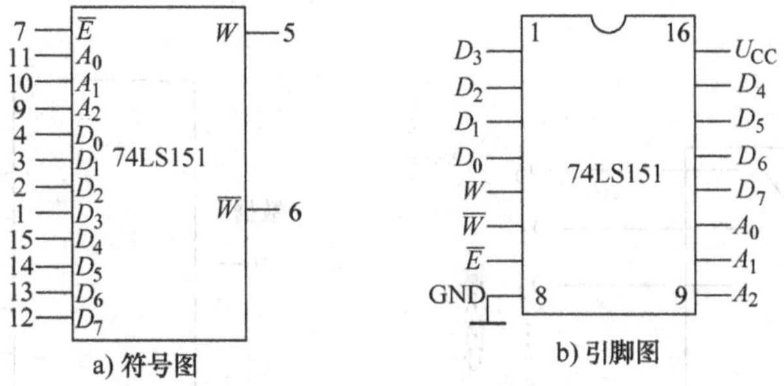

图 9-22　74LS151 数据选择器

表 9-9　四选一功能表

输入			输出
E	A_1	A_0	Y
1	×	×	0
0	0	0	D_0
0	0	1	D_1
0	1	0	D_2
0	1	1	D_3

表 9-10　74LS151 数据选择器功能表

$\overline{E}$	A_2	A_1	A_0	W	$\overline{W}$
1	×	×	×	0	1
0	0	0	0	D_0	$\overline{D_0}$
0	0	0	1	D_1	$\overline{D_1}$
0	0	1	0	D_2	$\overline{D_2}$
0	0	1	1	D_3	$\overline{D_3}$
0	1	0	0	D_4	$\overline{D_4}$
0	1	0	1	D_5	$\overline{D_5}$
0	1	1	0	D_6	$\overline{D_6}$
0	1	1	1	D_7	$\overline{D_7}$

例 9.7　试用八选一数据选择器 74LS151 产生逻辑函数 $Y=AB\overline{C}+\overline{A}BC+\overline{A}\,\overline{B}$。

解：把逻辑函数变换成最小项表达式：

$$
\begin{aligned}
Y &= AB\overline{C}+\overline{A}BC+\overline{A}\,\overline{B}\\
&= AB\overline{C}+\overline{A}BC+\overline{A}\,\overline{B}C+\overline{A}\,\overline{B}\,\overline{C}\\
&= m_0+m_1+m_3+m_6
\end{aligned}
$$

八选一数据选择器的输出逻辑函数表达式为

$$
\begin{aligned}
W &= \overline{A_2}\,\overline{A_1}\,\overline{A_0}\,D_0+\overline{A_2}\,\overline{A_1}\,A_0\,D_1+\overline{A_2}\,A_1\,\overline{A_0}\,D_2+\overline{A_2}\,A_1\,A_0\,D_3+A_2\,\overline{A_1}\,\overline{A_0}\,D_4+\\
&\quad A_2\,\overline{A_1}\,A_0\,D_5+A_2\,A_1\,\overline{A_0}\,D_6+A_2A_1A_0D_7\\
&= m_0D_0+m_1D_1+m_2D_2+m_3D_3+m_4D_4+m_5D_5+m_6D_6+m_7D_7
\end{aligned}
$$

若将式中 A_2、A_1、A_0 用 A、B、C 来置换，Y 接输出端 W，且只要 $D_0=D_1=D_3=D_6=1$，$D_2=D_4=D_5=D_7=0$，就可画出该逻辑函数的逻辑图，如图 9-23 所示。

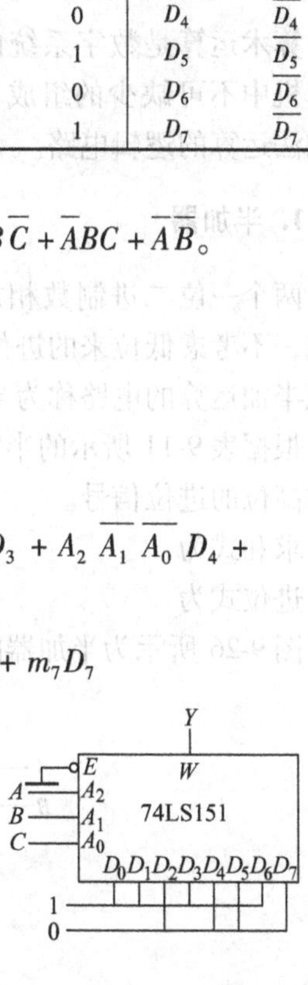

图 9-23　例 9.7 的逻辑电路图

9.3.4　数据分配器

数据分配器有一个输入端，多个输出端，其工作原理是数据选择器的逆过程，工作时由地址码对输出端进行选通，将一路输入数据分配到多路接收设备中的某一路输出。图 9-24 所示为数据分配器的示意图。

图9-25为8路数据分配器逻辑符号。当地址码 $A_2A_1A_0=011$ 时，输出 $Y_3=D$；当地址码 $A_2A_1A_0=101$ 时，输出 $Y_5=D$。依此类推，这样输出就保证了将一路数据分配到多路输出中的某一路输出。

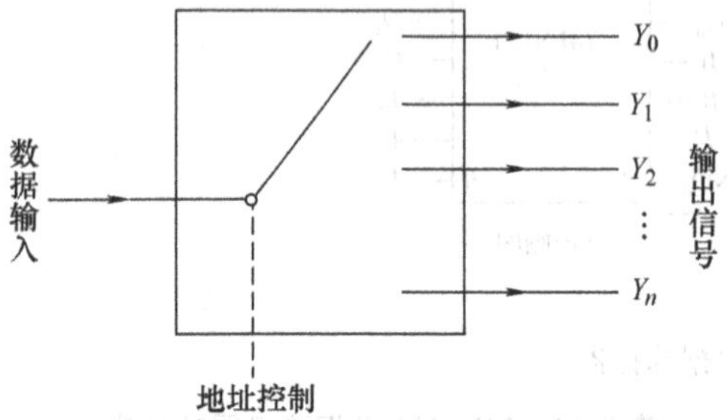

图9-24　数据分配器示意图

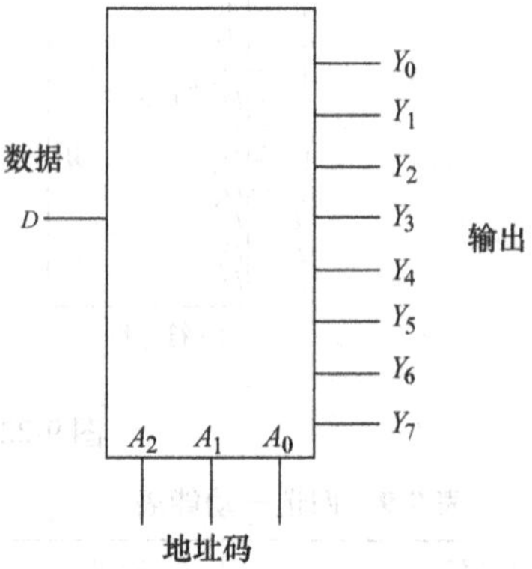

图9-25　8路数据分配器逻辑符号

分配器也能多级连接，实现多路多级分配，在此不赘述。

9.3.5　加法器

算术运算是数字系统的基本功能，更是计算机中不可缺少的组成单元。本节介绍实现加法运算的逻辑电路。

1. 半加器

两个一位二进制数相加时，只考虑本位相加，不考虑低位来的进位信号，称为半加。实现半加运算的电路称为半加器。

表9-11　半加器真值表

输入		输出	
A	B	S	C
0	0	0	0
0	1	1	0
1	0	1	0
1	1	0	1

根据表9-11所示的半加器真值表可得出表达式，其中 A、B 是两个加数，S 为和数，C 为向高位的进位信号。

求和式为
$$S=A\overline{B}+\overline{A}B=A\oplus B \tag{9-2}$$
进位式为
$$C=AB \tag{9-3}$$

图9-26所示为半加器的逻辑电路和逻辑符号。

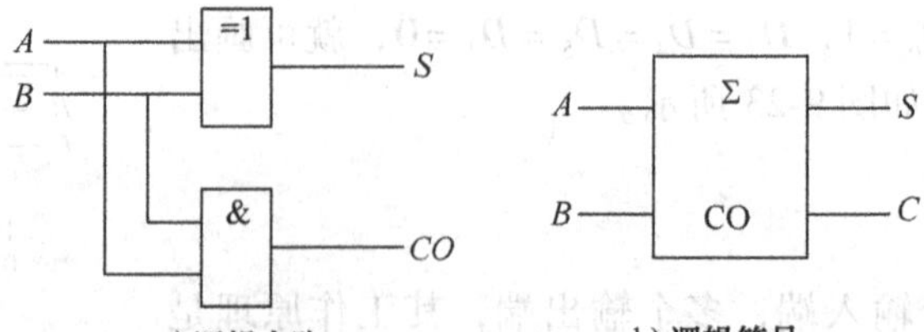

图9-26　半加器的逻辑电路和逻辑符号

2. 全加器

进行二进制加法时，不仅考虑本位的两个加数 A_n、B_n 相加，还考虑低位来的进位信号 C_{n-1} 的运算称为全加，能实现这种功能的电路称为全加器。全加器的输出有本位 S_n 和向高位的进位 C_n。全加器的真值表见表 9-12。

表 9-12　全加器的真值表

输　入			输　出	
A_n	B_n	C_{n-1}	S_n	C_n
0	0	0	0	0
0	0	1	1	0
0	1	0	1	0
0	1	1	0	1
1	0	0	1	0
1	0	1	0	1
1	1	0	0	1
1	1	1	1	1

根据真值表，可写出全加器输出 S_n 和 C_n 的表达式如下：

$$S_n = \overline{A}_n\overline{B}_nC_{n-1} + \overline{A}_nB_n\overline{C}_{n-1} + A_n\overline{B}_n\overline{C}_{n-1} + A_nB_nC_{n-1}$$
$$= \overline{A}_n(B_n \oplus C_{n-1}) + A_n\overline{(B_n \oplus C_{n-1})} \tag{9-4}$$
$$= A_n \oplus B_n \oplus C_{n-1}$$

$$C_n = \overline{A}_nB_nC_{n-1} + A_n\overline{B}_nC_{n-1} + A_nB_n \tag{9-5}$$
$$= (A_n \oplus B_n)C_{n-1} + A_nB_n$$

对式（9-4）、式（9-5）进行变换，可得到

$$S_n = A_n \oplus B_n \oplus C_{n-1} \tag{9-6}$$
$$C_n = (A_n \oplus B_n)C_{n-1} + A_nB_n \tag{9-7}$$

用异或门等门电路组成的全加器及其逻辑电路如图 9-27a 所示，图 9-27b 为逻辑符号图。

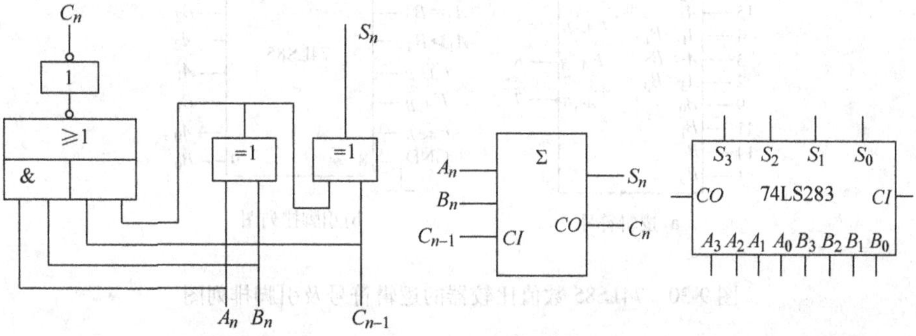

a) 逻辑电路　　b) 逻辑符号　　c) 74LS283 逻辑图

图 9-27　74LS283 全加器逻辑图

74LS283 芯片是一个四位加法器电路，用其可实现两个四位二进制数的相加，其逻辑图

如图 9-27c 所示。

CI 是低位的进位，CO 是向高位的进位，$A_3A_2A_1A_0$ 和 $B_3B_2B_1B_0$ 是两个二进制加数，S_3、S_2、S_1、S_0 是对应各位的和。

多位数相加时，要考虑进位，进位的方式有串行进位和超前进位两种。可以采用全加器并行相加串行进位的方式来完成，图 9-28 是一个四位串行进位加法器。

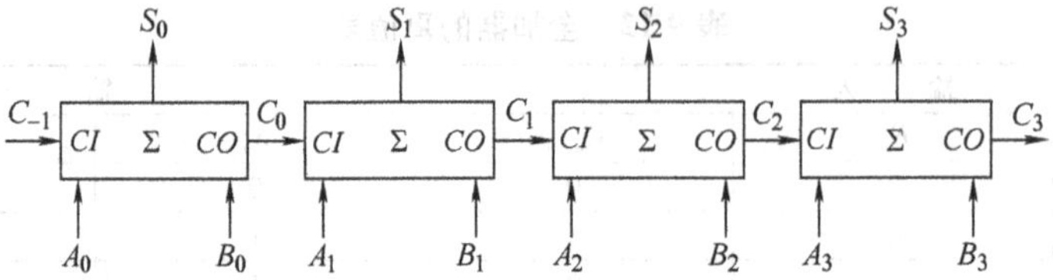

图 9-28　四位串行进位加法器

多位加法器除了可以实现加法运算功能之外，还可以实现组合逻辑电路。比如用 74LS283 构成的 8421BCD 码转换成余 3 码的代码转换电路，如图 9-29 所示。

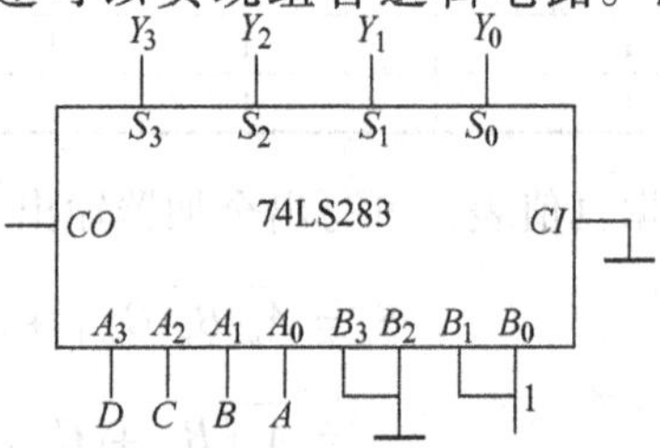

图 9-29　74LS283 构成的代码转换电路

余 3 码与 8421BCD 码的关系是：余 3 码 = 8421BCD 码 + 3（即 0011），实际上就是两个四位数相加，加数 $A_3A_2A_1A_0$ 为 8421BCD 码输入，即 0000 ~ 1001 中的任意代码，另一加数 $B_3B_2B_1B_0$ 始终输入为 0011，这样输出 S_3、S_2、S_1、S_0 便是被转换后的余 3 码。

*9.3.6　数值比较器

数值比较器是对两个位数相同的二进制数进行比较，并判定其大小的逻辑电路。74LS85 逻辑电路如图 9-30 所示。

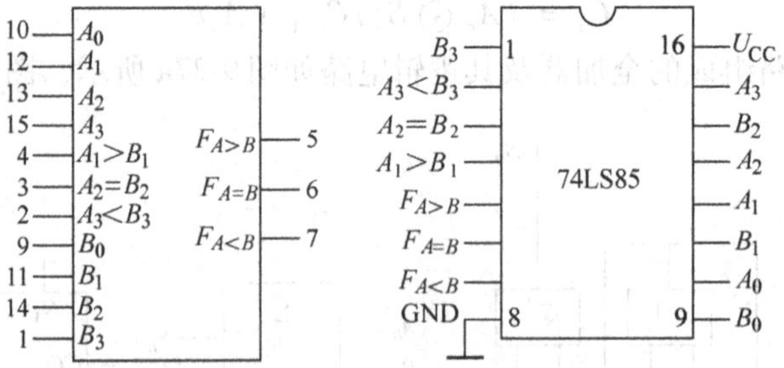

a) 逻辑符号　　b) 引脚排列图

图 9-30　74LS85 数值比较器的逻辑符号及引脚排列图

A、B 为数据输入端；它有三个级联输入端 $I_{A<B}$、$I_{A>B}$、$I_{A=B}$，表示低四位比较的结果输入；它有三个级联输出端 $F_{A<B}$、$F_{A>B}$、$F_{A=B}$，表示末级比较结果的输出。

比较两个多位数大小时，应先从高位开始比较，如果高位已经比较出大小，便可得出结论，就不用比较低位了。只有在高位相等时，才有必要去比较低位。若各位均相等，则 A =

B，即 $A_3=B_3$、$A_2=B_2$、$A_1=B_1$、$A_0=B_0$。其功能表见表 9-13。

表 9-13　四位数值比较器功能表

输入				级联输入			输出		
A_3B_3	A_2B_2	A_1B_1	A_0B_0	$I_{A>B}$	$I_{A<B}$	$I_{A=B}$	$F_{A>B}$	$F_{A<B}$	$F_{A=B}$
$A_3>B_3$	×	×	×	×	×	×	1	0	0
$A_3<B_3$	×	×	×	×	×	×	0	1	0
$A_3=B_3$	$A_2>B_2$	×	×	×	×	×	1	0	0
$A_3=B_3$	$A_2<B_2$	×	×	×	×	×	0	1	0
$A_3=B_3$	$A_2=B_2$	$A_1>B_1$	×	×	×	×	1	0	0
$A_3=B_3$	$A_2=B_2$	$A_1<B_1$	×	×	×	×	0	1	0
$A_3=B_3$	$A_2=B_2$	$A_1=B_1$	$A_0>B_0$	×	×	×	1	0	0
$A_3=B_3$	$A_2=B_2$	$A_1=B_1$	$A_0<B_0$	×	×	×	0	1	0
$A_3=B_3$	$A_2=B_2$	$A_1=B_1$	$A_0=B_0$	1	0	0	1	0	0
$A_3=B_3$	$A_2=B_2$	$A_1=B_1$	$A_0=B_0$	0	1	0	0	1	0
$A_3=B_3$	$A_2=B_2$	$A_1=B_1$	$A_0=B_0$	0	0	1	0	0	1

9.3.7　概念自测题

一、填空题

1. 只考虑加数和被加数本位相加、以及向________进位，不考虑________来的________信号的组合逻辑电路称半加器。

2. 编码就是________________，它的逆过程叫作________________。

3. 编码器除了对二进制数进行编码外，还能对________、________等进行编码。

4. 8421 编码器有十个输入端，________________个输出端，它能把十进制数转换成________代码。

5. 数据选择器又叫________或________，它的作用相当于________________，在选择输入信号作用下，从多输入通道中选择________通道的数据传输至输出。

二、判断题

6. 全加器就是两个半加器的组合。（　　）

7. 译码器可以是一种多路输入、多路输出的逻辑部件。（　　）

8. 译码器的作用就是将输入的代码译成特定的信号。（　　）

三、选择题

9. 完成二进制代码转换为十进制数的应选择（　　）。

A. 译码器　B. 编码器　C. 一般组合逻辑电路

10. 下列器件中，属于组合逻辑电路的是（　　）。（多选）

A. 译码器　B. 计数器　C. 加法器　D. 寄存器

11. 译码器的输出是（　　）。

A. 表示二进制代码　B. 表示二进制数　　C. 特定含义的逻辑信号

12. 译码器的主要用途是（　　）。

A. 将某种数字编码系统翻译成另一种编码系统

B. 将二进制数译成十进制数

C. 将十进制数译成二进制数

本章小结

1. 组合逻辑电路的特点是任何时刻的输出仅取决于该时刻的输入，而与电路原来的状态无关，它由若干逻辑门组成。

2. 组合逻辑电路的分析方法：写出逻辑表达式→化简和变换逻辑表达式→列出真值表→确定功能。

3. 组合逻辑电路的设计方法：列出真值表→写出逻辑表达式→逻辑化简和变换→画出逻辑图。

4. 本章着重介绍了具有特定功能的、常用的一些组合逻辑电路，如编码器、译码器、数据选择器、数据分配器、加法器和比较器等。介绍了它们的逻辑功能、集成芯片及集成电路的扩展和应用。其中，编码器和译码器功能相反，都设有使能控制端，便于多片连接扩展；数据选择器和分配器功能相反，用数据选择器可实现逻辑函数及组合逻辑电路；加法器用来实现算术运算；数值比较器用来比较数的大小。

习题九

9-1　图9-31所示为逻辑笔的逻辑图，当探头测得高电平或低电平时，相应的发光二极管发亮。试分析其原理，并说明 VL_1、VL_2 分别在什么时候发光。

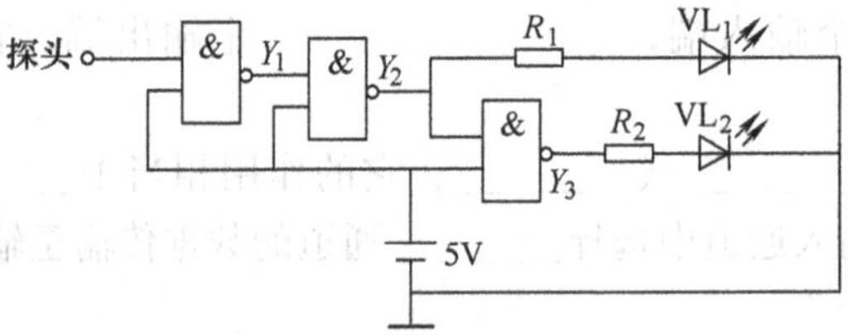

图9-31　习题9-1图

9-2　如图9-32所示，写出图9-32a中开关 $S_1 \sim S_5$ 和图9-32b中开关 $S_1 - S_6$ 断开与闭合时灯亮的函数关系。

9-3　试分析图9-33所示各组合逻辑电路的逻辑功能，写出函数表达式。

9-4　设计一个判奇电路，要求：三个输入端，一个输出端。当输入有奇数个1时，输出为1，否则输出为0，试用与非门实现电路。

9-5　某产品有 A、B、C、D 四项指标，其中 A 为主要指标。产品检验标准规定：当主要指标和另两项或两项以上的指标合格时产品定为合格品，否则为废品。试用74LS00集成与非门设计一个判断产品为合格品的逻辑电路。

9-6　某工厂有一个自备电厂，可供三台设备用电。电厂有两台发电机组 X、Y，其中 Y 机组的发电能

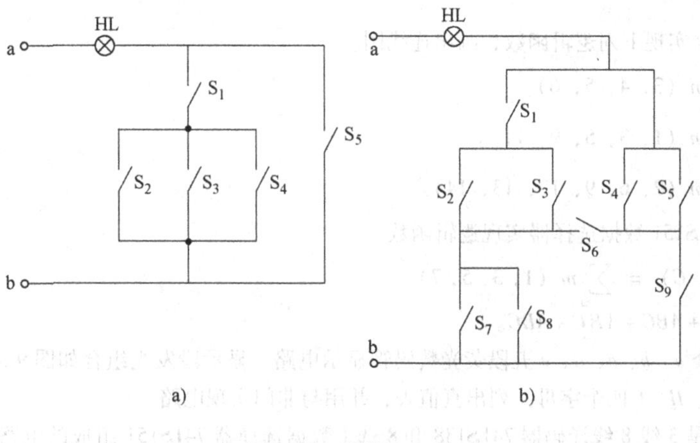

图 9-32　习题 9-2 图

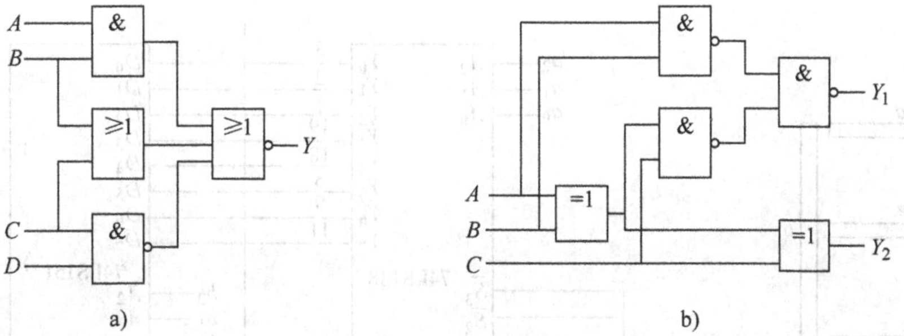

图 9-33　习题 9-3 图

力是 X 机组发电能力的两倍。为节约能源，按以下原则起动发电机组：

（1）如果一台设备工作，只需起动 X 机组即可满足用电需求。

（2）如果两台设备工作，只需起动 Y 机组即可满足用电需求。

（3）如果三台设备同时工作，就需起动 X、Y 两个机组才能满足用电需求。

试用与非门设计一个控制发电机组 X 和 Y 的起动控制电路。

9-7　一火灾报警系统，设有烟感、温感和紫外光感三种类型的火灾探测器。为了防止误报警，只有当其中两种或两种以上类型的探测器发出火灾检测信号时，报警系统才产生报警控制信号。设计一个产生报警控制信号的电路。

9-8　某汽车驾驶员培训班进行结束考试，有三名评判员，其中 A 为主评判员，B 和 C 为副评判员。在评判时，按照少数服从多数的原则通过，但主评判员认为合格，亦可通过。试用“与非”门实现此评判规定逻辑电路。

9-9　某同学参加四门课程考试，规定如下：

（1）课程 A 及格得 1 分，不及格得 0 分。

（2）课程 B 及格得 2 分，不及格得 0 分。

（3）课程 C 及格得 4 分，不及格得 0 分。

（4）课程 D 及格得 5 分，不及格得 0 分。

若总得分 8 分（含 8 分），就可结业。试用“与非”门实现上述逻辑要求。

9-10　用数据选择器实现三变量多数表决电路。

9-11　设计一个译码电路，输入为四位二进制码 $X = A_3A_2A_1A_0$，要求 $3 \leqslant X < 7$ 和 $X > 12$ 时输出为 1，其

他情况输出为0。

9-12　用译码器实现下列逻辑函数，画出连线图。

（1）$Y_1=\sum m(3,4,5,6)$。

（2）$Y_2=\sum m(1,3,5,9,11)$。

（3）$Y_3=\sum m(2,6,9,12,13,14)$。

9-13　试用74LS151数据选择器实现逻辑函数。

（1）$Y(A,B,C)=\sum m(1,3,5,7)$。

（2）$Y_2=\overline{A}\,\overline{B}C+\overline{A}BC+AB\overline{C}+ABC$。

9-14　设计一个 a、b、c、d、e 五段荧光数码管显示电路，显示段发光组合如图9-34所示。输入为 A、B，要求显示 E、F、H、L 四个字母。列出真值表，并用与非门实现电路。

9-15　图9-35是3线-8线译码器74LS138和8选1数据选择器74LS151组成的电路，试分析电路的逻辑功能。

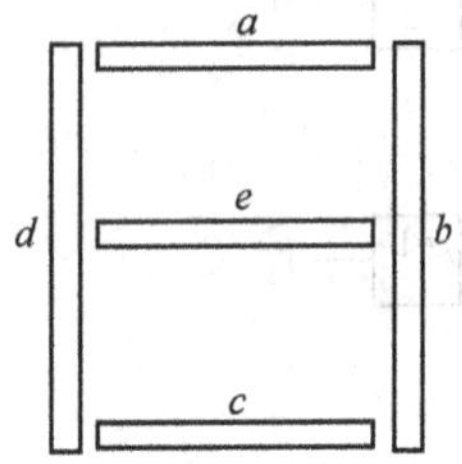

图9-34　习题9-14图

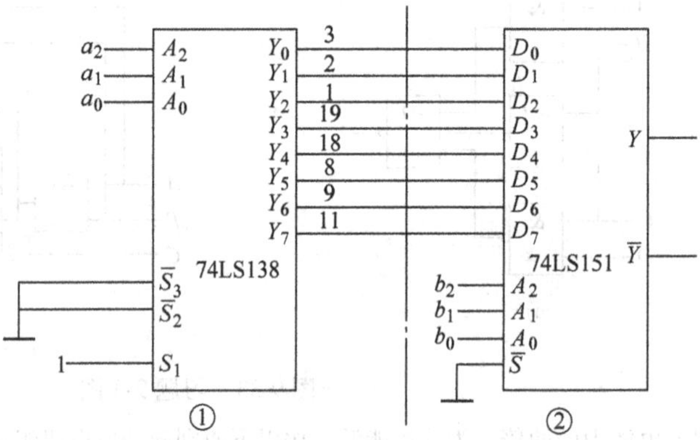

图9-35　习题9-15图

第 10 章

时序逻辑电路

本章学习要求

理论：掌握各类触发器的逻辑功能，掌握各类计数器的功能及分析方法，熟悉触发器的类型，了解 555 定时器的功能及应用。

技能：能分析和测试各类触发器、计数器的逻辑功能，能搭建一定功能的逻辑电路，学会查阅手册的方法和触发器在实际中的应用。

组合逻辑电路中，任一时刻的输出信号仅仅取决于当时的输入信号，这是组合逻辑电路的共同特点。这一章要讲的另一类逻辑电路中，任一时刻的输出信号不但取决于当时的信号，而且还取决于电路原来的状态，或者说，还与以前的输入有关，具备这种逻辑功能特点的电路称为时序逻辑电路（简称时序电路）。

10.1 触发器

在数字电路中不但需要对二值信号进行算术运算和逻辑运算，而且还经常需要将这些信号和运算结果暂时保存起来。为此，需要使用具有记忆功能的基本逻辑单元。把能够存储一位二值信号的基本电路称为触发器，又称双稳态触发器。

触发器是组成时序电路的基本单元。为了实现记忆一位二值信号的功能，触发器必须具备以下几个特点：

1）具有两个能自行保持的稳定状态，用来表示逻辑状态的 1 和 0，或二进制的 1 和 0。

2）根据不同的输入信号可以置成 1 或 0。

3）在输入信号消失以后，能将获得的新状态保存下来。

4）输出信号不仅取决于输入信号，还与过去的输出状态有关。

触发器的种类很多，按照控制方式（即信号的输入方式以及触发器状态随输入信号变化的规律）的不同，触发器的逻辑功能在细节上又有所不同。据此可将触发器按逻辑功能划分为 RS 触发器、JK 触发器、T 触发器和 D 触发器等几种。本节将重点介绍这几种触发器的逻辑功能。

10.1.1 基本 RS 触发器

基本 RS 触发器是各种触发器中电路结构最简单的一种，同时，也是构成其他复杂触发器电路的一个组成部分。

1. 电路结构及工作原理

基本 RS 触发器可由两个与非门交叉而成。图 10-1a、b 分别是它的逻辑电路和逻辑符号。Q 和 $\overline{Q}$ 称为输出端，并且定义 $Q=1$、$\overline{Q}=0$ 为触发器的“1”状态；$Q=0$、$\overline{Q}=1$ 为触发器的“0”状态。这两种稳定状态，说明在正常情况下 Q 和 $\overline{Q}$ 端保持相反。$\overline{S}_D$称为置位端或置 1 输入端，$\overline{R}_D$ 称为复位端或置 0 输入端。

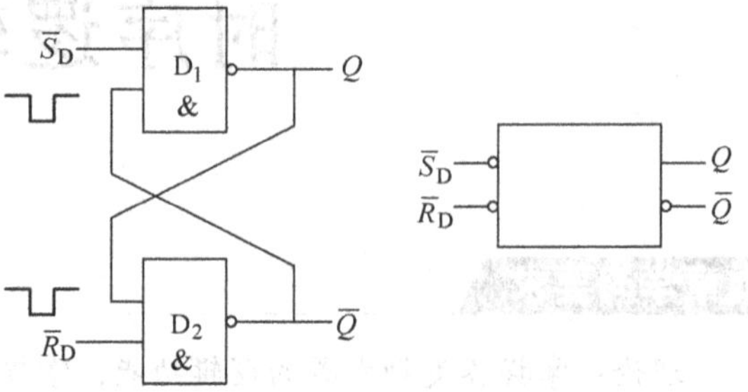

a) 逻辑电路　　b) 逻辑符号

图 10-1　基本 RS 触发器

2. 功能分析

当$\overline{S}_D=1$，$\overline{R}_D=0$ 时，$Q=0$，$\overline{Q}=1$，触发器处于 0 状态，这种情况称为触发器置 0 或复位。

当$\overline{S}_D=0$，$\overline{R}_D=1$ 时，$Q=1$，$\overline{Q}=0$，触发器处于 1 状态，这种情况称为触发器置 1 或置位。

当$\overline{S}_D=\overline{R}_D=1$ 时，各自的输出状态保持不变，即说明触发器有记忆功能。

当$\overline{S}_D=\overline{R}_D=0$ 时，显然 $Q=\overline{Q}=1$，这既不是定义的 1 状态，也不是定义的 0 状态，并且与触发器的两个输出端应该相反的要求矛盾，而且同时去除输入信号，无法判定触发器恢复为 0 状态还是 1 状态，故称为不定状态。在实际使用中，应避免这种状态发生。因此，在正常工作时输入信号应遵守约束条件$\overline{R}_D+\overline{S}_D=1$，即不允许输入$\overline{S}_D=\overline{R}_D=0$ 的信号。

把以上所分析的逻辑关系列成表格就得到表 10-1 触发器的特性表。因为触发器新的状态（也称为次态）Q^{n+1}不仅与输入状态有关，而且与触发器原来的状态（也称为初态）Q^n 有关，所以 Q^n 也作为一个变量列到真值表中，并将 Q^n 称为外状态变量。把这种含有状态变量的真值表称为触发器的特性表。

表 10-1　用与非门组成的基本 RS 触发器的特性表

$\overline{R}_D$	$\overline{S}_D$	Q^n	Q^{n+1}	说　明
0	1	0 或 1	0	输入相异时，输出与$\overline{R}_D$ 同
1	0	0 或 1	1	
1	1	0	0	同为 1 时，输出保持不变
1	1	1	1	
0	0	0 或 1	不定状态	禁止使用

上述基本 RS 触发器，当$\overline{R}_D$ 输入负脉冲时触发器置 0，$\overline{S}_D$ 输入负脉冲时触发器置 1。为表明这一特点，在逻辑符号中输入端靠近方框的位置加一个小圆圈，含义是负脉冲（低电平）输入有效。

3. 特性方程

如果将表 10-1 给出的特性表示为逻辑函数，则可得到特性方程：

$$Q^{n+1} = S_D + \overline{R}_D Q^n$$

$$\overline{S}_D + \overline{R}_D = 1 (约束条件)$$

由上述可得出结论：基本 RS 触发器有两个稳定状态。可以通过输入控制使触发器从一种稳定状态翻转到另一种稳定状态，并且可以保留到外加控制信号作用过后，即当$\overline{S}_D = \overline{R}_D = 1$ 时，电路能保持其输出状态不变，这就是触发器具有记忆功能。

10.1.2 同步 RS 触发器

1. 电路结构

在数字系统中为协调各部分的动作，常常要求某些触发器于同一时刻动作。为此，必须引入同步信号，使这些触发器只有在同步信号到达时才按输入信号改变状态。通常把这个同步信号称为时钟脉冲信号，或简称为时钟信号，用 CP（Clock Palse）表示。这种脉冲信号可以是正脉冲（高电平）信号，也可以是负脉冲（低电平）信号，在这里用的是正脉冲信号。

这种受时钟信号控制的触发器称为同步或钟控触发器（可控触发器）。图 10-2a、b 是同步 RS 触发器的逻辑图和逻辑符号。在图中可以看到：与非门 D_1、D_2 构成基本 RS 触发器，与非门 D_3、D_4 组成输入控制门电路。

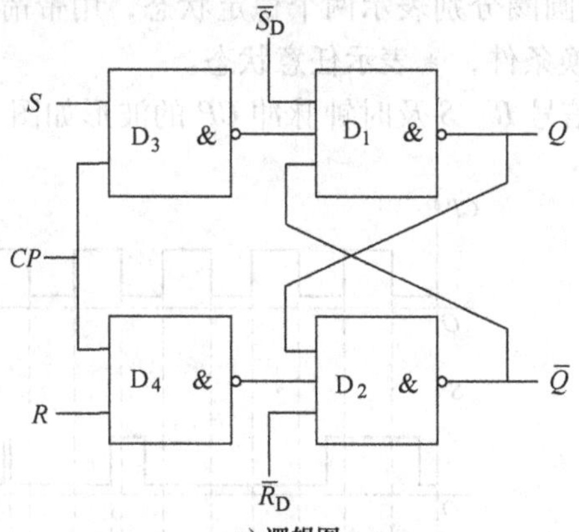

a) 逻辑图

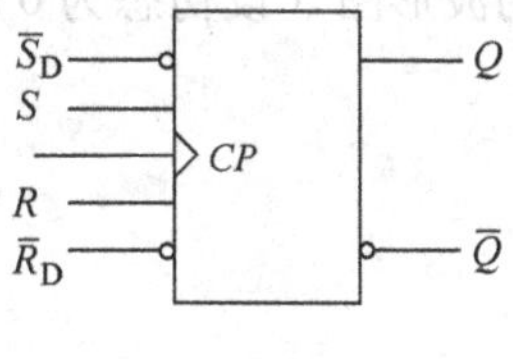

b) 逻辑符号

图 10-2 同步 RS 触发器的逻辑图和逻辑符号

2. 功能分析

当 $CP = 0$ 时，不论输入端 R 和 S 如何变化，D_3、D_4 输出为 1。基本 RS 触发器保持原来的状态不变（或者可以说门 D_3、D_4 截止），即 $Q^{n+1} = Q^n$。

当 $CP = 1$ 时，触发器按 R、S 端的输入状态来决定其输出状态。

$\overline{S}_D$ 和$\overline{R}_D$ 是为预先要将触发器置成指定状态而设定的。因为用$\overline{S}_D$ 输入的低电平信号使触发器置 1 或用$\overline{R}_D$ 输入的低电平信号使触发器置 0，不受 CP 信号的控制，所以称$\overline{S}_D$ 和$\overline{R}_D$ 为（异步）直接置位、复位端。触发器在工作过程中一般不用它们，不用它们时让它们处于 1

状态（高电平或悬空）。

类似于基本 RS 触发器的分析，可得到关于同步 RS 触发器的特性表，见表 10-2。

3. 特征方程

描述触发器逻辑功能的逻辑函数表达式称为特征方程。

表 10-2　同步 RS 触发器的特性表（＊表示输入任意信号）

CP	S	R	Q^n	Q^{n+1}	说　明
0	＊	＊	＊	Q^n	保持不变
1	0	0	0	0	Q^n 不变
1	0	0	1	1	
1	1	0	0	1	同 S
1	1	0	1	1	
1	0	1	0	0	同 S
1	0	1	1	0	
1	1	1	0	状态不定	禁用
1	1	1	1		

由特性表可得特征方程为

$$Q^{n+1} = S + \overline{R}Q^n\text{（}CP = 1\text{ 期间）}$$
$$RS = 0\quad\text{（约束条件）}$$

触发器的逻辑功能也可以采用图形的方式来描述，称为状态转换图，简称状态图。RS 触发器的状态图如图 10-3 所示。两个椭圆圈分别表示两个稳定状态，用带箭头的直线或弧线表示状态转换方向，并在其上标注转换条件，＊表示任意状态。

例 10.1　已知同步 RS 触发器输入信号 R、S 及时钟脉冲 CP 的波形如图 10-4 所示。试画出输出端 Q 的波形图（设初态为 0）。

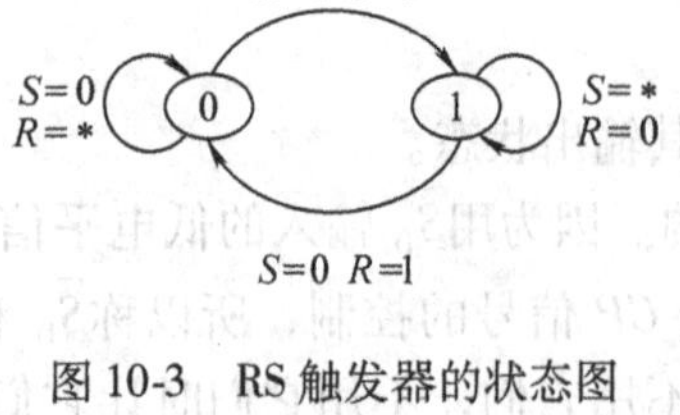

图 10-3　RS 触发器的状态图

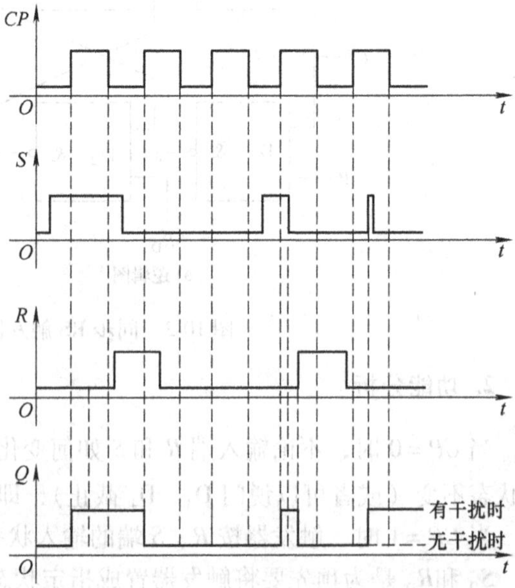

图 10-4　同步 RS 触发器工作波形图

解：分析该题时应考虑以下两点：

（1）$CP=1$ 期间输入端 R、S 的状态。

（2）每一个时钟脉冲来之前触发器的状态。

根据 RS 触发器的特性表可画出该触发器 Q 端的波形图，如图 10-4 所示。

前三个 CP 均为正常，从第四个 CP 开始，Q 不按节拍工作。第四个 $CP=1$ 期间内，由于 R、S 的变化使得 Q 也发生了变化。在第五个 CP 等于 1 期间，若 $S=R=0$，则触发器的输出状态应保持不变。但由于在此期间 S 端出现了一个干扰脉冲，因而触发器被置成 $Q=1$。若无干扰，Q 输出如图中虚线所示。

在数字系统中触发器的输入端难免会出现某些随机性的噪声电压，如果碰巧出现在 CP 为高电平时，就有可能使触发器误动作。

4. 存在的问题

根据上面的讨论，同步 RS 触发器与基本 RS 触发器都存在一个不允许的状态。但同步 RS 触发器对触发器翻转增加了时间控制，即 $CP=1$ 的时间里，R、S 信号都能够通过 D_3 和 D_4 加到基本 RS 触发器部分上。所以 $CP=1$ 的全部时间内 R 和 S 的变化都将引起触发器状态的相应改变。在一个 $CP=1$ 期间内，触发器状态发生两次或两次以上的翻转，称这种现象为"空翻"。同步 RS 触发器的空翻现象，降低了其抗干扰能力。

同步 RS 触发器是集成触发器发展过程的中间产物，由于在应用中受到一定的限制，很少单独使用。

10.1.3 JK 触发器

我们希望触发器的状态在每次 CP 期间里只变化一次，故在同步 RS 触发器基础上又设计了主从结构触发器，其触发方式采用主从触发方式。由于主从结构中主触发器本身也是一个同步触发器，所以也会出现当 CP 下降沿到达时从触发器的状态并不一定按此刻输入信号的状态翻转。需要进一步提高触发器的工作可靠性，增强抗干扰能力。

1. 电路结构

主从 JK 触发器是双端输入、功能完善的一种触发器。它不仅能克服空翻现象，还解决了同步 RS 触发器输出不确定的问题，即当输入信号同时为 1 时，在 CP 的作用下，输出仍为确定的状态。

图 10-5a、b 分别为主从 JK 触发器的逻辑电路图和逻辑符号。它由两个同步 RS 触发器串联构成，前一级称为主触发器，后一级称为从触发器。主触发器 F_1 具有双 R、S 端，并将其中一对 R、S 端分别与从触发器 F_2 的输出端 Q、$\overline{Q}$ 相连，另一对 R、S 端分别标 K 和 J，作为整个主从触发器的输入端，从触发器 F_2 的输出端作为整个主从触发器的输出端。F_1 的输出端与 F_2 的输入端直接相连，用 F_1 的状态来控制 F_2 的状态。时钟脉冲直接控制 F_1，并经过非门反向后控制 F_2，所以 F_1、F_2 的时钟脉冲信号 CP 恰好反相，称为双拍工作方式。

主从 JK 触发器的逻辑符号中，有一个直接置位端$\overline{S}_D$和一个直接复位端$\overline{R}_D$，有两个控制输入端 J 和 K，一个时钟脉冲输入端 CP。

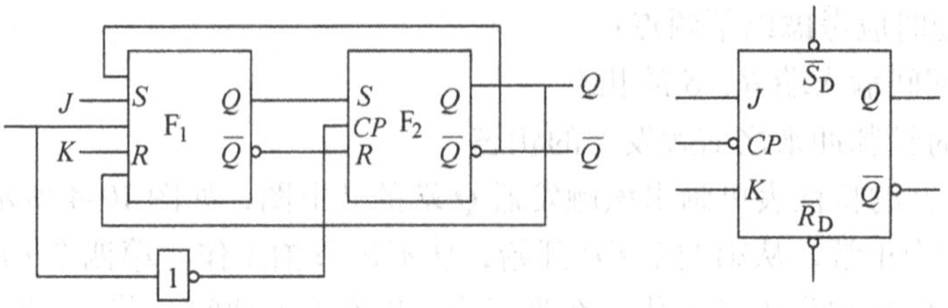

a) 逻辑电路图　　b) 逻辑符号

图 10-5　主从 JK 触发器

2. 功能分析

由图 10-5 可知，在 $CP=1$ 期间，F_1 的状态由 J、K 的信号和 F_2 的状态来决定，但此时 $\overline{CP}=0$，F_2 被封锁，从而维持原来的状态不变，即主从 JK 触发器的状态不变。在 $CP=0$ 期间，F_1 被封锁，其状态不变；但是因为 $\overline{CP}=1$，F_2 受 F_1 输出状态的控制，其输出状态将变为与主触发器 F_1 的输出状态相同。

由此可见，主从触发器是分两步工作的：第一步，CP 为高电平，J、K 的输入信号存于主触发器中，从触发器状态不变；第二步，CP 下降到低电平时，信息从主触发器传送到从触发器，F_1 控制 F_2 翻转，即将主触发器中保存的状态传送到从触发器，使两者的状态一致，而主触发器保持状态不变，不受 J、K 端输入信号改变的影响。也就是说，对整个触发器来说，相当于 CP 在高电平时做准备，CP 下降沿到来时才翻转。由于 CP 对主、从触发器有隔离作用，因此主从 JK 触发器翻转可靠，有效地防止了多次翻转的空翻现象。

从图 10-5a 可以看出，主触发器的 $R=KQ$，$S=J\overline{Q}$，因此可以由同步 RS 触发器的逻辑功能来推出主从 JK 触发器的逻辑功能。根据分析，可列出其特性表，见表 10-3。

表 10-3　主从 JK 触发器特性表

J	K	Q^{n+1}	说　明
0	0	Q^n	状态不变
0	1	0	置 0
1	0	1	置 1
1	1	$\overline{Q^n}$	计数翻转

由上述分析可以看出，主从 JK 触发器输出状态的改变发生在 CP 的下降沿，即具有在时钟脉冲后沿触发的特点，该特点反映在逻辑符号中是在 CP 输入端靠近方框处用一小圆圈表示，如图 10-5b 所示。

3. 特征方程

由 JK 触发器的特性表，得到 JK 触发器的特征方程为

$$Q^{n+1}=J\overline{Q^n}+\overline{K}Q^n$$

并可相应地画出其状态图，如图 10-6 所示。

※ 边沿触发器

为了提高触发器的工作可靠性，希望触发器的状态仅取决于 CP 下降沿或上升沿到达时输入信号的状态，而在此之前或之后的输入状态的变化对触发器的状态没有影响。为此，人们相继研制了各种边沿触发方式的触发器。下面以及后面几个小节讨论的触发器均为边沿触发方式。重点掌握这些触发器的逻辑符号和逻辑功能。

边沿 JK 触发器是输入信号为双端的、逻辑功能最完善的一种触发器。图 10-7 为边沿 JK

触发器的逻辑符号，分别是上升沿和下降沿两种类型。

注意：在逻辑符号中，*CP* 输入端的小圆圈表示下降沿触发，在 *CP* 上升沿触发时，不画这个小圆圈。

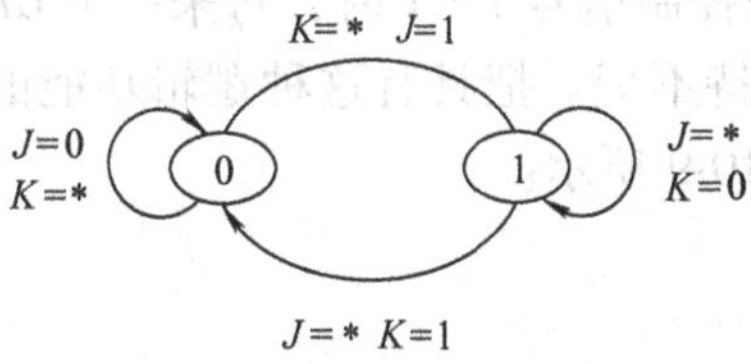

图 10-6 主从 JK 触发器的状态图

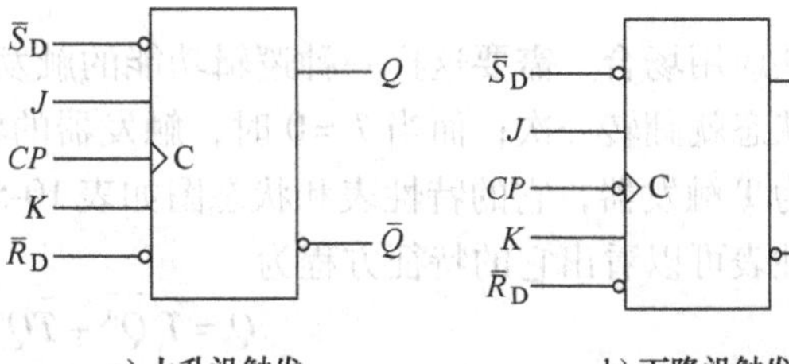

图 10-7 边沿 JK 触发器的逻辑符号

分析可得边沿 JK 触发器的特性表，见表 10-4。

表 10-4 边沿 JK 触发器的特性表

J	K	Q^{n+1}	说明
0	0	Q^n	保持
0	1	0	置 0
1	0	1	置 1
1	1	$\overline{Q^n}$	翻转

可以看出，边沿 JK 触发器与前述主从 JK 触发器逻辑功能相同，故其特征方程和状态图也相同。

为了扩大 JK 触发器的使用范围，JK 端常做成多输入结构，各同名端为与逻辑关系，即

$$J = J_1J_2,\quad K = K_1K_2$$

目前使用的触发器有 TTL 型，也有 CMOS 型，虽然它们结构不同，但功能是一样的，采用的逻辑符号也相同。对使用者而言，应主要掌握其逻辑功能。常用的边沿触发型集成 JK 触发器产品很多，如单 JK 边沿触发器 CT2101/2102 为下降沿触发，CT1070 为上升沿触发，双边沿触发器 CT3112/4112、CT2108、CT3114/4114、CT1109/4109 等均为下降沿触发。

例 10.2 JK 触发器的输入信号 *J*、*K* 及 *CP* 的波形如图 10-8 所示。设触发器初态为 0，试画出 JK 触发器上升沿和下降沿触发时的输出端 *Q* 的波形图。

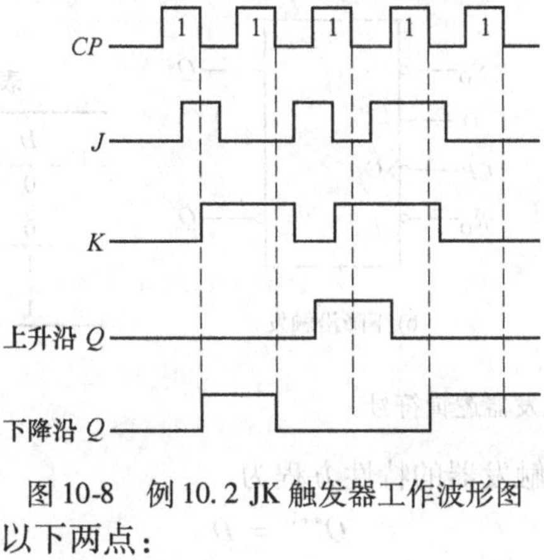

图 10-8 例 10.2 JK 触发器工作波形图

解：分析该题时应考虑以下两点：

(1) 输入端 *J*、*K* 的状态。

(2) *CP* 脉冲是上升沿触发还是下降沿触发。

根据特性表可分别画出输出端 Q 的波形图如图 10-8 所示。

10.1.4 T 和 T′触发器

在某些应用场合，需要这样一种逻辑功能的触发器：当控制信号 $T=1$ 时，每来一个 CP 信号它的状态就翻转一次；而当 $T=0$ 时，触发器的状态保持不变。把具有这种逻辑功能的触发器称为 T 触发器，它的特性表和状态图如表 10-5 和图 10-9 所示。

从特性表可以看出它的特征方程为

$$Q=T\overline{Q^n}+\overline{T}Q^n$$

事实上只要将 JK 触发器的两个输入端 J 和 K 连在一起作为 T 端，就可以得到 T 触发器了。正因为如此，在触发器的定型产品中极少生产专门的 T 触发器。

表 10-5 T 触发器的特性表

T	Q^n	Q^{n+1}	说明
0	0	0	不变
0	1	1（不变 0）	
1	0	1（翻转）	翻转
1	1	0（翻转）	

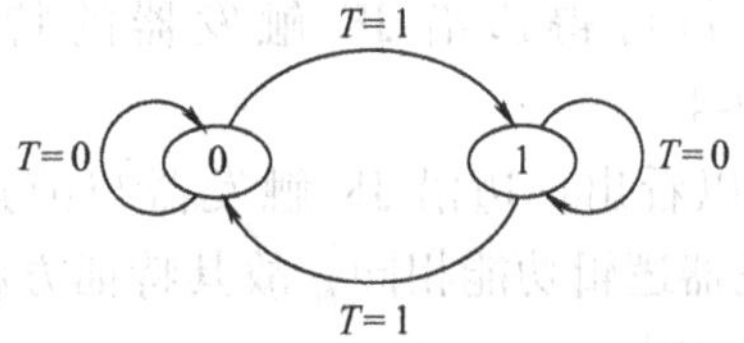

图 10-9 T 触发器的状态转换图

当 T 触发器的控制端 T 接至固定的高电平时，触发器的状态为计数状态，$Q^{n+1}=\overline{Q^n}$，即每次 CP 信号作用后，触发器必然翻转为与原状态相反的状态，把这种触发器称为 T′触发器。可见，T′触发器只不过是 T 触发器的一个特定工作状态而已，具有计数功能。

10.1.5 D 触发器

D 触发器是一种输入端为单端的触发器，所以使用起来非常方便，应用十分广泛。图 10-10为 D 触发器的逻辑符号，D 触发器也分上升沿触发和下降沿触发两种。

D 触发器特性表见表 10-6。

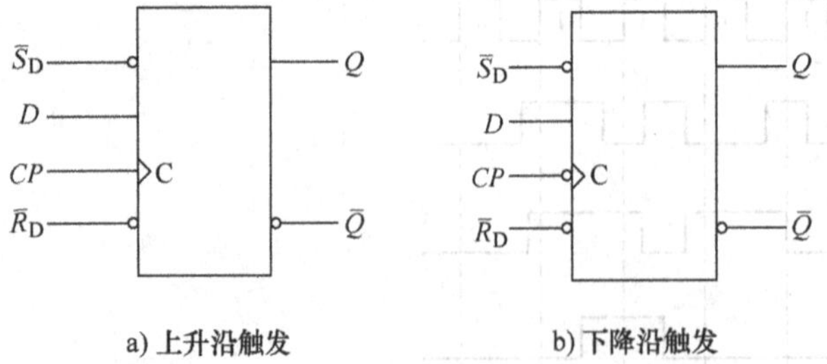

图 10-10 D 触发器逻辑符号

表 10-6 D 触发器特性表

D	Q^n	Q^{n+1}
0	0	0
0	1	0
1	0	1
1	1	1

由特性表可得出 D 触发器的特性方程为

$$Q^{n+1}=D$$

并可相应画出其状态图如图 10-11 所示，工作波形如图 10-12 所示。

与 JK 触发器一样，为扩大使用范围，也常常做成多个 D 输入端的触发器，各 D 输入端是与逻辑关系。常用的触发器有 CT1074/2074/3074/4074 为双触发器，CT4377 为 8D 触发器等。

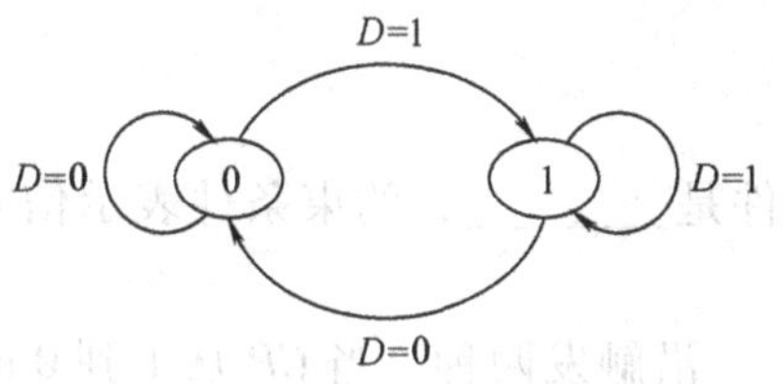

图 10-11　D 触发器的状态转换图

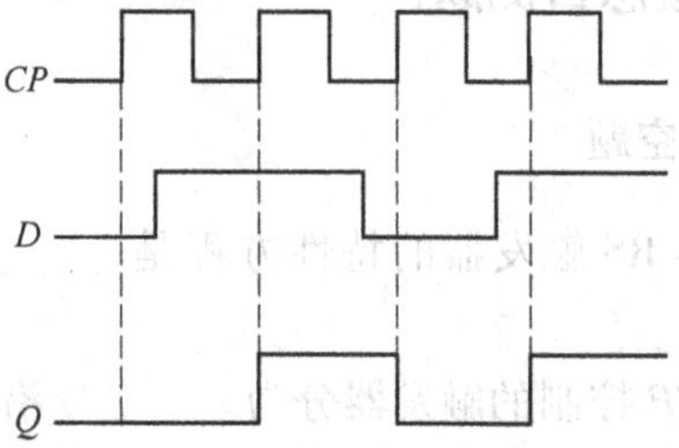

图 10-12　上升沿触发的 D 触发器的波形图

※ 触发器逻辑功能转换

目前市场出售的集成电路触发器大多是 JK 触发器或 D 触发器。在必须使用其他逻辑功能的触发器时，可以通过逻辑功能转换的方法，把 JK 触发器或 D 触发器转换为所需要的逻辑功能的触发器。当然，逻辑功能转换的方法也可以用于任何两种逻辑功能触发器之间的互相转换。下面仅讨论两种。

1. JK 触发器到 RS 触发器的转换

为了找出 JK 触发器与 RS 触发器的逻辑函数式之间的对应关系，对 RS 触发器的特征方程也要作些变换。即

$$Q^{n+1} = S + \overline{R}Q^n = S(Q^n + \overline{Q^n}) + \overline{R}Q^n = S\overline{Q^n} + \overline{\overline{S}R}Q^n$$

与 JK 触发器的特征方程 $Q^{n+1} = J\overline{Q^n} + \overline{K}Q^n$ 对照比较后可知：

只要取 $J = S$，$K = \overline{S}R$，即可实现 RS 触发器的功能。利用约束条件 $RS = 0$ 还能将上式进一步化简，得到 $J = S$，$K = \overline{S}R + RS = R$，据此可画出图 10-13 所示的转换电路接法。

2. D 触发器到 RS 触发器的转换

因 D 触发器的特性方程为　$Q^{n+1} = D$

而 RS 触发器的特性方程为　$Q^{n+1} = S + \overline{R}Q^n$

故只要令 D 触发器的输入满足 $D = S + \overline{R}Q^n$ 就可得到 RS 的触发器，转换电路如图 10-14 所示。

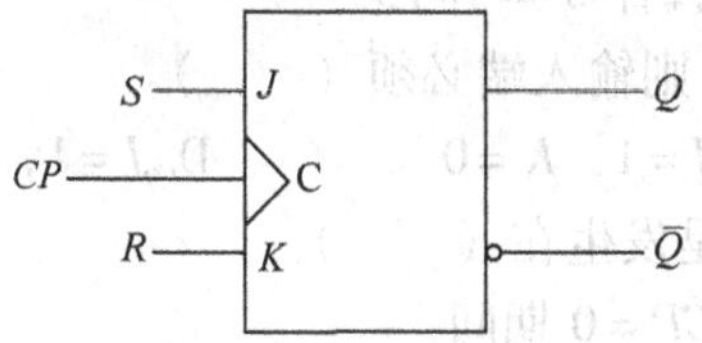

图 10-13　JK 触发器转换为 RS 触发器的电路

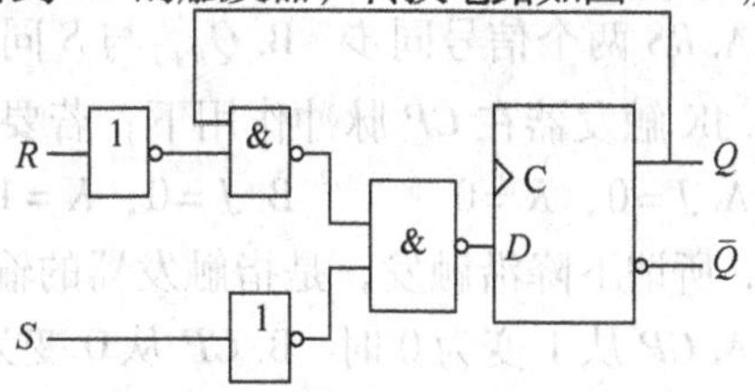

图 10-14　D 触发器转换为 RS 触发器的电路

不过在 $RS = 1$ 时，$Q^{n+1} = 1$，而不是以前所讲的 RS 触发器的不定状态。

最后需要指出，当选用触发器电路时，不仅要知道它的逻辑功能，还必须知道它的电路结构类型。只有这样，输入信号、时钟信号以及它们在时间上的相互配合才能符合一定的要求，保证触发器在动态工作时能可靠地翻转。

10.1.6 概念自测题

一、填空题

1. 同步 RS 触发器的特性方程是________，约束条件是________，约束条件表示信号 R、S ________。

2. 由 CP 控制的触发器分为________沿触发和________沿触发两种。当 CP 从 1 到 0 时触发器输出状态发生改变的是________沿触发；当 CP 从 0 到 1 时触发器输出状态发生改变的是________沿触发。

3. JK 触发器在时钟脉冲的控制下，根据输入信号 J、K 的不同情况，可以实现触发器的________、________、________和________功能。

4. D 触发器有________和________两种功能。

5. 特征表用来表示触发器的________与________以及________之间的关系。

二、判断题

6. 触发器逻辑功能的共同特点是可以保存一位二值信息。（　）

7. 基本 RS 触发器在触发信号同时作用期间，其输出状态不定。（　）

8. 同步 RS 触发器只有在 CP 信号到来后，才依据 R、S 信号的变化来改变输出的状态。（　）

9. JK 触发器的输出状态只与 J、K 和 CP 有关。（　）

10. 时钟脉冲的主要作用是使触发器的输出状态按一定的时间节拍变化。（　）

三、选择题

11. 触发器的记忆功能是指触发器在触发信号消失后，能保持（　）。
A. 信号不变　B. 初始状态不变　C. 输出状态不变

12. 同步 RS 触发器在 $CP=1$，$R=S=1$ 的信号同时撤除后，输出状态（　）。
A. 都为 0　B. 恢复正常　C. 不确定

13. 同步触发器的“同步”是指（　）。
A. RS 两个信号同步　B. Q_{n+1} 与 S 同步　C. Q_{n+1} 与 CP 同步

14. JK 触发器在 CP 脉冲作用下，若要使 $Q_{n+1}=\overline{Q}$，则输入端必须（　）。
A. $J=0$，$K=0$　B. $J=0$，$K=1$　C. $J=1$，$K=0$　D. $J=1$，$K=1$

15. 所谓下降沿触发，是指触发器的输出状态变化是发生在（　）。
A. CP 从 1 变为 0 时　B. CP 从 0 变为 1 时　C. $CP=0$ 期间

10.2 寄存器

在数字设备系统中，经常需要将一组二值代码暂时储存起来，等待处理或应用，实现这种功能的逻辑电路称为寄存器。寄存器具有清除、接收、记忆和传递数码的功能。一个触发器可以存储一位二进制数码，所以 N 个触发器组成的寄存器可以存储 N 位二进制。

对寄存器中的触发器只要求它们具有置 1 和置 0 的功能即可，因此无论是同步 RS 触发器还是主从结构或边沿触发结构的触发器，都可以组成寄存器。

寄存器有数码寄存器和移位寄存器两种。

10.2.1 数码寄存器

1. 数码寄存器功能

数码寄存器的功能主要是将出现在传输线上的数据存储起来。

图 10-15 所示的是由 4 个 D 触发器并联组成的 4 位二进制寄存器，它能接收和存储 4 位二进制数码。

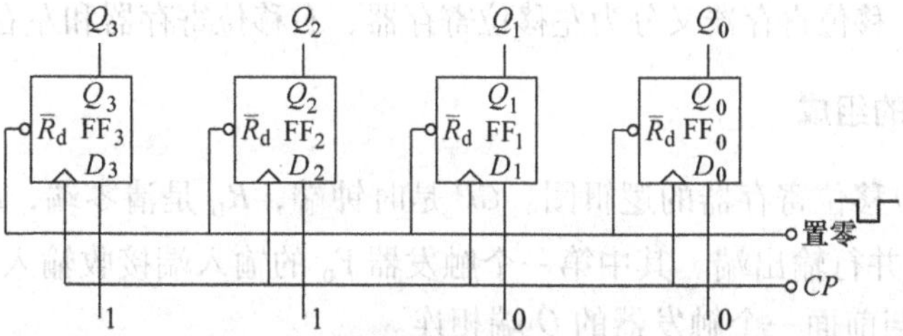

图 10-15 4 位数码寄存器

如果要把一个 4 位二进制 1100 寄存到寄存器，可将 1100 数码分别并行加到 4 个触发器对应的 D 输入端。当接收命令脉冲到达时，寄存器中的 4 个触发器的状态就变成了 1100，在此之后，只要不输入清零脉冲或接收新的数码，寄存器就会一直保持这个状态。如要从寄存器中取出寄存的数码，从各触发器的 Q 端就可以并行得到。

2. 集成数码寄存器举例

例 10.3 图 10-16 和表 10-7 分别为 74LS173 的 4 位 D 触发器的逻辑符号图和功能表，试说明该寄存器的功能。

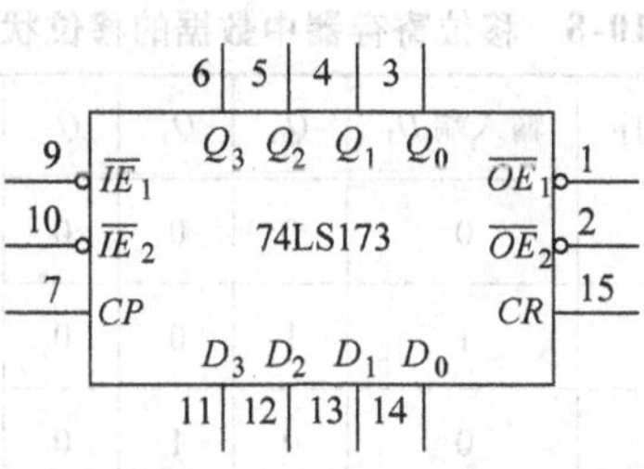

图 10-16 例 10.3 74LS173 逻辑符号图

表 10-7 74LS173 功能表

CR	CP	$\overline{IE}_1$	$\overline{IE}_2$	D	输出
1	*	*	*	*	0
0	↑	1	1	*	高阻
0	↑	1	0	*	Q^n
0	↑	0	1	*	Q^n
0	↑	0	0	0	0
0	↑	0	0	1	1

解：由图 10-16 和表 10-7 可知，74LS173 有如下功能：

（1）CR 为异步清零端，高电平有效。无论各触发器处于何种状态，即无论 $D_0 \sim D_3$ 如何，只要 $CR=1$，各触发器 $D_0 \sim D_3$ 均为零。清零过程与时钟 CP 无关。

（2）$\overline{IE_1}$、$\overline{IE_2}$为数据输入控制端，当二者均为低电平时，D_3、D_2、D_1、D_0 送到相应触发器的 D 端，在时钟脉冲上升沿到来时完成数据寄存操作。只要$\overline{IE_1}$、$\overline{IE_2}$端中有一个高电平，则禁止数据传输，寄存器维持原态。

（3）74LS173 具有三态输出，当$\overline{IE_1}$、$\overline{IE_2}$端同时为低电平时，输出端为正常逻辑状态，否则输出端为高阻状态。

10.2.2 移位寄存器

移位寄存器除了具有存储数据的功能，还具有移位功能。所谓移位功能，就是寄存器里所储存的数据能够在移位脉冲作用下依次左移或右移。移位寄存器必须由无空翻的触发器组成。

移位寄存器广泛地应用于数字电路之间的数据缓冲、数据延迟和数据传送方式的变换。它由一组触发器构成，其中每位触发器的输出与下一位触发器的输入相连接，所有触发器共用一个时钟，同步工作。移位寄存器又分为左移位寄存器、右移位寄存器和左右双向移位寄存器。

1. 移位寄存器的组成

图 10-17 为 4 位移位寄存器的逻辑图。CP 是时钟端，R_D 是清零端，D_1 是串行数据输入端，$Q_0 \sim Q_3$ 是数据并行输出端。其中第一个触发器 F_0 的输入端接收输入信号 D_1，其余的每个触发器输入端均与前面一个触发器的 Q 端相连。

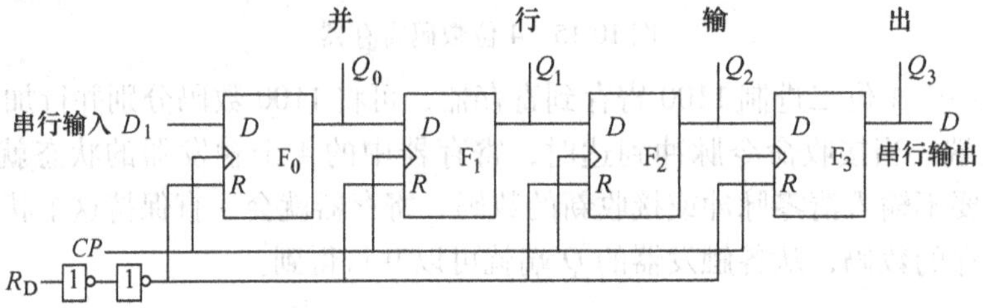

图 10-17 4 位移位寄存器的逻辑图

1）异步清零。无论寄存器中各触发器处于何种状态，只要 $R_D=1$，则各个触发器的清零端 R_D 均加上有效信号，使寄存器清零。不需要异步清零时，应使 $R_D=0$。

2）寄存器处于右移工作状态。当 $R_D=0$ 时，在时钟脉冲作用下，寄存器处于右移工作状态。设寄存器初态 $Q_0=Q_1=Q_2=Q_3=0$，且在第一个 CP 脉冲作用前串行输入端 $D_1=1$，那么在第一个 CP 脉冲作用下，$Q_0^{n+1}=D_1=1$，$Q_1^{n+1}=Q_0^n=0$，$Q_2^{n+1}=Q_1^n=0$，$Q_3^{n+1}=Q_2^n=0$。总的效果是寄存器的数据依次右移了 1 位。如果在 4 个 CP 周期内输入的数据依次为 1011，那么在时钟脉冲作用下移位寄存器里数据状态见表 10-8。

表 10-8 移位寄存器中数据的移位状况

CP 的顺序	输入端 D_1	Q_0	Q_1	Q_2	Q_3
0	0	0	0	0	0
1	1	1	0	0	0
2	0	0	1	0	0
3	1	1	0	1	0
4	1	1	1	0	1

经过 4 个 CP 脉冲以后，串行输入的 4 个数据全部移入了移位寄存器中，并在 4 个触发

器的输出端得到了并行输出的数据，实现了数据的串行—并行转换。如果再加入 4 个时钟脉冲，则寄存器中的 4 位数据还可以从图 10-17 的 Q_3 端依次送出，从而实现了数据的串行输出。

3）保持。当 $R_D=0$，且不再有时钟上升沿到来时，各触发器保持原状态不变。

按照上面的分析结果，列出了图 10-17 所示的 4 位右移寄存器的功能表，见表 10-9。

表 10-9　4 位右移寄存器的功能表

输　入			输　出				功　能
CP	R_D	D_1	Q_0	Q_1	Q_2	Q_3	
*	1	*	0	0	0	0	清除
↓	0	*	Q_0	Q_1	Q_2	Q_3	保持
↑	0	0	0	Q_0^n	Q_1^n	Q_2^n	右移
↑	0	1	1	Q_0^n	Q_1^n	Q_2^n	

2. 集成移位寄存器

本节主要介绍集成移位寄存器的产品，以比较典型的 8 位单向移位寄存器 74LS164 和 4 位双向移位寄存器 74LS194 为例做简单说明。

1）8 位单向移位寄存器 74LS164。如图 10-18 所示 8 位单向移位寄存器 74LS164 的引脚图中，$D_S=D_{SA}\cdot D_{SB}$是数码串行输入端，$\overline{CR}$为清零端，$Q_0\sim Q_7$ 是数码并行输出端，CP 是时钟脉冲（移位操作信号），表 10-10 为其逻辑功能表。

表 10-10　74LS164 逻辑功能表

$\overline{CR}$	$D_{SA}\cdot D_{SB}$	CP	Q_0	Q_1	Q_2	Q_3	Q_4	Q_5	Q_6	Q_7	功　能
0	*	*	0	0	0	0	0	0	0	0	清零
1	*	0	Q_0	Q_1	Q_2	Q_3	Q_4	Q_5	Q_6	Q_7	保持
1	1	↑	1	Q_0^n	Q_1^n	Q_2^n	Q_3^n	Q_4^n	Q_5^n	Q_6^n	右移
1	0	↑	0	Q_0^n	Q_1^n	Q_2^n	Q_3^n	Q_4^n	Q_5^n	Q_6^n	

2）双向 4 位移位寄存器 74LS194。74LS194 是一种典型的中规模集成移位寄存器，图 10-19和表 10-11 分别为双向移位寄存器 74LS194 的逻辑符号图和功能表。

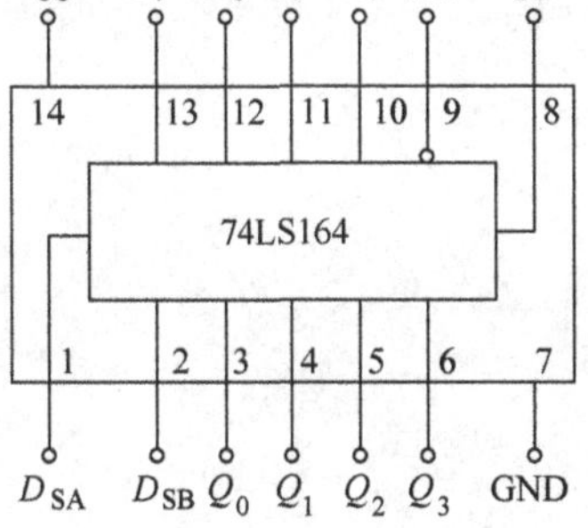

图 10-18　8 位单向移位寄存器 74LS164 引脚图

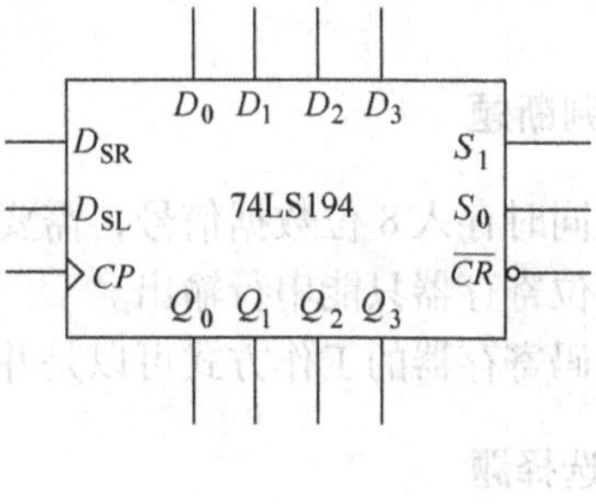

图 10-19　74LS194 逻辑符号图

表 10-11　74LS194 功能表

功能	输入										输出			
	$\overline{CR}$	S_1	S_0	CP	D_{SL}	D_{SR}	D_0	D_1	D_2	D_3	Q_0	Q_1	Q_2	Q_3
清除	0	*	*	*	*	*	*	*	*	*	0	0	0	0
保持	1	*	*	↑	*	*	*	*	*	*	保持			
送数	1	1	1	↑	*	*	D_0	D_1	D_2	D_3	D_0	D_1	D_2	D_3
右移	1	0	1	↑	*	1	*	*	*	*	1	Q_0^n	Q_1^n	Q_2^n
	1	0	1	↑	*	0	*	*	*	*	0	Q_0^n	Q_1^n	Q_2^n
左移	1	1	0	↑	1	*	*	*	*	*	Q_1^n	Q_2^n	Q_3^n	1
	1	1	0	↑	0	*	*	*	*	*	Q_1^n	Q_2^n	Q_3^n	0
保持	1	0	0	↑	*	*	*	*	*	*	保持			

图 10-19 所示逻辑符号图中，Q_0、Q_1、Q_2、Q_3 是 4 个触发器的输出端，D_0、D_1、D_2、D_3 是并行数据输入端，D_{SR}是右移串行数据输入端，D_{SL}是左移串行数据输入端，$\overline{CR}$是直接清零端，低电平有效，CP 是同步时钟脉冲输入端，输入脉冲的上升沿引起移位寄存器状态的转换。

S_1、S_0 是工作方式选择端，其选择功能是：$S_1S_0=00$ 为状态保持，$S_1S_0=01$ 为右移，$S_1S_0=10$ 为左移，$S_1S_0=11$ 为并行送数。这些功能的实现是由逻辑图中的门电路来保证的。

由此可见，74LS194 是一种常用的、功能比较齐全的移位寄存器，它具有异步清零、保持、右移、左移和同步并行置数 5 种功能。与其逻辑功能和外引脚排列都兼容的芯片有 CC40194、CC4022 和 74198 等。

10.2.3　概念自测题

一、填空题

1. 寄存器按照功能不同可以分为________寄存器和________寄存器。

2. 移位寄存器按照数据移位的方式又可分为________和________移位寄存器。

3. 同时存入数码的称为________输入方式，每次只能存入一个数据的称为________输入方式。

二、判断题

4. 欲同时存入 8 位数据信号，需要 8 个触发器。（　　）

5. 移位寄存器只能串行输出。（　　）

6. 数码寄存器的工作方式可以是并入、并出的。（　　）

三、选择题

7. N 个触发器最多可以寄存（　　）位二进制数码。

A. $N-1$　　B. N　　C. $N+1$　　D. $2N$

8. 4 位移位寄存器，串行输入方式，欲使 4 位数码全部移入寄存器中，需要（　　）个脉冲。

A. 1　　B. 2　　C. 4　　D. 8

9. 属于时序逻辑电路的是（　　）。

A. 编码器　　B. 译码器　　C. 寄存器　　D. 数据选择器

10.3　计数器

10.3.1　计数器的功能和分类

1. 计数器的功能

计数器是数字系统中应用最广泛的时序逻辑部件之一，其基本功能就是对输入的时钟脉冲 CP 的个数进行计数。它还能用于定时、分频、时序脉冲发生器及数字运算等，是数字设备和数字系统中不可缺少的组成部分。

2. 计数器的分类

计数器种类繁多，通常可按以下方式分类：

1）按计数脉冲引入方式不同可分为同步计数器和异步计数器。若计数脉冲直接加到计数器的所有触发器的时钟脉冲输入端，则称该计数器为同步计数器；若计数脉冲不是直接加到计数器的所有触发器的时钟脉冲输入端，就称为异步计数器。这与同步时序逻辑电路和异步时序逻辑电路的定义是一致的。

2）按计数进制不同可分为二进制计数器和非二进制计数器。所谓进位模数，就是计数器所经历的独立状态总数，也可称进制数。

按二进制计数进位规律累计脉冲个数的计数器，称为二进制计数器，否则，称为非二进制计数器。在非二进制计数器中，最常见的是十进制计数器。

3）按计数增减的趋势不同可分为递增计数器、递减计数器和可逆计数器。在计数过程中，随着计数脉冲的不断输入而进行递增计数的计数器，称为递增计数器，又称加法计数器。随着计数脉冲的不断输入而进行递减计数的计数器，称为递减计数器，又称减法计数器。既可递增计数又可递减计数的计数器称为可逆计数器。

4）按集成度分类可分为小规模集成计数器和中规模集成计数器。

10.3.2　小规模集成计数器

小规模集成计数器是由若干集成触发器和门电路，经外部连线，构成具有计数功能的电路。

例 10.4　分析图 10-20 所示电路的逻辑功能。

解：电路由 3 个 JK 触发器构成，均由时钟 CP 触发，$CP_0=CP_1=CP_2=CP$，故电路为

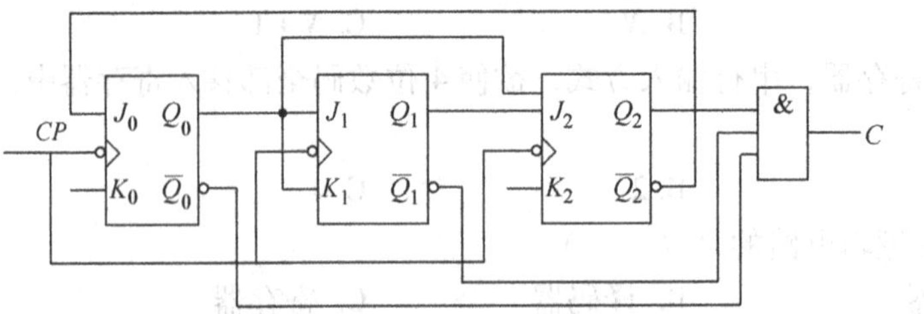

图 10-20　例 10.4 电路图

同步时序电路。

（1）初步分析。

电路由三个触发器构成，其计数长度 M（2^n）不超过 8，即电路不会超过八进制。

电路由下降沿触发的 JK 触发器组成，计数器触发的时刻为 CP 的下降沿。

（2）写出驱动方程和输出方程。

$$J_0 = \overline{Q_2^n},\quad K_0 = 1$$

$$J_1 = Q_0^n,\quad K_1 = Q_0^n$$

$$J_2 = Q_0^n Q_1^n,\quad K_2 = 1$$

$$C = \overline{Q_0^n}\,\overline{Q_1^n}\,Q_2^n$$

（3）求状态方程。

将驱动方程代入 JK 触发器的特征方程 $Q^{n+1} = J\overline{Q^n} + \overline{K}Q^n$，可得

$$Q_0^{n+1} = J_0\overline{Q_0^n} + \overline{K_0}Q_0^n = \overline{Q_2^n}\,\overline{Q_0^n}\quad（CP\text{ 下降沿}）$$

$$Q_1^{n+1} = J_1\overline{Q_1^n} + \overline{K_1}Q_1^n = Q_0^n \oplus Q_1^n\quad（CP\text{ 下降沿}）$$

$$Q_2^{n+1} = J_2\overline{Q_2^n} + \overline{K_2}Q_2^n = Q_0^n Q_1^n\,\overline{Q_2^n}\quad（CP\text{ 下降沿}）$$

（4）将输入信号和现态的各种取值组合代入状态方程，得到状态表，见表 10-12。

（5）由状态表作图 10-21 所示状态图。

表 10-12　例 10.4 状态表

CP 的顺序	Q_2^n	Q_1^n	Q_0^n	Q_2^{n+1}	Q_1^{n+1}	Q_0^{n+1}	C
1	0	0	0	0	0	1	0
2	0	0	1	0	1	0	0
3	0	1	0	0	1	1	0
4	0	1	1	1	0	0	0
5	1	0	0	0	0	0	1
×	1	0	1	0	1	0	0
×	1	1	0	0	1	0	0
×	1	1	1	0	0	0	0

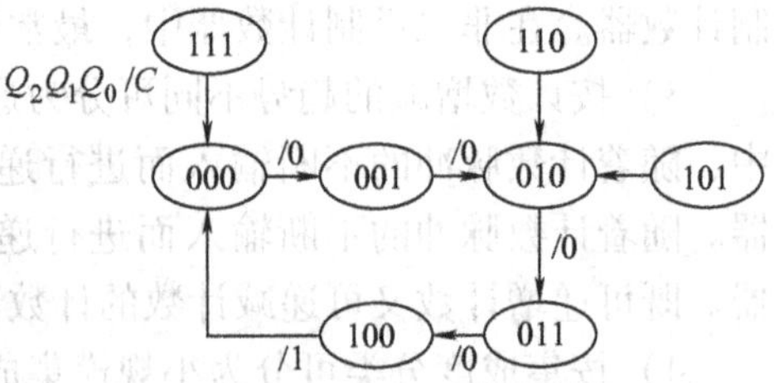

图 10-21　例 10.4 状态图

在图 10-21 中，000、001、010、011 和 100 称为有效态，101、110 和 111 称为无效态。若一个电路的所有无效态在若干个时钟脉冲 CP 作用下，都能回到有效态，则该电路具有自启动的功能。

（6）确定逻辑功能。

由电路的输出方程可知，电路在出现 100 状态时，$C=1$。可将此信号看作一个进位脉冲信号，每来五个时钟 CP，C 输出一个正脉冲。

由以上分析可知，该电路是一个同步五进制（模 5）的加法计数器，能够自启动。

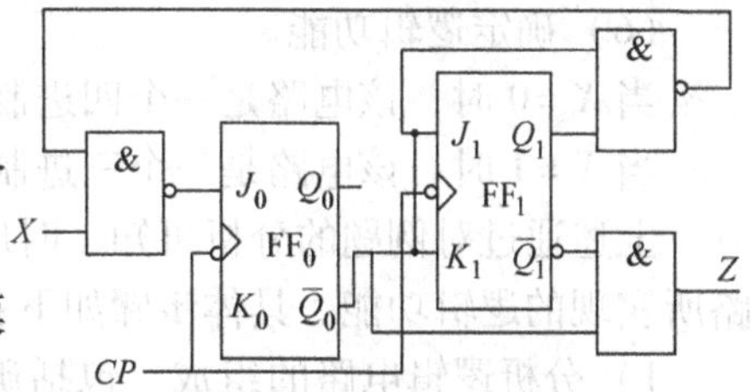

图 10-22　例 10.5 电路图

例 10.5　分析图 10-22 所示电路的逻辑功能。假设各触发器的初态为 0。

解：这也是一个同步时序逻辑电路，但与例 10.4 电路不同，该电路具有外部输入信号 X。

（1）初步分析。

电路由两个 JK 触发器构成，其计数长度 M 不超过 4，即电路不会超过 4 进制。电路触发的时刻为 CP 的下降沿。

（2）列驱动方程和输出方程。

$$J_0 = \overline{\overline{Q_1^n}\,\overline{Q_0^n}X} = \overline{X} + Q_1^n\,\overline{Q_0^n} \qquad K_0 = 1$$

$$J_1 = K_1 = \overline{Q_0^n}$$

$$Z = \overline{Q_1^n}\,Q_0^n$$

（3）列电路状态方程。

将各触发器的驱动方程代入 JK 触发器的特征方程 $Q^{n+1} = J\overline{Q^n} + \overline{K}Q^n$，有

$$Q_0^{n+1} = J_0\,\overline{Q_0^n} + \overline{K_0}Q_0^n = (\overline{X} + Q_1^n)\,\overline{Q_0^n} \qquad (CP\text{下降沿})$$

$$Q_1^{n+1} = J_1\,\overline{Q_1^n} + \overline{K_1}Q_1^n = \overline{Q_1^n} \oplus Q_0^n \qquad (CP\text{下降沿})$$

（4）列状态表。

将外部输入 X 和电路现态 $Q_1^nQ_0^n$ 的取值代入电路的状态方程和输出方程，对应 $X=0$ 和 $X=1$ 分别求出次态以及外部输出变量 Z 的数值，列状态表，见表 10-13。

（5）由状态表作图 10-23 所示状态图。

表 10-13　例 10.5 状态表

CP 的顺序	X	Q_1^n	Q_0^n	Q_1^{n+1}	Q_0^{n+1}	Z
1	0	0	0	1	1	0
2	0	1	1	1	0	0
3	0	1	0	0	1	0
4	0	0	1	0	0	1
1	1	0	0	1	0	0
2	1	1	0	0	1	0
3	1	0	1	0	0	1
×	1	1	1	1	1	无效状态

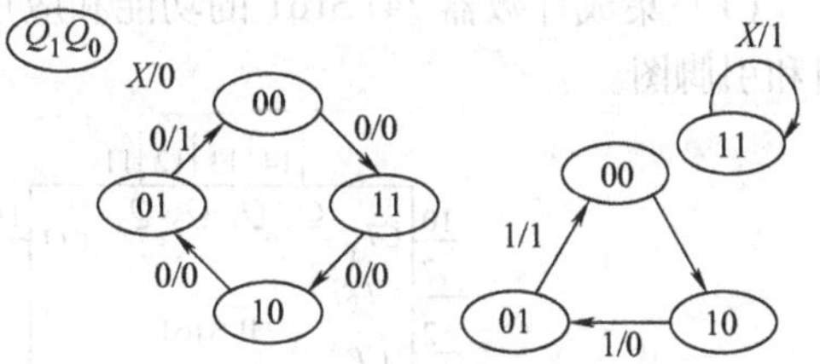

图 10-23　例 10.5 状态图

图中 $X=1$ 时，00、10 和 01 这三个状态构成一个循环圈，称为有效循环圈或主循环圈。主循环圈外的无效状态，如果在若干个 CP 脉冲作用下，最终都不能转入主循环圈内的有效状态，则这类电路没有自启动能力。图 10-22 所示的电路在 $X=1$ 时，没有自启动能力。

（6）确定逻辑功能。

当 $X=0$ 时，该电路是一个四进制同步减法计数器。

当 $X=1$ 时，该电路是一个三进制同步减法计数器。

上述通过对例题的分析可知，时序逻辑电路的分析方法就是根据已知时序电路，求出电路所实现的逻辑功能。具体步骤如下：

1）分析逻辑电路的组成。包括确定输入和输出，区分组合电路部分和存储电路部分，确定是同步电路还是异步电路。

2）写出存储电路的驱动方程和时序电路的输出方程，对于异步电路还应写出时钟方程。

3）求状态方程。把驱动方程代入相应触发器的特征方程，即可求得状态方程，也就是各个触发器的状态方程。

4）列状态表。把电路输入信号和存储电路现态所有可能的取值组合，代入状态方程和输出方程进行计算，求出相应的状态和输出。列表时需要判断是否满足触发器的时钟方程。若不满足，则触发器状态保持不变。

5）画状态图或时序图。

6）描述电路功能。

需要说明的是，对于一些简单的时序逻辑电路，可能分析过程不遵循上述步骤就可以画出状态图，或者直接确定电路的逻辑功能。但是对于复杂的时序逻辑电路，必须遵循上述步骤，才能达到分析时序逻辑电路的目的。

10.3.3 中规模集成计数器

中规模集成计数器一般由4个集成触发器和若干个门电路，经内部连接工艺的方法集成在一块硅片上。它是一种计数功能比较完善，并能十分容易地进行功能扩展的逻辑部件。下面将介绍常用集成计数器的功能（即要求会阅读集成计数器的功能表）和应用，并了解组成任意 N 进制计数器的方法。

1. 集成二进制计数器

二进制计数器按二进制进位规律进行计数，由 n 个触发器组成的二进制计数器称为 n 位二进制计数器，它有 $N=2^n$ 个有效态。N 为计数器的模或计数容量。

（1）集成计数器74LS161的功能和应用　图10-24a、b所示分别是74LS161的逻辑符号图和引脚图。

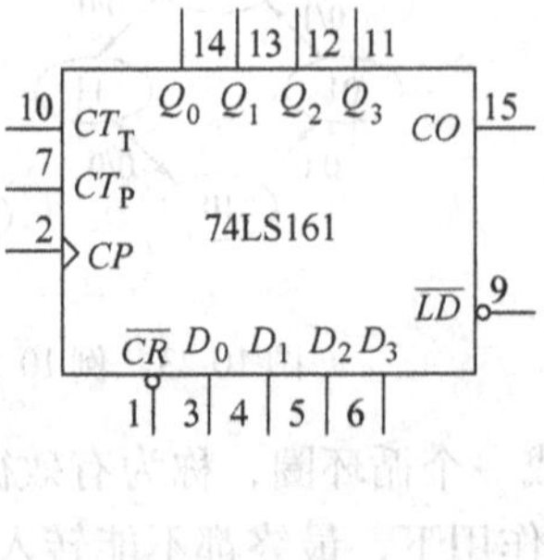

a) 逻辑符号图

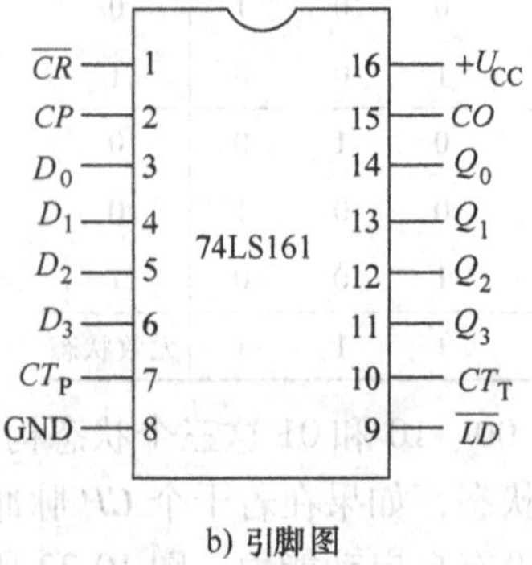

b) 引脚图

图10-24　74LS161计数器

74LS161 的功能见表 10-14。

表 10-14　74LS161 功能表

$\overline{CR}$	$\overline{LD}$	CT_P	CT_T	CP	D_3	D_2	D_1	D_0	Q_3^{n+1}	Q_2^{n+1}	Q_1^{n+1}	Q_0^{n+1}
0	*	*	*	*	*	*	*	*	0	0	0	0
1	0	*	*	↑	D_3	D_2	D_1	D_0	D_3	D_2	D_1	D_0
1	1	1	1	↑	*	*	*	*	计数			
1	1	0	*	*	*	*	*	*	保持			
1	1	*	0	*	*	*	*	*	保持			

由表 10-14 得出 74LS161 具有以下功能：

1）异步清零。当清零端$\overline{CR}=0$时，不管时钟端 CP 状态如何，都可以完成电路清零，其他输入信号都不起作用。说明 74LS161 具有异步清零功能。

2）同步预置功能。当$\overline{CR}=1$且$\overline{LD}=0$时，时钟 CP 的上升沿作用使并行输入数据 $D_3D_2D_1D_0$ 同时置入计数器，有 $Q_3^{n+1}Q_2^{n+1}Q_1^{n+1}Q_0^{n+1}=D_3D_2D_1D_0$，即 74LS161 具有同步并行置数功能。

3）同步二进制加法计数功能。当$\overline{CR}=\overline{LD}=1$时，若 $CT_T=CT_P=1$，74LS161 对计数脉冲 CP 进行二进制加法计数。该计数器为同步十六进制计数器，CO 为进位输出端。当计数到 1111 状态时，CO 输出一个高电平。

4）保持功能。当$\overline{CR}=\overline{LD}=1$时，若 $CT_T=0$ 或 $CT_P=0$ 时，计数器保持原来的状态不变。

综上所述，74LS161 是一个具有异步清零、同步并行置数功能的 4 位二进制加法计数器。

例 10.6　用一片 74LS161 构成十六进制加法计数器。

解：根据 74LS161 的功能，可以方便地用 74LS161 实现二进制模 16 加法计数器。该电路连线图和状态图如图 10-25 所示。

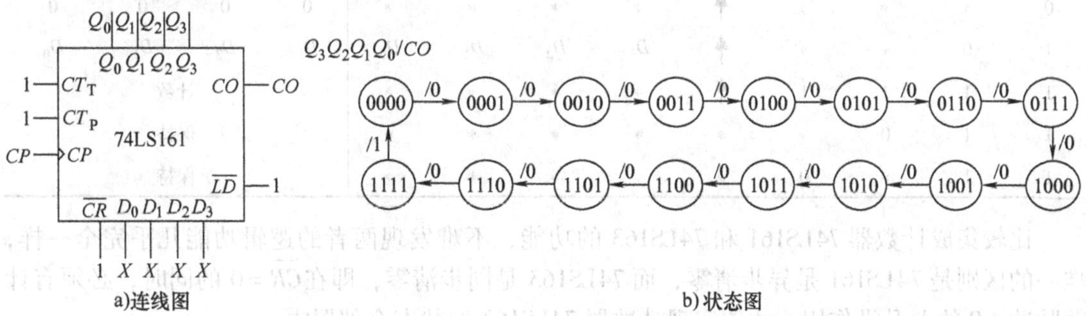

图 10-25　例 10.6 用 74LS161 实现十六进制加法计数器

例 10.7　用 74LS161 组成模 256 的二进制计数器。

解：一片 74LS161 能实现模 16 二进制计数器，因此选用两片 74LS161 可以构成模 256 的二进制计数器。其电路连线图如图 10-26 所示。图中，计数器 74LS161（Ⅱ）的状态 $Q_3\sim Q_0$ 作为高 4 位，计数器 74LS161（Ⅰ）的 CO 端与计数器 74LS161（Ⅱ）的 CT_P 和 CT_T 相连接，这样只要当计数器 74LS161（Ⅰ）计满 1111 时，计数器 74LS161（Ⅱ）的计数使能端才起作用，即在计数脉冲上升沿的作用下，实现“加 1”计数。显然，该电路能实现模 256 的二进制加法计数。

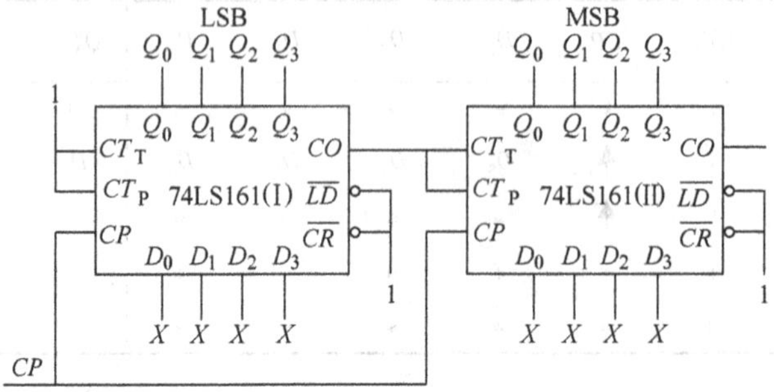

图 10-26　例 10.7 用 74LS161 组成模 256 二进制计数器连线图

（2）集成二进制计数器 74LS163　4 位同步二进制加法计数器 74LS163 的功能见表 10-15，其逻辑符号图和引脚图如图 10-27所示。

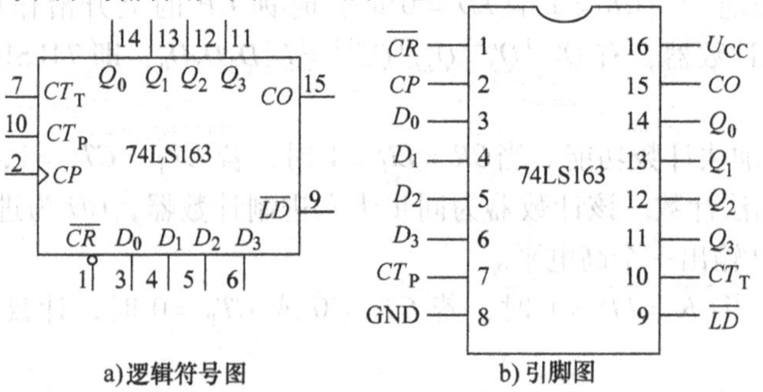

图 10-27　74LS163 集成二进制计数器的逻辑符号图和引脚图

表 10-15　74LS163 功能表

$\overline{CR}$	$\overline{LD}$	CT_P	CT_T	CP	D_3	D_2	D_1	D_0	Q_3^{n+1}	Q_2^{n+1}	Q_1^{n+1}	Q_0^{n+1}
0	*	*	*	↑	*	*	*	*	0	0	0	0
1	0	*	*	↑	D_3	D_2	D_1	D_0	D_3	D_2	D_1	D_0
1	1	1	1	↑	*	*	*	*	计数			
1	1	0	*	*	*	*	*	*	保持			
1	1	*	0	*	*	*	*	*	保持			

比较集成计数器 74LS161 和 74LS163 的功能，不难发现两者的逻辑功能几乎完全一样，唯一的区别是 74LS161 是异步清零，而 74LS163 是同步清零，即在$\overline{CR}=0$ 的同时，必须有计数脉冲 CP 的上升沿作用，才能实现计数器 74LS163 的状态全部置零。

2. 集成十进制计数器

（1）集成 74LS160 计数器性能简介　74LS160 的逻辑符号、引脚图与 74LS161 是相同的，只不过 74LS160 是十进制同步加法器，而 74LS161 是 4 位二进制同步加法器。

74LS160 的功能表与表 10-15 相同。

74LS160 同样具有异步清零、同步预置保持功能。当 $\overline{R}_D \oplus \overline{L}_D = 1$，$CT_P = CT_T = 1$ 时，在

CP 脉冲上升沿作用下，电路完成 8421 码同步十进制计数功能。当第九个计数脉冲到来时，计数器输出变为 1001，进位端 $CO=1$，当第十个计数脉冲到来时，计数器输出变为 0000，进位端 CO 由 1 变 0，输出一个进位脉冲。

（2）十进制可逆集成计数器 74LS192　74LS192 是同步、可预置十进制可逆计数器，其功能表见表 10-16。

表 10-16　74LS192 功能表

CR	$\overline{LD}$	CP_U	CP_D	D_3	D_2	D_1	D_0	Q_3^{n+1}	Q_2^{n+1}	Q_1^{n+1}	Q_0^{n+1}
1	*	*	*	*	*	*	*	*	*	*	*
0	0	*	*	D_3	D_2	D_1	D_0	D_3	D_2	D_1	D_0
0	1	↑	1	*	*	*	*	递增计数			
0	1	1	↑	*	*	*	*	递减计数			
0	1	1	1	*	*	*	*	保持			

十进制可逆集成器 74LS192 具有以下特点：

① 该器件为双时钟工作方式，CP_U 是加法计数时钟输入端，CP_D 是减法计数脉冲输入端，均为上升沿触发，采用 8421BCD 码计数。

② CR 为异步清零端，高电平有效。

③ $\overline{LD}$为异步预置控制端，低电平有效。

④ 进位输出和借位输出是分开的。

$\overline{CO}$是进位输出，加法计数时，进入 1001 后有负脉冲输出。

BO 是借位输出，减法计数时，进入 0000 状态后有负脉冲输出。

⑤ 当 $CR=0$，$LD=1$ 且 $CP_U=CP_D=1$ 时，计数器维持原态。

（3）集成二—五—十进制计数器 74LS90　为了使集成计数器的使用更加方便和灵活，某些集成计数器采用了复合结构，如 74LS90 包含一个二进制计数器和一个五进制计数器。异步二—五—十进制计数器 74LS90 的逻辑符号、引脚图如图 10-28 所示。它的功能表见表 10-17，说明如下：

表 10-17　74LS90 功能表

R_{0A}	R_{0B}	S_{9A}	S_{9B}	CP_1	CP_0	Q_3	Q_2	Q_1	Q_0
1	1	0	*	*	*	0	0	0	0
1	1	*	0	*	*	0	0	0	0
0	*	1	1	*	*	1	0	0	1
*	0	1	1	*	*	1	0	0	1
*	0	*	0	0	CP	二进制计数器			
0	*	0	*	CP	0	五进制计数器			
0	*	*	0	Q_0	CP	8421 码十进制计数器			
*	0	0	*	CP	Q_3	5421 码十进制计数器			

① 异步清零。当 $S_{9A}\cdot S_{9B}=0$，异步置零端 R_{0A} 和 R_{0B} 均为高电平时，计数器清零。

② 异步置 9。当 $S_{9A}\cdot S_{9B}=1$ 时，输出状态置 9，即 $Q_3Q_2Q_1Q_0=1001$。无论是 8421BCD

码，还是5421BCD码，均是9，由于该值9动作与时钟 CP 无关，因此称为异步置9。

③ 异步计数。当 R_{OA}、R_{OB} 中有一个输入端以及 S_{9A}、S_{9B} 中有一个输入端同时为低电平，在时钟 CP_0、CP_1 下降沿作用下，74LS90进行计数操作。具体情况如下：

1）若仅将 CP 接在 CP_0 端，那么计数器的 FF_0 工作，构成移位二进制计数器，FF_1、FF_2、FF_3 不工作。

2）若只把 CP 接在 CP_1 端，即 $CP_1 = CP$，显然 FF_0 不工作，FF_1、FF_2、FF_3 工作，$Q_3Q_2Q_1Q_0$ 以 CP_1 作为计数脉冲构成五进制异步计数器。

3）若只把 CP 接在 CP_0 端，即 $CP = CP_0$，且把 Q_0 与 CP_1 从外部连接起来，即令 $CP_1 = Q_0$，$Q_3Q_2Q_1Q_0$ 作为输出，可以构成8421BCD十进制计数器。

4）若连接 CP_1 与 CP、CP_0 与 Q_3，$Q_3Q_2Q_1Q_0$ 作为输出，便构成了5421BCD十进制计数器。可以看出，74LS90的应用十分灵活。

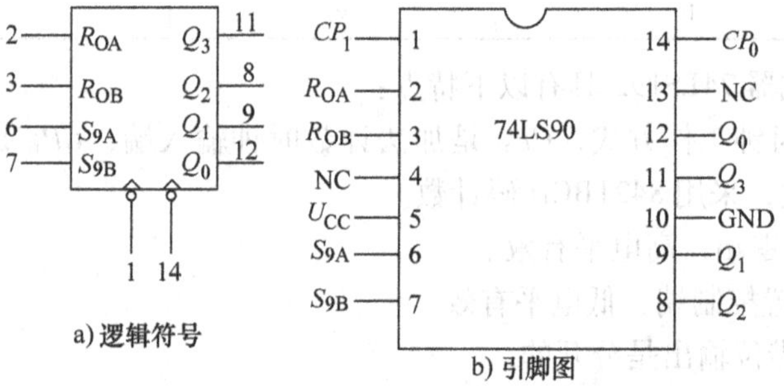

图10-28　异步二—五—十进制计数器74LS90

3. 任意 N 进制计数器

任意进制计数器也称为 N 进制计数器，是指除二进制、十进制之外的其他进制计数器，如模7、模11和模34等计数器。

利用集成二进制和集成十进制计数器芯片，可以很方便地构成任意进制计数器，利用集成计数器芯片的级联可以扩展计数器容量。如例10.7中应用两片74LS161进行级联获得了256进制计数器。

另外，还有一种则是利用反馈归零法（复归法）改变原有计数长度。设已有的是 M 进制计数器，需要得到的是 N 进制计数器（$M > N$），在 N 个脉冲作用下，将所有输出状态为1的触发器通过一个与非门去控制计数器，使计数器在顺序计数过程中跳过 $M - N$ 个状态，提前清零，使计数器模值变为 N。下面以例题加以说明。

例10.8　分析图10-29a、b所示电路为几进制计数器。

74LS161是四位二进制加法计数器。$\overline{CR}$ 为异步低电平有效清零端，$\overline{LD}$ 为同步低电平有效置数端。

解： 图10-29a中74LS161从0000（$Q_3Q_2Q_1Q_0$）开始计数，当顺序计数到1100时，与非门 D_1 的输出接至 $\overline{CR}$，即 $\overline{CR} = \overline{Q_2Q_3}$，给出清零信号，使 $Q_3Q_2Q_1Q_0 = 0$。当下一个计数脉冲到达时，计数器又从0000开始计数，一直到1100为止，再次重复上述过程。图10-29a所示电路计数过程可用图10-30所示状态图表示。

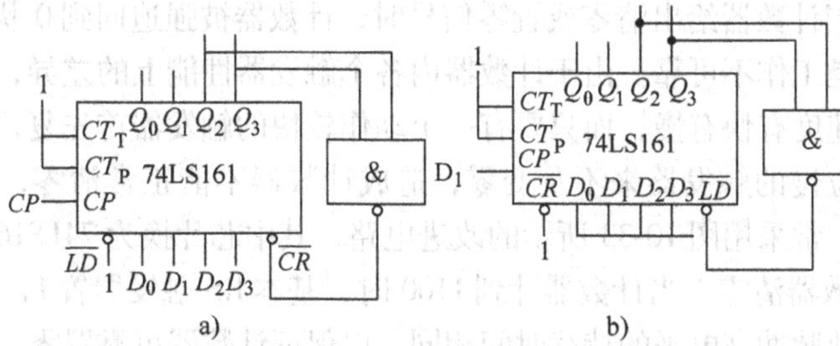

图 10-29 例 10.8 逻辑接线图

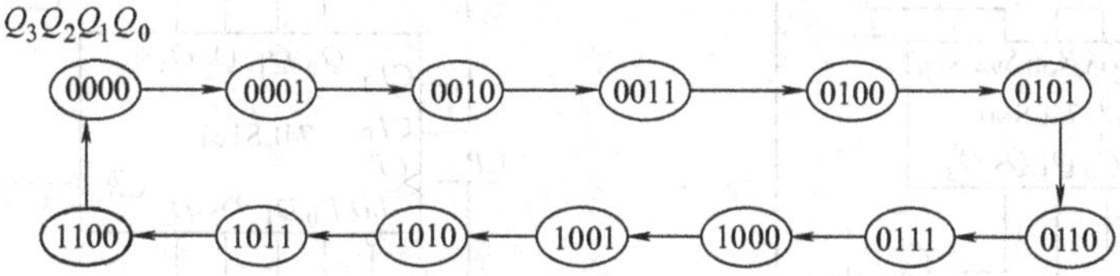

图 10-30 图 10-29a 所示电路计数过程的状态图

从图 10-30 可知，每经过 12 个脉冲后重复上述过程。所以该电路构成十二进制加法计数器。74LS161 是异步清零的，所以不需要计数脉冲 CP 的配合，清零信号到来之后，计数器即可清零。如图 10-30 中虚线所示，图中 1100 状态由于停留时间较短，也称为暂态。

图 10-29b 中 74LS161 从 0000 开始计数，当顺序计数到 1100 时，与非门 D_2 的输出接至 $\overline{LD}$ 端，即 $\overline{LD}=0$，给出置数信号，因为是同步置数，所以只有下一个计数脉冲到来后，计数器才由 1100 变为 0000，计数器又从 0000 开始，再次重复上述过程。其状态图如图 10-31 所示。

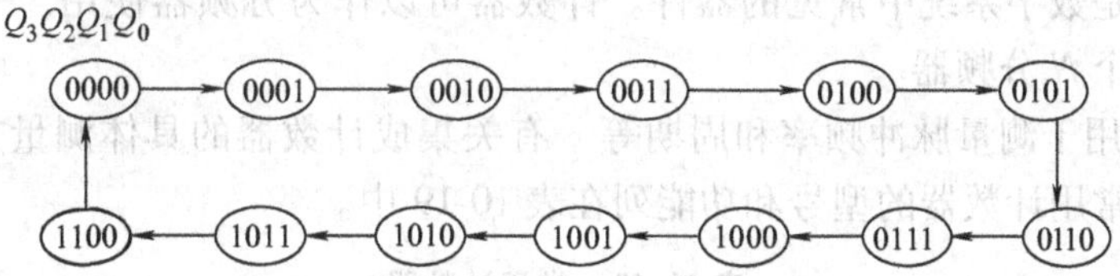

图 10-31 图 10-29b 所示电路计数过程的状态图

由此可见，图 10-29b 所示电路构成十三进制计数器。

采用复位法时，利用异步复位端将计数器置零和利用预置数功能给计数器置入全 0，都能达到复位的目的。

例 10.9 用 74LS90 构成七进制计数器。

解：首先将 74LS90 接成 8421 码的十进制计数器，即 Q_0 端与 CP_1 端相连。$N=7$ 的二进制代码为 0111。$R_D=Q_2Q_1Q_0$，将与门的输出 R_D 接到直接复位端 R_{0A} 与 R_{0B}，当计数器计到 0111 时与门输出为 1，计数器的置 0 功能有效，计数器立即返回 0 态，0111 是一个暂态，其状态转换表见表 10-18。从而实现模数 $N=7$ 的计数功能。外部接线图如图 10-32 所示。

表 10-18 例 10.9 状态转换表

CP 的顺序	Q_3	Q_2	Q_1	Q_0
0	0	0	0	0
1	0	0	0	1
2	0	0	1	0
3	0	0	1	1
4	0	1	0	0
5	0	1	0	1
6	0	1	1	0
7	0	1	1	1

在上述例子中，当计数器给出清零或置零信号时，计数器被强迫回到0状态，开始新的循环，这种方法的缺点是工作不可靠。由于计数器内各个触发器性能上的差异，以及带负载情况不同，各触发器复位速度有快有慢，而只要有一个动作较快的触发器首先复位后，清零或置零信号就会消失，使复位慢的触发器来不及变零，造成计数器不能正常清零，导致电路的误动作。为克服上述缺点，常采用图10-33所示的改进电路，其中芯片换为74LS161，基本RS触发器的Q端低电平使计数器清零。当计数器计到1100时，基本RS触发器置1，使CR端为1，该清零信号的宽度与计数脉冲高电平的持续时间相同，以保证计数器可靠置零。

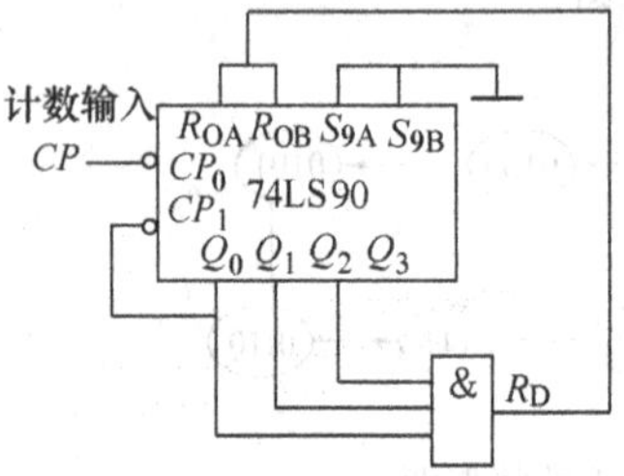

图10-32　例10.9外部接线图

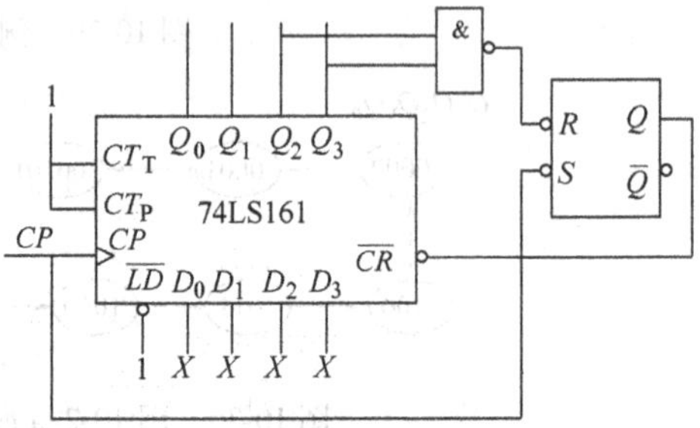

图10-33　图10-32的改进形式

4. 集成计数器应用简介

集成计数器应用十分广泛，现作简要介绍。

（1）计数器用作分频器　在数字系统中，常常需要获得不同频率的时钟或基准信号。获得不同频率的时钟或基准信号的方法一般都是对系统主时钟信号进行分频。分频器可以降低信号的频率，是数字系统中常见的器件。计数器可以作为分频器使用，一个N进制的计数器同时又是一个N分频器。

（2）计数器用于测量脉冲频率和周期等　有关集成计数器的具体测量方法请读者参阅相关资料。现将常用计数器的型号和功能列在表10-19中。

表10-19　常用计数器

类　型	型　号	功　能
计数器	7468	双十进制计数器
	74LS90　74LS290	十进制计数器
	74LS92	十二进制计数器
	74LS93　74LS293	4位二进制计数器
	74LS160	同步十进制计数器
	74LS161	4位二进制同步计数器（异步清零）
	74LS162	十进制同步计数器（同步清零）
	74LS163	4位二进制同步计数器（同步清零）
	74LS168　74LS190	可预置十进制同步可逆计数器
	74LS169　74LS191	可预置4位二进制同步可逆计数器
	74LS192	同步可逆十进制计数器
	74LS193	4位同步二进制可逆计数器
	74LS696	十进制同步可逆计数器（三态、直接清零）
	74LS697	二进制同步可逆计数器（三态、直接清零）
	74LS698	十进制同步可逆计数器（三态、同步清零）
	74LS699	二进制同步可逆计数器（三态、同步清零）

10.3.4 概念自测题

一、填空题

1. 计数器可以从三个方面进行分类：按________方式，按________方式，按________方式。

2. 三位二进制加法计数器最多能累计________个脉冲。若要记录 12 个脉冲需要________个触发器构成________位计数器才能完成。

3. 计数器的功能主要用作________________、________________、________________。

二、判断题

4. 时序逻辑电路的特点是任一时刻的输出只取决于该时刻的输入。（ ）

5. 通常将二进制计数器与五进制计数器相串，可得到十进制计数器。（ ）

6. 若将十进制计数器与六进制计数器相串，可得十六进制计数器。（ ）

三、选择题

7. 计数器除了可以计数外还可以作为（ ）。

A. 译码器　　B. 编码器　　C. 分频器

8. 一个触发器能记录 2 个脉冲，三个触发器能记录多少脉冲？（ ）

A. $2\times3=6$ 个　　B. $2^3-1=7$ 个　　C. $2^3=8$ 个

9. 既可以作为加法计数器又可以作为减法计数器的叫（ ）。

A. 同步计数器　　B. 异步计数器　　C. 可逆计数器

10. 8421 代码的二—十进制加法计数器由四个触发器构成，计数器产生进位信号之前的一个状态是（ ）。

A. 1111　　B. 0000　　C. 1001

*10.4 555 集成定时器及应用

10.4.1 集成 555 定时器

555 定时器是一种将模拟电路和数字电路集成于一体的电子器件，属于中规模集成电路。如在其外部配上少许电阻、电容元件，便能构成施密特触发器、单稳态触发器和多谐振荡器等。由于它的性能优良，使用灵活方便，因此在波形的产生与变换、测量与控制、家用电器和电子玩具等许多领域中都得到了广泛应用。

图 10-34 所示为 555 定时器的电路结构图和引脚图，封装形式为有 8 个引脚的双列直插芯片。

由图 10-34a 可见，定时器由电阻分压器、两个电压比较器 C_1 和 C_2、一个基本 RS 触发器、一个集电极开路的放电晶体管 VT 和倒相放大器五个基本单元组成。

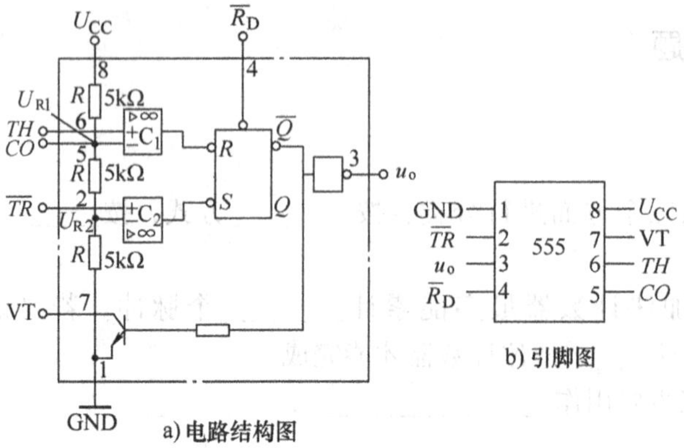

a) 电路结构图　　b) 引脚图

图 10-34　555 定时器的电路结构图和引脚图

（1）电阻分压器　由三个阻值（5kΩ）相同的电阻 R 串联构成，提供两个参考电压。在控制电压输入端 CO 悬空时，$U_{R1}=2U_{CC}/3$，$U_{R2}=U_{CC}/3$。

（2）电压比较器 C_1 和 C_2　C_1 的反相输入端（U_-）接参考电压 U_{R1}，同相输入端（U_+）接 TH 称为高触发端。比较器 C_2 的反相输入端（U_-）接参考电压 U_{R2}，同相输入端（U_+）接$\overline{TR}$称为低触发端（触发输入信号）。如果在控制端 CO 外接电压 U_{CO}，则 $U_{R1}=U_{CO}$，$U_{R2}=U_{CO}/2$。比较器 C 在 $U+>U-$ 时，比较器输出为 1；反之输出为 0。

（3）基本 RS 触发器　当基本 RS 触发器外部复位信号 R_D 为 0 态时，可将 555 定时器的输出状态直接复位，即 $u_o=0$。

（4）双极型开关晶体管　开关晶体管 VT 起放电作用。当 $u_o=0$ 时，晶体管 VT 导通；$u_o=1$ 时，晶体管 VT 截止。

（5）输出倒相放大器　输出倒相放大器能提供较大的驱动电流，并隔离负载对定时器的影响。

通过分析，可得知 555 定时器的功能，见表 10-20。

表 10-20　555 定时器的功能表

输入			RS 触发器的状态		输出	晶体管的工作状态
R_D	U_{TH}	$U_{\overline{TR}}$	R	S	u_o	
0	*	*	*	*	0	导通
1	$>2/3U_{CC}$	$>1/3U_{CC}$	0	1	0	导通
1	$<2/3U_{CC}$	$>1/3U_{CC}$	1	1	不变	不变
1	$<2/3U_{CC}$	$<1/3U_{CC}$	1	0	1	截止
1	$>2/3U_{CC}$	$<1/3U_{CC}$	0	0	实际应用中极少出现	

如图 10-34b 所示，555 定时器有 8 个引脚，各引脚功能及注意事项如下：

引脚 1 为接地端。

引脚 2 为低电平触发端。

引脚 3 为输出端，输出电流可达 200mA，因此可直接驱动继电器、发光二极管和指示灯等。输出高电平电压低于电源电压 U_{CC}大约 1 ~3V。

引脚 4 为基本 RS 触发器的复位端。

引脚 5 为电压控制端，在此处可外加电压，以改变比较器的参考电压。不用时，经 0.01μF 的电容接地，以防止引入干扰。

引脚 6 为高电平触发端。

引脚 7 为放电端，常用于给外接电容元件提供放电通路。

引脚 8 为电源端，可在 5 ~18V 范围内使用。

10.4.2 555 定时器应用举例

1. 施密特触发器

将 555 定时器的 6 脚（高触发端 TH）和 2 脚（低触发端$\overline{TR}$）连在一起，作为输入端 u_i，即构成了一个施密特触发器，如图 10-35a 所示。

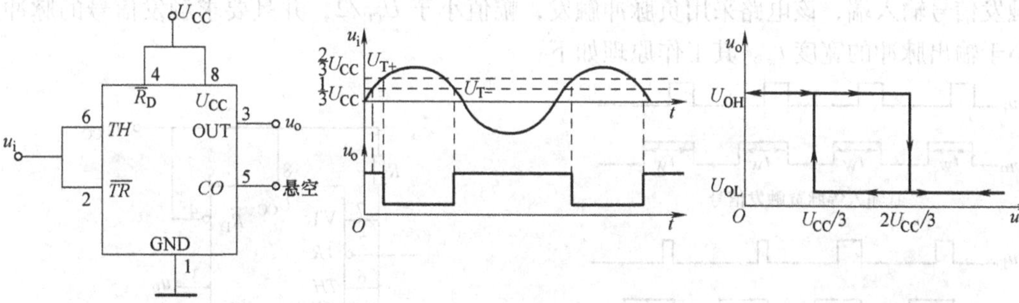

a) 电路组成　　b)工作波形　　c) 电压传输物性曲线

图 10-35　施密特触发器电路及波形

施密特触发器是一种特殊的双稳态时序电路，它在两个方面区别于一般的双稳态触发器。

1）施密特反相触发器具有迟滞电压传输特性，对应正向和反向增大的输入信号电压，电路有不同的阈值电平：上限触发电平 U_{T+}和下限触发电平 U_{T-}。

2）施密特触发器属于电平触发器件，对缓慢变化的模拟信号，只要信号电平到达相应的阈值触发电平，输出状态就会从一个稳态翻转到另一个稳态，并且稳态的维持依赖于外加触发输入信号。

利用这两个特点，不仅可以将边沿变化缓慢的信号波形整形为边沿陡峭的矩形波，而且还可以将叠加于矩形脉冲信号高、低电平的噪声有效地清除。

根据以上分析可以画出将正弦波整形为矩形波的波形图，如图 10-35b 所示。从波形图中可以看出当 u_i 上升时，上限触发电平（即 U_{R1}）为 $U_{T+} = 2U_{CC}/3$，下限触发电平（即 U_{R2}）为 $U_{T-} = U_{CC}/3$，其电压差值称为回差电压 ΔU_T，即 $\Delta U_T = U_{T+} - U_{T-}$。

电压的传输特性曲线如图 10-35c 所示，从曲线中可以清楚地看到电路的滞后特性。如果在 CO 端加直流电压 U_{CO}，可改变 555 内部电压比较器 C_1 和 C_2 的参考电压 U_{R1}和 U_{R2}，从而可调节回差电压的大小。U_{CO}越大，回差电压越大，电路的抗干扰能力越强。但回差电压越大，触发灵敏度越低。施密特触发器常用于进行波形变换及脉冲波的整形。

2. 单稳态触发器

单稳态触发器是一种基本脉冲电路，主要特点如下：

1）电路输出有一个稳态和一个暂稳态。

2）在外界触发脉冲作用下，能从稳态翻转到暂稳态，暂稳态维持一段时间后自动地返回到稳态。

3）暂稳态维持时间的长短取决于电路本身的参数，而与触发脉冲无关。

图 10-36 给出了单稳态触发器在不同触发信号作用下，电路的输出波形图。图中输出信号 u_o 的稳态为 0 态，暂态为 1 态。t_W 是暂稳态持续时间，也是单稳态触发器输出脉冲的宽度，它由电路本身参数决定。

单稳态触发器的暂稳态通常是靠 *RC* 电路的充、放电过程来维持的。可以用分立元件或单个的门电路构成，也可以用555 定时器构成。

由 555 定时器构成的单稳态触发器的连线图如图 10-37 所示。*R*、*C* 为外接元件，2 脚作为触发信号输入端，该电路采用负脉冲触发，幅值小于 $U_{CC}/2$，并且要求触发信号的脉冲宽度小于输出脉冲的宽度 t_w。其工作原理如下：

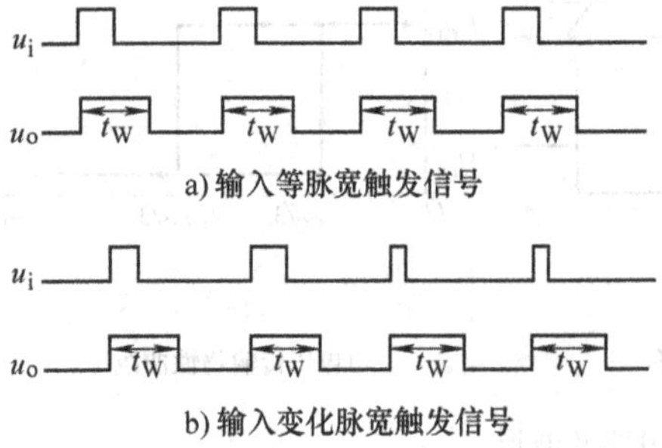

图 10-36　上升沿触发的单稳态触发器

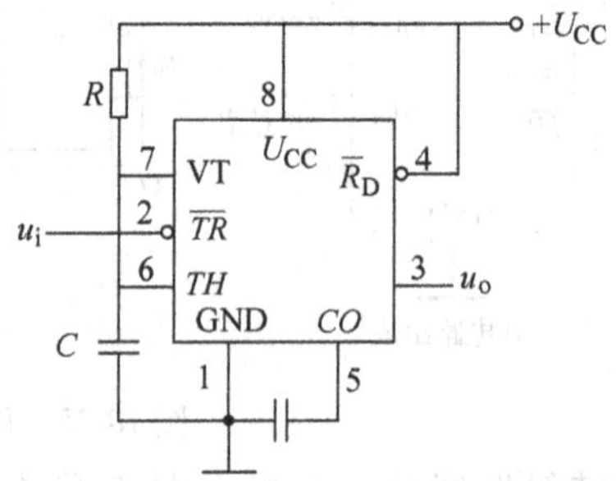

图 10-37　555 定时器构成的单稳态触发器

1）当触发负脉冲未输入时，u_i 处于高电平，稳态时电路一定处于 $Q=0$，$u_o=0$ 的状态。假设接通电源的瞬时，电路输出 u_o 停在低电平，则555 内部晶体管 VT 导通，电容器不能充电，电路将保持 u_o 的稳定状态。若电路输出 $u_o=1$，则晶体管 VT 截止，U_{CC}经电阻 *R* 向电容 *C* 充电，u_C 按指数规律上升至 $u_C=2U_{CC}/3$ 时，定时器内触发器置 0，即电路输出 $u_o=0$，同时晶体管 VT 导通，电容 *C* 经 VT 放电，u_C 按指数规律下降至 $u_C=0$。电容放电期间，输出信号 u_o 稳定在 0 态，即在没有外加触发信号的情况下，合上电源后整个电路会进入稳定状态，即 $u_o=0$。

2）当触发负脉冲输入后，2 端是低电平，即 *TR* 端电压小于 $U_{CC}/3$，故电路的输出 u_o 跳变为高电平，晶体管 VT 截止，U_{CC}经 *R* 向电容 *C* 充电，电路进入暂稳态。

3）在暂稳态期间，随充电过程的进行，u_C 的电位逐渐升高，当 u_C 等于并略大于 $2/3U_{CC}$时，由于 *TH* 电压大于 $2U_{CC}/3$，并且此时输入的负脉冲已撤销，*TR* 端的电压大于 $U_{CC}/3$，故输出 u_o 跳变为低电压，暂稳态结束。此时，晶体管 VT 导通，电容 *C* 通过 VT 放电，电路自动返回到稳定状态。

可见，当有低电平脉冲信号输入时，555 定时器进入暂态，输出高电平，暂态持续一段

时间 t_w（输出高电平脉冲的宽度）后，恢复单稳态。图 10-38 所示为在触发信号下 u_C 和 u_o 的波形。

由图 10-38 可以看出，单稳态触发器输入触发脉冲宽度小于输出脉冲宽度。输出脉冲宽度，即暂稳态的持续时间为

$$t_w = RC\ln 3 \approx 1.1RC$$

由此，可以得出：

1）改变 R、C 的值，输出脉冲宽度可在数秒到数十秒范围内变化，利用这一特点可以定时。

2）在 R、C 值一定时，输出脉冲的幅值和宽度是一定的，利用这一特性可对脉冲整形。

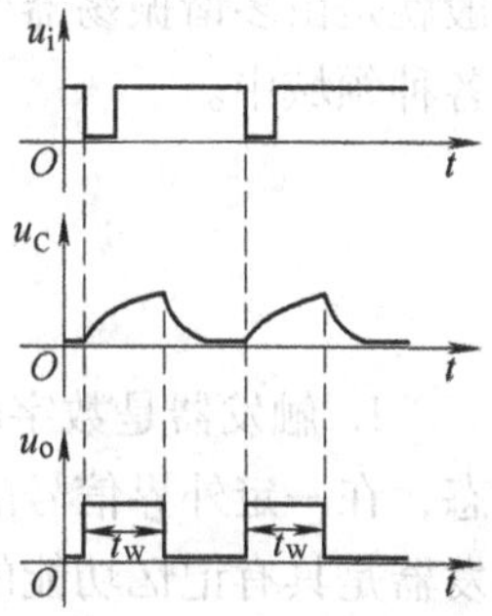

图 10-38 单稳态触发器 u_C 和 u_o 的波形图

3. 多谐振荡器

多谐振荡器又称无稳态触发器，或矩形脉冲自激振荡器。它无需外加触发脉冲，多谐振荡器没有稳定状态，有两个暂稳态，电路一旦起振，两个暂稳态就交替变化，输出矩形脉冲信号。因为矩形波含有丰富的谐波，故称为多谐振荡器。

图 10-39 所示为用 555 定时器构成的多谐振荡器连线图。图中将 TH 端与 $\overline{TR}$ 端短接后接到定时电容 C 与电阻 R_2 的连接处，晶体管 VT 接到 R_1 和 R_2 的连接处。工作原理分析如下：

刚接通电源时，设电容的初始电压为零，所以 $U_{TH} = U_{\overline{TR}} \leqslant U_{CC}/3$，由表 10-20 可知此时 $u_o = 1$，晶体管 VT 截止，电源 U_{CC} 通过电阻 R_1、R_2 对电容 C 充电，在 u_C 达到 $2U_{CC}/3$ 之前，$u_o = 1$ 的状态保持不变。当 u_C 上升到 $2U_{CC}/3$ 时，由于 TH 端的电压大于 $2U_{CC}/3$，$\overline{TR}$ 端的电压大于 $U_{CC}/3$，故 $u_o = 0$ 这是一个暂稳态。此时 VT 管导通，使电容 C 通过 R_2 和 VT 放电，u_C 下降。当 u_C 下降到小于 U_{CC} 时，由于 TR 端的电压小于 $U_{CC}/3$，定时器的输出状态再次翻转，u_o 又由 0 变为 1，这是另一个暂态。此时 VT 管截止，于是电容 C 再次充电。如此不断重复上述过程，周而复始地形成了两个暂稳态的相互转换，在多谐振荡器的输出端就可得到周期性的矩形波信号。

多谐振荡器的工作波形图如图 10-40 所示。由图可见，由于充电时间常数为 $(R_1 + R_2)C$ 大于放电时间常数 R_2C，故 u_o 高电压所持续时间 T_1 大于低电压持续时间 T_2，即 $T_1 > T_2$。

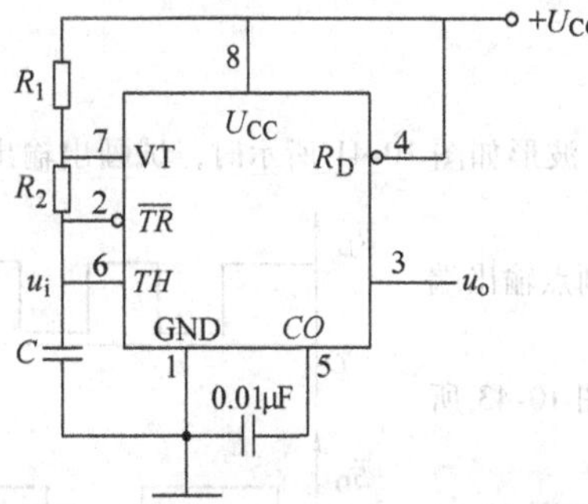

图 10-39 555 定时器构成的多谐振荡器连线图

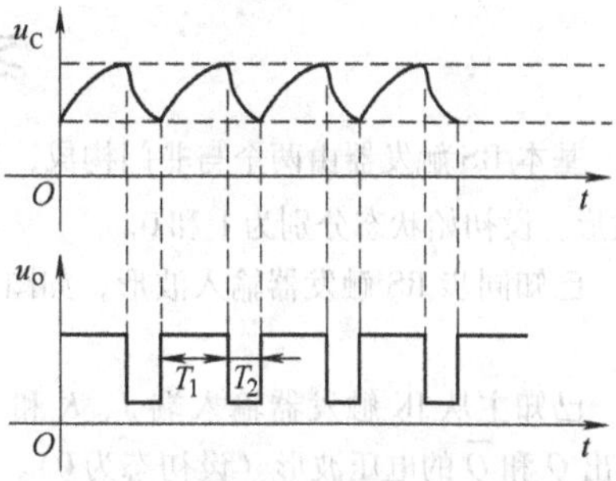

图 10-40 多谐振荡器的工作波形图

脉冲宽度为 $T_1 \approx 0.7(R_1 + R_2)C$，$T_2 \approx 0.7R_2C$。脉冲周期为 $T \approx T_1 + T_2 \approx 0.7(R_1 + 2R_2)C$，输出脉冲的幅度为 $U_M \approx U_{CC}$。振荡频率为 $f = 1/T \approx 1.43/[(R_1 + 2R_2)C]$，改变充、放电

时间常数，便可改变矩形波的频率。

555 定时器构成的多谐振荡器通常可作脉冲信号发生器，时序电路中的时钟脉冲信号一般就是由多谐振荡器产生的。适当组合，也可用作定时、音频振荡器等，目前它广泛应用于各种领域中。

本章小结

1. 触发器是数字电路的另一种基本逻辑单元。双稳态触发器有 0 和 1 两个稳定输出状态，在一定外界信号的作用下可以从一个稳定状态翻转为另一个稳定状态，因此，双稳态触发器是具有记忆功能的逻辑单元。

2. 由于输入方式以及触发器状态随输入信号变化的规律不同，各种触发器在具体的逻辑功能上又有所差别。根据这些差异，将触发器分成了 RS、JK、T、T′、D 等几种不同类型的触发器。这些逻辑功能可以用特性表、特征方程或状态转换图描述。

同一种逻辑功能的触发器可以用不同的电路结构实现；同一种电路结构的触发器可以做成不同的逻辑功能。这就是触发器的电路结构和逻辑功能的关系。不要把电路结构形式和逻辑功能两个不同的概念混同起来。

3. 时序逻辑电路具有记忆功能，它的输出状态不仅与输入状态有关而且还与触发脉冲到来前电路的状态有关。它一般是由组合逻辑电路和具有记忆功能的触发器组成。时序电路分为同步时序电路和异步时序电路两类。

寄存器和计数器是应用最广泛的时序逻辑电路。寄存器不仅可以存放数据，还可以将数据进行左移或右移。

计数器是累计输入脉冲个数的数字部件，中规模集成计数器的功能完善，使用方便灵活，运用反馈归零法和反馈置数法可以方便地构成 N 进制计数器。在使用中，应掌握集成电路手册的查阅方法，能借助给定元器件的功能表和逻辑符号图识别其功能，并能根据元器件引脚图进行接线，构成所需的应用电路。

4. 从应用实践出发，最后着重介绍了 555 定时器以及利用 555 定时器构成施密特触发器、单稳态触发器和多谐振荡器。

习题十

10-1　基本 RS 触发器由两个与非门构成，当输入端 $\overline{S}_D$、$\overline{R}_D$ 波形如图 10-41 所示时，试画出输出端 Q 和 $\overline{Q}$ 的波形。设初始状态分别为 1 和 0。

10-2　已知同步 RS 触发器输入波形，如图 10-42 所示，试画点输出端波形。

10-3　已知主从 JK 触发器输入端 J、K 和 CP 电压波形如图 10-43 所示，试画出 Q 和 $\overline{Q}$ 的电压波形（设初态为 0）。

10-4　已知上升沿触发的 D 触发器输入端 D 和 CP 的波形如图 10-44 所示，试画出 Q 的波形（设初态为 0）。

10-5　根据 CP 脉冲，画出图 10-45 所示各触发器的 Q 端波形（设初态为 0）。

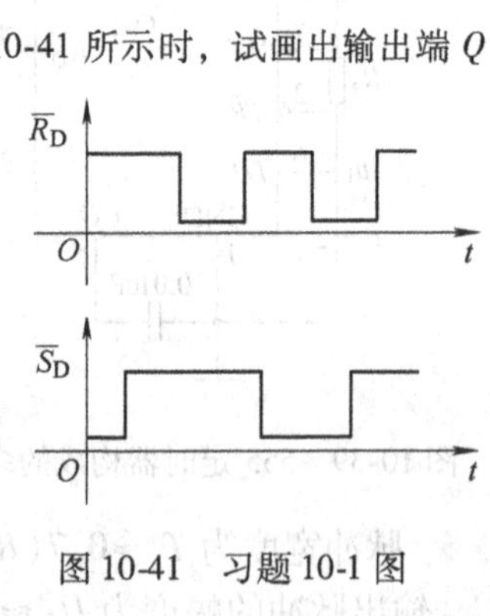

图 10-41　习题 10-1 图

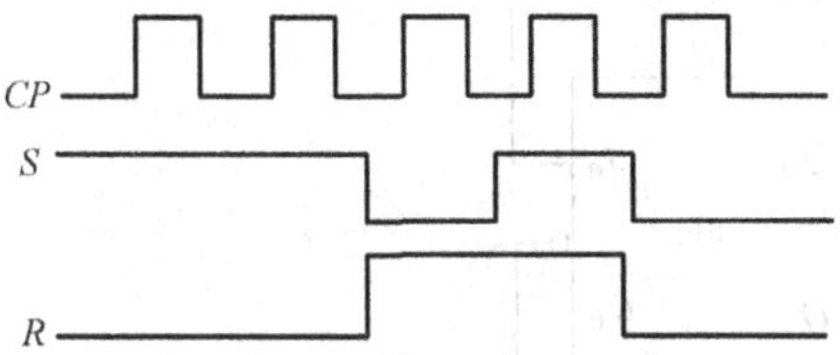

图 10-42　习题 10-2 图

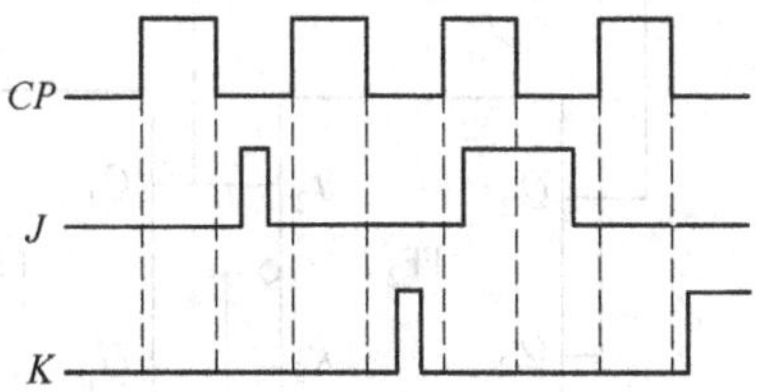

图 10-43　习题 10-3 图

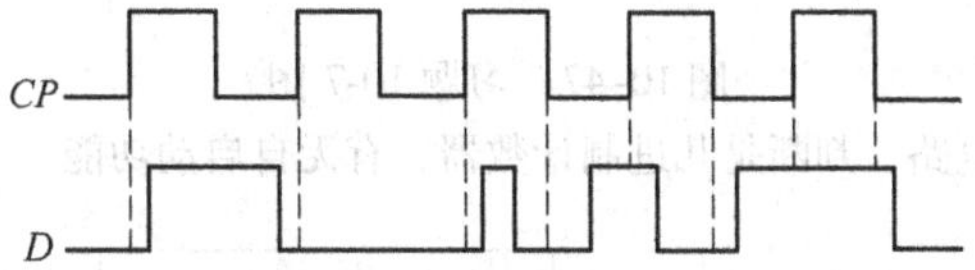

图 10-44　习题 10-4 图

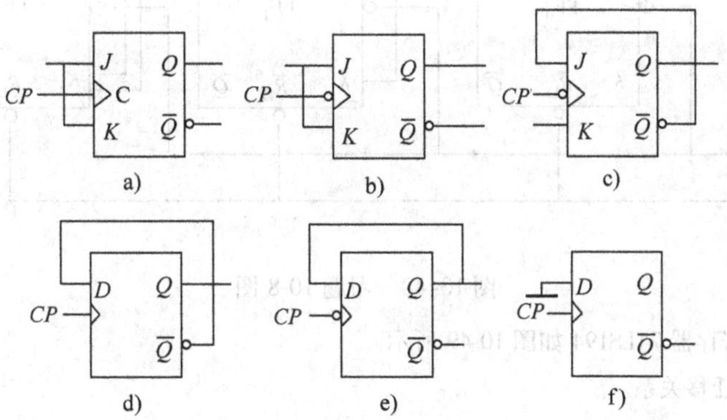

图 10-45　习题 10-5 图

10-6　图 10-46a 中 F_1 是 *F* 触发器，F_2 是 JK 触发器，*CP* 和 *A* 的波形如图 10-46b 所示。试对应画出 Q_1 和 Q_2 的波形。

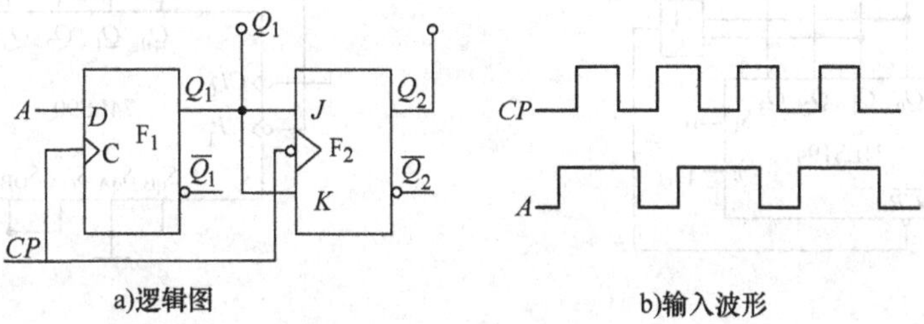

a)逻辑图　　b)输入波形

图 10-46　习题 10-6 图

10-7　分析图 10-47 所示电路，判断是几进制计数器，有无自启动功能？

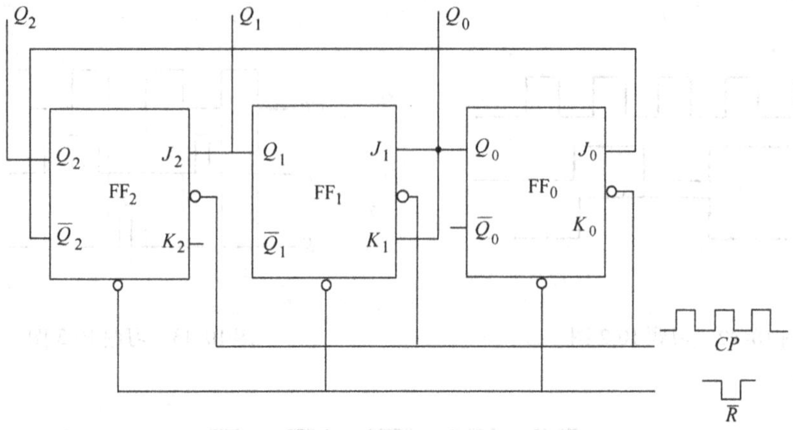

图 10-47　习题 10-7 图

10-8　分析图 10-48 所示电路，判断是几进制计数器，有无自启动功能。

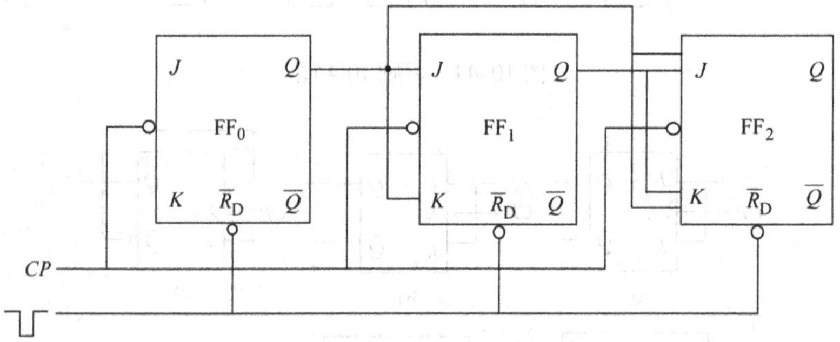

图 10-48　习题 10-8 图

10-9　集成移位寄存器 74LS194 如图 10-49 所示。

（1）列出其状态迁移关系。

（2）指出其功能。

10-10　用 74LS161 组成起始状态为 0100 的十一进制计数器。

10-11　用图 10-50 所示的 74LS90 组成 8421BCD 七进制计数器。

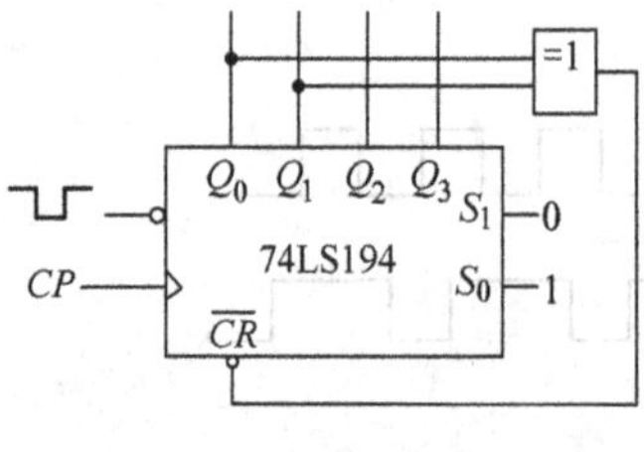

图 10-49　习题 10-9 图

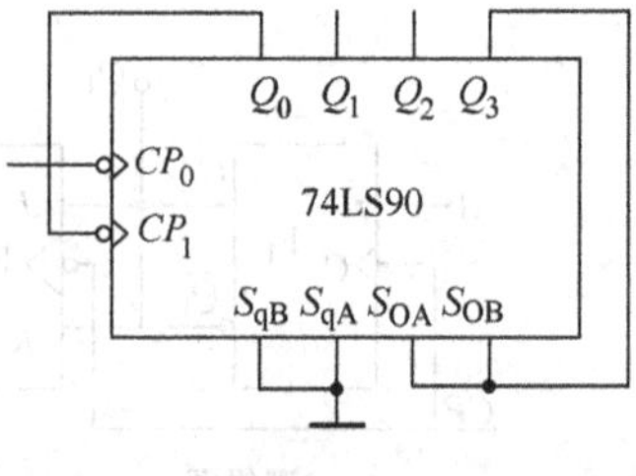

图 10-50　习题 10-11 图

10-12　画出由 555 定时器构成的施密特电路的电路图，输入波形如图 10-51 所示。$U_{CC}=15V$，画出对应的输出波形。若 5 脚改接 10kΩ 的电阻，再画出输出波形。

10-13　图 10-52 所示为 555 定时器构成的多谐振荡电路。已知 $U_{CC}=10V$，$C=0.1\mu F$，$R_1=20k\Omega$，$R_2=80k\Omega$。求振荡周期 T，并画出相应的 u_C 和 u_o 的波形。

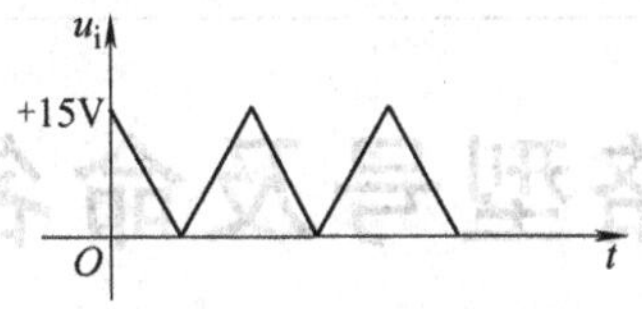

图 10-51　习题 10-12 图

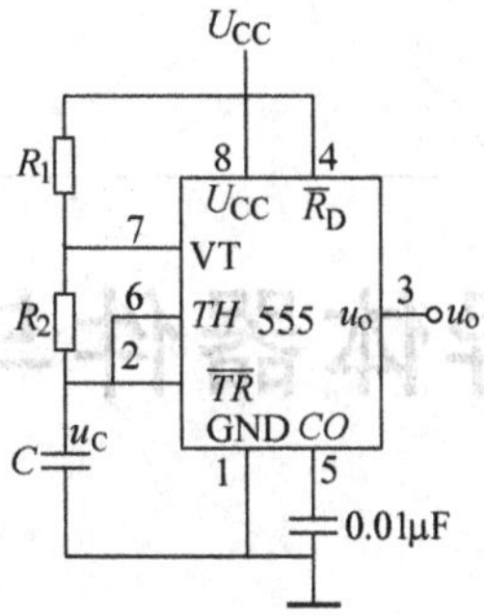

图 10-52　习题 10-13 图

附录 A

半导体器件与集成电路型号及命名

中国半导体器件是根据中华人民共和国国家标准 GB/T 249—1989《半导体分立器件型号命名方法》命名，通常由五个部分组成。具体的符号及其含义如下表：

1. 中国半导体器件型号组成部分的符号及其含义

第一部分		第二部分		第三部分		第四部分	第五部分
用阿拉伯数字表示器件的电极数目		用汉语拼音字母表示器件的材料和极性		用汉语拼音字母表示器件的类别		用阿拉伯数字表示序号	用汉语拼音字母表示规格号
符号	意义	符号	意义	符号	意义		
2	二极管	A	N 型，锗材料	P	小信号管		
		B	P 型，锗材料	V	混频检波管		
		C	N 型，硅材料	W	电压调整管和电压基准管		
		D	P 型，硅材料	C	变容管		
3	三极管	A	PNP 型，锗材料	Z	整流管		
		B	NPN 型，锗材料	L	整流堆		
		C	PNP 型，硅材料	S	隧道管		
		D	NPN 型，硅材料	K	开关管		
		E	化合物材料	X	低频小功率晶体管 ($f_a<3$MHz，$P_c<1$W)		
				G	高频小功率晶体管 ($f_a\geqslant3$MHz，$P_c<1$W)		
				D	低频大功率晶体管 ($f_a<3$MHz，$P_c\geqslant1$W)		
				A	高频大功率晶体管 ($f_a\geqslant3$MHz，$P_c\geqslant1$W)		
				T	闸流管		
				Y	体效应管		
				B	雪崩管		
				J	阶跃恢复管		

示例：锗 PNP 型高频小功率晶体管型号为

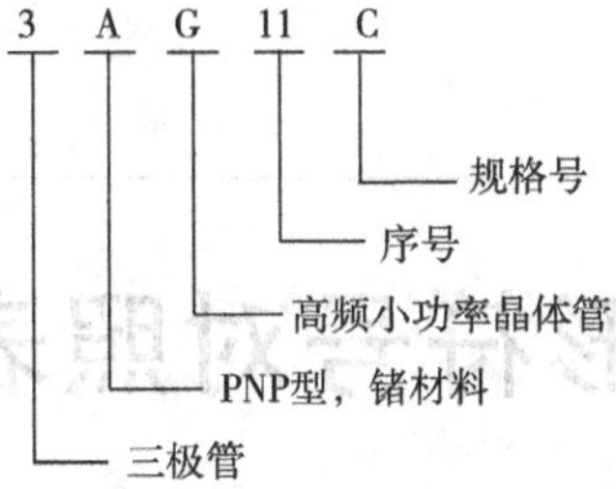

2. 中国半导体集成电路型号命名方法

GB/T 3430—1989 为我国半导体集成电路型号命名方法的现行国家标准，于 1989 年开始实施。我国集成电路器件型号由五个部分组成，其符号及意义如下：

第一部分		第二部分		第三部分	第四部分		第五部分	
用字母表示器件符合国家标准		用字母表示器件的类型		用阿拉伯数字表示器件的系列和品种代号	用字母表示器件的工作温度范围		用字母表示器件的封装	
符号	意义	符号	意义		符号	意义	符号	意义
C	中国制造	T	TTL 电路	其中 TTL 电路分为四个系列：	C	0～70℃	F	多层陶瓷扁平
		H	HTL 电路		G	-25～70℃	B	塑料扁平
		E	ECL 电路	1000—中速系列	L	-25～85℃	H	黑瓷扁平
		C	CMOS 电路	2000—高速系列	E	-40～85℃	D	多层陶瓷双列直插
		M	存储器	3000—肖特基系列	R	-55～85℃		
		μ	微型机电路	4000—低功耗肖特基系列	M	-55～125℃	J	黑瓷双列直插
		F	线性放大器		⋮		P	塑料双列直插
		W	稳压器				S	塑料单列直插
		D	音响电视电路				T	金属圆壳
		B	非线性电路				K	金属菱形
		J	接口电路				C	陶瓷芯片载体
		AD	A-D 转换器				E	塑料芯片载体
		DA	D-A 转换器				G	网络针栅阵列
		SC	通信专用电路				⋮	
		SS	敏感电路					
		SW	钟表电路					
		SJ	机电信电路					
		SF	复印机电路					

示例：

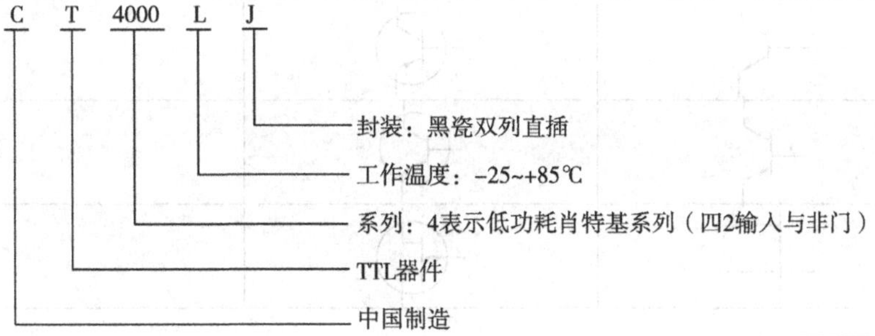

附录 B

电气与电子元器件新旧图形符号对照表

名　　称	新　符　号	旧　符　号	逻辑表达式或状态方程
电压源			
电流源			
受控电压源	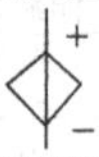		
受控电流源			
二极管			
稳压二极管	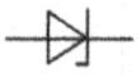		
发光二极管		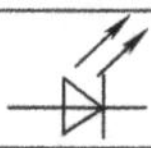	
光敏二极管	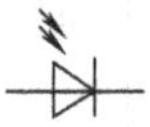		
变容二极管	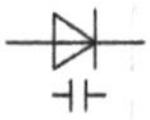	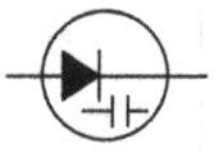	
隧道二极管	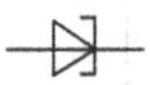		
光敏晶体管			
NPN 型晶体管	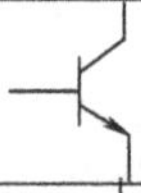	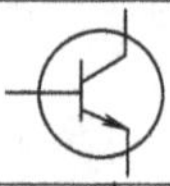	
PNP 型晶体管	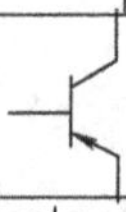	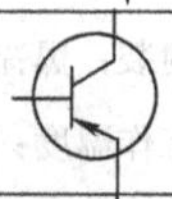	
N 沟道结型场效应晶体管	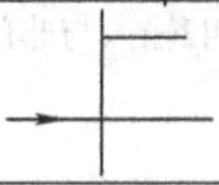	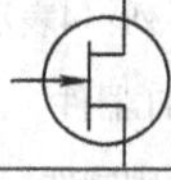	

（续）

名　称	新　符　号	旧　符　号	逻辑表达式或状态方程
P沟道结型场效应晶体管	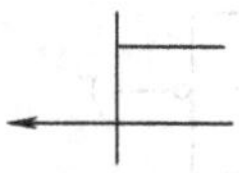	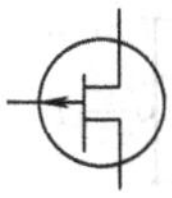	
耗尽型 NMOS 管	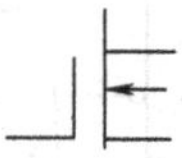	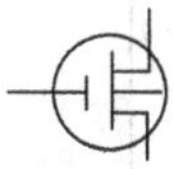	
耗尽型 PMOS 管	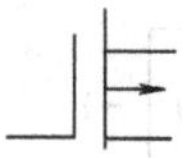		
增强型 NMOS 管	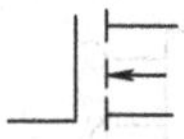	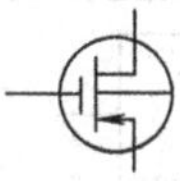	
增强型 PMOS 管	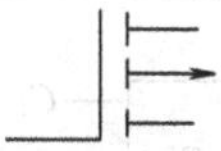		
运算放大器	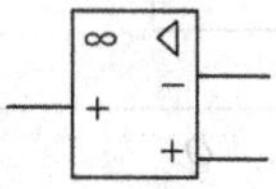	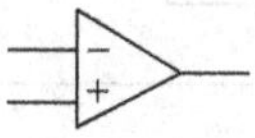	
晶闸管	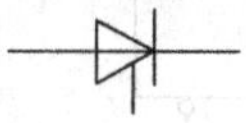		
电解电容	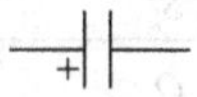	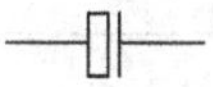	
开关	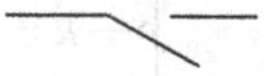		
与门	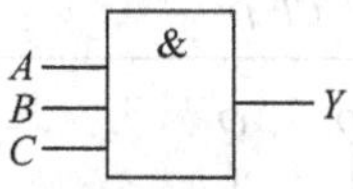	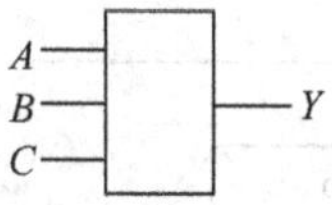	$Y = A \cdot B \cdot C$
或门	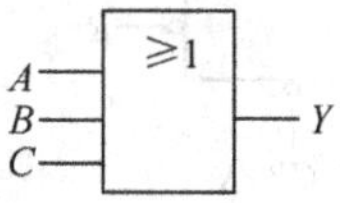	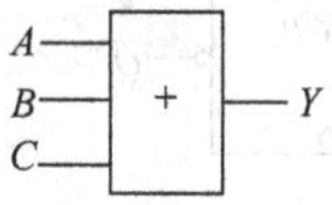	$Y = A + B + C$
非门	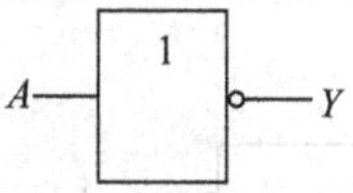	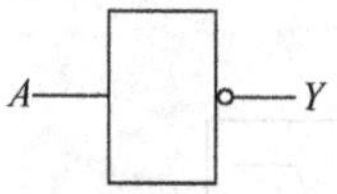	$Y = \overline{A}$
与非门	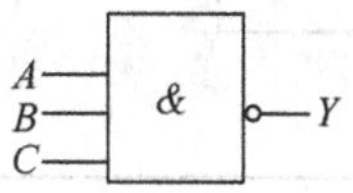	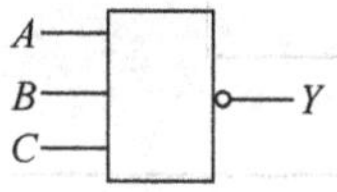	$Y = \overline{ABC}$

（续）

名　称	新　符　号	旧　符　号	逻辑表达式或状态方程
或非门	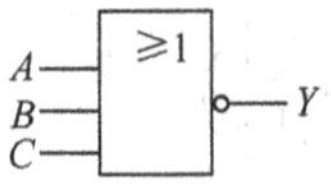	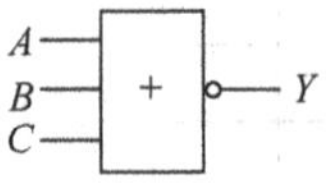	$Y=\overline{A+B+C}$
与或非门	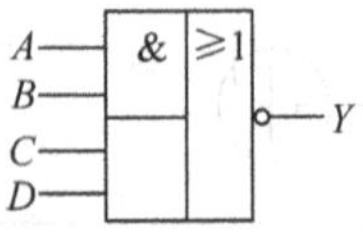	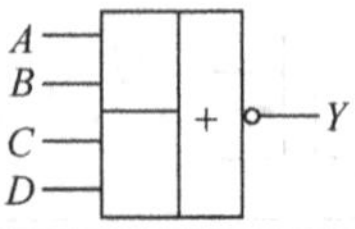	$Y=\overline{AB+CD}$
异或门	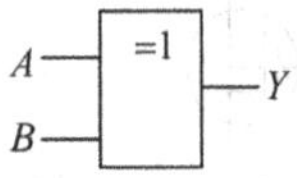	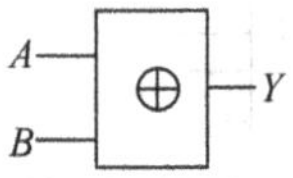	$Y=A\overline{B}+\overline{A}B=A\oplus B$
半加器	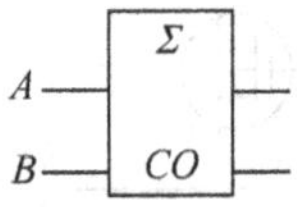	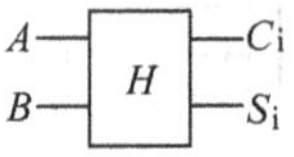	$S_i=A\oplus B$ $C_i=AB$
全加器	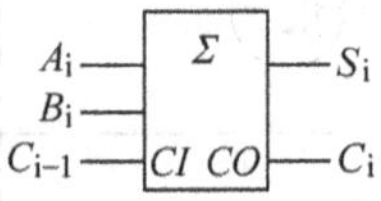	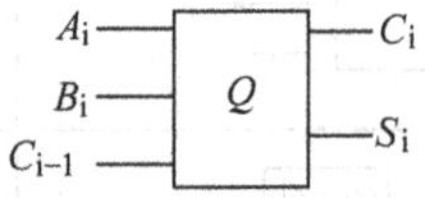	$S_i=A_i\oplus B_i\oplus C_{i-1}$ $C_i=(A_i\oplus B_i)C_{i-1}+A_iB_i$
RS 触发器	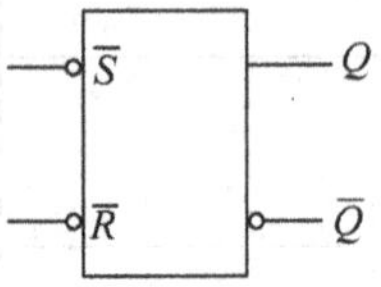	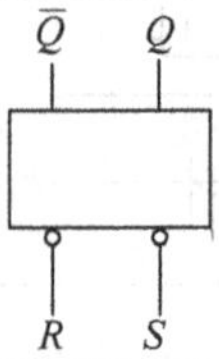	$Q^{n+1}=S+\overline{R}Q^n$ $RS=0$　约束条件
D 触发器	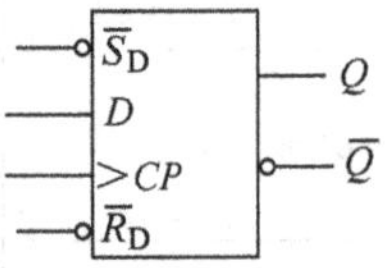	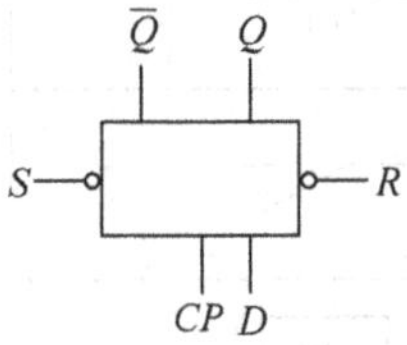	$Q^{n+1}=D$
JK 触发器	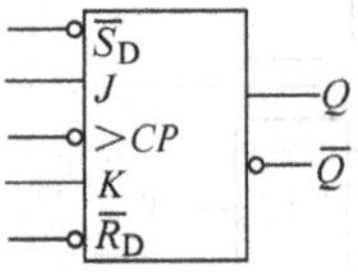	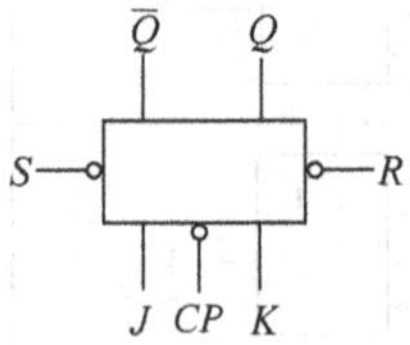	$Q^{n+1}=J\overline{Q^n}+\overline{K}Q^n$
非门（具有施密特触发器）	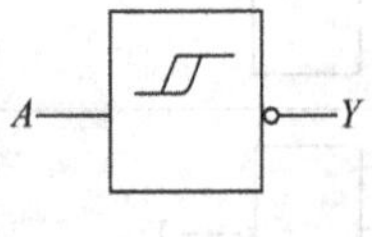	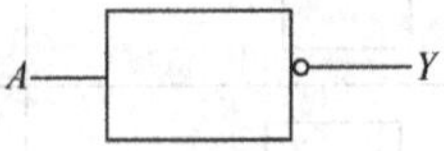	$Y=\overline{A}$

附录 C

集成运算放大器的分类与主要特性

1. 通用集成运算放大器

电路名称	型号	主要特性			国外相同产品型号
		输入失调电压 U_{IO} /mV	差模电压增益 A_{VO} /dB	共模抑制比 K_{CMR} /dB	
通用Ⅰ型运放	CF702	0.5	71	100	μA702
	F002 F001 FC1 5G922 BG301 8FC1	2.0	66	70	HA1301, CA3008 μA702, RC702
	CF709	1.0	93	90	μA709, LM709, MC1709, RC709, μPC55A, SFC2709, SN52/72 709
通用Ⅱ型运放	F003 F004 FC3	2.0	86	80	
	4E304	2.0	90	90	
	FC52	4.0	100	90	
	BG305	5.0	100	70	
	8FC21	2.0	96	86	
	8FC3	2.0	100	60	
通用Ⅲ型运放	CF741	1.0	106	90	μA741, LM741, AD741, CA741, MC1741, SFC2741, SN52/72 741, μPC741, μPC151, RC741
	F007	2.0	94	80	
	F006	2.0	94	80	
	F008	5.0	110	100	
	F009	2.0	100	80	
	8FC4	2.0	94	80	
	CF101 系列	0.7	103	96	LM101, μA101, AD101, CA101, MLM101, SFC101
	CF107 系列	0.7	104	96	LM107, μA107, MLM107, CA107

（续）

电路名称	型号	主要特性			国外相同产品型号
		输入失调电压 U_{IO} /mV	差模电压增益 A_{VO} /dB	共模抑制比 K_{CMR} /dB	
通用双运放	CF158	1.0	100	85	LM158，CA158
	CF747	1.0	106	90	μA747，LM747，CA747，SN52/72 747，MC1747
	XFC80	2.0	100	80	
通用四运放	CF124 系列	2.0	120	85	LM124，μA124，LM324
	CF148 系列	1.0	104	90	LM148，μA148
单电源运放	8FC7	7.5	88	70	

2. 低功耗集成运算放大器

型　号	主要特性			国外相同产品型号
	静态功耗 P_{CM}/W	差模电压增益 A_{VD}/dB	输入失调电压 U_{IO}/mV	
CF253	≤0.6	110	1.0	μPC253
F010	≤0.6	94	2.0	
F101	≤3.0	100	2.0	μPC253
F012	6.0	110	1.0	
F013	≤6.0	80	2.0	
FC54	≤15	100	2.0	
XFC-75	4	100	3.0	

3. 宽带集成运算放大器

型　号	主要特性			国外相同产品型号
	开环带宽 BW/MHz	差模电压增益 A_{VD}/dB	输入失调电压 U_{IO}/mV	
CF347	4(GB)	100	3.0	LF347，μA774，MC34004，TL084
CF351 系列	4(GB)	100	2.0	LF351，μA771，TL081
CF1520 系列	2	70	5.0	MC1520
CF733 系列	120	52	—	LM733，μA733，MC1733，RC733
FC9	10	60	5.0	MC1520
BG323	120	52	—	LM733，μA733，MC1733，RC733
XFC-79	20	40	—	
SG012	30	40	300	LM733，μA733，MC1733，RC733
CF507	100(GB)	100	3.0	AD507，HA2620

4. 高精度低漂移集成运算放大器

型　号	主要特性				国外相同产品型号
	输入失调电压温度系数 $\alpha U_{IO}/\mu A℃^{-1}$	输入失调电压 U_{IO}/mV	差模电压增益 A_{VD}/dB	共模抑制比 K_{CMR}/dB	
CF714	0.2	0.01	114	120	OP07
CF725	0.6	1.5	120	110	μA725，LM725
F032	2.0	3.0	120	105	RC725
FC72	0.5	1.0	120	120	μPC154
FC74	—	1.0	38	—	AD509
3FC5	2.0	1.0	110	106	
XFC-78	1.0	2.0	120	120	
XFC-83	1.0	1.0	125	125	

5. 高速集成运算放大器

型　号	主要特性				国外相同产品型号
	转换速率 S_R /（V/μs）	建立时间 t_{set}/ns	差模电压增益 A_{VD}/dB	输入失调电压 U_{IO}/mV	
CF715	18($A_{VF}=1$) 100($A_{VF}=-1$)	800	90	2	μA715
CF772	65($A_{VF}=1$)	450($A_{VF}=1$)	110	2	μA722
CF318	70($A_{VF}=1$) 150(外加前馈技术)	—	106	2	LM318
F051	60($A_{VF}=1$)	—	94	15	μA722
X55	70	—	94	15	
XFC-76	40	—	80	10	
4E321	—	400	80	2	
FC92	—	400	80	2	

6. 高输入阻抗集成运算放大器

型　号	主要特性				国外相同产品型号
	输入阻抗 R_I/Ω	输入偏置电流 I_{IO}/pA	差模电压增益 A_{VD}/dB	输入失调电压 U_{IO}/mV	
CF155 系列	10^{12}	30	106	3	LF157，μAF157
CF3130	1.5×10^{12}	5	110	2	CA3130
CF3140	1.5×10^{12}	10	100	5	CA3140
F080 系列	10^{12}	100	106	6	
BG313	10^{11}	200	92	10	
5G28	10^{10}	1000	86	10	
X56	10^{12}	90	86	9	
CF7613	10^{12}	100	100	5	

7. 高压集成运算放大器

型　号	主要特性				国外相同产品型号
	电源电压 U/V	输出峰-峰电压 U_{opp}/V	差模电压增益 A_{VD}/dB	输入失调电压 U_{IO}/mV	
CF143	±40	±25	107	2	LM143
CF343	±34	±25	107	2	LM343
CF1436	±34	±20	114	5	MC1436
CF1536	±40	±22	114	2	MC1536
FC10	±28	±20	94	5	MC1536
BG315	±30	±26	110	5	

附录 D

常用接口电路

接口类型	电　　路	备　　注
TTL 到 CMOS 的接口（$U_{DD}>U_{CC}$）	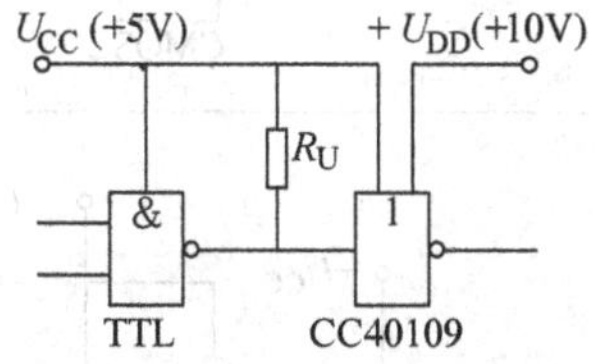	用 CC40109
	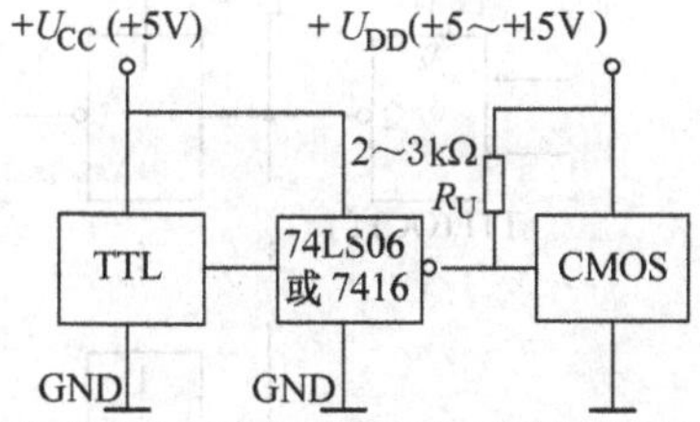	用 74LS06
同一封装内的 CMOS 门	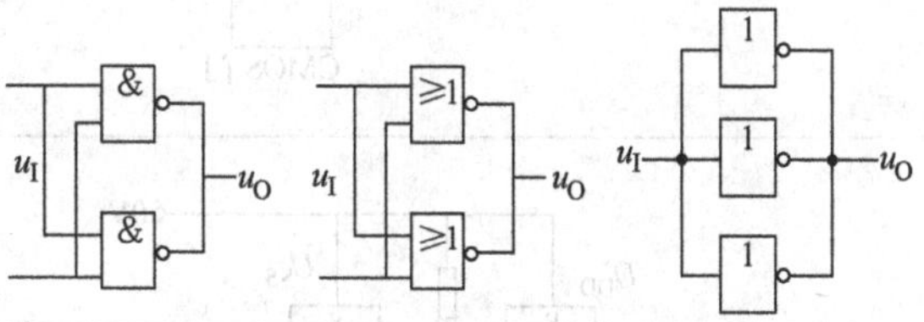	
CMOS 与集成运放的接口	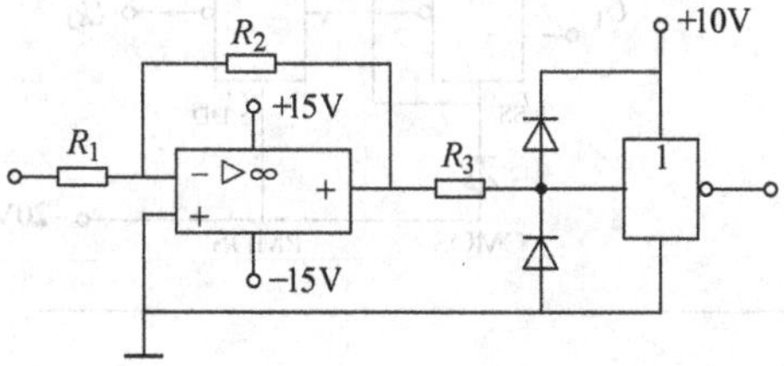	电源不同
	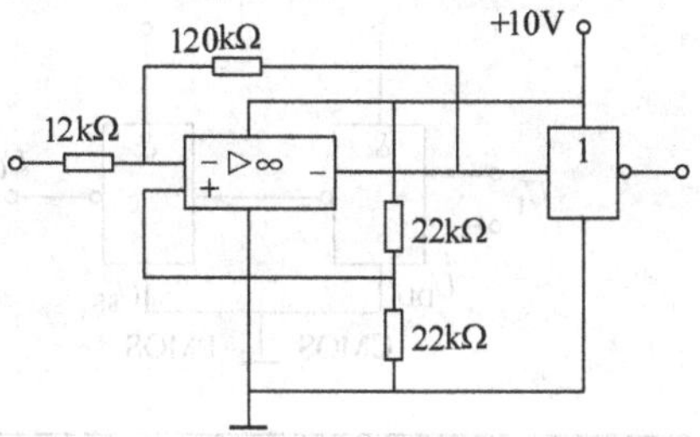	电源相同

（续）

接口类型	电路	备注
TTL 到 CMOS 的接口	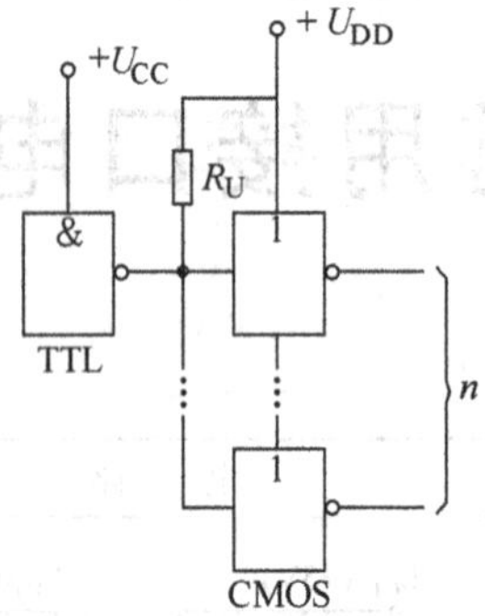	$U_{DD} \approx U_{CC}$
	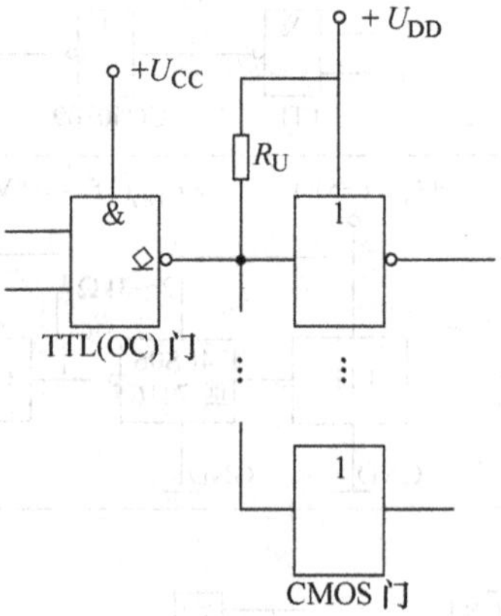	$U_{DD} > U_{CC}$
CMOS 到 PMOS 的接口	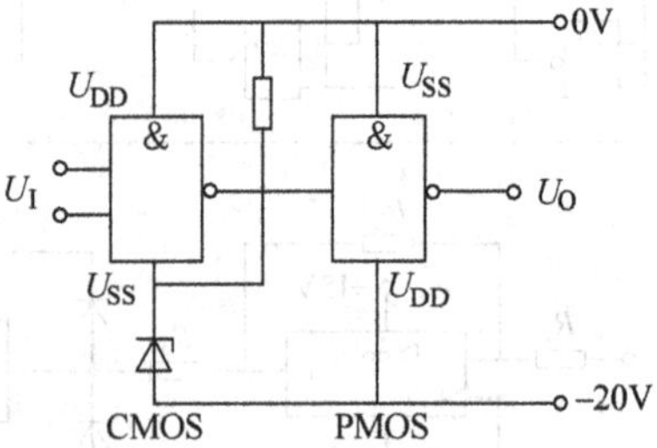	同一电源
	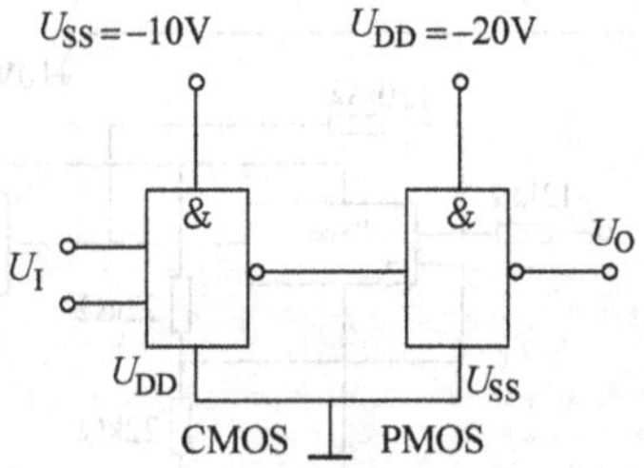	不同电源

部分参考答案

习题一

1-1　8 度

1-2　11.2mA；22.3V

1-3　①－1A；－2V；－2V；－2V；－8V

②各点电位高低的比较：$V_a < V_b < V_c < V_d < V_e$

1-4　250W；3kW

1-5　①8W；　②－8W；③50V

1-6　两个额定值 110V、40W 的灯泡，可以串联后接到 220V 电源上使用。两个额定值分别是 110V、40W 与 110V、100W 的灯泡，不能串联后接到 220V 电源上使用。

1-7　3.7kΩ；20W

1-8　96Ω；400Ω；600Ω

1-9　①219.3V；0.181A；39.74W

②214.9V；0.178A；38.17W

1-10　4Ω；10Ω；1Ω

1-11　30Ω；30Ω

1-12　3Ω

1-13　－6.35V；1.63V

1-14　－2V

1-15　简化为电压源（$U=16\text{V}$，$R_0=4\Omega$），简化为电流源（$I_S=4\text{A}$，$R_0=4\Omega$）

1-16　可简化为一电压源（$U=18\text{V}$，$R_0=2\Omega$）

1-17　3A

1-18　1.6A

1-19　$I=7\text{A}$，$I_3=2\text{A}$，$I=-5\text{A}$

1-20　$U_4=-3\text{V}$，$U_5=-1\text{V}$

习题二

2-9　100Ω；$2.2\sqrt{2}\sin(314t+\frac{\pi}{2})\text{A}$

2-10　$5\sqrt{2}\text{V}$，感性；0V，阻性；5V，阻性

2-12 10-j10Ω；$10\sqrt{2}\angle 45°$ A；$100\sqrt{2}\angle -45°$ V

2-13 31.8Ω；6.92A

2-14 $5\angle -90°$ A；$3.33\angle -90°$A；$1.67\angle -90°$ A

2-15 50mA

2-16 25Ω；0.138H

2-17 （1）$5\sqrt{5}$A；（2）1kW；$\frac{2\sqrt{5}}{5}$

2-18 10A；0A

习题三

3-1 6.1；720 匝

3-3 20；165 匝；2475 匝

3-4 25

3-5 166 只；3A；45.5A

3-6 8.36A；114A

3-7 10

3-8 150Ω

习题四

4-3 磁极数为 4 极，额定转差率为 0.047；磁极数为 2 极，额定转差率为 0.033

4-5 功率因数 0.61；效率 80%

4-6 额定转差率为 0.04；额定电流为 11.64A；额定转矩为 36.48N · m；起动电流为 81.48A；起动转矩为 80.26N · m；最大转矩为 80.26N · m

习题五

5-3 二极管的单向导电性指二极管外加正向电压时导通，正向电阻很小；反向电压时截止，反向电阻很大。因此欲使二极管具有良好的单向导电性，管子的正向电阻小些好，反向电阻大些好。理想的二极管正向电阻为零，反向电阻为无穷大。

5-4 结果将比 300Ω 大

5-5 当 $U_i = 8V$ 时，二极管处于导通状态，$U_o = U_i = 8V$

当 $U_i = 3V$ 时，二极管处于导通状态，$U_o = U_i = 3V$

当 $U_i = -5V$ 时，二极管处于截止状态，$U_o = -E = -3V$

5-9 a）二极管 VD_1 导通，VD_2 截止，A 端的电位为 5V。b）二极管 VD_1 截止，VD_2 截止，A 端的电位为 9V。

5-10 2.7V 为基极，2V 为发射极，8V 为集电极，晶体管为 NPN 型晶体管，且为硅管

5-13 $\beta = 50$，$I_{CEO} = 20\mu A$ 的管子性能好些

5-15 $I_C = 2.8mA$

习题六

6-13 $I_{BQ} \approx 26\mu A$，$I_{CQ} \approx 2.1mA$，$U_{CEQ} \approx 4.5V$；$A_u \approx -152$，$R_i \approx 1k\Omega$，$R_o \approx 5k\Omega$

6-14 （1）$R_b=565\text{k}\Omega$

（2）$R_L=1.5\text{k}\Omega$

6-15 （1）$I_{BQ}\approx 20\mu\text{A}$；$I_{CQ}\approx 1\text{mA}$；$U_{CEQ}\approx 8\text{V}$

（2）$R_i\approx 1.6\text{k}\Omega$；$R_o\approx 4\text{k}\Omega$；$A_u\approx -62.5$

6-18 $u_o=20\text{mV}$

6-19 $u_o=2\text{V}$

6-20 $u_o=-\left(\dfrac{R_3}{R_1}+\dfrac{R_2R_3+R_2R_4}{R_1R_4}\right)u_I=-\dfrac{R_3R_4+R_2R_3+R_2R_4}{R_1R_4}u_I$

6-21 $u_o=\dfrac{R_f}{R_1R_3C_f}\int u_i\text{d}t$

6-23 $U'_+=2.5\text{V}$ $U''_+=-2.5\text{V}$

习题七

7-2 变压器二次电压 $U_2=89\text{V}$，负载电流 $I_L=U_o/R_L=1\text{A}$

流过二极管的平均电流 $I_{D(AV)}=I_L=1\text{A}$

7-3 有一个二极管断路了，则电路等效为半波整流电路；有一个二极管正负极接反了，则电路在半个周期内发生短路，另外半个周期发生断路；如果四个二极管全部接反，电路能正常工作，在负载上得到的电压方向相反。

7-4 变压器二次电压 $U_2=40\text{V}$，负载电流 $I_L=U_o/R_L=1.8\text{A}$

流过二极管的平均电流 $I_{D(AV)}=I_L/2=0.9\text{A}$

7-5 电路的输出直流电压 $U_o=0.9U_2=18\text{V}$，负载电阻上流过的直流电流 $I_L=U_o/R_L=3.6\text{A}$，二极管所承受的最大反向电压 $U_{RM}=\sqrt{2}U_2=28\text{V}$。

7-7 ①C 断开时为18V。②负载电阻断开为20V。③整流二极管中有一个二极管断开时为9V。④电路完好时为24V。

7-10 （1）当 $U_2=12.5\text{V}$，$I_L=20\text{mA}$ 时，I_Z 最大；当 $U_2=15\text{V}$，$I_L=30\text{mA}$ 时，I_Z 最小。

（2）$(U_{IMAX}-U_Z)/(I_{ZMAX}+I_{Lmin})<R<(U_{IMAX}-U_Z)/(I_{Zmin}+I_{LMAX})$，所以 $195\Omega<R<257\Omega$

7-12 （1）$I_Z=(U_I-U_Z)/R=10\text{mA}$ （2）$U_O=(R_1+R_2)/R_2\cdot U_Z=20\text{V}$

（3）$U_{omin}=10\text{V}$；$U_{omax}=25\text{V}$

习题八

8-4 a) × b) ✓ c) × d) × e) × f) ✓

8-9 （1）100111；47；27

（2）1101101；155；6D

（3）185；271；B9

（4）201；311；C9

（5）CF；11001111；207

（6）10000111；135；87

（7）496；760；111110000

（8）2614；5066；101000110110

8-12（1）$\overline{Y}=\overline{A}C+BC+B\overline{D}+\overline{A}\,\overline{D}$ （2）$\overline{Y}=1$

8-13（1）$Y=\overline{C}$ （2）$Y=\overline{C}+A\overline{B}$ （3）$Y=ABC+ABD$

（4）$Y=1$ （5）$Y=AB+\overline{B}\,\overline{C}D$ （6）$Y=AB+BC+A\overline{D}C$

习题九

9-1 解：探头测低电平的时候 Y_1、Y_3 输出为高电平、Y_2 为低电平，此时 VL_1 不发光，VL_2 发光。探头测高电平的时候 Y_1、Y_3 输出为低电平、Y_2 为高电平，此时 VL_1 发光，VL_2 不发光。

9-2 解：图 9-32a：$Y=S_1(S_2+S_3+S_4)+S_5$

图 9-32b：S_6 闭合时灯亮的表达式为：$[S_1(S_2+S_3)+(S_4+S_5)]\cdot[(S_7+S_8)+S_9]$

S_6 断开时灯亮的表达式为：$S_1(S_2+S_3)(S_7+S_8)+(S_4+S_5)\cdot S_9$

9-3 解：图 9-33a：$Y=\overline{AB+(B+C)+\overline{CD}}$

图 9-33b：$Y_1=\overline{\overline{AB}\cdot\overline{(A\oplus B)\cdot C}}=AB+A\overline{B}C+\overline{A}BC$

$Y_2=A\oplus B\oplus C$

9-6 $X=\overline{A}\cdot\overline{B}C+\overline{A}B\overline{C}+A\overline{B}\cdot\overline{C}+ABC=\overline{\overline{\overline{A}\,\overline{B}C}\cdot\overline{\overline{A}B\overline{C}}\cdot\overline{A\overline{B}\,\overline{C}}\cdot\overline{ABC}}$

$Y=AB+AC+BC=\overline{\overline{AB}\cdot\overline{AC}\cdot\overline{BC}}$

9-14 解：$a=\overline{A}$；$b=A\overline{B}$；$c=\overline{A}\,\overline{B}+AB$；$d=1$；$e=\overline{A}+\overline{B}$

9-15 解：（1）功能块电路可划分为两个功能块：

① 3-8 线译码器 74LS138

② 8 选 1 数据选择器 74LS151

（2）分析功能块的逻辑功能：

3-8 线译码器 74LS138 和 8 选 1 数据选择器 74LS151 的逻辑功能，略。

（3）分析整体电路的逻辑功能：

$D_0\sim D_7$ 和 $Y_0\sim Y_7$ 对应相连，$b_2b_1b_0=a_2a_1a_0$ 时，$L=1$；否则，$L=0$。该电路实现了两个 3 位二进制数的“相同”比较功能。

习题十

10-1

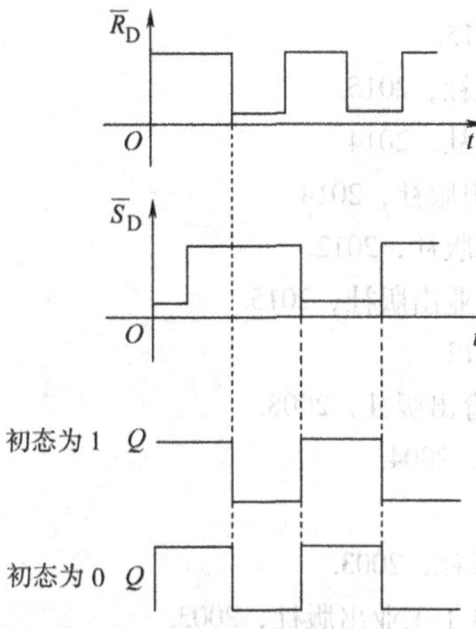

习题 10-1 题解

10-3

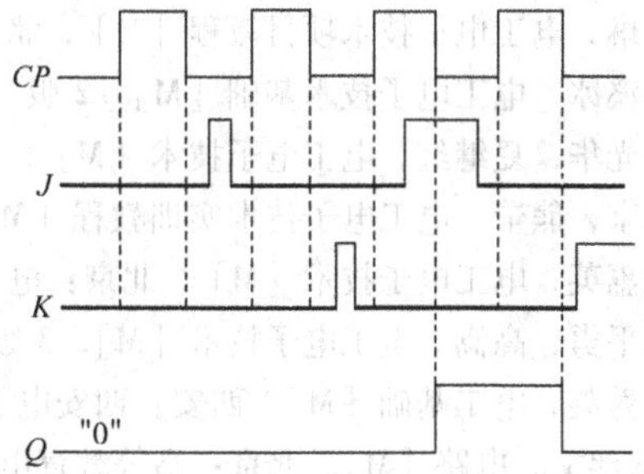

习题 10-3 题解

10-4

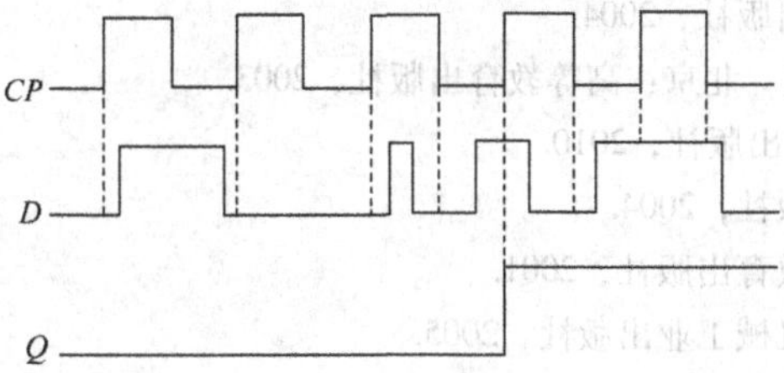

习题 10-4 题解

10-5

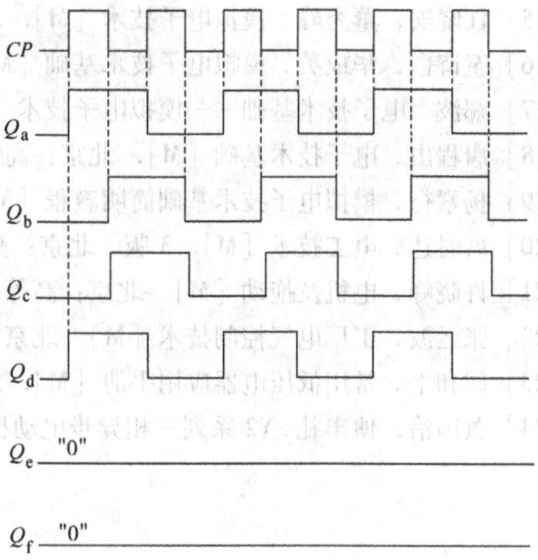

习题 10-5 题解

10-6

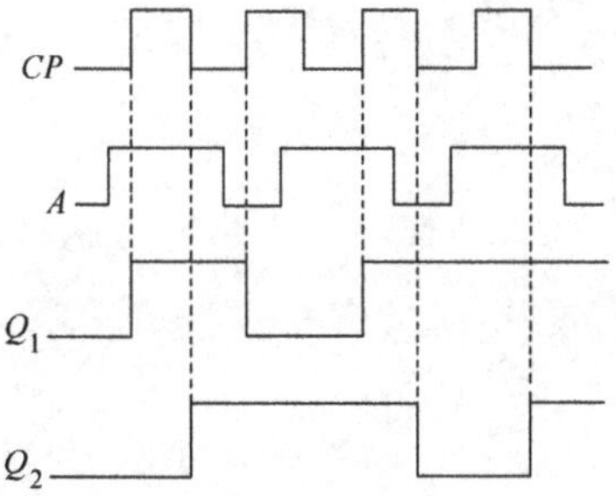

习题 10-6 题解

10-7　为同步五进制加法计数器

10-8　为同步八进制加法计数器

参考文献

[1] 王桂琴．电工电子技术［M］．北京：机械工业出版社，2015.
[2] 章喜才．电工电子技术及应用［M］．北京：机械工业出版社，2015.
[3] 张琳．电工电子技术项目教程［M］．北京：机械工业出版社，2014.
[4] 李溪冰．电工电子技术基础［M］．2 版．北京：机械工业出版社，2014.
[5] 汤光华，夏继红．电工电子技术［M］．北京：电子工业出版社，2012.
[6] 赵京，熊莹．电工电子技术实训教程［M］．北京：电子工业出版社，2015.
[7] 陈惠英．电工电子技术［M］．北京：电子工业出版社，2012.
[8] 林平勇，高嵩．电工电子技术［M］．3 版．北京：高等教育出版社，2008.
[9] 王秀英．电工基础［M］．西安：西安电子科技大学出版社，2004.
[10] 徐熙文．电路［M］．北京：高等教育出版社，2003.
[11] 泠报春．电工与电子技术实训［M］．北京：电子工业出版社，2003.
[12] 华容茂．电工、电子技术实习与课程设计［M］．北京：电子工业出版社，2003.
[13] 陈小虎．电工电子技术［M］．3 版．北京：高等教育出版社，2010.
[14] 顾仲圻．电工技术基础及应用［M］．北京：高等教育出版社，1999.
[15] 江晓安，董秀峰．模拟电子技术［M］．2 版．西安：西安电子科技大学出版社，2002.
[16] 童诗白，华成英．模拟电子技术基础［M］．3 版．北京：高等教育出版社，2001.
[17] 郝波．电子技术基础——模拟电子技术［M］．西安：西安电子科技大学出版社，2004.
[18] 唐程山．电子技术基础［M］．北京：高等教育出版社，2004.
[19] 杨素行．模拟电子技术基础简明教程［M］．2 版．北京：高等教育出版社，2003.
[20] 席时达．电工技术［M］．3 版．北京：高等教育出版社，2010.
[21] 许晓峰．电机及拖动［M］．北京：高等教育出版社，2004.
[22] 张运波．工厂电气控制技术［M］．北京：高等教育出版社，2001.
[23] 闫和平．常用低压电器应用手册［M］．北京：机械工业出版社，2005.
[24] 黄国治，傅丰礼．Y2 系列三相异步电动机技术手册［M］．北京：机械工业出版社，2005.